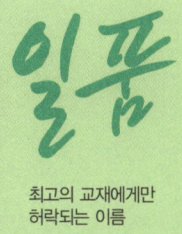

최고의 교재에게만
허락되는 이름

「일품」 합격수험서로 녹색자격증 취득한다!
자격증 취득은 원리에 충실해야 합니다. 최적의 길잡이가 되어드리겠습니다.

「일품」 합격수험서로 녹색직업 부자된다!
다른 수험서와 차별화된 차이점은 조그마한 부분에서부터 시작됩니다.

365일 저자상담직통전화
010-7209-6627

지난 40여 년 동안 수많은 수험생들이 세화출판사의 안전수험서로 합격의 기쁨을 누렸습니다.

많은 독자들의 추천과 선택으로 대한민국 안전수험서 분야 1위 석권을 꾸준히 지키고 있는 도서출판 세화는 항상 수험생들의 안전한 합격을 위해 최신기출문제를 백과사전식 해설과 함께 빠르게 증보하고 있습니다.
저희 세화는 독자 여러분의 안전한 합격을 응원합니다.

40년의 열정, 40년의 노력, 40년의 경험

정부가 위촉한 대한민국 산업현장 교수!
안전수험서 판매량 1위 교재 집필자인
정재수 안전공학박사가 제안하는
과목별 **321** 공부법!!

[되고 법칙]

돈이 없으면 벌면 되고 잘못이 있으면 고치면 되고 안되는 것은 되게 하면 되고, 모르면 배우면 되고, 부족하면 메우면 되고, 잘 안되면 될때까지 하면 되고, 길이 안보이면 길을 찾을때까지 찾으면 되고, 길이 없으면 길을 만들면 되고, 기술이 없으면 연구하면 되고, 생각이 부족하면 생각을 하면 된다.

*수험정보나 일정에 대하여 궁금하시면 세화홈페이지(www.sehwapub.co.kr)에 접속하여 내려받으시고 게시판에 질문을 남기시거나 궁금한 점이 있으시면 언제든지 아래의 번호로 전화하세요.

| 3 단 계 대 비 학 습 | 365일 합격상담직통전화 | **010-7209-6627** |

---

1 필기 합격

3단계 · 합격단계
· 합격날개 ·
과목별 필수요점 및 문제

2단계 · 기본단계
· 필수문제 ·
최근 3개년 3단계 과년도

1단계 · 만점단계
· 알짬QR ·
1주일에 끝나는 합격요점

2 필기 과년도   34년치 3주 합격

3단계 · 합격단계
· 기사─공개문제 23개년도
 (2003~2025년)기출문제
· 산업기사─공개문제 24개년도
 (2002~2025년)기출문제

2단계 · 기본단계
· 기사─미공개문제 11개년도
 (1992~2002년)기출문제
· 산업기사─미공개문제 10개년도
 (1992~2001년)기출문제

1단계 · 만점단계
· 알짬QR ·
· 1주일에 끝나는 계산문제총정리
· 미공개 문제 및 지난과년도

산업안전 우수 숙련 기술자 (숙련 기술장려법 제10조)

정/직한 수험서!
재/수있는 수험서!
수/석예감 수험서!

• 특허 제 10-2687805호 •   **"특허받은 교재"**

아래와 같은 방법으로 공부하시면 반드시 합격합니다.

자격증 취득은 기초부터 차근차근 다져나가는 것이 중요합니다. 필기에서는 과목별 요점정리와 출제예상문제를, 과년도에서는 최근 기출문제와 계산문제 총정리를, 실기 필답형에서는 합격예상작전과 과년도 기출문제를, 실기 작업형에서는 최근 기출문제 풀이 중심으로 공부하시면 됩니다.

필기시험 합격자에게는 2년간 실기시험 수험의 응시가 주어지고, 최종 실기시험 합격자는 21C 유망 녹색자격증 취득의 기쁨이 주어지게 됩니다.

일품 필기 → 일품 필기 과년도 → 일품 실기 필답형 → 일품 실기 작업형

---

3 실기 필답형 4주 합격

3단계 합격단계 — 과목별 필수요점 및 출제예상문제
⇩
2단계 기본단계
• 기본 : 과년도 출제문제 (2011~2015년)
• 필수 : 과년도 출제문제 (2016~2025년)
⇩
1단계 만점단계
• 알짬QR •
• 실기필답형 1주일 최종정리
• 1991~2010년 기출문제

4 실기 작업형 1주 합격

3단계 합격단계 — 과년도 출제문제 (2018~2025년)
⇩
2단계 기본단계 — 각 과목별 필수 요점 및 문제
⇩
1단계 만점단계
• 알짬QR •
• 2000~2017년 기출문제

*산재사고로 피해를 입으신 근로자 및 유가족들에게 심심한 조의와 유감을 표합니다.

2026
개정17판 총17쇄

- ISO 45001:2018인증
- ISO 9001:2015인증
- 안전연구소 인정

녹색자격증
녹색직업

CBT 실전 연습
AI 기출문제 학습앱  맞추다
https://machuda.kr

세계유일무이
365일 저자상담직통전화
010-7209-6627

ONLY ONE 합격교재

산업안전지도사
[Ⅲ] 기업진단·지도

대한민국 산업현장교수/기술지도사
안전공학박사/명예교육학박사 **정재수** 지음

자문/산업안전지도사 심상민
산업보건지도사 김관오·임근택

동영상 강의
에듀피디   에어클래스
이패스코리아   한솔아카데미

1차 필기

「산업안전 우수 숙련기술자 선정」

지도사·건설안전기사·산업안전기사·기능장·기술사 등 관련자격 및 의문사항에 대하여
365일 성심 성의껏 답변해 드리고 있습니다. 저자와 상담 후 교재를 구입하세요.
www.sehwapub.co.kr

대한민국 최초, 최다, 최고, 최상, 최적 적중률의 안전관리 완벽대비 수험서

기본 원리부터 정답에 이르기까지 명확하고 풍부한 해설을 통해 자신감은 물론
모든 문제에 탄력적으로 대응할 수 있는 능력을 키워줍니다.

도서출판  세화

머리말 PREFACE

    2026년 인생 행복과 안전을 목적으로 하며 산업안전지도사를 취득해야 하는 이유가 있다. 건강, 장수, 재산이다. 건강하고 장수하고 부자가 되려면 지도사에 합격하면 성취가 가능하다. 대한민국 1[%] 이내 부자도 될 수 있다. 보통사람들이 소망하는 성공과 동일하다.
    본 산업안전지도사 교재는 합격을 위한 수험서이다. 산업안전지도사는 기계안전분야·전기안전분야·화공안전분야·건설안전분야, 산업보건지도사는 산업위생, 직업환경의학분야 등으로 구분되어 있다. 공통필수 1차 필기 3과목은 동일하다. 지도사는 1996년 9월 8일 제1회시험, 제15회 2025년 9월 24일 최종합격하여 현재 안전 및 보건분야 최고의 전문의 및 CEO로 활동하고 있다.
    정부에서도 박사·기술사만이 응시하는 시험을 대한민국 국민이면 남녀노소·학력·성별 제한없이 응시가 가능하도록 하였다.

「되고법칙」
돈이 없으면 돈은 벌면 되고, 잘못이 있으면 잘못은 고치면 되고, 안 되는 것은 되게 하면 되고, 모르면 배우면 되고, 부족하면 메우면 되고, 잘 안되면 될 때까지 하면 되고, 길이 안보이면 길을 찾을 때까지 찾으면 되고, 길이 없으면 길을 만들면 되고, 기술이 없으면 연구하면 되고, 생각이 부족하면 생각을 하면 된다.

지도사는 공부하면 합격된다.
교재를 만나는 순간 합격의 기쁨이 올 것이다.
본서는 연구용도 참고용도 아니며 오로지 합격을 위하여 꼭 필요한 내용으로만 구성하였다.
본서의 특징은 자격증 취득을 대비해 이렇게 구성하였다.

① 본서의 내용은 간단하고 명료하게 알짜배기만으로 구성했다.
② 본문의 내용에서 이해하지 못했다면 출제예상문제에서 반드시 이해할 수 있도록 하였다.
③ 한 문제(1항목)를 이해하면 열 문제(10항목)를 해결할 수 있게 상세풀이로 구성하였다.
④ 본서는 출제예상문제를 빠짐없이 수록하여 어떤 교재와도 차별화가 되도록 구성하였다.
⑤ 산업안전지도사 자격 취득의 결론은 본서의 요점과 예상문제, 기출문제 등이 합격될 수 있도록 엮었다.

⑥ 2026년 개정적용법 등을 수록하여 답의 확신과 신뢰를 주었다.
⑦ 과년도 기출문제를 백과사전식 해설로 중요점을 강조하여 반드시 합격이 가능하도록 구성하였다.

본 산업안전지도사가 세상에 출간되기까지 밤잠을 설쳐가며 인고의 고통을 함께 한 세화출판사의 박 용 사장님을 비롯한 임직원께 고맙게 생각하며 오늘이 있기까지 변함없이 은혜와 사랑을 주시는 나의 하나님께 진정으로 감사드린다.

저자 씀

원서접수방법 및 유의사항

산업안전지도사 시험은 인터넷을 통해서만 접수가 가능합니다.

① 한국산업인력공단 인터넷 원서 접수 사이트(www.q-net.or.kr)로 접속합니다.
② 회원가입을 해야만 접수할 수 있습니다. 오른쪽 상단에 있는 (회원가입)아이콘을 클릭하면 회원가입 동의를 묻는 회원가입 약관 창이 나옵니다.
③ 회원가입 약관 창에서(동의)를 클릭하시고 인적사항 입력 창에서 성명, 주민등록번호, 우편번호, 주소 등을 입력하고 원서와 자격증에 부착할 사진을 지정하여 올립니다. 입력항목 중에서 ＊표시가 있는 항목은 반드시 입력합니다.

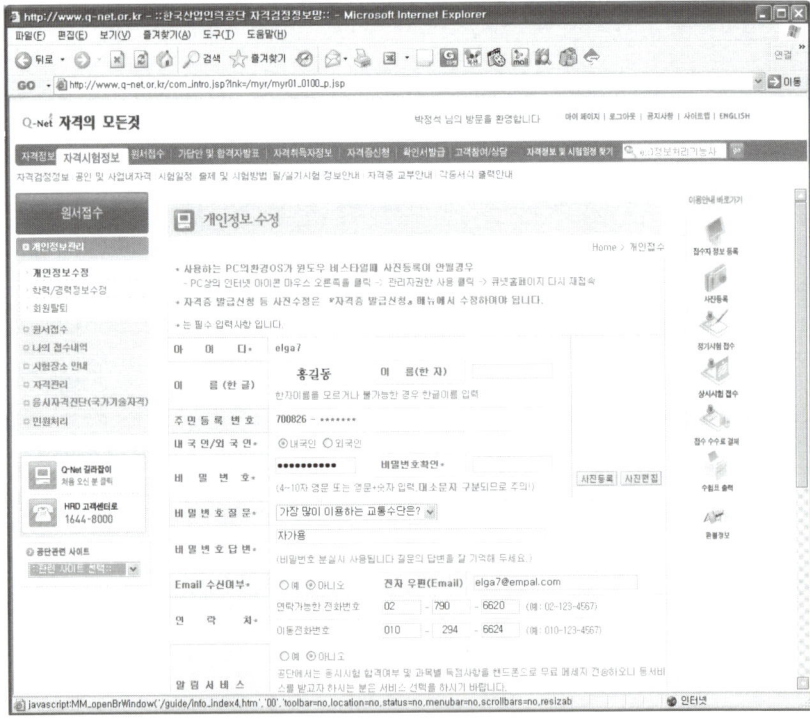

※ 알림서비스를 (예)로 선택하시면 응시한 시험의 합격 여부 및 과목별 득점 내역을 핸드폰 메시지로 무료 전송해주므로 편리합니다.

④ 회원가입 화면에서 필수 항목을 모두 입력하고 (확인)을 클릭하면 가입이 완료됩니다.
⑤ 접수를 하려면 먼저 로그인을 하셔야 합니다. 주민등록번호와 비밀번호를 입력하고 로그인하면 원서 접수창이 열립니다.

⑥ 왼쪽 상단에 있는 '원서 접수'를 클릭하면 현재 접수할 수 있는 자격시험이 정기와 상시로 구분되어 나타납니다. 지도사는 정기시험만 있습니다.
⑦ 응시 시험을 선택하면 응시 시험에서 선택할 수 있는 응시 종목이 나타납니다. 원하는 종목을 클릭하면 이제 까지 입력한 정보에 맞게 수검원서가 나타납니다. (다음)을 클릭하면 시험장을 선택할 수 있는 화면이 나타납니다.
⑧ 시험장을 선택하면 시험일자와 시간을 선택하는 화면이 나타납니다.

⑨ 응시할 시험장소를 클릭하세요 수검 비용을 결재하는 화면이 나타납니다. (카드결재)와 (계좌이체)중에서 선택하세요.
⑩ 결재를 성공적으로 마친 후(결재성공)을 클릭하면 수험표가 나타납니다. 이 수험표는 시험 볼 때 꼭 필요하므로 반드시 인쇄하여 보관해야 합니다. 아울러 정확한 시험 날짜 및 장소를 확인하세요.

※ 자세한 사항은 www.q-net.or.kr에 접속하여 Q-Net길라잡이를 이용하세요.

전국 한국 산업인력공단 시험안내 전화번호

지사명	주소	검정안내 전화번호
한국산업인력공단	44538 울산광역시 중구 종가로 345	1644-8000
서울지역본부	02512 서울 동대문구 장안벚꽃로 279	02-2137-0590
서울서부지사	03302 서울 은평구 진관3로 36	02-2024-1700
서울남부지사	07225 서울 영등포구 버드나루로 110	02-876-8322
서울강남지사	06193 서울 강남구 테헤란로 412 T412빌딩 15층	02-2161-9100
인천지역본부	21634 인천 남동구 남동서로 209	032-820-8600
경기지사	16626 경기도 수원시 권선구 호매실로 46-68	031-249-1201
경기북부지사	11780 경기도 의정부시 바대논길 21, 해인프라자 3~5층	031-850-9100
경기동부지사	13313 경기도 성남시 수정구 성남대로 1217	031-750-6200
경기서부지사	14488 경기도 부천시 길주로 463번길 69	032-719-0800
경기남부지사	17561 경기도 안성시 공도읍 공도로 51-23	031-615-9000
강원지사	24408 강원도 춘천시 동내면 원창고개길 135	033-248-8500
강원동부지사	25440 강원도 강릉시 사천면 방동길 60	033-650-5700
부산지역본부	46519 부산 북구 금곡대로 441번길 26	051-330-1910
부산남부지사	48518 부산 남구 신선로 454-18	051-620-1910
경남지사	51519 경남 창원시 성산구 두대로 239	055-212-7200
경남서부지사	52733 경남 진주시 남강로 1689	055-791-0700
울산지사	44538 울산광역시 중구 종가로 347	052-220-3224
대구지역본부	42704 대구 달서구 성서공단로 213	053-580-2300
경북지사	36616 경북 안동시 서후면 학가산 온천길 42	054-840-3000
경북동부지사	37580 경북 포항시 북구 법원로 140번길 9	054-230-3200
경북서부지사	39371 경북 구미시 산호대로 253	054-713-3000
광주지역본부	61008 광주광역시 북구 첨단벤처로 82	062-970-1700
전북지사	54852 전북 전주시 덕진구 유상로 69	063-210-9200
전남지사	57948 전남 순천시 순광로 35-2	061-720-8500
전남서부지사	58604 전남 목포시 영산로 820	061-288-3300
대전지역본부	35000 대전광역시 중구 서문로 25번길 1	042-580-9100
충북지사	28456 충북 청주시 흥덕구 1순환로 394번길 81	043-279-9000
충남지사	31081 충남 천안시 서북구 천일고1길 27	041-620-7600
세종지사	30128 세종특별자치시 한누리대로 296	044-410-8000
제주지사	63220 제주 제주시 복지로 19	064-729-0701

※ 청사이전이나 조직 변동시 주소 및 전화번호가 변경될 수 있음

자격시험 안내사항

1. 시험일정 정보

시험관련 상세정보는 산업안전(보건)지도사 홈페이지(www.q-net.or.kr/site/indusafe)와 산업보건지도사(www.q-net.or.kr/site/indusani)참조

2. 시험과목 및 시험방법

가. 시험과목

구분	교시	시험과목			시험시간	배점
제1차 시험	1	공통필수 (3)	· 공통필수Ⅰ(산업안전보건법령) · 공통필수Ⅱ(산업안전일반6범위/산업위생일반5범위) · 공통필수Ⅲ(기업진단·지도)		90분 - 5지 택일형 : 과목당 25문제	과목당 100점
제2차 시험	1	전공필수 (택1)	산업안전지도사	· 기계안전공학	100분 -주관식 논술형 4개(필수 2/ 택1) -주관식 단답형 5문제(전항 작성)	-주관식 논술형 : 75점(25점*3문제) -주관식 단답형 : (5점*5문제)
				· 전기안전공학		
				· 화공안전공학		
				· 건설안전공학		
	1	전공필수 (택1)	산업보건지도사	· 직업환경의학		
				· 산업위생공학		
제3차 시험	-	-	· 면접시험		1인당 20분 내외	10점

나. 과목별 출제범위
1) 제1차시험(3과목)

	산업안전지도사		산업보건지도사		시험방법
	과 목	출제범위	과 목	출제범위	
1차 공통 필수	산업안전보건법령(Ⅰ)	「산업안전보건법」, 같은 법 시행령, 같은 법 시행규칙, 「산업안전보건기준에 관한 규칙」	산업안전보건법령(Ⅰ)	산업안전지도사와 동일	객관식 5지택일형
	산업안전일반6범위(Ⅱ)	산업안전교육론, 안전관리 및 손실방지론, 신뢰성공학, 시스템안전공학, 인간공학, 산업재해 조사 및 원인 분석 등	산업위생일반5범위(Ⅱ)	산업위생개론, 작업관리, 산업위생보호구, 건강관리, 산업재해 조사 및 원인 분석 등	
	기업진단지도(Ⅲ)	경영학(인적자원관리, 조직관리, 생산관리), 산업심리학, 산업위생개론	기업진단지도(Ⅲ)	경영학(인적자원관리, 조직관리, 생산관리), 산업심리학, 산업안전개론	

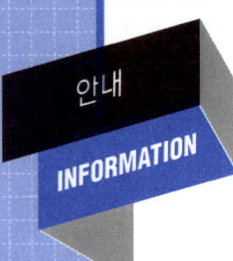

2) 제2차시험(택 1과목)

구분	산업안전지도사			산업보건지도사		
	기계안전분야	전기안전분야	화공안전분야	건설안전분야	산업의학분야	산업보건분야
과목	기계안전공학	전기안전공학	화공안전공학	건설안전공학	직업환경의학	산업위생공학
전공필수 시험범위	-기계·기구·설비의 안전 등(위험기계·양중기·운반기계·압력용기 포함) -공장자동화설비의 안전기술 등 -기계·기구·설비의 설계·배치·보수·유지기술 등	-전기기계·기구 등으로 인한 위험방지 등(전기방폭설비 포함) -정전기 및 전자파로 인한 재해예방 등 -감전사고 방지기술 등 -컴퓨터·계측제어 설비의 설계 및 관리기술 등	-가스·방화 및 방폭설비 등, 화학장치·설비안전 및 방식기술 등 -정성·정량적 위험성 평가, 위험물 누출·확산 및 피해 예측 등 -유해위험물질 화재폭발 방지론, 화학공정 안전관리 등	-건설공사용 가설구조물·기계·기구 등의 안전기술 등 -건설공법 및 시공방법에 대한 위험성 평가 등 -추락·낙하·붕괴·폭발 등 재해요인별 안전대책 등 -건설현장의 유해·위험요인에 대한 안전기술 등	-직업병의 종류 및 인체발병경로, 직업병의 증상 판단 및 대책 등 -역학조사의 연구방법, 조사 및 분석방법, 직종별 산업의학적 관리대책 등 -유해인자별 특수건강진단 방법, 판정 및 사후관리 대책 등 -근골격계질환, 직무스트레스 등 업무상 질환의 대책 및 작업관리방법 등	-산업환기 설비의 설계, 시스템의 성능 검사·유지관리기술 등 -유해인자별 작업환경측정 방법, 산업위생통계 처리 및 해석, 공학적 대책 수립기술 등 -유해인자별 인체에 미치는 영향·대사 및 축적, 인체의 방어기전 등 -측정시료의 전처리 및 분석방법, 기기분석 및 정도관리기술 등

3. 시험과목

가. 제2차 시험

1) 산업안전지도사

구분	과목명(응시분야)	출제범위
제2차 시험	기계안전공학	○기계·기구·설비의 안전 등(위험기계·양중기·운반기계·압력용기 포함) ○공장자동화설비의 안전기술 등 ○기계·기구·설비의 설계·배치·보수·유지기술 등
	전기안전공학	○전기기계·기구 등으로 인한 위험 방지 등(전기방폭설비 포함) ○정전기 및 전자파로 인한 재해예방 등 ○감전사고 방지기술 등 ○컴퓨터·계측제어 설비의 설계 및 관리기술 등
	화공안전공학	○가스·방화 및 방폭설비 등, 화학장치·설비안전 및 방식기술 등 ○정성·정량적 위험성 평가, 위험물 누출·확산 및 피해 예측 등 ○유해위험물질 화재폭발 방지론, 화학공정 안전관리 등
	건설안전공학	○건설공사용 가설구조물·기계·기구 등의 안전기술 등 ○건설공법 및 시공방법에 대한 위험성 평가 등 ○추락·낙하·붕괴·폭발 등 재해요인별 안전대책 등 ○건설현장의 유해·위험요인에 대한 안전기술 등

2) 산업보건지도사

구분	과목명(응시분야)	출제범위
제2차 시험	산업의학	○직업병의 종류 및 인체발병경로, 직업병의 증상 판단 및 대책 등 ○역학조사의 연구방법, 조사 및 분석방법, 직종별 산업의학적 관리대책 등 ○유해인자별 특수건강진단 방법, 판정 및 사후관리대책 등 ○근골격계질환, 직무스트레스 등 업무상 질환의 대책 및 작업관리 방법 등
	산업위생공학	○산업환기설비의 설계, 시스템의 성능검사·유지관리기술 등 ○유해인자별 작업환경측정 방법, 산업위생통계 처리 및 해석, 공학적 대책 수립기술 등 ○유해인자별 인체에 미치는 영향·대사 및 축적, 인체의 방어기전 등 ○측정시료의전처리 및 분석 방법, 기기 분석 및 정도관리기술 등

4. 출제영역

가. 산업안전지도사(I과목)

과목명	주요항목	세부항목
산업안전보건법령	1. 산업안전보건법 2. 산업안전보건법 시행령 3. 산업안전보건법 시행규칙 4. 산업안전보건기준에 관한 규칙	1. 총칙 등에 관한 사항 2. 안전·보건관리체제 등에 관한 사항 3. 안전보건관리규정에 관한 사항 4. 유해·위험 예방조치에 관한 사항(산업안전보건기준에 관한 규칙 포함) 5. 근로자의 보건관리에 관한 사항 6. 감독과 명령에 관한 사항 7. 산업안전지도사 및 산업보건지도사에 관한 사항 8. 보칙 및 벌칙에 관한 사항

산업안전지도사(II과목)

과목명	주요항목	세부항목
산업안전일반	1. 산업안전교육론	1. 교육의 필요성과 목적 2. 안전·보건교육의 개념 3. 학습이론 4. 근로자 정기안전교육 등의 교육내용 5. 안전교육방법(TWI, OJT, OFF.J.T 등) 및 교육평가 6. 교육실시방법(강의법, 토의법, 실연법, 시청각교육법 등)
	2. 안전관리 및 손실방지론	1. 안전과 위험의 개념 2. 안전관리 제이론 3. 안전관리의 조직 4. 안전관리 수립 및 운용 5. 위험성평가 활동 등 안전활동 기법
	3. 신뢰성공학	1. 신뢰성의 개념 2. 신뢰성 척도와 계산 3. 보전성과 유용성 4. 신뢰성 시험과 추정 5. 시스템의 신뢰도

과목명	주요항목	세부항목
산업안전일반	4. 시스템안전공학	1. 시스템 위험분석 및 관리 2. 시스템 위험분석기법(PHA, FHA, FMEA, ETA, CA 등) 3. 결함수분석 및 정성적, 정량적 분석 4. 안전성평가의 개요 5. 신뢰도 계산 6. 위해위험방지계획
	5. 인간공학	1. 인간공학의 정의 2. 인간-기계체계 3. 체계설계와 인간요소 4. 정보입력표시(시각적, 청각적, 촉각, 후각 등의 표시장치) 5. 인간요소와 휴먼에러 6. 인간계측 및 작업공간 7. 작업환경의 조건 및 작업환경과 인간공학 8. 근골격계 부담 작업의 평가
	6. 산업재해조사 및 원인분석	1. 재해조사의 목적 2. 재해의 원인분석 및 조사기법 3. 재해사례 분석절차 4. 산재분류 및 통계분석 5. 안전점검 및 진단

산업안전지도사(III과목)

과목명	주요항목	세부항목
기업진단·지도	1. 경영학(인적자원관리, 조직관리, 생산관리)	1. 인적자원관리의 개념 및 관리방안에 관한 사항 2. 노사관계관리에 관한 사항 3. 조직관리의 개념에 관한 사항 4. 조직행동론에 관한 사항 5. 생산관리의 개념에 관한 사항 6. 생산시스템의 설계, 운영에 관한 사항 7. 생산관리 최신이론에 관한 사항
	2. 산업심리학	1. 산업심리 개념 및 요소 2. 직무수행과 평가 3. 직무태도 및 동기 4. 작업집단의 특성 5. 산업재해와 행동 특성 6. 인간의 특성과 직무환경 7. 직무환경과 건강 8. 인간의 특성과 인간관계
	3. 산업위생개론	1. 산업위생의 개념 2. 작업환경노출기준 개념 3. 작업환경 측정 및 평가 4. 산업환기 5. 건강검진과 근로자건강관리 6. 유해인자의 인체영향

나. 산업보건지도사(I과목)

과목명	주요항목	세부항목
산업안전보건법령	1. 산업안전보건법	1. 총칙 등에 관한 사항 2. 안전·보건관리체제 등에 관한 사항 3. 안전보건관리규정에 관한 사항 4. 유해·위험 예방조치에 관한 사항(산업안전보건기준에 관한 규칙 포함) 5. 근로자의 보건관리에 관한 사항 6. 감독과 명령에 관한 사항 7. 산업안전지도사 및 산업보건지도사에 관한 사항 8. 보칙 및 벌칙에 관한 사항
	2. 산업안전보건법 시행령	
	3. 산업안전보건법 시행규칙	
	4. 산업안전보건기준에 관한 규칙	

산업보건지도사(II과목)

과목명	주요항목	세부항목
산업위생일반	1. 산업위생개론	1. 산업위생의 정의, 목적 및 역사 2. 작업환경노출기준 3. 산업위생통계 4. 작업환경측정 및 평가 5. 산업환기 6. 물리적(온열조건 이상기압, 소음진동 등) 유해인자의 관리 7. 입자상물질의 종류, 발생, 성질 및 인체영향 8. 유해화학물질의 종류, 발생, 성질 및 인체영향 9. 중금속의 종류, 발생, 성질 및 인체영향
	2. 작업관리	1. 업무적합성 평가 방법 2. 근로자의 적정배치 및 교대제 등 작업시간 관리 3. 근골격계 질환예방관리 4. 작업개선 및 작업환경관리
	3. 산업위생보호구	1. 보호구의 개념 이해 및 구조 2. 보호구의 종류 및 선정방법
	4. 건강관리	1. 인체 해부학적 구조와 기능 2. 순환계, 호흡계 및 청각기관구조와 기능 3. 유해물질의 대사 및 생물학적 모니터링 4. 직무스트레스 등 뇌심혈관질환 예방 및 관리 5. 건강진단 및 사후 관리
	5. 산업재해 조사 및 원인 분석	1. 재해조사의 목적 2. 재해의 원인분석 및 조사기법 3. 재해사례 분석절차 4. 산재분류 및 통계분석 5. 역학조사 종류 및 방법

산업보건지도사(III과목)

과목명	주요항목	세부항목
기업 진단 · 지도	1. 경영학(인적자원관리, 조직관리, 생산관리)	1. 인적자원관리의 개념 및 관리방안에 관한 사항 2. 노사관계관리에 관한 사항 3. 조직관리의 개념에 관한 사항 4. 조직행동론에 관한 사항 5. 생산관리의 개념에 관한 사항 6. 생산시스템의 설계, 운영에 관한 사항 7. 생산관리 최신이론에 관한 사항
	2. 산업심리학	1. 산업심리 개념 및 요소 2. 직무수행과 평가 3. 직무태도 및 동기 4. 작업집단의 특성 5. 산업재해와 행동 특성 6. 인간의 특성과 직무환경 7. 직무환경과 건강 8. 인간의 특성과 인간관계
	3. 산업안전개론	1. 안전관리의 개념 및 이론 2. 기계, 화학설비의 위험관리 개요 3. 전기, 건설작업의 위험관리 개요 4. 안전보건경영시스템 개요 5. 위험성 평가 등 안전활동기법 6. 안전보호구 및 방호장치

산업안전보건법
제9장 산업안전지도사 및 산업보건지도사

제9장 산업안전지도사 및 산업보건지도사

제142조(산업안전지도사 등의 직무) ① 산업안전지도사는 다음 각 호의 직무를 수행한다.
  1. 공정상의 안전에 관한 평가·지도
  2. 유해·위험의 방지대책에 관한 평가·지도
  3. 제1호 및 제2호의 사항과 관련된 계획서 및 보고서의 작성
  4. 그 밖에 산업안전에 관한 사항으로서 대통령령으로 정하는 사항
② 산업보건지도사는 다음 각 호의 직무를 수행한다.
  1. 작업환경의 평가 및 개선 지도
  2. 작업환경 개선과 관련된 계획서 및 보고서의 작성
  3. 근로자 건강진단에 따른 사후관리 지도
  4. 직업성 질병 진단(「의료법」 제2조에 따른 의사인 산업보건지도사만 해당한다) 및 예방 지도
  5. 산업보건에 관한 조사·연구
  6. 그 밖에 산업보건에 관한 사항으로서 대통령령으로 정하는 사항
③ 산업안전지도사 또는 산업보건지도사(이하 "지도사"라 한다)의 업무 영역별 종류 및 업무 범위, 그 밖에 필요한 사항은 대통령령으로 정한다.

제143조(지도사의 자격 및 시험) ① 고용노동부장관이 시행하는 지도사 자격시험에 합격한 사람은 지도사의 자격을 가진다.
② 대통령령으로 정하는 산업 안전 및 보건과 관련된 자격의 보유자에 대해서는 제1항에 따른 지도사 자격시험의 일부를 면제할 수 있다.
③ 고용노동부장관은 제1항에 따른 지도사 자격시험 실시를 대통령령으로 정하는 전문기관에 대행하게 할 수 있다. 이 경우 시험 실시에 드는 비용을 예산의 범위에서 보조할 수 있다.
④ 제3항에 따라 지도사 자격시험 실시를 대행하는 전문기관의 임직원은 「형법」 제129조부터 제132조까지의 규정을 적용할 때에는 공무원으로 본다.
⑤ 지도사 자격시험의 시험과목, 시험방법, 다른 자격 보유자에 대한 시험 면제의 범위, 그 밖에 필요한 사항은 대통령령으로 정한다.

제144조(부정행위자에 대한 제재) 고용노동부장관은 지도사 자격시험에서 부정한 행위를 한 응시자에 대해서는 그 시험을 무효로 하고, 그 처분을 한 날부터 5년간 시험응시자격을 정지한다.

제145조(지도사의 등록) ① 지도사가 그 직무를 수행하려는 경우에는 고용노동부령으로 정하는 바에 따라 고용노동부장관에게 등록하여야 한다.
② 제1항에 따라 등록한 지도사는 그 직무를 조직적·전문적으로 수행하기 위하여 법인을 설립할 수 있다.
③ 다음 각 호의 어느 하나에 해당하는 사람은 제1항에 따른 등록을 할 수 없다.
  1. 피성년후견인 또는 피한정후견인
  2. 파산선고를 받고 복권되지 아니한 사람

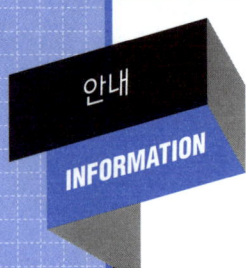

3. 금고 이상의 실형을 선고받고 그 집행이 끝나거나(집행이 끝난 것으로 보는 경우를 포함한다) 집행이 면제된 날부터 2년이 지나지 아니한 사람
4. 금고 이상의 형의 집행유예를 선고받고 그 유예기간 중에 있는 사람
5. 이 법을 위반하여 벌금형을 선고받고 1년이 지나지 아니한 사람
6. 제154조에 따라 등록이 취소(이 항 제1호 또는 제2호에 해당하여 등록이 취소된 경우는 제외한다)된 후 2년이 지나지 아니한 사람

④ 제1항에 따라 등록을 한 지도사는 고용노동부령으로 정하는 바에 따라 5년마다 등록을 갱신하여야 한다.

⑤ 고용노동부령으로 정하는 지도실적이 있는 지도사만이 제4항에 따른 갱신등록을 할 수 있다. 다만, 지도실적이 기준에 못 미치는 지도사는 고용노동부령으로 정하는 보수교육을 받은 경우 갱신등록을 할 수 있다.

⑥ 제2항에 따른 법인에 관하여는 「상법」 중 합명회사에 관한 규정을 적용한다.

제146조(지도사의 교육) 지도사 자격이 있는 사람(제143조제2항에 해당하는 사람 중 대통령령으로 정하는 실무경력이 있는 사람은 제외한다)이 직무를 수행하려면 제145조에 따른 등록을 하기 전 1년의 범위에서 고용노동부령으로 정하는 연수교육을 받아야 한다.

제147조(지도사에 대한 지도 등) 고용노동부장관은 공단에 다음 각 호의 업무를 하게 할 수 있다.
1. 지도사에 대한 지도 · 연락 및 정보의 공동이용체제의 구축 · 유지
2. 제142조제1항 및 제2항에 따른 지도사의 직무 수행과 관련된 사업주의 불만 · 고충의 처리 및 피해에 관한 분쟁의 조정
3. 그 밖에 지도사 직무의 발전을 위하여 필요한 사항으로서 고용노동부령으로 정하는 사항

제148조(손해배상의 책임) ① 지도사는 직무 수행과 관련하여 고의 또는 과실로 의뢰인에게 손해를 입힌 경우에는 그 손해를 배상할 책임이 있다.

② 제145조제1항에 따라 등록한 지도사는 제1항에 따른 손해배상책임을 보장하기 위하여 대통령령으로 정하는 바에 따라 보증보험에 가입하거나 그 밖에 필요한 조치를 하여야 한다.

제149조(유사명칭의 사용 금지) 제145조제1항에 따라 등록한 지도사가 아닌 사람은 산업안전지도사, 산업보건지도사 또는 이와 유사한 명칭을 사용해서는 아니 된다.

제150조(품위유지와 성실의무 등) ① 지도사는 항상 품위를 유지하고 신의와 성실로써 공정하게 직무를 수행하여야 한다.

② 지도사는 제142조제1항 또는 제2항에 따른 직무와 관련하여 작성하거나 확인한 서류에 기명 · 날인하거나 서명하여야 한다.

제151조(금지 행위) 지도사는 다음 각 호의 행위를 해서는 아니 된다.
1. 거짓이나 그 밖의 부정한 방법으로 의뢰인에게 법령에 따른 의무를 이행하지 아니하게 하는 행위
2. 의뢰인에게 법령에 따른 신고 · 보고, 그 밖의 의무를 이행하지 아니하게 하는 행위
3. 법령에 위반되는 행위에 관한 지도 · 상담

제152조(관계 장부 등의 열람 신청) 지도사는 제142조제1항 및 제2항에 따른 직무를 수행하는 데 필요하면 사업주에게 관계 장부 및 서류의 열람을 신청할 수 있다. 이 경우 그 신청이 제142조제1항 또는 제2항에 따른 직무의 수행을 위한 것이면 열람을 신청받은 사업주는 정당한 사유 없이 이를 거부해서는 아니 된다.

제153조(자격대여행위 및 대여알선행위 등의 금지) ① 지도사는 다른 사람에게 자기의 성명이나 사무

소의 명칭을 사용하여 지도사의 직무를 수행하게 하거나 그 자격증이나 등록증을 대여해서는 아니 된다.
② 누구든지 지도사의 자격을 취득하지 아니하고 그 지도사의 성명이나 사무소의 명칭을 사용하여 지도사의 직무를 수행하거나 자격증·등록증을 대여받아서는 아니 되며, 이를 알선하여서도 아니 된다.

제154조(등록의 취소 등) 고용노동부장관은 지도사가 다음 각 호의 어느 하나에 해당하는 경우에는 그 등록을 취소하거나 2년 이내의 기간을 정하여 그 업무의 정지를 명할 수 있다. 다만, 제1호부터 제3호까지의 규정에 해당할 때에는 그 등록을 취소하여야 한다.
1. 거짓이나 그 밖의 부정한 방법으로 등록 또는 갱신등록을 한 경우
2. 업무정지 기간 중에 업무를 수행한 경우
3. 업무 관련 서류를 거짓으로 작성한 경우
4. 제142조에 따른 직무의 수행과정에서 고의 또는 과실로 인하여 중대재해가 발생한 경우
5. 제145조제3항제1호부터 제5호까지의 규정 중 어느 하나에 해당하게 된 경우
6. 제148조제2항에 따른 보증보험에 가입하지 아니하거나 그 밖에 필요한 조치를 하지 아니한 경우
7. 제150조제1항을 위반하거나 같은 조 제2항에 따른 기명·날인 또는 서명을 하지 아니한 경우
8. 제151조, 제153조제1항 또는 제162조를 위반한 경우

산업안전보건법 시행령
제9장 산업안전지도사 및 산업보건지도사

제101조(산업안전지도사 등의 직무) ① 법 제142조제1항제4호에서 "대통령령으로 정하는 사항"이란 다음 각 호의 사항을 말한다.
  1. 법 제36조에 따른 위험성평가의 지도
  2. 법 제49조에 따른 안전보건개선계획서의 작성
  3. 그 밖에 산업안전에 관한 사항의 자문에 대한 응답 및 조언
② 법 제142조제2항제6호에서 "대통령령으로 정하는 사항"이란 다음 각 호의 사항을 말한다.
  1. 법 제36조에 따른 위험성평가의 지도
  2. 법 제49조에 따른 안전보건개선계획서의 작성
  3. 그 밖에 산업보건에 관한 사항의 자문에 대한 응답 및 조언

제102조(산업안전지도사 등의 업무 영역별 종류 등) ① 법 제145조제1항에 따라 등록한 산업안전지도사의 업무 영역은 기계안전 · 전기안전 · 화공안전 · 건설안전 분야로 구분하고, 같은 항에 따라 등록한 산업보건지도사의 업무 영역은 직업환경의학 · 산업위생 분야로 구분한다.
② 법 제145조제1항에 따라 등록한 산업안전지도사 또는 산업보건지도사(이하 "지도사"라 한다)의 해당 업무 영역별 업무 범위는 별표 31과 같다.

제103조(자격시험의 실시 등) ① 법 제143조제1항에 따른 지도사 자격시험(이하 "지도사 자격시험"이라 한다)은 필기시험과 면접시험으로 구분하여 실시한다.
② 지도사 자격시험 중 필기시험의 업무 영역별 과목 및 범위는 별표 32와 같다.
③ 지도사 자격시험 중 필기시험은 제1차 시험과 제2차 시험으로 구분하여 실시하고 제1차 시험은 선택형, 제2차 시험은 논문형을 원칙으로 하되, 각각 주관식 단답형을 추가할 수 있다.
④ 지도사 자격시험 중 제1차 시험은 별표 32에 따른 공통필수 Ⅰ, 공통필수 Ⅱ 및 공통필수 Ⅲ의 과목 및 범위로 하고, 제2차 시험은 별표 32에 따른 전공필수의 과목 및 범위로 한다.
⑤ 지도사 자격시험 중 제2차 시험은 제1차 시험 합격자에 대해서만 실시한다.
⑥ 지도사 자격시험 중 면접시험은 필기시험 합격자 또는 면제자에 대해서만 실시하되, 다음 각 호의 사항을 평가한다.
  1. 전문지식과 응용능력
  2. 산업안전 · 보건제도에 관한 이해 및 인식 정도
  3. 상담 · 지도능력
⑦ 지도사 자격시험의 공고, 응시 절차, 그 밖에 시험에 필요한 사항은 고용노동부령으로 정한다.

제104조(자격시험의 일부면제) ① 법 제143조제2항에 따라 지도사 자격시험의 일부를 면제할 수 있는 자격 및 면제의 범위는 다음 각 호와 같다.
  1. 「국가기술자격법」에 따른 건설안전기술사, 기계안전기술사, 산업위생관리기술사, 인간공학기술사, 전기안전기술사, 화공안전기술사 : 별표 32에 따른 전공필수 · 공통필수Ⅰ 및 공통필수Ⅱ 과목
  2. 「국가기술자격법」에 따른 건설 직무분야(건축 중 직무분야 및 토목 중 직무분야로 한정한다), 기계 직무분야, 화학 직무분야, 전기 · 전자 직무분야(전기 중 직무분야로 한정한다)의 기술사

자격 보유자 : 별표 32에 따른 전공필수 과목
3. 「의료법」에 따른 직업환경의학과 전문의 : 별표 32에 따른 전공필수 · 공통필수Ⅰ 및 공통필수Ⅱ 과목
4. 공학(건설안전 · 기계안전 · 전기안전 · 화공안전 분야 전공으로 한정한다), 의학(직업환경의학 분야 전공으로 한정한다), 보건학(산업위생 분야 전공으로 한정한다) 박사학위 소지자 : 별표 32에 따른 전공필수 과목
5. 제2호 또는 제4호에 해당하는 사람으로서 각각의 자격 또는 학위 취득 후 산업안전 · 산업보건 업무에 3년 이상 종사한 경력이 있는 사람 : 별표 32에 따른 전공필수 및 공통필수Ⅱ 과목
6. 「공인노무사법」에 따른 공인노무사 : 별표 32에 따른 공통필수Ⅰ 과목
7. 법 제143조제1항에 따른 지도사 자격 보유자로서 다른 지도사 자격 시험에 응시하는 사람 : 별표 32에 따른 공통필수Ⅰ 및 공통필수Ⅲ 과목
8. 법 제143조제1항에 따른 지도사 자격 보유자로서 같은 지도사의 다른 분야 지도사 자격 시험에 응시하는 사람 : 별표 32에 따른 공통필수Ⅰ, 공통필수Ⅱ 및 공통필수Ⅲ 과목

② 제103조제3항에 따른 제1차 필기시험 또는 제2차 필기시험에 합격한 사람에 대해서는 다음 회의 자격시험에 한정하여 합격한 차수의 필기시험을 면제한다.

③ 제1항에 따른 지도사 자격시험 일부 면제의 신청에 관한 사항은 고용노동부령으로 정한다.

제105조(합격자 결정) ① 지도사 자격시험 중 필기시험은 매 과목 100점을 만점으로 하여 40점 이상, 전과목 평균 60점 이상 득점한 사람을 합격자로 한다.

② 지도사 자격시험 중 면접시험은 제103조제6항 각 호의 사항을 평가하되, 10점 만점에 6점 이상인 사람을 합격자로 한다.

제106조(자격시험 실시기관) ① 법 제143조제3항 전단에서 "대통령령으로 정하는 전문기관"이란 「한국산업인력공단법」에 따른 한국산업인력공단(이하 "한국산업인력공단"이라 한다)을 말한다.

② 고용노동부장관은 법 제143조제3항에 따라 지도사 자격시험의 실시를 한국산업인력공단에 대행하게 하는 경우 필요하다고 인정하면 한국산업인력공단으로 하여금 자격시험위원회를 구성 · 운영하게 할 수 있다.

③ 자격시험위원회의 구성 · 운영 등에 필요한 사항은 고용노동부장관이 정한다.

제107조(연수교육의 제외 대상) 법 제146조에서 "대통령령으로 정하는 실무경력이 있는 사람"이란 산업안전 또는 산업보건 분야에서 5년 이상 실무에 종사한 경력이 있는 사람을 말한다.

제108조(손해배상을 위한 보증보험 가입 등) ① 법 제145조제1항에 따라 등록한 지도사(같은 조 제2항에 따라 법인을 설립한 경우에는 그 법인을 말한다. 이하 이 조에서 같다)는 법 제148조제2항에 따라 보험금액이 2천만원(법 제145조제2항에 따른 법인인 경우에는 2천만원에 사원인 지도사의 수를 곱한 금액) 이상인 보증보험에 가입해야 한다.

② 지도사는 제1항의 보증보험금으로 손해배상을 한 경우에는 그 날부터 10일 이내에 다시 보증보험에 가입해야 한다.

③ 손해배상을 위한 보증보험 가입 및 지급에 관한 사항은 고용노동부령으로 정한다.

[별표 31]

지도사의 업무 영역별 업무 범위
(제102조제2항 관련)

1. 법 제145조제1항에 따라 등록한 산업안전지도사(기계안전 · 전기안전 · 화공안전 분야)
   가. 유해위험방지계획서, 안전보건개선계획서, 공정안전보고서, 기계 · 기구 · 설비의 작업계획서 및 물질안전보건자료 작성 지도
   나. 다음의 사항에 대한 설계 · 시공 · 배치 · 보수 · 유지에 관한 안전성 평가 및 기술 지도
      1) 전기
      2) 기계 · 기구 · 설비
      3) 화학설비 및 공정
   다. 정전기 · 전자파로 인한 재해의 예방, 자동화설비, 자동제어, 방폭전기설비 및 전력시스템 등에 대한 기술 지도
   라. 인화성 가스, 인화성 액체, 폭발성 물질, 급성독성 물질 및 방폭설비 등에 관한 안전성 평가 및 기술 지도
   마. 크레인 등 기계 · 기구, 전기작업의 안전성 평가
   바. 그 밖에 기계, 전기, 화공 등에 관한 교육 또는 기술 지도

2. 법 제145조제1항에 따라 등록한 산업안전지도사(건설안전 분야)
   가. 유해위험방지계획서, 안전보건개선계획서, 건축 · 토목 작업계획서 작성 지도
   나. 가설구조물, 시공 중인 구축물, 해체공사, 건설공사 현장의 붕괴우려 장소 등의 안전성 평가
   다. 가설시설, 가설도로 등의 안전성 평가
   라. 굴착공사의 안전시설, 지반붕괴, 매설물 파손 예방의 기술 지도
   마. 그 밖에 토목, 건축 등에 관한 교육 또는 기술 지도

3. 법 제145조제1항에 따라 등록한 산업보건지도사(산업위생 분야)
   가. 유해위험방지계획서, 안전보건개선계획서, 물질안전보건자료 작성 지도
   나. 작업환경측정 결과에 대한 공학적 개선대책 기술 지도
   다. 작업장 환기시설의 설계 및 시공에 필요한 기술 지도
   라. 보건진단결과에 따른 작업환경 개선에 필요한 직업환경의학적 지도
   마. 석면 해체 · 제거 작업 기술 지도
   바. 갱내, 터널 또는 밀폐공간의 환기 · 배기시설의 안전성 평가 및 기술 지도
   사. 그 밖에 산업보건에 관한 교육 또는 기술 지도

4. 법 제145조제1항에 따라 등록한 산업보건지도사(직업환경의학 분야)
   가. 유해위험방지계획서, 안전보건개선계획서 작성 지도
   나. 건강진단 결과에 따른 근로자 건강관리 지도
   다. 직업병 예방을 위한 작업관리, 건강관리에 필요한 지도
   라. 보건진단 결과에 따른 개선에 필요한 기술 지도
   마. 그 밖에 직업환경의학, 건강관리에 관한 교육 또는 기술 지도

[별표 32]

지도사 자격시험 중 필기시험의 업무 영역별 과목 및 범위
(제103조제2항 관련)

구분		산업안전지도사				산업보건지도사	
		기계안전 분야	전기안전 분야	화공안전 분야	건설안전 분야	직업환경의학 분야	산업위생 분야
과목		기계안전공학	전기안전공학	화공안전공학	건설안전공학	직업환경의학	산업위생공학
전공필수	시험범위	-기계·기구·설비의안전 등(위험기계·양중기·운반기계·압력용기 포함) -공장자동화설비의안전기술등 -기계·기구·설비의설계·배치·보수·유지기술등	-전기기계·기구 등으로 인한 위험 방지 등(전기방폭설비 포함) -정전기 및 전자파로 인한 재해예방 등 -감전사고 방지기술 등 -컴퓨터·계측제어 설비의 설계 및 관리기술 등	-가스·방화 및 방폭설비 등, 화학장치·설비안전 및 방식기술 등 -정성·정량적 위험성 평가, 위험물 누출·확산 및 피해예측 등 -유해위험물질 화재폭발 방지론, 화학공정 안전관리 등	-건설공사용 가설구조물·기계·기구 등의 안전기술 등 -건설공법 및 시공방법에 대한 위험성 평가 등 -추락·낙하·붕괴·폭발 등 재해의 안전대책 등 -건설현장의 유해·위험요인에 대한 안전기술 등	-직업병의 종류 및 인체발병경로, 직업병의 증상 판단 및 대책 등 -역학조사의 연구방법, 조사 및 분석방법, 직종별 직업환경의학적 관리대책 등 -유해인자별 특수건강진단 방법, 판정 및 사후관리대책 등 -근골격계질환, 직무스트레스 등 업무상 질환의 대책 및 작업관리방법 등	-산업환기설비의 설계, 시스템의 성능검사·유지관리기술 등 -유해인자별 작업환경측정 방법, 산업위생통계 처리 및 해석, 공학적 대책 수립기술 등 -유해인자별 인체에 미치는 영향·대사 및 축적, 인체의 방어기전 등 -측정시료의 전처리 및 분석 방법, 기기 분석 및 정도관리기술 등
공통필수 I		산업안전보건법령					
	시험범위	「산업안전보건법」, 「산업안전보건법 시행령」, 「산업안전보건법 시행규칙」, 「산업안전보건기준에 관한 규칙」					
공통필수 II		산업안전 일반				산업위생 일반	
	시험범위	산업안전교육론, 안전관리 및 손실방지론, 신뢰성공학, 시스템안전공학, 인간공학, 위험성평가, 산업재해 조사 및 원인 분석 등				산업위생개론, 작업관리, 산업위생보호구, 위험성평가, 산업재해 조사 및 원인 분석 등	
공통필수 III		기업진단·지도					
	시험범위	경영학(인적자원관리, 조직관리, 생산관리), 산업심리학, 산업위생개론				경영학(인적자원관리, 조직관리, 생산관리), 산업심리학, 산업안전개론	

산업안전보건법 시행규칙

제9장 산업안전지도사 및 산업보건지도사

제225조(자격시험의 공고) 「한국산업인력공단법」에 따른 한국산업인력공단(이하 "한국산업인력공단"이라 한다)이 지도사 자격시험을 시행하려는 경우에는 시험 응시자격, 시험과목, 일시, 장소, 응시 절차, 그 밖에 자격시험 응시에 필요한 사항을 시험 실시 90일 전까지 일간신문 등에 공고해야 한다.

제226조(응시원서의 제출 등) ① 영 제103조제1항에 따른 지도사 자격시험에 응시하려는 사람은 별지 제89호서식의 응시원서를 작성하여 한국산업인력공단에 제출해야 한다.

② 한국산업인력공단은 제1항에 따른 응시원서를 접수하면 별지 제90호서식의 자격시험 응시자 명부에 해당 사항을 적고 응시자에게 별지 제89호서식 하단의 응시표를 발급해야 한다. 다만, 기재사항이나 첨부서류 등이 미비된 경우에는 그 보완을 명하고, 보완이 이루어지지 않는 경우에는 응시원서의 접수를 거부할 수 있다.

③ 한국산업인력공단은 법 제166조제1항제12호에 따라 응시수수료를 낸 사람이 다음 각 호의 어느 하나에 해당하는 경우에는 다음 각 호의 구분에 따라 응시수수료의 전부 또는 일부를 반환해야 한다.

1. 수수료를 과오납한 경우 : 과오납한 금액의 전부
2. 한국산업인력공단의 귀책사유로 시험에 응하지 못한 경우 : 납입한 수수료의 전부
3. 응시원서 접수기간 내에 접수를 취소한 경우 : 납입한 수수료의 전부
4. 응시원서 접수 마감일 다음 날부터 시험시행일 20일 전까지 접수를 취소한 경우 : 납입한 수수료의 100분의 60
5. 시험시행일 19일 전부터 시험시행일 10일 전까지 접수를 취소한 경우 : 납입한 수수료의 100분의 50

④ 한국산업인력공단은 제227조제2호에 따른 경력증명서를 제출받은 경우 「전자정부법」 제36조제1항에 따른 행정정보의 공동이용을 통하여 신청인의 국민연금가입자가입증명 또는 건강보험자격득실확인서를 확인해야 한다. 다만, 신청인이 확인에 동의하지 않는 경우에는 해당 서류를 제출하도록 해야 한다.

제227조(자격시험의 일부 면제의 신청) 영 제104조제1항 각 호의 어느 하나에 해당하는 사람이 지도사 자격시험의 일부를 면제받으려는 경우에는 제226조제1항에 따라 응시원서를 제출할 때에 다음 각 호의 서류를 첨부해야 한다.

1. 해당 자격증 또는 박사학위증의 발급기관이 발급한 증명서(박사학위증의 경우에는 응시분야에 해당하는 박사학위 소지를 확인할 수 있는 증명서) 1부
2. 경력증명서(영 제104조제1항제5호에 해당하는 사람만 첨부하며, 박사학위 또는 자격증 취득일 이후 산업안전·산업보건 업무에 3년 이상 종사한 경력이 분명히 적힌 것이어야 한다) 1부

제228조(합격자의 공고) 한국산업인력공단은 영 제105조에 따라 지도사 자격시험의 최종합격자가 결정되면 모든 응시자가 알 수 있는 방법으로 공고하고, 합격자에게는 합격사실을 알려야 한다.

제228조의2(지도사 자격증의 발급 신청 등) ① 영 제105조제3항에 따라 지도사 자격증을 발급받으려는 사람은 별지 제90호의2서식의 지도사 자격증 발급·재발급 신청서에 다음 각 호의 서류를 첨부하여 지방고용노동관서의 장에게 제출해야 한다.

1. 주민등록증 사본 등 신분을 증명할 수 있는 서류
2. 신청일 전 6개월 이내에 찍은 모자를 쓰지 않은 상반신 명함판 사진 1장(디지털 파일로 제출

하는 경우를 포함한다)
3. 이전에 발급 받은 지도사 자격증(재발급인 경우만 해당하며, 자격증을 잃어버린 경우는 제외한다)

② 영 제105조제3항에 따른 지도사의 자격증은 별지 제90호의3서식에 따른다..
[본조신설 2023. 9. 27.]

제229조(등록신청 등) ① 법 제145조제1항 및 제4항에 따라 지도사의 등록 또는 갱신등록을 하려는 사람은 별지 제91호서식의 등록·갱신 신청서에 다음 각 호의 서류를 첨부하여 주사무소를 설치하려는 지역(사무소를 두지 않는 경우에는 주소지를 말한다)을 관할하는 지방고용노동관서의 장에게 제출해야 한다. 이 경우 등록신청은 이중으로 할 수 없다.
1. 신청일 전 6개월 이내에 촬영한 탈모 상반신의 증명사진(가로 3센티미터 × 세로 4센티미터) 1장
2. 제232조제4항에 따른 지도사 연수교육 이수증 또는 영 제107조에 따른 경력을 증명할 수 있는 서류(법 제145조제1항에 따른 등록의 경우만 해당한다)
3. 지도실적을 확인할 수 있는 서류 또는 제231조제4항에 따른 지도사 보수교육 이수증(법 제145조제4항에 따른 등록의 경우만 해당한다)

② 지방고용노동관서의 장은 제1항에 따라 등록·갱신 신청서를 접수한 경우에는 법 제145조제3항에 적합한지를 확인하여 해당 신청서를 접수한 날부터 30일 이내에 별지 제92호서식의 등록증을 신청인에게 발급해야 한다.

③ 지도사는 제2항에 따른 등록사항이 변경되었을 때에는 지체 없이 별지 제91호서식의 등록사항 변경신청서를 지방고용노동관서의 장에게 제출해야 한다.

④ 지도사는 제2항에 따라 발급받은 등록증을 잃어버리거나 그 등록증이 훼손된 경우 또는 제3항에 따라 등록사항의 변경 신고를 한 경우에는 별지 제93호서식의 등록증 재발급신청서에 등록증(등록증을 잃어버린 경우는 제외한다)을 첨부하여 지방고용노동관서의 장에게 제출하고 등록증을 다시 발급받아야 한다.

⑤ 지방고용노동관서의 장은 제2항부터 제4항까지의 규정에 따라 등록증을 발급하거나 재발급하는 경우에는 별지 제94호서식의 등록부와 별지 제95호서식의 등록증 발급대장에 각각 해당 사실을 기재해야 한다. 이 경우 등록부와 등록증 발급대장은 전자적 처리가 불가능한 특별한 사유가 있는 경우를 제외하고는 전자적 방법으로 관리해야 한다.

제230조(지도실적 등) ① 법 제145조제5항 본문에서 "고용노동부령으로 정하는 지도실적"이란 법 제145조제4항에 따른 지도사 등록의 갱신기간 동안 사업장 또는 고용노동부장관이 정하여 고시하는 산업안전·산업보건 관련 기관·단체에서 지도하거나 종사한 실적을 말한다.

② 법 제145조제5항 단서에서 "지도실적이 기준에 못 미치는 지도사"란 제1항에 따른 지도·종사 실적의 기간이 3년 미만인 지도사를 말한다. 이 경우 지도사가 둘 이상의 사업장 또는 기관·단체에서 지도하거나 종사한 경우에는 각각의 지도·종사 기간을 합산한다.

제231조(지도사 보수교육) ① 법 제145조제5항 단서에서 "고용노동부령으로 정하는 보수교육"이란 업무교육과 직업윤리교육을 말한다.

② 제1항에 따른 보수교육의 시간은 업무교육 및 직업윤리교육의 교육시간을 합산하여 총 20시간 이상으로 한다. 다만, 법 제145조제4항에 따른 지도사 등록의 갱신기간 동안 제230조제1항에 따른 지도실적이 2년 이상인 지도사의 교육시간은 10시간 이상으로 한다.

③ 공단이 보수교육을 실시하였을 때에는 그 결과를 보수교육이 끝난 날부터 10일 이내에 고용노동부장관에게 보고해야 하며, 다음 각 호의 서류를 5년간 보존해야 한다.
1. 보수교육 이수자 명단

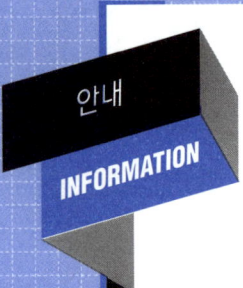

2. 이수자의 교육 이수를 확인할 수 있는 서류
④ 공단은 보수교육을 받은 지도사에게 별지 제96호서식의 지도사 보수교육 이수증을 발급해야 한다.
⑤ 보수교육의 절차·방법 및 비용 등 보수교육에 필요한 사항은 고용노동부장관의 승인을 거쳐 공단이 정한다.

제232조(지도사 연수교육) ① 법 제146조에 따른 "고용노동부령으로 정하는 연수교육"이란 업무교육과 실무수습을 말한다.
② 제1항에 따른 연수교육의 기간은 업무교육 및 실무수습 기간을 합산하여 3개월 이상으로 한다.
③ 공단이 연수교육을 실시하였을 때에는 그 결과를 연수교육이 끝난 날부터 10일 이내에 고용노동부장관에게 보고해야 하며, 다음 각 호의 서류를 3년간 보존해야 한다.
1. 연수교육 이수자 명단
2. 이수자의 교육 이수를 확인할 수 있는 서류
④ 공단은 연수교육을 받은 지도사에게 별지 제96호서식의 지도사 연수교육 이수증을 발급해야 한다.
⑤ 연수교육의 절차·방법 및 비용 등 연수교육에 필요한 사항은 고용노동부장관의 승인을 거쳐 공단이 정한다.

제233조(지도사 업무발전 등) 법 제147조제3호에서 "고용노동부령으로 정하는 사항"이란 다음 각 호와 같다.
1. 지도결과의 측정과 평가
2. 지도사의 기술지도능력 향상 지원
3. 중소기업 지도 시 지원
4. 불성실·불공정 지도행위를 방지하고 건실한 지도 수행을 촉진하기 위한 지도기준의 마련

제234조(손해배상을 위한 보험가입·지급 등) ① 영 제108조제1항에 따라 손해배상을 위한 보험에 가입한 지도사(법 제145조제2항에 따라 법인을 설립한 경우에는 그 법인을 말한다. 이하 이 조에서 같다)는 가입한 날부터 20일 이내에 별지 제97호서식의 보증보험가입 신고서에 증명서류를 첨부하여 해당 지도사의 주된 사무소의 소재지(사무소를 두지 않는 경우에는 주소지를 말한다. 이하 이 조에서 같다)를 관할하는 지방고용노동관서의 장에게 제출해야 한다.
② 지도사는 해당 보증보험의 보증기간이 만료되기 전에 다시 보증보험에 가입하고 가입한 날부터 20일 이내에 별지 제97호서식의 보증보험가입 신고서에 증명서류를 첨부하여 해당 지도사의 주된 사무소의 소재지를 관할하는 지방고용노동관서의 장에게 제출해야 한다.
③ 법 제148조제1항에 따른 의뢰인이 손해배상금으로 보증보험금을 지급받으려는 경우에는 별지 제98호서식의 보증보험금 지급사유 발생확인신청서에 해당 의뢰인과 지도사 간의 손해배상 합의서, 화해조서, 법원의 확정판결문 사본, 그 밖에 이에 준하는 효력이 있는 서류를 첨부하여 해당 지도사의 주된 사무소의 소재지를 관할하는 지방고용노동관서의 장에게 제출해야 한다. 이 경우 지방고용노동관서의 장은 별지 제99호서식의 보증보험금 지급사유 발생확인서를 지체 없이 발급해야 한다.

Part 1 경영학

Chapter 1 인적자원 관리

제1절 인사관리의 개요 ·· 2

1. 인적자원의 기본 ·· 2

    (1) 인사관리(personal management) ·· 2
    (2) 인사관리의 조달·유지·동기부여 ·· 2
    (3) 생산적 인사관리 ·· 3
    (4) 인적자원(인사관리)의 중요성 ·· 4

2. 인사관리자의 임무 및 역할 ··· 5

    (1) 내부관계의 역할 ·· 5
    (2) 외부관계의 역할 ·· 5
    (3) 인사관리 수행자 ·· 6

제2절 인사관리의 전개 및 접근법 ··· 7

1. 인사관리의 전개과정 ··· 7

    (1) 생산강조시대 ··· 7
    (2) 심리학자들의 인간관계론의 성립(인간중시시대) ························· 7
    (3) 생산과 인간의 동시추구시대 ·· 8

2. 인사관리 연구 접근법 ··· 8

    (1) 인적자원 접근법 ·· 8
    (2) 플리포(E.B.Flippo)의 과정접근법 ··· 9
    (3) 시스템 접근법 ··· 9
    (4) 갈등지향적 접근법 ·· 10
    (5) 인적자원 접근법 ·· 10
    (6) 상황적 접근법 ··· 10
    (7) 성과주의 접근법의 4가지 경영 ··· 10

3. 전략적 인적자원 관리 ··· 10

    (1) 가치(value) ·· 10
    (2) 비전(vision) ··· 10
    (3) 전략(strategy) ·· 10
    (4) 인적자원관리 전략(HRM Strategy) ·· 10
    (5) 인적자원계획(HR Planning) ·· 10

    (6) 인사관리 시스템 ·· 11
    출제예상문제 ·· 12

Chapter 2 조직관리

1. 조직관리의 개요 ·· 19
    (1) 조직관리 ·· 19
    (2) 조직 관리의 대상의 분류 ·· 19
    (3) 관리기능의 과정 ·· 20
    (4) 조직의 정의 ··· 21

2. 조직의 기본형태 ··· 21
    (1) 조직의 기본적 방향 ··· 21
    (2) 조직이론 ·· 22
    (3) 관료주의와 민주주의 ··· 23
    (4) 조직의 종류 ··· 25

3. 조직내의 집단과 리더십 ·· 35
    (1) 집단관리 ·· 35
    (2) 적응기제(適應機制 : Adjustment Mechanism) ······························· 40
    (3) 적응기제(適應機制, Adjustment Mechanism)의 구분 ···················· 42
    출제예상문제 ·· 44

Chapter 3 생산관리

제1절 생산관리의 기본 ··· 55

1. 생산관리의 개요 ··· 55
    (1) 생산(production) ·· 55
    (2) 생산관리 ·· 56
    (3) 생산관리의 목적 ·· 56

2. 생산관리의 합리화 원칙 ·· 56
    (1) 생산합리화의 기본 목표 ··· 56
    (2) 생산관리의 일반원칙(3S원칙, 3S정책) ··· 57

3. 생산시스템의 개념 ·· 57
    (1) 시스템 개요 ··· 57
    (2) 시스템의 구조 ··· 58

(3) 시스템의 분류	58
(4) 시스템의 공통적 성질	58
(5) 시스템 사고(systems approach)	59

4. 생산전략과 생산정책 · 60

(1) 생산정책 결정에 고려할 선택과제	60
(2) 기업전략의 총괄시스템 접근법	60

제2절 생산계획 · 62

1. 생산계획의 의의 및 단계 · 62

(1) 생산계획의 의의	62
(2) 생산계획의 단계	62
(3) 제조로트의 결정 방법	62

2. 생산수량계획 · 66

(1) 생산수량계획기법의 종류	66
(2) 생산수량계획기법의 적용	67

3. 생산 세부계획 · 67

(1) 절차계획	67
(2) 공수계획	69
(3) 일정계획	70

4. 여력계획 · 72

(1) 여력계획의 의의	72
(2) 여력계획	72

5. 자재계획 · 73

(1) 자재의 분류	73
(2) 자재계획 내용	76
(3) 자재 소요량 산출	76
(4) 원단위(原單位)산정	76

6. 설비계획 · 76

(1) 설비관리의 의의	76
(2) 설비관리의 신 동향	77
(3) 설비투자의 경제성 평가	78

제3절 생산통제 · 80

1. 생산통제의 개요 ··· 80
   (1) 생산통제 ··· 80
   (2) 통제의 필요성 ··· 80
   (3) 생산통제의 기능 ··· 80
   (4) 감사 기능 ··· 81

2. 작업분배 ··· 81
   (1) 작업분배의 의의 및 기능 ··· 81
   (2) 작업분배 방법 ··· 83
   (3) 작업분배판 ··· 83

3. 진도관리 ··· 83
   (1) 진도관리의 의의 ··· 83
   (2) 진도의 조사 ··· 84
   (3) 진도통제의 방식 ··· 84
   (4) 지연조사의 요건 ··· 86

4. 여력관리 ··· 86

5. 현품관리 ··· 87
   (1) 현품관리의 의의 및 필요성 ··· 87
   (2) 현품관리의 방법 ··· 87
   (3) 용기의 이용 ··· 88
   (4) 현품운반에 대한 책임 ··· 88

6. 자재통제 ··· 89
   (1) ABC분석기법 ··· 89
   (2) 재고관리 ··· 90

7. 설비통제 ··· 91
   (1) 설비보전 ··· 91
   (2) 설비보전의 내용 ··· 91
   (3) 설비 열화형의 종류 ··· 92
   (4) 설비보전의 의의 및 종류 ··· 92
   출제예상문제 ··· 94

Part 2 산업심리학

Chapter 1 산업안전심리

1. 산업심리 개념 및 요소 ··· 110
   (1) 산업심리와 인사심리 ··· 110
   (2) 인사관리의 중요기능 ··· 110

2. 인간관계와 활동 ·· 111
   (1) 인간관계의 기제(메커니즘:mechanism) ···························· 111
   (2) 인간관계 관리방법 ··· 112
   (3) 모랄 서베이(morale survey) ·· 113
   (4) 양립성[일명 모집단 전형(compatibility, 兩立性)] ·············· 113

3. 직업적성과 인사관리 ··· 114
   (1) 직업적성 ··· 114
   (2) 성격검사 유형 ··· 115
   (3) 사고발생 경향 및 기제 ··· 117

4. 인간의 행동성향 및 행동과학 ··· 119
   (1) 인간의 특성 ·· 119
   (2) 인간의 착오요인 ·· 120
   (3) 직무분석 ··· 122
   출제예상문제 ··· 123

Chapter 2 인간의 특성과 안전

1. 작업환경 및 동작특성 ·· 133
   (1) 안전심리 및 사고요인 ·· 133
   (2) 재해설 ·· 135
   (3) 동기 및 욕구이론 ·· 136

2. 노동과 피로 ·· 138
   (1) 스트레스 및 RMR ·· 138
   (2) 피로(fatigue) ··· 139
   (3) 생체리듬(biorhythm) ·· 143

차례 CONTENTS

3. 집단관리와 리더십 ··· 144

  (1) 집단관리 ··· 144
  (2) 욕구저지 이론 ·· 146
  (3) 욕구저지 반응기제에 관한 가설 ·· 146
  (4) 리더십 ·· 147

4. 착오와 실수 ·· 150

  (1) 착시 ·· 150
  (2) 인간의 주의특성 ·· 152
  (3) 부주의 ·· 154
  출제예상문제 ·· 157

Part 3 산업위생개론

Chapter 1 산업위생의 개요

1. 정의 및 목적 ·· 174
  (1) 산업위생의 정의 ·· 174
  (2) 산업위생의 목적 ·· 175
  (3) 산업위생의 범위 ·· 175

2. 산업위생 역사 ··· 175
  (1) 외국의 산업위생 역사 ·· 175
  (2) 한국의 산업위생 역사 ·· 176

3. 산업위생 윤리강령 ·· 176
  (1) 윤리강령의 목적(AAIH : 미국산업위생학술원) ···································· 176
  (2) 책임과 의무 ·· 176
  출제예상문제 ·· 180

Chapter 2 작업 환경 안전 일반

1. 작업 환경 관리의 원리 ··· 184
  (1) 대치(Substitution) ·· 184
  (2) 격리(Isolation) ·· 186
  (3) 환기(Ventilation) ··· 187

2. 작업 환경의 측정 ··· 188
   (1) 작업 환경 측정의 개요 ··· 188
   (2) 측정 대상 및 유해 인자 분류 ··· 188
   (3) 허용 농도 ··· 188

3. 유해 화학 물질 관리 ··· 190
   (1) 유해 화학 물질의 규제 ··· 190
   (2) 유기용제 작업 안전대책 ··· 191

4. 건강 관리 ··· 192
   (1) 건강 진단의 목적 ··· 192
   (2) 건강 진단의 종류 ··· 192
   (3) 건강 진단의 검사 항목 ··· 194
   (4) 건강 진단의 사후 조치 ··· 194
   (5) 건강 관리의 구분 ··· 194

5. 중금속 중독 ··· 195
   (1) 납(Pb) 중독 ··· 195
   (2) 수은(Hg) 중독 ··· 195
   (3) 카드뮴(Cd) 중독 ··· 196
   (4) 크롬(Cr) 중독 ··· 197
   (5) 금속열 ··· 198
   (6) 인화성 가스의 발생 위험 지하 작업장 또는 가스 발생 위험 장소에서의굴착 작업시 화재·폭발 방지 조치 ··· 198
   (7) 소음 및 진동에 의한 건강장해의 예방 ··· 199
   (8) 강렬한 소음작업 등의 관리기준 ··· 199
   출제예상문제 ··· 201

Chapter 3 운반·하역작업

1. 운반작업 ··· 211
   (1) 인력운반 ··· 211
   (2) 취급·운반의 기본 원칙 ··· 213
   (3) 운반작업의 기계화 ··· 215
   (4) 운반기계 ··· 216
   (5) 와이어로프(wire rope) ··· 218
   (6) 철근운반시 준수사항 및 안전기준 ··· 222

2. 하역공사 ··· 223
   (1) 개요 ··· 223
   (2) 하역작업의 안전 ··· 223

(3) 건설업체 산업재해발생률 및 산업재해발생 보고의무 위반건수의 산정기준과 방법 … 227
출제예상문제 …………………………………………………………………………… 235

Chapter 4 산업위생 관련 보건기준

(1) 근로자 건강증진활동지침 ………………………………………………………… 239
(2) 영상표시단말기(VDT) 취급근로자 작업관리지침 ……………………………… 245
(3) 근골격계부담작업의 범위 및 유해요인조사방법에 관한 고시 ………………… 254
(4) 화학물질 및 물리적 인자의 노출기준 …………………………………………… 262
(5) 화학물질의 분류·표시 및 물질안전보건자료에 관한 기준 …………………… 298
(6) 작업환경측정 및 정도관리 등에 관한 고시 …………………………………… 309
(7) 사무실 공기관리지침 ……………………………………………………………… 336
(8) 근로자 건강진단 실시기준 ………………………………………………………… 340

부록 1 과년도 출제문제

• 2023년도 필기문제(2023년 4월 1일) ……………………………………………… 2
• 2024년도 필기문제(2024년 3월 30일) ……………………………………………… 38
• 2025년도 필기문제(2025년 3월 29일) ……………………………………………… 76

부록 2 찾아보기, 참고문헌 및 자료, 답안카드

안전관리헌장

INFORMATION

개정: 안전행정부고시 제2014-7호
재난 및 안전관리기본법 제7조에 의하여 안전관리헌장을 다음과 같이 개정 고시합니다.
2014년 1월 29일
안전행정부장관

안전은 재난, 안전사고, 범죄 등의 각종 위험에서 국민의 생명과 건강 그리고 재산을 지키는 가장 중요한 근본이다.

모든 국민은 안전할 권리가 있으며, 안전문화를 정착시키는 일은 국민의 행복과 국가의 미래를 위해 반드시 필요하다.

이에 우리는 다음과 같이 다짐한다.

Ⅰ. 모든 국민은 가정, 마을 학교, 직장 등 사회 각 분야에서 안전수칙을 준수하고 안전생활을 적극 실천한다.

Ⅱ. 국가와 지방자치단체는 국민의 안전기본권을 보장하는 안전종합대책을 수립하고, 안전을 위한 투자에 최우선의 노력을 하며, 어린이, 장애인, 노약자는 특별히 배려한다.

Ⅲ. 자원봉사기관, 시민단체, 전문가들은 사고 예방 및 구조 활동, 안전 관련 연구 등에 적극참여하고 협력한다.

Ⅳ. 유치원, 학교 등 교육 기관은 국민이 바른 안전 의식을 갖도록 교육하고, 특히 어릴때부터 안전 습관을 들이도록 지도한다.

Ⅴ. 기업은 안전제일 경영을 실천하고, 위험 요인을 없애 사고가 발생하지 않도록 적극 노력한다.

국가직무능력표준(NCS)

NCS 자격검정 활용

가. 자격종목

1) 개념

　자격종목은 국가기술자격의 등급을 직종별로 구분한 것으로 국가기술자격 취득의 기본단위를 말함(국가기술자격별 2조), 자격종목 개편은 국가기술자격 종목 신설의 필요성, 기존 자격종목의 직무내용, 범위 및 난이도, 산업현장 적합도 등을 고려하여 새로운 국가기술자격을 신설하거나 기존의 국가기술자격을 통합, 폐지하는 것을 의미함.

2) 구성요소

　자격종목 개편은
① 자격종목　　　　　　② 직무내용
③ 검토대상 능력군　　　④ 검정필요여부
⑤ 출제기준과 비교　　　⑥ 검토의견
⑦ 추가·삭제가 포함되어야 함

구성요소	세부 내용
자격종목	검토대상 국가기술자격 종목 제시
직무내용	자격종목의 직무내용 제시
검토대상 능력군	검토대상 능력군의 능력단위, 능력단위요소, 수행준거 제시
검정필요여부	수행준거 중 자격검정에 필요한 부분 제시
출제기준과 비교	검정이 필요한 수행준거와 출제기준을 비교
검토의견	비교를 통해 현행 국가기술자격의 출제기준 검토
추가·삭제	출제기준 검토를 통해 추가나 삭제가 필요한 부분 제시

나. 출제기준

1) 개념
출제기준은 자격검정의 대상이 되는 종목의 과목별 출제의 대상범위를 나타낸 것으로 출제문제 작성방법과 시험내용범위의 기준을 의미함(국가기술자격법 시행규칙 제38조)

2) 구성요소
출제기준은
① 직무분야　　　　　　② 자격종목
③ 적용기간　　　　　　④ 직무내용
⑤ 필기검정방법　　　　⑥ 문제수
⑦ 시험시간　　　　　　⑧ 필기과목명
⑨ 필기과목 출제 문제수　⑩ 실기검정방법
⑪ 시험기간　　　　　　⑫ 실기과목명
⑬ 필기, 실기과목별 주요항목　⑭ 세부항목
⑮ 세세항목이 포함되어야 함

구성요소		세부 내용
직무분야		해당 자격이 활용되는 직무분야
자격종목		국가기술자격의 등급을 직종별로 구분한 것 국가기술자격 취득의 기본단위
적용기간		작성된 출제기준이 개정되기 전까지 실제 자격검정에 적용되는 기간
직무내용		자격을 부여하기 위하여 개인의 능력의 정도를 평가해야 할 내용
필기과목	필기시험방법	필기시험의 검정방법 현행 국가기술자격에서는 객관식, 단답형 또는 주관식 논문형이 있음
	문제수	필기시험의 전체 문제수 제시
	시험기간	필기시험 시간
	필기과목명	기술자격의 종목별 필기시험과목
	출제 문제수	필기시험의 문제수

Part 01 | 경영학

Chapter 1 인적자원 관리
Chapter 2 조직관리
Chapter 3 생산관리

Chapter 01 인적자원 관리

중점 학습내용

인적자원 관리(Human Resources Management : HRM)란 기업의 경영목표에 의한 목적달성에 필요한 인적자원을 조달·개발·유지·동기부여와 관련한 일련의 과학적 관리활동이며 '개인과 조직의 목표를 달성하기 위해 장·단기적인 인사관리를 계획(planning), 조직화(organizing), 지도(leading), 통제(controlling)하는 총체적인 관리행위'를 말하며 이번 시험에 출제가 예상되는 중점항목은 다음과 같다.
❶ 인적자원의 기본
❷ 인사관리자의 임무
❸ 인사관리의 전개과정
❹ 인사관리 연구 접근법
❺ 전략적 인적자원의 관리

합격예측

조직이 가진 자원의 종류
3가지
① 유형자원
   (tangible resource)
② 무형자원
   (intangible resource)
③ 인적자원(human resource)

제1절 인사관리의 개요

1 인적자원의 기본

1. 인사관리(personal management)

① 인적자원 관리(Human Resources Management : HRM)라고도 하며, 기업의 경영목표에 의한 목적달성에 필요한 인적자원을 조달·개발·유지·동기부여와 관련한 일련의 과학적 관리활동을 말한다.

② 개인과 조직의 목표를 달성하기 위해 장·단기적인 인사관리를 계획(planning), 조직화(organizing), 지도(leading), 통제(controlling)하는 총체적인 관리활동이 인적자원 관리이다.

③ 조직이 가진 자원의 종류
  ㉮ 유형자원에는 공장, 기계, 건물 등의 물적자산과 금융자산이 있다.
  ㉯ 무형자원에는 브랜드의 이미지, 기술, 특허권 등이 포함된다.
  ㉰ 인적자원에는 조직의 구성원들에게 체화된 노하우, 의사결정 능력, 정보력, 업무수행 방식 등을 들 수 있다.
  ㉱ 세 가지 자원 중 가장 중요한 자원은 인적자원이다.

2. 인사관리의 조달·유지·동기부여

(1) 인사관리의 조달

① 구성원의 모집, 선발, 시험, 면접 등의 채용기능을 의미한다.
② 인사관리의 개발은 구성원의 교육, 훈련, 승진, 배치, 전직 등을 통한 인사관

리의 능력과 지식향상을 위한 기능을 의미한다.

(2) 인사관리의 개발

구성원의 교육, 훈련, 승진, 배치, 전직 등의 인사관리의 개발이다.

(3) 인사관리의 유지

구성원의 임금관리, 복지후생관리, 안전·위생, 기안제도, 의사소통(communication)등을 통하여 작업환경과 분위기를 최적의 상태로 유지하는 기능을 인사관리의 유지라 한다.

(4) 동기부여(motivation)

목표지향적인 행동의 유발과 보상으로서 구성원의 행동을 자극하고 촉진하게 하는 심리적인 상태가 동기부여이다.

[표] 인사관리의 기본활동

구 분	포함내용
조달	모집, 선발, 시험, 면접 등
개발	교육, 훈련, 승진, 배치, 전직 등
유지	임금관리, 복지후생관리, 안전·위생, 기안제도, 의사소통 등
동기부여	보상에 따른 행동촉진 등

3. 생산적 인사관리

(1) 3M(생산의 3요소)

① 사람(Man)
② 자본(Money)
③ 원재료(Material)

(2) 경영의 3가지 자원

① 인적자원(human resource)
② 재무적자원(financial resource)
③ 물적자원(material resource)

(3) 요더(Dale Yoder)의 인적자원 관리 3기능

① 첫째, 노동력을 관리하는 것으로, 인적자본의 계획, 협력, 지휘를 포함하는 기능

합격예측

3M(생산의 3요소)
① 사람(Man)
② 자본(Money)
③ 원재료(Material)

합격예측

경영의 3가지 자원
① 인적자원(human resource)
② 재무적자원(financial resource)
③ 물적자원(material resource)

참고

요더(Dale Yoder)
미국 일리노이 주 출신으로 제임스 밀리컨 대학(James Milikin University)·일리노이 대학·오하이오 대학 등에서 수학하고, 오하이오 대학·미네소타 대학·스탠퍼드 대학 등의 교수를 역임한 인사관리 학자다. 특히 노사관계론의 권위자이며 노무관리론을 체계화했다.

② 둘째, 인사관리로서 개인에 대한 것으로 선발, 교육, 배치, 직무분석, 고과, 면접, 승진 등을 포함하는 기능
③ 셋째, 노사관계에 관한 것으로 관리자와 노동조합과의 관계, 집단으로서의 단체교섭, 임금제도, 노사협의회 활동 등의 조직 구성원의 상호간 생산성 향상이 이루어지는 기능

4. 인적자원(인사관리)의 중요성

(1) 통합적 의사결정의 중요성

(2) 의사결정에서 유효성 확보의 중요성

첫째, 조직의 효과성(조직의 부가가치 증대)
둘째, 효율성(투입의 최소화와 산출의 극대화)
셋째, 형평성(의사결정의 절차와 공정성)
넷째, 의사결정원칙에 따른 다양한 정보와 정확한 결정요소에 초점을 둔다.

(3) 효율성과 형평성 통합의 중요성

(4) 자산으로서 인적자원의 중요성

[표] 전통적 인사관리와 현대적 인사관리의 특징

전통적 인사관리	현대적 인사관리
능률중심	경력중심(경력개발)
조직목표 중시	조직목표와 개인목표 상호작용
소극적, 타율적	구체적, 자율적
단기적 안목	장기적 안목
노동조합부정	노동조합과 상호작용
집단주의, 동양사상	개인주의, 서양사상
비합리적	합리적, 가치적
객관적 기준, 안정성	주관적 기준, 불안정

(5) 인사관리 3가지 원리

① 능률화의 원리(principle of efficiency)
② 인간관계에서 인간화의 원리(principle of personalization)
③ 노사관계에서는 민주화의 원리(principle of democracy)

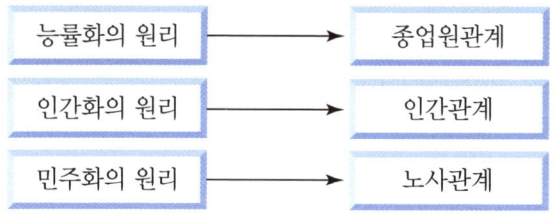

[그림] 인사관리의 3가지 원리 및 관계

(6) 윤리적 인사관리 3가지 속성

① 책임성
② 투명성
③ 공정성

2 인사관리자의 임무 및 역할

1. 내부관계의 역할

(1) 최고경영자에 대한 역할

① 최고경영자의 정보원천
② 인재추천
③ 반대자 역할
④ 의견충돌의 해소 및 문제해결자 역할

(2) 조정자 역할

① 갈등조정자
② 조정자로서 인사관리자
③ 상이한 관점의 조율
④ 중개자 역할

(3) 라인에 대한 서비스 역할

2. 외부관계의 역할

① 경계 역할자 역할
② 변화 담당자 역할

합격예측

내부관계의 역할
(1) 최고경영자에 대한 역할
　① 최고경영자의 정보원천
　② 인재추천
　③ 반대자 역할
　④ 의견충돌의 해소 및 문제해결자 역할
(2) 조정자 역할
　① 갈등조정자
　② 조정자로서 인사관리자
　③ 상이한 관점의 조율
　④ 중개자 역할
(3) 라인에 대한 서비스 역할

3. 인사관리 수행자

① 최고경영층 : 인사관리(HRM) 목표설정
② 인사담당부서 : 인적자원 계획 수립
③ 현장 관리자 : HRM 집행
④ 노동조합 및 구성원 대표 : 노사협의 및 교섭
⑤ 외주업체 : 인사수행기능

[표] 인적자원관리 구성형태에 따른 사회적 자본의 특징

구분	헌신형 (Commitment)	가부장형 (Paternalistic)	스타형 (Star)	통제형 (Control)
사회적 자본의 특징	• 조직내부에서의 강한 유대관계 (strong ties) • 내부 결속형 (bonding)사회적 자본 • 다양한 외부 가교형(bridging)사회적 자본	• 조직내부에서의 강한 유대관계 (strong ties) • 내부에서의 수직적 유대관계 형성 • 제한된 외부 가교형(bridging) 사회적 자본	• 조직내부에서의 약한 유대관계 (weak ties) • 수평적 유대관계 형성 • 다양한 외부 가교형(bridging)사회적 자본	• 조직내부에서의 약한 유대관계 (weak ties) • 수직적 유대관계의 부분적 형성 • 제한된 외부 가교형(bridging)사회적 자본
사회적 자본의 관리 이슈	• 안정적인 고용관계의 유지 • 개방적이고 신뢰가 높은 문화 형성과 수평적/수직적 장벽을 줄이고 평등주의적 및 민주주의적 과정의 확보 • 강한 유대관계가 과도한 고착상태가 되지 않도록 관리	• 강한 유대관계가 과도한 고착상태가 되지 않도록 관리 • 효율적 조직관리를 위한 불필요한 관계의 축소 • 환경변화의 파악을 위한 가교형 사회적 관계를 의도적으로 촉진	• 개인역량들이 충분히 발현되고 조정되도록 개방적이고 신뢰가 높은 문화를 창출 • 가교형 사회적 관계를 통해 외부의 역량을 흡수하도록 촉진 • 내부 핵심 인재들이 외부와 연계됨으로 인해 역량유출이 되지 않도록 관리	• 효율적 관리를 위한 불필요한 부서간 혹은 사회적 관계를 축소하거나 사업과정의 재조정 • 직위 관계를 통한 사회적 자본의 안정화 • 외부 가교형 관계를 통해 선진기법이나 업무방식의 획득을 장려

합격예측

인적자원관리 구성형태
① 헌신형
② 가부장형
③ 스타형
④ 통제형

제2절 인사관리의 전개 및 접근법

1 인사관리의 전개과정

1. 생산강조시대

(1) 생산성 강조의 전환

(2) 테일러(F.W.Taylor)의 '과학적 관리(scientific management)' 24.3.30.

① 주먹구구식이 아니라 과학(science, not rule of thumb)
② 알력이 아니라 화합(harmony, not discord)
③ 개인주의가 아니라 협력(cooperation, not individualism)
④ 생산의 제한이 아니라 극대화(maximum output, not restricted output)

(3) 포드(H. Ford) 3S

① 단순화(Simplification)   ② 표준화(Standardization)
③ 전문화(Specialization)

[표] 테일러 시스템과 포드 시스템의 특징

테일러 시스템	포드 시스템
• 과업관리(시간과 동작연구) • 차별성과급 도입 : 객관적인 과학적 방법을 사용한 임률 • 표류관리를 대체하는 과학적 관리방법을 도입(표준화) • 작업의 과학화와 개별생산관리 • 인간노동의 기계화 시대 • 작업자 중심연구(개인능률) • 고임금 저노무비 • 인간 없는 조직 • 철저한 기능식 조직(기능별 감독) • 오늘날 산업공학 분야에 영향	• 동시관리 : 작업조직의 철저한 합리화에 따라 작업의 동시적 진행을 기계적으로 실현하고 관리를 자동적으로 전개 • 컨베이어벨트 시스템 • 대량생산 • 3S시스템 • 연속생산공정 • 공장 전체로 확대(기업능률) • 인간에게 기계의 보조역할 요구 • 봉사주의(Fordism) • 고임금 저가격 • 인간 없는 조직

2. 심리학자들의 인간관계론의 성립(인간중시시대)

① 메이요(E.Mayo)와 뢰슬리스버거(F.J.Roethlisberger) : 작업에 인간적인 요소를 고려한 인간중시시대
② 1924년과 1933년 사이에 시카고에 있는 웨스턴 일렉트릭(Western Electric)사 : 호손공장 실험, 물질보다 인간중시

> **합격예측**
>
> **테일러(F.W.Taylor)의 '과학적 관리(scientific management)'**
> ① 주먹구구식이 아니라 과학(science, not rule of thumb)
> ② 알력이 아니라 화합(harmony, not discord)
> ③ 개인주의가 아니라 협력(cooperation, not individualism)
> ④ 생산의 제한이 아니라 극대화(maximum output, not restricted output)

> **참고**
>
> 인명 미국의 기술자·공학자(1856~1915). '테일러 시스템'을 고안하였으며, 고속도강을 발명하여 금속의 절삭 능력을 비약적으로 높였다. 저서에 《과학적 관리법의 원리》가 있다.

> **합격예측**
>
> **포드(H. Ford)의 3S**
> ① 단순화(Simplification)
> ② 표준화(Standardization)
> ③ 전문화(Specialization)

3. 생산과 인간의 동시추구시대

① 현대 인적자원관리 흐름
② 인적자원 중요성 인식
③ 인적자원 관점에서 동기부여

2 인사관리 연구 접근법

1. 인적자원 접근법

(1) 맥그리거(D.McGregor)의 X, Y이론의 특징

X이론의 특징	Y이론의 특징
인간불신감	상호신뢰감
성악설	성선설
인간은 본래 게으르고 태만, 수동적, 남의 지배받기를 즐긴다.	인간은 본래 부지런하고 근면, 적극적, 스스로 일을 자기 책임하에 자주적으로 한다.
저차적 욕구(물질 욕구)	고차적 욕구(정신 욕구)
명령, 통제에 의한 관리	목표통합과 자기통제에 의한 관리
저개발국형	선진국형
보수적, 자기본위, 자기방어적, 어리석기 때문에 선동되고 변화와 혁신을 거부	자아실현을 위해 스스로 목표를 달성하려고 노력
조직의 욕구에 무관심	조직의 방향에 적극적으로 관여하고 노력
권위주의적 리더십	민주적 리더십

▶ 참고

[Douglas Murray McGregor]

맥그리거는 1906년 디트로이트(Detroit)에서 태어나 평탄하게 대학까지 다니고, 1932년 웨인(Wayne) 주립대학교를 졸업한 뒤 하버드대학교에서 석사와 박사학위를 취득한 다음 바로 하버드대학교와 MIT에 출강하였다. 인도 캘커타 경영학교에서 교편을 잡기도 하였다. 안티오크대학교의 총장을 맡았지만 6년 후 MIT로 돌아와 임종까지 교수직에 머물렀다. 1960년에 발표한 『The Human Side of Enterprise』로 그는 교육계에 엄청난 영향을 미쳤고, 1964년 58세의 일기로 세상을 떠났다.

합격예측

맥그리거(D.McGregor)의 X, Y이론의 특징

X이론의 특징	Y이론의 특징
인간불신감	상호신뢰감
성악설	성선설
인간은 본래 게으르고 태만, 수동적, 남의 지배받기를 즐긴다.	인간은 본래 부지런하고 근면, 적극적, 스스로 일을 자기 책임하에 자주적으로 한다.
저차적 욕구(물질 욕구)	고차적 욕구(정신 욕구)
명령, 통제에 의한 관리	목표통합과 자기통제에 의한 관리
저개발국형	선진국형
보수적, 자기본위, 자기방어적, 어리석기 때문에 선동되고 변화와 혁신을 거부	자아실현을 위해 스스로 목표를 달성하려고 노력
조직의 욕구에 무관심	조직의 방향에 적극적으로 관여하고 노력
권위주의적 리더십	민주적 리더십

(2) X, Y이론의 관리처방

X이론의 관리처방(독재적 리더십)	Y이론의 관리처방(민주적 리더십)
① 권위주의적 리더십의 확보 ② 경제적 보상체계의 강화 ③ 세밀한 감독과 엄격한 통제 ④ 상부책임제도의 강화(경영자의 간섭) ⑤ 설득, 보상, 벌, 통제에 의한 관리	① 분권화와 권한의 위임 ② 민주적 리더십의 확립 ③ 직무확장 ④ 비공식적 조직의 활용 ⑤ 목표에 의한 관리 ⑥ 자체 평가제도의 활성화 ⑦ 조직목표달성을 위한 자율적인 통제

> **합격예측**
>
> **X, Y이론의 관리처방 대책**
>
> | X이론의 관리처방(독재적 리더십) | Y이론의 관리처방(민주적 리더십) |
> |---|---|
> | ① 권위주의적 리더십의 확보
② 경제적 보상체계의 강화
③ 세밀한 감독과 엄격한 통제
④ 상부책임제도의 강화(경영자의 간섭)
⑤ 설득, 보상, 벌, 통제에 의한 관리 | ① 분권화와 권한의 위임
② 민주적 리더십의 확립
③ 직무확장
④ 비공식적 조직의 활용
⑤ 목표에 의한 관리
⑥ 자체 평가제도의 활성화
⑦ 조직목표달성을 위한 자율적인 통제 |

2. 플리포(E.B.Flippo)의 과정접근법

(1) 관리기능 4가지

① 계획(planning)　　② 조직(organizing)
③ 지휘(leading)　　④ 통제(controlling)

(2) 업무기능 6가지

① 확보　　② 개발
③ 보상　　④ 통합
⑤ 유지　　⑥ 이직

3. 시스템 접근법

(1) 피고스와 마이어스(P.Pigors & C.A.Myers)

시스템 접근법을 통하여 접근법과 우위성의 특색

(2) 프렌치(W.French)

시스템 접근법과 과정 접근법을 통합하여 인적자원관리에 적용

4. 갈등지향적 접근법

5. 인적자원 접근법

6. 상황적 접근법

7. 성과주의 접근법의 4가지 경영

① 첫째, 개인화에 근거한 유연한 경영(flex management)
② 둘째, 21세기 조직이 필요로 하는 다양한 인재 확보, 양성에 필요한 경영
③ 셋째, 개인의 시장가치 향상에 기여한 경영
④ 넷째, 개인의 개성, 창의성, 잠재력, 고용가능성을 향상시키는 경영

3 전략적 인적자원 관리

1. 가치(value)

조직이 추구하는 본질적이고 지속적으로 간직하는 공유된 신조

2. 비전(vision)

장기적으로 달성하고자 하는 가시적이고 분명한 조직의 목표

3. 전략(strategy)

주어진 환경과 자원을 활용하여 목적하는 바를 달성하기 위해 목표와 실행계획 수립하는 행위

4. 인적자원관리 전략(HRM Strategy)

조직이 인적자원의 효율적인 활용을 통해 조직이 목적하는 바를 달성하기 위해 행하는 인적자원의 확보, 유지, 개발 등 인적자원관리 제반 행위와 계획

5. 인적자원계획(HR Planning)

조직이 목적하는 바를 달성하기 위해 필요한 인적자원의 수와 자질을 평가하고 계획하는 과정

6. 인사관리 시스템

인적자원관리 전략에 따라 일관된 상호 연계속에서 수립되는 개별 인사 기능의 구체적인 실행 및 운용 계획

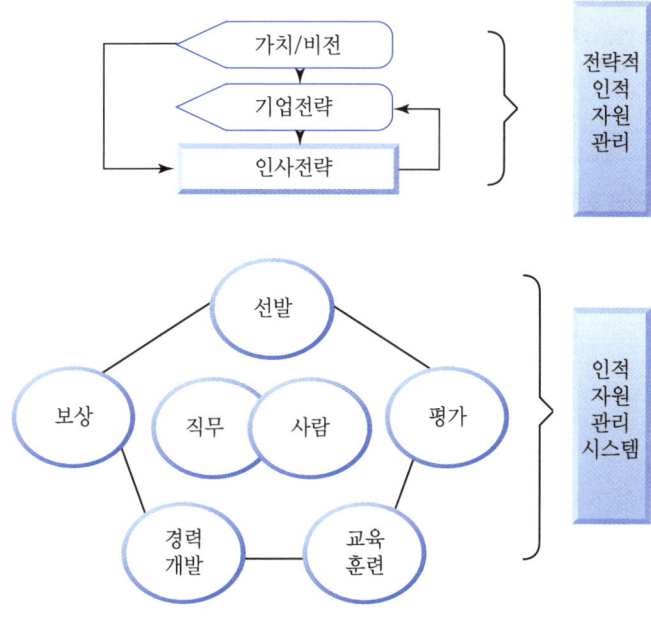

[그림] 전략적 인적자원관리

Chapter 01 인적자원 관리 출제예상문제

출제예상문제는 복습, 예습문제로 엮었습니다. *WHY : 실제시험에도 순서에 관계없이 출제됩니다. 예습 후 다음장에 공부한 문제가 있으면 기억이 배가 됩니다.

01 ★★★★★ 인사관리는 ( ), ( ), ( ), 통제하는 총체적인 관리이다. ( )안에 알맞은 내용은?

① 계획, 조직화, 지도
② 전문화, 단순화, 표준화
③ 정리, 정돈, 청결
④ 교육, 기술, 독려
⑤ 정품, 정량, 정위치

해설
인사관리의 의의
① 인사관리(Personal Management)는 인적자원 관리(Human Resources Management : HRM)라고도 하며, 기업의 경영목표에 따라 목적달성에 필요한 인적자원을 조달·개발·유지·동기부여와 관련한 일련의 과학적 관리활동이다.
② '개인과 조직의 목표를 달성하기 위해 장·단기적인 인사관리를 계획(planning), 조직화(organizing), 지도(leading), 통제(controlling)하는 총체적인 관리행위'를 말한다.

02 ★★★ 인사관리의 조달 구성원 채용기능이 아닌 것은?

① 모집   ② 선발
③ 시험   ④ 면접
⑤ 임금

해설
인사관리 조달 구성원의 채용기능
① 모집   ② 선발
③ 시험   ④ 면접
⑤ 채용

03 ★★ 인사관리의 능력과 개발지식향상을 위한 기능이 아닌 것은?

① 해고   ② 교육
③ 승진   ④ 전직
⑤ 배치

해설
인사관리의 능력과 개발지식향상 기능
① 교육·훈련   ② 승진
③ 배치   ④ 전직

04 ★★★★★ 인사관리의 유지기능이 아닌 것은?

① 임금복리   ② 복지후생관리
③ 조직관리   ④ 안전·위생
⑤ 의사소통

해설
인사관리 기본활동 기능

구 분	포함내용
인사관리의 조달	모집, 선발, 시험, 면접
인사관리의 개발	교육, 훈련, 승진, 배치, 전직
인사관리의 유지	임금관리, 복지후생관리, 안전·위생, 기안제도, 의사소통
동기부여	보상에 따른 행동 촉진

05 ★★★★★ 생산의 3요소(3M)은?

① Man, Machine, Money
② Man, Money, Material
③ Man, Method, Machine
④ Man, Money, Mondy
⑤ Man, Management, Member

[정답] 01 ① 02 ⑤ 03 ① 04 ③ 05 ②

해설

생산의 3요소
① 사람(Man)　　② 자본(Money)
③ 원재료(Material)

06 ★★★★ 경영학자 애플리(Lawrence A.Appley)는 "경영은 사람을 육성하는 것이지 물자관리를 하는 것이 아니다. 경영은 인사관리."라고 주장하면서 사람의 중요성을 강조했다. 특히, 사람은 인적자원의 숨은 가치(hidden value)라고 하기도 한다. 경영의 자원은 인적자원(human resource), 재무적자원(financial resource), (　　)로 구분된다. (　)에 들어갈 내용은?

① 영구가치　　② 기대자원
③ 행복자원　　④ 물적자원
⑤ 인력자원

해설

물적자원(material resource)

07 ★★★ 요더(Dale Yoder)의 인적자원관리에서 노무부분의 인사기능이 아닌 것은?

① 노동력조달　　② 노동조건 관리
③ 복지후생　　　④ 기록과 조사
⑤ 인간관계

해설

요더(Dale Yoder)의 인적자원 관리기능
① 노동력을 관리하는 것으로, 인적자본의 계획, 협력, 지휘
② 인사관리로서 개인에 대한 것으로 선발, 교육, 배치, 직무분석, 고과, 면접, 승진 등
③ 노사관계에 관한 것으로 관리자와 노동조합과의 관계, 집단으로서의 단체교섭, 임금제도, 노사협의회 활동 등의 조직 구성원의 상호간 생산성 향상이 이루어지는 과정
④ 노무부분의 인사기능은 노동력 조달(직무분석, 채용, 선택과 배치훈련 포함), 노동조건 관리(노동불안의 분석과 조사, 노동시간 결정, 임금, 승진, 배치전환, 보건안전, 생산의욕의 유지 포함), 복지후생, 기록과 조사기능

08 ★★★ 인적자원관리(HRM)의 설명이 잘못된 것은?

① 물적·재무적자원이 아닌 사람을 중요한 관리대상으로 한다.
② 인적자원으로 장·단기적으로 무엇을 할지를 미리 계획한다.
③ 모집·선발·채용·개발·보상·평가 등의 과정에 따라 최적인력을 조직의 요원으로 삼는다.
④ 동기부여를 통한 리더십을 발휘하면서 오해와 갈등을 조장한다.
⑤ 실상을 조사·평가하고 조정·통제하는 내용을 포함한다.

해설

인적자원 관리기능
(1) ①,②,③,⑤
(2) 동기부여를 통하여 오해와 갈등을 해소하고 소통한다.

09 ★★ 의사 결정에서 유효성을 확보하기 위한 수단이 될 수 없는 것은?

① 조직의 효과성　　② 효율성
③ 형평성　　　　　④ 의사결정원칙
⑤ 상사의 결정

해설

유효성을 확보하기 위한 수단
① 조직의 효과성(조직의 부가가치 증대)을 확보한다.
② 효율성(투입의 최소화와 산출의 극대화)을 확보한다.
③ 형평성(의사결정의 절차와 공정성)을 확보한다.
④ 의사결정원칙에 따른 다양한 정보와 정확한 결정요소에 초점을 둔다.

10 ★★ 전통적 인사관리의 특징이 아닌 것은?

① 능률중심　　② 경력중심
③ 소극적　　　④ 노조부정
⑤ 비합리적

해설

전통적 인사관리의 특징
① 능률중심　　　　② 조직목표 중시
③ 소극적, 타율적　④ 단기적 안목
⑤ 노조부정　　　　⑥ 집단주의, 동양사상
⑦ 비합리적　　　　⑧ 객관적 기준, 안정성

【정답】 06 ④　07 ⑤　08 ④　09 ⑤　10 ②

11 현대적 인사관리의 특징이 아닌 것은?

① 자율적　　② 합리적
③ 불안정　　④ 동양사상
⑤ 개인주의

해설

현대적 인사관리의 특징
① 경력중심(경력개발)
② 조직목표와 개인목표 상호작용
③ 구체적, 자율적
④ 장기적 안목
⑤ 노동조합과 상호작용
⑥ 개인주의, 서양사상
⑦ 합리적, 가치적
⑧ 주관적 기준, 불안정

12 인사관리의 3대원리가 맞게 된 것은?

① 능률화의 원리, 공식의 원리, 별성의 원리
② 능률화의 원리, 인간화의 원리, 민주화의 원리
③ 개성의 원리, 합리화의 원리, 존경의 원리
④ 개인의 원리, 존경의 원리, 자아의 원리
⑤ 성취의 원리, 욕구의 원리, 공정의 원리

해설

인사관리의 3대원리
① 종업원의 관계에서 능률화의 원리(principle of efficiency)
② 인간관계에서 인간화의 원리(principle of personalization)
③ 노사관계에서 민주화의 원리(principle of democracy)

13 윤리적 인사관리의 3가지 속성이 맞게 된 것은?

① 적합성, 공정성, 객관성
② 주관성, 민주성, 개인성
③ 책임성, 투명성, 공정성
④ 투명성, 선명성, 공약성
⑤ 구체성, 조직성, 현명성

해설

윤리적 인사관리의 3가지 속성
① 책임성
② 투명성
③ 공정성

14 인사관리 수행자가 될 수 없는 자는?

① 산업안전지도사　　② 최고경영층
③ 현장관리자　　　　④ 인사담당부서
⑤ 노조·구성원 대표

해설

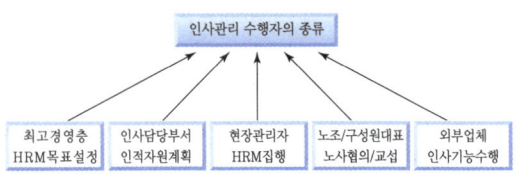

15 테일러의 과학적 관리의 특징이 아닌 것은?

① 주먹구구식이 아니라 과학
② 알력이 아니라 화합
③ 개인주의가 아니라 협력
④ 생산제한이 아니라 극대화
⑤ 불통이 아니라 소통

해설

테일러의 과학적 관리의 특징
① 주먹구구식이 아니라 과학(science, not rule of thumb)
② 알력이 아니라 화합(harmony, not discord)
③ 개인주의가 아니라 협력(cooperation, not individualism)
④ 생산의 제한이 아니라 극대화(maximum output, not restricted output)

16 3S의 구성이 맞게 된 것은?

① 선진화, 발전화, 구체화
② 단순화, 표준화, 전문화
③ 다양화, 표준화, 조직화
④ 선진화, 구조화, 표준화
⑤ 근대화, 조국화, 창조화

해설

3S
① 단순화(Simplication)
② 표준화(Standardization)

[정답] 11 ④　12 ②　13 ③　14 ①　15 ⑤　16 ②

③ 전문화(Specialization)

17 테일러 시스템의 특징이 아닌 것은? ★★★★★
① 과업관리　　② 일류시민
③ 고임금 저노무비　　④ 연속생산 공정
⑤ 인간 없는 조직

해설
테일러 시스템의 특징
① 과업관리(시간과 동작연구)
② 차별성과급 도입 : 객관적인 과학적 방법을 사용한 임률
③ 일류시민
④ 표류관리를 대체하는 과학적 관리방법을 도입(표준화를 의미)
⑤ 작업의 과학화와 개별생산관리
⑥ 인간노동의 기계화 시대
⑦ 작업자 중심연구(개인능률 중시)
⑧ 고임금 저노무비
⑨ 인간 없는 조직
⑩ 철저한 기능식 조직(기능별 감독제도)
⑪ 오늘날 산업공학 분야에 영향

18 포드 시스템의 생산관리 특징이 아닌 것은? ★★★★★
① 동시관리　　② 과업관리
③ 인간 없는 조직　　④ 봉사주의
⑤ 연속생산공정

해설
포드 시스템의 특징
① 동시관리 : 작업조직의 철저한 합리화에 따라 작업의 동시적 진행을 기계적으로 실현하고 관리를 자동적으로 전개
② 컨베이어벨트 시스템, 대량생산, 3S시스템
③ 연속생산공정
④ 공장 전체로 확대(기업능률 중시)
⑤ 인간에게 기계의 보조역할 요구
⑥ 봉사주의(Fordism)
⑦ 고임금 저가격
⑧ 인간 없는 조직

19 인사조직구조를 설계할 때 환경, 기술, 규모 등을 고려해 설계해야 한다는 입장에서 조직구조를 유일한 최선의 방법은 없다는 입장의 이론은? ★★★
① 상황이론　　② 일반이론

③ 시스템이론　　④ 카오스이론
⑤ 포드이론

해설
상황적 접근법(contingency approach)
① 기업이 처한 상황은 기업의 수만큼이나 다르고 기업이 선택하는 전략도 다양한 만큼 최선의 인사제도는 존재하지 않는다.
② 기업이 처한 상황과 선택한 전략에 맞는 인사전략 및 제도를 채택해야 한다.

20 다음 보기의 ( )안에 알맞은 내용은? ★★

현대적 의미에서의 인적자원 관리는 조직에서의 사람을 다루는 철학과 그것을 실현하는 제도 및 기법의 (　)(이)라고 할 수 있다.

① 시스템　　② 구조
③ 과정　　④ 행위
⑤ 조직

해설
인적자원 관리조직 용어
① 시스템 : 어떤 과업의 수행이나 목적달성을 위해 공동작업하는 조직화된 구성요소의 집합
② 구조 : 부분이나 요소가 어떤 전체를 짜 이룸
③ 과정 : 일이 되어가는 경로
④ 행위 : 환경에서 유발되는 자극에 대하여 반응하는 유기체의 행동

21 다음 중 인적자원 관리자의 대외적 역할은? ★★
① 조정 역할　　② 서비스 역할
③ 경계 연결 역할　　④ 자문 역할
⑤ 지도자 역할

해설
외부관계(대외적)의 역할
① 경계 연결자 역할
② 변화 담당자로서의 역할
③ 인사관리 수행자 역할

[정답] 17 ④　18 ②　19 ①　20 ①　21 ③

22 인사관리에서 최고경영층에 대한 역할은?

① 최고경영자의 정보원천
② 조정 역할
③ 자문 역할
④ 서비스 역할
⑤ 중개자 역할

해설

최고경영층에 대한 역할
① 최고경영자의 정보원천
② 인재추천
③ 반대자 역할
④ 의견충돌의 해소 및 문제해결자 역할

23 인사관리에서 조정자 역할이 아닌 것은?

① 상이한 관점의 조율
② 조정자로서의 인사 관리자
③ 갈등 조정자
④ 중개자 역할
⑤ 경계자 역할

해설

조정자(부분간 조정)역할
①, ②, ③, ④

24 인적자원 관리에 대한 과정적 접근법의 대표적 학자는?

① 프렌치   ② 피고스와 마이어스
③ 플리포   ④ 깁슨과 버렐
⑤ 매슬로우

해설

과정 접근법
① 플리포(E.B.Flippo)는 관리기능과 업무기능으로 인적자원 관리를 설명하였다.
② 인적자원 관리자는 관리의 기본적 기능을 수행해야 한다고 주장한다.
③ 관리기능으로 계획·조직·지휘·통제의 4가지를 들고 있으며, 업무기능으로 확보·개발·보상·통합·유지·이직의 6가지를 들고 있다.
④ 접근법은 기능을 중심으로 하고 있기 때문에 기능적 접근법이라고도 하였다.

25 인적자원 관리에 대한 시스템 접근법의 입장을 취하는 학자는?

① 프렌치   ② 피고스와 마이어스
③ 플리포   ④ 깁슨과 버렐
⑤ 맥그리거

해설

시스템 접근법
① 접근법의 대표적인 학자로는 피고스와 마이어스(P.Pigors & C.A. Mayers)를 들 수 있다.
② 프렌치(W. French)등은 시스템 접근법과 과정 접근법을 통합한 과정 – 시스템 접근법을 인적자원 관리에 적용하기도 했다.

26 McGregor의 이론 중 Y이론에 해당되는 것은?

① 종업원을 지휘한다.
② 종업원을 구조화한다.
③ 종업원에게 권한을 위임한다.
④ 종업원을 엄격하게 통제한다.
⑤ 종업원을 통제한다.

해설

McGreger의 X·Y이론
① X이론 : 저차적 욕구이론
② Y이론 : 고차적 욕구이론

27 맥그리거(McGregor)의 X·Y이론에 따라 관리를 하고자 할 때 X이론에 가까운 작업자에게는 어떤 동기부여를 해야 좋은가?

① 직무확장   ② 자아실현
③ 보수의 인상   ④ 작업환경의 개선
⑤ 자율인정

해설

맥그리거의 X이론
저차적 욕구

[정답] 22 ① 23 ⑤ 24 ③ 25 ② 26 ③ 27 ③

28 맥그리거(Douglus Mcgregor)의 X이론에 해당하는 것은?

① 상호신뢰감
② 고차적인 욕구
③ 규제관리
④ 자기통제
⑤ 선진국형

해설

맥그리거의 X이론
저차적 욕구

29 다음 중 맥그리거(Mcgregor)의 인간해석 중 Y이론의 관리 처방은?

① 조직구조의 고층성
② 분권화와 권한의 위임
③ 경제적 보상체제의 강화
④ 권위주의적 리더십의 확립
⑤ 면밀한 감독 실시

해설

맥그리거의 X·Y이론의 관리처방
(1) X이론의 관리처방
 ① 경제적 보상체제의 강화
 ② 권위주의적 리더십의 확립
 ③ 면밀한 감독과 엄격한 통제
 ④ 상부책임제도의 강화
 ⑤ 조직구조의 고층성
(2) Y이론의 관리처방
 ① 분권화의 권한의 확립
 ② 민주적 리더십의 확립
 ③ 목표에 의한 관리
 ④ 직무확장
 ⑤ 비공식적 조직의 활용
 ⑥ 자체 평가제도의 활성화

30 다음 중 Y이론에 대한 설명에 적합하지 않는 것은?

① 작업에서 몸과 마음을 구사하는 것은 인간의 본성이라는 인간관
② 인간은 명령되는 쪽을 좋아하며 무엇보다 안전을 바라고 있다라는 인간관
③ 인간은 조건에 따라 자발적으로 책임을 지려고 한다는 인간관
④ 매슬로우의 욕구체계 중 자기실현의 욕구에 해당한다.
⑤ 자기 스스로 통제한다.

해설

② : 맥그리거의 X이론에 해당한다.

31 다음 맥그리거의 인간분석이론(인간의 욕구와 동기부여이론)중 X이론의 관리처방에 해당되는 것은?

① 권위주의적 리더십의 확립
② 자체평가제도의 활성화
③ 분권화와 권한 위임
④ 조직구조의 평면화
⑤ 직무확장

해설

②, ③, ④, ⑤항은 맥그리거의 Y이론의 관리처방에 해당된다.

32 맥그리거(McGregor)의 Y이론과 관계가 없는 것은?

① 직무확장
② 인간관계 관리방식
③ 권위주의적 리더십
④ 책임감과 창조력 있음
⑤ 자기 스스로 통제

해설

권위주의적 리더십은 맥그리거의 X이론에 해당된다.

33 Alderfer의 ERG이론 중 신체적 차원에서 생존에 관련된 욕구는?

① 성장욕구
② 관계욕구
③ 사회적 욕구
④ 존재욕구
⑤ 존경욕구

[정답] 28 ③ 29 ② 30 ② 31 ① 32 ③ 33 ④

해설
Alderfer의 ERG이론
① 생존(Existence)욕구(존재욕구) : 신체적인 차원에서 유기체의 생존과 유지에 관련된 욕구
② 관계(Relatedness)욕구 : 타인과의 상호작용을 통해 만족되는 대인 욕구
③ 성장(Growth)욕구 : 개인적인 발전과 증진에 관한 욕구

34 ★★★ 동기부여이론 중 데이비스(K.Davis)의 이론은 동기유발(motivation)을 등식으로 표현하였다. 옳은 것은?

① 지식(knowledge)×기능(Skill)
② 능력(ability)×태도(attitude)
③ 상황(situation)×태도(attitude)
④ 인간의 성과(human performance)×기능(skill)
⑤ 지식(knowledge)×태도(attitude)

해설
데이비스의 동기부여이론
① 경영의 성과 = 인간의 성과×물질적성과
② 인간의 성과 = 능력×동기유발
③ 능력 = 지식×기능
④ 동기유발 = 상황×태도

35 ★★★ 장기적으로 달성하고자 하는 가시적이고 분명한 조직의 목표는?

① 가치
② 비전
③ 전략
④ 인적자원 관리
⑤ 인적자원 계획

해설
용어정의
(1) 가치(value) : 조직이 추구하는 본질적이고 지속적으로 간직하는 공유된 신조
(2) 비전(vision) : 장기적으로 달성하고자 하는 가시적이고 분명한 조직의 목표
(3) 전략(strategy) : 주어진 환경과 자원을 활용하여 목적하는 바를 달성하기 위해 목표와 실행계획을 수립하는 행위
(4) 인적자원 관리전략(HRM Strategy) : 조직이 인적자원의 효율적인 활용을 통해 조직이 목적하는 바를 달성하기 위해 행하는 인적자원의 확보, 유지, 개발 등 인적자원 관리 제반 행위와 계획
(5) 인적자원 계획(HR Planning) : 조직이 목적하는 바를 달성하기 위해 필요한 인적자원의 수와 자질을 평가하고 계획하는 과정
(6) 인사관리 시스템 : 인적자원 관리전략에 따라 일관된 상호 연계속에서 수립되는 개별 인사 기능의 구체적인 실행 및 운용 계획

💬 합격코너
1. 자신의 영혼을 위해 투자하라. 투명한 영혼은 천년 앞을 내다본다.
2. 마음의 무게를 가볍게 하라. 마음이 무거우면 세상이 무겁다.
3. 돈은 거짓말을 하지 않는다. 돈 앞에서 진실하라.
4. 씨돈은 쓰지 말고 아껴 둬라. 씨돈은 새끼를 치는 종잣돈이다.
5. 샘물은 퍼낼수록 맑은 물이 솟아난다. 아낌없이 베풀어라.

[정답] 34 ③ 35 ②

Chapter 02 조직관리

중점 학습내용

조직관리는 "다른 사람들과 함께, 그들을 통해서 활동을 효과적으로 완수하는 과정"(Robbins, 1988 : 6: Donnelly et al,. 1998 : 3)이라 하며, "조직목표를 달성하기 위하여 인적·재정적·물질적·정보자원을 사용하여 계획, 의사결정, 조직화, 지도 및 통제하는 과정"(Griffin, 1987; Daft, 2004)이다. 이번 지도사 시험에 예상되는 중점 항목은 다음과 같다.
❶ 조직관리의 개요
❷ 조직의 기본형태
❸ 조직내의 집단과 리더십

1 조직관리의 개요

1. 조직관리

① 조직관리는 "다른 사람들과 함께, 그들을 통해서 활동을 효과적으로 완수하는 과정"(Robbins, 1988 : 6; Donnelly et al., 1998 : 3)이라고 정의했다.
② "조직목표를 달성하기 위하여 인적 · 재정적 · 물질적 · 정보자원을 사용하여 계획, 의사결정, 조직화, 지도 및 통제하는 과정"(Griffin, 1987;Daft, 2004)이라고 정의했다.

2. 조직 관리의 대상의 분류

① 인력
② 물자
③ 정보
④ 시간

합격예측

조직관리의 대상의 분류
① 인력
② 물자
③ 정보
④ 시간

합격예측

관리기능의 과정
① 기획(planning)
② 조직(organizing)
③ 지휘(leading)
④ 통제(controlling)

합격예측

조직관리 대상 4가지
① 인력관리
② 재무관리
③ 물자관리
④ 정보관리

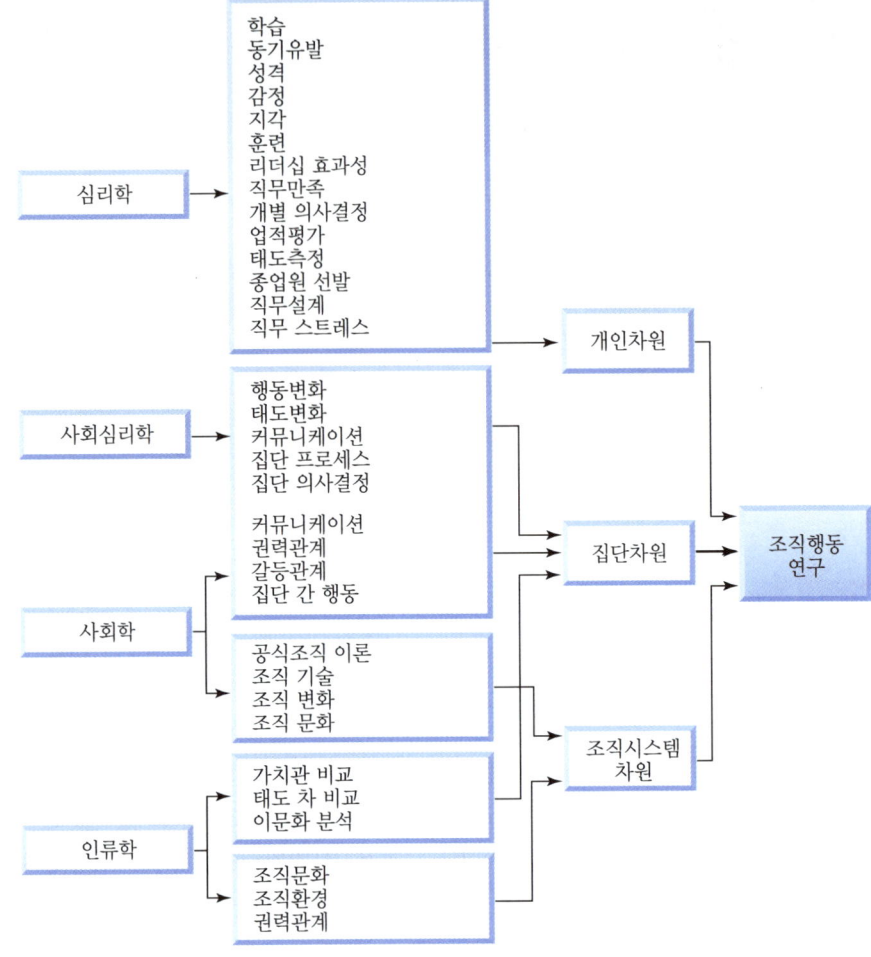

[그림] 조직관리에 관한 학문

3. 관리기능의 과정

① 기획(planning)　　② 조직(organizing)
③ 지휘(leading)　　④ 통제(conrtolling)

[표] 관리의 대상 자원의 예

구분	인력관리	재무관리	물자관리	정보관리
정부	공무원	정부예산, 세금	정부청사	행정정보(GNP)
기업	종업원	이윤, 주식	공장, 건물	기업정보(영업정보)
학교	교사, 교수, 직원	납입금	학교, 건물	학생 성적
종교단체	성직자, 신자	헌금	건물(교회, 사찰)	신앙 정도
급식조직	영양사, 조리사	급식비	조리대	식단, 영양가
병원조직	의사, 기사, 직원	입원비	수술기자재	질병 정보

4. 조직의 정의

① 첫째, 조직을 공식적 목표를 달성하기 위한 집합체(collectivity)나 사회적 단위로 보는데, 베버(Weber, 1947), 피프너와 셔우드(Pfiffner & Sherwood, 1960), 에치오니(Etzioni, 1964), 로빈스(Robbins, 1988)등의 견해의 조직 정의
② 둘째, 조직을 환경에 대하여 적응하는 사회적 단위로 보는 개방적 체제관(開放的體制觀)으로서, 셀즈닉(Selznick, 1953), 카츠와 칸(Katz & Kahn, 1966), 샤인(Schein, 1980)의 견해의 조직 정의
③ 셋째, 조직은 자체의 생명력을 가진 유기체(organic)로서 개인들의 집합체 이상의 것이며 스스로 생존시키고 유지시키려는 속성을 가지고 있다는 견해인데, 리터러(Litterer, 1965), 로렌스와 로쉬(Lawrence & Lorsch, 1969), 조석준(1985)의 저서에서 부분적으로 조직의 정의가 제시되고 있다.
④ 넷째, 조직을 종합적으로 보는 견해는 기존의 조직에 대한 정의를 종합하여 균형 있게 제시하려는 노력으로 오석홍(2005), 홀(Hall, 1992) 그리고 다프트(Daft, 2004)등의 견해의 조직 정의
⑤ 다섯째, 조직의 정의를 몇 가지로 분류한 것으로 스콧(Scott, 1981)은 합리적 체제, 자연적 체제 그리고 개방적 체제로, 리터러(Litterer, 1965)는 자연적·계획적 조직, 행태적·고전적 학파의 견해, 기타 접근으로 분류하고 있다.
⑥ 한편 모건(Morgan, 1986)은 사회 체제적 관점과는 구분되는 조직의 이미지라는 개념을 활용하여 조직 현상을 은유적(metaphors)으로 표현했다.

> **합격예측**
> **경영조직의 목적**
> ① 생산성 증가
> ② 품질개선
> ③ 비용 절감

2 조직의 기본형태

1. 조직의 기본적 방향

① 조직의 구성원을 모두 참여시킬 것
② 각 계층 간에 종적, 횡적, 기능적으로 유대관계를 이룰 것
③ 조직의 기능을 충분히 발휘할 수 있을 것

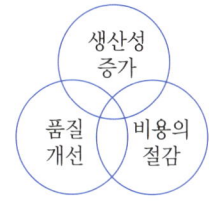

[그림] 경영에서의 조직의 목적

합격예측

전통적 관리조직의 이론
① 과학적 관리론
② 인간관계론
③ 관리과정론
④ 관료제도

합격예측

근대적 관리조직의 이론
① 의사 결정론
② 시스템 이론
③ 행동과학론

2. 조직이론

(1) 전통적 관리조직의 이론

① 과학적 관리론

② 인간관계론

③ 관리과정론

④ 관료제도

(2) 근대적 관리조직의 이론

① 의사 결정론

② 시스템 이론

③ 행동과학론

[표] 조직관리의 경영자의 역할(헨리 민츠버그)

조직역할	내용
대인관계 역할	
조직의 대표	상징적 존재 ; 법적 및 통상적으로 요구되는 일상업무의 수행
주도적 리더	부하 직원에 대한 동기부여와 과업지시 활동을 담당
대내외 연계	후원 및 정보를 제공하는 외부집단과의 네트워크 유지활동
정보제공 역할	
정보 모니터	방대한 양의 정보수집활동·내외부 정보의 중추신경 역할
정보 배포자	외부 및 타부서에서 접수된 정보를 내부 구성원들에게 전달
조직 대변인	조직의 계획, 정책, 실천사항 및 성과를 외부에 전달 : 동종업계의 전문가로서 활동하는 서비스
의사결정 역할	
창업기업가	조직의 내외부 환경분석(SWOT)을 통한 새로운 기회의 탐색 및 변화를 위한 프로젝트의 주도
위기경영자	조직이 곤경에 처하거나 예기치 않은 문제가 발생할 때 이를 정상적으로 안정시키는 책임수행
자원배분자	조직의 중요한 의사결정을 내리거나 이를 승인하는 활동
대표협상자	주요 협상에서 조직을 대표하는 역할

(3) 조직이론의 특징

① 조직은 공통의 목적을 가지며, 이 목적을 달성하기 위하여 인적, 물적 요소의 상호작용을 통하여 하나의 구조적 과정을 형성한다.
② 구조적 과정을 형성하기 위하여 제 기능을 분화하고 권한을 배분하여 개개인에게 할당하여 목적 달성에 기여토록 한다.
③ 활동을 조정함으로써 유효한 사회체제로서 유지시켜 나가는 특성을 갖는다.
④ 조직은 일정한 공통된 목적을 달성하려는 인간의 복합적인 의사결정의 체계로 정의할 수 있다.

3. 관료주의와 민주주의

(1) 관료주의 특징

① 관료주의는 막스 웨버(Max Weber)에 의해 산업혁명 초기 조직의 특징인 기업주와 종업원의 불평등, 정직함, 착취 등을 시정하기 위해 고안되었다.
② 관료주의는 합리적·공식적 구조로서의 관리자 및 작업자의 역할을 규정하여 비개인적, 법적인 경로(업무분장)를 통하여 조직이 운영되며, 질서 있고 예속 가능한 체계이며, 정확하고 효율적이다.
③ 개인적인 편견의 영향을 받지 않고 종업원 개인의 능력에 따라 상위층으로의 승진이 보장된다.
④ 베버의 관료주의 조직을 움직이는 네 가지 기본원칙
  ㉮ 노동의 분업 : 작업의 단순화 및 전문화
  ㉯ 권한의 이임 : 관리자를 소단위로 분산
  ㉰ 통제의 범위 : 각 관리자가 책임질 수 있는 작업자의 수
  ㉱ 구조 : 조직의 높이와 폭
⑤ 관료조직의 중요한 문제점은 조직 자체가 아무리 훌륭하여도 인간이 언제나 공식적인 조직에 순종하지 않는다는 점이며, 관료조직에 대한 비판은 다음과 같다.
  ㉮ 인간의 가치와 욕구를 무시하고 인간을 조직도 내의 한 구성요소로만 취급한다.
  ㉯ 개인의 성장이나 자아실현의 기회가 주어지지 않는다.
  ㉰ 개인은 상실되고 독자성이 없어질 뿐 아니라 직무 자체나 조직의 구조, 방법 등에 작업자가 아무런 관여도 할 수가 없다.
  ㉱ 사회적 여건이나 기술의 변화에 신속히 대응하기가 어렵다.

합격예측

베버의 관료주의 조직을 움직이는 네 가지 기본원칙
① 노동의 분업 : 작업의 단순화 및 전문화
② 권한의 이임 : 관리자를 소단위로 분산
③ 통제의 범위 : 각 관리자가 책임질 수 있는 작업자의 수
④ 구조 : 조직의 높이와 폭

참고

막스 베버
막스 베버는 19세기 후반기부터 20세기 초에 걸치는 시대에 활동한 독일의 저명한 사회과학자이자 사상가이다. 그는 정치, 경제, 사회, 역사, 종교 등 학문과 문화 일반에 대해 박식하고도 깊이 있는 조예를 가진 학자였다. 그는 19세기 후반기의 서구 사회과학의 발전에 크게 공헌하였을 뿐만 아니라 오늘날에도 철학이나 사회학 등에서 큰 영향을 미치고 있다.

합격예측

민주주의 특징
① 직무의 충실화 및 확대
② 모든 수준의 정책결정시 활동적인 작업자의 참여
③ 개인의 의사표현
④ 창의력 발휘
⑤ 자아충족의 기회제공

(2) 민주주의 특징

① 현대 조직 이론은 조직을 구성하는 개개 작업자에게 초점을 맞추어 전체 조직의 행동을 이해하기 전에 개개인의 행동에 대한 이해를 필요로 한다.
② 개인의 일에 대한 태도, 직무만족, 동기, 지도력의 심리적 측면에 대한 고려가 우선된다. 이런 것들은 고전적 관료조직에서는 간과했던 것으로 다음과 같은 효과가 있어서 조직 전체의 특성이나 목표가 이루어진다고 믿는다.
　㉮ 직무의 충실화 및 확대
　㉯ 모든 수준의 정책결정시 활동적인 작업자의 참여
　㉰ 개인의 의사표현
　㉱ 창의력 발휘
　㉲ 자아충족의 기회제공
③ 현대조직이론은 조직의 의사결정이나 직무 등에 작업자의 참여가 전제되어야 한다.
　㉮ 작업자들의 참여에 심리적으로 몰입할 수 있어야 한다.
　㉯ 참여에 작업자들이 동의해야 한다.
　㉰ 의사결정은 작업자들과 개인적으로 관련된 것이어야 한다.
　㉱ 작업자들은 스스로 표현할 수 있어야 한다.
　㉲ 의사 결정시 충분한 시간을 필요로 한다.
　㉳ 참여로 인해 발생되는 비용이 생산성에 문제가 되어서는 곤란하다.
　㉴ 작업자는 보복으로부터 안전해야 한다.
　㉵ 작업자의 참여가 관리자의 명예를 훼손해서는 안 된다.
　㉶ 효율적인 의사소통 경로가 제공되어야 한다.
　㉷ 작업자의 참여과정에 대한 훈련이 되어 있어야 한다.

(3) 조직의 형태

① 조직의 형태는 기능을 분화하고 그것을 분담한 구성원이 협동해서 합리적으로 직능을 수행할 수 있도록 한 분업과 협업의 관계로서의 구조를 말한다.
② 조직구조는 경영의 제반업무 활동이 분화, 발달함에 따라 점차 복잡한 양상을 띠고 있어 순수한 조직형태(직계조직, 직능식 조직, 직계참모조직)를 채택하고 있는 회사는 거의 없다.
③ 모든 산업조직에는 라인과 스태프가 있으며, 또한 각종 위원회도 설치함으로써 조직의 다원적 운용을 꾀하고 있다.

4. 조직의 종류

(1) 직계식 조직(line organization)

① 개요
- ㉮ 직계식 조직은 라인식 조직, 직계식 조직, 또는 군대식 조직이라고도 한다.
- ㉯ 직계식 조직은 최고 상위에서부터 최하위의 단계에 이르는 모든 직위가 단일 명령권한의 라인으로 연결된 조직형태를 말한다.
- ㉰ 직계식 조직에 있어서 하위자는 1인 직속 상사 이외의 사람과는 직접적인 관계를 갖지 않게 된다.
- ㉱ 라인조직을 형성하는 라인 관계는 모든 조직 및 단위 조직에 공통되는 조직편성의 기본이 되지만, 규모가 확대되고 환경변화에의 적응이 긴요한 현대의 산업조직에 있어서의 라인 권한관계만으로는 성립할 수 없다.

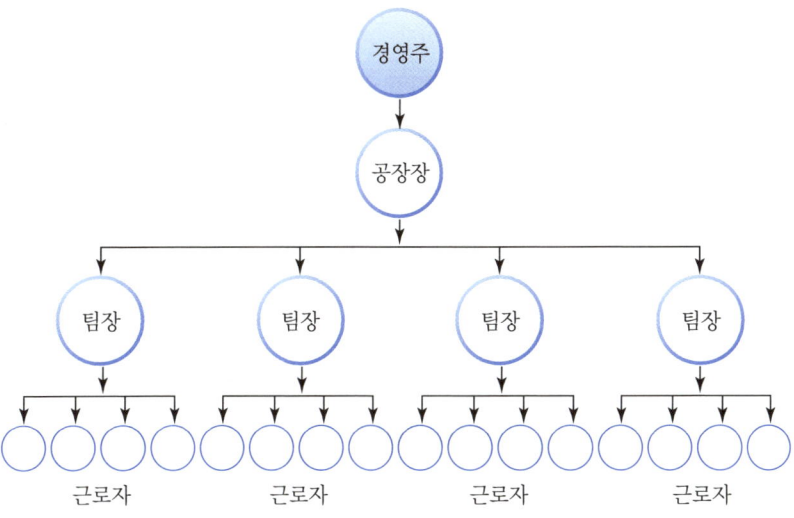

[그림] 직계식 조직

② 직계식 조직의 장·단점
- ㉮ 장점
  - ㉠ 조직은 명령계통이 매우 간단하면서 일관성을 가진다.
  - ㉡ 책임과 권한의 구속이 분명하다.
  - ㉢ 경영 전체의 질서유지가 잘 된다.
- ㉯ 단점
  - ㉠ 상위자의 1인에 권한이 집중되어 있기 때문에 과중한 책임을 지게 된다.

합격예측

직계식조직의 특징
① 직계식 조직은 라인식 조직, 직계식 조직, 또는 군대식 조직이라고도 한다.
② 직계식 조직은 최고 상위에서부터 최하위의 단계에 이르는 모든 직위가 단일 명령권한의 라인으로 연결된 조직형태를 말한다.
③ 직계식 조직에 있어서 하위자는 1인 직속 상사 이외의 사람과는 직접적인 관계를 갖지 않게 된다.
④ 라인조직을 형성하는 라인 관계는 모든 조직 및 단위 조직에 공통되는 조직편성의 기본이 되지만, 규모가 확대되고 환경변화에의 적응이 긴요한 현대의 산업조직에 있어서의 라인 권한관계만으로는 성립할 수 없다.

> [!NOTE]
> **합격예측**
>
> **직능식 조직의 특징**
> ① 직능식 조직은 기능식 조직이라고도 한다.
> ② 직능식 조직은 관리자가 일정한 관리기능을 담당하도록 기능별 전문화가 이루어지고, 각 관리자는 자기의 관리직능에 관한 것인 한 다른 부문의 부하에 대하여도 명령·지휘하는 권한을 수여한 조직을 말한다.
> ③ 직능식 조직은 테일러(F.W. Taylor)가 그의 과학적 관리법에서 주장한 조직형태로부터 비롯된 것이다.
> ④ 직능식 조직은 종래의 직계식 조직하의 만능적 직장에 대신한 것이다.

ⓒ 권한을 위양하여 관리단계가 길어지면 상하 커뮤니케이션에 시간이 걸린다.
ⓒ 횡적 커뮤니케이션이 어렵다.

(2) 직능식 조직(functional organization)

① 개요
  ㉮ 직능식 조직은 기능식 조직이라고도 한다.
  ㉯ 직능식 조직은 관리자가 일정한 관리기능을 담당하도록 기능별 전문화가 이루어지고, 각 관리자는 자기의 관리직능에 관한 것인 한 다른 부문의 부하에 대하여도 명령·지휘하는 권한을 수여한 조직을 말한다.
  ㉰ 직능식 조직은 테일러(F.W. Taylor)가 그의 과학적 관리법에서 주장한 조직형태로부터 비롯된 것이다.
  ㉱ 직능식 조직은 종래의 직계식 조직하의 만능적 직장에 대신한 것이다.

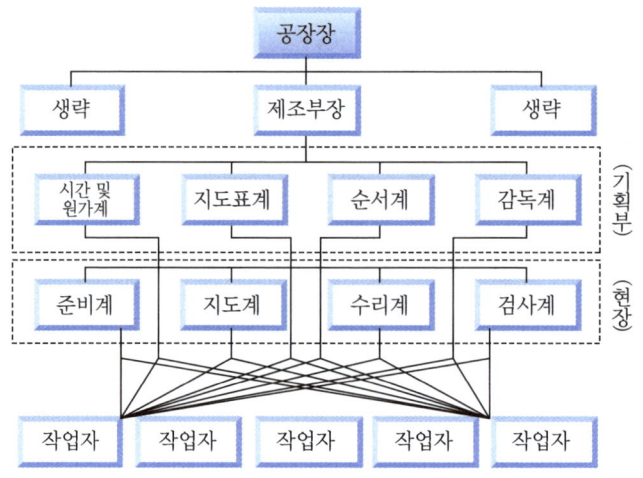

[그림] 직능식 조직

② 직능식 조직의 장·단점
  ㉮ 장점
    ㉠ 상위자의 관리직능을 직능별 전문화에 의하여 배분함으로써 그 부담을 경감시킬 수가 있다.
    ㉡ 상위자의 전문적 능력을 충분히 발휘할 수 있다.
    ㉢ 관리자의 양성이 용이하다.

④ 단점
  ㉠ 상위자는 몇 명의 상위자로부터 명령을 받게 되므로 혼란을 야기할 염려가 있다.
  ㉡ 책임의 소재가 불명하기 쉽다.
  ㉢ 동기계층의 관리자간의 의견대립이 있을 때에 그 조정이 어렵다.

(3) 직계참모 조직(line and staff organization)

① 개요
  ㉮ 직계참모 조직은 라인-스태프 조직이라고도 한다.
  ㉯ 직능별 전문화의 원리와 명령 일원화의 원리를 조화할 목적으로 라인과 스태프를 결합하여 형성한 조직이다.
  ㉰ 라인 직능과 스태프 직능의 결합은 라인의 결정과 명령을 실시할 수 있는 체계로 보고, 스태프는 라인에 대하여 조언과 조력을 행하는 체계로 보는 권한관계의 양식을 기초로 한다.
  ㉱ 미국의 에머슨(H. Emerson)이 프로시아 군대의 참모제도를 참고로 하여 제창한 것이다.
  ㉲ 조직형태는 현실적인 기업경영에서 널리 채용되고 있으므로 라인과 스태프의 관계를 명확히 하는 반면, 양자의 관계가 원만하게 조화되도록 쌍방에서 노력할 것이 필요하다.

② 직계참모 조직의 장·단점
  ㉮ 장점
    ㉠ 이 조직은 명령의 통일성을 확보할 수 있다.
    ㉡ 전문가를 활용함으로써 일의 질과 능률을 향상시킬 수 있다.
  ㉯ 단점
    ㉠ 스태프를 중용할 때 스태프가 라인부문의 집행에 개입하여 명령체계의 혼란이 야기될 수 있다.
    ㉡ 스태프가 경시되면 조언·조력이 라인에 의하여 활용되지 못하는 결과를 가져온다.

합격예측

직계참모 조직의 특징
① 직계참모 조직은 라인-스태프 조직이라고도 한다.
② 직능별 전문화의 원리와 명령 일원화의 원리를 조화할 목적으로 라인과 스태프를 결합하여 형성한 조직이다.
③ 라인 직능과 스태프 직능의 결합은 라인의 결정과 명령을 실시할 수 있는 체계로 보고, 스태프는 라인에 대하여 조언과 조력을 행하는 체계로 보는 권한관계의 양식을 기초로 한다.
④ 미국의 에머슨(H. Emerson)이 프로시아 군대의 참모제도를 참고로 하여 제창한 것이다.
⑤ 조직형태는 현실적인 기업경영에서 널리 채용되고 있으므로 라인과 스태프의 관계를 명확히 하는 반면, 양자의 관계가 원만하게 조화되도록 쌍방에서 노력할 것이 필요하다.

합격예측

현재 대기업이 사업부제 경영조직을 채택하게 된 이유
① 경영다각화 전략에 적응하기 위함이다.
② 토탈(total) 마케팅의 요구에 부응하기 위함이다.
③ 의사결정의 합리화를 기하기 위함이다.
④ 책임체제의 명확화를 꾀하기 위함이다.
⑤ 실천에 의한 경영자를 양성하기 위함이다.
⑥ 모티베이션(motivation)을 개선하기 위함이다.

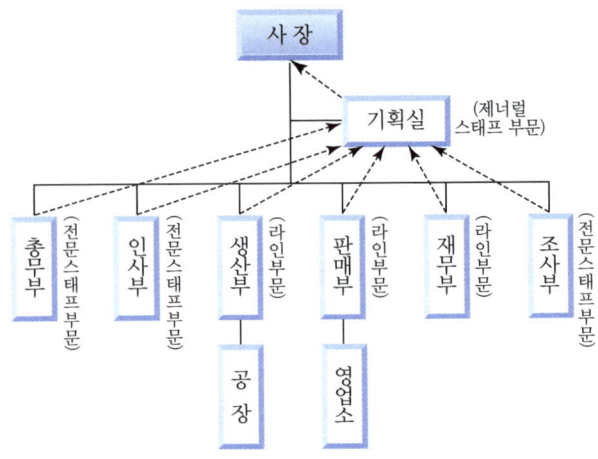

[그림] 직계참모 조직

(4) 사업부제 조직(divisionalized organization)

① 개요
　㉮ 사업부제 조직은 기업의 경영활동을 각 사업부별로 독자적시장과 제품을 갖는 시장책임단위와 독립채산적인 관리제도를 행하는 이익 책임단위, 그리고 마치 타 기업과도 같은 이권화 단위의 세 가지 측면을 가진 조직을 말한다.
　㉯ 기업경영의 이익관리를 위한 책임중심점으로서 제품의 생산계획 및 판매계획 등을 독자적으로 수행하게 되는 것이다.

② 현재 대기업이 사업부제 경영조직을 채택하게 된 이유
　㉮ 경영다각화 전략에 적응하기 위함이다.
　㉯ 토탈(total) 마케팅의 요구에 부응하기 위함이다.
　㉰ 의사결정의 합리화를 기하기 위함이다.
　㉱ 책임체제의 명확화를 꾀하기 위함이다.
　㉲ 실천에 의한 경영자를 양성하기 위함이다.
　㉳ 모티베이션(motivation)을 개선하기 위함이다.

③ 제품별 사업부제 조직(product divisionalzation)
　㉮ 이 조직은 분리할 수 있는 제품 종류의 하나하나가 거의 독립된 사업체로서 설립되고, 그 장(長)은 거기서의 제품, 판매 기타 모든 직능에 관한 책임을 지는 조직체이다.
　㉯ 제품별 사업부제 조직은 회사 전체로서의 제품계열 중에서 제조상 또는 판매상 동질성을 갖는 어떤 제품을 일괄 분리하여 비교적 자주적인 제품단위가 되도록 독자적인 제품사업부를 마련하는 것을 말한다.

④ **지역별 사업부제 조직(district divisionalization)**
  ㉮ 이 조직은 지리적인 지구 또는 지역을 명확히 하고, 그곳에서의 사업일체에 관하여 사업부장이 직접 책임을 지는 조직이다.
  ㉯ 기업의 사업단위를 지역단위로 분화하여 책임경영을 시키기 위해서 채택되는 조직구조이다.
  ㉰ 사업부의 책임자는 일부 지역 내에서의 모든 경영 활동에 대하여 광범위한 권한과 책임을 가진다. 이 경우 각 사업부는 독자적인 손익계산과 독립채산을 할 수 있는 이익 센터(profit center)가 된다.

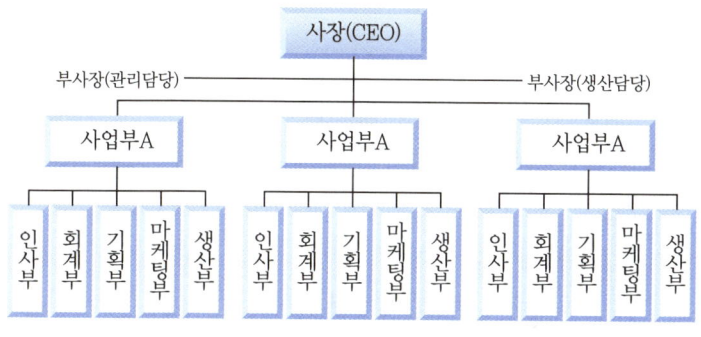

[그림] 사업부제 조직의 예

(5) 프로젝트 조직(project organization)

① 개요
  ㉮ 프로젝트 조직은 특정한 프로젝트, 즉 과제를 처리하기 위하여 일시적·잠정적으로 형성된 조직체를 말한다.
  ㉯ 오늘날 경영자는 경영상 어떤 사안(matter)을 아이디어로서 제기시켜서 그것을 효율적으로 제품화하고, 또 그것을 판매할 구체화된 계획을 세워 나갈 수 있고, 또한 그것을 집행하지 않으면 안 된다.
  ㉰ 프로젝트(과제)를 처리함에 있어서 직능별 조직이나 사업부 조직 또는 직계참모 조직으로는 불가능하다. 예컨대, 우주개발 프로젝트, 미사일 개발 프로젝트, 플랜트 건설 프로젝트, 도시개발 프로젝트, 연구개발 프로젝트 등 이들 모든 프로젝트를 유효하게 실현하기 위해서는 확고한 책임자 중심의 계획과 그 추진을 위한 조직이 필요하다.
  ㉱ 프로젝트 조직(task force) 또는 과제 기동식 조직이라고 말한다.

합격예측

프로젝트 조직의 책임자 유형
① 프로덕트 매니저(product manager)
② 프로젝트 매니저(project manager)
③ 프로그램 매니저(program manager)

② 프로젝트 조직의 특성
　㉮ 경영조직 내부에 프로젝트별로 조직화를 꾀한 조직형태이다.
　㉯ 원칙적으로 일시적이며, 잠정적인 조직이다.
　㉰ 프로젝트 매니저는 라인의 장이며, 프로젝트를 기획·실시하는 권한과 책임을 가지고 있다.
　㉱ 직능부문 조직이나 사업부제 조직이 조직구조를 중심으로 한 것임에 비하여 프로젝트 조직은 과정을 중심으로 하여 이것과 구조를 통합하는 새로운 조직이다.
　㉲ 프로젝트 조직에는 직능분화에 의한 전문화가 이루어지지 못한다는 단점이 있다.
③ 프로젝트 조직의 책임자 유형
　㉮ 프로덕트 매니저(product manager)
　㉯ 프로젝트 매니저(project manager)
　㉰ 프로그램 매니저(program manager)

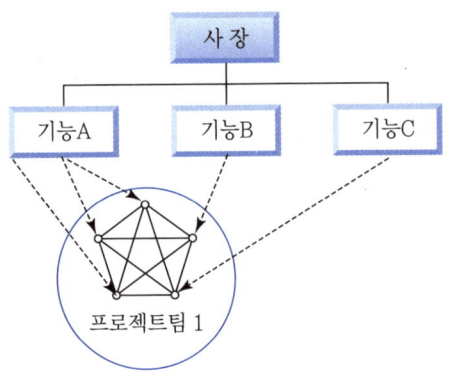

[그림] 프로젝트 조직

(6) 위원회 조직(line and staff organization)

① 위원회 조직은 직계식 조직, 직능식 조직, 직계·참모 조직식 3가지 조직형태의 보완적 조직이다.
② 특정 목적을 위하여 집단으로서 공동의사를 결정하는 회의체이다. 현대의 많은 기업체에서 경영의 실천과정에서 이 조직형태가 활용되고 있다.
③ 집단에 의한 공동의사 결정이라는데서 찾을 수 있으며, 이 조직에 있어서 결정은 대체로 조언적 성질을 가지는 경우가 많으나, 기능적으로는 협의 또는 조정기능이 높이 평가되고 있다.

(7) 안전관리 조직(safety and management organization)

① 안전관리를 효율적으로 수행하고 성과를 올리기 위해서는 우선 다음과 같은 안전의 근원적인 문제에 대한 검토가 필요하다.
  ㉮ 기업의 관리에 적합한 형태로 유도(변환)하는 방법이 강구되지 않으면 안전관리의 효율이 오르지 않는다.
  ㉯ 관리하여야 할 내용을 정확하게 파악하는 것이 유효한 안전관리를 실시하기 위한 문제이다.
  ㉰ 안전관리는 기업의 조직활동으로 실천되지 않으면 안 되는 것이므로 이 문제를 관리하는데 적합한 조직을 생각하여야 한다.

② 사업장에서 안전관리를 조직적으로 추진하고 재해예방의 성과를 올리기 위해서는 다음과 같은 사항들이 필요하다.
  ㉮ 경영자는 안전우선의 자세를 스스로의 경영 기본방침 및 안전방침에 공표하여야 한다.
  ㉯ 안전보건관리책임자는 경영자의 기본방침에 의거하여 안전관리자 및 보건관리자를 지휘하여 산업재해예방시책을 적극적으로 추진·관리하여야 한다.
  ㉰ 경영자의 기본방침에 의한 안전활동을 조직적으로 추진하기 위해서는 각 계층의 합의에 의한 공장 안전관리 계획을 수립하고, 실시·통제하여야 한다.

③ 안전활동을 효과적으로 추진하기 위해서는 무엇보다도 라인의 책임자가 활동하기 쉽도록 다음의 조건을 정비하여야 한다.
  ㉮ 생산조직에 준하는 안전관리체제를 확립한다. 즉, 생산라인의 각 계층의 안전확보와 관련되는 책임, 직무 및 권한을 분명하게 결정한다.
  ㉯ 안전관리 예산을 편성한다.
  ㉰ 안전활동의 근거가 되는 안전관리규정, 안전기준, 안전수칙 등을 정한다.
  ㉱ 관계자에 대한 교육을 통해 안전활동에 필요한 능력을 부여한다.
  ㉲ 직장 내에 인간관계를 형성한다.

> **합격예측**
>
> **안전관리의 효율적 수행을 위하여 검토사항**
> ① 기업의 관리에 적합한 형태로 유도(변환)하는 방법이 강구되지 않으면 안전관리의 효율이 오르지 않는다.
> ② 관리하여야 할 내용을 정확하게 파악하는 것이 유효한 안전관리를 실시하기 위한 문제이다.
> ③ 안전관리는 기업의 조직활동으로 실천되지 않으면 안 되는 것이므로 이 문제를 관리하는데 적합한 조직을 생각하여야 한다

합격예측

재해예방을 위한 안전관리 조직의 목적
① 모든 위험요소의 제거
② 위험요소 제거의 기술 수준 향상
③ 재해예방 대책의 향상
④ 단위당 예방비용의 저감

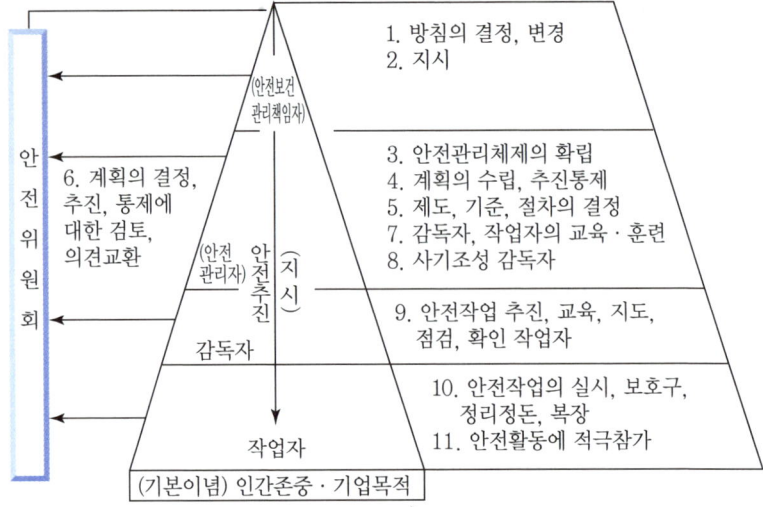

[그림] 안전관리의 조직적 추진기구

④ 이상적인 안전관리 조직의 구비조건
  ㉮ 조직을 구성하는 관리자의 책임과 권한이 분명해야 한다.
  ㉯ 생산 Line과 직결된 조직이여야 한다.

[표] 재해예방을 위한 안전관리 조직

조직의 목적	① 모든 위험요소의 제거 ② 위험요소 제거의 기술 수준 향상 ③ 재해예방 대책의 향상 ④ 단위당 예방비용의 저감	
조직의 구비 조건	① 회사의 특성과 규모에 부합되게게 조직화될 것 ② 조직의 기능이 충분히 발휘될 수 있는 제도적 체계를 갖출 것 ③ 조직을 구성하는 관리자의 책임과 권한을 분명히 할 것 ④ 생산라인과 밀착된 조직이 될 것	
조직의 기능요소	기본적인 기능요소	① 안전상의 제안조치를 강구할 수 있는 기능 ② 안전보건에 관한 교육과 지도 감독 기능 ③ 경영적 차원에서의 안전조치 기능 ④ 재해사고 시 조사와 피해 억제 및 긴급조치 기능
	기능상의 여러문제	① 조직은 있으나 기능이 주어지지 않는 인원이 배치되는 경우 ② 조직도 없이 기능만을 부여하고 배치된 인원이 자주 인사 이동되는 경우 ③ 조직도, 기능도 없이 인원이 배치되는 경우

[표] 안전관리의 기본조직

구분	라인형 조직 직계식(直系式) 계선식(界線式)(Line system)	Staff형 조직 참모식(參謀式) 막료식(幕僚式)(Staff system)	Line-Staff형 조직 직계·참모식 (Line-Staff system)
장점	① 안전보건관리와 생산을 동시에 수행 ② 명령과 보고가 상하관계 뿐이므로 간단명료(모든 권한이 포괄적이고 직선적으로 행사) ③ 명령이나 지시가 신속정확하게 전달되어 개선조치가 빠르게 진행 ④ 별도의 안전관리 요원을 두지 않아 예산절약의 효과	① 안전전담부서(Staff)의 참모인 안전관리자가 안전관리의 계획에서 시행까지 업무추진(고도의 안전활동 진행) ② 안전기법 등에 대한 교육훈련을 통해 조직적으로 안전관리 추진(안전에 관한 업무의 표준화, 정착화) ③ 경영자의 조언과 자문역할(안전보건 업무에 대하여 조언자 역할) ④ 안전에 관한 지식, 기술 축적 및 정보 수집이 용이하고 신속 ⑤ 사업장 특성에 맞는 안전보건대책 수립용이	① 라인에서 안전보건 업무가 수행되어 안전보건에 관한 지시 명령조치가 신속, 정확하게 전달, 수행 ② 안전보건의 전문지식이나 기술축적 용이(해당 사업장에 적합한 대책수립가능) ③ 스태프에서 안전에 관한 기획, 조사, 검토 및 연구를 수행
단점	① 안전보건에 관한 전문지식이나 기술이 결여되어 안전보건관리가 원만하게 이루어지지 못함(고도의 안전관리, 기대불가) ② 생산라인의 업무에 중점을 두어 안전보건관리가 소홀해 질 수 있음 ③ 안전에 관한 전문지식이나 정보 불충분	① 생산계통의 기능과 상반된 견해차이 등으로 안전활동 위한 협력이 부족 ② 안전지시의 이원화로 명령계통의 혼란초래(응급조치 곤란, 통제수단복잡) ③ 안전에 대한 이해가 부족할 경우 안전대책의 현장 침투 불가 ④ 안전과 생산을 별개로 취급(생산부분은 안전에 대한 책임과 권한없음)	① 라인과 스태프간에 협조가 안될 경우 업무의 원활한 추진 불가 ② 스태프의 기능이 너무 강하면 권한의 남용으로 라인이 간섭 → 라인의 권한약화 → 라인의 유명무실 ③ 명령계통과 조언, 권고적 참여가 혼돈될 가능성
활성화 대책	라인형 조직에 맞는 체계적인 안전보건 교육의 지속적인 실시가 필요함	스태프에 안전에 관한 업무수행에 필요한 각종 권한 부여(인적, 물적사항 포함)	라인과 스태프 간의 확고한 공조체제 구축

합격예측

직계식 안전조직의 장·단점
(1) 장점
① 안전보건관리와 생산을 동시에 수행
② 명령과 보고가 상하관계 뿐이므로 간단명료(모든 권한이 포괄적이고 직선적으로 행사)
③ 명령이나 지시가 신속 정확하게 전달되어 개선조치가 빠르게 진행
④ 별도의 안전관리 요원을 두지 않아 예산절약의 효과

(2) 단점
① 안전보건에 관한 전문지식이나 기술이 결여되어 안전보건관리가 원만하게 이루어지지 못함(고도의 안전관리, 기대불가)
② 생산라인의 업무에 중점을 두어 안전보건관리가 소홀해 질 수 있음
③ 안전에 관한 전문지식이나 정보 불충분

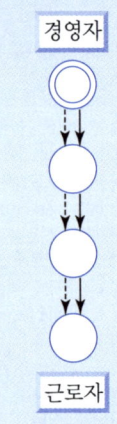

라인형 조직

그밖의 특징	① 안전보건관리업무(PDCA사이클 등)를 생산라인(production line)을 통하여 이루어지도록 편성된 조직 ② 생산라인에 모든 안전보건관리기능을 부여(업무가 생산 위주라 안전에 대한 전문지식이나 기술 습득시간 부족) ③ 전문적인 기술을 필요로 하지 않는 100인 미만의 소규모 사업장에 적합	① 근로자 100~1,000명 정도의 중규모사업장에 적합 ② 안전에 관한 계획안의 작성, 조사, 점검결과에 의한 조언, 보고의 역할(스스로 생산 라인의 안전업무를 행할 수 없음) ③ F.W.Taylor의 기능형(functional)조직에서 발전 → 분업의 원칙을 고도로 이용 → 책임과 권한이 직능적으로 분담	① 라인형과 스태프형의 장점을 절충한 이상적인 조직 ② 안전보건업무를 전담하는 스태프를 두고 생산라인의 부서의 장으로 하여금 안전보건 담당(안전보건대책 : 스태프에서 수립 → 라인을 통하여 실천) ③ 라인에는 생산과 안전에 관한 책임과 권한이 동시에 부여(안전보건업무와 생산업무의 균형유지) ④ 근로자 1,000명 이상의 대규모 사업장에 적합 ⑤ 우리나라 산업안전보건법상의 조직형태 ⑥ 안전과 생산이 유리될 우려가 없어 운용이 적절하면 이상적인 조직

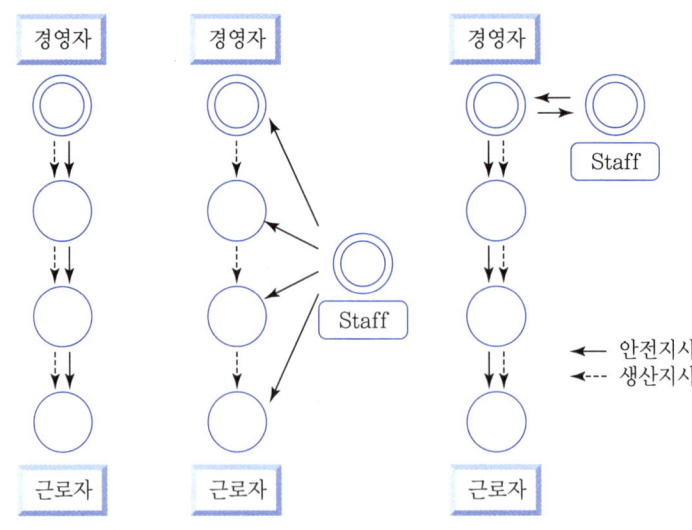

[그림] 관리조직의 기본

3 조직내의 집단과 리더십

1. 집단관리

(1) 집단의 정의

공동 목표를 달성하기 위하여 조직된 소수의 상호 의존적이고 상호 작용적인 인간의 집합체

(2) 집단의 개념적 요소

① 첫째, 집단은 소수의 인원으로 구성된다. 집단은 최소한 2인 이상으로 구성되는 사회적 집합체이다. 규모의 최대 한계에 대해서는 제한이 없으며(신유근, 1982), 보편적인 결론이 아직은 없으나 매일 직접적인 대면과 접촉이 가능한 정도로 국한된다고 본다. 다수는 집단을 형성하더라도 그것은 이미 집단이 아니고 조직으로 변한다.

② 둘째, 집단은 공동의 목표를 달성하고자 한다. 공식적 집단을 조직이 부여한 부분적인 임무와 기능을 수행하며, 비공식집단도 나름으로의 인간적 욕구를 충족시키려 하는 공동의 목표가 있다. 그들은 상호 의존 관계를 통하여 공동의 목표를 달성한다. 따라서 그들 간에 일정한 질서와 규범이 존재한다.

③ 셋째, 집단은 집단구성원 간에 상호 작용하고 상호 의존한다. 집단 구성원은 일상적으로, 지속적으로 상호간에 교호 작용을 계속한다. 버스 속에서 우연히 같은 좌석에 앉았다고 해서 집단이 아니다.

(3) 집단의 종류

① 공식적 집단(formal group)
  ㉮ 공식적 집단은 전체조직의 목표와 관련된 사업을 수행하거나 특별한 필요가 있는 경우에 공식적으로 만들어진 집단이다.
  ㉯ 각 구성원들의 직무가 명확하고 집단의 목표나 계층도 잘 규정되어 있다.
  ㉰ 권력, 권한, 책임, 업무 등이 명확하게 주어지고 있으며, 의사소통(communication)의 경로도 뚜렷하게 되어 있다.
  ㉱ 공식적 집단에는 상사와 그 직접적인 부하로 구성된 명령집단과 조직 내에서 특수한 프로젝트나 직무에 입각해서 일을 할 수 있도록 공식적으로 구성된 과업집단이 있다.

② 비공식적 집단(informal group)
  ㉮ 비공식 집단은 각 구성원들이 그들의 작업환경에서 사회적 욕구를 충족시키기 위해 자연발생적으로 형성된 모임을 말한다.

합격예측

인간관계의 메커니즘

① 일체화 : 인간의 심리적 결합이다.
② 동일화(identification) : 다른 사람의 행동양식이나 태도를 투입시키거나 다른 사람 가운데서 자기와 비슷한 것을 발견하려는 것이다.
③ 역할 학습 : 유희
④ 투사(projection) : 자기 속에 억압된 것을 다른 사람의 것으로 생각하는 것이다.
⑤ 커뮤니케이션(communication) : 갖가지 행동인식이나 기호를 매개로 하여 어떤 사람으로부터 다른 사람에게 전달되는 과정(언어, 몸짓, 신호, 기호 등)이다.
⑥ 공감 : 이입 공감, 그러나 동정과 구분해야 한다.
⑦ 모방(imitation) : 남의 행동이나 판단을 표본으로 하여 그것과 같거나, 또는 그것에 가까운 행동, 또는 판단을 취하려는 것이다. 예를 들면, 직접 모방, 간접 모방, 부분 모방이 있다.
⑧ 암시(suggestions) : 다른 사람으로부터의 판단이나 행동을 무비판적으로 논리적, 사실적 근거 없이 받아들이는 것이다. 예를 들면, 각성 암시, 최면 암시가 있다.

㉯ 비공식 집단은 여러 가지 형태로 존재할 수 있지만 크게 이익집단과 우정집단으로 나눌 수 있다.
㉰ 이익집단은 공통적인 이해와 태도에 따라 형성되는 집단으로 이들의 목적은 조직의 목적과는 관련성이 없고, 각 집단마다 다르다.
㉱ 우정집단은 구성원 상호간에 우호관계를 위하여 모인 집단이다.

③ **사회집단의 유형**

㉮ 퇴니스(F. Tönnies)의 분류 : 사회집단을 조직 구성원의 결합의지에 따라 공동사회(gemeinschaft)와 이익사회(gesellschaft)로 나누었다.
㉯ 쿨리(C.H. Cooley)의 분류 : 사회집단을 조직 구성원의 접촉방식에 따라 1차 집단과 2차 집단으로 구분하였다.
㉰ 스미스(W.R. Smith)의 분류 : 1차 집단이나 2차 집단에 포함시킬 수 없는 집단을 중간 집단(intermediate group)이라고 하였다.
㉱ 브라운(Brown)의 분류 : 모든 집단과 구별되는 것으로 3차 집단이라는 개념을 추가하였다.

(4) 호손(Hawthorn) 연구

인간관계 관리의 개선을 위한 연구로 미국의 메이요(E. Mayo)교수가 주축이 되어 호손 공장에서 실시되었다.

① 작업능률을 좌우하는 것은 단지 임금, 노동시간 등의 노동조건과 조명, 환기, 기타 작업환경으로서의 물적 조건만이 아니라 종업원의 태도, 즉 심리적·내적 양심과 감정이 보다 중요하다.
② 물적 조건도 그 개선에 의하여 효과를 가져올 수 있으나 오히려 종업원의 심리적 요소가 더욱 중요하다.
③ 종업원의 태도 및 감정을 좌우하는 것은 개인적·사회적 환경, 사내의 협력관계, 그가 소속하는 비공식적 집단의 힘이라는 것을 발견하였다.

(5) 인간관계의 메커니즘(mechanism)

심리학적으로 인간의 정신 발달과정은 다음과 같은 단계를 거친다. 각 단계는 일정한 시기에 시작하여 끝나는 단계는 명확치 않고 일생 동안 계속되는 경우가 대부분이다.

① **일체화** : 인간의 심리적 결합이다.
② **동일화(identification)** : 다른 사람의 행동양식이나 태도를 투입시키거나 다른 사람 가운데서 자기와 비슷한 것을 발견하려는 것이다.

③ 역할 학습 : 유희
④ 투사(projection) : 자기 속에 억압된 것을 다른 사람의 것으로 생각하는 것이다.
⑤ 커뮤니케이션(communication) : 갖가지 행동인식이나 기호를 매개로 하여 어떤 사람으로부터 다른 사람에게 전달되는 과정(언어, 몸짓, 신호, 기호 등)이다.
⑥ 공감 : 이입 공감, 그러나 동정과 구분해야 한다.
⑦ 모방(imitation) : 남의 행동이나 판단을 표본으로 하여 그것과 같거나, 또는 그것에 가까운 행동, 또는 판단을 취하려는 것이다. 예를 들면, 직접 모방, 간접 모방, 부분 모방이 있다.
⑧ 암시(suggestions) : 다른 사람으로부터의 판단이나 행동을 무비판적으로 논리적, 사실적 근거 없이 받아들이는 것이다. 예를 들면, 각성 암시, 최면 암시가 있다.

(6) 집단에 있어서 사회행동의 기초

① 욕구
   ㉮ 1차적 욕구 : 기아, 갈증, 성, 호흡, 배설 등의 물리적 욕구와 유해 또는 불쾌자극을 회피 또는 배제하려는 위급 욕구로 구성된다.
   ㉯ 2차적 욕구 : 경험적으로 획득된 것으로 대개 지위, 명예, 금전과 같은 사회적 욕구들을 말한다.
② 개성 : 인간의 성격, 능력, 기질의 3가지 요인이 결합되어 이루어진다.
③ 인지 : 사태 또는 사상에 대하여 미리 어떠한 지식을 가지고 있느냐에 따라 규정된다.
④ 신념 및 태도
   ㉮ 신념 : 스스로 획득한 갖가지 경험 및 다른 사람으로부터 얻어진 경험 등으로 이루어지는 종합된 지식의 체계로 판단의 테두리를 정하는 하나의 요인이 된다.
   ㉯ 태도 : 어떤 사태 또는 사상에 대하여 개인 또는 집단 특유의 지속적 반응 경향을 말한다.

(7) 집단에서의 인간관계

① **경쟁(competition)** : 상대방보다 목표에 빨리 도달하고자 하는 노력
② **공격(aggression)** : 상대방을 가해하거나 또는 압도하여 어떤 목적을 달성하는 것
③ **융합(accommodation)** : 상반되는 목표가 강제(coercion), 타협(compromise), 통합(integration)에 의하여 공통된 하나가 되는 것

합격예측

집단에서의 인간관계
① 경쟁(competition) : 상대방보다 목표에 빨리 도달하고자 하는 노력
② 공격(aggression) : 상대방을 가해하거나 또는 압도하여 어떤 목적을 달성하는 것
③ 융합(accommodation) : 상반되는 목표가 강제(coercion), 타협(compromise), 통합(integration)에 의하여 공통된 하나가 되는 것
④ 코퍼레이션(cooperation) : 인간들의 힘을 함께 모으는 것
   ㉮ 협력
   ㉯ 조력
   ㉰ 분업
⑤ 도피(escape)와 고립(isolation) : 인간의 열등감에서 오며, 자기가 소속된 인간관계에서 이탈함으로써 얻는 것

합격예측

집단적응 기본형태
① 대립
② 협력
③ 도피
④ 융합

참고

George Elton Mayo

메이오는 호주 애들레이드(Adelaide)에서 태어났다. 집안의 기대를 한몸에 받고 의대를 진학하지만 흥미를 느끼지 못하고 영국으로 갔다. 영국에서는 호주 정치학에 관한 글을 쓰고 교편도 잡았지만, 결국 다시 호주로 돌아와 출판사업을 하다가 학업을 이어 나갔다. 당시 스승은 철학자 미첼(W. Mitchell)이었다. 메이오는 1911년부터 1922년까지 퀸즐랜드(Queensland)대학교에서 강의를 했고, 1923년부터 미국의 펜실베이니아(Pennsylvania)대학교로 자리를 옮겼다. 록펠러재단의 후원을 받은 메이오는 여러 섬유회사에서 노동자들의 생산성을 저해하는 요인을 연구하고, 노동자 생산성 향상에 필요한 요인을 탐색하였다. 1926년에는 하버드대학교 경영학부에 자리를 잡아 1947년까지 재직하였다. 하버드대학교에서 그는 산업연구교수였다.

한편, 1913년 호주 브리즈번에서 매코넬(D. McConnel)과 결혼하여 슬하에 딸 2명을 두기도 하였다.

④ 코퍼레이션(cooperation) : 인간들의 힘을 함께 모으는 것
  ㉮ 협력
  ㉯ 조력
  ㉰ 분업
⑤ 도피(escape)와 고립(isolation) : 인간의 열등감에서 오며, 자기가 소속된 인간관계에서 이탈함으로써 얻는 것

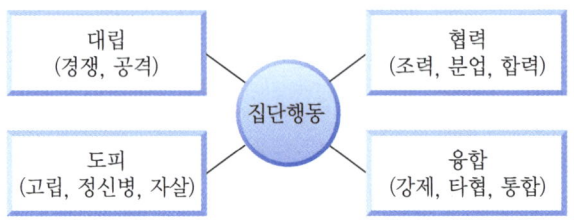

[그림] 집단적응의 기본형태

(8) 사회집단의 특성

① **공동사회와 1차 집단** : 보다 단순하고 동질적이며, 혈연적인 친밀한 인간관계가 있는 사회집단이다. 이러한 집단은 공동체 의식으로 인하여 자발적인 협동, 소속감, 책임감 등이 강하다. 예로서 가족, 이웃, 동료, 지역사회 등이 있다.
② **이익사회의 2차 집단** : 계약에 의해 형성되는 집단으로 비교적 이해관계를 중심으로 하는 인위적인 협동사회이다. 예로서 시장, 회사, 학회, 강당, 국가 등이 있다.
③ **중간집단** : 학교, 교회, 우애 단체 등이 있다.
④ **3차 집단** : 유동적인 중간집단으로 일시적인 동기가 인연이 되어 어떤 목적이나 조건 없이 형성되는 집단으로 버스 안의 승객, 경기장의 관중 등이 여기에 해당한다.

(9) 집단의 3가지 기능

① **집단 응집성(group cohesiveness)** : 내부로부터 생기는 힘

$$응집성\ 지수 = \frac{실제\ 상호작용의\ 수}{가능한\ 상호작용의\ 수}$$

② **행동의 규범(behavior norms)**
  ㉮ 집단규범은 집단을 유지하고 집단의 목표를 달성하기 위한 것으로 집단에 의해 지지되며 통제가 행해진다.

㉯ 집단이 존속하고 집단 구성원의 상호작용이 이루어지고 있는 동안 집단규범은 그 집단을 유지하며, 집단의 목표를 달성하는 데 필수적인 것으로서 자연 발생적으로 성립되는 것이다.

③ 집단의 목표(group target) : 집단이 하나의 집단으로서의 역할을 다하기 위해서는 집단목표가 있어야 한다.

(10) 집단효과

① 동조효과(응집력)
② synergy 효과(상승효과)
③ 견물(見物)효과

(11) 집단효과의 결정요인

① 참여와 분배
② 문제해결과정
③ 갈등해소
④ 영향력과 동조
⑤ 의사결정 과정
⑥ 리더십(leadership)
⑦ 의사소통
⑧ 지지도 및 신뢰

(12) 집단관리시 유의해야 할 사항

① 집단규범(group norm) : 집단이 존속하고 멤버의 상호작용이 이루어지고 있는 동안 집단규범은 그 집단을 유지하며, 집단의 목표를 달성하는 데 필수적인 것으로서 자연 발생적으로 성립되는 것이다.
② 집단 참가감(participation) : 성원이 그 집단에 기여하는 공헌도는 중요한 역할을 맡는 지위의 높이만큼 크며, 이것이 소속 집단에 대한 참가감과 결부되어 목적달성을 위한 근무 의욕을 향상시킨다.

(13) 슈퍼(super)의 역할이론

① 역할 갈등(Role Conflict) : 작업 중에 상반된 역할이 기대되는 경우가 있으며, 그럴 때 갈등이 생긴다.
② 역할 기대(Role Expectation) : 자기의 역할을 기대하고 감수하는 수단이다.
③ 역할 조성(Role Shaping) : 개인에게 여러 개의 역할 기대가 있을 경우 그중의 어떤 역할 기대는 불응, 거부할 수도 있으며 혹은 다른 역할을 해내기 위해 다른 일을 구할 때도 있다.

합격예측

집단효과
① 동조효과(응집력)
② synergy 효과(상승효과)
③ 견물(見物)효과

합격예측

집단효과의 결정요인
① 참여와 분배
② 문제해결과정
③ 갈등해소
④ 영향력과 동조
⑤ 의사결정 과정
⑥ 리더십(leadership)
⑦ 의사소통
⑧ 지지도 및 신뢰

합격예측

슈퍼(super)의 역할이론
① 역할 갈등(Role Conflict) : 작업 중에 상반된 역할이 기대되는 경우가 있으며, 그럴 때 갈등이 생긴다.
② 역할 기대(Role Expectation) : 자기의 역할을 기대하고 감수하는 수단이다.
③ 역할 조성(Role Shaping) : 개인에게 여러 개의 역할 기대가 있을 경우 그중의 어떤 역할 기대는 불응, 거부할 수도 있으며 혹은 다른 역할을 해내기 위해 다른 일을 구할 때도 있다.
④ 역할 연기(Role Playing) : 자아탐색인 동시에 자아실현의 수단이다.

④ 역할 연기(Role Playing) : 자아탐색인 동시에 자아실현의 수단이다.

(14) 집단갈등

① 정의 : 갈등(conflict)이란 개인이나 집단이 함께 일을 수행하는데 애로를 겪는 형태로서 정상적인 활동이 방해되거나 파괴되는 상태
② 집단간 갈등원인
　㉮ 작업유동의 상호의존성(work flow interdependence)
　㉯ 불균형 상태(unbalance)
　㉰ 영역 모호성(sphere ambiguity)
　㉱ 자원 부족(lack of resources)
③ 갈등해결의 방법
　㉮ 문제의 공동 해결방법(problem solving together)
　㉯ 상위 목표의 도입(superordinate goal setting)
　㉰ 자원의 확충(expanding resources)
　㉱ 타협(compromise)
　㉲ 전제적 명령(authorative command)
　㉳ 조직구조의 변경(altering the structural variables)
　㉴ 공동 적의 설정(indentifying a common enemy)
④ 갈등촉진 기법
　㉮ 의사소통의 증대(communication incresing)
　㉯ 구성원의 이질화(heterogeneity of members)
　㉰ 조직구조의 변경(altering the structural variables)
　㉱ 경쟁에 의한 자극(stimulus by competition)

2. 적응기제(適應機制 : Adjustment Mechanism)

(1) 합리화

① 자신이 무의식적으로 저지른 일관성 있는 행동에 대해 그럴듯한 이유를 붙여 설명한다.
② 자기 변명으로 자신의 행동을 정당화하여 자신이 받을 수 있는 상처를 완화시킨다.
　㉮ 신 포도형 : 목표달성 실패시에 자기는 처음부터 원하지 않은 일이라 변명
　　(예) 이솝우화 : 포도를 먹을 수 없게 되자 "저 포도는 시어서 따지 않았다"고 변명)한다.
　㉯ 달콤한 레몬형 : 현재의 상태 과시, "이것이야말로 내가 원하는 것이다"라고 변명한다.

합격예측

방어적 기제의 종류
① 보상
② 합리화(변명)
③ 승화
④ 동일시

합격예측

도리적 기제의 종류
① 고립
② 퇴행
③ 억압
④ 백일몽

합격예측

공격적 기제의 종류
① 직접적 공격기제 : 폭행, 싸움, 기물파손
② 간접적 공격기제 : 욕설, 비난, 조소 등

(2) 동일시

① 무의식적으로 다른 사람을 닮아가는 현상이다.
② 자신에게 위협적인 대상이나 자신의 이상형과 자신을 동일시함으로 열등감을 이겨내고 만족감을 느낀다.

(3) 퇴행

① 처리하기 곤란한 문제 발생 시 어릴(생애초기) 때 좋았던 방식으로 되돌아가 해결하고자 하는 것이다.
② 현재의 심리적 갈등을 피하기 위해 발달 이전 단계로 후퇴하는 방어의 기제이다.

(4) 투사

받아들일 수 없는 충동이나 욕망 또는 실패 등을 타인의 탓으로 돌리는 행위를 말한다.

(5) 도피

① 육체적 도피 : 무조건 결근을 하여 조직이나 직장으로부터 도피한다.
② 구실상의 도피 : 두통이나 복통 등을 구실 삼아 작업현장에서 도피한다.
③ 공상적 도피 : 억압된 요구를 상상의 비현실적 세계에서 충족시키는 경우(백일몽)이다.

(6) 보상

① 자신의 결함으로 욕구충족에 방해를 받을 때 그 결함을 다른 것으로 대치하여 욕구를 충족하고 자신의 열등감에서 벗어나려는 행위를 말한다.
② 공부 못하는 학생이 운동을 열심히 한다는 등을 말한다.

(7) 승화

① 욕구가 좌절되었을 때 욕구충족을 위해 보다 가치 있는 방향으로 전환하는 것이다.
② 성적욕구 등이 예술, 스포츠 등으로 전환되는 것은 좋은 예의 한 방법이다.

(8) 백일몽

① 현실적으로 충족시킬 수 없는 욕구를 공상의 세계에서 충족시키려는 도피적 기제의 한 형태이다.
② 복권 당첨되어 사업을 번창시키는 계획을 수립한다거나 공부를 못하는 학생이 유명대학에 수석 합격하여 소감을 발표하는 상황을 생각하는 것 등이다.

합격예측

도피
① 육체적 도피
② 구실상의 도피
③ 공상적 도피

합격예측

억압
① 현실적으로 받아들이기 곤란한 충동이나 욕망 등(사회적으로 승인되지 않는 성적요구나 공격적인 욕구 등)을 무의식적으로 억누르는 기제이다(예 근친상간)
② 자신의 생각을 의식적으로 억누르는 것은 억제와는 다른 개념이다.
③ 나쁜 무엇을 잊고 더 이상 행하지 않겠다는 해결적인 방어기제이다.

(9) 망상형

① 지나친 합리화의 한 형태이다.
② 축구선수가 꿈인 학생이 감독이 자기 실력을 인정해 주지 않는 것을 자신이 훌륭한 감독이 되는 것을 지금의 감독이 두려워하여 자신을 인정하지 않는다고 생각한다.

(10) 반동형성

① 억압된 욕구나 충동에 대처하기 위해 정반대의 행동을 하는 기제이다.
② 예로서 귀한 자식 매 한대 더 때리고 미운 자식 떡 하나 더 준다.

(11) 공격

① 욕구를 저지하거나 방해하는 장애물에 대하여 공격(욕설, 비난, 야유)을 하는 등이다.
② 공격을 하여 벌을 받거나 더 큰 욕구저지의 가능성이 있을 경우에는 공격대상이 달라질 수 있다.

(12) 억압

① 현실적으로 받아들이기 곤란한 충동이나 욕망 등(사회적으로 승인되지 않는 성적요구나 공격적인 욕구 등)을 무의식적으로 억누르는 기제이다(예 근친상간)
② 자신의 생각을 의식적으로 억누르는 것은 억제와는 다른 개념이다.
③ 나쁜 무엇을 잊고 더 이상 행하지 않겠다는 해결적인 방어기제이다.

3. 적응기제(適應機制, Adjustment Mechanism)의 구분

① 욕구 불만에서 합리적인 반응을 하기가 곤란할 때 일어나는 여러 가지의 비합리적인 행동으로 자신을 보호하려고 하는 것이다.
② 문제의 직접적인 해결을 시도하지 않고, 현실을 왜곡시켜 자기를 보호함으로써 심리적 균형을 유지하려는 '행동 기제'이다.

(1) 방어적 기제(Defense Mechanism)

자신의 약점을 위장하여 유리하게 보임으로써 자기를 보호하려는 기제이다.

(2) 도피적 기제(Escape Mechanism)

욕구불만이나 압박으로부터 벗어나기 위해 현실을 벗어나 마음의 안정을 찾으려는 기제이다.

(3) 공격적 기제(Aggressive Mechanism)

욕구불만이나 압박에 대해 반항하여 적대시하는 감정이나 태도를 취하는 기제이다.

[표] 적응기제의 형태 및 방어기제

적응기제	방어기제
실패	합리화, 보상
죄책감	합리화
적대감	백일몽, 억압
열등감	동일시, 보상, 백일몽
실연	합리화, 백일몽, 고립
개인의 능력한계	백일몽, 고립

적응기제
① 실패
② 죄책감
③ 적대감
④ 열등감
⑤ 실연
⑥ 개인의 능력한계

Chapter 02 조직관리 출제예상문제

출제예상문제는 복습, 예습문제로 엮었습니다. *WHY : 실제시험에도 순서에 관계없이 출제됩니다. 예습 후 다음장에 공부한 문제가 있으면 기억이 배가 됩니다.

01 ★★★★★ 다음 보기가 설명한 내용은 무엇인가?

> 관리는 "다른 사람들과 함께, 그들을 통해서 활동을 효과적으로 완수하는 과정"(Robbins, 1988 : 6; Donnelly et al., 1998 : 3)

① 조직관리 ② 생산관리
③ 인사관리 ④ 품질관리
⑤ 안전관리

해설
조직관리의 정의
① 관리는 "다른 사람들과 함께, 그들을 통해서 활동을 효과적으로 완수하는 과정"(Robbins, 1988 : 6; Donnelly et al., 1998 : 3)이라고도 한다.
② 조직목표를 달성하기 위하여 인적·재정적·물질적·정보자원을 사용하여 계획, 의사결정, 조직화, 지도 및 통제하는 과정"(Griffin, 1987; Daft, 2004)이라고도 한다.

02 ★★ 조직관리 대상의 분류에 포함되지 않는 것은?

① 인력 ② 물자
③ 정보 ④ 시간
⑤ 소비

해설
조직관리 대상
①, ②, ③, ④

03 ★★★★★ 관리의 과정에 포함되지 않는 것은?

① 기획(planning) ② 조직(organizing)
③ 지휘(leading)   ④ 통제(controlling)
⑤ 안전(safety)

해설
관리과정 4가지
①, ②, ③, ④

04 ★★★ 조직관리에서 관리대상에 포함되지 않는 것은?

① 인력관리 ② 안전관리
③ 물자관리 ④ 정보관리
⑤ 시간관리

해설
관리의 대상 자원

구 분	인력관리	재무관리	물자관리	정보관리
정부	공무원	정부예산, 세금	정부청사	행정정보 (GNP)
기업	종업원	이윤, 주식	공장, 건물	기업정보 (영업정보)
학교	교사, 교수, 직원	납입금	학교 건물	학생 성적
종교 단체	성직자, 신자	헌금	건물(교회, 사찰)	신앙 정도
급식 조직	영양사, 조리사	급식비	조리대	식단, 영양가
병원 조직	의사, 기사, 직원	입원비	수술기자재	질병 정보

05 ★★ 전통적 관리조직 이론이 아닌 것은?

① 과학적 관리론 ② 인간관계론
③ 관리과정론   ④ 관료제도

[정답] 01 ① 02 ⑤ 03 ⑤ 04 ② 05 ⑤

⑤ 행동과학론

해설
조직이론
(1) 전통적 관리조직의 이론
　① 과학적 관리론
　② 인간관계론
　③ 관리과정론
　④ 관료제도
(2) 근대적 관리조직의 이론
　① 의사 결정론
　② 시스템 이론
　③ 행동과학론

06 ★★★ 조직이론의 특징이 잘못 설명된 것은?
① 조직은 오로지 물적 이익만을 추구한다.
② 조직은 공통의 목적을 가지며, 이 목적을 달성하기 위하여 인적, 물적 요소의 상호작용을 통하여 하나의 구조적 과정을 형성한다.
③ 구조적 과정을 형성하기 위하여 제 기능을 분화하고 권한을 배분하여 개개인에게 할당하여 목적 달성에 기여토록 한다.
④ 활동을 조정함으로써 유효한 사회체제로서 유지시켜 나가는 특성을 갖는다.
⑤ 조직은 일정한 공통된 목적을 달성하려는 인간의 복합적인 의사결정의 체계로 정의할 수 있다.

해설
조직이론의 특징
②, ③, ④, ⑤

07 ★★ 베버의 관료주의 조직을 움직이는 4가지 기본원칙이 아닌 것은?
① 노동의 분업 : 작업의 단순화 및 전문화
② 권한의 이임 : 관리자를 소단위로 분산
③ 통제의 범위 : 각 관리자가 책임질 수 있는 작업자의 수
④ 구조 : 조직의 높이와 폭
⑤ 조직안전상태 : 조직의 종류 3가지

해설
베버의 관료주의 조직 4가지 원칙
①, ②, ③, ④

08 ★ 관료조직의 비판이 아닌 것은?
① 인간의 가치와 욕구를 무시하고 인간을 조직도 내의 한 구성요소로만 취급한다.
② 개인의 성장이나 자아실현의 기회가 주어지지 않는다.
③ 개인은 상실되고 독자성이 없어질 뿐 아니라 직무 자체나 조직의 구조, 방법 등에 작업자가 아무런 관여도 할 수가 없다.
④ 사회적 여건이나 기술의 변화에 신속히 대응하기가 어렵다.
⑤ 조직의 특성상 TOP이 부하를 이해하는 조직이다.

해설
관료조직의 비판내용
①, ②, ③, ④

09 ★★ 민주주의 조직의 특성이 아닌 것은?
① 직무의 충실화 및 확대
② 모든 수준의 정책결정시 활동적인 작업자의 참여
③ 개인의 의사표현
④ 창의력 무시
⑤ 자아충족의 기회제공

해설
민주주의 조직특성
① 직무의 충실화 및 확대
② 모든 수준의 정책결정시 활동적인 작업자의 참여
③ 개인의 의사표현
④ 창의력 발휘
⑤ 자아충족의 기회제공

[정답] 06 ① 　07 ⑤ 　08 ⑤ 　09 ④

10 조직관리를 위한 조직의 종류가 아닌 것은?

① 직계식 조직 ② 소통 조직
③ 사업부제조직 ④ 프로젝트 조직
⑤ 직능식 조직

> **해설**
>
> **조직의 종류**
> ① 직계식 종류
> ② 직능식 조직
> ③ 직계참모 조직
> ④ 사업부제 조직
> ⑤ 프로젝트 조직
> ⑥ 위원회 조직
> ⑦ 안전관리 조직

11 직계식 조직의 장점은 어느 것인가?

① 경영 전체의 질서유지가 잘 된다.
② 상위자의 1인에 권한이 집중되어 있기 때문에 과중한 책임을 지게 된다.
③ 권한을 위양하여 관리단계가 길어지면 상하 커뮤니케이션에 시간이 걸린다.
④ 횡적 커뮤니케이션이 어렵다.
⑤ 책임과 권한이 불분명하다.

> **해설**
>
> **직계식 조직의 장·단점**
> (1) 장점
>   ① 조직은 명령계통이 매우 간단하면서 일관성을 가진다.
>   ② 책임과 권한의 구속이 분명하다.
>   ③ 경영 전체의 질서유지가 잘 된다.
> (2) 단점
>   ① 상위자 1인에 권한이 집중되어 있기 때문에 과중한 책임을 지게 된다.
>   ② 권한을 위양하여 관리단계가 길어지면 상하 커뮤니케이션에 시간이 걸린다.
>   ③ 횡적 커뮤니케이션이 어렵다.

12 직능식 조직의 단점은?

① 상위자의 관리직능을 직능별 전문화에 의하여 배분함으로써 그 부담을 경감시킬 수가 있다.
② 상위자의 전문적 능력을 충분히 발휘할 수 있다.
③ 관리자의 양성이 용이하다.
④ 상위자는 몇 명의 상위자로부터 명령을 받게 되므로 혼란을 야기할 염려가 있다.
⑤ 책임의 소재가 분명하다.

> **해설**
>
> **직능식 조직의 장·단점**
> (1) 장점
>   ① 상위자의 관리직능을 직능별 전문화에 의하여 배분함으로써 그 부담을 경감시킬 수가 있다.
>   ② 상위자의 전문적 능력을 충분히 발휘할 수 있다.
>   ③ 관리자의 양성이 용이하다.
> (2) 단점
>   ① 상위자는 몇 명의 상위자로부터 명령을 받게 되므로 혼란을 야기할 염려가 있다.
>   ② 책임의 소재가 불분명하기 쉽다.
>   ③ 동기계층의 관리자간의 의견대립이 있을 때에 그 조정이 어렵다.

13 현재 대기업이 사업부제 경영조직을 채택하게 된 이유가 아닌 것은?

① 경영다각화 전략에 적응하기 위함이다.
② 토탈(total) 마케팅의 요구에 부응하기 위함이다.
③ 의사결정의 합리화가 필요 없기 때문이다.
④ 책임체제의 명확화를 꾀하기 위함이다.
⑤ 실천에 의한 경영자를 양성하기 위함이다.

> **해설**
>
> **사업부제 경영조직 채택 이유**
> (1) ①, ②, ④, ⑤
> (2) 의사 결정의 합리화를 기하기 위함
> (3) 모티베이션을 개선하기 위함

14 프로젝트 조직의 특성이 잘못된 것은?

① 경영조직 내부에 프로젝트별로 조직화를 꾀한 조직형태이다.
② 반드시 즉시 실천조직이다.
③ 프로젝트 매니저는 라인의 장이며, 프로젝트를 기획·실시하는 권한과 책임을 가지고 있다.
④ 직능부문 조직이나 사업부제 조직이 조직구조를

[정답] 10 ② 11 ① 12 ④ 13 ③ 14 ②

중심으로 한 것임에 비하여 프로젝트 조직은 과정을 중심으로 하여 이것과 구조를 통합하는 새로운 조직이다.
⑤ 프로젝트 조직에는 직능분화에 의한 전문화가 이루어지지 못한다는 단점이 있다.

해설

프로젝트 조직의 특성
(1) ①, ③, ④, ⑤
(2) 원칙적으로 일시적이며 잠정적인 조직이다.

15 ★★ 직계식 조직, 직능식 조직, 직계참모 조직을 보완하여 만든 조직은?

① 위원회 조직
② 프로젝트 조직
③ 사업부제 조직
④ 안전 조직
⑤ 새누리 조직

해설

위원회 조직
직계식, 직능식, 직계참모의 보완적 조직이다.

16 ★★★★★ 안전관리 조직형태 중에서 경영자(수뇌부)의 지휘와 명령이 위에서 아래로 하나의 계통이 되어 잘 전달되며 소규모 기업에 적합한 방식은?

① staff 방식
② line 방식
③ line-staff 방식
④ round 방식
⑤ fall-safe 방식

해설

① line형 : 100명 미만의 소규모 사업장에 적합
② staff형 : 100~1000명 정도의 중규모 사업장에 적합
③ line-staff형의 복합형 : 1000명 이상의 대규모 사업장에 적합

17 ★★★★ 안전조직 형태 중 직계(line)형의 특징은?

① 대규모의 사업장에 적합하다.
② 안전지식이나 기술축적이 용이하다.
③ 안전지시나 명령이 신속히 수행된다.
④ 독립된 안전참모 조직을 보유하고 있다.
⑤ 100명 이상의 사업장에 적합하다.

해설

line형(직계형)조직의 장·단점
(1) line형 : 생산 또는 현장 라인(line)에서 생산 및 안전업무를 동시에 실시하는 조직형태이다.(100명 미만의 소규모 사업장에 적합)
(2) 장점
  ① 안전지시나 개선조치가 철저하고 신속히 수행된다.
  ② 명령과 보고가 상하 관계뿐이므로 간단 명료하다.
(3) 단점
  ① 안전전담부서(staff)가 없기 때문에 안전에 대한 정보가 불충분하고 안전지식 및 기술축적이 어렵다.
  ② 라인에 과중한 책임을 지우기가 쉽다.

18 ★★ 안전관리자가 체계적으로 선임되지 않은 사업장에 알맞은 안전조직형태는?

① 라인형 조직
② 기능형 조직
③ 라인-스태프 혼합조직
④ 스태프형 조직
⑤ 세이프티 조직

해설

라인형 조직은 안전을 전문으로 분담하는 부분이 없어 생산조직 전체에 안전관리 기능을 부여하는 조직체제이다.

19 ★★★ 라인식(직계식)조직의 특성으로 옳지 않은 것은?

① 안전관리 전담요원을 별도로 지정한다.
② 모든 명령은 생산계통을 따라 이루어진다.
③ 규모가 작은 사업장에 적용된다.
④ 참모식 조직보다 경제적인 조직이다.
⑤ 100명 미만의 소규모 사업장에 적합하다.

해설

①항은 스태프형(참모형) 조직의 특성을 설명한 것이다.

[정답] 15 ① 16 ② 17 ③ 18 ① 19 ①

20 안전관리 조직의 기본 유형에서 소규모 사업장에 적합한 조직은?

① line system
② staff system
③ line-staff system
④ safety system
⑤ safe-fail system

해설
안전관리조직의 기본유형
① line형(직계식) – 소규모
② staff형(참모식) – 중규모
③ line – staff형(직계 – 참모의 복합형) – 대규모

21 안전조직에서 line system의 단점 중 옳은 것은?

① 비경제적 조직체제이다.
② 안전관리부와 생산부간의 유기적 협조가 곤란하다.
③ 안전조직원은 전문가이어야 한다.
④ 안전관리자가 별도로 있다.
⑤ 대규모 기업에서 채택이 곤란하다.

해설
라인(line)형은 100명 이하의 소규모 사업장에 적합한 조직형태이다.

22 다음 중 라인(line)식 안전조직의 특징이 아닌 것은?

① 모든 명령은 생산계통을 따라 이루어진다.
② 생산조직 전체에 안전관리기능을 부여한다.
③ 경영자의 조언과 자문역할을 한다.
④ 소규모가 사업장에 적합하다.
⑤ 안전전담부서가 별도로 없다.

해설
③항은 스태프(staff)형 안전조직의 특징이다.

23 참모형 안전관리의 특징이 아닌 것은?

① 안전전담부서가 있다.
② 100명 미만의 근로자가 있는 중소기업에 알맞다.
③ 안전관리자가 지식·기술이 없으면 라인형보다 못하다.
④ 생산라인의 견해 차이로 안전관리 효과가 적을 수 있다.
⑤ 경영자에게 조언과 자문역할을 한다.

해설
staff형(참모형)조직
(1) 스태프형 : 안전관리를 담당하는 스태프(안전담당 참모진)를 두고 안전관리에 관한 계획, 조사, 검토, 권고, 보고 등을 행하는 조직 형태이다. (100명 이상 1000명 미만의 중규모 사업장에 적합)
(2) 장점
  ① 사업장에 적합한 안전계획수립 및 안전지식, 안전기술 측적 등이 용이하다.
  ② 경영자의 조언과 자문역할을 한다.
(3) 단점
  ① 생산라인에서 안전과 생산을 별개로 취급하기 때문에 안전지시 및 조치의 실시가 용이하지 않다. (생산라인에 안전에 대한 책임과 권한이 없다.)
  ② 생산라인과 권한 다툼이나 조정 때문에 수속이 복잡해지고 시간과 노력이 소모된다.

24 다음 안전조직 중 스태프(staff) 형식의 장점이 아닌 것은?

① 안전계획입안의 전문화
② 안전정보수집의 신속화
③ 안전지시, 명령의 신속화
④ 경영자의 조언과 자문역할
⑤ 안전기술축적이 용이

해설
③항은 line형의 장점에 속한다.

25 다음 안전관리 조직 중 스태프형의 장점이 아닌 것은?

① 안전 정보수집이 신속하다.
② 안전기술 축적이 용이하다.

[정답] 20 ① 21 ⑤ 22 ③ 23 ② 24 ③ 25 ③

③ 안전기술 명령이 신속하다.
④ 경영자의 자문역할을 한다.
⑤ 안전계획 수립이 용이하다.

해설
③항은 라인형의 장점

26 ★★ 안전관리조직의 형태 중 라인(line)·스태프(staff)의 복합형의 내용 중 틀린 것은?

① 라인형과 스태프형의 장점을 취한 절충식 조직형태이다.
② 안전스태프는 안전에 관한 기획·입안·조사·검토 및 연구를 행한다.
③ 라인의 관리·감독자에게는 안전에 관한 책임과 권한이 부여되지 않는다.
④ 대규모 사업장(1,000명 이상)에 효율적이다.
⑤ 스태프의 월권행위가 있을 수 있다.

해설
③:라인의 관리감독자에게도 안전에 대한 책임과 권한이 부여된다.

27 ★★★ 안전조직 중 Line-staff조직의 단점에 해당되는 것은?

① 안전정보가 불충분하다.
② 생산부문은 안전에 대한 책임과 권한이 없다.
③ 명령계통과 조언권고적 참여가 혼동되기 쉽다.
④ 생산부문에 협력하여 안전명령을 전달실시하여 안전과 생산을 별도 취급한다.
⑤ 소규모 사업장에 유리하다.

해설
Line-staff 조직의 단점
① 명령계통과 조언 권고적 참여가 혼동되기 쉽다.
② 스태프의 월권행위의 경우가 있다.
③ 라인이 스태프에 의존 또는 활용치 않는 경우가 있다.

28 ★★ 다음 안전관리 조직 중 가장 이상적인 조직 형태는?

① 직계형 조직
② 직능전문화 조직
③ 라인스태프형 조직
④ 테스크포스(task-force) 조직
⑤ safety-system 조직

해설
라인스태프의 혼합형은 라인형과 스태프형의 장점만을 절충한 이상적인 조직형태이다.

29 ★★★ 다음 그림의 안전조직형은 어떤 형태의 조직인가?

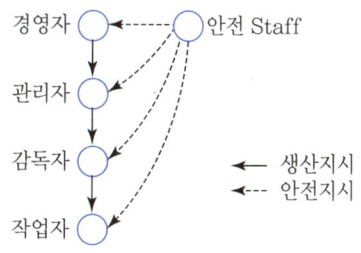

① 라인형
② 스태프형
③ 라인형과 스태프 혼합형
④ 기본형
⑤ safe-fall조직

해설
staff형 조직의 형태

30 ★★★ 안전조직 중 안전스태프의 주역할이 아닌 것은?

① 안전관리 목표 및 방침안 작성
② 정보수집과 주지, 활용
③ 실시계획의 추진
④ 안전교육실시
⑤ 기본방침 및 안전시책 시달

해설
⑤항의 기본방침 및 안전시책 시달은 경영자의 안전업무에 해당된다.

[정답] 26 ③   27 ③   28 ③   29 ②   30 ⑤

31 다음의 안전관리 조직의 유형 중 참모식 조직의 특성이 아닌 것은?

① 모든 명령은 생산계통을 따라 이루어진다.
② 100명 이상의 사업장에 적합하다.
③ 안전업무가 전담기능에 의거 수행되므로 발전적이다.
④ 라인식 조직보다 비경제적인 조직이며 안전기술 축적이 용이하다.
⑤ 경영자에게 조언과 자문역할을 한다.

해설
①항은 line형의 특성이다.

32 테일러(F.W. Taylor)가 제창한 기능형 조직(functional organization)에서 발전된 안전관리 조직은?

① 라인형
② 스태프형
③ 라인-스태프 혼합형
④ 프로젝트형
⑤ safe-fail조직

해설
기능형(Functional) 조직
참모형(staff)조직

33 안전에 대한 기술의 축적이 가능하고 안전지시 및 전달이 신속 정확하며, 신기술 개발 축적과 안전에 대한 조언이 용이하고 안전활동이 생산과 분리되지 않으므로 운용이 쉬운 장점들을 갖는 안전조직 형태는?

① 라인형 조직
② 기능형 조직
③ 라인-스태프 혼합 조직
④ 스태프형 조직
⑤ 행복조직

해설
라인-스태프의 혼합형 조직
라인(line)형의 장점과 스태프(staff)형의 장점을 절충한 조직형태

34 안전관리 기본조직 중 라인 및 스태프 조직의 특성이 아닌 것은?

① 대규모 사업장에 적합한 조직이다.
② 생산기능과 협조가 잘 이루어진다.
③ 특별한 사업장에만 적용된다.
④ 라인 각 계층에 안전업무를 겸임하도록 할 수 있다.
⑤ 대규모 사업장에 효율적이다.

해설
line-staff 복합형의 특성
① 대규모 사업장(1000명 이상)에 효율적이다.
② 생산 line과 협조가 잘 이루어진다.
③ 안전활동과 생산업무가 균형을 유지할 수 있고 모든 사업장에 적용할 수 있는 이상적인 조직형태이다.
④ line의 각 계통에 안전업무를 전임 또는 겸임하도록 할 수 있다.

35 1920년대 실시된 호손 연구의 결과와 가장 관련이 있는 것은?

① 테일러리즘의 강화
② 종업원 선발의 중요성 제고
③ 작업장의 물리적 환경 개선
④ 안전관리 강화
⑤ 인간적 상호작용의 중요성

해설
호손(Hawthorne)실험
메이요(Mayo)에 의한 실험으로, 작업자의 작업능률(생산성 향상)은 물리적인 작업조건보다는 사람의 심리적인 태도, 감정을 규제하고 있는 인간관계에 의하여 결정됨을 밝혔다.
① 인간관계는 상담, 조언에 의해서 이루어진다.
② 종업원의 인간성을 경영자와 대등하게 본 인간관계의 기초 위에서 관리를 추진한다.

36 사회행동의 기본형태 중에서 고립, 정신병, 자살 등과 같은 것이 속하는 사회행동의 기본형태는?

① 협력   ② 융합
③ 대립   ④ 조력

[정답] 31 ① 32 ② 33 ③ 34 ③ 35 ⑤ 36 ⑤

⑤ 도피

해설

사회행동의 3가지 기본형태
① 협력(cooperation) : 조력, 분업
② 대립(opposition) : 공격, 경쟁
③ 도피(escape) : 고립, 정신병, 자살

37 ★★ 인간관계의 메커니즘(mechanism)에서 투사(投射)에 해당되는 것은?

① 자기 속의 억압된 것을 다른 사람의 것으로 생각하는 것
② 다른 사람의 행동양식이나 태도를 투입시키거나 다른 사람 가운데서 자기와 비슷한 것을 발견하는 것
③ 남의 행동이나 판단을 표본으로 하여 그것과 같거나 또는 그것에 가까운 행동 또는 판단을 취하려는 것
④ 다른 사람으로부터의 판단이나 행동을 무비판적으로 논리적, 사실적 근거 없이 받아들이는 것
⑤ 여러가지 행동양식이나 기호로 의사전달을 한다.

해설

인간관계의 메커니즘(mechanism)
① 동일화(identification) : 다른 사람의 행동양식이나 태도를 투입시키거나, 다른 사람 가운데서 자기와 비슷한 것을 발견하는 것을 말한다.
② 투사(投射, projection) : 자기 속의 억압된 것을 다른 사람의 것으로 생각하는 것을 투사(또는 투출)라고 한다.
③ 커뮤니케이션(communication) : 갖가지 행동양식이나 기호를 매개로 하여 어떤 사람으로부터 다른 사람에게 전달되는 과정을 말한다.
④ 모방(imitation) : 남의 행동이나 판단을 표본으로 하여 그것과 같거나 또는 그것에 가까운 행동 또는 판단을 취하려는 것이다.
⑤ 암시(suggestion) : 다른 사람으로부터의 판단이나 행동을 무비판적으로 논리적, 사실적 근거없이 받아들이는 것을 말한다.

38 ★★★★★ 다음 중 집단의 효과에 속하지 않는 것은?

① 시너지(synergy)효과
② 동조효과
③ 리스크 테스킹(risk tasking)
④ 견물효과
⑤ 응집력

해설

집단의 효과
① 시너지(synergy)효과
② 동조효과(응집력)
③ 견물효과

39 ★★★★★ 슈퍼(Super)의 역할이론에 있어서 그 내용과 관계되지 않는 것은?

① 역할 연기
② 역할 형성
③ 역할 유지
④ 역할 기대
⑤ 역할 갈등

해설

슈퍼의 역할이론
① 역할 연기
② 역할 조성(형성)
③ 역할 기대
④ 역할 갈등

40 ★★ 다음은 부주의에 대한 설명이다. 틀린 것은?

① 부주의는 거의 모든 사고의 직접원인이 된다.
② 부주의라는 말은 불안전한 행위뿐만 아니라 불안전한 상태에도 통용된다.
③ 부주의라는 말은 결과를 표현한다.
④ 부주의는 무의식적 행위나 의식의 주변에서 행해지는 행위에 나타난다.
⑤ 부주의는 사고의 결과이며 재해이다.

해설

부주의는 사고의 직접원인이 되기도 하지만, 사고의 간접원인이 되기도 한다.

41 ★★★ 작업을 하고 있을 때 걱정거리, 고민거리, 욕구불만 등에 의해 정신을 빼앗기는 것에 해당되는 것은?

① 의식의 과잉
② 의식의 중단
③ 의식의 우회
④ 의식수준의 저하
⑤ 의식혼란

[**정답**] 37 ① 38 ③ 39 ③ 40 ① 41 ③

> **해설**

의식의 우회
의식의 흐름이 옆으로 빗나가 발생하는 현상(작업도중의 걱정, 고뇌, 욕구불만 등에 의해 다른 것에 정신을 빼앗기는 경우)

42 ★★★★★ 인간의 의식수준(phase)을 보통 5단계(0~IV단계)로 구분한다. 중요하거나 위험한 작업을 안전하게 수행하기 위해 근로자는 몇 단계의 수준에서 작업하는 것이 바람직한가?

① I 단계
② II 단계
③ III 단계
④ IV 단계
⑤ 0단계

> **해설**

phase III 단계
① 의식의 상태 : 정상, 상쾌한 상태
② 주의작용 : 능동적, 앞으로 향하는 주의 시야도 넓다.
③ 생리적 상태 : 적극 활동시
④ 신뢰도 : 0.999999(의식단계 중 가장 높음)

43 ★★ 의식 레벨의 단계분류 중 정상적인 작업이나, 순조롭게 일을 처리하는 등 정신이 안정되어 있는 상태이기 때문에 무심코 잘못된 동작을 일으킬 가능성이 있는 인간의 의식단계는?

① phase I
② phase II
③ phase III
④ phase IV
⑤ phase 0

> **해설**

phase II 단계
① 의식의 상태 : 정상, 이완상태
② 주의작용 : 수동적, 마음이 안쪽으로 향함
③ 생리적 상태 : 안정기거, 휴식시, 정례작업시
④ 신뢰성 : 0.99~0.99999 이상

44 ★ 인간의식의 공통적인 경향이 아닌 것은?

① 의식은 연속되는 경향이 있다.
② 의식에는 현상 대응력에 한계가 있다.
③ 의식은 그 초점에서 멀어질수록 희미해진다.
④ 당면한 사태에 의식의 초점이 합치되지 않고 있을 때는 대응력이 떨어진다.
⑤ 인간의 의식은 높낮이가 있다.

> **해설**

①항 : 인간의식은 중단하는 경향이 있다.

45 ★★★★★ Lippitt와 White 이론 중 리더십(Leadership)의 유형에서 집단중심은?

① 독재형
② 민주형
③ 자유방임형
④ 솔직형
⑤ 이상형

> **해설**

리더십 유형
독재형·민주형·자유방임형

46 ★★★ 다음은 리더의 의사결정 과정을 연결시킨 것이다. 알맞은 것은?

① 권위주의적 리더 – 집단 중심
② 민주주의적 리더 – 종업원 중심
③ 방임주의적 리더 – 집단 중심
④ 민주주의적 리더 – 개인 중심
⑤ 민주주의적 리더 – 집단 중심

> **해설**

① 권위주의적 리더 : 리더 중심
② 민주주의적 리더 : 집단 중심
③ 자유방임주의적 리더 : 종업원 중심

47 ★ 다음 중 임명된 지도자의 권한행사는?

① 매니저십(manager ship)
② 리더십(leader ship)
③ 멤버십(member ship)
④ 헤드십(head ship)

[정답] 42 ③ 43 ② 44 ① 45 ② 46 ⑤ 47 ④

⑤ 셀프십(self ship)

해설

선출방식에 따른 리더십의 분류
① 헤드십(head ship) : 집단 구성원이 아닌 외부에 의해 선출(임명)된 지도자로 명목상의 리더십이라고도 한다.
② 리더십(leader ship) : 집단 구성원에 의해 내부적으로 선출된 지도자로 사실상의 리더십을 말한다.

48 ★★★ 의사결정 과정에 따른 리더십의 유형 중에서 민주형에 속하는 것은?

① 집단 구성원에게 자유를 준다.
② 지도자가 모든 정책을 결정한다.
③ 집단토론이나 집단결정을 통해서 정책을 결정한다.
④ 명목적인 리더의 자리를 지키고 부하직원들의 의견에 따른다.
⑤ 지도자가 마음대로 한다.

해설

업무추진방법에 의한 리더십의 분류
① 권위형 : 지도자가 집단의 모든 권한행사를 단독적으로 처리한다.
② 민주형 : 집단의 토론, 회의 등에 의해 정책을 결정한다.
③ 자유방임형 : 명목상의 리더 자리만을 지키는 유형

49 ★★ 리더십의 특성 조건에 속하지 않는 것은?

① 기계적 성숙 ② 혁신적 능력
③ 표현 능력   ④ 대인적 숙련
⑤ 협상적 능력

해설

리더의 특성
① 대인적 숙련   ② 혁신적 능력
③ 기술적 능력   ④ 협상적 능력
⑤ 표현 능력   ⑥ 교육훈련 능력

50 ★★★ 다음 지도자의 속성 중 성실한 지도자들이 공통적으로 소유한 속성이 아닌 것은?

① 업무수행 능력

② 강한 출세욕구
③ 강력한 조직능력
④ '실패란 없다'는 자부심
⑤ 원만한 사교성

해설

성실한 지도자들이 공통적으로 소유한 속성
① 업무수행 능력
② 강한 출세욕구
③ 상사에 대한 긍정적 태도
④ 강력한 조직능력
⑤ 원만한 사교성
⑥ 판단 능력
⑦ 자신에 대한 긍정적인 태도
⑧ 매우 활동적이며 공격적인 도전
⑨ 실패에 대한 두려움
⑩ 부모로부터의 정서적 독립

51 ★★ 다음 중 성실한 지도자의 속성이 아닌 것은?

① 임무수행 능력이 높다.
② 강한 출세욕구
③ 상사에 대한 비판적 태도
④ 실패에 대한 두려움
⑤ 판단 능력

해설

③항:상사에 대한 긍정적 태도

52 지도자 자신이 자신에게 부여한 권한은?

① 합법적 권한   ② 강압적 권한
③ 보상적 권한   ④ 행복적 권한
⑤ 전문성의 권한

해설

리더십의 권한
(1) 조직이 지도자에게 부여한 권한
    ① 보상적 권한   ② 강압적 권한
    ③ 합법적 권한
(2) 지도자 자신이 자신에게 부여한 권한
    ① 전문성의 권한
    ② 위임된 권한

[정답] 48 ③ 49 ① 50 ④ 51 ③ 52 ⑤

53 ★ 다음 중 관료주의의 중요한 4가지 차원이 아닌 것은?

① 조직도에 나타난 조직의 크기와 넓이
② 관리자가 책임질 수 있는 근로자 수
③ 관리자를 대단위로 묶어 분산
④ 작업의 단순화와 전문화
⑤ 관리자를 소단위로 묶어 분산

해설
관료주의 4가지 차원
①, ②, ④, ⑤

54 ★★ 다음 중 리더십(leadership)의 특성이 아닌 것은?

① 밑으로부터의 동의에 의한 권한부여
② 개인적 영향에 의한 부하와의 관계유지
③ 넓은 부하와의 사회적 간격
④ 민주주의적 지휘형태
⑤ 호의적

해설
③항 : 좁은 부하와의 사회적 간격

55 ★★★ 다음은 리더십에 있어서의 권한의 역할이다. 이들 중 지도자 자신이 자신에게 부여한 권한은?

① 보상적 권한   ② 강압적 권한
③ 합법적 권한   ④ 주권적 권한
⑤ 전문성의 권한

해설
리더십의 권한
(1) 조직이 지도자에게 부여한 권한
  ① 보상적 권한
  ② 강압적 권한
  ③ 합법적 권한
(2) 지도자 자신이 자신에게 부여한 권한
  ① 전문성의 권한
  ② 위임된 권한

56 ★★★★★ 안전조직을 설명한 것 중 Line - Staff형에 해당되는 것은?

① 조언이나 권고적 참여가 혼동된다.
② 안전과 생산은 별도로 생각한다.
③ 안전에 대한 정보가 불충분하다.
④ 안전책임과 권한이 생산부분에는 없다.
⑤ 경영자에게 조언과 자문역할을 한다.

해설
line - staff 혼합형(직계·참모 혼합형)
(1) 라인 - 스태프형 : 안전업무를 전담하는 스태프부분을 두고 생산라인에도 안전담당자를 두어서 안전계획 및 안전대책은 스태프진에서 기획하고 이것을 라인을 통하여 실시하도록 한 조직형태이다.(1000명 이상의 대규모 사업장에 적합)
(2) 장점
  ① 스태프에 의해 입안된 것을 경영자의 지침으로 명령·실시하도록 하므로 신속·정확하게 실시된다.
  ② 전체 종업원이 직접 참여하게 되어 안전활동과 생산업무가 균형을 유지할 수 있다.
(3) 단점
  ① 명령계통과 조언·권고적 참여가 혼동되기 쉽다.
  ② 라인이 스태프에만 의존하거나 또는 활용치 않는 경우가 있다.
  ③ 스태프의 월권행위의 경우가 있다.

💬 **합격자의 조언**
1. 자신감을 높여라. 기가 살아야 운이 산다.
2. 장사꾼이 되지 말라. 경영자가 되면 보이는 것이 다르다.
3. 서두르지 말라. 급히 먹은 밥에 체하기 마련이다.
4. 세상에 우연은 없다. 한번 맺은 인연을 소중히 하라.
5. 돈 많은 사람을 부러워 말라. 그가 사는 법을 배우도록 하라.

[정답] 53 ③ 54 ③ 55 ⑤ 56 ①

Chapter 03 생산관리

중점 학습내용

생산(production)은 생산 요소를 투입하여 유형·무형의 생산재를 산출함으로써 효용을 생성하는 기능을 말하며, 사람(man), 원자재(material), 기계설비(machine)를 유효하게 활용하여 제품이나 서비스로 바꾸는 변환과정(transformation process)을 말한다. 생산관리(production management, production control)란 기업경영에 있어서 생산기술적 구조의 합리화를 위한 생산의 효율적 운영에 관하여 계획하고 통제하는 기능을 말한다. 이번 지도사 시험에 출제가 예상되는 중점항목은 다음과 같다.
❶ 생산관리의 기본
❷ 생산계획
❸ 생산통제

제1절 생산관리의 기본

1 생산관리의 개요

1. 생산(production)

① 생산(production)이란 생산 요소를 투입하여 유형·무형의 생산재를 산출함으로써 효용을 생성하는 기능을 말한다.
② 사람(man), 원자재(material), 기계설비(machine)를 유효하게 활용하여 제품이나 서비스로 바꾸는 변환과정(transformation process)을 말한다.

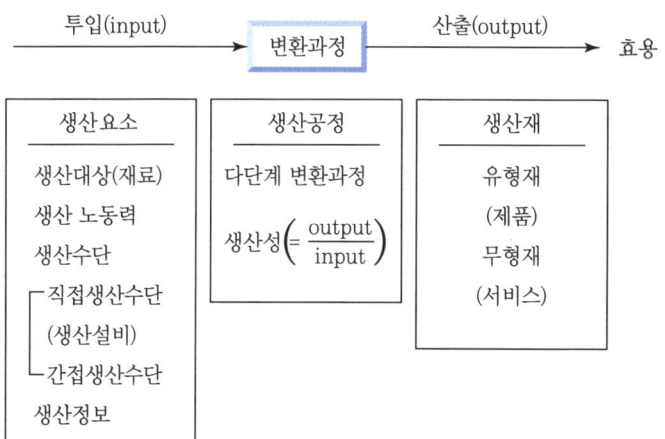

[그림] 생산의 기본

> **합격예측**
>
> **생산(production)**
> ① 생산(production)이란 생산 요소를 투입하여 유형·무형의 생산재를 산출함으로써 효용을 생성하는 기능을 말한다.
> ② 사람(man), 원자재(material), 기계설비(machine)를 유효하게 활용하여 제품이나 서비스로 바꾸는 변환과정(transformation process)을 말한다.

합격예측

생산관리
① 생산관리(production management, production control)란 기업경영에 있어서 생산기술적 구조의 합리화를 위한 생산의 효율적 운영에 관하여 계획하고 통제하는 기능을 말한다.
② 생산목표를 달성할 수 있도록 생산활동이나 생산과정을 관리하는 것이라 할 수 있다.
③ 광의의 생산관리는 기업경영에 있어서 모든 생산적 활동으로 구매, 제조, 판매, 재무 등을 포함하는 넓은 범위의 뜻으로 해석할 수 있다.
④ 협의의 생산관리는 광의의 활동 중에서 제조 활동 내지 현장의 작업 수행 활동만을 대상으로 한다.

2. 생산관리

① 생산관리(production management, production control)란 기업경영에 있어서 생산기술적 구조의 합리화를 위한 생산의 효율적 운영에 관하여 계획하고 통제하는 기능을 말한다.
② 생산목표를 달성할 수 있도록 생산활동이나 생산과정을 관리하는 것이라 할 수 있다.
③ 광의의 생산관리는 기업경영에 있어서 모든 생산적 활동으로 구매, 제조, 판매, 재무 등을 포함하는 넓은 범위의 뜻으로 해석할 수 있다.
④ 협의의 생산관리는 광의의 활동 중에서 제조 활동 내지 현장의 작업 수행 활동만을 대상으로 한다.

3. 생산관리의 목적

(1) 생산성 향상

① 기술적 생산성 향상
② 인간노동의 생산성 향상

(2) 경제성 향상

2 생산관리의 합리화 원칙

1. 생산합리화의 기본 목표

(1) 좋은 물건을 만들 것(품질관리)

① 품질의 향상(상품 가치의 향상)
② 품질의 균일화

(2) 생산비를 줄일 것(원가관리)

① 원가의 인하
② 원가의 유지

(3) 생산시일을 단축할 것(공정관리)

① 생산의 신속화(생산기간의 단축)
② 납기의 확실화(신용확보)

2. 생산관리의 일반원칙(3S원칙, 3S정책)

(1) 단순화(Simplification)원칙

① 생산기간 및 납기가 단축된다.
② 기계공구, 지그(jig)등의 종류가 감소된다.
③ 작업방법이 단순화된다.(작업자의 숙련도에 따른 품질향상)
④ 재료의 종류가 감소된다.(구매사무소를 간소화하고 창고 및 재고관리가 쉽고 자재의 절약을 기할 수 있게 된다.)

(2) 표준화(Standardization)원칙

① 표준화 3가지 분류
  ㉮ 물적 표준화 – 규격, 종류, 치수, 형, 단위, 품질의 표준
  ㉯ 방법 표준화 – 작업방법, 작업조건(시간, 환경), 사무처리 등의 방법표준
  ㉰ 관리 표준화 – 생산, 판매, 재무, 경리, 인사, 기술연구 등 경영관리 제 분야의 표준

② 표준화 효과
  ㉮ 제품의 대량생산과 품질향상이 가능하다.
  ㉯ 부품의 호환성이 증가된다.
  ㉰ 종업원의 교육 훈련이 용이하다.
  ㉱ 작업과 사무 능률을 높이게 되어 결과적으로 생산비를 저하시킨다.

(3) 전문화(Specialization)원칙

① 종업원의 숙련도를 높이고, 높은 기술발전을 기할 수 있다.
② 이윤의 극대화와 단위비용의 저하를 기할 수 있다.
③ 품질향상과 생산능력의 증대를 가져온다.
④ 설비의 전문화 내지 특수화가 이루어지는 경우도 있다.
⑤ 개인의 업무책임을 줄일 수 있다.

3 생산시스템의 개념

1. 시스템 개요

① 시스템이라는 단어는 1619년에 생겨났으며, 그 유래는 라틴어의 Systema에서, 어원은 그리스어의 Synistanai(결합하다)에서 찾을 수 있다.
② 시스템이란 "특정한 목적을 가지고 이를 성취하기 위하여 여러 구성 인자가 서

> **합격예측**
>
> **시스템의 구조**
> ① 시스템의 구성
>   ㉮ 투입(input)
>   ㉯ 변환과정 (processor)
>   ㉰ 산출(output)
> ② 시스템의 경계
> ③ 상관관계
> ④ 미지상자(black box)

로 유기적으로 연결되어 있으면서 동일한 목적을 위해 노력하는 것"이라고 정의할 수 있다.

2. 시스템의 구조

① 시스템의 구성
  ㉮ 투입(input)
  ㉯ 변환과정(processor)
  ㉰ 산출(output)
② 시스템의 경계
③ 상관관계
④ 미지상자(black box)

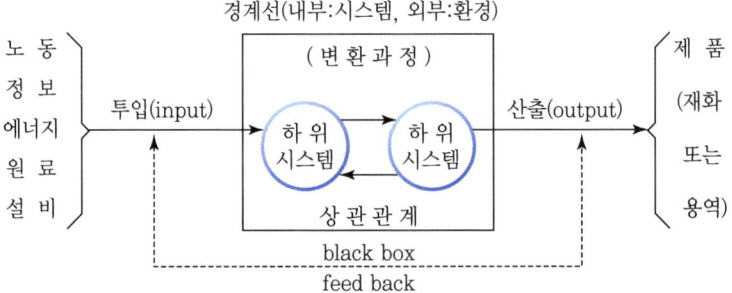

[그림] 시스템의 구조

3. 시스템의 분류

① 확정적 시스템과 확률적 시스템
② 폐쇄적 시스템과 개방적 시스템

4. 시스템의 공통적 성질

① 집합성
② 관련성
③ 목적 추구성
④ 환경 적응성

5. 시스템 사고(systems approach)

(1) 시스템적 사고의 효과

① 주어진 문제를 전체적인 입장에서 명확히 밝힐 수 있다.
② 구성 요소간의 상호관련성 내지 상호작용을 이해할 수 있다.
③ 관련되는 요인의 원인과 결과를 밝힐 수 있다.
④ 문제가 되는 변수와 제약요소와의 상호관계를 밝힐 수 있다.
⑤ 시스템 전체의 성과(유효성)를 높일 수 있다.
⑥ 환경변화에 적응할 수 있다.

(2) 시스템적 사고의 기본방향

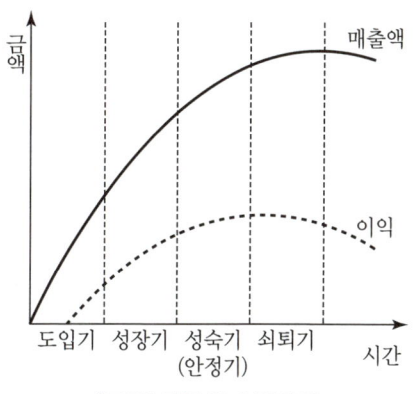

[그림] 제품의 수명주기

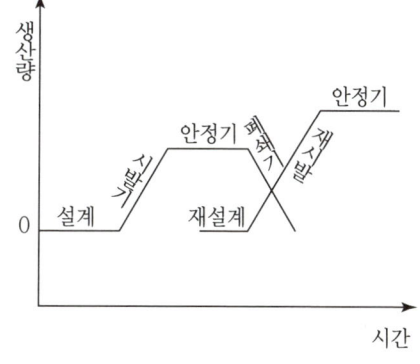

[그림] 시스템의 수명주기

[표] 생산 시스템의 수명주기 단계별 특징

단계 관심사항	설계단계	시발단계	안정단계
관리	목표설정, 계획	조정	분석과 통제
노동	–	문제점 점검	생산활동
제조공정	설비의 경제적 선정	오차의 확인	설비의 유지운영
시설	배치와 입지선정	설비의 재배치 조정	원활한 작업의 흐름
품질	품질규격의 설정	통계한계의 확정	경제적심사, 통제계획
생산계획	필요한 정보규정, 계획절차 설정	자료수집, 정보의 피드백	전략대안분석, 평가
일정계획	일정계획 방법선정	작업순서의 기준 설정	작업우선순위결정
재고	관리절차, 규정설정	주문량, 시기, 기록 등	적정재고수준결정
작업관리	작업표준설정	작업자 선정과 훈련	생산성향상

> **합격예측**
>
> **시스템적 사고의 효과**
> ① 주어진 문제를 전체적인 입장에서 명확히 밝힐 수 있다.
> ② 구성 요소간의 상호관련성 내지 상호작용을 이해할 수 있다.
> ③ 관련되는 요인의 원인과 결과를 밝힐 수 있다.
> ④ 문제가 되는 변수와 제약요소와의 상호관계를 밝힐 수 있다.
> ⑤ 시스템 전체의 성과(유효성)를 높일 수 있다.
> ⑥ 환경변화에 적응할 수 있다.

합격예측

생산정책 결정에 고려할 선택과제
① 현재 사용중인 생산기술과 새로 도입한 신제품과의 상호적응여부
② 새로운 기술이나 생산방법에 대한 자체 보호대책의 검토
③ 원자재의 공급자나 하청업자의 선정 및 통제문제
④ 업무비 상승과 제품선정의 마찰

합격예측

생산요소
① 생산대상(재료)
② 생산 노동력
③ 생산수단
　• 직접생산수단(생산설비)
　• 간접생산수단
④ 생산정보

합격예측

생산정책시 고려사항
① 원가
② 납품시기
③ 품질

4 생산전략과 생산정책

1. 생산정책 결정에 고려할 선택과제

① 현재 사용중인 생산기술과 새로 도입한 신제품과의 상호적응여부
② 새로운 기술이나 생산방법에 대한 자체 보호대책의 검토
③ 원자재의 공급자나 하청업자의 선정 및 통제문제
④ 업무비 상승과 제품선정의 마찰

[표] 생산관리 정책결정에 따른 대안선택

결정분야	결정사항	선택할 대안
공장 및 설비	공정의 이용 공장의 크기 공장입지 투자 설비형태 공구작업의 종류	자체생산 또는 하청(buy) 한 개의 대형공장 또는 여러 개의 소형공장 시장입지 또는 원자재입지 건물, 시설, 재고 또는 연구개발? 범용기계 또는 전용기계 예비 최소작업 또는 완전 생산작업
생산계획 및 통제	재고주문횟수 재고수준 재고통제정도 통제대상 품질통제 표준사용	소수 또는 다수 고수준 또는 저수준 강 또는 약 고장시간, 노무비, 생산시간, 생산량 또는 원료소요량 고급품질 또는 저원가 공식적, 비공식적 또는 불사용
작업자 및 감독	작업전문화 감독 임금제도 산업공학전문가	고도전문화 또는 비전문화 기술감독자 또는 비기술감독자 성과급 또는 시간급 다수 또는 소수
제품설계/ 엔지니어링	품목라인수 설계의 안정성 기술적 위험 엔지니어링 엔지니어 사용	다수고객전문품, 소수 또는 전무(全無) 빈번한 변경 또는 고정설계 경쟁자가 사용하지 않는 공정이용, 타사의 것 추종 자체설계, 기성설계 다수, 소수
조직과 관리	조직형태 경영자의 시간소비 위험정도 스태프의 이용 경영자 유형	기능식, 제품식, 지역별 또는 기타 투자문제, 생산계획통제, 원가문제, 품질 또는 기타 정보이용의 다, 소 다, 소 위임의 다소, 민주형, 자유형, 권위주의, 기타

2. 기업전략의 총괄시스템 접근법

① 첫째, 기업의 경쟁적 위치를 분석하되, 경쟁회사와 제품, 시장, 정책, 유통관

리면에서의 특징을 분석하고, 경쟁사의 수, 회사가 취할 수 있는 사업기회가 어떤 것인가, 경제적 여건, 기술 변화 등의 기업외적 환경요인을 분석한다.
② 둘째, 기업자체의 평가를 실시하되 기술수준, 인적·물적 자원, 설비 및 생산방식 등에 대한 강점과 약점을 평가한다.
③ 셋째, 기업의 목표를 확인하고 달성할 수 있도록 자체 기업의 강점을 시장침투기회 등 외적 여건과 결합하고 시장침투의 기반을 만든다. 이때 기업의 약점을 어떻게 보완할 것인가를 연구하여 구체적인 계획으로 확인하면 이것이 장기 또는 단기의 전략계획이 된다.
④ 넷째, 기업전략이 수립되었으면 생산활동에 주는 의미가 무엇인가를 분석하고 생산기능이 해야 할 요건, 즉 원가, 납품시기, 품질 등을 정확히 규정해서 생산정책의 기초를 제공한다. 생산정책은 위의 세 단계에서 분석한 결과를 모두 종합하여 수립함으로써 전략의 목표가 되게 한다.

> **합격예측**
>
> **경제적 분석**
> ① 원가구조
> ② 이윤
> ③ 산업구조
> ④ 원가탄력성
> ⑤ 수량변동
> ⑥ 제품변동
> ⑦ 원가변동추세

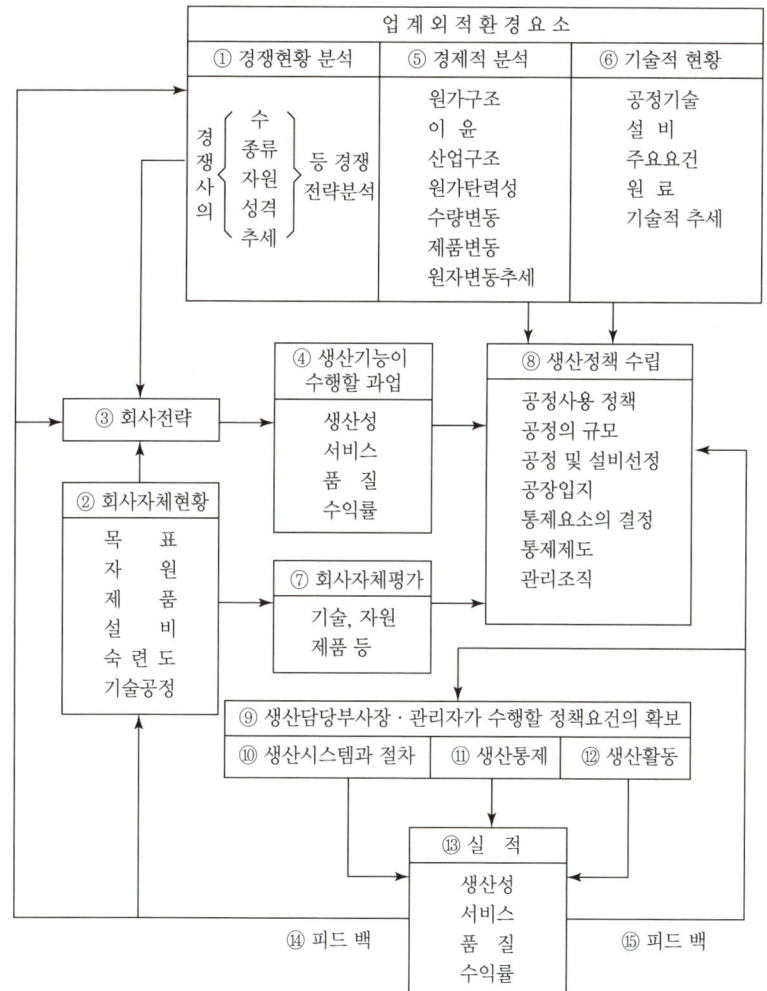

[그림] 기업전략의 일환으로서의 생산정책 수립과정

제2절 생산계획

합격예측

생산계획의 의의
① 생산계획이란 생산활동을 시작함에 있어서 그 목적 달성을 위하여 조직적이고 합리적인 계획을 수립하기 위한 사고활동이다.
② 생산되는 제품의 종류, 수량, 가격 및 생산방법, 장소, 생산 일정에 관하여 가장 경제적이고 합리적으로 계획을 편성하는 것이다.

1 생산계획의 의의 및 단계

1. 생산계획의 의의

① 생산계획이란 생산활동을 시작함에 있어서 그 목적 달성을 위하여 조직적이고 합리적인 계획을 수립하기 위한 사고활동이다.
② 생산되는 제품의 종류, 수량, 가격 및 생산방법, 장소, 생산 일정에 관하여 가장 경제적이고 합리적으로 계획을 편성하는 것이다.

2. 생산계획의 단계

① 기본계획
② 실행계획(제조계획, 생산계획)
③ 실시계획(작업계획)

3. 제조로트의 결정 방법

(1) 로트의 의의

① 로트는 단위생산수량이라고도 하는데, 생산이 이루어지는 단위수량으로서 여러 개 혹은 그 이상의 상당한 수량을 한 묶음(한 무더기) 내지 한 단위로 하여 생산이 이루어지는 경우 이를 로트(lot)한다.
② 로트 생산방식은 개념적으로는 1회 준비로 동일품목을 어떤 수량만큼 모아서 연속적으로 생산하고 다른 품목으로 교체함에 따라 동일작업공정에서 다수의 품목을 순차적으로 생산하여 가는 방식으로 정의할 수 있다.
③ 로트는 개념상으로 로트 수(lot number)와 로트의 크기(lot size)로 나누어 생각할 수 있다.
④ 로트 수란 일정한 제조 횟수를 표시하는 개념이다.
⑤ 예정생산 목표량이 결정되면 이를 몇 회로 분할하여 생산할 것인가 하는 제조 횟수를 말한다.
⑥ 로트의 크기란 예정 생산목표량을 로트 수로 나눈 것을 말한다.

$$\text{로트의 크기} = \frac{\text{예정 생산목표량}}{\text{로트 수}}$$

ex 연간 예정 생산 목표량이 1,000개일 때 1회에 100개씩 생산하는 것이 가장 경제적이라면 경제적 로트 수는 1,000÷100=10회가 된다.

또한 로트의 크기=$\frac{1,000개}{10회}$=100개, 즉 1회 경제적 로트의 크기는 100개이다.

(2) 로트의 종류

① 제조명령 로트
② 가공 로트
③ 이동 로트

(3) 경제적 로트 수의 개념

① 로트 수와 작업시간과의 관계
  ㉮ 일반적으로 로트 수에 따라서 변동하는 제조원가 중에서 가장 중요한 것은 작업시간(표준시간)이다.
  ㉯ 작업시간이라 하더라도 준비작업시간과 정미작업시간과의 비율에 의하여 제조원가에 미치는 영향의 정도가 다르게 된다.
  ㉰ 준비작업시간을 T_P, 정미작업시간을 T_S, 로트 수를 N이라고 하면, N개 전부에 대한 총 작업시간 T_N은 $T_N = T_P + T_S \times N$이다.
  ㉱ 1로트당의 작업시간 T_1은 $T_1 = \frac{T_N}{N} = \frac{T_P}{N} + T_S$가 된다.

② 로트 수와 총원가와의 관계
  ㉮ 원가 중에서 직접 재료비는 로트 수와 거의 관계가 없는 경우가 많으므로 이것을 무시하면, 직접 노무비와 간접비(기타 경비)로 고려된다.
  ㉯ 원가 요소와 로트 수와의 관계를 보면 [그림]과 같이 된다.
  ㉰ 직접 노무비는 대체로 작업 시간에 비례하기 때문에 A선과 같이 되며, 로트 수를 크게 할수록 경제적이다.
  ㉱ 기타 경비는 로트 수의 증감과는 무관계한 경우도 있고(고정비) 로트 수의 증가에 따라서 증가하는 경우도 있다.

합격예측

로트의 종류
① 제조명령 로트
② 가공 로트
③ 이동 로트

합격예측

해리스(F.W.Harris)식

$Y = \frac{R}{Q}P + \frac{Q}{2}CI$

$\frac{dY}{dQ} = -\frac{RP}{Q^2} + \frac{CI}{2} = 0$

이 식에서 준비비와 재고 유지비가 평행된 연간 총 구입비의 최저점은,

$\frac{dY}{dQ}=0$이 되는 곳의 로트의 크기이다.

$\therefore Q = \sqrt{\frac{2RP}{CI}}$

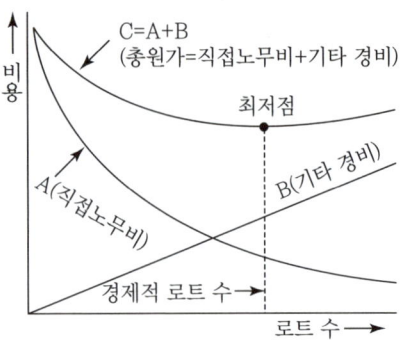

[그림] 로트 수와 총 원가와의 관계

(4) 로트의 산출

① 해리스(F.W.Harris)식

$$Y = \frac{R}{Q}P + \frac{Q}{2}CI$$

$$\frac{dY}{dQ} = -\frac{RP}{Q^2} + \frac{CI}{2} = 0$$

이 식에서 준비비와 재고 유지비가 평행된 연간 총 구입비의 최저점은, $\frac{dY}{dQ}=0$이 되는 곳의 로트의 크기이다.

$$\therefore Q = \sqrt{\frac{2RP}{CI}}$$

Q=로트의 크기(경제적 발주량)

R=소비예측계수(연간 소요량)

P=준비비(1회 발주 비용)

C=단위비(구입 단가)

I=단위당 연간 재고 유지(이자, 보관, 손모, 부식, 손실 등) 비율

QCI/2=연간 재고 유지비=평균 재고량×단위당 연간 재고 유지비
       =평균 재고량×구입 단가×연간 재고 유지 비율

RP/Q=연간 발주비=연간 발주 횟수×1회당 발주 비용
       =연간 소요량÷1회 발주량×1회당 발주 비용

Y=연간 관계 총비용=RP/Q+QCI/2

총비용(Y)을 최초로 하는 Q를 구하기 위해 미분을 하고, 여기서 Q대신에 $\sqrt{\frac{2RP}{CI}}$를 대입하면 적정 연간 총 관계비용 $Y=\sqrt{2CIRP}$가 된다.

예제문제

연간 소요량이 25,000개인 어떤 부품의 발주 비용은 매회 10,000원, 부품 단가가 5,000원, 연간 재고 유지 비율이 10[%]일 때 경제적 발주량, 경제적 발주 횟수, 적정 연간 총 관계비용을 계산하라.

① 경제적 발주량

$$Q = \sqrt{\frac{2RP}{CI}} = \sqrt{\frac{2 \times 25,000 \times 10,000}{5,000 \times 0.1}} = 1,000\text{개}$$

② 경제적 발주 횟수

$$\text{경제적 발주 횟수} = \frac{\text{총 수요량}}{\text{1회 발주량}} = \frac{25,000}{1,000} = 25\text{회}$$

③ 적정 연간 총 관계비용

$$Y = \sqrt{2CIRP} = \sqrt{2 \times 5,000 \times 0.1 \times 25,000 \times 10,000} = 500,000\text{원}$$

② 레호츠키(P.N.Lehoczky)식 : 해리스식과 거의 비슷한 개념에서 유도된 식이나, 다만 해리스식의 재고 유지비에 해당하는 항목에 대해서 원료의 저장 중의 이자와 제품으로 완성된 후의 제품 저장 중의 이자를 분리하여 생각한 것이 특징이라고 할 수 있다.

$$X = \sqrt{\frac{M}{L}\left(\frac{S+J-SJ}{2}\right)}$$

여기서 X = 1년간의 생산 로트 수, L = 준비비

M = 1년간에 1회 구입한다고 가정했을 경우의 재료비에 대한 이자,

$$S = \frac{\text{제품단가}}{\text{재료비}}, \quad J = \frac{\text{제조수량}}{\text{제조능력}}$$

예제문제

어느 회사에서는 매일 A제품을 10,000개씩 생산하고 있는데 제품 1개에 대한 재료비는 100원이고 가공하여 완제품으로 팔면 1개 200원씩 받는다. 이 회사의 월 생산능력은 20,000개이고 연이율 10[%]라고 할 때 연간 관계 총비용을 최소로 하는 제조 횟수를 구하라. 단, 1회 생산을 위한 준비 비용은 1,000원이다.

M = 10,000 × 12 × 100 × 0.1 = 1,200,000 L = 1,000

J = 10,000 ÷ 20,000 = 0.5 S = 200 ÷ 100 = 2

$$X = \sqrt{\frac{1,200,000}{1,000}\left(\frac{2+0.5-2\times 0.5}{2}\right)} = 1,000\text{개}$$

합격예측

레호츠키(P.N.Lehoczky)식

해리스식과 거의 비슷한 개념에서 유도된 식이나, 다만 해리스식의 재고 유지비에 해당하는 항목에 대해서 원료의 저장 중의 이자와 제품으로 완성된 후의 제품 저장 중의 이자를 분리하여 생각한 것이 특징이라고 할 수 있다.

$$X = \sqrt{\frac{M}{L}\left(\frac{S+J-SJ}{2}\right)}$$

여기서

X = 1년간의 생산 로트 수,

L = 준비비

M = 1년간에 1회 구입한다고 가정했을 경우의 재료비에 대한 이자

$S = \dfrac{\text{제품단가}}{\text{재료비}}$

$J = \dfrac{\text{재료수량}}{\text{제조능력}}$

합격예측

그 밖의 로트의 산출
① 노톤(P.T.Norton)식
② 매기(J.F.Magee)식
③ 니클러틴(C.N.Niklutin)식
④ 레이몬드(Raymond)식

③ 그 밖의 로트의 산출
  ㉮ 노톤(P.T.Norton)식
  ㉯ 매기(J.F.Magee)식
  ㉰ 니클러틴(C.N.Niklutin)식
  ㉱ 레이몬드(Raymond)식

2 생산수량계획

1. 생산수량계획기법의 종류

(1) 도시법(graphic and charting method)

(2) 리니어 디시즌 룰(Liner Decision Rule : LDR)

선형결정법이라고도 불리는 이 생산계획기법은 1955년에 홀트(C.C.Holt), 모디그리아니(F.Modigliani), 무드(J.F.Muth) 및 사이몬(H.A.Simon)에 의해서 개발되었다.

(3) 휴리스틱기법(heuristic approach)

① 경영계수이론(management coefficient theory) : 바우먼(E.H.Bowman)에 의해서 제시된 것으로 경영자가 경영환경에 민감하다는 가정하에서 경영자가 실시한 과거의 결정을 통계적으로 회귀분석을 이용하여 생산율 및 작업자의 고용수준을 결정하는 모형의 계수들을 추정하는 기법에 의한 총괄적 생산계획(생산수량계획)을 말한다.
② 매개변수에 의한 생산계획(Parametric Production Planning : PPP) : 존스(Curtic A. Jones)는 작업자의 수 및 생산율의 두 가지 선형결정법에 의존하는 총괄생산계획에 대해 휴리스틱 접근방법을 이용, 매개변수에 의한 생산계획이라는 기법을 개발하였다.

(4) 탐색결정기법(Search Dicision Rule : SDR)

① 총괄계획기법으로 최근에 나온 기법 중에 하나가 컴퓨터를 이용하여 최적해를 구하는 방법으로 1967년에 터버트(W.H.Taubert)에 의해 개발된 것이 탐색결정기법이다.
② 상황이 너무 복잡하여 수학적인 기법을 사용할 수 없을 때 실현가능한 결정을 내리는데 이용된다.

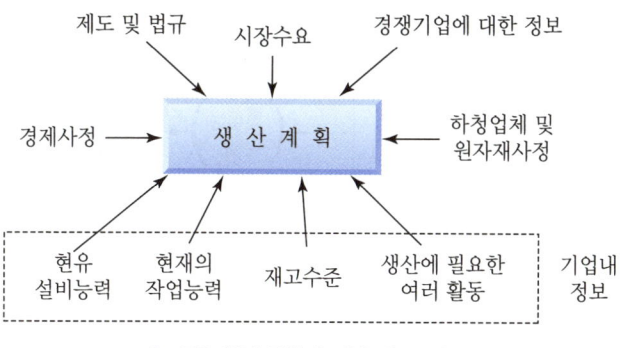

[그림] 생산계획에 이용되는 정보

> **합격예측**
>
> **절차계획의 의의**
> ① 작업공정의 순서와 작업내용
> ② 조립작업의 순서와 방법
> ③ 각 공정에 필요로 하는 인원수(기능별)
> ④ 각 공정에 필요로 하는 기계 설비(능력별) 및 치공구
> ⑤ 각 공정의 작업시간(준비작업 시간 포함)
> ⑥ 사용자재(재질, 규격)
> ⑦ 그 밖의 조건(표준 가공로트, 담당부서, 공정분류, 조립분류, 완급순위 등)

2. 생산수량계획기법의 적용

① 1974년에 행한 총괄생산 계획기법에 대한 비교연구(W.B Lee & B.K. Khumawara에 의해)에 의하면 LDR, 경영계수 모델, PPP, SDR의 4개 기법 중에서 SDR이 가장 우수하게 나타났다.
② 연간 매출액이 1,100만달러 되는 한 자본재 생산공장을 대상으로 한 이 연구에서 SDR은 그 기업에서 당초 결정하여 얻은 이익액보다 14% 높은 이익개선이 있었는데 비하여 바우먼의 경영계수모델은 4%의 개선을 보임으로써 4개 기법 중 가장 낮은 성과를 보였다.
③ 비교연구는 효율적인 생산수량계획기법을 통해서 이익을 높일 수 있음을 보여준 것이라 하겠다.

3 생산 세부계획

1. 절차계획

(1) 절차계획의 의의

① 작업공정의 순서와 작업내용
② 조립작업의 순서와 방법
③ 각 공정에 필요로 하는 인원수(기능별)
④ 각 공정에 필요로 하는 기계 설비(능력별) 및 치공구
⑤ 각 공정의 작업시간(준비작업 시간 포함)
⑥ 사용자재(재질, 규격)
⑦ 그 밖의 조건(표준 가공로트, 담당부서, 공정분류, 조립분류, 완급순위 등)

> **합격예측**
>
> **절차계획의 목적**
> ① 최적의 작업방법을 결정한다.
> ② 작업방법의 표준화를 도모한다.
> ③ 작업 할당을 적정화한다.

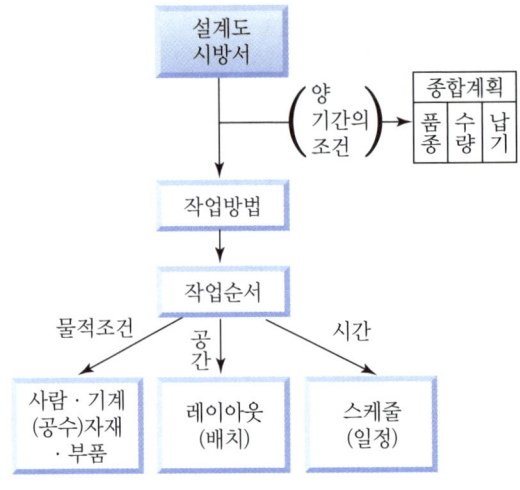

[그림] 절차계획의 내용

(2) 절차계획의 목적

① 최적의 작업방법을 결정한다.

② 작업방법의 표준화를 도모한다.

③ 작업 할당을 적정화한다.

(3) 절차계획의 합리적인 추진방법

① 입안방침(立案方針)의 결정
   ㉮ 생산형태의 문제
   ㉯ 계획상의 중점파악
      ㉠ 품질(또는 난이도) : 높은 정도(精度)가 요구되는가? 특수한 기계나 숙련공이 필요한가?
      ㉡ 원가 : 품질보다도 원가의 인하가 중요한가?
      ㉢ 납기 : 준비기간에 충분한 여유가 있는가? 응급처치가 필요한가?
      ㉣ 기타 : 장기적인 계속성이 있는가? 다른 제품(부품)과의 공정상의 공통성이 있는가? 이용해야 될 설비나 자재에 의한 제약이 있는가?
   ㉰ 생산 설계적 고려
② 가공방법의 합리화
   ㉮ 현보유 생산능력의 합리적 이용
   ㉯ 가공방법의 기계화
③ 자재의 선택
   ㉮ 신자재의 선택
   ㉯ 가공자재의 선택
   ㉰ 자재절취방법의 합리화

④ 작업분할과 공정편성의 합리화
   ㉮ 공정의 세분화(분업화)
   ㉯ 공정계열의 평행화(병렬화)
   ㉰ 전문적 공정의 편성

(4) 제조명령의 목적
① 고객과 계약한 납기 및 제품 규격에 대한 정보를 전달하고
② 원가자료의 수집, 개별적 내지 전체적인 공정에 대한 작업기준의 제시
③ 통제체제에 대한 출발점의 기능을 수행하기 위해서 영업부(관리부문)에서 제조부문에 제조활동을 인가하는데 있다.

2. 공수계획

(1) 공수계획의 기본방침
① 부하와 능력의 균형화
② 가동률의 향상
③ 일정부하와 변동방지
④ 적성배치와 전문화의 촉진
⑤ 여유성
   ㉮ 부하면의 여유 : 설계변경, 계획변경, 돌발작업, 시간견적 오차, 불량발생 등
   ㉯ 능력면의 여유 : 가동률의 저하, 결근, 사고, 보충계획의 불비 등

(2) 공수계획의 내용
① 작업량을 표시하는 방법에는 여러 가지 있으나 가장 많이 쓰이는 기준은 작업시간으로서 기계시간(machine hour)과 인적노동시간(man hour)이 대표적이다.
   ㉮ 人日(1일 단위) : Man Day – 개략적
   ㉯ 人時(시간 단위) : Man Hour – 보편적
   ㉰ 人分(분 단위) : Man Minute – 세부적
② 공수계획이란 부하(load), 작업에 소요되는 작업량을 산정하고, 이것과 보유하고 있는 인원 및 기계설비의 능력을 조사하여 양자의 조정을 도모하는 일이다.
   ㉮ 기준능력계획
      ㉠ 인원능력의 계산

합격예측

공수계획의 기본방침
① 부하와 능력의 균형화
② 가동률의 향상
③ 일정부하와 변동방지
④ 적성배치와 전문화의 촉진
⑤ 여유성

합격예측

가공시간(총 작업시간)
준비작업시간+로트 수×정미작업시간(1+여유율)

- 인원능력 = 환산인원×취업시간(실동)×가동률
  = 월간실동시간×출근율×인원수
- 가동률 : 실동시간 중에서 정미작업이 수행되는 시간의 비율가동률
  = 출근율×(1−간접 작업률)
  ⓒ 기계능력의 계산
  기계능력=유효 가동시간×대수=월간 실동시간×가동률×대수
ⓒ 부하계획
  ⓖ 기준부하계획
    - 기준부하계획
    - 경로도에 의한 집계법
  ⓒ 총합부하계획

3. 일정계획

(1) 일정계획의 의의

① 일정계획이란 절차계획에 의거하여 제조에 필요한 모든 작업이나 업무의 착수시기와 완료시기를 결정하는 것이다.
② 제조요구에 의하여 지정된 기일까지 생산을 끝낼 수 있도록 각 공정작업의 착수시기를 그 순서에 따라서 일별 또는 시간별로 계획하는 것을 말한다.

(2) 일정의 구성

① 가공
  가공시간(총 작업시간)=준비작업시간+로트 수×정미작업시간(1+여유율)
② 운반
  ㉮ 운반시간이 짧은 경우(다수) : 바로 앞 가공공정에 포함
  ㉯ 가공 후의 공정대기 후 운반 : 공정대기와 같이 바로 다음 가공시간에 포함
  ㉰ 공장 간의 운반(장기간 요하는 것) : 독립된 운반일정 표시
③ 검사
  ㉮ 바로 앞의 가공공정 중에 포함
  ㉯ 긴 시간 필요시 : 독립된 검사일정 표시
④ 정체
  ㉮ 전후 공정의 수요의 다소에 따라 발생한다.
  ㉯ 공정대기는 현장조사를 할 때 가장 파악하기 힘든 일이다.
  ㉰ 일정에 대하여 가장 큰 영향을 미친다.
⑤ 로트대기

㉮ 생산기간을 생각할 때 로트대기는 가공, 운반 및 검사기간 중에 숨겨지기 쉬운 성질을 가지고 있다.
㉯ 일정을 생각할 때는 로트 대기가 없는 작업방식이 될 수 없는가를 검토한다.

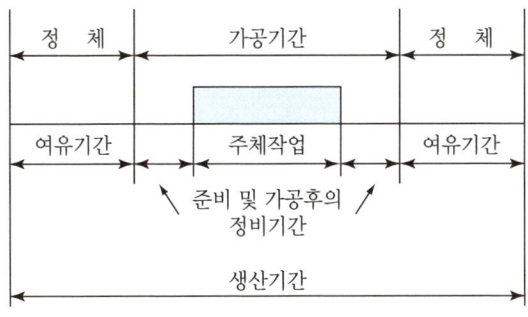

[그림] 생산기간

(3) 기준일정

① 기준일정의 필요성
㉮ 최종 완성일(납기)과 비교하여 각 공정은 언제 가공하면 좋은가를 미리 알 수 없다.
㉯ 사전에 가공할 일자를 모르면, 각 공정의 1일 부하량을 예측할 수 없으므로, 일정별 부하와 능력과의 평형을 사전에 조정할 수 없게 된다.

② 기준일정을 결정할 경우의 기본방침
㉮ 집중작업방식을 적극 채용한다.
㉯ 공정대기를 최소 한도로 줄인다.
㉰ 로트대기를 줄이기 위하여 연속작업방식을 적극적으로 채용하는 등의 점을 검토하여 적어도 수주기간 > 생산기간이라는 조건을 기준일정의 단계에서 만족할 수 있도록 하여야 한다.

(4) 일정계획의 방침

① 납기의 확실화
② 생산활동의 동기화
③ 작업량 안정화와 가동률의 향상
④ 생산기간의 단축

(5) 일정계획의 단계

① 대일정 계획

합격예측
장기여력계획
① 수주의 장기예측을 할 수 있고, 신규수주의 개척 혹은 사퇴(辭退), 납기의 변경을 위한 자료로 할 수 있다.
② 기계의 신설 및 전용, 작업자의 신규채용 및 배치전환 또는 감축의 자료로 한다.
③ 장기의 잔업계획이나 교대제에 대한 계획수립의 자료로 한다.
④ 장기외주계획의 자료 등과 같이 부하와 능력에 관한 장기예측을 수립하는 자료로 된다.

② 중일정 계획
③ 소일정 계획

(6) 배정번호의 선정

① 배정번호의 구성
  ㉮ 단일공정의 배정번호 : 공정순번＝가공순번＋여유순번
  ㉯ 부품공정의 배정번호
    ㉠ 최종 공정의 완성순번은 1번이다. 조립품인 경우에는 조립순으로 표시된다.
    ㉡ 착수순번＝완성순번＋(공정순번－1)
      예를 들어 완성순번＝1, 공정순번＝1인 경우 착수순번＝1＋(1－1)＝1이 된다.

4 여력계획

1. 여력계획의 의의

① 공수계획의 단계로 부하나 능력의 계산을 하고 이를 조정하여 작업할당을 하게 된다.

② 여력 $= \dfrac{능력-부하}{능력} \times 100$

예를 들면
능력＝8시간 × 25일 × 10대 ＝ 2,000시간
        ↑   ↑   ↑
     1일 실동시간 1개월 실동일수 가동 대수

부하는 1개월간의 가공분량 즉,
A부품 : 500개＝500시간 ┐
B부품 : 1,000개＝800시간 ├ 계2,100시간
C부품 : 500개＝800시간 ┘

2. 여력계획

(1) 여력계획시 고려사항

① 대상으로 하는 기간과 여력을 정하는 일정구분의 단위
② 계획의 선행도

③ 대상으로 하는 공장의 범위와 여력을 정하는 기계 구분의 단위

(2) 여력계획의 종류

① 장기여력계획
  ㉮ 장기여력계획의 목적
    ㉠ 수주의 장기예측을 할 수 있고, 신규수주의 개척 혹은 사퇴(辭退), 납기의 변경을 위한 자료로 할 수 있다.
    ㉡ 기계의 신설 및 전용, 작업자의 신규채용 및 배치전환 또는 감축의 자료로 한다.
    ㉢ 장기의 잔업계획이나 교대제에 대한 계획수립의 자료로 한다.
    ㉣ 장기외주계획의 자료 등과 같이 부하와 능력에 관한 장기예측을 수립하는 자료로 된다.
  ㉯ 여력계획의 표현방법
    ㉠ 간트차트
    ㉡ 산적표(山積表)
    ㉢ 유동수 곡선(流動數曲線)
    ㉣ 수치식 여력계획표(數値式餘力計劃表)
② **중기여력계획** : 중기여력계획의 목적은 ㉮ 납기에 대한 정확한 예측 ㉯ 잔업 및 교대제 실시의 자료 ㉰ 외주계획의 자료로서 활용
③ **단기여력계획** : 목적은 ㉮ 자기공정의 착수, 완성 시기의 최종적인 결정 등은 최종 납기의 결정에 중요한 역할을 한다. ㉯ 특정한 작업자 및 기계에 대한 작업 할당 ㉰ 잔업의 결정 특히 중기여력계획에서 책정된 잔업계획, 교대계획의 수정이다.

5 자재계획

1. 자재의 분류

(1) 행정관리 목적상의 분류

① **가격분류 I (고가품목)** : 이 부류의 자재는 전체 재고 투자액 중 품목수로는 전체 품목수의 약 5[%] 내외지만 금액상으로는 70~80[%]의 비중을 차지한다.
② **가격분류 II (고가품목에 속하지 않는 품목)** : 사내에서 수리하여 사용하여야 할 자재 또는 물품 등
③ **가격분류 III (저가품목)** : 대부분이 소모성 자재로서 일체 수리를 필요로 하지

> **합격예측**
>
> **행정관리 목적상의 분류**
> ① 가격분류 I (고가품목) : 이 부류의 자재는 전체 재고 투자액 중 품목수로는 전체 품목수의 약 5[%] 내외지만 금액상으로는 70~80[%]의 비중을 차지한다.
> ② 가격분류 II (고가품목에 속하지 않는 품목) : 사내에서 수리하여 사용하여야 할 자재 또는 물품 등
> ③ 가격분류 III (저가품목) : 대부분이 소모성 자재로서 일체 수리를 필요로 하지 않는 자재

않는 자재

(2) 규격에 의한 분류

① **표준품목** : 사내의 공정규격에 가장 적합하고 사용빈도가 가장 높은 품목으로서 어떠한 종류의 제품에도 사용 가능한 자재
② **잠정표준품목** : 시험 또는 신개발 장비에 사용되는 자재로서 사용경험 결과 표준품목으로 선정할 때까지 충분한 기간을 두고 생산되는 한정된 수량의 품목
③ **대체허용품목** : 표준품목에 비하여 만족할 수 없으나 표준품목의 조달이 일시적으로 불가능할 때 대체 사용이 가능한 품목
④ **제한표준품목** : 표준품목이나 대체허용품목에 비하여 만족스럽지는 못하나 대체 사용이 가능한 품목으로서 이미 보유하고 있는 재고가 없어질 때까지 사용하는 것을 원칙으로 하는 품목

(3) 정비 구분상의 분류

① 소모성 자재
② 비소모성 자재

(4) 계정책임(計定責任)상의 분류

① 회수성 자재
② 비회수성 자재

(5) 기능상의 분류

① **주요자재** : 제조하는 제품의 실체를 구성하는 데 사용되는 자재
② **보조자재** : 제조과정에서 소모되거나 실체 구성상 사용되기는 하지만 보조적인 역할을 담당하는 것

(6) 원가 계산상의 분류

① **직접자재** : 원가 담당자에 의해서는 사용된 자재의 수량과 금액을 직접적으로 파악할 수 있는 것으로서 직접 자재비계산이 가능한 것
② **간접자재** : 원가 담당자가 사용 수량이나 금액을 명확하게 그 한계를 설정하기 곤란하거나 극히 모호한 것으로서 일단 간접비로 계산한 후 일정한 기준을 세워서 배분하는 것

(7) 준비방법에 의한 분류

① **상비자재(저장자재)** : 생산계획에 관계없이 항시 일정량을 창고에 재고시켜 두는 것

② 비상비자재(적시 구입품) : 생산계획에 따라서 필요량을 산정하여 그때마다 구입하는 것

(8) 상태에 의한 분류

① 사용가능 자재
② 요 수리 자재
③ 폐품

(9) 재질에 의한 분류

① 철금속자재
② 비철금속자재
③ 비금속자재
④ 부분품
⑤ 기계공구 및 기타
⑥ 스크랩(scrap)

(10) 저장방법에 의한 분류

① 시한성 자재
② 감광성 자재
③ 등록 자재
④ 보험성 자재

> **합격예측**
> **저장방법에 의한 분류**
> ① 시한성 자재
> ② 감광성 자재
> ③ 등록 자재
> ④ 보험성 자재

(11) 형태상의 분류(가공도에 따른 분류)

① 소재(판, 봉 등) : 2차 가공재(압연재, 코일 판, 선재, 형재, 관재 등)
② 부품(조립에 사용되는 것) : 조형재(주물이나 단조품과 같이 가공을 필요로 하는 것), 단일부품(piece), 집성부품(집합체), 기능부품(전동기, 계기 등)

(12) 조달상의 분류

① 사외조달자재(구매품, 외주품)
② 사내조달자재

(13) 사무 절차상의 분류

① 중점자재 : 구매비용이 소비되더라도 관리를 강화해서 적품을 싼 값으로 구입할 수 있는 대상의 자재
② 간이자재(간이 구매품) : 구매품목의 수량, 종류, 금액 등에서 구매사무에 지장을 주지 않는 범위에서 절차를 될 수 있는 대로 간소화해서 구매비용의 절

감을 시도할 수 있는 대상의 품목

2. 자재계획 내용

(1) 개별자재 견적

(2) 종합자재 계획

① 기준자재표 작성
② 종합자재계획

3. 자재 소요량 산출

① 자재 기준표에 표시된 기준량에 예비량을 더한 것이 된다.
② 예비량은 자재불량, 가공불량, 분실, 손모 등을 감안한 것으로 일반적으로 율(%)로 나타낸다.

$$소요\ 자재량 = 자재\ 기준량 \times (1 + 예비율)$$

4. 원 단위(原單位)산정

① **공정이 간단할 때** : 원자재 투입량과 제품 생산량의 대비로서 산정한다.

$$자재의\ 원단위 = \frac{원자재투입량}{제품생산량} \times 100$$

② **공정이 복잡할 때** : 공정별, 작업별, 단계별로 원단위를 산정한다.
③ 부산물, 스크랩(scrap)의 발생도 원료나 제품과 같이 표준량을 산정한다.
④ 제품규격과 자재규격을 정확히 그리고 합리적으로 설정한다.
⑤ 자재의 품질을 고려한다.
⑥ 종업원의 숙련도를 고려한다.

6 설비계획

1. 설비관리의 의의

① 설비란 토지, 건물, 구축물, 기계, 장치, 차량과 운반구, 선박, 공구, 기구와 비품 등의 유형고정자산을 말한다.

② 설비관리란 이러한 설비를 활용하여 기업이 목표로 하는 수익성을 높이는 활동을 말한다.

$$수익률 = \frac{수익}{투자} \times 100$$

③ 수익률을 높게 하기 위해서는 투자를 적게 하는 것도 중요하지만, 투자를 어느 정도 크게 하더라도 수익을 증대하고 비용을 감소함으로써도 가능하다.
④ 장래의 수익이 크고 운전 및 보전에 비용을 적게 들일 수 있다면, 초기에 다소 투자가 크더라도 장기적으로 보아서는 수익률이 커질 수 있다.

2. 설비관리의 신 동향

(1) PE(Plant Engineering)의 의의

① 설비의 전 기간 동안에 기업의 생산성, 즉 수익성을 높이기 위하여 기계, 전기, 화학, 토건 등의 고유 기술과 IE(Industrial Engineering) 등의 관리기술을 결합한 종합기술을 PE(Plant Engineering)라고 한다.
② PE는 플랜트를 하나의 시스템으로 보고 플랜트를 이해하는 시스템적 접근방법이라 할 수 있다.

(2) PE의 기능

1959년에 AIPE(American Institute of Plant Engineering)에서는 PE의 기능으로서 다음과 같은 5가지 항목을 들고 있다.
① 공장의 배치와 설계(plant layout and design)
② 건설 및 설치(construction and installation)
③ 보전, 수리 및 갱신(maintenance repairs and replacement)
④ 유틸리티의 운전(operation of utilities)
⑤ 공장방재(plant protection)

(3) PE의 영역

① PE를 크게 나누면 설비가 생산을 개시하기 전, 즉 취득과정을 Project Engineering이라 한다.
② 설비가 생산을 하기 시작한 후의 단계를 PM(Productive Maintenance : 생산보전)이라 한다.

합격예측

수익률

$$\frac{수익}{투자} \times 100$$

합격예측

PE의 기능 5가지
① 공장의 배치와 설계 (plant layout and design)
② 건설 및 설치 (construction and installation)
③ 보전, 수리 및 갱신 (maintenance repairs and replacement)
④ 유틸리티의 운전 (operation of utilities)
⑤ 공장방재(plant protection)

> **합격예측**
>
> **PE의 영역**
> ① PE를 크게 나누면 설비가 생산을 개시하기 전, 즉 취득과정을 Project Engineering이라 한다.
> ② 설비가 생산을 하기 시작한 후의 단계를 PM (Productive Maintenance : 생산보전)이라 한다.

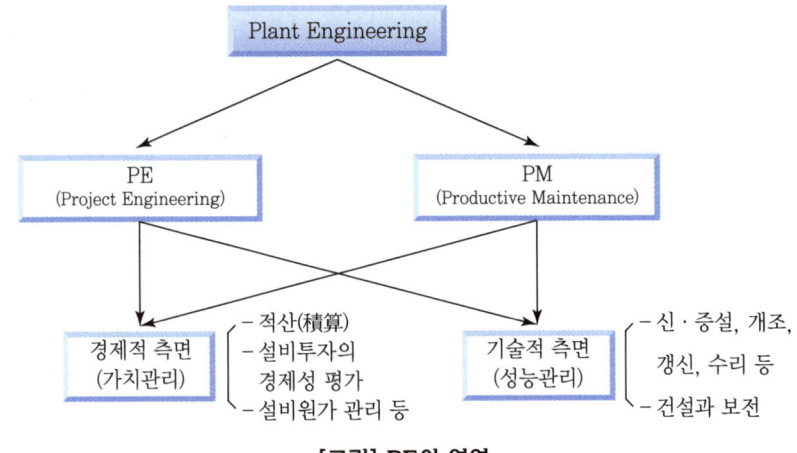

[그림] PE의 영역

3. 설비투자의 경제성 평가

(1) 설비투자의 결정 단계

① 새로운 투자안 또는 기업에 보다 큰 이익을 가져다 줄 수 있는 투자안을 찾아내는 것이다. – 소비자의 행태 파악, 넓은 견문, 여행 또는 창의력 등에 의해서 새로운 투자안을 발견
② 새로운 투자안을 채택했을 경우 나타나리라고 예상되는 시장 또는 생산 공학적인 분석이 필요
③ **재무분석** : 설비가치 문제 대두
④ **투자결정** : 계량화할 수 있는 요소나 없는 요소를 고려하여 양적·질적 분석 후 결정

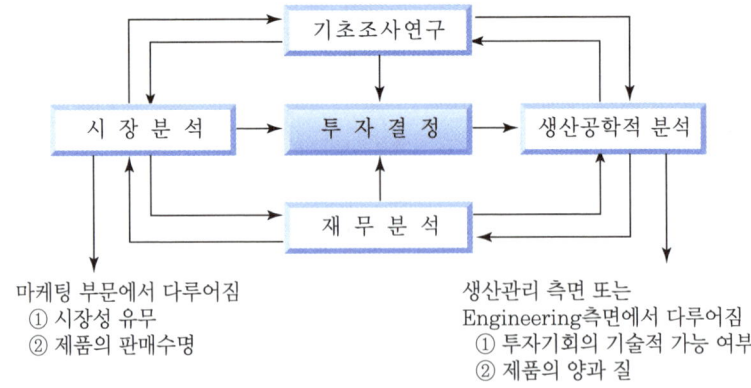

[그림] Jhon·F.Magee에 의한 투자의 결정 단계

(2) 설비투자를 위한 경제성 공학

① EE(Engineering Economy)의 의의
  ㉠ 투자를 위한 의사결정에 필요한 경제성 비교의 원칙과 수법을 말하며, 조직체 중의 의사결정과정의 경제적 및 기술적 면에 관한 것을 취급한다.
  ㉡ 설비투자를 하면 현재와 장래의 서로 다른 시점에 있어서 기술적 재활동의 경제성을 평가할 필요가 발생함으로 비용의 시간적 가치의 평가와 환산을 행하여야 한다.
  ㉢ 기술적 제활동에는 투자가 필요하나 이것이 다른 활동의 투자와 비교하여 유리한가, 어떠한가, 가능하면 이런 투자가 최소의 예상수익(금리+상각+기대수익)을 수반하여 회수되는가, 어떤가의 검토가 필요하다.

② EE의 기본적 태도
  ㉠ EE연구는 기업의 경영자의 입장에서 행한다.
  ㉡ EE연구는 대체안의 비교 및 차이를 취급한다.
  ㉢ EE에 의한 의사결정의 효과는 장래에 있으며 이는 결정시에 시작된다.
  ㉣ 대체안 간의 차에는 될 수 있는 대로 금전수지의 차이로 환산되어야 한다.

③ **자금의 시간적 가치** : 시간환산(복리계산)공식을 유도하기 위하여 다음과 같이 기호를 정의한다.
  P = 원금 또는 현금순환의 현재 가치(現價)
  F = 원리 합계, n년 후의 금액 또는 현금순환의 종말 가치(終價)
  A = 장래의 n기간 동안 계속하여 동일액을 지불할 경우의 매기말 지불액(年價)
  i = 이자율 또는 할인율
  n = 내용연수(利子期間의 年回數)
  복리계산의 기본적인 방식으로는 다음과 같은 6가지가 있다.
  ㉠ 일괄(1회)지불 복리계수(一括支拂複利係數)
  ㉡ 일괄지불 현가계수(一括支拂現價係數)
  ㉢ 동일액 기말지불 복리계수(同一額期末支拂複利係數)
  ㉣ 감채기금계수(減債基金係數)
  ㉤ 자본회수계수(資本回數係數)
  ㉥ 동일액 기말지불 현가계수(同一額期末支拂現價係數)

합격예측

EE(Engineering Economy)의 의의
① 투자를 위한 의사결정에 필요한 경제성 비교의 원칙과 수법을 말하며, 조직체 중의 의사결정과정의 경제적 및 기술적 면에 관한 것을 취급한다.
② 설비투자를 하면 현재와 장래의 서로 다른 시점에 있어서 기술적 재활동의 경제성을 평가할 필요가 발생함으로 비용의 시간적 가치의 평가와 환산을 행하여야 한다.
③ 기술적 제활동에는 투자가 필요하나 이것이 다른 활동의 투자와 비교하여 유리한가, 어떠한가, 가능하면 이런 투자가 최소의 예상수익(금리+상각+기대수익)을 수반하여 회수되는가, 어떤가의 검토가 필요하다.

합격예측

복리계산의 기본적인 방식
① 일괄(1회)지불 복리계수(一括支拂複利係數)
② 일괄지불 현가계수(一括支拂現價係數)
③ 동일액 기말지불 복리계수(同一額期末支拂複利係數)
④ 감채기금계수(減債基金係數)
⑤ 자본회수계수(資本回數係數)
⑥ 동일액 기말지불 현가계수(同一額期末支拂現價係數)

합격예측

통제의 필요성
① 계획 자체의 부정확
② 사고의 발생
③ 계획(납기)의 변경이나 설계의 변경
④ 추가
⑤ 전단계에서의 지연의 파급

합격예측

생산통제기능
① 절차관리(작업지도)
② 여력관리(공수관리)
③ 진도관리(일정관리)

제3절 생산통제

1 생산통제의 개요

1. 생산통제

① 생산통제(production control)란 생산계획에서 결정된 방침에 따라서 1일 생산활동을 관리해 가는 것이다.
② 생산계획은 연1회, 월1회 등으로 불연속적(간헐적)으로 수행되는 업무지만, 실제 생산활동은 년 또는 월 구분에는 관계없이 매일 연속하여 수행된다.
③ 1일 생산활동의 관리업무는 사무적으로 상당한 양으로 된다.
④ 운영하고 처리할 것인가는 생산 관리상 중요한 문제로서 이것을 협의의 공정관리라고도 한다.
⑤ 생산통제의 업무는 양적으로는 상당히 많지만, 반복적인 성질의 업무가 많기 때문에 그 실시 방법으로는 표준화되고 상규적(常規的)인 업무 수속화되고 있는 면이 많은 것이 특징이다.

2. 통제의 필요성

① 계획 자체의 부정확
② 사고의 발생
③ 계획(납기)의 변경이나 설계의 변경
④ 추가
⑤ 전단계에서의 지연의 파급

3. 생산통제의 기능

절차(순서)계획	절차관리(작업지도)
공수계획	여력관리(공수관리)
일정계획	진도관리(일정관리)

(1) 통제업무의 대상과 관리기능

① 물의 흐름의 통제
② 인간 움직임의 통제

(2) 통제 업무의 실시과정

수배 → 작업분배 → 통제

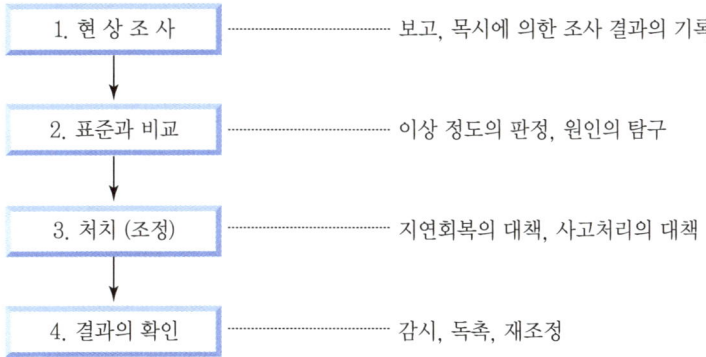

- 1. 현 상 조 사 ········ 보고, 목시에 의한 조사 결과의 기록
- 2. 표준과 비교 ········ 이상 정도의 판정, 원인의 탐구
- 3. 처치 (조정) ········ 지연회복의 대책, 사고처리의 대책
- 4. 결과의 확인 ········ 감시, 독촉, 재조정

4. 감사 기능

① 감사의 기능은 주로 경영자나 상급 간부의 담당으로 되어 있다.
② 말단인 현장에서는 상사에게 보고하기 위한 자료의 작성이 의무화되어 있지만, 이것은 총체적인 보고제도의 일환으로 된다.
③ 보고자료는 동시에 현장관리자나 관리스태프가 하는 일상 관리업무(통제업무)의 자료로서도 필요한 것이지만, 자료를 통제용과 감사용으로 구분하는 것은 매우 곤란하며 또한 비경제적이다.
④ 보고를 위한 자료 중에는 협의적인 생산관리의 목적뿐만 아니라, 다른 관련 업무(구매, 창고, 원가, 품질, 판매, 임금 등의 관리)에 필요한 것도 사무처리의 편의상 동시에 작성한다.

2 작업분배

1. 작업분배의 의의 및 기능

(1) 의 의

① 작업분배(dispatching)란 실제로 일을 사람이나 기계에 할당하는 것이다.
② 절차계획에서 결정된 공정절차표와 일정계획에서 수립된 일정표에 따라서 실제의 활동을 착수하도록 하는 것이 작업분배의 역할이다.
③ 작업분배란 가급적 일정계획과 절차계획에 예정된 시간과 작업순서에 따르되 현장의 실정을 감안해서 가장 유리한 작업순서를 정하여 작업을 명령하거나 지시하는 것으로 계획된 생산활동을 실제로 추진하는 관리적 기능이다.

> **합격예측**
> **작업분배의 의의**
> ① 작업분배(dispatching)란 실제로 일을 사람이나 기계에 할당하는 것이다.
> ② 절차계획에서 결정된 공정절차표와 일정계획에서 수립된 일정표에 따라서 실제의 활동을 착수하도록 하는 것이 작업분배의 역할이다.
> ③ 작업분배란 가급적 일정계획과 절차계획에 예정된 시간과 작업순서에 따르되 현장의 실정을 감안해서 가장 유리한 작업순서를 정하여 작업을 명령하거나 지시하는 것으로 계획된 생산활동을 실제로 추진하는 관리적 기능이다.

합격예측

테일러 시스템의 특징

① 작업자 개인의 능률향상을 중요시했다.
② 과업관리였다.
③ 「고임금 저노무비」라는 경영이념을 실천하고자 했다.
④ 노동자와 기업주 쌍방이 번영할 수 있는 길이 과학적 관리라고 생각했다.
⑤ 스톱워치(stop watch)를 이용하여 과업관리를 했다.
⑥ 작업자 중심이었다.

합격예측

포드 시스템의 특징

① 전체 작업능률의 향상을 중요시했다.
② 동시관리였다.
③ 「고임금 저가격」이라는 경영이념을 실천하고자 했다.
④ 노동자와 소비자에게 봉사하는 것이 기업이라고 생각했다.
⑤ 벨트 컨베이어에 의한 이동조립법을 적용하여 작업관리를 했다.
⑥ 기계설비 중심이었다.

(2) 작업분배의 주요기능

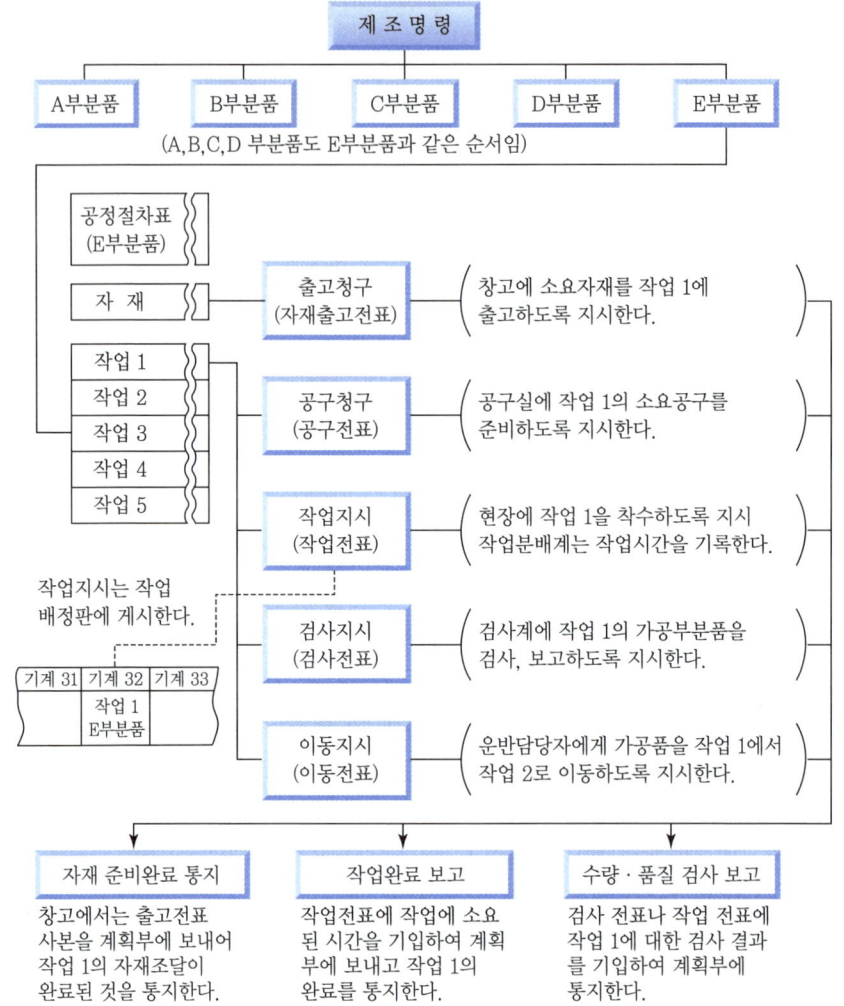

[그림] 작업 분배의 일상 업무도

① 작업에 필요한 자재를 작업착수 전에 작업현장에 조달되도록 한다.(이 경우 소요자재를 출고해 주도록 자재 청구(출고)전표가 창고 앞으로 발행된다.)
② 작업에 필요한 치공구를 작업착수 시기까지 현장 작업자에게 인도되도록 한다.(이 경우 현장에서 필요한 치공구가 불출되도록 공구(청구)전표가 공구실 앞으로 발행된다.)
③ 작업 대상물(공정품 또는 반제품)을 다음 공정으로 운반되도록 한다.(이 경우 작업 대상물을 다음 공정으로 옮기도록 이동(운반)전표가 운반그룹이나 해당 현장 앞으로 발행된다.)
④ 작업현장(각 작업자 및 기계)에 작업착수를 지시한다. 이는 작업배정기능 가운데 가장 중요한 기능이기도 하다. 작업 전표가 각 작업현장의 직장 앞으로

발행되는데, 이는 ⑥의 작업성과 측정자료로도 이용된다.)
⑤ 각 작업 중에 생기는 불량품과 불량 원인을 밝히기 위해서 필요한 경우에는 검사를 지시한다.(이 경우 검사전표가 검사계 앞으로 발행된다.)
⑥ 작업의 착수와 완료시각을 기록하고 작업시간을 계산한다.(이 경우 ④의 작업전표에서 작업자별로 작업시간을 계산하여 이를 작업시간 기록표에 기입해서 작업 성과판정이나 임금계산의 기초자료로 제공된다.)

2. 작업분배 방법

[표] 분산식과 집중식 작업 분배방법의 비교

분산식 작업분배	집중식 작업분배
1. 현장에서의 비능률을 어느 정도 방지할 수 있다.	1. 통제를 강화할 수 있다.
2. 보고나 통지의 중복을 피할 수 있고 통제가 용이하므로 여러 가지 경우에 경제적이다.	2. 일정계획 등의 변경을 행할 수 있으므로 탄력성이 있다.
3. 작업 진행계원이 많이 걷게 된다	3. 진행상황을 총괄적으로 파악할 수 있다.

3. 작업분배판

① 3단식 작업분배판
② 진행식 작업분배판(소일정 계획겸용 작업분배판)

3 진도관리

1. 진도관리의 의의

① 진도관리(follow-up or expediting)는 진척관리(進陟管理), 작업촉진(作業促進) 등으로 불리기도 한다.
② 진도관리(進度管理)란 전술한 작업분배(작업지시)에 의하여 현재 진행 중인 작업에 대해서 작업의 착수에서 완료되기까지의 진도상황을 관리하는 것이다.
③ 작업이 계획대로 진행되도록 조정하는 것을 말한다.
   ㉮ 과정적 진도
   ㉯ 수량적 진도

> **합격예측**
>
> **JIT 시스템**
> JIT(Just In Time) 시스템은 일본의 도요타회사에서 처음 개발되었으며, 문헌상의 기록으로는 (Japanese Manufacturing Techniques, Richard Schonberger, Free Press, NY, 1982)가 시초이다.

합격예측

도요타의 7가지 낭비의 종류
① 불량품의 낭비
② 초과 및 조기 달성의 낭비
③ 재고의 낭비
④ 운반의 낭비
⑤ 가공의 낭비
⑥ 동작의 낭비
⑦ 대기의 낭비

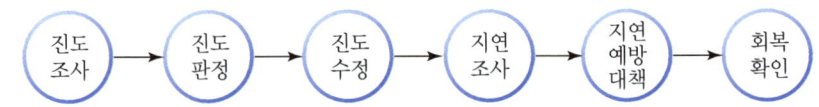

[그림] 진도관리의 업무 단계

2. 진도의 조사

(1) 진도실시상 요점

① 될 수 있는 대로 정기적으로 실시한다.
② 정상 업무화하고 사무적으로 처리될 수 있도록 한다.

(2) 조사방법(정보수집 방법)

① 전표 이용법(傳票利用法)
② 구두 연락법(口頭連絡法)
③ 직시법(直視法)
④ 기계적 방법(機械的 方法)

(3) 조사시기

① 정기적 조사
② 부정기적 조사
③ 조사의 템포(정보의 속도)

3. 진도통제의 방식

(1) 간트 차트(Gantt Chart)에 의한 진도통제

① 간트 차트의 일반적 원리
　㉮ 직선작도(直線作圖)로서 좌→우로 그리되 시간 길이와 일의 양을 나타낸다.
　㉯ 수학적 비교가 없어도 양부(良否), 진척도를 알 수 있다.
　㉰ 교차선이 없고 시간의 경과를 볼 수 있어 유휴 시간을 확인할 수 있게 되어 있다.
　㉱ 계획량과 실적량이 모두 직선으로 표시된다.
　㉲ 같은 직선 하나로 시간의 동일성, 작업 계획량의 변화, 작업 실적량의 변화 등을 나타낼 수 있다.
　㉳ 일별로 나타낸 구간은 언제나 100[%]로 쓰이며, 계획량과 실적량을 나타내는 직선의 거리는 이에 비례하여 길이를 그린다.

② 간트 차트의 장점
　㉮ 작업을 시간적, 수량적으로 일목요연하게 나타낼 수 있어 작업의 계획과 실

적을 쉽게 계속적으로 파악할 수 있다.
㉯ 작업의 지체 요인을 규명하여 다음에 연결된 작업의 일정을 쉽게 조정할 수 있다.
㉰ 작업자별, 부서별 업무 성과를 상호 비교할 수 있고 객관적 평가가 가능하다.
㉱ 생산기록, 재고관리, 원가통제 등 관련된 자료를 넓게 유지할 수 있다.

③ 간트 차트의 단점
㉮ 작업내용이 복잡하고 방대해지면 기록할 정보량이 폭증하여 변동이 생길 때마다 도표를 계속해서 새롭게 유지하는데 막대한 인력과 노력이 필요하다.
㉯ 계획변동이나 여건의 변동을 처리해 나가는데 신축성이 결여되어 있다.
㉰ 납기내 완성 가능성과 같은 일정계획의 확률적 분석이 불가능하다.
㉱ 단일 작업내에서 작업 상호간의 관련성이나 또는 타작업 상호간의 관계를 효율적으로 나타낼 수 없다.

④ 간트 차트에서 사용되는 기호

　▭　지시된 총시간 계획(예정 생산 기간)　　└─┐ 시작 계획 일자

　└──┘ 실제 작업량(이미 완료된 작업)　　┌─┘ 종료 계획 일자

　⊠ A200　과거의 지연을 보충하기 위하여 필요한 시간 (A200은 작업 번호)

　▽　어떤 특정일로서의 검토 일자(checking date)

　└─┘ H　H는 지연 이유

⑤ 작업지연의 원인을 나타내는 기호
　E : 정비(set up)대기
　P : 정전(lack of power)
　M : 자재부족(lack of material)
　D : 명령대기(lack of order)
　R : 수리(repair), 정비 수리
　H : 인력부족(lack of help)
　A : 결근(absent)
　V : 공휴일(holidays)
　G : 미숙련공(green worker)
　N : 자재상의 문제(material troubles)
　T : 공구상의 문제(tool troubles), 공구부족(lack of tools)
　B : 파손(breakdown)

> **합격예측**
> **지연조사의 요건**
> ① 지연을 조기에 또 되도록 초기공정에서 발견한다.
> ② 지연의 근본원인을 추궁하고 그 책임 소재를 명확하게 한다.
> ③ 확실한 대책을 세운다.(완전한 전망이 설 때까지 담당자를 철저하게 추궁해서 책임있는 회답을 요구한다.)
> ④ 실시한 결과에 대해서도 책임을 지게 한다.(담당관리자)
> ⑤ 될 수 있는 한 정상 업무화해서 사무적으로 처리할 수 있도록 한다.
> ⑥ 정기적으로 또 될 수 있는 한 자주 한다.(가급적 매일)

> **합격예측**
>
> **여력조사방법**
> ① 부하량 기준방식 : 현재의 부하량을 조사하는 방법
> ② 진도 기준방식 : 현행 작업의 진지(進遲) 상황을 조사하는 방법

4. 지연조사의 요건

① 지연을 조기에 또 되도록 초기공정에서 발견한다.
② 지연의 근본원인을 추궁하고 그 책임 소재를 명확하게 한다.
③ 확실한 대책을 세운다.(완전한 전망이 설 때까지 담당자를 철저하게 추궁해서 책임있는 회답을 요구한다.)
④ 실시한 결과에 대해서도 책임을 지게 한다.(담당관리자)
⑤ 될 수 있는 한 정상 업무화해서 사무적으로 처리할 수 있도록 한다.
⑥ 정기적으로 또 될 수 있는 한 자주 한다.(가급적 매일)

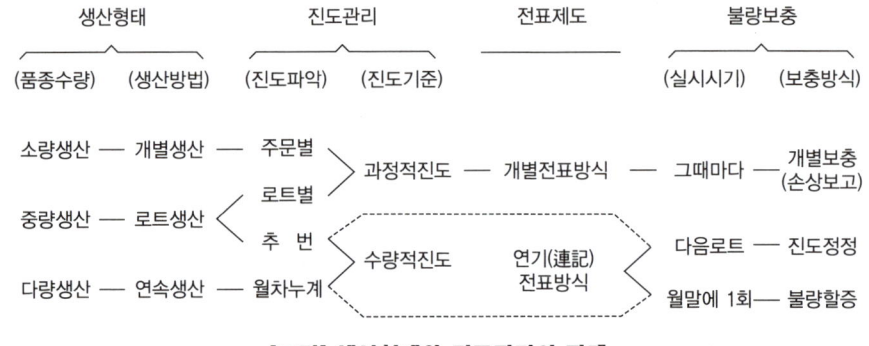

[그림] 생산형태와 진도관리의 관계

4 여력관리

(1) 여력관리의 의의

① 생산계획은 보통 일정계획으로서 대체로 1개월분의 계획을 수립하는 것이므로 완전히 1일을 기준으로 하는 정밀한 것은 되지 못한다.
② 따라서 작업의 할당에 있어서도 부서별로 이루어지고, 개인별, 일정별과 같이 세밀한 할당에 의한 스케줄로 되지 못한다.
③ 앞에서 설명한 바와 같이 기간이 경과됨에 따라 처음에는 예상하지 못했던 사고가 발생 또는 계획이 변경되어 세부계획의 변경을 하지 않을 수 없게 된다.
④ 이와 같은 변동은 말단 현장에 갈수록 심해진다. 따라서 1개월 이전까지의 1일 개인별의 생산계획을 정확하게 수립하는 일은 곤란하기 때문에 공장에 따라서 정도의 차이는 있지만 1일의 상세한 생산계획은 최종적으로 전주 또는 전일에 결정하게 된다.

(2) 여력조사방법

① **부하량 기준방식** : 현재의 부하량을 조사하는 방법
② **진도 기준방식** : 현행 작업의 진지(進遲) 상황을 조사하는 방법

(3) 여력조정

① 조정시 고려조건
   ㉮ 진도조정 : 각 작업에 대해서 극단적인 진지가 없도록 조정한다.
   ㉯ 작업유지 : 현유능력을 유효하게 활용하기 위하여 각 작업자나 기계에 적합한 부하를 할당한다.

② 조정방향
   ㉮ 부하과잉(능력부족)일 경우 : 잔업, 타 부서의 협조요청, 임시공 이용, 외주, 계획변경 등의 조치를 취한다.
   ㉯ 부하부족(능력과잉)일 경우 : 다음달의 계획을 실시하도록 계획을 변경하고 그래도 부족한 경우에는 간접작업(치공구 제작, 수리, 청소 등)을 실시한다.

5 현품관리

1. 현품관리의 의의 및 필요성

(1) 의 의

① 현품관리란 각 공정을 흐르고 있는 자재, 부품, 반제품 등의 소재와 수량을 파악하는 일, 즉 무엇이, 어디에, 얼마나 있는가를 확실히 파악하는 일을 말한다.
② 현품관리의 첫단계는 창고로서 여기서는 비교적 잘 관리가 되는 경우가 많으나 작업현장에 있어서는 관리가 잘 되지 않는 경우가 많다.
③ 다종 다양한 현품이 흐르고 있어서 이의 정확한 파악이 곤란하기 때문이다.

(2) 현품관리의 필요성

① 수량의 파악을 확실히 하여 진도 관리의 기초가 되도록 한다.
② 현품의 분실파손을 방지할 수 있다.
③ 재공품의 운반이나 정리는 공장에서 상당한 작업량이 된다. 이들도 효율적인 현품관리에 의하여 감소시킬 수 있다.

2. 현품관리의 방법

(1) 놓는 장소, 놓는 방법의 개선

① 창고는 별도로 하더라도 현장에서는 보관에 무관심한 경우가 흔히 있다.
② 될 수 있는 대로 일정한 장소나 용기에 두어야 한다.

합격예측

현품관리의 필요성
① 수량의 파악을 확실히 하여 진도 관리의 기초가 되도록 한다.
② 현품의 분실파손을 방지할 수 있다.
③ 재공품의 운반이나 정리는 공장에서 상당한 작업량이 된다. 이들도 효율적인 현품관리에 의하여 감소시킬 수 있다.

합격예측

현품관리의 방법
① 놓는 장소, 놓는 방법의 개선
② 보관책임의 명확화
③ 보관대장의 활용
④ 사고처리의 명확화

> **합격예측**
>
> **직접공의 운반**
> ① 수량이나 중량이 적을 것
> ② 가까운 거리일 것
> ③ 불규칙적이고 빈번히 발생하여 그때그때 운반하는 것이 좋을 때
> ④ 슈트(chute)나 컨베이어를 이용하여 이동시킬 경우

(2) 보관책임의 명확화

현장의 작업자나 직·반장들에게 생산수나 납기에 대한 책임과 동시에, 보관에 대해서도 책임이 있다는 것을 철저히 한다.

(3) 보관대장의 활용

계속 생산의 경우에는 적당한 대장의 양식에 따라 보관 및 운반수량을 정확하게 기록시킨다.

(4) 사고처리의 명확화

① 대장의 기록과 관련된 중요한 사실(불량, 유용, 분실)에 대해서 확실히 처리해 두는 일이다.
② 사고처리가 불완전하기 때문에 현품수량의 부족원인이 불명확하게 되는 사례가 허다하다.

3. 용기의 이용

① 되도록 표준용기를 사용한다.
　다량생산의 경우에는 부품별로 전용의 표준용기를 사용한다.
② 정량을 넣는다.
　표준용기를 결정했으면 그것에 일정 수량을 넣고, 또 알기 쉽게(1열에 10개 또는 20개 등) 정연히 배열한다.
③ 작업 중에도 사용한다.
　작업에 편리한 형태로 한다. 예를 들면 용기에서 내거나, 또 완성품을 넣는 동작이 편리한 형태로 되어야 한다.
④ 운반이나 쌓아 올리는 데 편리하게 한다.
⑤ 취급하기 쉬운 크기로 한다.

4. 현품운반에 대한 책임

(1) 직접공의 운반

① 수량이나 중량이 적을 것
② 가까운 거리일 것
③ 불규칙적이고 빈번히 발생하여 그때그때 운반하는 것이 좋을 때
④ 슈트(chute)나 컨베이어를 이용하여 이동시킬 경우

(2) 간접공(운반공)의 운반

① 양적으로 클 것
② 운반 거리가 길 경우
③ 계획적으로 운반될 것

(3) 간접공의 운반시 효과

① 직접공의 가동률이 향상된다.
② 운반 작업이 능률적이다.
③ 공정 관리가 정확히 된다.(운반 이동에 관한 전표를 진도 관리에 이용)

6 자재통제

1. ABC분석기법

(1) 특 징

① ABC분석은 1951년 G·E사의 디키(H.F.Deckie)에 의하여 제창된 재고 관리기법으로서 이를 파레토(pareto)분석기법 또는 통계적 선택법이라고도 한다.
② 재고품의 과부족을 균형화 내지 평준화시켜 주는 수단으로 이용하기 위한 분석기법이다.
③ 이 방식에서는 모든 부품 및 자재를 ABC의 세 집군으로 분류하여 코스트가 높고 수량이 적은 것은 A품목, 반대로 코스트가 낮고 수량이 많은 것은 C품목, 그 중간을 B품목으로 하여 A품목에 대해서는 각별한 주의를 기울여 중점적으로 재고관리를 하고, B품목에 대해서는 적당히 하는 대신 C품목에 대해서는 최저 내지 최고 재고량 제도와 같은 다른 재고 관리방식을 적용하는 방법이다.
④ 관리 효율을 높이기 위해서 중점적인 부문에만 집중관리하는 것이므로 이러한 기법은 원가관리나 공정 관리면에서도 적용되고 있다.

(2) ABC분석기법의 공통적 성질

① 첫째는 품목수가 많다는 것이다. 따라서 그 많은 품목을 똑같이 정밀하게 관리할 수는 없다.
② 둘째는 품목마다 사용 금액이 동일하지 않다는 점이다. 따라서 전체 재고 투자액 중 소수품목이 사용 금액의 태반을 차지하고 기타 다수 품목은 총 사용

> **합격예측**
>
> **ABC분석기법의 공통적 성질**
> ① 첫째는 품목수가 많다는 것이다. 따라서 그 많은 품목을 똑같이 정밀하게 관리할 수는 없다.
> ② 둘째는 품목마다 사용 금액이 동일하지 않다는 점이다. 따라서 전체 재고 투자액 중 소수품목이 사용 금액의 태반을 차지하고 기타 다수 품목은 총 사용 금액 중의 비율이 낮다.

합격예측

① 발주점(發注點) : 발주점 (ordering point)이란, 발주하는 수량 또는 시기를 결정하는 재고량 또는 재고수준을 말한다.
② 발주량(發注量) : 발주량 (ordering quantity)이란, 발주점에 재고량이 이르렀을 때, 일정한 양을 보충하기 위해 발주하는 수량이다.
③ 조달기간(調達期間) : 조달기간(lead time)이란, 발주일로부터 입하일(入荷日)까지의 기간을 말하는 것으로, 보통 리드타임이라 부르며 선행기간(先行期間), 또는 납입기간(納入期間)이라고도 한다.

금액 중의 비율이 낮다.

2. 재고관리

(1) 재고관리의 의의

① 재고관리(inventory management)란 한마디로 요약하면 적정 재고수준의 유지를 효율적으로 수행하기 위한 과학적인 관리기법을 말한다.
② 조직을 경영함에 필요한 자재가 보급 추진 계통(補給推進系統: pipe line)으로 투입(input)되어 이용가능한 때로부터 그 자재가 소모 및 불용화되거나, 가공 처리되어 제품으로서 매각(output)될 때까지의 과정(process)을 적절하고도 효율적으로 수행하기 위한 과학적인 관리기술을 재고관리라 한다.
③ 재고란 재화의 품목별 수량이나 그 가격을 구체적으로 표시한 기록계정(記錄計定)을 말하며, 이는 조직의 보급 추진 계통내에 있는 모든 자재를 말한다.
④ 재고관리의 대상품목은 제품생산에 소요되는 원자재뿐만 아니라, 설비유지 또는 사업 및 사무에 사용되는 저장품, 부분품, 결합체(assembly), 구성품, 완제품을 총망라한다.
⑤ 품목들은 사용 또는 저장 중에 있는 것뿐만 아니라 생산과정에 있는 재공품, 판매를 위한 제품의 재고를 포함하는 것이다.
⑥ 재고를 파악할 때 재고관리에 있어서는 부동산과 동산 중 조직운영을 위한 설비를 제외한 조직 내부에서 유통되고 있는 모든 자재를 관리의 대상으로 하고 있다는 뜻이 된다.
⑦ 재고자재의 성격을 가치적인 측면에서 고찰할 때, 화폐와는 근본적인 차이점이 있다.
⑧ 화폐는 채권 채무 관계의 성격을 지니고 있기 때문에 이를 재고(은행에 예금)로 하면 이자가 부가되어 날을 거듭할수록 증식되지만, 자재를 재고로 하면 화폐와는 달리 자연감모, 진부화, 운반, 보관 등의 비용으로 가치적으로 저하된다.
⑨ 자재의 성격을 감안할 때 재고관리의 기능으로서 가장 중추적이고도 기본적인 과제는 적정 재고수준의 유지인 것이며, 이는 또한 자재관리의 궁극적인 목표와 직결되는 것이다.

(2) 재고관리 용어 정의

① **발주점(發注點)** : 발주점(ordering point)이란, 발주하는 수량 또는 시기를 결정하는 재고량 또는 재고수준을 말한다.
② **발주량(發注量)** : 발주량(ordering quantity)이란, 발주점에 재고량이 이르렀을 때, 일정한 양을 보충하기 위해 발주하는 수량이다.
③ **조달기간(調達期間)** : 조달기간(lead time)이란, 발주일로부터 입하일(入荷

日)까지의 기간을 말하는 것으로, 보통 리드타임이라 부르며 선행기간(先行期間), 또는 납입기간(納入期間)이라고도 한다.

④ 발주 사이클기간 : 발주 사이클기간(ordering cycle interval)이란, 처음 발주일부터 다음 발주일까지의 기간을 말하며, 발주간격 또는 발주 사이클이라고도 한다.

⑤ 안전재고(安全在庫) : 안전재고(safety stock or buffer stock)란, 수요가 있을 때 이에 언제든지 응할 수 있는 여유를 갖는 최소 한도의 재고량을 말하며, 품절(品切)에 대비하는 재고량으로서 안전여유 또는 최소 재고라고도 한다. 즉 재고량이 품절이 되지 않도록 여유있는 최소 한도의 재고량은 유지되어야 한다는 한계 재고량이다.

합격예측
설비보전의 내용
① 보전예방(MP : Maintenance Prevention)
② 예방보전(PM : Preventive Maintenance)
③ 개량보전(CM : Corrective Maintenance)
④ 사후보전(BM : Breakdown Maintenance)

7 설비통제

1. 설비보전

① 설비보전이란 검사 제도를 확립하여 설비의 열화(劣化)현상을 조사하고 어느 설비의 어느 부분을 수리할 것인가를 예측한다.
② 자재와 인원을 준비하여 계획적인 보수를 행하는 것을 말한다.
③ 원래 보전(maintenance)이란 정비 또는 보수를 의미하는 것으로 현재의 설비를 계속적으로 활용할 수 있도록 그 성능을 유지시킨다는 뜻을 가진다.
④ 설비보전이란 설비의 설계에서부터 설치, 운전, 수리 및 처분에 이르기까지의 제비용을 최소화하여 설비가 가장 경제적으로 유효하게 함을 뜻한다.
⑤ 초기에는 설비보전이 예방보전(preventive maintenance)이란 의미로 사용되었으나 1954년 미국의 GE사에서 생산보전(productive maintenance)을 제창하면서부터 이에 대한 좋은 반응 때문에 보전을 생산보전이라는 적극적인 의미로 사용하게 되었다.
⑥ 생산보전(PM)이란 우리가 흔히 말하는 설비보전과 동일한 것으로서 이것은 예방보전을 포함하여 생산의 경제성을 높여 주는 보전을 총칭하는 것이다.
⑦ 생산보전이란 개념은 설비의 일생을 통하여 설비 자체의 비용과 보전 등 설비의 운전과 유지에 드는 일체의 비용과 설비의 열화에 의한 손실과의 합을 저하시킴으로써 생산성을 높이자는 것이다.

2. 설비보전의 내용

① 보전예방(MP : Maintenance Prevention)

합격예측

설비 열화형의 종류
① 물리적 열화(physical depreciation)
② 기능적 열화(functional depreciation)
③ 기술적 열화(technological depreciation)
④ 화폐적 열화(monetary depreciation)

② 예방보전(PM : Preventive Maintenance)
③ 개량보전(CM : Corrective Maintenance)
④ 사후보전(BM : Breakdown Maintenance)

[표] 생산보전

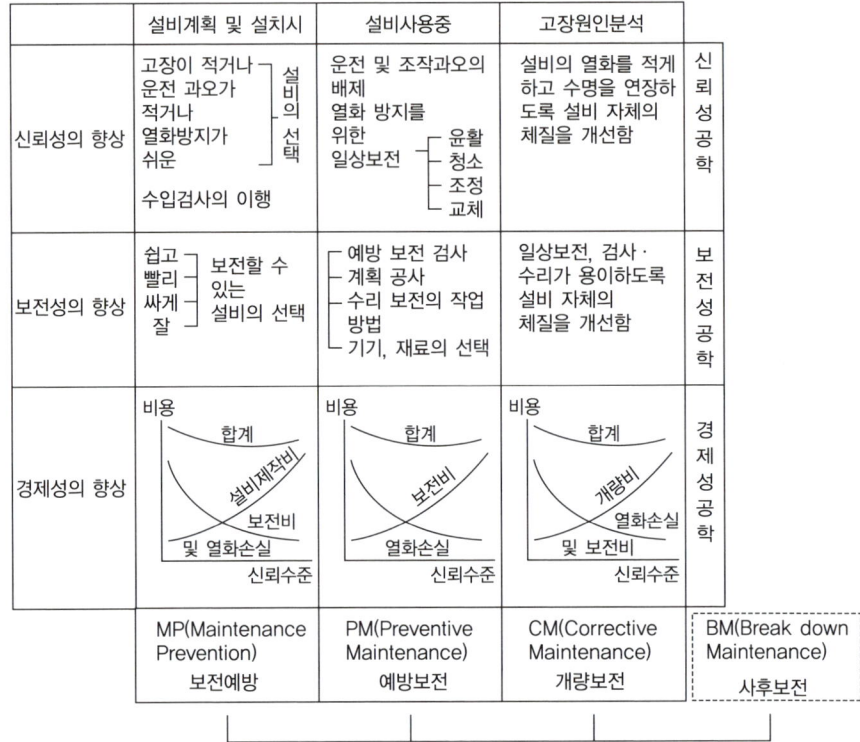

3. 설비 열화형의 종류

① 물리적 열화(physical depreciation)
② 기능적 열화(functional depreciation)
③ 기술적 열화(technological depreciation)
④ 화폐적 열화(monetary depreciation)

4. 설비보전의 의의 및 종류

(1) 의의

① 설비보전 조직이란 설비보전의 목적을 효율적으로 달성하기 위하여 설비보전에 관계되는 여러 가지 자원 사이의 권한과 활동의 상호관계를 체계적으로 세워 놓은 것이라 할 수 있다.

② 1962년 H.F.Bottcher는 설비보전 조직을 4가지 기본형으로 구분하였다.

(2) 종류

① 집중보전
② 지역보전
③ 부분보전
④ 절충보전

Chapter 03 생산관리 출제예상문제

출제예상문제는 복습, 예습문제로 엮었습니다. *WHY : 실제시험에도 순서에 관계없이 출제됩니다. 예습 후 다음장에 공부한 문제가 있으면 기억이 배가 됩니다.

01 ★★★★★
어떤 B부품에 대한 연간 구입 예측계수가 400개이고, 구입단가가 2,500원, 발주비용이 150원, 재고 관리비율이 연 10[%]일 때의 경제적 주문량(EOQ)은 얼마인가?

① 20 ② 22
③ 25 ④ 27
⑤ 30

해설

EOQ 계산
경제적 주문량을 공식으로 표현하면,
$$EOQ = \sqrt{\frac{2 \times R \times P}{C \times I}}$$ 이다.
여기서, R : 소비예측 계수
　　　　P : 발주비(준비비)
　　　　C : 구입단가(단위비)
　　　　I : 연 재고관리 비율
$$\therefore EOQ = \sqrt{\frac{2 \times 400 \times 150}{2,500 \times 0.1}} = 21.9$$ 로 계산된다.

02 ★★
표는 어느 회사의 월별 판매 실적률을 나타낸 것이다. 5개월 이동평균법으로 6월의 수요를 예측하면?

월	1	2	3	4	5
판매량	100	110	120	130	140

① 150 ② 140
③ 130 ④ 120
⑤ 100

해설

수요 예측값
① 단순이동평균법은 월판매량을 모두 더하여 월수로 나눈값을 수요 예측값으로 한다.
② 수요 예측값
$$= \frac{\Sigma 월 판매량}{월수}$$
$$= \frac{100+110+120+130+140}{5} = 120$$

03 ★★★★★
신제품에 가장 적합한 수요예측 방법은?

① 시계열분석 ② 의견분석
③ 최소자승법 ④ 지수평활법
⑤ 최고자승법

해설

수요예측 방법
① 재고관리, 일정관리를 위한 단기적인 생산활동의 예측은 시계열분석(최소자승법과 지수평활법)이 적절하고, 단기 및 중기 예측을 필요로 하는 총괄적 생산계획에는 인과형 예측법이 좋다.
② 공장입지, 공장계획, 제품개발 등과 같은 장기 예측에는 정성적방법(qualitative method)이 적합하며 신제품의 수요예측은 의견분석이 적절하다.

04 ★
로트(Lot)수를 가장 올바르게 정의한 것은?

① 1회 생산수량을 의미한다.
② 일정한 제조횟수를 표시하는 개념이다.
③ 생산목표량을 기계대수로 나눈 것이다.
④ 생산목표량을 공정수로 나눈 것이다.
⑤ 월간 단위생산량을 말한다.

해설

로트의 정의
한 개가 아닌 수개(상당수량)를 한 덩어리로 생산하는 경우, 이 한 덩어리의 수량을 로트(lot)라 한다.

[정답] 01 ②　02 ④　03 ②　04 ②

05 설비의 구식화에 의한 열화는?

① 상대적 열화
② 경제적 열화
③ 기술적 열화
④ 절대적 열화
⑤ 정기적 열화

해설

상대적 열화
① 구식화는 상대적인 열화라 한다.
② 타사에서 사용하지 않는 신장비이면 신식이라 할 수 있지만, 타사에서 모두 사용했던 새로운 장비라면 구식이라 할 수 있으므로 상대적이다.

06 총괄생산계획 기법에 속하지 않는 것은?

① 도표법
② 수리적 최적화기법
③ 균등생산기법
④ 휴리스틱기법
⑤ 대안평가법

해설

총괄생산계획 기법의 종류
① 총괄생산계획 기법에는 도표법(대안평가법), 수리적 최적화기법, 휴리스틱 기법(자기발견적 기법) 등이 있다.
② 휴리스틱 기법에는 경영계수이론, 매개변수에 의한 총괄생산계획, 생산전환 탐색법, 탐색결정기법 등이 있다.

07 다음 중 생산에 5M과 관계가 없는 것은?

① 기계설비
② 관리
③ 방법
④ 작업자
⑤ 자금(자본)

해설

3M과 5M
① 생산의 3M은 원자재(Material), 자본(Money), 작업자(Man)
② 관리(Management), 방법(Method)을 합해서 5M이라 한다.

08 사내표준화의 역할 중 가장 중요한 것은?

① 생산의 합리화
② 품질관리 면제 신청
③ 품질관리 분임조 경진대회 참가
④ KS표시허가 신청
⑤ 생산량 증가

해설

사내표준화 역할
① 사내표준화는 사내 관계자들의 합의로 정하여 이를 활용하고, 기업활동을 효율적으로 수행하기 위한 수단이다.
② 사내표준화는 현상을 검토하여 개선 및 발전시켜 나감으로써 합리적인 업무가 가능하도록 한다.

09 표준화를 기능에 따라 분류할 때 가장 올바른 것은?

① 제품규격, 방법규격, 전달규격
② 제품규격, 설계규격, 방법규격
③ 제품규격, 시험규격, 기본규격
④ 제품규격, 기본규격, 전달규격
⑤ 표준규격, KS규격, ISO규격

해설

표준화의 기능에 따라 분류
① 제품규격
② 설계규격
③ 방법규격

10 다음 중에서 작업분배의 요점이 아닌 것은?

① 급한 작업부터 먼저 배정
② 진도본위로 한다.
③ 기계나 작업자의 능력에 적합한 작업을 할당
④ 작업자와 기계가 휴식을 취할 수 있도록 한다.
⑤ 작업분배는 안전한 작업으로 할당

해설

작업분배의 요점
(1) ①, ②, ③, ⑤
(2) 작업 분배시에는 작업자와 기계가 쉬지 않도록 순서를 정해서 행해야 한다.

[정답] 05 ① 06 ③ 07 ① 08 ① 09 ② 10 ④

11 다음 중 단순화의 효과와 관계가 먼 것은?

① 납기의 단축 ② 호환성 증가
③ 재료 감소 ④ 재고관리 용이
⑤ 공정 단축

해설

(1) 단순화의 효과 : ①, ③, ④, ⑤
(2) 호환성의 증가 : 표준화의 효과

12 라인 밸런싱(line balancing)에 있어서 흐름작업의 밸런스 효율은 약 얼마 정도인가?

① 60~65[%] ② 60~75[%]
③ 80~85[%] ④ 82~83[%]
⑤ 85~95[%]

해설

밸런스 효율
① 라인밸런스 효율은 흐름작업의 종류에 따라 다소 다르겠지만 약 75[%]를 한도로 그 이하의 효율에서는 흐름작업을 한다는 것은 경제적이지 못하다.
② 약 80[%] 이상을 유지해야 한다.
③ 80[%] 이하의 공정효율을 갖는 공정을 찾아 80[%] 이상으로 유지하게 해야 한다.
④ 밸런스 효율이 높을수록 애로공정이 적어 작업 생산성이 높아진다.

13 일정통제를 할 때 1일당 그 작업을 단축하는데 소요되는 비용의 증가를 의미하는 것은?

① 비용구배(Cost slope)
② 정상 소요시간(Normal duration)
③ 비용견적(Cost estimation)
④ 총비용(Total cost)
⑤ 지출지수

해설

용어정의
① 정상 소요시간 : 정상작업으로 할 시에 소요되는 시간
② 비용견적 : 작업에 소요되는 비용
③ 총비용 : 각 작업비용견적을 총합한 비용

14 존슨법을 사용하여 총 작업시간을 최소로 하는 제조순서를 선정하라.

기계 제품	1	2	3	4	5
A↓	6	7	8	9	10
B↓	3	6	5	4	8

① 1-4-3-2-5 ② 1-5-2-3-4
③ 5-2-3-4-1 ④ 5-1-3-2-4
⑤ 3-1-4-5-2

해설

존슨법의 제조순서
① 존슨법은 2개의 공정이 있는 곳에서 작업순서를 결정하는데 이용된다.
② 가장 짧은 시간이 3이며 후작업인 1번이 맨 뒤로 간다.
③ 다음으로 짧은 시간이 4이며 후작업인 4번이 1번 앞으로 간다.
④ 다음으로 짧은 시간이 5이며 후작업인 3번이 4번 앞으로 간다.
⑤ 다음으로 짧은 시간이 6이며 후작업인 2번이 3번 앞으로 간다.
⑥ 다음 짧은 시간이 8이며 후작업인 5번이 3번 앞으로 간다.

15 어느 공장의 생산라인의 일부 공정의 라인효율을 구하기 위해 조사한 결과 아래와 같은 데이터를 얻었다. 이 공정의 라인 밸런스 효율과 평가가 바르게 된 것은?(단, 각 요소 작업공정의 작업자는 1명씩이다.)

요소작업 번호	1	2	3	4	5	6	7
요소작업 시간(분)	12	10	8	4	15	5	7

① 58[%], 비경제적 ② 85[%], 경제적
③ 89[%], 경제적 ④ 46[%], 비경제적
⑤ 90[%], 경제적

해설

밸런스 효율
① 라인 밸런스 효율을 식으로 표현하면 다음과 같다.
$$L = \frac{\text{각 공정의 시간합계}(\Sigma t)}{N \times t_{max}} \times 100[\%]$$
N : 작업자 수, t_{max} : 애로공정시간
② 애로공정시간은 최대시간이 소요되는 15분이고, 작업자 수는 7명이다. 대입하면
$$L = \frac{12+10+8+4+15+5+7}{7 \times 15} \times 100[\%]$$

[정답] 11 ② 12 ⑤ 13 ① 14 ③ 15 ①

= 58.09[%]로 비경제적이다.
③ 80[%] 이상이어야 경제적이다.

16 ★★★ 흐름작업을 편성하는 공정계열 중 최종공정에서 완성품이 나오는 시간 간격을 부르는 명칭은?

① 표준시간 ② 통제시간
③ 정미시간 ④ 루즈시간
⑤ 피치타임

해설

용어정의
① 표준시간이란 부과된 작업을 올바르게 수행하는데 필요한 숙련도를 지닌 작업자가 주어진 작업조건하에서 보통의 작업 속도로 작업하고, 정상적인 지연과 피로를 수반하면서 규정된 질과 양의 작업을 규정된 작업방법에 따라 행하는데 필요한 시간
② 정미시간은 관측시간의 평균치×레이팅의 계수
③ 표준시간은 정미시간+여유시간

17 ★★★★★ 다음 중 작업구분을 큰 순서로 나열한 것은 어느 것인가?

① 공정 → 작업요소 → 작업단위 → 작업동작 → 동작요소
② 작업 → 공정 → 단위작업 → 동작요소 → 요소작업 → 동작
③ 작업 → 공정 → 단위작업 → 요소작업 → 동작 → 동작요소
④ 작업 → 동작 → 공정 → 요소작업 → 단위작업 → 동작요소
⑤ 동작요소 → 동작 → 공정 → 요소작업 → 단위작업 → 작업

해설

제조작업을 5단계로 구분
① 공정 – 단위작업 – 요소작업 – 동작요소 – 서블릭
② 공정분석에서는 주안점을 공정과 단위작업에 국한한다.
③ 작업분석에는 단위작업에서 요소동작
④ 동작연구에서는 동작요소와 서블릭을 주로 취급한다.

18 ★★★ 작업관리 방법연구에서 현행 단위 작업을 개선하거나 개선안을 제시하고자 할 때 공정도를 토대로 연구를 수행하는 첫 단계는?

① 공정분석 ② 작업분석
③ 동작연구 ④ 서블릭
⑤ 작업

해설

공정도
현행 작업 내용을 간결하고 명확하게 표현한 도면

19 ★★ 공정도를 작성한 뒤 작업의 효율적인 요소와 비효율적인 요소를 심도있게 분석 개선하는 단계는?

① 공정분석 ② 작업분석
③ 동작연구 ④ 서블릭
⑤ 동작요소

해설

작업공정도나 유통공정도를 작성한 뒤에 작업분석을 통하여 작업의 효율성, 비효율성을 분석한다.

20 ★★ 예방보전의 기능에 해당하지 않는 것은?

① 취급되어야 할 대상설비의 결정
② 정비작업에서 점검시기의 결정
③ 대상설비 점검개소의 결정
④ 설비의 보전
⑤ 대상설비의 외주이용도 결정

해설

예방보전의 특징
① 예방보전이란 고장 발생으로 인한 손실을 최소화하기 위하여 고장이 발생하기 전에 예방적인 활동을 행함으로 설비보전함을 목적으로 한다.
② 예방보전의 기능은 대상설비의 선정, 선정된 설비의 점검부위 및 그 시기의 결정, 예방을 위한 조직 결정 등이다.

[정답] 16 ⑤ 17 ③ 18 ① 19 ② 20 ⑤

21. 다음 중 Therblig 분석 기호와 명칭이 바르게 연결된 것은?

① 찾음(search) : →
② 조립(assemble) : #
③ 사용(use) : ∩
④ 쥐다(grasp) : ∪
⑤ 사용 : F

해설

서블릭 기호

서블릭	심벌	심벌의 설명	색 깔	색깔기호
찾기 (Search)	Sh	⬭	물건을 찾는 눈의 모양	Black	
고르기 (Select)	St	→	목표물에 손을 뻗는 모양	Gray, light	
쥐기 (Grasp)	G	∩	물건을 쥐기 위해 손을 벌린 모양	Lake red	
빈손이동 (Transport Empty)	TE	∪	빈손의 모양	Olive green	
운반 (Transport Loaded)	TL	∪	물건을 쥔 손의 모양	Green	
잡고있기 (Hold)	H	⊓	자석에 쇠막대가 붙어있는 모양	Gold ochre	
내려놓기 (Release Load)	RL	⌒	손에서 물건을 떨어뜨리는 모양	Carmine red	
바로놓기 (Position)	P	9	손에 있는 물건의 위치를 정하는 모양	Blue	
미리놓기 (Pre-Position)	PP	8	볼링의 표적인 핀을 세운 모양	Sky-blue	
검사 (Inspect)	I	○	볼록렌즈 모양	Burnt ochre	
조립 (Assemble)	A	#	여러 부품이 제거된 모양	Violet, heavy	
분해 (Disassemble)	DA	##	한 개 부품이 제거된 모양	violet, light	
사용(Use)	U	U	Use의 첫글자	Purple	
불가피한 지연 (Unaboidable Delay)	UD	∧	뜻하지 않게 앞으로 넘어진 모양	Yellow ochre	
피할 수 있는 지연 (Aboidable Delay)	AD	⌣	의도적으로 누워있는 모양	Lemon yellow	

| 계획(Plan) | Pn | ⌐ | 손가락을 이마에 대고 생각중인 모양 | Brown | |
| 휴식 (Rest for overcoming fatigue) | R | ⌐⌙ | 쉬기 위해 앉아 있는 모양 | Orange | |

22. 여유시간이 10분, 정미시간이 30분일 경우 외경법과 내경법의 여유율은 얼마인가?

① 외경법 여유율 33.3[%], 내경법 여유율 25.0[%]
② 외경법 여유율 20.3[%], 내경법 여유율 23.2[%]
③ 외경법 여유율 19.7[%], 내경법 여유율 17.3[%]
④ 외경법 여유율 16.7[%], 내경법 여유율 14.3[%]
⑤ 외경법 여유율 13.6[%], 내경법 여유율 12.8[%]

해설

외경법과 내경법에 의한 여유율을 표시하는 방법

(1) 외경법에 의한 여유율 표시

① 여유율$(A_A) = \dfrac{\text{일반여유시간}}{\text{정미시간}} \times 100$

   $= \dfrac{\text{일반여유시간}}{480 - \text{일반여유시간}} \times 100$

② 표준시간 = 정미시간 × (1 + 여유율(A_A))

   $= \text{정미시간} \times \left(1 + \dfrac{\text{일반여유시간}}{480 - \text{정미시간}}\right) \times 100$

③ 여유율$(A_A) = \dfrac{10}{30} \times 100 = 33.33[\%]$

(2) 내경법에 의한 여유율 표시

① 여유율$(A_B) = \dfrac{\text{일반여유시간}}{\text{근무시간}} \times 100$

   $= \dfrac{\text{일반여유시간}}{\text{일반여유시간} + \text{정미시간}} \times 100$

② 표준시간 $= \text{정미시간} \times \dfrac{100}{100 - \text{여유율}(A_B : \%)} \times 100$

   $= \text{정미시간} \times \left(1 + \dfrac{\text{여유율}(A_B : \%)}{100 - \text{여유율}(A_B : \%)}\right) \times 100$

③ 여유율$(A_B) = \dfrac{10}{10+30} \times 100 = 25[\%]$

[정답] 21 ② 22 ①

23. 여유시간이 7분이고, 정미시간이 20분일 때 외경법에 의한 여유율은 얼마인가?

① 20[%] ② 25[%]
③ 30[%] ④ 29[%]
⑤ 35[%]

해설

여유율(A_A) = $\dfrac{\text{일반여유시간}}{\text{정미시간}} \times 100$

= $\dfrac{7}{20} \times 100 = 35[\%]$

24. 표준시간의 구성을 바르게 나타낸 것은?

① 준비정미시간 + 준비여유시간
② 주요시간 + 부수시간
③ 주작업시간 + 준비작업시간
④ 정미시간 + 가공시간
⑤ 여유시간 + 준비시간

해설

표준시간 = 정미시간 + 여유시간 = 주작업시간 + 준비작업시간

25. 시간의 연구를 위한 관측횟수의 결정에 영향을 주는 요인으로 틀린 것은?

① 관측의 목적
② 작업시간의 사이클 타임
③ 관계자의 신뢰도
④ 관측자의 시계오차
⑤ 관측의 시기

해설

관측횟수에 영향을 주는 요인
① 개개의 요소작업을 수행하는데 소요되는 시간은 사이클마다 조금씩 차이가 있다.
② 이유는 작업자의 동작이 완전히 일관성을 가질 수 없고, 공구나 재료의 위치가 항상 사이클마다 달라지기 때문이다.
③ 관측자의 시계를 읽는 오차도 있다.

26. 이항분포 $Pr = x\left(\dfrac{n}{X}\right)p \times (1-p)^{n-x}$에서 n=4, P=0.16일 때 확률 변수 X의 기대치와 분산 값은?

① E(X)=0.64, V(X)=0.64
② E(X)=0.54, V(X)=0.64
③ E(X)=0.64, V(X)=0.54
④ E(X)=0.54, V(X)=0.54
⑤ E(X)=0.12, V(X)=0.83

해설

이항분포
① n=4, P=0.16이므로 q=0.84이다.
② 이항분포에서 평균치(E(X))=n×p, 기대치(V(X))=n×p×q이므로,
③ 평균치(E(X))=4×0.16=0.64
④ 기대치(V(X))=4×0.16×0.84=0.5376

27. 다음 중 이산형 확률 분포는?

① t 분포   ② 기하 분포
③ 정규 분포 ④ 푸아송 분포
⑤ 지수 분포

해설

이산형 확률분포
푸아송 분포

28. 다음 중 레이팅(Rating)이 직접적으로 필요한 것은?

① 스톱워치법 ② MTM법
③ WF법   ④ 표준자료법
⑤ MS법

해설

Rating의 필요성
① 레이팅이란 작업자의 페이스를 정상(표준)작업 페이스와 비교하여 관측 평균 시간치를 보정해주는 과정을 말한다.
② 레이팅의 계수 = 표준페이스/실제작업 페이스로 나타낸다.

[정답] 23 ⑤ 24 ③ 25 ⑤ 26 ③ 27 ④ 28 ②

29 다음 중 일반 여유로 분류하기 곤란한 것은?

① 용무여유 ② 피로여유
③ 작업여유 ④ 장려여유
⑤ 인적여유

해설

(1) 일반여유의 종류
　① 인적여유(용무여유)
　② 불가피 지연여유
　③ 피로여유
(2) 특수여유의 종류
　① 기계간섭여유
　② 소로트 여유
　③ 조여유
　④ 장사이클 여유
　⑤ 기계여유

30 10진법 분류의 스톱워치에서 1DM은 다음 중 어떤 것인가?

① 1분의 1/10 ② 1분의 1/60
③ 1분의 1/100 ④ 1초의 1/60
⑤ 1분의 1/1000

해설

1DM
1분의 1/100

31 준비작업시간이 5분, 정미작업시간이 20분, lot수 5, 주작업에 대한 여유율이 0.2라면 가공시간은?

① 150분 ② 145분
③ 125분 ④ 105분
⑤ 130분

해설

가공시간 = 준비작업시간 + lot수 × 정미작업시간(1 + 여유율) = 5 + 5 × 20(1 + 0.2) = 125분

32 작업자의 활동 및 기계의 활동 그리고 물건의 시간적 추이 등의 상황을 통계적 또는 계수적으로 파악하는 작업측정방법을 무엇이라고 하는가?

① Active Analysis
② Process Control
③ Work Sampling
④ Flow Analysis
⑤ Life-cycle

해설

워크샘플링
① 미리 랜덤하게 정한 시점에서 연구대상을 순간적으로 관측하여 대상이 처해있는 상황을 파악하여 항목별로 기록한다.
② 항목이 하루 작업시간 동안 어느 정도의 비율로 발생하는가를 측정하는 방법이다.

33 합판 제조 공정 중 접착공정의 가동률을 설정키 위해 100회 관측한 결과 정지상태가 20회였다. 워크 샘플링법의 관측횟수 결정공식을 이용하여 신뢰도 95[%], 절대정도 ±2[%]의 관측횟수는 얼마인가?(단 신뢰계수는 2로 함)

① 6,400회 ② 4,800회
③ 3,200회 ④ 2,000회
⑤ 1,600회

해설

관측횟수

① $N = \dfrac{s^2 \times p \times (1-p)}{(i \times p)^2} = \dfrac{s^2 \times (1-p)}{(i^2 \times p)}$

　s : 신뢰계수, p : 발생(정지)률, i : 상대정도

② 절대정도는 i×p이다. 위 식에서 s = 2, p = 0.2, 절대정도 = 0.02이므로

③ $N = \dfrac{s^2 \times p \times (1-p)}{(i \times p)^2} = \dfrac{2^2 \times 0.2 \times (1-0.2)}{(0.02)^2} = 1,600$

34 모든 작업을 기본 동작으로 분해하고 각 기본동작에 대하여 성질과 조건에 따라 정해놓은 시간치를 적용하여 정미시간을 선정하는 방법은?

① PTS법 ② WS법

[정답] 29 ③ 30 ③ 31. ③ 32 ③ 33 ⑤ 34 ①

③ 스톱워치법   ④ 실적기록법
⑤ NF법

해설
① 실적기록법(실적자료법) : 과거의 경험이나 자료로부터 표준시간을 구하는 방법
② 스톱워치법 : 시간연구를 통하여 표준시간을 결정
③ PTS : 인간이 행하는 작업 중 작업소요시간이 공정이나 기계의 성능에 의하지 않고 작업자의 노력 여하에 달려있는 작업에 대해서 각각의 기본동작시간을 합성하여 전체 작업시간을 구하는 방식이다.

35 ★★ 실측 평균시간이 130분이고, 여유율이 6[%]일 때 외경법에 의한 표준시간은?(단, 수행도 평가 계수는 120[%]이다.)

① 125.7분   ② 165.4분
③ 153.4분   ④ 198.7분
⑤ 190.2분

해설
외경법에 의한 표준시간
① 표준시간 = 정미시간×(1 + 여유율(A_A))
② 정미시간 = 실평균시간×수행평가계수(정상화계수)
③ 정미시간 = 130×1.20 = 156분
④ 표준시간 = 156×(1 + 0.06) = 165.36분

36 ★★★ 평균시간이 0.9분이며 정상화계수가 120[%]일 때 내경법에 의한 표준시간은 얼마인가?(단, 여유율은 5[%]이다.)

① 1.14분   ② 1.12분
③ 1.67분   ④ 1.82분
⑤ 2.00분

해설
내경법에 의한 정미시간
① 표준시간 = 정미시간 × $\frac{100}{100-여유율(A_B : \%)}$ ×100
② 정미시간 = 실평균시간×수행평가계수(정상화계수)
③ 정미시간 = 0.9×1.20 = 1.08분
④ 표준시간 = 1.08 × $\frac{100}{100-5}$ = 1.1368분

37 ★★ 실측시간이 150분이고, 여유율이 5[%]일 때 외경법에 의한 표준시간은?(단, 수행도 평가계수는 120[%]이다.)

① 154분   ② 166분
③ 170분   ④ 180분
⑤ 189분

해설
외경법에 의한 표준시간
① 표준시간 = 정미시간×(1 + 여유율(A_A))
② 정미시간 = 실평균시간×수행평가계수(정상화계수)
③ 정미시간 = 150×1.20 = 180분
④ 표준시간 = 180×(1 + 0.05) = 189분

38 ★★★★★ 다음 중 QC의 4대 기능으로 맞는 것은 어느 것인가?

① 품질설계, 신제품 개발, 공정관리, 품질보증
② 품질설계, 제품관리, 품질조사, 품질보증
③ 품질설계, 공정관리, 품질보증, 수입자재관리
④ 품질설계, 공정관리, 품질보증, 품질조사
⑤ 제품설계, 계획관리, ISO인증, KS인증

해설
품질관리의 4대 기능
① 품질계획(품질의 설계)
② 품질실행(공정의 관리)
③ 품질확인(품질의 보증)
④ 품질조처(품질의 조사와 개선)

39 ★★★ 품질관리 프로그램은 어디에 목표를 두고 있는가?

① 품질해석   ② 품질조처
③ 품질평가   ④ 품질보증
⑤ 제품관리

해설
품질관리 프로그램
① 품질관리는 생산시스템이나 소비자와 고객이 요구하는 품질의 제품이나 용역을 경제적으로 산출해 내기 위한 과학적이며 합리적인 통제활동이다.

[정답] 35 ② 36 ① 37 ⑤ 38 ④ 39 ④

② 품질관리는 품질보증을 위한 활동이라고 할 수 있다.

① 품질수준을 유지하는데 실패하여 발생되는 불량품 및 불량원료에 의한 손실비용이다.
② 품질관리 활동의 초기단계에서는 그 제품에 대한 기본 데이터가 없으므로 실패비용이 가장 크게 들어간다.

40 ★★ 다음 중 품질관리의 기능 중에서 통제기능에 속하지 않는 것은?

① 수입자재의 검사
② 수입자재의 관리
③ 공정관리
④ 공구 및 측정기기 조립
⑤ 품질설계 및 비용 분석

해설

품질관리의 기능
(1) ①, ②, ③, ④
(2) 품질설계는 최고의 설계를, 비용분석은 최고의 효율을 위해서 당연히 필요한 기능이다.

41 ★★★★★ 제품의 품질을 정식으로 평가함으로써 회사의 품질수준을 유도하는데 드는 비용을 무엇이라고 하는가?

① 사내실패 코스트
② 평가 코스트
③ 예방 코스트
④ 실패 코스트
⑤ 안전 코스트

해설

품질관리 비용
① 예방 코스트 : 품질개선 내지 불량 예방에 관련되는 활동으로 생성되는 비용
② 평가비용 : 품질특성이 기술적인 규격에 적합한가를 확인하기 위해 이를 측정하는데 드는 비용
③ 실패비용 : 일정한 품질수준에 미달됨으로써 야기된 결과에 드는 비용

42 ★★ 품질관리 활동의 초기단계에서 가장 큰 비율로 들어가는 코스트는?

① 평가 코스트
② 실패 코스트
③ 예방 코스트
④ 검사 코스트
⑤ 안전 코스트

해설

실패코스트

43 ★ PERT/CPM에서 Network 작도시 점선화살표는 무엇을 나타내는가?

① 단계(event)
② 명목상의 활동(dummy activity)
③ 병행활동(paralleled activity)
④ 최초단계(initial event)
⑤ fail safety

해설

dummy activity
① 실제로 존재하지 않는 활동으로 단지 네트워크를 구성할 때 선후관계를 조정하기 위한 보조수단으로 사용된다.
② 실제의 활동과 구분하기 위하여 점선 화살표로 나타낸다.
③ event는 활동을 수행하고 있는 과정에서의 특정 시점(단계)을 의미한다.

44 ★★★ 도수분포에서 히스토그램의 작도로 얻어지는 이점이 아닌 것은?

① 공전능력을 알 수 있다.
② 데이터의 시간적 변동 원인의 파악이 가능하다.
③ 품질 및 데이터의 분포 상태의 파악이 용이하다.
④ 공정해석 및 관리의 이용이 가능하다.
⑤ 자료파악이 용이하다.

해설

히스토그램의 장·단점
(1) 장점
　① 품질이나 자료의 분포상태를 쉽게 파악할 수 있는 것
　② 공정의 해석이나 관리에 활용할 수 있다는 것
　③ 공정능력을 파악할 수 있다는 것
(2) 단점
　① 자료의 시간적 변동에 따른 변동원인을 파악을 할 수 없다.
　② 관리도법에서 파악할 수 있는 군내 변동과 군간 변동의 개념이 희박하다는 점
　③ 자료의 분로를 얻기 위해 적어도 50~100개의 자료가 필요

[정답] 40 ⑤　41 ②　42 ②　43 ②　44 ②

45 도수분포표를 만드는 목적이 아닌 것은?

① 데이터의 흩어진 모양을 알고 싶을 때
② 많은 데이터로부터 평균치와 표준편차를 구할 때
③ 원 데이터를 규격과 대조하고 싶을 때
④ 결과나 문제점에 대한 계통적 특성치를 구할 때
⑤ 공정상태를 유지하기 위하여 품질 특성치를 구할 때

해설

도수분포표의 목적
(1) ①, ②, ③, ⑤
(2) 제품이나 공정으로부터 자료를 체계적으로 집계한다.
(3) 제조공정의 상황을 조사하고 분석하여 안정된 공정상태를 유지하기 위하여 품질 특성치를 구하는데 그 목적이 있다.

46 다음 중 검사의 목적이 아닌 것은?

① 좋은 로트와 나쁜 로트를 구별하기 위해
② 측정기기의 정밀도를 측정하기 위해
③ 시험방법의 정확성을 확인하기 위해
④ 검사원의 정확도를 평가하기 위해
⑤ 공정능력 측정

해설

검사의 목적
① 양호품과 불량품 혹은 좋은 로트와 나쁜 로트를 구별하기 위해
② 공정의 변화와 공정과 규격한계의 변화를 판단하기 위해
③ 제품의 결점정도를 평가하고, 측정기기의 정밀도를 측정하기 위해
④ 검사원의 정확도와 제품설계에 필요한 정도를 얻기 위해
⑤ 공정능력을 측정하기 위해

47 모집단의 참값과 측정 데이터의 차를 무엇이라 하는가?

① 오차   ② 신뢰성
③ 정밀도   ④ 정확도
⑤ 정도

해설

오차 = 참값-측정값

48 각개검사에서 품질이 좋으면 일부검사로 옮기고, 일부검사에서 품질이 나쁘면 각개검사로 옮겨지는 샘플링 검사 방식은?

① 계수조정형 샘플링 검사
② 계수연속 생산형 샘플링 검사
③ 계수선별형 샘플링 검사
④ 계량규준형 샘플링 검사
⑤ 연속형 품질검사

해설

샘플링검사 방식
① 조정형 샘플링검사 : 합격품질인 수준을 정하고 품질이 좋은 공급자에게는 낮은 샘플링검사를 실시하고 나쁜 품질을 공급하는 자에게는 높은 샘플링검사를 실시
② 선별형 샘플링검사 : 판정기준에 따라 불량품수가 합격판정개수 이하인 로트는 합격시키고 반대인 경우는 그 로트를 전수검사를 행하는 방식(예 공정검사, 출하검사)
③ 연속생산형 샘플링검사 : 평균품질을 지정된 평균출검 품질한계에 들어가도록 하는 방식으로 불합격된 로트의 선별을 위해 전수검사대신 엄격한 품질한계의 샘플링검사에 대비해 예비검사를 적용

49 공급자에 대한 보호와 구입자에 대한 보증의 정도를 규정해 두고 공급자의 요구와 구입자의 요구 양쪽을 만족하도록 하는 샘플링의 검사방식은?

① 규준형 샘플링 검사
② 조정형 샘플링 검사
③ 선별형 샘플링 검사
④ 연속생산형 샘플링 검사
⑤ 선택형 품질검사

해설

규준형 샘플링 검사의 특징
① 로트 그 자체의 합격, 불합격을 결정하는 것이다.
② 공급자에 대한 보호와 구입자에 대한 보호의 두 가지를 규정해서 공급자의 요구와 구입자의 요구와의 양쪽을 만족하도록 짜여져 있는 점이 특징이다.
③ 공급자와 구입자 보호방식이다.

[정답] 45 ④ 46 ③ 47 ① 48 ① 49 ①

50 어떤 측정법으로 동일 시료를 무한 횟수 측정하였을 때 데이터 분포의 평균치와 참값과의 차를 무엇이라 하는가?

① 신뢰성 ② 정확성
③ 정밀도 ④ 오차
⑤ 정도값

해설

정확성
어떤 측정법으로 동일한 시료를 무한횟수로 측정하였을 때 그 데이터 분포의 평균치와 참값의 차를 정확성(치우침)이라 한다.

51 그림의 QC곡선을 보고 가장 올바른 내용을 나타낸 것은?

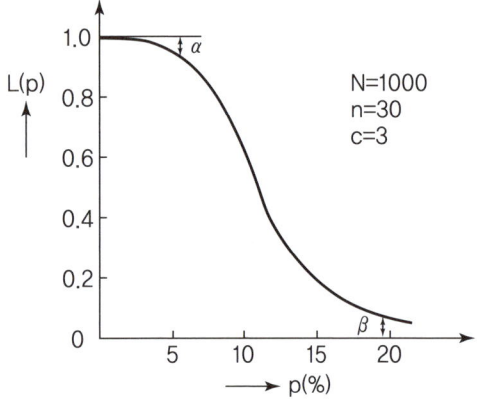

① α : 소비자 위험
② L(p) : 로트의 합격확률
③ β : 생산자 위험
④ 불량률 : 0.03
⑤ 회수율 : 30

해설

QC곡선
① QC곡선이란 로트의 불량률에 따른 로트의 합격확률을 구하여 불량률을 x축, 로트의 합격확률을 y축으로 하여 그래프로 나타낸 것을 말하는 것이다.
② 품질이 좋은 로트와 나쁜 로트를 구분하는 샘플링검사 방식이다.
③ 생산자 위험을 α로, 소비자 위험을 β로, 로트의 합격률을 L(p)로, 로트의 불합격 확률 R(p)은 1−L(p)가 된다.

52 관리도의 목적은 공정에 대한 데이터를 (a)하여 필요한 정보를 얻고, 이에 의해서 공정을 효과적으로 (b)해 나가려는데 있다. ( )속에 맞는 것은?

① a : 관리, b : 해석
② a : 관리, b : 검토
③ a : 검토, b : 해석
④ a : 계획, b : 실시
⑤ a : 해석, b : 관리

해설

관리도의 목적
관리도는 품질의 산포가 우연원인이나 이상원인에 의한 것인지를 밝혀주는 역할 즉 공정이 관리상태 하에 있는지 아닌지를 표지해 주는 역할을 한다.

53 관리도에서 점이 관리 한계 내에 있고 중심선 한쪽에 연속해서 나타나는 점을 무엇이라 하는가?

① 경향 ② 주기
③ 런   ④ 산포
⑤ 중심

해설

용어정의
① 런 : 중심선의 한쪽에서 연속적으로 나타나는 점
② 경향 : 점점 올라가거나 내려가는 경우
③ 주기성(cycle) : 점이 주기적으로 상하 변동하여 파형을 나타내는 경우
④ 산포 : 흩어져 있음

54 u 관리도의 상한선과 하한선을 구하는 공식으로 가장 옳은 것은?

① $\overline{u} \pm 3\sqrt{u}$
② $\overline{u} \pm \sqrt{u}$
③ $\overline{u} \pm 3\sqrt{\dfrac{\overline{u}}{n}}$
④ $\overline{u} \pm \sqrt{n} - \overline{u}$
⑤ $\overline{u} \pm 2\sqrt{3}$

해설

u 관리도

[정답] 50 ② 51 ② 52 ⑤ 53 ③ 54 ③

① u 관리도는 직물의 얼룩, 에나멜선의 바늘구멍과 같은 결점수를 품질 특성치로 관리하고자 할 때 사용한다.
② 표본의 면적, 길이 등이 일정하지 않는 경우에도 사용 가능하다.
③ 보기에서 u는 단위당 결점수, ū는 평균결점수

55 ★ 관리도에 대한 설명 내용으로 가장 관계가 먼 것은?

① 관리도는 공정의 관리만이 아니라 공정의 해석에도 이용된다.
② 관리도는 과거의 데이터의 해석에도 이용된다.
③ 관리도는 표준화가 불가능한 공정에는 사용할 수 없다.
④ 계량치인 경우에는 x-R 관리도가 일반적으로 이용된다.
⑤ 표준화가 불가능한 공정에도 사용가능하다.

해설

관리도의 특징
① 관리도란 공정이 안정된 상태에 있는지를 조사하거나 공정을 안정된 상태로 유지하기 위해 활용하는 도표를 말한다.
② 표준화가 불가능한 공정에도 사용할 수가 있다.
③ 관리도에서는 공정의 평균과 산포, 불량률 등의 관리이탈, 편향 경향을 지닌 변화, 주기적인 변동 등과 같은 공정상의 이상정보를 발견할 수 있다.

56 ★ 관리한계선을 구하는데 이항분포를 이용하여 관리선을 구하는 관리도는?

① P_n 관리도   ② U관리도
③ X-R관리도   ④ X관리도
⑤ Y-S관리도

해설

P_n 관리도
① 이항분포를 이용하여 상한계선과 하한계선을 구하는 관리도는 P관리도와 P_n관리도이다.
② 불량률을 구할 때 많이 사용된다.
③ P관리도는 추출하는 샘플군(부분군)이 일정하지 않을 시에, P_n관리도는 부분군이 일정할 때에 사용한다.

57 ★★★★★ Jit 시스템의 효과가 아닌 것은?

① 재촉이나 지연을 제거한다.
② 적시에 부품이 조달된다.
③ 기계준비시간이 상승한다.
④ 로트 규모의 축소로 유휴재고와 창고공간이 축소된다.
⑤ 기계준비 시간이 감소된다.

해설

Jit-system
① Jit 시스템은 적시에 적량의 필요부품을 생산 공급하는 방식이다.
② 기계준비시간이 감소되고, 재고 회전율이 커진다.

58 ★★★★★ 재고관리와 관련있는 비용이 아닌 것은?

① 재고유지비   ② 평가비
③ 주문비   ④ 재고부족비
⑤ 준비비

해설

재고관리 비용의 종류
① 재고유지비
② 주문비(준비비)
③ 재고부족비

59 ★★ 관리도의 습관성 3가지는?

① 사이클, 주기, 변동경향
② 교육, 기술, 독려
③ 정품, 정량, 정위치
④ 정리, 정돈, 청소
⑤ 전문화, 단순화, 표준화

해설

관리도 습관성 3가지 : ①

[정답] 55 ③ 56 ① 57 ③ 58 ② 59 ①

60 ★★★★★ 생산보전의 종류가 아닌 것은?

① 보전예방
② 예방보전
③ 개량보전
④ 사후보전
⑤ 현장보전

해설

생산보전(설비보전)의 종류
① 보전예방(MP : Maintenance Prevention)
② 예방보전(PM : Preventive Maintenance)
③ 개량보전(CM : Corrective Maintenance)
④ 사후보전(BM : Breakdown Maintenance)

합격자의 조언

1. 헌 돈은 새 돈으로 바꿔 사용하라. 새 돈은 충성심을 보여준다.
2. 적극적인 언어를 사용하라. 부정적인 언어는 복 나가는 언어다.
3. 깨진 독에 물 붓지 말라. 새는 구멍을 막은 다음 물을 부어라.
4. 요행의 유혹에 넘어 가지 말라. 요행은 불행의 안내자다.
5. 검약에 앞장서라. 약중에 제일 좋은 보약은 검약이다.

[정답] 60 ⑤

MEMO

Part 02 | 산업심리학

Chapter 1 산업안전 심리
Chapter 2 인간의 특성과 안전

Chapter 01 산업안전심리

중점 학습내용

본 장은 안전 공학도로서 산업안전지도사의 기본적인 인간의 심리를 파악하기 위한 내용을 주로 구성하여 딱딱함보다는 때로는 흥미있는 내용을 다루었으며 시험에 출제가 예상되는 그 중심적인 내용은 다음과 같다.

❶ 산업심리 개념 및 요소
❷ 인간관계와 활동
❸ 직업적성과 인사관리
❹ 인간의 행동성향 및 행동과학

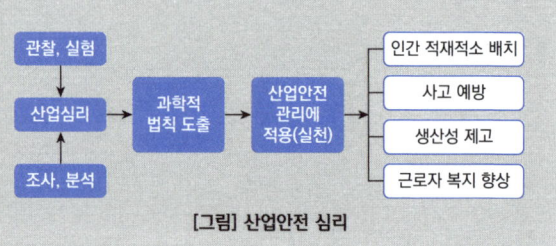

[그림] 산업안전 심리

합격예측

산업심리학 연구목적
① 근로자의 복지증진
② 인간 적재적소 배치

합격예측

심리(직무)검사의 구비조건
① 표준화 : 검사절차의 일관성과 통일성의 표준화
② 객관성(무오염성) : 채점자의 편견, 주관성 배제
③ 규준 : 검사결과를 해석하기 위한 비교의 틀
④ 신뢰성(반복성) : 검사응답의 일관성
⑤ 타당성(적절성) : 측정하고자 하는 것을 실제로 측정하는 것
⑥ 실용성 : 이용방법 용이

합격예측

산업심리학과 직접 관련이 있는 학문
① 인사관리학 ② 인간공학
③ 사회심리학 ④ 심리학
⑤ 응용심리학 ⑥ 안전관리학
⑦ 노동과학 ⑧ 행동과학
⑨ 신뢰성 공학

합격예측

인사관리의 중요 기능 5가지
① 조직과 리더십(leader ship)
② 선발(적성검사 및 시험)

1 산업심리 개념 및 요소

1. 산업심리와 인사심리

(1) 산업심리의 정의

① 산업심리학은 응용심리학으로 인간심리의 관찰·실험·조사 및 분석을 통하여 얻은 일정한 과학적 법칙을 이용하여 생산을 증가하고 근로자의 복지를 증진하고자 하는 데 목적을 두고 있다.
② 산업심리학은 사람을 적재적소에 배치할 수 있는 과학적 판단과 배치된 사람이 만족하게 자기 책무를 다할 수 있는 여건을 만들어 주는 방법을 연구하는 학문이다.

(2) 인사관리의 산업심리 목적

① 근로자 작업에 대한 능률분석
② 근로자 집단의 개인 및 작업에 대한 분석

2. 인사관리의 중요기능

① 조직과 리더십 ② 선발(시험 및 적성검사)
③ 배치   ④ 작업분석
⑤ 업무 평가   ⑥ 상담 및 노사간의 이해

2 인간관계와 활동

1. 인간관계의 기제(메커니즘 : mechanism)

심리학적으로 인간의 정신 발달은 여러 단계를 거친다. 각 단계는 일정한 시기에 시작하여 끝나는 단계는 명확하지 않고 일생동안 계속되는 경우가 대부분이다.

(1) 일체화

심리적 결함

(2) 동일화(identification)

① 다른 사람의 행동 양식이나 태도를 투입시키거나 다른 사람 가운데서 자기와 비슷한 점을 발견하는 것
② 부모나 형 등의 중요한 인물들의 태도나 행동을 따라하는 것

(3) 역할학습

유희

(4) 투사(projection : 투출)

자기 속의 억압된 것을 다른 사람의 것으로 생각하는 것
ex ① 안되면 조상 탓   ② 서투른 무당이 장구 탓

(5) 커뮤니케이션(communication)

갖가지 행동양식의 기초를 매개로 하여 어떤 사람으로부터 다른 사람에게 전달되는 과정
① 언어   ② 몸짓
③ 신호   ④ 기호

(6) 공 감

① 이입공감   ② 동정과 구분(직접공감)

(7) 모방(imitation)

남의 행동이나 판단을 표본으로 하여 그것과 같거나 또는 그것에 가까운 행동 또는 판단을 취하려는 것
① 직접모방   ② 간접모방
③ 부분모방

---

③ 배치
④ 작업분석
⑤ 업무평가
⑥ 상담 및 노사간의 이해

합격예측

조하리의 창(Johari's window)에서 "나는 모르지만 다른 사람은 알고 있는 영역" : Blind area

① 조하리의 창(Johari's window)은 나와 타인과의 관계 속에서 내가 어떤 상태에 처해 있는지를 보여주고 어떤 면을 개선하면 좋을지를 보여주는 데 유용한 분석틀이다.
② 조하리의 창 이론은 조셉 러프트(Joseph Luft)와 해리 잉햄(Harry Ingham)이라는 두 심리학자가 1955년에 한 논문에서 개발했다.
③ 조하리(Johari)는 두 사람 이름의 앞부분을 합성해 만든 용어다.
④ 1969년에 조셉 러프트가 쓴 '인간의 상호작용에 대하여(Of Human Interaction)'에 보다 자세한 내용이 나온다.
⑤ 조하리의 창은 크게 4가지로 이뤄진다.
  ㉠ 자신도 알고 타인도 아는 '열린 창'
  ㉡ 자신은 알지만 타인은 모르는 '숨겨진 창'
  ㉢ 나는 모르지만 타인은 아는 '보이지 않는 창'
  ㉣ 나도 모르고 타인도 모르는 '미지의 창'
⑥ 이 네 가지의 창을 잘 이해하고 활용하면 타인과 좋은 관계를 맺는 데 도움을 받을 수 있다.
⑦ 4가지 영역의 넓이는 우리가 살면서 계속 변화한다.

> 참고

연령에 따른 근로자의 성장 과정
① 탐색의 단계(20대) : 청년기
② 확립의 단계(30대) : 영속적인 유지(안정의 유지)
③ 유지의 단계(40대) : 자기실현단계
④ 하강의 단계(50대) : 인내력, 기억력, 사고력 등 신체기능의 저하가 오는 시기이다.

> 합격예측

직무분석
① 직무에 관한 정보를 수집, 분석하여 직무의 내용과 직무를 담당하는 자의 자격요건을 체계화하는 활동
② 직무를 구성하는 요소
 ㉮ 과업(task)
 ㉯ 의무(duty)
 ㉰ 책임(responsibility)

> 참고

산업심리학의 영역
산업심리학은 초기에 개인차 심리학, 실험심리학, 산업공학의 영역에 의해 많은 영향을 받아 거듭 발전되었다.

(8) 암시(suggestion)

다른 사람으로부터의 판단이나 행동을 무비판적으로 논리적, 사실적 근거 없이 받아들이는 것
① 각성암시
② 최면암시

2. 인간관계 관리방법

(1) 인간관계 관리의 필요성

산업의 발전에 따라 기업의 규모가 확대되고, 작업의 기계화가 가속됨으로써 인간이 소외되고 노동조합의 발전으로 노사의 이해가 요구됨으로써 인간관계 관리가 절실하게 되었으며 안전은 물론 경영 전반에 걸쳐 매우 중요한 과제로 등장하게 되었다.

(2) 호손(Hawthorne) 공장 실험

인간관계 관리의 개선을 위한 연구로 미국의 메이요(E. Mayo, 1880~1949) 교수가 주축이 되어 호손 공장에서 실시되었다.
① 작업능률을 좌우하는 것은 단지 임금, 노동시간 등의 노동조건과 조명, 환기, 그 밖에 작업환경으로서의 물적 조건보다 종업원의 태도, 즉 심리적, 내적 양심과 감정이 중요하다.
② 물적 조건도 그 개선에 의하여 효과를 가져올 수 있으나 종업원의 심리적 요소가 더욱 중요하다.(인간관계가 작업 및 작업설계에 영향을 줌)

(3) 개인적인 카운슬링(counseling) 방법

① 직접 충고(수칙 불이행시 적합)
② 설득적 방법
③ 설명적 방법

(4) 로저스(C.R. Rogers)의 방법

지시적 카운슬링과 비지시적 카운슬링의 병용

(5) 카운슬링의 순서

| 장면 구성 | → | 내담자와의 대화 | → | 의견 재분석 | → | 감정 표출 | → | 감정의 명확화 |

(6) 카운슬링의 효과

① 정신적 스트레스 해소
② 동기부여
③ 안전 태도 형성

3. 모랄 서베이(morale survey)

(1) 모랄 서베이의 효용

① 근로자의 심리, 욕구를 파악하여 불만을 해소하고 노동 의욕을 높인다.
② 경영관리를 개선하는 데 자료를 얻는다.
③ 종업원의 정화작용을 촉진시킨다.

(2) 모랄 서베이(morale survey : 사기 앙양)의 주요 방법

① **통계에 의한 방법** : 사고 상해율, 생산성, 지각, 조퇴, 이직 등을 분석하여 파악하는 방법
② **사례연구법** : 경영 관리상의 여러 가지 제도에 나타나는 사례에 대해 연구함으로써 현상을 파악하는 방법
③ **관찰법** : 종업원의 근무 실태를 계속 관찰함으로써 문제점을 찾아내는 방법
④ **실험연구법** : 실험 그룹과 통제 그룹으로 나누고 정황, 자극을 주어 태도 변화 여부를 조사하는 방법
⑤ **태도조사법**(의견조사) : 질문지법, 면접법, 집단토의법, 투사법, 문답법 등에 의해 의견을 조사하는 방법

4. 양립성[일명 모집단 전형(compatibility, 兩立性)]

자극들간의, 반응들간의 혹은 자극-반응들간의 관계가(공간, 운동, 개념적)인간의 기대에 일치되는 정도를 말하며, 양립성 정도가 높을수록, 정보처리시 정보변환(암호화, 재암호화)이 줄어들게 되어 학습이 더 빨리 진행되고, 반응시간이 더 짧아지고, 오류가 적어지며, 정신적 부하가 감소하게 된다.

(1) 개념 양립성

외부로부터의 자극에 대해 인간이 가지는 개념적 현상의 양립성
  예 빨간색버튼 : 정지, 녹색버튼 : 운전

(2) 공간 양립성

표시장치나 조종장치의 물리적인 형태나 공간적인 배치의 양립성
  예 오른쪽 : 오른손 조절장치, 왼쪽 : 왼손 조절장치

(3) 운동 양립성

표시장치, 조종장치, 체계반응 등의 운동 방향의 양립성
  예 조종장치를 오른쪽으로 돌리면 지침도 오른쪽으로 이동

(4) 양식(modality) 양립성

직무에 알맞는 응답양식의 존재 양립성
  예 소리로 제시된 정보는 말로 반응케 하는 것이, 시각적으로 제시된 정보는 손으로 반응하는 것이 양립성이 높다.

합격예측

모랄 서베이(Moral Survey)
기업이나 조직의 종업원들이 가진 윤리의식, 가치관, 조직문화 및 태도 등을 조사하여, 조직의 도덕적 분위기와 안전문화 수준을 진단하고 개선 방향을 모색하는 기법이다. 안전관리 분야에서는 작업자들의 안전에 대한 의식 수준과 규정 준수 태도, 조직 내 안전 풍토 등을 파악하는 수단으로 활용된다.

정화작용(淨化作用)
마음속에 억압된 감정의 응어리를 언어나 행동을 통하여 외부에 표현함으로써 정신의 안정을 찾는 일. 심리 요법

인사관리의 목표
종업원을 적재적소에 배치하여 능률을 극대화하고, 종업원의 만족을 추구하는 것이 그 목표이다. 즉, 생산과 만족을 동시에 얻고자 하는 것이다.

합격예측

양립성의 종류
① 운동 양립성
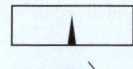
② 공간 양립성
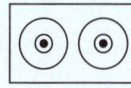
③ 개념 양립성

④ 양식 양립성

합격예측

인사심리검사의 구비조건
① 타당성
② 신뢰성
③ 실용성

합격예측

적성발견방법 3가지
① 적성검사
② 계발적 경험
③ 자기이해

합격예측

적성검사 2가지
① 특수직업 적성검사 : 어느 특정의 직무에서 요구되는 능력을 가졌는가의 여부를 검사 하는 것이다.
② 일반기업 적성검사 : 어느 직업 분야에서 발전할 수 있겠느냐 하는 가능성을 알기 위한 검사이다.

합격예측

타당도가 높은 검사
(1) 구성(인) 타당도
　① 수렴타당도
　② 변별타당도
(2) 준거관련 타당도
　① 동시타당도
　② 예측타당도
(3) 내용타당도
(4) 안면타당도

합격예측

작업자의 적성요인
① 성격(인간성)
② 지능　③ 흥미

3 직업적성과 인사관리

1. 직업적성

(1) 적성검사의 목적

① 적성검사는 개인이 어떤 직무에 임하기에 앞서 그 직무를 최상의 상태로 수행할 수 있는 신뢰성과 타당성에 관하여 진단하고 예측하려는 방법론적 목적을 말한다.
② 측정원 행동에 의한 검사(사무직검사, 필기형검사, 기계이해검사)

(2) 적성의 발견 방법

① 자기이해(self-understanding)
② 계발적 경험(exploratory experience)
③ 적성검사(適性檢査)

(3) 적성검사

① 인간의 지능(intelligence)과 평가치

$$지능지수(IQ) = \frac{지능연령}{생활연령} \times 100$$

② 적성검사의 정의
　㉮ 기초 능력 : 정신 능력, 지각 기능, 정신 운동의 기능과 같은 양에 있어서 포괄된 기능
　㉯ 직무 특유 능력(job specific ability) : 어떤 불특정의 직무를 수행하면서 필요한 학습 또는 경험의 축적에 의하여 얻어진 능력
③ 기계적 적성
　㉮ 손과 팔의 솜씨　㉯ 공간 시각화　㉰ 기계적 이해
④ 사무적 적성 : 지각의 정확도

(4) 적성배치시 작업의 특성

① 환경적 조건　　　　② 작업적 조건
③ 작업 내용　　　　　④ 작업 형태
⑤ 법적 자격 및 제한

(5) 적성 배치시 작업자의 특성

① 지적 능력　　　　　② 성격
③ 기능　　　　　　　④ 업무수행력
⑤ 연령적 특성　　　　⑥ 신체적 특성

(6) 심리(적성)검사의 종류

① 계산에 의한 검사 : 계산검사, 기록검사, 수학응용검사
② 시각적 판단검사 : 형태비교검사, 입체도 판단검사, 언어식별검사, 평면도판단검사, 명칭판단검사, 공구판단검사
③ 운동능력검사(Moter Ability Test)
 ㉮ 추적(Tracing) : 아주 작은 통로에 선을 그리는 것
 ㉯ 두드리기(Tapping) : 가능한 빨리 점을 찍는 것
 ㉰ 점찍기(Dotting) : 원속에 점을 빨리 찍는 것
 ㉱ 복사(Copying) : 간단한 모양을 베끼는 것
 ㉲ 위치(Location) : 일정한 점들을 이어 크거나 작게 변형
 ㉳ 블록(Blocks) : 그림의 블록 개수 세기
 ㉴ 추적(Pursuit) : 미로 속의 선을 따라가기
④ 정밀도 검사(정확성 및 기민성) : 교환검사, 회전검사, 조립검사, 분해검사
⑤ 안전검사 : 건강진단, 실시시험, 학과시험, 감각기능검사, 전직조사 및 면접
⑥ 창조성검사(상상력을 발동시켜 창조성 개발능력을 점검하는 검사)

합격예측
시각적 판단검사의 종류
① 언어판단검사
② 형태비교검사
③ 평면도 판단검사
④ 입체도 판단검사
⑤ 공구판단검사
⑥ 명칭판단검사

합격예측
K.Lewin의 법칙 22. 3. 19 출

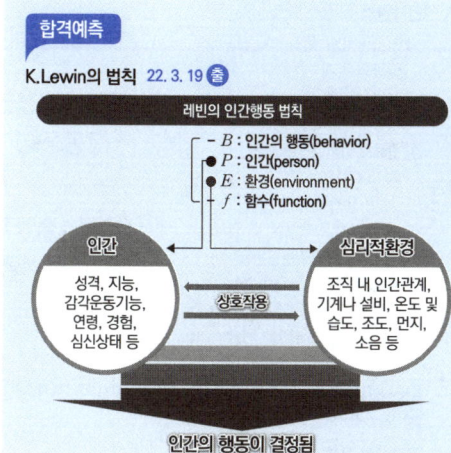

(7) K. Lewin의 법칙

① Lewin은 인간 행동(B)은 그 사람이 가진 자질, 즉 개체(P)와 심리적 환경(E)과의 상호 함수 관계에 있다고 정의하였다.(수학 방정식 적용)

$$B = f(P.E)$$

② 개체(P)와 심리적 환경(E)과의 통합체를 심리적 상태(S)라고 하여 인간의 행동은 심리적 상태와 긴밀히 의존하고 또 규정받는다고 정의하였다.
③ P와 E에 의해 성립되는 심리적 상태 S를 심리적 생활공간(LSP : Psychological life space) 또는 간단히 생활공간(life space)이라고 정의하였다.
④ Lewin에 의하면 인간의 행동은 어떤 순간에 있어서 어떤 행동, 어떤 심리적 장(field)을 일으키느냐, 일으키지 않느냐는 심리적 생활공간의 구조에 따라 결정된다는 것이다.

쿠르트 레빈[Kurt Lewin]
독일계 미국인 심리학자로 사회심리학, 산업조직심리학, 응용심리학 등의 현대 심리학 분야의 선구자이다. 레빈은 집단 역학과 조직 개발과 같은 개념을 도입하여 사회심리학의 개척자로 불린다.

출생 : 1890년 9월 9일
폴란드 모길노
사망 : 1947년 2월 12일(56세)
미국 매사추세츠주 뉴턴빌

2. 성격검사 유형

(1) Y-K(Yutaka-Kohata) 성격검사

직업 성격 유형	작업 성격 인자	적성 직종의 일반적 성향
CC′형 : 담즙질 (진공성형)	① 운동 및 결단이 빠르고 기민하다. ② 적응이 빠르다.	① 대인적 직업 ② 창조적, 관리자적 직업

합격예측
적성배치 효과
① 자아실현기회부여
② 근로의욕고취
③ 재해사고예방

합격예측
정확도 및 기민성 검사(정밀성검사)의 종류
① 교환검사
② 회전검사
③ 조립검사
④ 분해검사

참고
인사관리
① 인사관리의 목적 : 사람과 일과의 관계
② 직무시사회(job preview) : 인사 선발의 한 방법
③ 관료주의의 4가지 차원
　㉮ 조직도에 나타난 조직의 크기와 넓이
　㉯ 관리자가 책임질 수 있는 근로자의 수
　㉰ 관리자를 소단위로 분산
　㉱ 작업의 단순화와 전문화
④ 관료주의는 사회 변화, 기술 진보에 효율적응 불가

합격예측
리더십의 구분

구분	특징
직무 중심적 리더십	• 생산과업, 생산방법 및 세부절차를 중요시한다. • 공식화된 권력에 의존, 부하들을 치밀하게 감독한다.
부하 중심적 리더십	• 부하와의 관계를 중시, 부하의 욕구 충족과 발전 등 개인적인 문제를 중요시한다. • 권한의 위임, 부하에게 자유재량을 부여한다.
구조 주도적 리더십	• 부하의 과업환경을 구조화하는 리더 행동 • 부하의 과업 설정 및 분배, 의사소통 및 절차를 분명히 하고 성과도 구체화, 정확히 평가한다.
고려적 리더십	• 부하와의 관계를 중요시한다. • 부하와 리더사이의 신뢰성, 온정, 친밀감, 상호존중, 협조 등 조성에 주력한다.

	③ 세심하지 않다. ④ 내구, 집념이 부족 ⑤ 진공, 자신감 강함	③ 변화있는 기술적, 가공작업 ④ 변화있는 물품을 대상으로 하는 불연속 작업
MM′형 : 흑담즙질(신경질형)	① 운동성 느리고 지속성이 풍부 ② 적응이 느리다. ③ 세심, 억제, 정확하다. ④ 내구성, 집념, 지속성 ⑤ 담력, 자신감 강하다.	① 연속적, 신중적, 인내적 작업 ② 연구개발적, 과학적 작업 ③ 정밀, 복잡성 작업
SS′형 : 다혈질(운동성형)	①, ②, ③, ④ : CC′형과 동일 ⑤ 담력, 자신감 약하다.	① 변화하는 불연속적 작업 ② 사람 상대 상업적 작업 ③ 기민한 동작을 요하는 작업
PP′형 : 점액질(평범수동성형)	①, ②, ③, ④ : MM′형과 동일 ⑤ 약하다.	① 경리사무, 흐름작업 ② 계기관리, 연속작업 ③ 지속적 단순작업
Am형 : 이상질	① 극도로 나쁘다. ② 극도로 느리다. ③ 극도로 결핍 ④ 극도로 강하거나 약하다.	① 위험을 수반하지 않는 단순한 기술적 작업 ② 직업상 부적응적 성격자는 정신위생적 치료 요함

(2) Y·G(矢田部·Guilford) 성격검사

① A형(평균형) : 조화적, 적응적
② B형(右偏型) : 정서 불안정, 활동적, 외향적(불안정, 부적응, 적극형)
③ C형(左偏型) : 안전 소극형(온순, 소극적, 안전, 비활동, 내향적)
④ D형(右下型) : 안전, 적응, 적극형(정서 안전, 사회 적응, 활동적 대인관계 양호)
⑤ E형(左下型) : 불안전, 부적응, 수동형(D형과 반대)

(3) 산업심리검사의 구비요건(기준)

① 타당성(validity) : 측정하려고 하는 성능을 어느 정도 충실히 수행하고 있는가를 나타내는 것(예 내용, 전이, 조직내, 조직간타당도)
② 신뢰성(reliability) : 동일한 검사를 동일한 사람에게 시간 간격을 두고 실시할 때 그 결과가 크게 다르지 않는 것
③ 실용성(practicability) : 검사를 실시하고 채점하기 용이하다든지, 또는 결과의 해석이나 이용의 방법이 간단하다든지, 비용이 적게 든다는 것
④ 표준화(standardization) : 일관성, 통일성
⑤ 규준(norm) : 비교의 틀
⑥ 객관성(objectivity) : 동일결과

3. 사고발생 경향 및 기제

(1) 사고발생 경향

① 개인차   ② 지능
③ 성격과 태도   ④ 특수기능

(2) 안나 프로이트(Anna Freud)의 적응기제

① 자아의 무의식 영역에서 일어나는 심리기제
② 갈등이나 불안, 좌절, 죄책감으로 인한 심리적 불균형이 초래될 때 심리내부의 평형상태를 유지하기 위해 일어남
③ 방어기제의 병리성은 균형, 방어의 강도, 연령의 적절성, 철회 가능성을 통해서 판단
④ 억압 : 의식에서 용납하기 어려운 생각, 욕망, 충동 등을 무의식 속에 머물도록 눌러 놓는 것(예 어려운 과제가 있을 때 그 과제를 아예 잊어 버린다.)
⑤ 취소 : 상대가 입은 피해를 원상복구 시키려는 행위(예 바람을 피우는 유부남이 아내에게 친절하게 대하는 행위)
⑥ 반동형성 : 무의식 속의 받아들여질 수 없는 생각, 소원, 충동 등을 정반대의 것으로 표현하는 것(예 미운 놈 떡 하나 더 준다. 어떤 학생이 교사에게 불만이 많은데 순종을 잘하는 경우)
⑦ 투사 : 받아들일 수 없는 충동이나 욕망, 자신의 실패 등을 타인의 탓으로 돌리는 것(예 안 되면 조상 탓, 서투른 무당의 장구 탓)
⑧ 투입 : 공격적인 충동이 자신에게 향하는 것(예 부부싸움을 하다가 화가 난 남편이 자신의 머리를 벽에 부딪쳐 자해하는 경우)
⑨ 전치 : 전체가 부분에 의해 표현되거나 부분이 전체로 표현되는 경우, 또는 어떤 생각이나 감정 등을 표현해도 덜 위험한 대상에게 옮기는 것(예 종로에서 뺨 맞고 한강에서 화풀이 한다.)
⑩ 부정 : 의식화하기에 불쾌한 생각, 감정, 현실 등을 무의식적으로 부정(예 임종말기의 환자가 자신의 병을 의사가 오진했다고 주장하는 경우, 남학생이 자위행위를 하고 나서 손을 여러 번 씻는 경우)
⑪ 합리화 : 사회적으로 그럴 듯한 설명이나 이유를 대는 것(예 내가 중이 되니 고기가 천하다. 신포도이론, 달콤한 레몬기제)
⑫ 보상 : 자신이 가지고 있는 결함을 다른 것으로 보상받기 위해 자신의 감정을 지나치게 강조하는 것(예 작은 고추가 맵다. 땅에서 가까워야 오래 산다. 지적으로 열등한 사람이 운동을 열심히 하는 것 등)
⑬ 퇴행 : 심한 스트레스나 좌절을 당했을 때, 현재의 발달단계보다 더 이전의 발달단계로 후퇴하는 것(예 동생이 태어난 후 대소변을 가리지 못하는 아이)

합격예측

소질적인 사고요인
① 지능
② 성격
③ 감각운동기능(시각기능)

합격예측

지능(intelligence)
① 지능과 사고의 관계는 비례적 관계에 있지 않으며 그보다 높거나 낮으면 부적응을 초래한다.
② Chiseli Brown은 지능 단계가 낮을수록 또는 높을수록 이직률 및 사고 발생률이 높다고 지적하였다.

합격예측 23. 4. 1 출

소시오메트리
① 개요 : 사회 측정법으로 집단에 있어 각 구성원 사이의 견인과 배척관계를 조사하여 어떤 개인의 집단 내에서의 관계나 위치를 발견하고 평가하는 방법[집단의 인간관계(선호도)를 조사하는 방법]
② 소시오그램(교우도식) : 소시오메트리를 복잡한 도면(상호간의 관계를 선으로 연결)으로 나타내는 것
③ 표시방법
　㉮ ──→ 일방적 결합
　㉯ ←──→ 상호결합
　㉰ ┈┈→ 일방적 거부
　㉱ ←┈┈→ 상호거부

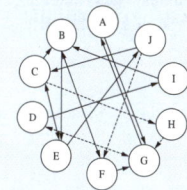

[그림] 소시오그램 (교우도식)

합격예측

억측판단
① 작업공정 중 규정대로 수행하지 않고 '괜찮다'고 생각하여 자기주관대로 행하는 행동
② 객관적인 위험을 행동에 옮김
예 신호등의 신호가 녹색에서 황색으로 바뀌었으나 괜찮다고 판단하고 지나감

합격예측

사람은 그 성격이 작업에 적응되지 못할 경우 안전사고를 발생시킨다.

참고

시각기능(재해와 사각 관계)
① Tiffin. J는 시각기능에 결함이 있는 자에게 재해가 많았고, Fletcher. E.E는 두 눈의 시력이 불균형인 자에게 재해가 많음을 지적하였다.
② 시각기능과 재해발생에 있어서는 반응속도, 그 자체보다 반응의 정확도에 더 관계가 깊다.

합격예측

리더의 상황적 합성이론(F. Fredler)
(1) 리더의 행동 스타일 분류
  ① LPC(The Least Preferred Co-woker)점수 사용
  ② LPC점수 : 리더에게 "함께 일하기 가장 싫은 동료에 대하여 어떻게 평가하느냐" 질문
(2) 리더십의 상황 분류
  ① 과업구조 : 과업의 복잡성과 단순성
  ② 리더와 부하와의 관계 : 친밀감, 신뢰성, 존경 등
  ③ 리더의 지휘권력 : 합법적, 공식적, 강압적 등

참고

grid training(그리드훈련) : 도구를 이용한 실험실 훈련

⑭ **승화** : 본능적인 에너지를 개인적으로나 사회적으로 용납되는 형태로 유용하게 돌려쓰는 것(예 강한 공격적 욕구를 가진 사람이 격투기 선수가 되는 경우)

⑮ **전환** : 신체감각기관과 수의근계통 증상의 표현(예 입대영장을 받고나서 시각장애를 일으키는 경우)

⑯ **신체화** : 신체부위의 증상으로 표현(예 사촌이 땅을 사면 배가 아프다.)

⑰ **동일시** : 주위의 중요한 인물들의 태도와 행동을 닮는 것(예 윗물이 맑아야 아랫물이 맑다.)

⑱ **행동화** : 스트레스와 내부갈등을 제거하기 위한 행동으로 무의식적 욕구나 욕망을 충동적인 행동으로 충족하는 것(예 남편의 구타를 예상한 아내가 먼저 남편을 자극하여 매를 맞는 것)

⑲ **대치** : 목적하던 것을 못 가지는 데에서 오는 좌절감과 불안을 최소화하기 위해 원래의 것과 비슷한 것을 가짐으로 만족하는 것(예 꿩대신 닭)

⑳ **해리** : 마음을 편치 않게 하는 성격의 일부가 그 사람의 지배를 벗어나 하나의 독립된 성격인 것처럼 행동하는 경우(예 이중인격, 몽유병, 지킬박사와 하이드)

(3) 관리그리드(Managerial Grid)의 리더십 5가지 이론

리더의 행동을 생산에 대한 관심(production concern)과 인간에 대한 관심(people concern)으로 구분하고 grid로 개량화하여 분류하였다.

① 무관심(1, 1)형
  ㉮ 생산과 인간에 대한 관심이 모두 낮은 무관심한 유형
  ㉯ 리더 자신의 직분을 유지하는 데 필요한 최소의 노력만을 투입하는 리더 유형
② 인기(1, 9)형
  ㉮ 인간에 대한 관심은 매우 높고 생산에 대한 관심은 매우 낮은 유형
  ㉯ 부서원들과의 만족스런 관계와 친밀한 분위기를 조성하는 데 역점을 기울이는 리더 유형
③ 과업(9, 1)형
  ㉮ 생산에 대한 관심은 매우 높지만 인간에 대한 관심은 매우 낮은 유형
  ㉯ 인간적인 요소보다도 과업수행에 대한 능력을 중요시하는 리더유형
④ 타협(5, 5)형
  ㉮ 중간형(사람과 업무의 절충형)
  ㉯ 과업의 생산성과 인간적 요소를 절충하여 적당한 수준의 성과를 지향하는 유형
⑤ 이상(9, 9)형
  ㉮ 팀형으로 인간에 대한 관심과 생산에 대한 관심이 모두 높은 유형

⑭ 구성원들에게 공동목표 및 상호의존관계를 강조하고, 상호신뢰적이고 상호존중관계 속에서 구성원들의 몰입을 통하여 과업을 달성하는 리더유형

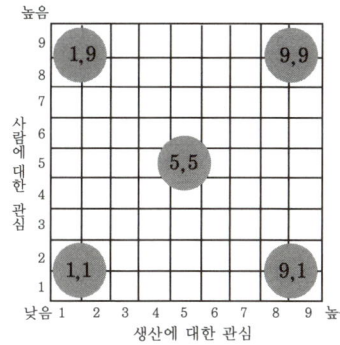

[그림] 관리그리드 이론

합격예측

Tiffin의 동기유발요인
(1) 공식적 자극
　① 적극적 : 상여금, 돈, 특권, 승진, 작업계획의 선택 등
　② 소극적 : 견책, 해고, 임시고용, 특권박탈 등
(2) 비공식적 자극
　① 적극적 : 격려 및 칭찬, 친절한 태도, 직장동료에 의한 존경 등
　② 소극적 : 악평, 비난, 배척, 동료 간의 비협조 등

합격예측

작업동기의 행동 3가지 결정요인
① 능력
② 동기
③ 상황적 제약조건

합격예측

정신능력 분석단계 7단계
① 지각속도
② 공간 시각화
③ 수능속도
④ 언어이해
⑤ 어휘유양성
⑥ 기억
⑦ 귀납적 추리능력

합격예측

안전사고 유발의 심리적 요인
① 인간의 발전
② 인간의 성장 및 성숙과정
③ 연령

참고

간결성 원리의 정의
인간의 심리활동에 있어서 최소 에너지에 의해 어떤 목적에 달성하도록 하려는 경향을 말하며, 이 원리는 착오, 착각, 생략, 단락 등 사고의 심리적 요인을 불러일으키는 원인이 된다.

4 인간의 행동성향 및 행동과학

1. 인간의 특성

(1) 인간동작의 외적 조건

① 동적 조건 : 대상물의 동적 성질을 나타내는 것으로 가장 최대 요인
② 정적 조건 : 높이, 크기, 깊이 등에 좌우
③ 환경조건 : 온도, 습도, 소음 수준에 의해 좌우

(2) 인간동작의 내적 조건

① 피로, 긴장 등에 의한 생리적 조건
② 근무 경력에 의한 경험 시간
③ 개인차 : 적성, 성격, 개성

(3) 동작 실패의 원인이 되는 조건

① 자세의 불균형 : 행동의 습관, 환경적 요인 등
② 피로 : 신체조건, 질병, 스트레스 등
③ 작업강도 : 작업량, 작업속도, 작업시간 등
④ 기상조건 : 온도, 습도, 그 밖에 기상조건 등
⑤ 환경조건 : 작업환경, 심리적 환경

(4) 인간의 행동특성

① 간결성의 원리　　　　　　② 주의의 일점 집중 현상

합격예측

착오요인
(1) 인지과정착오
　① 생리·심리적 능력의 한계
　② 정보수용능력의 한계
　③ 감각차단현상
　④ 정서불안정 등 심리적 요인
(2) 판단과정착오
　① 합리화
　② 능력부족
　③ 정보부족
　④ 자신과잉(과신)
(3) 조작과정착오
　판단한 내용에 따라 실제 동작하는 과정에서의 착오

합격예측

개성적 결함 요인(사고의 요인)
① 과도한 자존심과 자만심
② 사치와 허영심
③ 고집 및 과도한 집착성
④ 인내력 부족
⑤ 감정의 장기지속성
⑥ 도전적 성격 및 다혈질
⑦ 나약한 마음
⑧ 태만(나태)
⑨ 경솔성(성급함)

합격예측

프로이트 적응기제 중 합리화 유형 4가지
(1) 신포도형
　① 포도를 먹고자 한 여우가 모든 노력을 통해서도 그것을 먹을 수 없게 되자 그 포도의 맛이 시기 때문에 먹을 필요가 없다고 자기 자신의 행위를 스스로 위로하는 것
　② 어떤 목표를 달성하려 했으나 실패한 사람이 처음부터 그것을 원하지 않았다고 하는 것
(2) 달콤한 레몬형
　자기가 현재 가지고 있는 것이야말로 그가 원하던 것이라고 스스로 믿는 것
(3) 투사형
　자신의 결함이나 실수를 자기 이외의 다른 대상에게로 책임을 전가시키는 것
(4) 망상형
　이치에 맞지 않는 잘못된 생각이나 근거가 없는 주관인 신념으로 자신을 합리화 하는 것

③ 순간적인 경우 대피 방향 : 좌측
④ 동조행동
⑤ 좌측통행
⑥ Risk Taking(위험감수) : 객관적인 위험을 자기스스로 판단하여 행동에 옮기는 심리 특성

2. 인간의 착오요인

(1) 인지과정 착오의 요인

① 생리, 심리적 능력의 한계
② 정보량 저장(정보 수용능력)의 한계
③ 감각차단현상
④ 정서불안정

(2) 심리적, 그 밖에 요인

불안 · 공포 · 과로 · 수면부족 등

(3) 판단과정 착오요인

① 자기합리화　　　　　　② 능력부족
③ 정보부족　　　　　　　④ 과신(자신 과잉)
⑤ 작업조건불량

(4) 조작 과정의 착오 요인

① 작업자의 기능미숙(기술부족)　　② 작업경험부족
③ 피로

(5) 인간의식의 공통적 경향

① 의식은 현상의 대응력에 한계가 있다.
② 의식은 그 초점에서 멀어질수록 희미해진다.
③ 당면한 문제에 의식의 초점이 합치되지 않고 있을 때는 대응력이 저감된다.
④ 인간의 의식은 중단되는 경향이 있다.
⑤ 인간의 의식은 파동한다. 극도의 긴장을 유지할 수 있는 시간은 불과 수초라고 하며 긴장 후에는 반드시 이완한다.

(6) 진전(Tremor) : 잔잔한 떨림

① 진전(tremor)과 표동(drift)이 문제가 되는 동작 : 정지 조정(static reaction)
② 정지 조정에서 문제가 되는 것 : 진전

③ 진전이 일어나기 쉬운 조건 : 떨지 않도록 노력할 때
④ 진전이 가장 많이 일어나는 운동 : 수직운동
⑤ 진전이 적게 일어나는 경우 : 손이 심장 높이에 있을 때
⑥ 교통사고 : 땅거미 질 무렵에 가장 많이 발생한다.

(7) ECR(Error Cause Removal) 제안 제도에서 실수 및 과오의 구체적 원인
① **능력부족** : 적성, 지식, 기술, 인간관계
② **주의부족** : 개성, 감정의 불안정, 습관성(관습성)
③ **환경조건의 부적당** : 제 표준의 불량, 규칙 불충분, 연락 및 의사소통 불량, 작업조건 불량

[표] 재해발생 시점에서의 인간심리

대 분 류	소 분 류
1A. 자기는 경험이 있기 때문에 절대로 안전하다고 생각하며 작업을 하였다.	1a - 점검이 불충분하여 기계설비의 돌발사고에 대처할 수 없었다. 1b - 작업방법에 잘못이 있다고 느끼지 못했다. 1c - 이상한 상태에 정신을 차리지 못했다. 1d - 이상한 상태를 느꼈으나 적절한 방법을 취하지 않았다.
2B. 다소는 위험을 느꼈으나 염려 없다고 생각하며 작업을 하였다.	2a - (규정대로 하게 되면) 작업이 까다롭다. 2b - (규정대로 하게 되면) 작업이 귀찮다. 2c - 자기의 기능이 있다고 믿었다.
3C. 실제는 위험하였으나 그때는 위험하다고 느끼지 못했다.	3a - 경험이 없으므로 위험을 느끼지 못했다. 3b - 언제나 하고 있는 작업으로 익숙하기 때문에 그다지 위험하다고 느끼지 못했다. 3c - 이제까지 몇 번이나 작업을 하였으나 아무일도 없었으므로
4D. 위험을 의식하지 않는다. 또는 예상하지 않고 작업을 하였다.	4a - 특히 즐거운 것, 염려가 없었기 때문에 4b - 외적 조건에 이목을 빼앗겼기 때문에 4c - 작업을 서둘러 하였기 때문에 4d - 작업을 쫓겨서 하였기 때문에 4e - 바른 방법이었으나 실수하였다.
5E. 너무나 단순한 작업이므로 반사적으로 작업을 하였다.	5a - 이상한 설비, 기계상태를 정상으로 회복시키려고 하여 5b - 반사적으로 손을 꿰매고 작업을 하였기 때문에 5c - 바른 작업방법이었으나 실수하였다.
6F. 자기의 작업 방법은 옳았으나 제3자의 과오 때문에 일어났다.	6a - 공동작업중의 동료에 의해서 6b - 단순작업중에 제3자에 의해서 6c - 자기의 작업에 관계가 없는 기계, 설비에 의해서

〈비고〉 1A의 항목은 적극적인 자신을 가지고 작업을 하였을 때. 4D의 항목은 위험이나 안전을 생각하지 않고, 또 위험한 상태가 일어날 것이라고 생각하지 않고 작업을 하였을 때. 4a~4d의 조건이 강하게 작용하였을 때(경험이 없는 자에게 많다.)

합격예측

인간착오 또는 오인의 메커니즘
① 위치의 오인
② 순서의 오인
③ 패턴의 오인
④ 형태의 오인
⑤ 기억의 틀림

합격예측

(1) 인간착오요인의 사고율
① 정보인지과정 : 59.6[%]
② 정보판단과정 : 34.8[%]
③ 정보동작실현과정 : 4.8[%]
④ 기타 : 0.8[%]

(2) 리스크 테이킹(risk taking)
① 객관적인 위험을 자기 편리한 대로 판단하여 의지결정을 하고 행동에 옮기는 현상이다.
② 안전태도가 양호한 자는 risk taking 정도가 적다.
③ 안전태도 수준이 같은 경우 작업의 달성 동기, 성격, 일의 능률, 적성배치, 심리상태 등 각종 요인의 영향으로 risk taking의 정도는 변한다.

(3) 그 밖의 행동특성
① 순간적인 경우의 대피 방향은 좌측(우측에 비해 2배 이상)
② 동조 행동 : 소속집단의 행동기준이나 원칙을 지키고 따르려고 하는 행동
③ 좌측 보행 : 자유로운 상태에서 보행할 경우 좌측벽면 쪽으로 보행하는 경우가 많음
④ 근도 반응 : 정상적인 루트가 있음에도 지름길을 택하는 현상
⑤ 생략 행위 : 객관적 판단력의 약화로 나타나는 현상

합격예측

적응기제의 전형적인 형태

스트레스	일반적인 방어기제
실패	합리화, 보상
죄책감	합리화
적대감	백일몽, 억압
열등감	동일시, 보상, 백일몽
실연	합리화, 백일몽, 고립
개인의 능력한계	백일몽, 고립

보충학습

작업대 높이

(1) 최적높이 설계지침
① 작업면의 높이는 상완이 자연스럽게 수직으로 늘어뜨려지고 전완은 수평 또는 약간 아래로 비스듬하여 작업면과 적절하고 편안한 관계를 유지할 수 있는 수준
② 작업대가 높은 경우 앞가슴을 위로 올리는 경향, 겨드랑이를 벌린 상태 등
③ 작업대가 낮은 경우 가슴이 압박 받음, 상체의 무게가 양팔꿈치에 걸림 등

(2) 착석식(의자식) 작업대 높이
① 조절식으로 설계하여 개인에 맞추는 것이 가장 바람직
② 작업 높이가 팔꿈치 높이와 동일
③ 섬세한 작업(미세부품조립 등)일수록 높아야 하며 팔꿈치 높이보다 10-20[cm]) 거친작업에는 약간 낮은 편이 유리
④ 작업면 하부 여유공간이 가장 큰 사람의 대퇴부가 자유롭게 움직일 수 있도록 설계
⑤ 작업대 높이 설계시 고려사항
㉮ 의자의 높이
㉯ 작업대의 두께
㉰ 대퇴 여유

(3) 입식 작업대 높이
① 경조립 또는 이와 유사한 조작작업 : 팔꿈치 높이보다 0~10[cm] 낮게
② 섬세한 작업일수록 높아야 하며, 거친작업은 약간 낮게 설치
③ 고정높이 작업면은 가장 큰 사용자에게 맞도록 설계(발판, 발받침대 등 사용)
④ 높이 설계시 고려사항
㉮ 근전도(EMG)
㉯ 인체계측(신장 등)
㉰ 무게중심 결정(물체의 무게 및 크기 등)

3. 직무분석

(1) 직무분석

① 직무에 관한 정보를 수집, 분석하여 직무의 내용과 직무를 담당하는 자의 자격요건을 체계화하는 활동
② 직무를 구성하는 3요소
㉮ 과업(task)
㉯ 의무(duty)
㉰ 책임(responsibility)

(2) 직무분석 방법의 선정

① 방법의 선정 기준
분석대상 직무의 성격, 수립자료의 용도, 주어진 분석 조건 등에 따라 결정
② 직무분석의 방법
㉮ 결정적 사건기법(critical incident technique : 행동 상태 면담법)
  ㉠ 목적 : 평균 수준의 수행자와 우수한 수행자의 능력을 확인
  ㉡ 방법 : 특수한 환경에서 일하는 사람들이 사건의 원인이거나 원인이 될 수도 있었던 장비, 행위(Practice) 및 다른 사람에 관한 사항을 서면이나 구두로 보고
㉯ 직접적인 안전 측정, 관찰(관찰법) : 많은 방법 중에서 가장 보편적이면서도 가장 효과적인 방법으로 직접 안전을 진단하고, 참여하여 관찰하는 방법(실제 작업환경에서 종사자들을 관찰)
㉰ 그 밖의 주요 직무분석의 방법 : 절차 검토법, 면접법, 조사법, 설문지법, 작업일지법 등

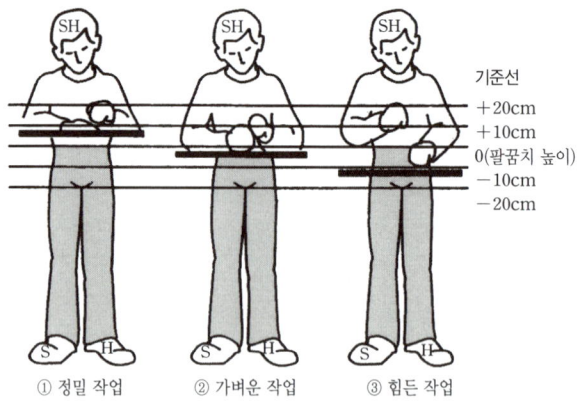

[그림] 팔꿈치 높이와 작업대 높이의 관계

Chapter 01 산업안전심리 출제예상문제

출제예상문제는 복습, 예습문제로 엮었습니다. *WHY : 실제시험에도 순서에 관계없이 출제됩니다. 예습 후 다음장에 공부한 문제가 있으면 기억이 배가 됩니다.

01 ★★★ 적성에 따른 직무를 맡기기 위해 직무수행상 요구되는 주항목이 아닌 것은 어느 것인가?

① 숙련도
② 능력
③ 성격
④ 경력
⑤ 지식

해설

적성검사의 인간능력의 범위
① 기초능력 : 정신능력, 지각능력, 정신운동의 기능과 같은 양에 있어서 포괄된 기능
② 직무 특유능력(job specific abilities) : 어떤 불특정의 직무를 수행하면서 필요한 학습 또는 경험의 축적에 의하여 얻어진 능력

02 ★★★★★ 다음의 의식수준 중 주의의 일점 집중현상은 어느 단계에서 일어나는가?

① phase Ⅰ
② phase Ⅱ
③ phase Ⅲ
④ phase Ⅳ
⑤ phase 0

해설

의식 레벨의 단계적 분류

phase	의식의 상태	주의의 작용
0	무신경, 실신(무의식상태)	0
Ⅰ	이상, 의식불명	부주의
Ⅱ	정상	수동적, 심적내향
Ⅲ	정상, 명쾌	적극적, 심적외향
Ⅳ	과긴장	일점에 고집

phase	생리상태	신뢰성
0	수면, 뇌발작	0
Ⅰ	피로, 단조로움, 졸음, 주취	0.9 이하
Ⅱ	안정기거, 휴식, 정상 작업시	0.99~0.99999
Ⅲ	적극적 활동시	0.999999 이상
Ⅳ	감정 흥분(공포상태)	0.9 이하

03 ★★★ Phase Ⅲ의 의식수준은 정보처리의 5가지 채널 중 몇 단계의 채널까지 대응되는가?

① 1, 2의 채널까지
② 1, 2, 3의 채널까지
③ 1, 2, 3, 4의 채널까지
④ 1, 2, 3, 4, 5의 채널까지
⑤ 1, 3, 5 채널만 사용

해설

phase Ⅲ의 신뢰성은 0.999999 이상이므로 1~5 채널 모두 필요하다.

04 ★★ 성격검사 방법으로 맞는 것은?

① 실험법
② 기능검사법
③ 투사기법
④ 선택법
⑤ 감각법

해설

성격검사 방법 2가지
① 투사기법
② 질문지항 사용

05 ★★★ 욕구저지를 일으키게 하는 장애에 대한 반응으로 분류할 수 없는 것은?

① 장애우위형
② 자아우위형
③ 욕구고집형
④ ①, ②, ③ 모두
⑤ 반동형성형

해설

(1) 욕구저지 장애반응 : ①, ②, ③ 3종류이다.

[정답] 01 ⑤   02 ④   03 ④   04 ③   05 ⑤

(2) 욕구저지 반응기제 가설 3종류
① 욕구저지 공격가설
② 욕구저지 퇴행가설
③ 욕구저지 고착가설

06 ★★★★★ 다음 중 운동의 시지각이 아닌 것은?

① 자동운동   ② 항상운동
③ 유도운동   ④ 가현운동
⑤ β운동

해설
운동의 시지각현상(착각현상)
(1) 자동운동 : 암실에서 정지된 소광점을 응시하고 있으면 움직임을 볼 수 있는 현상이며 생기기 쉬운 조건은 아래 4종류이다.
① 광점이 작을 것
② 시야의 다른 부분이 어두울 것
③ 광의 강도가 작을 것
④ 대상이 단순할 것
(2) 유도운동 : 실제로 움직이지 않은 것이 어느 기준의 이동에 의해 움직이는 것처럼 느껴지는 현상
(3) 가현운동(β운동) : 정지하고 있는 물체가 급속히 나타나든가 소멸하는 것으로 인하여 일어나는 운동-영화 영상의 방법

07 ★★★★ 슈퍼(Super, D. E.)에 의한 직업적성 및 성장과정에 해당되지 않는 것은?

① 탐색   ② 확립
③ 상황   ④ 유지
⑤ ①, ②, ④의 항목

해설
슈퍼의 직업적 성장과정
① 탐색   ② 확립   ③ 유지

08 ★★ 일반적으로 사고를 일으키기 쉬운 성격에 해당되지 않는 것은?

① 쾌락주의적 성격
② 허영심이 강한 성격
③ 소심한 성격
④ 도덕적 결벽성의 결여

⑤ 도덕성이 강한 성격

해설
성격상 사고가 많은 유형
① 허영적
② 쾌락주의적
③ 도덕적 결벽성의 결여
④ 소심한 성격

09 ★★★ 다음 중 욕구저지(欲求沮止) 반응기제에 관한 가설이 아닌 것은?

① 욕구저지 – 공격가설
② 욕구저지 – 퇴행가설
③ 욕구저지 – 고착가설
④ 욕구저지 – 원시적 단계
⑤ 욕구저지 – 보상가설

해설
욕구저지 반응기제에 관한 가설
① 욕구저지 – 공격가설 : 욕구저지는 공격을 유발한다.
② 욕구저지 – 퇴행가설 : 욕구저지는 원시적 단계로 역행한다.
③ 욕구저지 – 고착가설 : 욕구저지는 자포자기적 반응을 유발한다.

10 ★★★★★ 레빈(Lewin)은 인간의 행동관계를 B = f(P·E)라는 공식으로 설명하였다. 안전태도 형성상 E가 나타내는 뜻으로 옳은 것은?

① 안전 동기 부여   ② 인간의 지능
③ 인간의 행동   ④ 인간 주변의 환경
⑤ 인간의 성격

해설
레빈(Kurt Lewin)의 법칙
B = f(P·E)
B = f(L·S·P)
L = f(m·s·l)
여기서
B : Behavior(행동)
P : Person(소질)-연령, 경험, 심신상태, 성격, 지능 등에 의하여 결정
E : Environment(환경)-심리적 영향을 미치는 인간관계, 작업환경, 설비적 결함

[정답] 06 ②   07 ③   08 ⑤   09 ⑤   10 ④

f : function(함수)-적성, 그 밖에 PE에 영향을 주는 조건
L : Life space(생활공간)
m : member
s : situation
l : leader

11 ★★★★★ 다음 중 직무 만족 요인과 가장 상관이 있는 것은?

① 일의 내용　　② 작업조건
③ 인간관계　　④ 기업 혜택
⑤ 지도사의 성격

해설

허즈버그(Frederick Herzberg)의 동기위생 이론
① 각 노동자에게 보다 새롭고 힘든 과업을 부여한다.
② 노동자에게 불필요한 통제를 배제한다.
③ 각 노동자에게 완전하고 자연스러운 단위의 도급작업을 부여할 수 있도록 일을 조정한다.
④ 자기 과업을 위한 노동자의 책임감을 증대시킨다.
⑤ 노동자에게 정기보고서를 통한 직접적인 정보를 제공한다.
⑥ 특정 작업을 할 기회를 부여한다.
⑦ 동기위생 이론은 일을 통한 위생 이론이라고도 한다.

12 ★★★ 산업재해 발생 중에는 안전의식 레벨이 좌우된다. 의식 작용에 적극적 대응이 가능한 상태는?

① 당황한 몸짓
② 판단을 동반한 행동
③ 느긋한 행동
④ 단조로움이 많아 졸음이 온 행동
⑤ 병약한 상태

해설
판단이 동반된 것은 대응이 가능하다.

13 ★★ 다음 중 안전기능 표준의 3원칙이 아닌 것은?

① 위험작업 규제　　② 준비 상태
③ 인간관계 개선　　④ 안전표준 작업
⑤ ①, ②, ④ 모두

해설

안전기능 표준 3원칙
① 위험작업 규제　　② 안전표준 작업

③ 준비 상태

14 ★★★★★ 한번 재해를 당하면 겁쟁이가 되거나 신경과민이 되어 그 사람이 갖는 대응 능력이 열화하기 때문에 재해를 빈발하게 된다는 설(說)은?

① 기회설　　② 암시설
③ 경향설　　④ 미숙설
⑤ 유인설

해설

재해 빈발설
(1) 상황성 누발자의 재해유발원인
　① 작업이 어렵기 때문에
　② 기계설비실의 결함이 있기 때문에
　③ 환경상 주의력 집중이 곤란하기 때문에
　④ 심신에 근심이 있기 때문에
(2) 소질성 누발자
　① 주의력의 산만, 주의력 지속 불능
　② 주의력 범위의 협소, 편중
　③ 저지능
　④ 불규칙, 흐리멍텅함
　⑤ 경시, 경솔함
　⑥ 정직하지 못함
　⑦ 흥분성(침착성 결여)
　⑧ 비협조적
　⑨ 도덕성 결여
　⑩ 소심한 성격(도전적)
　⑪ 감각 운동의 부적합
(3) 미숙성 누발자
　① 기능 미숙
　② 환경 미숙
(4) 습관성 누발자
　① 재해 경험의 겁쟁이(신경과민)
　② 일종의 슬럼프(slump)
(5) 재해 빈발성
　① 기회설 : 작업에 어려움이 많기 때문에 재해가 유발된다는 설
　② 암시설 : 일종의 습관성 누발자 형태
　③ 재해 빈발 경향자설 : 재해 빈발 소질이 있는 자

15 ★★★ 안전심리에서 중요시하는 인간요소는?

① 대상자의 기능
② 대상자의 개성과 사고력
③ 대상자의 적응 정도

【 정답 】 11 ①　12 ②　13 ③　14 ②　15 ②

④ 대상자의 습관
⑤ 대상자의 유전적 요소

해설
안전심리의 중요 요소는 개성과 사고력이다.

16 소셜 스킬즈(social skills)란? ★★

① 모랄을 앙양시키는 능력
② 인간을 사물에 적응시키는 능력
③ 사물을 인간에 적응시키는 능력
④ 인간을 구속하는 능력
⑤ 인간의 노력 평가 및 보상

해설
동기를 부여하고 일할 수 있게 만드는 것이다.

17 숙련된 관찰자가 불안전 행위를 보고 관찰하기 위한 올바른 행동 순서는? ★★★★★

① 결심 → 보고 → 정지 → 관찰
② 결심 → 정지 → 관찰 → 보고
③ 보고 → 관찰 → 결심 → 정지
④ 정지 → 결심 → 보고 → 관찰
⑤ 정지 → 결심 → 조사 → 보고

해설
STOP의 관찰 사이클(Observation Cycle) 순서
결심(Decide) → 정지(Stop) → 관찰(Observe) → 조치(Act) → 보고(Report)

18 다음 중 직무 만족도가 높은 개인적 특성이 아닌 것은? ★★★

① 직무의 수준이 높을수록
② 교육 수준이 높을수록
③ 연령이 낮을수록
④ 정서적 부적응이 낮을수록
⑤ 고령자일수록

해설
연령이 낮으면 직무 만족도가 없다.

19 소시오그램(Sociogram)이란? ★★

① 집단 내의 각 성원의 결합 상태를 나타낸 교우도식을 뜻한다.
② 인간관계론에 있어 비공식 조직의 특성을 뜻한다.
③ 사회 생활의 역학적 구조를 뜻한다.
④ 공식 조직 내의 각 성원간의 구조도식을 뜻한다.
⑤ 부모와 자식의 관계도

해설
소시오그램 : 교우도식 또는 집단의 구조도를 말한다.

20 안전사고발생의 심리적 요인으로 해당되는 것은? ★★★

① 육체적 능력 초과   ② 신경계통 이상
③ 감정   ④ 극도의 피로
⑤ 시력 및 청각의 이상

해설
육체적 피로 요인 : ①, ②, ④

21 phase Ⅲ의 의식수준은 의식이 명석하고 사물을 적극적으로 받아들이려고 하는 상태인데 이 상태는 몇 분 정도 지속되는가? ★★★

① 5분 정도   ② 15분 정도
③ 40분 정도   ④ 1시간 정도
⑤ 1일 정도

해설
의식 레벨의 3단계
① 의식이 명석하고 사물을 적극적으로 받아들인다.
② 주의력이 강한 주의 집중 상태, 가장 좋은 상태이다.
③ 지속 상태 15분이 최적이며 경우에 따라 30분까지 가능하다.

[정답] 16 ① 17 ② 18 ③ 19 ① 20 ③ 21 ②

22 다음은 행동과학자의 제 이론(諸理論)을 전개시키고 있다. 관계가 다른 것은?

① 맥그리거(P. McGregor):XY 이론
② 맥클렐랜드(McClelland):성취동기 이론
③ 허즈버그(Herzberg):성숙, 미성숙
④ 리커트(R. Likert):상호작용 영향력
⑤ 매슬로우:욕구이론

해설
Herzberg는 위생동기 이론을 역설하였다.

23 인간의 행동(B)은 인간의 조건(P), 환경조건(E)과의 함수관계에 의해서 결정된다. 즉 B = f(P·E)이다. 이때의 E를 가장 잘 설명한 것은 어느 것인가?

① 심리적 환경   ② 물리적 환경
③ 사회적 환경   ④ 작업 환경
⑤ 가정적 환경

해설
레빈(Lewin)의 행동특성 법칙
B = f(P·E)
① B(Behavior) : 행동
② P(Person) : 소질
③ E(Environment) : 심리적 영향을 미치는 인간관계, 작업환경, 설비적 결함
④ f(function) : 함수-적성, 그 밖에 PE에 영향을 주는 조건

24 일반적으로 연구조사에 사용되는 기준은 3가지 요건을 갖추어야 한다. 다음 중 기준의 3요건에 포함되지 않는 것은?

① 적절성   ② 무오염성
③ 신뢰성   ④ ①, ②, ③ 모두
⑤ 객관성

해설
기준의 3요건
① 무오염성 ② 신뢰성 ③ 적절성

25 다음 중 주의의 특성이 아닌 것은?

① 주의력을 강화하면 기능은 저하된다.
② 주의는 동시에 두 개 방향에 집중하지 못한다.
③ 한 지점에 주의를 집중하면 다른 지점은 주의력이 약해진다.
④ 고도의 주의는 장시간 지속될 수 없다.
⑤ 주의는 언제나 일정한 수준을 지키지 못한다.

해설
주의를 강화하면 기능 역시 강화된다.

26 재해가 발생했을 때 심리상태를 조사하여 알고 있었기 때문에 그렇게 하려고 하였으나 제대로 되지 않았다고 대답하는 자에게는 어떤 교육이 필요한가?

① 자질 교육   ② 지식 교육
③ 기능 교육   ④ 지적 교육
⑤ 태도 교육

해설
알고 있으나 하지 않은 것은 행동이기 때문에 태도 교육이 필요하다.

27 다음은 사고와 연결시 인간의 행동특성을 설명한 것이다. 틀린 것은?

① 안전 태도가 불량한 사람은 리스크 테이킹(risk taking)의 빈도가 높다.
② 돌발적 상태하에서는 인간의 주의력이 분산된다.
③ 자아의식이 약하거나 스트레스에 저항력이 약한 자는 동조 경향을 나타내기 쉽다.
④ 순간적으로 대피하는 경우에 우측보다 좌측으로 몸을 피하는 경향이 높다.
⑤ 돌발적 사고시 인간의 주의력은 한 곳으로 집중된다.

해설
돌발적 사고는 주의가 집중된다.

【정답】 22 ③ 23 ① 24 ⑤ 25 ① 26 ⑤ 27 ②

28 다음 중 문제해결의 정보처리 Level을 옳게 설명한 것은?

① 동적 의지와 결정의 비정상적 레벨이다.
② 미지경험의 상태에 대처하는 정보처리이다.
③ Routine 작업의 정보처리 레벨이다.
④ 주시하지 않고 될 수 있는 정보처리 레벨이다.
⑤ 주시하고자 하는 Level이다.

해설
미지경험의 사태에 대처

29 다음 내용 중 사람의 결함에 의한 사고 원인과 가장 밀접한 것은 어떤 것인가?

① 소음 진동
② 정비 불량
③ 과로
④ 보호구 구입 보관
⑤ 환경불량

해설
①, ②, ④, ⑤는 물체의 결함이다.

30 다음 중 기회설과 관계되는 재해 누발 소질자는?

① 소질성 누발자
② 습관성 누발자
③ 미숙성 누발자
④ 상황성 누발자
⑤ 선택적 누발자

해설
기회설 : 재해를 많이 발생시키는 것은 종사하는 직업에 위험성이 많기 때문

31 다음 중 직무 만족도에 영향을 주는 개인적 특성이 아닌 것은?

① 직무 만족도는 유색인종보다 백인이 더욱 높다.
② 직무 만족도는 여성보다 남성이 더욱 높다.
③ 직무 만족도는 지능이 높을수록 더욱 증가된다.
④ 직무 만족도는 직무 연한에 따라 증가된다.
⑤ 직무 만족도는 장년이 증가된다.

해설
직무 만족도는 지능지수와 무관하다.

32 인간의 심리 중에는 안전수단이 생략되어 불안전 행위를 나타낸다. 다음 중 안전수단이 생략되는 경우가 아닌 것은?

① 의식 과잉이 있을 때
② 피로하거나 과로했을 때
③ 주변의 영향이 있을 때
④ 두 사람 이상이 작업할 때
⑤ 작업규율이 엄할 때

해설
작업규율이 엄하면 안전 행동을 할 수 있으며 규율이란 안전수칙이고 교육이다.

33 인간의 에러(착오) 중 개인 능력에 속하지 않는 것은?

① 자질   ② 긴장수준
③ 피로상태   ④ 교육훈련
⑤ 의식

해설
인간에러 요인 : 긴장수준, 피로상태, 교육훈련, 의식

34 다음 중 사람의 기술 분류에 해당되는 것은?

① 육체적 – 지능적 – 심리적 – 언어적
② 근력적 – 정신적 – 심리적 – 조작적
③ 정신적 – 조작적 – 인식적 – 언어적
④ 조작적 – 인식적 – 정적 – 동적
⑤ 육체적 – 조작적 – 인식적 – 서술적

[정답] 28 ② 29 ③ 30 ④ 31 ③ 32 ⑤ 33 ① 34 ③

해설
사람의 기술 분류 4가지
① 정신적 기술 ② 조작적 기술 ③ 인식적 기술 ④ 언어적 기술

35 ★★★ 다음 중 제일 기본적인 욕구는?
① 배고픔 ② 호기심
③ 애정 ④ 능력
⑤ 돈

해설
배가 불러야 다음 욕구가 있다.

36 ★★ 다음의 인간관계 메커니즘 중에서 남의 행동이나 판단을 표본으로 하여 그것과 같거나 그것에 가까운 행동 또는 판단을 취하려는 것은?
① 투사(projection)
② 암시(suggestion)
③ 모방(imitation)
④ 동일화(identification)
⑤ 메커니즘

해설
① 투사(투출) : 자기 자신 속의 억압된 것을 다른 사람의 것으로 생각
② 동일화 : 다른 사람의 행동이나 태도 등을 자기에게 투입시켜 같아지게 하거나 비슷한 점을 발견
③ 암시 : 다른 사람의 판단이나 행동을 무비판적으로 논리적, 사실적 근거없이 받아들이는 것

37 ★★★ 인간의 의식동작을 올바르게 전달하는 순서는 다음 중 어느 것인가?
① 5관을 통합 → 운동신경 → 지각 → 두뇌 → 정보수집 → 근력운동
② 근육운동 → 5관을 통합 → 운동신경 → 두뇌 → 지각 → 정보수집 → 근육운동
③ 5관 → 정보수집 → 두뇌 → 지각 → 판단 → 운동신경 → 근육운동 → 판단
④ 5관 → 정보수집 → 지각 → 두뇌 → 판단 → 운동신경 → 근육운동
⑤ 근육운동 → 정보수집 → 5관 → 두뇌 → 운동 → 판단능력

해설
④는 의식 전달 순서이다.

38 ★★ 작업 부서의 교우관계를 나타낸 그림을 무엇이라 하는가?
① 소시오그램(sociogram)
② 리던던시(redendancy)
③ 휴먼 릴레이션 픽처(human relation Picture)
④ 매니지리얼 그리드(managerial grid)
⑤ 인간과 동물의 관계

해설
소시오메트리(비공식집단 인간관계 양식)
① 사회측정법은 집단 내에서의 개인 상호간의 감정 형태와 관심도를 측정하여 집단 구조(group structure), 집단발전 내지는 사회적 관계의 측정과 정의를 내리려고 시도한 방법의 하나로 쓰이는 사회측정 이론으로 모레노(J. L. Moreno)에 의하여 창안되었다.
② 소시오메트리(sociometry)는 집단의 구조를 밝혀내어 집단 내에서 개인간의 인기의 정도, 지위, 좋아하고 싫어하는 정도, 하위 집단의 구성 여부와 형태, 집단에의 충성도, 집단의 응집력 등을 연구·조사하여 행동지도의 자료를 삼는 것을 말한다.

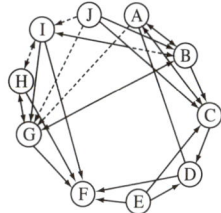

교우도식(I)

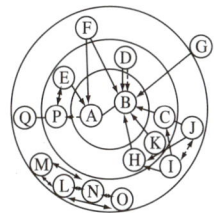

교우도식(II)

(I)에서 보는 바와 같은 교우도식 또는 집단의 구조도를 소시오그램(sociogram)이라고 한다. 이 소시오그램에 의하면 시각적으로 집단의 구조나 구성원의 위치나 직위에 대한 이해가 쉽게 된다. 그 예를 들면

[정답] 35 ① 36 ③ 37 ④ 38 ①

(Ⅱ)와 같다.
③ 소시오메트리(sociometry)의 유용성은 널리 인정받고 있다.
㉮ 집단관계에서 하위 집단을 발견하여 그 그룹을 해체시키든가 집단 내에서 개인의 위치를 변경하는 데에 도움을 주고
㉯ 고립자와 상호 반목자를 발견 지도함으로써 원만한 인간관계의 유지와 직장의 생활성과 사기를 높일 수가 있는 것이다.

39 ★★ 다음 중 동기부여 욕구에 속하지 않는 것은?

① 책임　　② 성취
③ 인정　　④ 기회
⑤ 안전

해설

구체적 동기유발 요인(동기부여 욕구)
① 안정　② 기회　③ 참여　④ 인정
⑤ 경제　⑥ 성과(성취)　⑦ 권력　⑧ 적응도
⑨ 독자성　⑩ 의사소통　⑪ 책임

40 ★ 인간의 신뢰도와 관계없는 것은 다음 중 어느 것인가?

① 의식수준　　② 동기
③ 긴장수준　　④ 주의력
⑤ ①, ③, ④ 3개 항목

해설

인간과 기계의 신뢰
(1) 인간의 신뢰도는 ①, ③, ④이다.
(2) 기계의 신뢰성 요인 : 재질, 기능, 작동방법

41 ★★ 안전사고를 내기 쉬운 사람의 성격은 다음 중 어느 것인가?

① 소심한 성격　　② 침착한 성격
③ 숙고형　　④ 근면형
⑤ 도덕적인 사람

해설

소심한 성격은 도전적 성격이다.

42 ★ 인간의 심리를 이용한 기준과 관계가 적은 것은?

① 작업량　　② 작업의 수
③ 작업의 질　　④ 상여금 증가
⑤ 학습기간 훈련비용

해설

인간의 심리는 양, 질, 수이다.

43 ★★ 개인적 카운슬링 진행은 아래 요소들의 적절한 수준에 의한 조합으로 지도 능력을 갖춘다. 알맞은 수준은?

㉠ 사실의 재진술　　㉡ 장면의 구성
㉢ 내담자와의 대화　　㉣ 감정의 반사
㉤ 감정의 명확화

① ㉡-㉠-㉢-㉤-㉣
② ㉡-㉢-㉠-㉣-㉤
③ ㉢-㉣-㉤-㉠-㉡
④ ㉠-㉢-㉡-㉤-㉣
⑤ ㉣-㉠-㉢-㉡-㉤

해설

카운슬링
(1) 개인적 카운슬링 방법
　① 직접충고 : 수칙 불이행시 적합
　② 설득적 방법
　③ 설명적 방법
(2) 카운슬링의 순서
　장면 구성 → 내담자 대화 → 의견(사실) 재분석 → 감정 표출 → 감정의 명확화
(3) Rogers, C. R.의 카운슬링 방법
　① 지시적 카운슬링
　② 비지시적 카운슬링
　③ 절충적 카운슬링

44 ★★★ 다음은 인간의식의 공통점을 설명한 것이다. 잘못 설명한 것은 어느 것인가?

① 의식에는 대응력(對應力)의 한계가 있다.
② 의식은 그 초점에서 멀어질수록 밝아진다고 생각된다.
③ 인간의식은 중단하는 경향이 있다.

[정답] 39 ⑤　40 ②　41 ①　42 ⑤　43 ②　44 ②

④ 인간의식은 파동을 이루고 있다.
⑤ 인간의 의식은 계속되지 않는다.

해설

인간의식(주의력) 수준과 설비 상태

안전수준	대응 포인트	인간주의력 ≥ 설비의 상태
안전	인간측 고수준 기대	높은 수준 > 불안전 상태
불안전	사고재해 가능성	높은 수준 ≤ 불안전 상태
안전	설비측 fool-proof, fail-safe, 커버	낮은 수준 < 본질적 안전화

45 ★★ 작업 능률을 높이고 마음을 침착하게 할 수 있는 색채로 알맞은 것은?

① 연한 황색
② 연한 녹청색
③ 연한 백색
④ 연한 검은색
⑤ 강한 적색

해설
연한 녹청색은 안정감을 나타낸다.

46 ★ 어떤 동기가 잘 부여된 사람이 목표 달성에서 좌절감을 느끼게 되는 시기는 다음 중 언제인가?

① 어떤 외적 방해와 목표 달성이 부적당할 때
② 어떤 행동을 방해하는 장애에 행동의 요구가 만족할 때
③ 어떤 내적 방해와 목표 달성이 부적당할 때
④ 어떤 행동을 방해하는 장애에 심리적 요구가 불충분할 때
⑤ 어떤 행동을 했을 때 결과가 매우 좋은 경우

해설
동기는 내적 체계이므로 목표 달성이 안 된 것은 외적인 방해이다.

47 ★★ 극히 제한된 짧은 시간 내에 한꺼번에 처리하여야 할 여러 가지 복잡한 문제가 많이 밀어닥칠 때 인간의 감각과 지각 기관이 느끼는 의식 상태(반응)는?

① 혼란과 갈등을 느낀다.
② 정서적으로 안정되게 받아들인다.
③ 순서적으로 기억하고 처리한다.
④ 무기력하고 최면 현상이 일어난다.
⑤ 매우 행복하고 일의 능률이 좋다.

해설
여러 가지 일이 동시에 닥치면 인간의 심리는 혼란과 갈등뿐이다.

48 ★★ 기계적 이해(機械的理解)는 단일의 심리학적 인자가 아니고 복합적 인자로 되어 있는 적성이다. 다음 중 기계적 이해를 구성하는 인자가 아닌 것은?

① 추리(推理)
② 지각속도(知覺速度)
③ 공간시각화(空間視覺化)
④ ①, ②, ③ 3개 항목
⑤ 손과 팔의 솜씨

해설

기계적 이해 구성인자
① 추리 ② 지각속도 ③ 공간시각화

참고 ⑤는 기계적 적성이다.

49 ★★ 작업자들에게 적성검사를 실시하는 가장 큰 목적은?

① 작업자의 협조를 얻기 위함
② 작업자의 생산능력을 최대 발휘시키기 위함
③ 작업자의 인간관계 개선
④ 작업자의 업무량을 최대로 할당하기 위함
⑤ 작업자의 임금을 결정하기 위하여

해설

적성검사의 정의
① 개인의 개성, 소질, 재능 등이 어떤 분야에 적합한가를 일정한 방식에 의해서 객관적으로 확인하는 인간 능력의 측정 행위가 적성검사의 목적이자 정의이다.
② 생산 현장에서는 생산 능력을 최대로 발휘하기 위함이다.

[정답] 45 ② 46 ① 47 ① 48 ⑤ 49 ②

50 인간의 심리 중에는 안전수단이 생략되어 불안전 행위를 나타낸다. 다음 중 안전수단이 생략되는 경우가 아닌 것은?

① 의식 과잉이 있을 때
② 피로하거나 과로했을 때
③ 주변의 영향이 있을 때
④ 작업규율이 엄할 때
⑤ 동시에 몇 명이 작업할 때

해설
작업규율이 엄할 때 사고는 일어나지 않는다.

51 자생적 조직의 중요성 및 종업원의 심리적 작업조건이 보다 더 중요하다는 Hawthorne 실험은?

① Herzberg   ② Mechel
③ Maslow   ④ JJS
⑤ Mayo

해설
Mayo의 강조 사항이다.

52 다음은 사회 행동의 기본 형태를 연결지은 것이다. 잘못 연결된 것은?

① 대립 - 공격, 경쟁   ② 도피 - 정신병, 자살
③ 협력 - 분업   ④ 융합 - 통합
⑤ 조직 - 경쟁, 다툼

해설
사회 행동의 기본 형태는 ①, ②, ③, ④이다.

53 다음은 사고 비유발자의 특성에 관한 설명이다. 틀린 것은?

① 의욕과 집착력이 강하다.
② 자기의 감정을 통제할 수 있고 온순하다.
③ 주의력 범위가 좁고 편중되어 있다.
④ 상황 판단이 정확하며 추진력이 강하다.
⑤ 책임감이 강하고 정직하다.

해설
주의 범위가 좁고 편중되어 있으면 사고가 발생한다.

54 테크니컬 스킬즈란?

① 인간을 사물에 적응시키는 능력
② 인간의 모랄을 앙양시키는 능력
③ 커뮤니케이션을 양호하게 하는 능력
④ 사물을 인간에 유익하도록 처리하는 능력
⑤ 인간과 기계의 결합능력

해설
테크니컬 스킬즈 : 사물을 인간에 유익하도록 처리하는 능력

55 다음 중 동기유발 요인에 속하는 것은?

① 목적달성   ② 책임
③ 작업 자체   ④ 작업조건
⑤ 인간관계

해설
(1) 책임도 동기유발 요인이다.
(2) 동기유발 요인
 ① 안정 ② 참여 ③ 기회
 ④ 인정 ⑤ 경제 ⑥ 성과
 ⑦ 권력 ⑧ 적응도 ⑨ 독자성 의사소통

💬 **합격자의 조언**
1. 돈을 애인처럼 사랑하라. 기적을 보여준다.
2. 기회는 눈 깜박하는 사이에 지나간다. 순발력을 키워라.
3. 말이 씨앗이다. 좋은 종자를 골라서 심어라.

[정답] 50 ④　51 ⑤　52 ⑤　53 ③　54 ④　55 ②

Chapter 02 인간의 특성과 안전

중점 학습내용

인간의 특성과 안전은 인간의 기본적인 심리 성격 등을 파악하기 위하여 구성하였으며 또 생체리듬과 안전관리자로서 필요한 리더십 등도 기술하여 21세기 안전관리자의 역할을 강조하였다. 시험에 출제가 예상되는 그 중심적인 내용은 다음과 같다.

❶ 작업환경 및 동작특성
❷ 노동과 피로
❸ 집단관리와 리더십
❹ 착오와 실수

[그림] 재해의 외적·내적 요인

1 작업환경 및 동작특성

1. 안전심리 및 사고요인

(1) 안전(산업)심리 5요소

① **동기(motive)** : 동기는 능동적인 감각에 의한 자극에서 일어나는 사고(思考)의 결과로서 사람의 마음을 움직이는 원동력이다.
② **기질(temper)** : 인간의 성격, 능력 등 개인적인 특성을 말하는 것으로 성장시의 생활환경에서 영향을 받으며 특히 여러 사람과의 접촉 및 주위 환경에 따라 달라진다.
③ **감정(emotion)** : 감정이란 지각, 사고 등과 같이 대상의 성질을 아는 작용이 아니고 희로애락 등의 의식을 말한다. 사람의 감정은 안전과 밀접한 관계를 가지고 사고를 일으키는 정신적 동기를 만든다.
④ **습성(habits)** : 동기, 기질, 감정 등이 밀접한 연관관계를 형성하여 인간의 행동에 영향을 미칠 수 있도록 하는 것을 말한다.
⑤ **습관(custom)** : 성장과정을 통해 형성된 특성 등이 자신도 모르게 습관화된 현상을 말하며 습관에 영향을 미치는 요소로는 ㉮ 동기, ㉯ 기질, ㉰ 감정, ㉱ 습성 등이 있다.

합격예측

안전심리의 5요소
① 동기 ② 기질 ③ 감정
④ 습성 ⑤ 습관

습관의 4요소
동기, 기질, 감정, 습성

 참고

개성과 사고력
인간의 개성과 사고력은 안전심리에서 고려되는 가장 중요한 요소이다.

합격예측

사고 경향성자의 유형 4가지
① 상황성 누발자
　→ 주변상황
② 습관성 누발자
　→ 경험에 의해서
③ 소질성 누발자
　→ 개인의 능력
④ 미숙성 누발자
　→ 기능 또는 환경

합격예측

(1) 감각차단 현상
　단조로운 업무가 장시간 지속될 때 작업자의 감각기능 및 판단능력이 둔화 또는 마비되는 현상을 말한다.
(2) 성장과 발달에 관한 이론
　성장과 발달을 규제하는 요인은 유전, 환경, 자아의 3요소를 들 수 있으며, 제학설은 다음과 같다.
　① 생득설(nativism) : 성장발달의 원동력이 개체내에 있다는 설로서 사람의 능력은 태어날 때부터 타고난다는 입장이다.(유전론에 의해 설명)
　② 경험설(empiricism) : 성장의 원동력이 개체밖에 있다는 설이다.(환경론 설명)
　③ 폭주설(convergence theory) : 성장발달은 내적 성실과 외적 사정의 폭주에 의하여 발생하는 것으로 생득설과 경험설의 결합인 절충설로서 유전과 환경을 중요시했다.
　④ 체제설(organization theory) : 발달이란 유전과 환경사이에 발달하려는 자아와의 역동적 관계에서 이루어진다는 설이다.

(2) 안전사고 요인

① 감각운동 기능
　㉮ 지각 : 감시적 역할
　㉯ 청각 : 연락적 역할
　㉰ 피부감각 : 경보적 역할
　㉱ 심부감각 : 조절적 역할
② 지각 : 물적 작업조건 자체가 아니라 물적 작업조건에 대한 지각이 능률에 영향을 준다.
③ 안전수단을 생략(단락)하는 경우
　㉮ 의식 과잉
　㉯ 피로, 과로
　㉰ 주변 영향

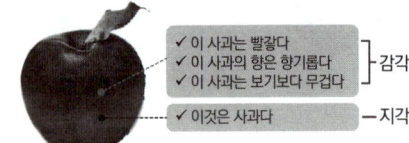

지각이란
• 자극을 인식하고, 조직화하고, 의미를 파악하는 과정

(3) 구체적 동기유발 요인

① 안정(security)　　　　② 기회(opportunity)
③ 참여(participation)　　④ 인정(recognition)
⑤ 경제(economic)　　　⑥ 성과(accomplishment)
⑦ 권력(power)　　　　　⑧ 적응도(conformity)
⑨ 독자성(independence)　⑩ 의사소통(communication)

(4) 사고를 많이 일으키는 성격

① 허영적　　　　　　　　② 쾌락주의적
③ 도덕적 결벽성의 결여　　④ 소심한 성격

(5) 정신상태 불량으로 일어나는 안전사고 요인

일명 사고 요인이 되는 정신적인 요소라고도 한다.
① 안전의식의 부족　　　　② 주의력 부족
③ 방심 및 공상　　　　　　④ 개성적 결함
⑤ 그릇됨과 판단력 부족

(6) 정신력과 관계되는 생리적 현상

① 시력 및 청각의 이상　　② 신경계통의 이상
③ 육체적 능력의 초과　　　④ 근육운동의 부적합
⑤ 극도의 피로

(7) 개성적 결함 요인(요소)

① 과도한 자존심 및 자만심
② 다혈질 및 인내력 부족
③ 약한 마음
④ 도전적 성격
⑤ 감정의 장기 지속성
⑥ 경솔성
⑦ 과도한 집착성
⑧ 배타성
⑨ 게으름

2. 재해설

(1) 재해 빈발설

① 기회설 : 작업에 어려움(위험성)이 많기 때문에 재해가 유발하게 된다는 설
② 암시설 : 한번 재해를 당한 사람은 겁쟁이가 되거나 신경과민 등으로 재해를 유발하게 된다는 설
③ 경향설 : 근로자 가운데 재해가 빈발하는 소질적 결함자가 있다는 설

(2) 재해 누발자의 유형

① 미숙성 누발자
  ㉮ 기능 미숙자
  ㉯ 환경에 익숙하지 못한 자
② 상황성 누발자
  ㉮ 작업에 어려움이 많은 자
  ㉯ 기계 설비의 결함
  ㉰ 심신에 근심이 있는 자
  ㉱ 환경상 주의력의 집중이 혼란되기 때문에 발생되는 자
③ 습관성 누발자
  ㉮ 재해의 경험에 의해 겁쟁이가 되거나 신경과민이 된 자
  ㉯ 일종의 슬럼프(slump) 상태에 빠져 있는 자
④ 소질성 누발자
  ㉮ 개인적 소질 가운데 재해 원인의 요소를 가지고 있는 자
  ㉯ 개인의 특수 성격 소유자

(3) 소질성 누발자의 공통된 성격

① 주의력 산만, 주의력 지속 불능
② 주의력 범위의 협소 및 편중
③ 저지능 (예 지능, 성격, 시각기능)
④ 불규칙, 흐리멍텅함

합격예측

인간(집단)변화의 4단계
① 1단계 : 지식의 변용
② 2단계 : 태도의 변용
③ 3단계 : 행동(개인)의 변용
④ 4단계 : 집단(조직)의 변용

참고

억측판단이 발생하는 배경 4가지
① 희망적인 관측 : 그때도 그랬으니까 괜찮겠지 하는 관측
② 정보나 지식의 불확실 : 위험에 대한 정보의 불확실 및 지식의 부족
③ 과거의 선입관 : 과거에 그 행위로 성공하는 경험의 선입관
④ 초조한 심정 : 일을 빨리 끝내고 싶은 초조한 심정

합격예측

안전동기의 유발방법
① 안전의 근본이념(참가치)을 인식시킬 것
② 안전목표를 명확히 설정할 것
③ 결과를 알려줄 것(K.R법 : Knowledge Results)
④ 상과 벌을 줄 것(상벌제도를 합리적으로 시행할 것)
⑤ 경쟁과 협동을 유도할 것
⑥ 동기유발의 최적수준을 유지할 것

합격예측

Davis의 이론
① 경영성과
 = 인간 성과×물적 성과
② 인간의 성과(human performance)
 = 능력×동기유발
③ 능력(ability)
 = 지식(Knowledge)
 ×기능(skill)
④ 동기유발(motivation)
 = 상황(situation)
 ×태도(attitude)

참고

허즈버그
[Frederick Herzberg]
동기위생이론(motivation-hygiene theory) 또는 2요인이론(two-factor theory)으로 유명한 조직이론가로, 직무설계 특히 직무다양화(job enrichment)의 개념화에 큰 영향을 미쳤다. 주요 저작으로는 The Motivation to Work(1959, 공저), Work and the Nature of Man(1966), The Managerial Choice(1976) 등이 있다.

Frederick Irving Herzberg
(1923-2000)

⑤ 경시, 경솔성
⑥ 정직하지 못함
⑦ 흥분성
⑧ 비협조성
⑨ 도덕성의 결여
⑩ 소심한 성격
⑪ 감각운동의 부적합

3. 동기 및 욕구이론

(1) Herzberg의 동기·위생이론

① 위생요인(유지욕구) : 인간의 동물적 욕구를 반영하는 것으로 Maslow의 욕구 단계에서 생리적, 안전, 사회적 욕구와 비슷하다.
② 동기요인(만족욕구) : 자아실현을 하려는 인간의 독특한 경향을 반영한 것으로 Maslow의 자아실현 욕구와 비슷하다.

[표] 위생요인과 동기요인

위생요인(직무환경)	동기요인(직무내용)
회사 정책과 관리, 개인 상호간의 관계, 감독, 임금, 보수, 작업 조건, 지위, 안전	성취감, 책임감, 안정감, 성장과 발전, 도전감, 일 그 자체(일의 내용)

③ 동기부여 방법
 ㉮ 각 노동자에게 보다 새롭고 힘든 과업을 부여한다.
 ㉯ 노동자에게 불필요한 통제를 배제한다.
 ㉰ 각 노동자에게 완전하고 자연스러운 단위의 도급 작업을 부여할 수 있도록 일을 조정한다.
 ㉱ 자기 과업을 위한 노동자의 책임감을 증대시킨다.
 ㉲ 노동자에게 정기 보고서를 통한 직접적인 정보를 제공한다.
 ㉳ 특정 작업을 할 기회를 부여한다.

(2) 데이비스(K. Davis)의 동기부여 이론 등식

① 경영의 성과 = 인간의 성과×물질의 성과
② 능력(ability) = 지식(knowledge)×기능(skill)
③ 동기유발(motivation) = 상황(situation)×태도(attitude)
④ 인간의 성과(human performance) = 능력×동기유발

(3) McClelland의 성취동기이론

성취 욕구가 높은 사람의 특징은 다음과 같다.
① 적절한 위험을 즐긴다.
② 즉각적인 복원 조치를 강구할 줄 알고, 자신이 하고 있는 일이 구체적으로 어떻게 진행되고 있는가를 알고 싶어한다.
③ 성공에서 얻어지는 보수보다는 성취 그 자체와 그 과정에 보다 많은 관심을 기울인다.
④ 과업에 전념하여 그 목표가 달성될 때까지 자신의 노력을 경주한다.

(4) McGregor의 X, Y이론

[표] X · Y 이론 특징

X 이론의 특징	Y 이론의 특징
인간 불신감	상호 신뢰감
성악설	성선설
인간은 원래 게으르고 태만하여 남의 지배를 받기를 즐긴다.	인간은 부지런하고 근면 적극적이며 자주적이다.
물질 욕구(저차원 욕구)	정신욕구(고차원 욕구)
명령 통제에 의한 관리	목표 통합과 자기통제에 의한 자율관리
저개발국형	선진국형

[표] X · Y 이론의 관리처방

X이론	Y이론
경제적 보상 체제의 강화	민주적 리더십의 확립
권위주의적 리더십의 확립	분권화의 권한과 위임
면밀한 감독과 엄격한 통제	목표에 의한 관리
상부책임제도의 강화	직무확장
조직구조의 고충성	비공식적 조직의 활용
	자체평가제도의 활성화

(5) 매슬로우(Maslow, A. H.)의 욕구 5단계 이론 23. 4. 1

① 제1단계(생리적 욕구 : 생명유지의 기본적 욕구) : 기아, 갈증, 호흡, 배설, 성욕 등 인간의 가장 기본적인 욕구(종족보존)
② 제2단계(안전욕구) : 자기보존욕구
③ 제3단계(사회적 욕구) : 소속감과 애정욕구
④ 제4단계(존경욕구) : 인정받으려는 욕구
⑤ 제5단계(자아실현의 욕구) : 잠재적인 능력을 실현하고자 하는 욕구(성취욕구)

합격예측

Vroom의 기대 이론

(1) 의사결정을 하는 인지적 요소와 사람이 의사결정을 위해 이 요소들을 처리해가는 방법들을 나타내 주는 것으로, 공식은 다음과 같다. 23. 4. 1
(2) 동기적인힘(motivational force) = 유인가 × 기대 × 수단(힘) : 은 동기와 같은 의미로 쓰이며 행동을 결정하는 역할을 한다.
① 유인가(유의성 : valence) : 여러 행동 대안의 결과에 대해서 개인이 갖고 있는 매력의 강도를 의미한다.
② 기대(expectancy) : 어떤 행동적인 대안을 선택했을 때 성공할 확률이 얼마인가를 예측하는 것을 말한다.
③ 수단(도구성 : instrumentality) : 특정한 수준의 성과를 달성하면 바람직할 보상이 주어지리라고 믿는 정도

합격예측

매슬로우의 기본과정

① 인간은 특수한 형태의 충족되지 못한 욕구들을 만족시키기 위하여 동기화되어 있다.
② 하위 욕구로부터 상위의 욕구로 발달한다.
③ 하위에 있는 욕구일수록 강하고 우선순위가 높다.
④ 상위로 올라갈수록 각 욕구의 만족 비율이 낮아진다.

참고

Abraham Harold Maslow
(1908. 4. 1~1970. 6. 8)
매슬로우는 뉴욕 브루클린(Brooklyn)에서 태어나고 자랐다. 러시아에서 이주해온 유대인 집안의 7남매 중 장남이었는데, 그에 대한 부모님의 교육에 대한 열정이 높았다. 어린 시절 매슬로우는 수줍음이 많고 소극적인 성격에 겁도 많았다. 선생님들과 친구들의 반유대주의 때문에 힘든 시간을 보내기도 하였다.

합격예측

Maslow의 욕구단계이론
① 1단계 생리적 욕구 : 기아, 갈증, 호흡, 배설, 성욕 등 인간의 가장 기본적인 욕구(종족보존)
② 2단계 안전욕구 : 안전을 구하려는 욕구
③ 3단계 사회적 욕구 : 애정, 소속에 대한 욕구(친화욕구)
④ 4단계 인정을 받으려는 욕구 : 자기 존경의 욕구로 자존심, 명예, 성취, 지위에 대한 욕구(승인의 욕구)
⑤ 5단계 자아실현의 욕구 : 잠재적인 능력을 실현하고자 하는 욕구(성취욕구)

합격예측

(1) 스트레스의 자극 요인
① 자존심의 손상(내적요인)
② 업무상의 죄책감(내적요인)
③ 현실에서의 부적응(내적요인)
④ 직장에서의 대인 관계 상의 갈등과 대립(외적요인)

(2) 스트레스 해소법
① 자기 자신을 돌아보는 반성의 기회를 가끔씩 가진다.
② 주변사람과의 대화를 통해서 해결책을 모색한다.
③ 스트레스는 가급적 빨리 푼다.
④ 출세에 조급한 마음을 가지지 않는다.

Q 은행문제

스트레스(Stress)에 관한 설명으로 가장 적절한 것은?
① 스트레스 상황에 직면하는 기회가 많을수록 스트레스 발생 가능성은 낮아진다.
② 스트레스는 직무몰입과 생산성 감소의 직접적인 원인이 된다.
③ 스트레스는 부정적인 측면만 가지고 있다.
④ 스트레스는 나쁜 일에서만 발생한다.
⑤ 스트레스는 오로지 좋을때만 발생한다.

정답 ②

(6) 알더퍼(Alderfer)의 ERG 이론(1969년 발표)

알더퍼는 생존(existence), 관계(relation), 성장(growth)의 이론을 제시했다.
① 생존(존재)욕구
 ㉮ 유기체의 생존유지 관련 욕구 ㉯ 의식주
 ㉰ 봉급, 부가급수, 안전한 작업조건 ㉱ 직무안전
② 관계욕구
 ㉮ 대인욕구 ㉯ 사람과 사람의 상호작용
③ 성장욕구
 ㉮ 개인적 발전능력 ㉯ 잠재력 충족

[표] Maslow의 이론과 Alderfer 이론과의 관계

이론 \ 욕구	저차원적 이론 ←―――――――→ 고차원적 이론		
Maslow	생리적 욕구, 물리적 측면의 안전 욕구	대인관계 측면의 안전 욕구, 사회적 욕구, 존경 욕구	자아실현의 욕구
Aldefer(ERG 이론)	존재 욕구(E)	관계 욕구(R)	성장 욕구(G)

2 노동과 피로

1. 스트레스 및 RMR

(1) 스트레스 원인
① 자기욕심 ② 명예욕 ③ 출세 ④ 건강 ⑤ 사랑의 갈망 ⑥ 재물탐욕

(2) 작업강도

① 작업강도는 에너지 대사율로 나타내며 energy의 대사율로 알려져 있는 RMR(Relative Metabolic Rate)은 다음과 같은 식으로 표시된다.

$$RMR = \frac{노동대사량}{기초대사량} = \frac{작업시의 \ 소비 \ energy - 안정시 \ 소비 \ energy}{기초대사량}$$

 ㉮ 작업시의 소비에너지는 작업중에 소비한 산소의 소모량으로 측정한다.
 ㉯ 안정시의 소비에너지는 의자에 앉아서 호흡하는 동안에 소비한 산소의 소모량으로 측정한다.
 ➡ RMR7 이상은 되도록 기계화하고 RMR10이상은 반드시 기계화
 ➡ 작업의 지속시간 : RMR3 : 3시간 지속가능
          RMR7 : 약10분간 지속가능

④ 기초대사량(BMR : 생명유지에 필요한 단위시간당 에너지량)은 다음 식과 기초대사량 표에 의하여 산출한다.

$$A = H^{0.725} \times W^{0.425} \times 72.46$$

여기서, A : 몸의 표면적[cm²], H : 신장[cm], W : 체중[kg]

② 작업강도 구분
- ㉮ 0~2RMR(가벼운 작업)
- ㉯ 2~4RMR(보통 작업)
- ㉰ 4~7RMR(힘든 작업)
- ㉱ 7RMR 이상(굉장히 힘든 작업)

③ 작업강도에 영향을 주는 요인
- ㉮ 에너지소비
- ㉯ 작업대상의 복잡성
- ㉰ 작업대상의 종류
- ㉱ 작업대상의 변화
- ㉲ 작업의 정밀도
- ㉳ 작업의 밀도
- ㉴ 작업자세
- ㉵ 작업범위
- ㉶ 대인관계
- ㉷ 위험성의 정도
- ㉮ 작업시간의 길이 등

(3) 휴식

① 작업장에서는 적당한 간격을 두어 작업자의 피로를 풀어주는 것이 생산성 향상 및 안전성의 측면에서도 중요하며 이의 대책 중의 하나가 휴식시간의 확보이다.

② 작업에 대한 평균에너지가 5[kcal/분]인 경우 작업에 소요되는 에너지 E[kcal/분]일 때 작업시간 60분당 휴식시간 R[분]은 다음 식으로 산출한다.

$$\text{Murrel의 휴식시간(R)} = \frac{60(E-5)}{E-1.5}[\text{분}]$$

여기서, R : 휴식시간(분)　　E : 작업시 평균 에너지 소비량[kcal/분]
60분 : 총작업 시간　1.5[kcal/분] : 휴식시간 중의 에너지 소비량
5[kcal/분] : 기초대사량을 포함한 보통작업에 대한 평균 에너지
　　　　　　(기초대사량을 포함하지 않을 경우 : 4[kcal/분])

2. 피로(fatigue)

어느 정도 일정한 시간 작업활동을 계속하면 객관적으로 작업능률의 감퇴 및 저하, 착오의 증가, 주관적으로는 주의력 감소, 흥미의 상실, 권태 등으로 일종의 복잡한 심리적 불쾌감을 일으키는 현상이다. (생리적, 심리적, 작업면 변화)

(1) 피로의 종류

① **주관적 피로** : 피로는 '피곤하다'라는 자각을 제일의 징후로 하게 된다. 대개의 경우 피로감은 권태감이나 단조감 또는 포화감이 따르며 의지적 노력이 없어지고 주의가 산만하게 되고 불안과 초조감이 쌓여 극단적인 경우에는 직무나 직장을 포기하게도 된다.

합격예측

피로
심리적이면서 생리적 요소를 모두 가지고 있는 요인

참고
① 평균 에너지가 4일 때도 있으니 문제를 정독한다. 틀린 것이 아니다.
② 동적근력작업
= E × (작업시간) + 1.5 × (휴식시간)
= 4 × 60

합격예측

콜만의 일관성 이론
① 균형개념 : 사람은 누구나 자기에 대한 인지적 균형감 및 일치감을 극대화하는 방향으로 행동하게 되며 그 행동에서 만족감을 갖는다.
② 자기존중 : 자기 이미지 개념으로 기본적으로 이것은 자기 가치에 대한 인식이다. 높은 자기존중의 사람들은 일관성을 유지하고 따라서 만족상태를 유지하기 위해 더 높은 성과를 올리려고 한다.

합격예측

(1) 동기부여(motivation)에 있어 동기가 가지는 성질
① 행동을 촉발시키는 개인의 힘을 뜻하는 활성화
② 일정한 강도와 방향을 지닌 행동을 유지시키는 지속성
③ 노력의 투입을 선택적으로 한 방향으로 지향하도록 하는 통로화

(2) 고차원적 욕구이론
① 매슬로우 존경, 자아실현의 욕구
② 알더퍼의 성장욕구
③ Herzberg의 동기요인
④ 맥그리거의 Y이론

(3) 저차원적 욕구이론
① 매슬로우 생리적, 안전, 사회적욕구
② 알더퍼의 생존욕구, 관계욕구
③ Herzberg의 위생요인
④ 맥그리거의 X이론

합격예측

급성피로와 만성피로 차이
① 급성피로 : 휴식에 의해서 회복되는 피로(정상피로 또는 건강피로)
② 만성피로 : 오랜 기간에 걸쳐 축적되어 일어나는 피로(축적피로)

참고

작업에 대한 평균 에너지값 산출
① 보통사람의 1일 소비에너지 : 약 4,300[kcal/day]
② 기초 대사와 여가에 필요한 에너지 : 2,300[kcal/day]
③ 작업시 소비 에너지 : (4,300 − 2,300) = 2,000[kcal/day]
④ 1일 작업시간 8시간(480분)
⑤ 작업에 대한 평균 에너지 값 2,000[kcal/day]÷480분 = 약 4[kcal/분] (기초 대사를 포함 상한 값은 약 5[kcal/분])

합격예측

피로의 종류
① 주관적 피로 : 스스로 피곤함을 느끼고, 권태감이나 단조감 등이 따른다.
② 객관적 피로 : 작업의 양과 질의 저하를 가져온다.
③ 생리적 피로 : 생리적 상태에 의해 피로를 알 수 있다.

② **객관적 피로** : 객관적 피로는 생산된 것의 양과 질의 저하를 지표로 한다. 피로에 의해서 작업리듬이 깨지고 주의가 산만해지고, 작업 수행의 의욕과 힘이 떨어지며 따라서 생산 성적이 떨어지게 된다.

③ **생리적(기능적) 피로** : 피로는 생체의 제 기능 또는 물질의 변화를 검사 결과를 통해서 추정한다. 현재 고안되어 있는 여러 가지 검사법의 대부분은 생리적 기능적 피로를 취급하고 있다. 그러나 피로란 특정한 실체가 있는 것도 아니기 때문에 피로에 특유한 반응이나 증상은 존재하지 않는다.

④ **근육피로**
　㉮ 해당 근육의 자각적 피로　　㉯ 휴식의 욕구
　㉰ 수행도의 양적 저하　　　　㉱ 생리적 기능의 변화

⑤ **신경피로**
　㉮ 사용된 신경계통의 통증　　㉯ 정신피로 증상 중 일부
　㉰ 근육피로 증상 중 일부

(2) 피로 현상의 3단계

① 1단계 : 중추신경 피로　　② 2단계 : 반사운동신경 피로
③ 3단계 : 근육피로

(3) 피로의 증상

① **신체적 증상**(생리적 현상)
　㉮ 작업에 대한 몸자세가 흐트러지고 지치게 된다.
　㉯ 작업에 대한 무감각, 무표정, 경련 등이 일어난다.
　㉰ 작업 효과나 작업량이 감퇴 및 저하된다.

② **정신적 증상**(심리적 현상)
　㉮ 주의력이 감소 또는 경감된다.
　㉯ 불쾌감이 증가된다.
　㉰ 긴장감이 해지 또는 해소된다.
　㉱ 권태, 태만해지고 관심 및 흥미감이 상실된다.
　㉲ 졸음, 두통, 싫증, 짜증이 일어난다.

(4) 피로 요인

기계적 요인	인간적 요인
① 기계의 종류　② 조작부분의 배치 ③ 조작부분의 감촉 ④ 기계 이해의 난이(難易) ⑤ 기계의 색채	① 생체적 리듬　② 정신적 상태 ③ 신체적 상태　④ 작업시간 ⑤ 작업내용　　⑥ 작업환경 ⑦ 사회적 환경

(5) 피로측정 방법의 종류

① 호흡기능검사
② 순환기능검사
③ 자율신경기능검사
④ 운동기능 검사
⑤ 정신, 신경적 기능검사
⑥ 심적 기능검사
⑦ 생화학적 측정검사
⑧ 자각적 측정 : 자각증상수, 자각피로도
⑨ 타각적 측정 : 표정, 태도, 자세, 동작, 궤적, 단위동작 소요시간, 작업량, 작업과오 등

(6) 피로측정검사 방법 3가지

검사방법	검사항목	측정 방법 및 기기
생리적 방법	• 근력, 근활동(筋活動) • 반사 역치(反射 閾値) • 대뇌피질 활동 • 호흡 순환 기능 • 인지 역치(認知 閾値) : 플리커법	• 근전계(筋電計:EMG) • 뇌파계(EEG), 플리커 검사 • schneider test, 심전계(心電計:ECG) • 청력 검사(audiometer), 근점 거리계(近點距離計)
심리학적 방법	• 변별 역치(辨別 閾値) • 정신 작업, 피부(전위)저항 • 동작 분석, 행동 기록 • 연속 반응 시간 집중 유지 기능 • 전신 자각 증상	• Ebbinghaus촉각계, 연속 촬영법 • 피부 전기 반사(GSR), CMI, THI 등 • holygraph(안구 운동 측정 등) • 전자계산 • Kleapelin 가산법 • 표적, 조준, 기록 장치
생화학적 방법	• 혈색소 농도 • 뇨단백, 뇨교질 배설량 • 혈액 수분, 혈단백 • 응혈시간 • 혈액 • 뇨전해질 • 부신피질 기능	• 광도계 • 뇨단백 검사, Donaggio 검사 • 혈청 굴절률계 • storanbelt graph • Na, K, Cl의 상태변동측정 • 17-OHCS

(7) 피로측정 대상 작업에 따른 분류

① 정적 근력작업
  ㉮ 에너지 대사량과 맥박수와의 상관관계 및 시간적 경과에 따른 변화, 근전도(EMG)를 측정한다.
  ㉯ 호기성(혐기성) 호흡이 되기 쉬워 피로의 증상이 빨리 나타난다.
② 동적 근력작업
  ㉮ 에너지 대사량, 산소 소비량 및 CO_2 배출량 등과 호흡량, 맥박수, EMG, 체온, 발한량 등을 측정한다.

합격예측

인간측의 피로인자
① 정신상태 및 신체적 상태
② 생리적 리듬
③ 작업시간 및 작업내용
④ 사회환경 및 작업환경

참고

정신피로와 육체피로의 차이
① 정신피로 : 정신적 긴장에 의해서 일어나는 중추신경계 피로
② 육체피로 : 육체적 근육에 의한 피로(신체피로)

합격예측

피로의 요인
① 개체의 조건 - 신체적, 정신적 조건, 체력, 연령, 성별, 경력 등
② 작업조건
  ㉮ 질적조건 : 작업강도(단조로움, 위험성, 복잡성, 심적, 정신적 부담 등)
  ㉯ 양적조건 : 작업속도, 작업시간
③ 환경조건 - 온도, 습도, 소음, 조명시설 등
④ 생활조건 - 수면, 식사, 취미활동 등
⑤ 사회적조건 - 대인관계, 통근조건, 임금과 생활수준, 가족간의 화목 등

> **합격예측**
>
> **기계측의 피로인자**
> ① 기계의 종류
> ② 기계의 색채
> ③ 조작부분의 배치
> ④ 조작부분의 감촉
> ⑤ 기계의 이해 용이도

> **합격예측**
>
> **허세이에 의한 단조감, 권태감 피로회복 대책**
> ① 일의 가치를 가르치는 일
> ② 동작의 교대를 가르치는 일
> ③ 휴식 부여

㉯ 산소빚(산소부채 : oxygen debt) : 육체적 근력작업 후 맥박이나 호흡이 즉시 정상으로 회복되지 않고 서서히 회복되는 것은 작업 중에 형성된 젖산 등의 노폐물을 재분해하기 위한 것으로 이 과정에 소비되는 추가분의 산소량을 의미한다.

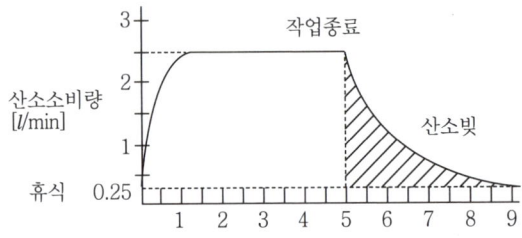

[그림] 산소빚(oxygen debt)

③ **신경적 작업** : 맥박수, 부정맥, 평균 호흡진폭, 피부전기반사(GSR), 혈압, 안전도(眼電度), 요중의 스테로이드량, 아드레날린 배설량 등을 측정
④ **심적 작업** : 점멸 융합 주파수, 반응시간, 안구운동, 뇌전도, 시각, 청각, 촉각, 주의력, 집중력 등을 측정

(8) 허세이의 피로

피로의 종류	회복 대책
신체의 활동에 의한 피로	① 기계력의 사용, 작업의 교대 ② 작업중의 휴식 ③ 활동을 국한하는 목적 이외의 동작을 배제
정신적 노력에 의한 피로	휴식 양성 훈련
신체적 긴장에 의한 피로	① 운동을 통한 긴장 해소 ② 휴식을 통한 긴장 해소
정신적 긴장에 의한 피로	① 주도면밀하고 현명하며, 동적인 작업계획을 수립 ② 불필요한 마찰을 배제
환경과의 관계로 인한 피로	① 작업장에서의 부적절한 제 관계를 배제하는 일 ② 가정과 생활의 위생에 관한 교육
영양 및 배설의 불충분	① 조식, 중식 및 종업시 등의 습관의 감시 ② 보건식량의 준비 ③ 신체의 위생에 관한 교육 및 운동의 필요에 관한 계몽
질병에 의한 피로	① 신속하고 유효 적절한 치료 ② 보건상 유해한 작업상의 조건을 개선 ③ 적당한 예방법의 교육
천후에 의한 피로	온도, 습도, 통풍의 조절
단조감, 권태감에 의한 피로	① 일의 가치를 교육하는 일 ② 동작의 교대를 교육하는 일 ③ 휴식의 부여

(9) 피로의 예방과 회복대책

① 휴식과 수면을 취한다.(가장 좋은 방법)
② 충분한 영양(음식)을 섭취한다.
③ 산책 및 가벼운 체조를 한다.
④ 음악감상, 오락 등에 의해 기분을 전환한다.
⑤ 목욕, 마사지 등 물리적 요법을 행한다.

3. 생체리듬(biorhythm)

(1) 정의

① 인간주기율(人間週期律)이라고도 하며, 신체(physical)·감성(sencitivity)·지성(intellectual)의 머리글자를 따서 PSI 학설이라고도 한다.
② 통속적으로는 생물시계·체내시계라고도 한다.
③ biological rhythm의 줄인말로서 인간의 생리적 주기 또는 리듬에 관한 이론이다.

(2) 바이오리듬의 곡선 표시

① 바이오리듬의 곡선 표시방법은 구체적으로 통일되어 있으며 색 또는 선으로 표시하는 두 가지 방법이 사용된다.
② 육체적 리듬인 P는 파란(청)색, 감성적 리듬인 S는 빨간(적)색, 지성적 리듬인 I는 초록(녹)색으로 나타낸다.
③ P는 실선(―)으로 S는 점선(……)으로, I는 실선과 점선(―·―·―·―)으로 나타내며 위험한 날은 ·, 하트형, 클로버형 등으로 표시한다.

(3) 위험일(critical day)

P, S, I 3개의 서로 다른 리듬은 안정기[positive phase(+)]와 불안정기[negative phase(-)]를 교대하면서 반복하여 사인(sine) 곡선을 그려 나가는데 (+) 리듬에서 (-) 리듬으로 또는 (-) 리듬에서 (+) 리듬으로 변화하는 점을 영(zero) 또는 위험일이라 하며, 이런 위험일은 한 달에 6일 정도 일어난다. 특히 1년에 1~3회 정도 생기는 육체적, 감성적 또는 지성적 리듬의 위험일이 함께 겹치는 날에는 많은 실수가 생겨 뜻하지 않은 사고가 발생한다. '바이오리듬'상 위험일에는 평소보다 뇌졸중의 5.4배, 심장질환의 발작이 5.1배, 자살은 무려 6.8배나 더 많이 발생된다고 한다.

① 육체적 리듬(P : Physical cycle)
  ㉮ 23일 주기   ㉯ 파란(청)색 표시
  ㉰ 실선 표시   ㉱ 식욕, 소화력, 활동력, 지구력 등이 증가
② 감성적 리듬(S : Sensitivity cycle)
  ㉮ 28일 주기   ㉯ 빨간(적)색 표시
  ㉰ 점선 표시   ㉱ 감정, 주의심, 창조력, 희로애락 등이 증가

합격예측

작업에 수반되는 피로의 예방대책

① 작업부하를 작게 할 것
② 근로시간과 휴식을 적정하게 할 것
③ 작업속도 및 작업정도 등을 적절하게 할 것
④ 불필요한 마찰을 배제 할 것
⑤ 정적동작을 피할 것
⑥ 직장체조를 통한 혈액순환을 촉진 할 것(운동을 적당히 할 것)
⑦ 충분한 영양을 섭취할 것 (건강식품의 준비, 비타민 B·C 등의 적정한 영양제 보급 등)

합격예측

생체리듬과 피로현상

① 혈액의 수분, 염분량 : 주간은 감소하고 야간에는 증가한다.
② 체온, 혈압, 맥박수 : 주간은 상승하고 야간에는 저하한다.
③ 야간에는 소화분비액 불량, 체중이 감소한다.
④ 야간에는 말초운동기능 저하, 피로의 자각증상이 증대된다.

참고

바이오리듬

인간의 생리적 주기 또는 리듬을 나타낸다.
신체(physical)
감성(sensitivity)
지성(intellectual)의 머리글자를 따서 PSI학설이라고도 한다.

> **합격예측**
> **바이오리듬상 위험일의 변화**
> ① 뇌졸중 5.4배 발생
> ② 심장질환 발작 5.1배 발생
> ③ 자살은 6.8배 발생

> **용어정의**
> ① 소시얼 스킬즈(social skills) : 사람과 사람사이의 커뮤니케이션을 양호하게 하고, 사람들의 요구를 충족케하고 모랄을 양양시키는 능력
> ② 테크니컬 스킬즈(technical skills) : 사물을 인간의 목적에 유익하도록 처리하는 능력

> **합격예측**
> **자기효능감(Self-efficacy)**
> 어떤 과업을 성취할 수 있는 자신의 능력에 대한 스스로의 믿음

> **참고**
> (1) 파슨즈(parsons)의 집단의 기능
> ① 적응기능
> ② 목표달성기능
> ③ 통합기능
> ④ 내면화기능
> (2) 카리스마적(변화지향적) 리더십 이론
> ① 부하에게 사명감 전망, 매력적 이미지를 보여줌
> ② 부하에게 도전적인 기대감을 심어줌
> ③ 부하에게 존경과 확신을 줌
> ④ 부하에게 보다 향상되고 미래의 비전을 제시함

③ 지성적 리듬(I : Intellectual cycle)
　㉮ 33일 주기　　　　　㉯ 초록(녹)색 표시
　㉰ 일점쇄선 표시　　　㉱ 상상력, 사고력, 기억력, 인지력, 판단력 등이 증가

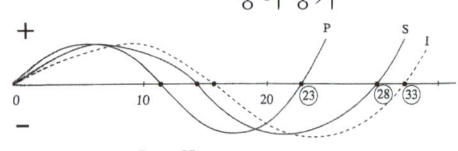

[그림] Biorhythm

(4) 사고발생 시간

① 24시간 중 사고발생률이 가장 심한 시간대 : 03~05시 사이
② 주간 일과 중 : 오전 10시~11시, 오후 15~16시 사이

(5) 위험일의 변화 및 특징

① 혈액의 수분, 염분량 : 주간에 감소, 야간에 상승
② 체중 감소, 소화분비액 불량, 말초운동 기능 저하, 피로의 자각 증상 증가
③ 체온, 혈압, 맥박 : 주간에 상승, 야간에 감소

(6) tension level 변화의 특징

① 긴장 수준이 저하되면 인간의 기능이 저하되고 주관적으로도 여러 가지 불쾌 증상이 일어남과 동시에 사고 경향이 커진다.
② 인간이 긴장 수준이 변화하여 낮아졌을 때 human error가 생기기 쉬운 것은 인간의 안전성에 관련된 특성이라고 할 수 있다.

3 집단관리와 리더십

1. 집단관리

(1) 집단의 유형

① 심리적 집단
② 사회적 집단

(2) 일반적 집단의 기능

① 응집력 : 집단 내부로부터 생기는 힘
② 행동의 규범 : 집단 규범은 집단을 유지하고 집단의 목표를 달성하기 위한 것으로 집단에 의해 지지되며 통제가 행해진다.

③ 집단의 목표 : 집단이 하나의 집단으로서의 역할을 다하기 위해서는 집단 목표가 있어야 한다.

(3) 집단효과

① 동조효과(응집력)
② synergy 효과(상승효과)
③ 견물(見物)효과 : 자랑스럽게 생각

(4) 집단효과의 결정요인

① 참여와 분배
② 문제해결과정
③ 갈등해소
④ 영향력과 동조
⑤ 의사결정 과정
⑥ 리더십(leadership)
⑦ 의사소통
⑧ 지지도 및 신뢰

(5) 집단관리시 유의해야 할 사항

① 집단규범(group norm) : 집단이 존속하고 멤버의 상호작용이 이루어지고 있는 동안 집단규범은 그 집단을 유지하며, 집단의 목표를 달성하는 데 필수적인 것으로서 자연 발생적으로 성립되는 것이다.(변화가 가능, 유동적)
② 집단 참가감(participation) : 성원이 그 집단에 기여하는 공헌도는 중요한 역할을 맡는 지위의 높이만큼 크며, 이것이 소속 집단에 대한 참가감과 결부되어 목적달성을 위한 근무 의욕을 향상시킨다.

(6) 적응과 역할[슈퍼(Super)의 역할 이론]

① 역할기대
② 역할연기
③ 역할조성
④ 역할갈등

(7) 집단에서의 인간관계

① 경쟁(competition) : 상대방보다 목표에 빨리 도달하고자 하는 노력(강요)
② 공격(aggression) : 상대방을 가해하거나 또는 압도하여 어떤 목적을 달성하는 것
③ 융합(accommodation) : 상반되는 목표가 강제(coercion), 타협(compromise), 통합(integration)에 의하여 공통된 하나가 되는 것
④ 코퍼레이션(cooperation) : 인간들의 힘을 함께 모으는 것
  ㉮ 협력
  ㉯ 조력
  ㉰ 분업
⑤ 도피(escape)와 고립(isolation) : 인간의 열등감에서 오며, 자기가 소속된 인간관계에서 이탈함으로써 얻는 것

합격예측

집단의 기능 3가지
① 응집력 : 집단의 내부로부터 생기는 힘
② 행동의규범(집단규범) : 집단을 유지하고 집단의 목표를 달성하기 위한 것으로 집단에 의해 저지되며 통제가 행하여진다.
③ 집단목표 : 집단의 역할을 위해 집단의 목표가 있어야 한다.

합격예측

비공식 집단의 특성
① 경영통제권이나 관리 영역 밖에 존재한다.
② 규모가 과히 크지 않기 때문에 개인적 접촉기회가 많다.
③ 동료애의 욕구가 있다.
④ 응집력이 크다.

합격예측

집단행동
(1) 통제있는 집단행동 : 규칙·규율 같은 룰(rule)이 존재한다.
  ① 관습
  ② 제도적 행동
  ③ 유행(fashion)
(2) 비통제의 집단행동 : 성원의 감정, 정서에 의해 좌우되고 연속성이 희박하다.
  ① 군중(Crowd) : 공통된 규범이나 조직성 없이 우연히 조직된 인간의 일시적 집합
  ② 모브(Mob) : 비통제의 집단 행동 중 폭동과 같은 것을 의미하며 군중보다 합의성이 없고 감정에 의해서만 행동하는 특성
  ③ 패닉(Panic) : 위험을 회피하기 위해서 일어나는 집합적인 도주현상 (방어적 행동)
  ④ 심리적 전염(Mental Eqidemic)

2. 욕구저지 이론

(1) 로젠츠바이크(S. Rosenzweig)의 욕구저지 상황 요인

① 외적 결여 : 욕구 만족의 대상이 존재하지 않는다.
② 외적 상실 : 지금까지 욕구를 만족시키던 대상이 없어진다.
③ 외적 갈등 : 외부의 조건으로 심리적 갈등(conflict)이 생긴다.
④ 내적 결여 : 개체에 욕구 만족의 능력과 자질이 없다.
⑤ 내적 상실 : 개체의 능력이 상실되었다.
⑥ 내적 갈등 : 개체 내의 압력으로 인해서 심리적 갈등이 생긴다.

(2) 레빈(K. Lewin)의 갈등(conflict) 상황의 3가지 기본형

① 접근-접근형 갈등(approach-approach conflict) : 정반대 방향에 정(正)의 유의성(有意性)을 가진 목표가 동시에 존재하는 경우
② 접근-회피형 갈등(approach-avoidance conflict) : 동일한 대상이 정(正)·부(負)의 양방(兩方)의 유의성을 동시에 구비했을 경우
③ 회피-회피형 갈등(avoidance-avoidance conflict) : 정반대 방향에 부(負)의 유의성을 가진 목표가 동시에 존재하는 경우

3. 욕구저지 반응기제에 관한 가설

(1) 욕구저지 공격 가설

욕구저지는 공격을 유발한다.

① 로젠츠바이크의 욕구저지 공격 반응
  ㉠ 외벌반응(外罰反應) : 욕구저지 장면에서 사람, 상황 등 외부로 공격을 가하는 행위
  ㉡ 내벌반응(內罰反應) : 욕구저지 장면에서 자기 자신의 책임을 느껴 자기 자신에게 공격을 가하는 반응
  ㉢ 무벌반응(無罰反應) : 욕구저지 장면에서 공격을 회피하는 반응
② 로젠츠바이크의 욕구저지 장해에 대한 반응
  ㉠ 장해우위형(障害優位型) : 장해 그 자체에 대하여 강조점을 둔다.
  ㉡ 자아방위형(自我防衛型) : 저지당해 불만에 빠진 자아의 방위를 강조한다.
  ㉢ 욕구고집형(欲求固執型) : 저지권 욕구를 포기하지 않고 욕구충족을 강조한다.

(2) 욕구저지 퇴행가설

욕구저지는 원시적 단계로 역행한다.

합격예측

인간의 사회적 행동의 기본형태
① 협력(cooperation) : 조력, 분업
② 대립(opposition) : 공격, 경쟁
③ 도피(escape) : 고립, 정신병, 자살
④ 융합(accomodation) : 강제, 타협, 통합

합격예측

(1) 개성의 형성조건 3가지
  ① 습관 : 습관 행동, 규칙적 행동
  ② 환경조건 및 교육
  ③ 습성(행동 경향) : 중심적 습성, 주변적 습성, 지배적 습성
(2) 행동기준 평정척도[行動基準評定尺度, behaviorally anchored rating scale]
  ① 평정척도의 한 종류로서, 척도상의 눈금이나 눈금간의 위치에 부합하는 행동을 하나의 문장으로 만들어서 그 위치에 기재함으로써 그 위치의 의미를 부여하는 방식이다.
  ② 1963년 Smith와 Kendall이 산업장면에서의 행동을 측정하는 데 처음으로 사용하였다.
(3) 부하의 욕구
  ① 주도적 리더 : 생리적, 안전욕구가 강한 부하
  ② 후원적 리더 : 존경욕구가 강한 리더
  ③ 참여적 리더 : 성취욕구, 자율적 독립성이 강한 부하

[표] 과업환경

구분	특징
부하의 과업	• 과업이 모호하다 - 후원적 참여적리더 • 과업의 명확화 - 주도적 리더
집단의 성격	• 초기형성 - 주도적 리더 • 집단의 안정 또는 정확하다 - 후원적 참여적 리더
조직체의 요소	비상상황 또는 심각한 상황 - 주도적 리더

(3) 욕구저지 고착가설

욕구저지는 자포자기적 반응을 유발한다.

4. 리더십(leadership)

(1) 리더십의 정의

$$L = f(l \cdot f_l \cdot s)$$

여기서, L : 리더십(leadership)
f : 함수(function)
l : 리더(leader)
f_l : 추종자(멤버 : follower)
s : 상황요인(situation variables)

(2) 리더십의 이론

① **특성이론** : 리더의 기능 수행과 리더로서의 지위 획득 및 유지가 리더 개인의 성격이나 자질에 의존한다고 주장하며, 리더의 성격 특성을 분석·연구한다.

② **행동이론** : 리더가 취하는 행동에 역점을 두고 리더십을 설명하는 이론이다. 이 이론에 입각한 리더는 그 자신의 행동에 따라 집단 성원에 의해 리더로 선정되며, 나아가 리더로서의 역할과 리더십이 결정된다고 한다.

③ **상황이론** : 리더에게 초점을 맞추는 것이 아니라 리더가 처해 있는 상황을 강조하고 분석하는 것으로서 상황에 근거해 리더의 가치가 판단된다고 간주한다. 즉, 리더의 행동이란 단순히 상황이 만든 것이며, 효율적인 작업 결과도 리더에 의한 것이 아니라 상황에 의한 것으로 본다.

④ 결론적으로 리더십의 효율성을 증진시키는 데에는 여러 가지 방법이 있으나 아래의 4가지 측면이 중요하다.

㉮ 리더는 자신의 능력, 성격 특성 등을 스스로 파악하여 리더십 기술의 개발과 향상에 힘써야 한다.

㉯ 리더는 부하의 가정환경, 성장과정, 개성 등과 같은 부하에 대한 제반 사항을 파악함으로써 부하와의 관계에서 신뢰감을 유지하고 효율적인 리더십 발휘를 염두에 두어야 한다.

㉰ 집단의 당면 목표, 집단의 구조와 응집성, 사기 및 집단 상황의 변화에 항상 민감해야 하며 적절한 대처 방안을 강구한다.

㉱ 집단 성원의 동기유발과 관련된 문제로서 상벌, 경쟁과 협동, 개인과 집단에 관련된 문제를 정확히 구분하고, 그 체계를 융통성 있고 일관되게 실시하도록 노력한다.

합격예측

생리적 욕구에서 의식적 통제가 어려운 순서
① 호흡욕구
② 안전욕구
③ 해갈욕구
④ 배설욕구
⑤ 수면욕구
⑥ 식욕

합격예측

리더의 일반적인 구비요건
① 화합성
② 통찰력
③ 판단력
④ 정서적 안정성 및 활발성

합격예측

리더십의 특성조건
① 기술적 숙련
② 대인적 숙련
③ 혁신적 능력
④ 교육훈련능력
⑤ 협상적 능력
⑥ 표현 능력

합격예측

강화이론
인간의 동기에 대한 이론 중 자극, 반응, 보상의 세 가지 핵심변인을 가지고 있으며, 표출된 행동에 따라 보상을 주는 방식에 기초한 동기이론

> **합격예측**
>
> **리더십의 3가지 유형**
> ① 권위형: 지도자가 모든 정책을 단독적으로 결정하기 때문에 부하직원들은 오로지 따르기만 하면 된다.
> ② 민주형: 혼자 정책을 결정하려 하지 않고 집단토론이나 집단 결정을 통해서 정책을 결정한다.
> ③ 자유방임형: 지도자가 집단구성원에게 완전히 자유를 주는 경우로서 그는 전혀 리더십을 행사하지 않고 단지 명목적인 리더의 자리만 지킨다.

> **합격예측**
>
> (1) 베버의 관료주의 조직을 움직이는 4가지 기본원칙
> ① 노동의 분업: 작업의 단순화 및 전문화
> ② 권한의 위임: 관리자를 소단위로 분산
> ③ 통제의 범위: 각 관리자가 책임질 수 있는 작업자의 수
> ④ 구조: 조직의 높이와 폭
> (2) 관료조직의 문제점
> ① 인간의 가치와 욕구를 무시하고 인간을 조직도 내의 한 구성요소로만 취급한다.
> ② 개인의 성장이나 자아실현의 기회가 주어지지 않는다.
> ③ 개인은 상실되고 독자성이 없어질 뿐 아니라 직무 자체나 조직의 구조, 방법 등에 작업자가 아무런 관여도 할 수가 없다.
> ④ 사회적 여건이나 기술의 변화에 신속히 대응하기가 어렵다.

(3) 리더십의 유형

① 지도형태에 따른 분류
 ㉮ 인간 지향성
 ㉯ 임무 지향성
② 선출방식에 따른 분류
 ㉮ leadership: 선출된 자의 권한 대행
 ㉯ headship: 임명된 자의 권한 행사
③ 업무추진의 방식에 따른 분류
 ㉮ 권위주의적(전제적) 리더
 ㉯ 민주적 리더
 ㉰ 자유방임적 리더

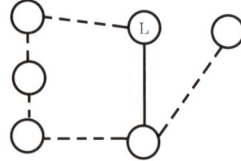

[그림] 자유방임형 리더

(4) 리더십(leadership)의 유형별 특징

유효성 변수 \ 유형	전제적[권위(권력) 주의적] 리더	민주적 리더	자유방임적 리더
리더 부재시 구성원의 태도	좌절감을 가진다.	계속 작업을 유지	불만족(불변)이다.
리더와 집단과의 관계	수동적, 주의환기를 요한다.	호의적	리더에 무관심
집단행위의 특성	냉담, 공격적, 노동이 많다.	안정적, 응집력이 크다.	냉담, 초조
성과(생산성)	우위 결정이 쉽다.	우위 결정이 힘들다.	최악

(5) leadership과 headship의 비교

개인과 상황 변수	leadership	headship
권한 행사	선출된 리더	임명적 헤드
권한 부여	밑으로부터 동의	위에서 위임
권한 귀속	집단 목표에 기여한 공로 인정	공식화된 규정에 의함
상사와 부하와의 관계	개인적인 영향	지배적
부하와의 사회적 관계(간격)	좁음	넓음
지휘 형태	민주주의적	권위주의적
책임 귀속	상사와 부하	상사
권한 근거	개인적	법적 또는 공식적

(6) 리더십(leadership)의 변화 4단계

① 지식의 변용 → ② 태도의 변용 → ③ 행동의 변용(개인행동) → ④ 집단 또는 조직에 대한 성과(집단행동)

(7) 리더십의 기법(Hare, M.의 방법론)

① 참가의 기회
② 호소권의 부여
③ 관대한 분위기
④ 지식의 부여
⑤ 향상의 기회
⑥ 일관된 규율

(8) 리더십의 기술

① 경영기술
② 인간기술
③ 전문기술

(9) 헤드십의 특징

① 권한 근거는 공식적이다.
② 상사와 부하와의 관계는 종속적이다.
③ 상사와 부하와의 사회적 간격은 넓다.
④ 지휘 형태는 권위주의적이다.

(10) 리더십에 있어서 권한의 역할

① 보상적 권한 : 조직의 지도자들은 그들의 부하에게 보상을 할 수 있는 능력을 가지고 있다.
② 강압적 권한 : 지도자들이 부여받은 권한 중에서 보상적 권한만큼 중요한 것이 바로 강압적 권한인데 이 권한으로 부하들을 처벌할 수 있다.
③ 합법적 권한 : 조직의 규정에 의해 권력 구조가 공식화된 것을 말한다. 군대나 정부기관은 부하직원들을 통제하거나 부하직원들에게 영향을 끼칠 수 있는 지도자의 권리와 이 권한을 받아들여야 하는 부하직원들의 의무를 합법화한다.
④ 위임된 권한 : 부하직원들의 지도자의 생각과 목표를 얼마나 잘 따르는지와 관련된 것이다. 진정한 리더십과 흡사한 것으로서 부하직원들이 지도자가 정한 목표를 자신의 것으로 받아들이고 목표를 성취하기 위해 지도자와 함께 일하는 것이다.
⑤ 전문성의 권한 : 지도자가 집단의 목표 수행에 필요한 분야에 얼마나 많은 전문적인 지식을 갖고 있는가와 관련된(전문적 권력) 권한이다.

합격예측

성실한 지도자(성공한 리더)들의 공통적으로 소유한 속성
① 업무수행능력
② 강한 출세욕구
③ 상사에 대한 긍정적 태도
④ 강력한 조직 능력
⑤ 원만한 사교성
⑥ 판단능력
⑦ 자신에 대한 긍정적인 태도
⑧ 매우 활동적이며 공격적인 도전
⑨ 실패에 대한 두려움
⑩ 부모로부터의 정서적 독립
⑪ 조직의 목표에 대한 충성심
⑫ 자신의 건강과 체력 단련

합격예측

(1) 조직이 지도자에게 부여하는 권한
  ① 보상적 권한
  ② 강압적 권한
  ③ 합법적 권한
(2) 지도자 자신이 자신에게 부여하는 권한(부하직원들의 존경심)
  ① 위임된 권한
  ② 전문성의 권한
(3) French와 Raven의 리더가 가지고 있는 세력의 유형
  ① 보상세력
  ② 합법세력
  ③ 전문세력
  ④ 강압세력
  ⑤ 참조세력

용어정의

① 권력(power)
구성원의 행동에 영향을 줄 수 있는 잠재능력으로 부하를 순종하도록 할 수가 있는 영향력
② 권한(authority)
부하로부터 순종을 강요할 수 있는 공식적 통제권리

4 착오와 실수

1. 착시(Optical illusion)

(1) 착시현상

정상적인 시력을 가지고도 물체를 정확하게 볼 수 없는 현상을 말한다.

> 예 주위의 풍경, 고속도로 주행시의 노면 등

① α-운동(α-movement) : Müller Lyer의 기하학적 착시에서 가운데 선의 길이는 선 양끝의 화살표 방향에 따라 길게 또는 짧게 보이는데 화살표의 내향 도형과 외향도형을 β-운동이 발생할 수 있는 시간 간격으로, 동일한 장소에 제시하면 화살표의 운동이 보임으로써 객관적으로 주선의 신축운동이 지각된다.

② β-운동(β-movement) : 영화·영상 기법으로 사용되는 것으로서 어떤 자극이 순간적으로 제시되었다가 적당한 시간 경과 후 다른 곳에 동일한 자극이 순간적으로 제시되면 마치 물체가 처음 장소에서 다른 장소로 움직인 것처럼 보인다.

③ γ-운동(γ-movement) : 하나의 자극을 짧은 시간에 순간적으로 제시할 때 팽창하는 것처럼 보이며 없어질 때는 수축하는 것처럼 보인다.

④ δ-운동(δ-movement) : 강도가 서로 다른 두 개의 자극을 아주 짧은 시간 간격을 둔 시점 좌우에 차례로 제시하면, 보통의 β-운동과는 달리 자극에서의 순서와는 역으로 강한 자극에서 약한 자극으로 거슬러 올라가는 것처럼 보인다.

⑤ ε-운동(ε-movement) : 한쪽에는 흰 바탕에 검은 자극을, 다른 쪽에는 검은 바탕에 백색 자극의 질이 다른 두 개의 자극을 적당한 시간 조건으로 제시하면 제1자극에서 제2자극으로 옮아가는 운동이 나타나는 것과 동시에 흑에서 백으로 또는 백에서 흑으로 색이 변화하는 운동이 수반되어 발생하는 현상을 말한다.

> **보충학습** 적응기제 3가지
>
> ① 도피기제(Excape Mechanism) : 갈등을 해결하지 않고 도망감
>
> | 구분 | 특징 |
> |---|---|
> | 억압 | 무의식으로 쑤셔 넣기 |
> | 퇴행 | 유아 시절로 돌아가 유치해짐 |
> | 백일몽 | 공상의 나래를 펼침 |
> | 고립(거부) | 외부와의 접촉을 끊음 |
>
> ② 방어기제(Defence Mechanism) : 갈등을 이겨내려는 능동성과 적극성
>
> | 구분 | 특징 |
> |---|---|
> | 보상 | 열등감을 다른 곳에서 강점으로 발휘함 |
> | 합리화 | 자기변명, 자기실패의 합리화, 자기미화 |
> | 승화 | 열등감과 욕구불만을 사회적으로 바람직한 가치로 나타내는 것 |
> | 동일시 | 힘 있고 능력 있는 사람을 통해 자기만족을 얻으려 함 |
> | 투사 | 자신의 열등감을 다른 것에 던져 그것들도 결점이 있음을 발견해서 열등감에서 벗어나려 함 |
>
> ③ 공격기제(Aggressive Mechanism) : 직접적, 간접적

합격예측

직무만족도(직무확대)를 높이는 방법
① 일에 대한 개인적인 책임감이나 책무를 증가시킨다.
② 완전하고 자연스러운 작업단위를 제공한다.
③ 새롭고 어려운 임무를 수행하도록 한다.
④ 특정의 직무에 전문가가 될 수 있도록, 고도로 전문화된 임무를 배당한다.
⑤ 직무에 부과되는 자유와 권한을 준다.

합격예측

착시분류
(1) 기하학적착시
　① 방향착시
　② 동화착시
　③ 원근법착시
　④ 분할거리의 착시
(2) 반전착시
(3) 원의 착시
(4) 대비착시

[표] 리더행동의 4가지 범주

종류	용도
주도적 리더	부하에게 작업계획의 지휘, 작업지시를 하며 절차를 따르도록 요구
후원적 (지원적) 리더	부하들의 욕구, 온정, 안정 등 친밀한 집단분위기의 조성
참여적 리더	부하와 정보의 공유 등 부하의 의견을 존중하여 의사결정에 반영
성취 지향적 리더	부하와 도전적 목표설정, 높은 수준의 작업수행을 강조, 목표에 대한 자신감을 갖도록 하는 리더

(2) 착시의 종류(현상) 22. 3. 19 출 23. 4. 1 출

구분	그림	현상
Müller–Lyer의 길이착시	(a) >—< (b) <—>	(a)가 (b)보다 길게 보인다. 실제 (a)=(b)
Helmholtz의 분할착시	(a) |||| (b) ≡	(a)는 세로로 길어 보이고, (b)는 가로로 길어 보인다.
Hering의 착시		가운데 두 직선이 곡선으로 보인다.
Köhler의 착시 (윤곽착오)		우선 평행의 호(弧)를 본 경우에 직선은 호의 반대 방향으로 굽어 보인다.
Poggendorf의 기하학적 광학 착시		(a)와 (c)가 일직선상으로 보인다. 실제는 (a)와 (b)가 일직선이다.
Zöller의 방향 착시		세로의 선이 굽어 보인다.
Orbigon의 착시		안쪽 원이 찌그러져 보인다.
Sander의 착시		두 점선의 길이가 다르게 보인다.
Ponzo의 기하학적 광학 착시		두 수평선부의 길이가 다르게 보인다.
Tichener의 착시 Ebbinghaus의 착시		같은 크기의 원이지만 달라보인다.
델뵈우프 Delboeuf 착시		가운데 있는 두 개의 검은 원은 같은 크기이지만 오른쪽 원이 더 커보인다.

합격예측

① 주의 : 행동하고자 하는 목적에 의식수준이 집중하는 심리상태
② 부주의 : 목적 수행을 위한 행동전개 과정 중 목적에서 벗어나는 심리적·육체적인 변화의 현상으로 바람직하지 못한 정신상태를 총칭

용어정의

간결성의 원리
물적 세계에 서투름이나 생략 행위가 존재하고 있는 것처럼 심리활동에 있어서도 최소 에너지에 의해 어느 목적에 달성하도록 하려는 경향이 있는데 이것을 간결성의 원리라 한다. 예 정리정돈 태만 및 생략

합격예측

군화(게스탈트)의 법칙
① 게스탈트는 '모양, 형태'라는 뜻으로 독일의 심리학자 M.베스트하이머가 처음으로 제기한 원리이다.
② 사물을 볼 때 무리를 지어서 보려는 시각적 심리를 뜻하며 관련이 있는 요소끼리 통합된 것으로 지각된다는 점에서 '군화의 법칙'이라고도 한다.

합격예측

운동의 시지각(착각현상)

(1) 자동운동 : 암실내에서 정지된 소광점을 응시하고 있으며 그 광점이 움직이는 것을 볼 수 있는데 이것을 자동운동이라 한다. 자동운동이 생기기 쉬운 조건은 다음과 같다. 23. 4. 1 출
① 광점이 작을 것
② 시야의 다른 부분이 어두울 것
③ 광의 강도가 작을 것
④ 대상이 단순할 것

(2) 유도운동 : 실제로 움직이지 않는 것이 어느 기준의 이동에 유도되어 움직이는 것처럼 느껴지는 현상을 말한다.

(3) 가현운동 : 객관적으로 정지하고 있는 대상물이 급속히 나타나든가 소멸하는 것으로 인하여 일어나는 운동으로 마치 대상물이 운동하는 것처럼 인식되는 현상을 말한다.(β운동 : 영화·영상의 방법)

참고

① 보통의 조건에서 변화하지 않는 단순한 자극을 명료하게 의식하고 있을 수 있는 시간은 불과 수초에 지나지 않는다. 다시 말하면, 본인은 주의하고 있더라도 실제로는 의식하지 못하는 순간이 반드시 존재하는 것이다.
② 착각 : 감각적으로 물리현상을 왜곡하는 지각현상

---

(3) 군화(gestalt : 게스탈트)의 4법칙(접근성, 유사성, 연속성, 폐쇄성)

① 근접의 요인 : 근접된 물건끼리 정리한다.
② 동류의 요인 : 매우 비슷한 물건끼리 정리한다.
③ 폐합의 요인 : 밀폐형을 가지런히 정리한다.
④ 연속의 요인 : 연속을 가지런히 정리한다.
⑤ 좋은 형체의 요인 : 좋은 형체(단순성, 규칙성, 상징성)로 정리한다.

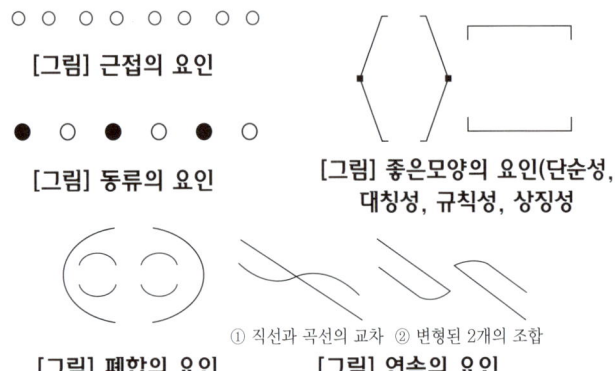

[그림] 근접의 요인
[그림] 동류의 요인
[그림] 좋은모양의 요인(단순성, 대칭성, 규칙성, 상징성)
[그림] 폐합의 요인
[그림] 연속의 요인
① 직선과 곡선의 교차 ② 변형된 2개의 조합

(4) 인간의 착각 현상

① 가현운동(β운동) : 객관적으로 정지하고 있는 대상물이 급속히 나타나든가 소멸하는 것으로 인하여 일어나는 운동으로 마치 대상물이 운동하는 것처럼 인식되는 현상을 말한다. 영화의 영상은 가현운동(β운동)을 활용한 것이다.
② 유도운동 : 움직이지 않는 것이 움직이는 것처럼 느껴지는 현상
③ 자동운동 : 암실에서 정지된 소광점을 응시하면 광점이 움직이는 것같이 보이는 현상을 자동운동이라 한다.

2. 인간의 주의특성

> **주의** ① 외부 자극 중 일부만 선택해서 보고 듣는 현상
> ② 인간은 자기에게 필요한 정보만을 선택

(1) 주의의 특성 3가지

① 선택성 : 사람은 한 번에 여러 종류의 자극을 자각하거나 수용하지 못하며 소수의 특정한 것으로 한정해서 선택하는 기능을 말한다.
② 방향성 : 공간적으로 보면 시선의 초점에 맞았을 때는 쉽게 인지되지만 시선에서 벗어난 부분은 무시되기 쉽다.
③ 변동(단속)성 : 주의는 리듬이 있어 언제나 일정한 수순을 지키지는 못한다.

참고

광고의 주의 응용단계 : Attention(주목) → Interest(흥미) → Desire(욕구) → Memory(기억) → Action(구매행동)
안전의 주의 응용단계 : Attention(주목) → Interest(흥미) → Desire(욕구) → Memory(기억) → Action(안전활동)

(2) 주의의 특성

① 주의력의 단속(변동)성(고도의 주의는 장시간 지속 불능)
② 주의력의 중복집중의 곤란(주의는 동시에 두 개 이상의 방향을 잡지 못함)
③ 주의를 집중한다는 것은 좋은 태도라 할 수 있으나 반드시 최상이라 할 수는 없다.
④ 한 지점에 주의를 집중하면 다른 곳의 주의는 약해진다.

(3) 주의의 수준

① 0(zero)레벨(수준)
  ㉮ 수면중
  ㉯ 자극에 의한 반응시간 내
② 중간레벨(수준)
  ㉮ 다른 곳에 주의를 기울이고 있을 때
  ㉯ 일상과 같은 조건일 경우
  ㉰ 가시 시야 내 부분
③ 고레벨(수준)
  ㉮ 주시 부분
  ㉯ 예기 레벨이 높을 때

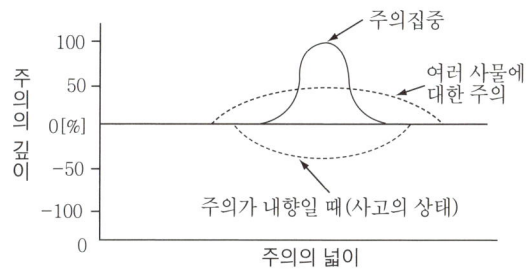

[그림] 주의의 깊이와 넓이

(4) 의식 레벨의 단계

단계	의식의 모드	주의작용	생리적 상태	신뢰성	뇌파 패턴
제0단계	무의식, 실신	zero	수면, 뇌발작	zero	γ파
제1단계	의식 흐림 (subnormal, 의식몽롱함)	inactive	피로, 단조로움, 졸음, 술 취함	0.9 이하	θ파
제2단계	이완상태 (normal, relaxed)	passive, 마음이 안쪽으로 향한다.	안정 기거, 휴식시, 정례작업시(정상 작업시)	0.99~ 0.99999	α파

합격예측

(1) 군화(게스탈트)의 법칙
  ① 근접의 요인 : 근접된 물건의 정리
  ② 동류의 요인 : 매우 비슷한 물건끼리 정리
  ③ 폐합의 요인 : 밀폐형을 가지런히 정리
  ④ 연속의 요인 : 연속을 가지런히 정리
  ⑤ 좋은 형태의 요인 : 좋은 형태(규칙성, 상징성, 단순성)로 정리

(2) 주의의 특징 3가지
  ① 선택성 : 여러 종류의 자극을 자각할 때 소수의 특정한 것에 한하여 선택하는 기능
  ② 방향성 : 주시점만 인지하는 기능
  ③ 단속(변동)성 : 주의에는 주기적으로 부주의의 리듬이 존재

(3) 리더의 수명주기 이론

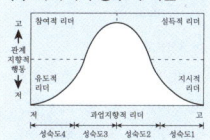

[그림] 리더의 행동 유형

[표] 리더의 과업관계

리더의 구분	과업	관계	리더	비고
지시적 리더	고	저	주도적	일방적, 리더 중심의 의사결정
설득적 리더	고	고	후원적	리더와 부하 간의 쌍방적 의사결정
참여적 리더	저	고		부하와 원만한 관계, 부하 의사를 결정에 반영
유도적 (위양적) 리더	저	저		부하자신이 자율행동, 자기통제에 의존하는 리더

합격예측

의식 level의 단계별 생리적 상태

① 범주(Phase) 0 : 수면, 뇌발작
② 범주(Phase) Ⅰ : 피로, 단조로움, 졸음, 술취함
③ 범주(Phase) Ⅱ : 안정기거, 휴식시, 정례작업시
④ 범주(Phase) Ⅲ : 적극활동시
⑤ 범주(Phase) Ⅳ : 긴급방위반응, 당황해서 panic

용어정의

부주의

부주의는 무의식적인 행위 또는 그것에 가까운 의식의 주변에서 행하여지는 행위에서 나타나는 현상으로 불안전한 행위뿐만 아니라 불안전한 상태에도 적용되는 것이다.

합격예측

억측판단

부주의가 발생하는 경우에 있어 자동차를 운전할 때 신호가 바뀌기 전에 신호가 바뀔 것을 예상하고 자동차를 출발시키는 행동

[그림] 주의의 일점집중

인간의 착각을 방지하기 위한 인간공학적인 설계

물건, 기구 또는 환경을 설계하는 과정에서 인간을 고려

같은 벨 소리를 내는 전화기 → 불빛과 함께 벨이 울리도록 하면 식별 가능

미등만 켜고 있으면 정차를 인지하지 못함 → 추돌사고 위험 → 비상등으로 위험방지

제3단계	상쾌한 상태 (normal, clear)	active, 앞으로 향하는 주의, 시야도 넓다.	적극 활동시	0.999999 이상	β파
제4단계	과긴장 상태 (hypernormal, exited)	일점으로 응집, 판단 정지	긴급 방위 반응, 당황해서 panic(감정흥분시 당황한 상태)	0.9 이하	β파 또는 전자파

(5) 주의의 대상 작업의 형태에 따른 분류

① 선택적 주의(selective attention)
② 집중적 주의(focused attention)
③ 분할 주의(divided attention)

(6) 주의의 외적 조건

① 자극의 대소
② 자극의 신기성
③ 자극의 반복
④ 자극의 대비
⑤ 자극의 이동
⑥ 자극의 강도

(7) 주의의 내적 조건

① 욕구
② 흥미
③ 기대
④ 자극의 의미

[표] 인간의 주의력 수준과 설비 상태와의 관계

인간의 주의력 설비의 상태	안전 수준	대응 포인트
높은 수준 > 불안전 상태	안 전	인간측의 고수준에 기대
높은 수준 ≤ 불안전 상태	불안전	사고 발생 가능성
낮은 수준 < 본질적 안전화	안 전	설비측 fool-proof, fail-safe, 안전덮개

3. 부주의

(1) 부주의의 원인(현상)

① 의식의 단절

[그림] 의식의 단절

지속적인 것은 의식의 흐름에 단절이 생기고 공백상태가 나타나는 경우(의식의 중단)

② 의식의 우회

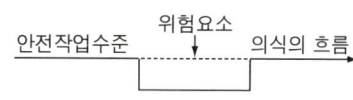

[그림] 의식의 우회

의식의 흐름이 샛길로 빗나가는 경우이며 작업도중 걱정, 고뇌, 욕구불만 등에 의해 발생(내적조건)

③ 의식수준의 저하

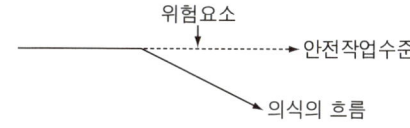

[그림] 의식수준의 저하

뚜렷하지 않은 의식의 상태로 심신이 피로하거나 단조로움 등에 의해 발생

④ 의식의 혼란

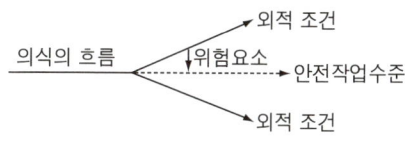

[그림] 의식의 혼란

외부의 자극이 애매모호하거나, 자극이 강할 때 및 약할 때 등과 같이 외적조건에 의해 의식이 혼란하거나 분산되어 위험요인에 대응할 수 없을 때 발생

⑤ 의식의 과잉

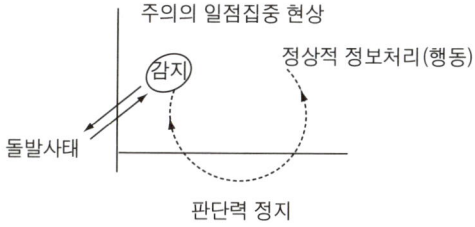

[그림] 의식의 과잉

돌발사태, 긴급 이상 상태 직면시 순간적으로 의식이 긴장하고 한 방향으로만 집중하는 판단력 정지, 긴급 방위 반응 등의 주의의 일점집중 현상이 발생

(2) 부주의의 원인과 대책

① 외적 원인과 대책
  ㉮ 작업환경조건 불량 : 환경 정비
  ㉯ 작업순서의 부적당 : 작업순서 정비

② 내적 원인과 대책
  ㉮ 소질적 문제 : 적성 배치
  ㉯ 의식의 우회 : 카운슬링(상담)
  ㉰ 경험, 미경험자 : 안전교육훈련
  ㉱ 작업순서부자연성 : 인간공학적 접근

합격예측

(1) 정보처리의 5가지 채널
① 반사(대뇌를 통하지 않는 정보처리) : ①의 채널
② 주시하지 않아도 되는 조작 : ②의 채널
③ 루틴작업의 동작(처리할 정보의 순서를 미리 알고 있는 경우) : ③의 채널
④ 동적의지 결정을 필요로 하는 조작 : ④의 채널
⑤ 문제 해결적인 조작 : ⑤의 채널

(2) 의식수준과 대체 채널과의 관계
① Phase Ⅱ의 경우는 ①~③의 채널까지는 대응되나 그 이상 채널에 대한 정보처리는 무리가 생겨서 실수를 하게 된다.
② Phase Ⅲ는 가장 좋은 의식수준 상태로, 이때는 ①~⑤의 모든 채널에 대응된다.

합격예측

부주의 현상의 의식수준 상태
① 의식의 단절 : Phase 0 상태
② 의식의 우회 : Phase 0 상태
③ 의식수준의 저하 : Phase Ⅰ 이하 상태
④ 의식의 과잉 : Phase Ⅳ 상태

합격예측

성인학습의 원리
① 자발적 학습의 원리 : 강제적인 학습이 아니다.
② 자기주도적 학습의 원리 : 자기가 설계한 목적 및 방법으로 학습한다.
③ 상호학습의 원리 : 교학상장(敎學相長)을 기하는 학습이다.
④ 생활적응의 원리 : 이론보다 실생활에 적용되는 학습이어야 한다.

합격예측

(1) 외적 자극 스트레스 요인
① 경제적인 어려움
② 대인관계상의 갈등과 대립
③ 가족관계상의 갈등
④ 가족의 죽음이나 질병
⑤ 자신의 건강문제
⑥ 상대적인 박탈감

(2) 내적 자극 스트레스 요인
① 자존심의 손상과 공격 방어 심리
② 출세욕의 좌절감과 자만심의 상충
③ 지나친 과거에의 집착과 허탈
④ 업무상의 죄책감
⑤ 지나친 경쟁심과 재물에 대한 욕심
⑥ 남에게 의지하고자 하는 심리
⑦ 가족간의 대화단절 의견의 불일치

합격예측

부주의 발생의 외·내적 원인
① 외적 원인 : 작업순서의 부적당, 작업 및 환경조건 불량
② 내적 원인 : 소질적 조건, 의식의 우회, 경험 및 미경험

③ 정신적 측면에 대한 대책
　㉮ 주의력의 집중 훈련　　㉯ 스트레스의 해소
　㉰ 안전의식의 고취　　㉱ 작업의욕의 고취
④ 기능 및 작업적 측면에 대한 대책
　㉮ 적성 배치　　㉯ 안전작업 방법 습득
　㉰ 표준작업 동작의 습관화
⑤ 설비 및 환경적 측면에 대한 대책
　㉮ 설비 및 작업환경의 안전화　　㉯ 표준작업제도의 도입
　㉰ 긴급시의 안전대책

[표] S-R 학습이론의 종류

종류	내용	실험	학습의 원리 및 법칙
조건반사 (반응)설 (Pavlov)	행동의 성립을 조건화에 의해 설명. 즉, 일정한 훈련을 통하여 반응이나 새로운 행동의 변용을 가져올 수 있다.	개의 소화작용에 대한 타액 반응 실험 ① 음식 → 타액 ② 종 → 타액 　음식 → 타액 ③ 종 → 타액	① 일관성의 원리 ② 강도의 원리 ③ 시간의 원리 ④ 계속성의 원리
시행 착오설 (Thorndike)	학습이란 시행착오의 과정을 통하여 선택되고 결합되는 것(성공한 행동은 각인되고 실패한 행동은 배제)	문제상자 속에 고양이를 가두고 밖에 생선을 두어 탈출하게 함(반복될수록 무작위 동작이나 소요시간 감소)	① 효과의 법칙 ② 연습의 법칙 ③ 준비성의 법칙
조작(도구)적 조건화설 (Skinner)	어떤 반응에 대해 체계적이고 선택적으로 강화를 주어 그 반응이 반복해서 일어날 확률을 증가시키는 것	스키너 상자 속에 쥐를 넣어 쥐의 행동에 따라 음식물이 떨어지게 한다.	① 강화의 원리 ② 서거의 원리 ③ 조형의 원리 ④ 자발적 회복의 원리 ⑤ 변별의 원리

(3) 학습지도 원리

① **자발성의 원리** : 학습자 스스로 학습에 참여해야 한다는 원리
② **개별화의 원리** : 학습자가 가지고 있는 각각의 요구 및 능력에 맞게 지도해야 한다는 원리
③ **사회화의 원리** : 공동학습을 통해 협력과 사회화를 도와준다는 원리
④ **통합의 원리** : 학습을 종합적으로 지도하는 것으로 학습자의 능력을 조화있게 발달시키는 원리
⑤ **직관의 원리** : 구체적인 사물을 제시하거나 경험 등을 통해 학습효과를 거둘 수 있다는 원리
⑥ **목적의 원리** : 학습자는 학습목표가 분명하게 인식되었을 때 자발적이고 적극적인 학습활동을 하게 된다.

Chapter 02 인간의 특성과 안전 출제예상문제

출제예상문제는 복습, 예습문제로 엮었습니다. *WHY : 실제시험에도 순서에 관계없이 출제됩니다. 예습 후 다음장에 공부한 문제가 있으면 기억이 배가 됩니다.

---

01 ★★★★★ 데이비스(K. Davis)의 동기부여 이론에서의 동기유발은?

① 지식×기능
② 지식×태도
③ 상황×기능
④ 지식×상황
⑤ 상황×태도

해설
데이비스(K.Davis)의 동기부여 이론 등식
(1) 경영의 성과 = 인간의 성과×물질의 성과
(2) 능력(ability) = 지식(knowledge)×기능(skill)
(3) 동기유발(motivation) = 상황(situation)×태도(attitude)
(4) 인간의 성과(human performance) = 능력×동기유발

02 ★★★ 다음 중 임명된 지도자의 권한 행사는?

① 매니저십(managership)
② 리더십(leadership)
③ 멤버십(membership)
④ 헤드십(headship)
⑤ 파워십(powership)

해설
지도자의 권한 행사
① 헤드십 : 임명된 자의 권한 행사
② 리더십 : 선출된 자의 권한 행사

03 ★★ 다음 중 생리적 변화에 관계 있는 것은?

① 작업 태도, 감정의 변화
② 대사물질의 양적, 질적 변화
③ 감각 기능, 순환 기능, 반사 기능
④ 질과 양의 변화
⑤ 졸음, 두통, 짜증

해설
(1) 생리적 변화는 피로나 긴장 등이다.
(2) ①, ②, ④는 태도의 변화이다.

04 ★★ 인간 행동에 색채 조절의 효과로 기대되는 것이 아닌 것은?

① 밝기의 증가
② 대사물질의 양적, 질적 변화
③ 피로의 증진
④ 작업 능력 향상
⑤ 재해감소

해설
색채 조절의 효과
① 감정의 효과
② 피로 방지
③ 생산 능률 향상

05 ★★ 다음 중 동기부여에 속하는 것과 거리가 먼 것은?

① 개인 욕구
② 능력
③ 욕망
④ 충동
⑤ 소망

해설
(1) 동인(動因)은 사람을 행동으로 행하게 하는 것이다.
① 동기의 내적 조건(욕구, 소망, 욕망, 충동)
② 동기의 외적 조건(복리후생, 작업환경, 상찬, 공감, 승인, 달성)
(2) 유인(誘因)은 행동을 결정짓게 하는 목표이다.

[정답] 01 ⑤ 02 ④ 03 ③ 04 ③ 05 ②

06 피로의 예방 및 회복대책에 들지 않는 것은?

① 동적 동작을 한다.
② 온도·습도 등 작업환경을 개선한다.
③ 작업속도를 조정한다.
④ 기계력을 사용한다.
⑤ 작업 외 시간을 활용한다.

해설

허세이(Alfred Hershey)의 피로회복법

종류	회복 대책
신체의 활동에 의한 피로	활동을 국한하는 목적 이외의 동작을 배제, 기계력의 사용, 작업의 교대, 작업중의 휴식
정신적 노력에 의한 피로	휴식, 양성 훈련
신체적 긴장에 의한 피로	운동 또는 휴식에 의한 긴장을 푸는 일, 그 밖에 위 항에 준함
정신적 긴장에 의한 피로	주도면밀하고 현명하고, 동적인 작업계획을 세우는 것, 불필요한 마찰을 배제하는 일
환경과의 관계에 의한 피로	작업장에서의 부적절한 제 관계를 배제하는 일, 가정 생활의 위생에 관한 교육을 하는 일
영양 및 배설의 불충분	조식, 중식 및 종업시 등의 관습의 감시, 건강식품의 준비, 신체의 위생에 관한 교육 및 운동의 필요에 관한 계몽
질병에 의한 피로	속히 유효 적절한 의료를 받게 하는 일, 보건상 유해한 작업상의 조건을 개선하는 일, 적당한 예방법을 가르치는 일
기후에 의한 피로	온도, 습도, 통풍의 조절
단조감·권태감에 의한 피로	일의 가치를 가르치는 일, 동작의 교대를 가르치는 일, 휴식

07 ★★★★★ 맥그리거의 X, Y 이론에 따라 관리를 하고자 할 때 X 이론에 가까운 작업자에게는 어떤 동기부여를 하여야 하는가?

① 보수의 인상
② 작업환경 개선
③ 승진
④ 직무 확장
⑤ 상호신뢰

해설

맥그리거 X, Y 이론 대비표

X 이론 (인간을 부정적 측면으로 봄)	Y 이론 (인간을 긍정적 측면으로 봄)
인간불신	상호신뢰
성악설	성선설
인간은 본래 게으르고 태만하여 수동적이고 남의 지배받기를 즐긴다.	인간은 본래 부지런하고 적극적이며 스스로의 일을 자기 책임하에 자주적으로 행한다.
저차원적 욕구(물질욕구)	고차원적 욕구(정신적 욕구)
명령통제에 의한 관리	목표 통합과 자기통제에 의한 관리
저개발국형	선진국형

08 ★★ 리더십에 있어 갖고 있는 권한 중 승진 누락에 관련된 권한은?

① 전문성 권한
② 강압적 권한
③ 합법적 권한
④ 위임된 권한
⑤ 보상적 권한

해설

리더십 권한 역할 5가지
① 보상적 권한 : 승진, 봉급 인상
② 강압적 권한 : 부하, 처벌, 승진 누락, 봉급 인상 거부
③ 합법적(존경) 권한 : 군대, 정부기관, 교사 ⇒ ②, ③은 조직이 지도자에게 부여한 권한
④ 위임된 권한 : 지도자와 함께, 지도자 자신이 자신에게 부여한 권한
⑤ 전문성의 권한 : 전문적 지식·부하들이 스스로 따른다.(존경 = 권한)

09 ★★ risk taking의 발생 요인은?

① 신체적 부적격성
② 정서불안정
③ 부적절한 태도
④ 기능 미숙
⑤ 의식 명쾌

해설

risk taking(위험감수) : 객관적인 위험을 자기 나름대로 판단해서 의지 결정하고 행동에 옮기는 것이다.

10 ★★★★★ 매슬로우의 인간의 욕구 중 안전욕구는 몇 단계 욕구인가?

① 1단계 욕구
② 2단계 욕구
③ 3단계 욕구
④ 4단계 욕구
⑤ 5단계 욕구

[정답] 06 ⑤ 07 ① 08 ② 09 ③ 10 ②

> **해설**
>
> **Maslow의 욕구**
> ① 제1단계 : 생리적 욕구(기본적 욕구, 종족 보존, 기아, 갈등, 호흡, 배설, 성욕 등)
> ② 제2단계 : 안전욕구(안전을 구하려는 욕구)
> ③ 제3단계 : 사회적 욕구(애정, 소속에 대한 욕구, 친화 욕구)
> ④ 제4단계 : 인정받으려는 욕구(자기존경 욕구, 자존심, 명예, 성취, 자위, 승인의 욕구)
> ⑤ 제5단계 : 자아실현의 욕구(잠재적 능력실현 욕구, 성취욕구)

11 ★★ 작업자 자신이 자기의 부주의 이외에 제반 오류의 원인을 생각함으로써 개선을 하도록 하는 과오 원인 제거 기법으로 옳은 것은?

① TBM
② STOP
③ BS
④ FCR
⑤ ECR

> **해설**
>
> **용어정의**
> ① TBM(Tool Box Meeting) : 위험예지훈련에 적용
> ② STOP(Safety Training Observation Program) : 감독자 안전관찰훈련
> ③ BS(Brain Storming) : 집중발상법
> ④ ECR(Error Cause Removal) : 직접 작업을 하는 작업자 자신이 자기의 부주의 이외에 제반 오류의 원인을 생각함으로써 개선하도록 하는 방법

12 ★★ 감정 상태가 장시간 계속 상태를 잘 설명하는 용어는 무엇인가?

① 정서(emotion)
② 감정(feeling)
③ 기분(mood)
④ 정조(sentiment)
⑤ 조직(organization)

> **해설**
>
> **정서**
> ① 골똘하게 생각하여 일어나는 감정이며, 분노, 공포, 기쁨 등의 복잡한 감정을 말한다.
> ② 외부 정보의 자극에 의해서 환기된다.
> ③ 결과로 재해를 일으킬 수 있는 불안전 행동이 될 만한 것이 많다.

13 ★★★★★ 데이비스(K. Davis)의 동기부여 이론에서 인간의 능력에 적합한 것은?

① 지식×기능
② 지식×태도
③ 기능×상황
④ 상황×태도
⑤ 인간×물질

> **해설**
>
> **데이비스(K.Davis)의 동기부여 이론 등식**
> ① 경영의 성과 = 인간의 성과×물질의 성과
> ② 능력(ability) = 지식(knowledge)×기능(skill)
> ③ 동기유발(motivation) = 상황(situation)×태도(attitude)
> ④ 인간의 성과(human performance) = 능력×동기유발

14 ★★ 일반적으로 사고를 일으키기 쉬운 성격에 해당되지 않는 것은?

① 쾌락주의적 성격
② 허영심이 강한 성격
③ 소심한 성격
④ 흥분적인 성격
⑤ 도덕성이 강한 성격

> **해설**
>
> 도덕성이 약할 때 사고가 발생한다.

15 ★★ 역할 연기법의 장점이 아닌 것은?

① 한 문제에 대해 관찰능력을 높인다.
② 자기반성과 창조성이 개발된다.
③ 높은 의지결정의 훈련으로는 기대할 수 없다.
④ 의견 발표에 자신이 생긴다.
⑤ 자기반성에 도움이 된다.

> **해설**
>
> **역할 연기법(role playing)의 단점**
> ① 목적이 명확하지 않고 계획적으로 실시하지 않으면 학습에 연계되지 않는다.
> ② 높은 수준의 의사결정에 효과를 기대할 수 없다.

16 ★★ 인간의 동기부여에 관한 맥그리거의 Y 이론을 가장 잘 표현한 것은?

① 인간은 수동적이다.

[정답] 11 ⑤   12 ①   13 ①   14 ⑤   15 ③   16 ③

② 인간은 게으르다.
③ 인간은 천성적으로 남들을 돕는다.
④ 인간은 남을 잘 속인다.
⑤ 후진국형 인간이다.

해설
Y 이론은 성선설을 의미한다.

17 ★★ 맥그리거(McGregor)의 Y 이론이란?

① 인간은 천성적으로 남을 돕는다.
② 인간은 게으르다.
③ 사람은 남을 잘 속인다.
④ 인간은 남의 지배받기를 즐긴다.
⑤ 저차적 욕구를 원한다.

해설
맥그리거의 X 이론, Y 이론

X 이론	Y 이론
인간불신(성악설)	상호신뢰(성선설)
저차 욕구	고차(정신) 욕구
규제관리	자기관리
저개발국형	선진국형

18 ★★ 다음 중 지도자 자신이 자신에게 부여한 권한은?

① 강압적 권한
② 보상적 권한
③ 합법적 권한
④ 전문성의 권한
⑤ 자기자율 권한

해설
전문성의 권한 : 전문적인 지식을 갖고 있다는 것을 부하직원들이 인정하게 되면 이들은 자발적으로 지도자를 따른다.

19 ★★ 인간 에러 원인의 레벨(level)을 분류할 경우 요구된 것을 실행하고자 하여도 필요한 물건이나 정보에너지(energy) 등의 공급이 없다고 하는 것처럼 작업자가 움직이려 해도 움직일 수 없으므로 발생하는 에러(error)를 무엇이라 하는가?

① primary error
② secondary error
③ third error
④ command error
⑤ selfship error

해설
command error는 움직이려 해도 움직일 수 없는 것이다.

20 ★★★ 착각을 일으키기 쉬운 조건을 잘못 설명한 것은?

① 착각은 인간 노력으로 고칠 수 있다.
② 정보의 결함이 있으면 착각이 일어난다.
③ 착각은 인간측의 결함에 의해서 발생한다.
④ 환경조건이 나쁘면 착각이 일어난다.
⑤ 주변환경의 영향에 의해서도 착각을 일으킨다.

해설
착각 조건 : 인간, 기계, 환경

21 ★★ 집단역학(group dynamics)에서 사용되는 개념 중 집단효과(group effect)와 관계없는 것은?

① 집단의 결정
② 집단의 형성
③ 집단 목표
④ 집단 표준
⑤ 집단 응집력

해설
집단역학에서 사용하는 개념
① 집단 규범(집단 표준)
② 집단 목표
③ 집단 응집력
④ 집단 결정

22 ★★ 다음은 부주의의 발생 현상이다. 혼미한 정신상태에서 심신의 피로나 단조로운 반복작업시에 일어나는 현상은 어떤 것인가?

① 의식의 과잉
② 의식의 단절
③ 의식의 우회
④ 의식의 혼란
⑤ 의식 수준의 저하

[정답] 17 ① 18 ④ 19 ④ 20 ① 21 ② 22 ⑤

부주의 현상 5가지
① 의식의 단절(의식의 중단) : 지속적인 흐름에 공백이 발생하며 질병이 있는 경우에만 발생, 건강한 경우 발생하지 않는다(phase : 0).
② 의식의 우회 : 우연의 걱정, 고뇌, 욕구불만 상태이며 재난을 당할 수 있다(phase : 0).
③ 의식수준의 저하 : 심신의 피로, 단조로운 상태이다(phase : Ⅰ).
④ 의식의 혼란 : 자극이 애매모호하거나 너무 강할 때, 약할 때 발생하며 위험 요인에 대응이 곤란하다.
⑤ 의식의 과잉 : 돌발사태, 긴급사태에 직면하면 순간적으로 긴장되어 의식이 한 방향으로 주의, 일점집중 현상이 발생한다.(phase : Ⅳ)

23 ★★ 부주의 발생에 관한 외적 조건에 속하지 않는 것은?
① 작업순서 부적당
② 작업강도
③ 의식의 우회
④ 기상조건
⑤ 환경조건의 불량

해설
(1) 부주의 외적 조건
　① 작업 및 환경조건 불량　② 작업순서 부적당
　③ 작업강도　④ 기상조건
(2) 부주의 내적 조건
　① 소질적 요인　② 의식의 우회
　③ 경험부족 및 미숙련　④ 피로
　⑤ 정서불안정

24 ★★★ 매슬로우의 5단계 욕구 성장 과정을 관리감독자의 능력과 연결시켰다. 틀린 것은?
① 종합적 능력 – 자기실현의 욕구
② 인간적 능력 – 생리적 욕구
③ 기술적 능력 – 안전의 욕구
④ 포괄적 능력 – 존경의 욕구
⑤ 저차원적 능력 – 생리적 욕구

해설
생리적 욕구 : 의, 식, 주 등의 기본적 욕구이다.

25 ★★ 바이오리듬에서 육체적 리듬을 표시하는 색채는?
① 청색
② 황색
③ 적색
④ 녹색
⑤ 은색

해설
바이오리듬의 색
① 육체적 리듬 : 청색
② 지성적 리듬 : 녹색
③ 감성적 리듬 : 적색

26 ★★★ 숙련 관찰자가 불안전한 행위를 관찰하기 위한 순서 중 맞는 것은?
① 결심 – 보고 – 정지 – 관찰 – 조치
② 결심 – 정지 – 관찰 – 조치 – 보고
③ 보고 – 정지 – 관찰 – 결심 – 조치
④ 보고 – 결심 – 관찰 – 정지 – 조치
⑤ 조치 – 결심 – 보고 – 정지 – 관찰

해설
본 문제는 STOP 훈련의 설명이다.

27 ★★ 리더십과 헤드십의 차이 설명이다. 맞는 것은?
① 헤드십에서의 책임은 상사에 있지 않고 부하에 있다.
② 헤드십은 부하와의 사회적 간격이 좁다.
③ 권한 행사 측면에서 보면 리더십은 선출된 리더인 반면, 헤드십은 임명에 의하여 권한을 행사할 수 있다.
④ 리더십의 지위 형태는 권위주의적인 반면, 헤드십의 지위 형태는 민주적이다.
⑤ 헤드십은 부하와 사회적 간격이 좁다.

해설
헤드십과 리더십의 차이

개인과 상황변수	헤드십	리더십
권한 행사	임명된 헤드	선출된 리더
책임 귀속	상사	상사와 부하
부하와 사회적 간격	넓음	좁음
지휘 형태	권위주의적	민주주의적

[정답] 23 ③　24 ②　25 ①　26 ②　27 ③

28 피로를 발생시키는 외적인 요인으로 적당하지 않은 것은?

① 작업의 강도   ② 작업환경 조건
③ 경제적 조건   ④ 작업의 경험
⑤ 작업시간

해설
작업의 경험은 피로의 내적 요인이다.

29 Lippitt와 White 이론 중 리더십(leader ship)의 유형에 가장 거리가 먼 것은?

① 독재형   ② 민주형
③ 자유방임형   ④ ①, ②, ③ 3개 항목
⑤ 솔직형

해설
Lippitt와 White의 리더십 유형
① 독재형   ② 민주형   ③ 자유방임형

30 산업심리학 측면에서 인사관리의 중요한 기능에 속하지 않는 것은 다음 중 어느 것인가?

① 업무평가
② 작업분석
③ 작업계획
④ 조직과 리더십(leadership)
⑤ 선발

해설
인사관리의 중요기능
① 조직과 리더십   ② 선발   ③ 배치   ④ 작업분석   ⑤ 업무평가
⑥ 상담 및 노사간의 이해

31 재해발생 간접원인 중 구조 재료의 부적당은 다음 중 어느 원인에 해당하는가?

① 교육적 원인
② 기술적 원인
③ 작업 관리상의 원인
④ 불안전한 상태
⑤ 정신적 원인

해설
불안전 상태는 직접원인이며 재료의 부적당은 기술적 원인이다.

32 다음은 부주의를 정의한 것이다. 잘못 설명한 것은?

① 부주의는 불안전한 행위와 불안전 상태에도 적용된다.
② 부주의는 결과적으로 실패인 동작이다.
③ 부주의는 유사한 착각이나 본질적인 지식의 부족에 기인한다.
④ 부주의는 인간능력 한계가 넘는 범위로 행위한 동작의 실패 원인을 말한다.
⑤ 부주의는 내적원인과 외적원인이 있다.

해설
부주의는 행동이 아니고 결과이다.

33 피로 대책의 원칙 중 단조로움이나 권태감에 의한 피로 대책은?

① 용의주도한 작업계획의 수립 이행
② 불필요한 마찰의 배제
③ 작업교대제 실시, 습도, 통풍의 조절
④ 불필요한 마찰을 배제
⑤ 일의 가치를 가르침

해설
허세이의 피로 대책 설명이다.

34 주의의 외적 조건이 아닌 것은?

① 자극의 반복   ② 자극의 운동
③ 자극의 의미   ④ 자극의 신기성
⑤ 자극의 대소

[정답] 28 ④   29 ⑤   30 ③   31 ②   32 ④   33 ⑤   34 ③

> **해설**
> (1) 주의의 외적 조건
> 　① 자극의 대소　　② 자극의 정도
> 　③ 자극의 신기성　④ 자극의 반복
> 　⑤ 자극의 운동　　⑥ 자극의 대비
> (2) 주의의 내적 조건
> 　① 욕구　② 흥미
> 　③ 기대　④ 자극의 의미

35 ★★ 관료주의 조직의 특징에 들지 않는 것은?

① 조직의 모든 구성원은 오직 한 사람의 상사에게만 보고한다.
② 조직이 몇 개의 하부 구성 단위로 분화된다.
③ 합리적이고 공식적인 구조로 되어 있다.
④ 독재적이며 상사만 존재한다.
⑤ 사회의 변화나 기술 정보에 효과적으로 적용할 수 있다.

> **해설**
> 사회변화에 적응 불가능하다.

36 ★★★ 다음 중 헤드십의 특성이 아닌 것은?

① 권한 근거는 공식적이다.
② 상사와 부하와의 관계는 지배적이다.
③ 부하와의 사회적 간격은 좁다.
④ 지휘 형태는 권위주의적이다.
⑤ 임명적 헤드이다.

> **해설**
> 부하와 사회적 간격이 좁은 것은 리더십이다.

37 ★★ 안전심리에서 고려되는 가장 중요한 요소는 다음 중 어느 것인가?

① 개성과 사고력　　② 지식 정도
③ 안전규칙　　　　④ 신체적 조건과 기능
⑤ 지식과 인성

> **해설**
> ① 심리의 중요요소는 개성과 사고력이다.
> ② 심리의 목표는 인간의 복지향상이다.

38 ★★ 허즈버그의 직무 만족을 산출해내는 요인을 동기요인이라 부른다. 이 요인 중에서 가장 중요한 것은?

① 일의 내용　　　② 직무의 수준
③ 대인관계　　　④ 개인적 발전
⑤ 부자의 척도

> **해설**
> 허즈버그의 동기요인 중 가장 중요한 것은 일의 내용이다.

39 ★★★ 감각온도란 사람의 생리와 심리의 양면을 조화시키는 온도로 다음과 같은 요소들이 관계된다. 다음 중 이들 요소가 망라된 것은?

① 습도 및 온도
② 습도, 온도 및 기류
③ 습도, 온도 및 생리
④ 습도, 온도 및 불쾌지수
⑤ 기압, 체온

> **해설**
> 감각온도(체감온도, 실효온도)의 결정 요소
> ① 온도　② 습도　③ 대류(공기유동) : 기류

40 ★★ 카운슬링 방법이 아닌 것은?

① 직접적 충고　　② 설득에 의한 방법
③ 설명적 방법　　④ ①, ②, ③항 모두
⑤ 임상적 방법

> **해설**
> 개인적 카운슬링 방법 3가지
> ① 직접적　② 설득적　③ 설명적

[정답] 35 ⑤　36 ③　37 ①　38 ①　39 ②　40 ⑤

41 다음의 역할 이론 중 자아탐구(自我探究)의 수단인 동시에 자아실현(自我實現)의 수단이기도한 것은?

① 역할연기(role playing)
② 역할기대(役割期待)
③ 역할형성(role shaping)
④ 역할갈등(役割葛藤)
⑤ 역할증대

해설
역할연기의 설명이다.

42 데이비스의 동기부여 이론에서 인간의 능력에 적합한 것은?

① 지식×기능
② 지식×태도
③ 기능×상황
④ 상황×태도
⑤ 태도×기능

해설
K. Davis의 동기부여 이론 등식
① 경영의 성과 = 인간 성과×물질 성과
② 능력 = 지식×기능
③ 동기유발 = 상황×태도
④ 인간의 성과 = 능력×동기유발

43 인간의 사회행동 기본형태에 해당되지 않는 것은 무엇인가?

① 대립
② 협력
③ 도피
④ 융합
⑤ 모방

해설
인간의 사회행동의 기본형태 4가지
① 협력 : 조력, 분업
② 대립 : 공격, 경쟁
③ 도피 : 고립, 정신병, 자살
④ 융합 : 강제, 타협

44 다음 중 맥그리거의 X 이론에 해당되는 것은?

① 상호신뢰감
② 고차적인 욕구
③ 규제관리
④ 자기통제
⑤ 성신설

해설
맥그리거의 X 이론과 Y 이론 비교

X 이론	Y 이론
인간불신감(성악설)	상호신뢰감(성선설)
저차(물질적)의 욕구	고차(정신적)의 욕구만족에 의한 동기부여
명령계통에 의한 관리(규제관리)	목표 통합과 자기통제에 의한 관리
저개발국형	선진국형

45 다음 중 지각의 해석상 문제에 기인된 것을 설명한 것은?

① 잘못한 의사결정
② 잘못한 조작
③ 잘못한 풀이
④ 첨가할 양의 오인
⑤ 생각의 차이

해설
지각문제 기인 : 잘못한 풀이

46 피로가 되는 내부요인이 아닌 것은?

① 경험
② 책임감
③ 대인관계
④ 모방
⑤ 습관

해설
피로
(1) 피로의 외부인자
　① 작업조건　② 환경조건
　③ 생활조건　④ 대인관계
(2) 피로의 내부인자
　① 신체적 특징　② 호흡기
　③ 순환기　④ 뇌신경의 질환
　⑤ 성별　⑥ 연령
　⑦ 성격　⑧ 기질

[정답] 41 ①　42 ①　43 ⑤　44 ③　45 ③　46 ③

⑨ 감정 ⑩ 책임감
⑪ 경험 ⑫ 습관
⑬ 영양

47 ★★★★ 다음 중 단조감의 극복이나 해결을 위한 방책으로서 현장 근로자들을 위한 대책은?

① 개인이 담당하는 직무의 양을 많이 주고 단순화한다.
② 개인이 담당하는 직무의 양을 가능한 한 많이 준다.
③ 개인이 담당하는 직무의 양을 가능한 한 고도화한다.
④ 개인이 담당하는 직무를 단순화한다.
⑤ 급료를 인상하고 직무의 양을 확대한다.

[해설]
동기부여 방법 및 단조로움 해소법
① 각 노동자에게 보다 새롭고 힘든 과업을 부여한다.
② 노동자에게 불필요한 통제를 배제한다.
③ 각 노동자에게 완전하고 자연스러운 단위의 도급 작업을 부여할 수 있도록 일을 조정한다.
④ 자기 과업을 위한 노동자의 책임감을 증대시킨다.
⑤ 노동자에게 정기보고서를 통하여 직접적인 정보를 제공한다.
⑥ 특정 작업을 할 기회를 부여한다.

48 ★★★★ 각종 감각에 주어야 할 역할과 연결이 잘못된 것은?

① 지각 – 전처리 역할
② 청각 – 연락적 역할
③ 피부감각 – 경보적 역할
④ 심부감각 – 조절적 역할
⑤ 경보적 – 촉각, 온각 – 냉각 – 통각

[해설]
지각은 감시적 역할이다.

49 ★★ 다음 중 집단의 기능과 관계없는 것은?

① 집단목표 ② 행동규범
③ 집단이해 ④ 응집력
⑤ ①, ②, ④항 모두

[해설]
집단의 기능 3가지
① 집단목표 ② 행동규범
③ 응집력

50 ★★ 다음은 리더십에 있어서의 권한의 역할이다. 이들 중 조직이 지도자에게 부여한 권한이 아닌 것은?

① 위임된 권한 ② 강압적 권한
③ 보상적 권한 ④ 합법적 권한
⑤ 전문성의 권한

[해설]
리더십 권한 역할 5가지
① 보상적 권한 : 승진, 봉급 인상
② 강압적 권한 : 부하, 처벌, 승진 누락, 봉급 인상 거부
③ 합법적(존경) 권한 : 군대, 정부기관, 교사 ⇒ 조직이 지도자에게 부여한 권한
④ 위임된 권한 : 지도자와 함께, 지도자 자신이 자신에게 부여한 권한
⑤ 전문성의 권한 : 전문적 지식 ⇒ 부하들이 스스로 따른다(존경 = 권한)

51 ★★ 환경에 익숙하지 못하기 때문에 재해를 일으킨 자는?

① 미숙성 누발자(未熟性 累發者)
② 상황성 누발자(狀況性 累發者)
③ 습관성 누발자(習慣性 累發者)
④ 소질성 누발자(素質性 累發者)
⑤ 계절적 누발자

[해설]
상황성 누발자의 재해유발원인
① 작업이 어렵기 때문에
② 기계설비의 결함이 있기 때문에
③ 환경상 주의력 집중이 곤란하기 때문에
④ 심신에 근심이 있기 때문에

[보충학습]
환경에 익숙하지 못한자 : 미숙성 누발자

[참고] p.135(2. 재해 누발자의 유형)

[정답] 47 ③ 48 ① 49 ③ 50 ① 51 ①

52 ★★★ 다음은 리더의 의사결정 과정을 연결시킨 것이다. 알맞은 것은?

① 권위주의적 리더 – 집단 중심
② 민주주의적 리더 – 종업원 중심
③ 방임주의적 리더 – 집단 중심
④ 민주주의적 리더 – 집단 중심
⑤ 방임주의적 – 사람중심

해설
민주국가는 전체 집단 중심이다.

53 ★★ 피로를 발생시키는 외적인 요인으로 적당하지 않은 것은?

① 작업의 강도(난이도, 시간)
② 작업환경조건
③ 경제적 조건(임금, 보수)
④ 작업의 경험(숙련도)
⑤ 작업태도

해설
피로의 요인
(1) 피로의 외적 원인
　① 작업시간과 작업강도 : log(작업계속의 한계 시간) = a log(RMR) + d
　② 작업환경조건 : 열악한 작업환경(기온, 습도, 복사열, 기류, 조명, 진동, 소음, 분진 등)이 작업 강도에 직접 관여하여 육체적, 정신적으로 부하를 높인다.
　③ 작업속도 : 전력적인 작업은 오래 계속될 수 없다. 100[m]를 11초에 달렸다고 해서 1[km]를 110초에 달릴 수 없듯이 인간은 거의 경제속도 부근에서 작업하고 있다. 정상 상태의 유지한계가 능률적인 작업속도 결정의 기준이 되어 있으며 주작업의 에너지대사율(RMR) 4.5 부근이 한계이다. 8시간 작업을 지속한다고 하면 2.3(RMR) 정도가 된다.
　④ 작업시각과 작업시간 : 야간 근무자는 주간 근무자에 비하여 작업 경과시간 80[%]에서 피로 상태에 도달한다고 보며, 주간에만 또는 야간에만 작업하는 경우보다 주야 윤번(주야 교대) 상태에서는 수면시간의 단축과 생체리듬에 역행함으로써 피로율은 더욱 커진다.
　⑤ 작업태도 : 작업자의 작업태도는 작업자가 원래 일에 취미를 갖고 쾌락한 긴장감과 노력감을 유지하느냐의 여부가 중요하다. 의욕이 높을 때에는 주관적 피로감(생리, 심리적)이 작고 작업의 능률도 오른다.
　⑥ 경제적 조건 : 임금, 보수
(2) 피로의 내적 원인
　① 작업의욕저하
　② 흥미의 상실
　③ 직장 불만(실업의 불안) 등

④ 구속감·속박감
⑤ 인간관계 속의 여러 가지 마찰
⑥ 가정불화
⑦ 가정 내의 갖가지 우려(가족의 질환)
⑧ 여러 가지 불만(임금, 불공평한 취급, 정치나 경제에 대한 불만 등)
⑨ 위기감·위험감
⑩ 불건전한 이성관계
⑪ 과대한 책임
⑫ 신체상의 불안이나 고장
⑬ 성격적으로 부적응일 경우
⑭ 피로에 대한 암시
⑮ 소극 감정
⑯ 작업경험(숙련도) 등

54 ★★ 다음 중 피로의 측정 방법이 아닌 것은?

① 물리학적 방법
② 자각적 방법과 타각적 방법
③ 생화학적 방법
④ 심리학적 방법
⑤ 생리적 방법

해설
피로 측정 방법
(1) 피로의 측정 방법
　① 생리적
　② 생화학적
　③ 심리학적
　④ 타각적(플리커법, 연속생명 호칭법)
(2) TGE 계수(육체적 부하도)
　TGE 계수 = 평균기온(T) × 평균복사열(G) × 평균에너지 대사율(E)

55 ★★★★★ 다음 인간의 생리적 욕구 중에서 의식적 통제가 가장 힘든 것은 어느 것인가?

① 안전욕구　　② 식욕
③ 수면욕구　　④ 배설욕구
⑤ 활동욕구

해설
생리적 욕구 중 의식통제가 힘든 순서
① 호흡욕구　　② 안전욕구
③ 해갈욕구　　④ 배설욕구
⑤ 수면욕구　　⑥ 활동욕구
⑦ 활동실시(사회활동 : 동물과 구별)

[정답] 52 ④　53 ④　54 ①　55 ①

56 습관에 직접 영향을 주지 않는 것은?

① 욕구 ② 동기
③ 감정 ④ 습성
⑤ 기질

해설

습관 및 심리 5요소
(1) 습관에 영향을 주는 요인
  ① 동기 ② 기질
  ③ 감정 ④ 습성
(2) 안전심리의 5요소(동기 5요소)
  ① 동기 ② 기질
  ③ 감정 ④ 습성
  ⑤ 습관

57 작업에 대한 평균에너지의 상한을 4[kcal]로 잡고, 휴식시간 중에 에너지 소비량을 분당 1.5[kcal]로 추산할 때, 어떤 작업의 에너지가 분당 8[kcal]라면 60분간의 총작업시간 내에 포함되어야 하는 휴식시간은 약 얼마인가?

① 28분 ② 30분
③ 37분 ④ 49분
⑤ 60분

해설

휴식
(1) 휴식시간 산출방법
$$R = \frac{60(E-4)}{E-1.5}$$
 여기서, R : 휴식시간[분]
  E : 작업시 평균에너지의 소비량[kcal/분]
  총작업시간 : 60[분]
  시간중의 에너지 소비량 : 1.5[kcal/분]
(2) $R = \frac{60(E-4)}{E-1.5} = \frac{60(8-4)}{8-1.5} = 37$[분]

58 매슬로우(Maslow)의 욕구 5단계 중 인간의 가장 기본적인 욕구는?

① 생리적 욕구 ② 애정적인 욕구
③ 자아실현의 욕구 ④ 안전에 대한 욕구
⑤ 안전욕구

해설

매슬로우 욕구 5단계

① 제1단계 : 생리적 욕구(의, 식, 주, 성의 기본적 욕구)
② 제2단계 : 안전욕구(생명, 생활, 외부로부터 자기보호욕구)
③ 제3단계 : 사회적 욕구
④ 제4단계 : 존경의 욕구
⑤ 제5단계 : 자아실현의 욕구(성취욕구)

59 스트레스가 환경이나 그 밖에 외부에서 일어나는 자극에 속하지 않는 것은?

① 자존심의 손상
② 대인관계 갈등
③ 죽음, 질병
④ 경제적 어려움
⑤ 상대적인 박탈감

해설

자존심의 손상은 내적 원인이다.

60 다음은 인간의 비질런스(vigilance) 현상에 영향을 미치는 조건이다. 관계없는 것은?

① 작업 직후에는 검출률이 낮다.
② 발생빈도가 높은 신호는 검출률이 높다.
③ 불규칙적인 신호에 대한 검출률이 낮다.
④ 오래 지속되는 신호는 검출률이 높다.
⑤ 검출능력은 작업시작 후 빠른 속도로 저하된다.

해설

비질런스
(1) 인간의 vigilance(주의하는 상태, 긴장상태, 경계상태) 현상에 영향을 끼치는 조건
  ① 검출 능력은 작업 시작 후 빠른 속도로 저하된다.
  ② 발생빈도가 높은 신호일수록 검출률이 높다.
  ③ 규칙적인 신호에 대한 검출률이 높다.
  ④ 신호강도가 높고 오래 지속되는 신호는 검출하기 쉽다.
(2) 검출(detection) : 신호의 존재여부 결정
(3) 신호에 따른 3가지 기능
  ① 검출
  ② 상대식별
  ③ 절대식별

【 정답 】 56 ① 57 ③ 58 ① 59 ① 60 ①

61 ★★ 다음 중 선출된 지도자의 권한 행사는?

① 멤버십(membership)
② 헤드십(headship)
③ 리더십(leadership)
④ 매니저십(managership)
⑤ 셀프십(selfship)

해설

헤드십과 리더십의 차이

개인과 상황 변수	헤드십	리더십
권한 행사 방법	임명적 헤드	선출된 리더
권한 부여 형태	위에서 위임	밑으로부터 동의
권한 근거	법적 또는 공식적	개인능력
권한 귀속 관계	공식화된 규정에 의함	집단목표에 기여한 공로 인정
상관과 부하의 관계	지배적(강압적)	개인적인 영향에 좌우
책임 귀속 문제	상사	상사와 부하 동시
부하와 사회적 간격	넓음	좁음
지휘 형태	권위주의적	민주주의적

62 ★★★ 다음 민주형 리더의 설명 중 틀린 것은?

① 추종자에게 참여와 자유 인정
② 추종자에게 참여 자유가 무제한 공급
③ 리더의 통제와 조정, 자유폭 제한
④ 추종자의 적극적 자기실현 기회의 확보
⑤ 부하에게 호의적이다.

해설

민주형 리더는 자유가 있는 만큼 책임이 있다.

63 ★★ 다음 중 관료주의의 중요한 4가지 차원이 아닌 것은?

① 조직도에 나타난 조직의 크기와 넓이
② 관리자가 책임질 수 있는 근로자의 수
③ 관리자를 대단위로 묶어 분산
④ 작업의 단순화와 전문화
⑤ 관리자를 소단위로 묶음

해설

관료주의 4가지 차원은 ①, ②, ④, ⑤ 이다.

64 ★ 다음 중 대인적인 능력에 속하는 것과 거리가 먼 것은?

① 높은 기대
② 개인에 대한 존경
③ 팀의 지향
④ 조직 성장
⑤ 팀의 화목

해설

개인에 대한 존경은 일종의 욕구이다.

65 ★ 인간의 사회활동 욕구를 구성하는 요소가 아닌 것은 다음 중 어느 것인가?

① 경제활동
② 통제활동
③ 생활활동
④ 정신활동
⑤ 호흡행동

해설

사회활동 욕구
(1) 인간, 동물 구별
(2) ①, ②, ③ 외 가족행동, 정신활동

66 ★★ 다음 욕구 중 의식적 통제가 어려운 순서를 나타낸 것은?

① 배설욕구 → 안전욕구 → 수면욕구 → 호흡욕구
② 호흡욕구 → 배설욕구 → 안전욕구 → 수면욕구
③ 호흡욕구 → 안전욕구 → 배설욕구 → 수면욕구
④ 수면욕구 → 호흡욕구 → 안전욕구 → 배설욕구
⑤ 안전욕구 → 배설욕구 → 호흡욕구 → 수면욕구

해설

의식적 통제가 어려운 순서
① 호흡욕구 ② 안전욕구
③ 배설욕구 ④ 수면욕구

[정답] 61 ③ 62 ② 63 ③ 64 ② 65 ⑤ 66 ③

67 맥그리거의 Y 이론에 해당되는 것은?

① 인간 불신감
② 물질적 욕구
③ 목표 통합과 자기통제형
④ 저개발국형
⑤ 저차적 욕구

해설

① Y 이론 : 성선설　　② X 이론 : 성악설

68 주의특징을 말한 것이다. 틀린 것은?

① 선택성　　② 방향성
③ 변동성　　④ ①, ②, ③ 3항목 모두
⑤ 정진성

해설

주의특징 3가지
① 선택성　　② 방향성
③ 변동성

69 RMR에 의한 작업강도에서 경작업이란 작업강도가 얼마인 작업을 말하는가?

① 0~2　　② 2~4
③ 4~7　　④ 7~9
⑤ 9~12

해설

작업강도구분
① 0~2 : 경작업
② 2~4 : 中(중)작업
③ 4~7 : 重(중)작업
④ 7 이상 : 招重(초중) 작업

70 작업의 능률과 안전을 도모하기 위하여 휴식시간을 부여하여야 한다. 작업에 대한 평균에너지 값의 상한을 5[kcal/분]으로 잡을 때 휴식시간 산출공식으로 옳은 것은? (단, R : 휴식시간(분), E : 작업시 평균소비에너지값(kcal/분), 총 작업시간 : 60분, 휴식시간 중 에너지소비량 : 1.5[kcal/분]이다.)

① $R = \dfrac{60(E-5)}{E-1.5}$　　② $R = \dfrac{50(E-5)}{E-15}$

③ $R = \dfrac{60(E-4)}{E-5}$　　④ $R = \dfrac{50(E-5)}{E-4}$

⑤ $R = \dfrac{60(E-10)}{E-10}$

해설

휴식시간 산출
작업에 대한 평균에너지의 상한 값을 5[kcal/분](기초대사량 값 포함)이라 할 때 어떤 활동이 이 한계를 넘는다면 휴식시간을 삽입하여 초과분을 보상해 주어야 한다.

∴ $R = \dfrac{60(E-5)}{E-1.5}$

71 다음 적응기제 중 자기의 난처한 입장이나 실패의 결점을 이유나 변명으로 일관하는 것, 또는 실제의 행위나 상태보다 훌륭하게 평가되기 위하여 구실을 내세우는 행위를 무엇이라 하는가?

① 투사　　② 도피
③ 합리화　　④ 동일화
⑤ 모방

해설

합리화의 정의 및 종류
(1) 정의
　자신이 무의식적으로 저지른 일관성 있는 행동에 대해 그럴듯한 이유를 붙여 설명하는 일종의 자기 변명으로 자신의 행동을 정당화하여 자신이 받을 수 있는 상처를 완화시킴
(2) 종류
　① 신 포도형 : 목표달성 실패시에 자기는 처음부터 원하지 않은 일이라 변명(이솝우화 : 포도를 먹을 수 없게 되자 "저 포도는 시어서 따지 않았다"고 변명)
　② 달콤한 레몬형 : 현재의 상태 과시, '이것이야 말로 내가 원하는 것이다'라고 변명

72 Taylor의 과학적 관리와 거리가 먼 것은?

① 시간 – 동작 연구를 적용하였다.
② 생산의 효율성을 상당히 향상시켰다.
③ 인간중심의 관점으로 일을 재설계한다.
④ 인센티브를 도입함으로써 작업자들을 동기화시

[정답]　67 ③　68 ⑤　69 ①　70 ①　71 ③　72 ③

킬 수 있다.
⑤ 시간 – 동작을 이용하여 생산을 향상시켰다.

> 해설

Frederick W.Taylor 과학적 관리
(1) 과학적 관리의 원칙(생산성과 종업원의 임금 동시 향상) → 작업환경의 재설계)
  ㉮ 과학적 방법
  ㉯ 과학적 선발과 교육
  ㉰ 개인주의가 아닌 협동심 고취
  ㉱ 경영층과 근로자들의 일을 최적화 하기 위한 작업의 균등분배
(2) 단점
  ㉮ 고임금을 희망하는 근로자들을 비인간적으로 착취
  ㉯ 최소 인원으로 작업이 가능하여 대량의 실업자 유발

> 💬 합격자의 조언

1. 작은 것 탐내다가 큰 것을 잃는다. 무엇이 큰 것인가를 판단하라.
2. 돌다리만 두드리지 마라. 그 사이에 남들은 결승점에 가 있다.
3. 돈의 노예로 살지 말라. 돈의 주인으로 기쁘게 살아가라.

MEMO

Part 03 | 산업위생개론

Chapter 1 산업위생의 개요
Chapter 2 작업환경안전일반
Chapter 3 운반·하역작업
Chapter 4 산업위생 관련 보건기준

Chapter 01 산업위생의 개요

중점 학습내용

WHO의 정의에서 모든 직업에서 일하는 근로자들의 육체적, 정신적 그리고 사회적 건강을 고도로 유지, 증진시키며 작업조건으로 인한 질병을 예방하고 건강에 유해한 취업을 방지하며 근로자를 생리적으로나 심리적으로 적합한 작업환경에 배치하여 일하도록 하는데 있으며 본 장의 이번 시험에 출제가 예상되는 내용은 다음과 같다.
❶ 산업위생의 정의 및 목적
❷ 산업위생 역사
❸ 산업위생 윤리강령
〈건강의 정의(세계보건기구, WHO)〉
단순히 질병이 없거나 허약하지 않은 상태만을 의미하는 것이 아니고, Physical(육체적 안녕), Mental(정신적 안녕), Social wellbeing(사회적 안녕)이 완전한 상태

합격예측

WHO(세계보건기구 : 1950년)와 ILO(국제노동기구) 정의

모든 직업에서 일하는 근로자들의 육체적, 정신적 그리고 사회적 건강을 고도로 유지, 증진시키며 작업조건으로 인한 질병을 예방하고 건강에 유해한 취업을 방지하며 근로자를 생리적으로나 심리적으로 적합한 작업환경에 배치하여 일하도록 하는데 있다.

1 정의 및 목적

1. 산업위생의 정의

(1) WHO(세계보건기구 : 1950년)와 ILO(국제노동기구) 정의

모든 직업에서 일하는 근로자들의 육체적, 정신적 그리고 사회적 건강을 고도로 유지, 증진시키며 작업조건으로 인한 질병을 예방하고 건강에 유해한 취업을 방지하며 근로자를 생리적으로나 심리적으로 적합한 작업환경에 배치하여 일하도록 하는데 있다.(The promotion and maintenance of the highest degree of physical, mental and social well-being of workers in all occupation)

(2) Luffingham(1967년)의 산업의학(Industrial Medicine) 정의

산업사회에 있어서 모든 근로자가 건강에 저해됨이 없이 정당하게 활동할 수 있도록 하는 것을 목적으로 하는 산업환경에 있어서의 의학의 실천활동

(3) AIHA(미국산업위생학회 : 1994년)의 정의

근로자나 일반 대중에게 질병, 건강장애와 안녕방해, 심각한 불쾌감 및 능률 저하 등을 초래하는 작업환경 요인과 스트레스를 예측, 측정 평가하고 관리하는 과학과 기술

2. 산업위생의 목적

① 근로환경개선 및 직업병의 근원적 예방 목적
② 근로환경 및 작업조건의 인간공학적 환경개선 목적
③ 근로자의 건강보호 및 생산성 향상 목적

3. 산업위생의 범위

① 작업능력과 작업조건의 연구
② 작업환경과 신체적 최적 환경의 연구
③ 노동력의 재생산과 사회경제적 조건 연구
④ 노동 생리와 정신적 조건 연구
⑤ 연령, 성별, 적성 문제
⑥ 신기술과 건강 피해 연구
⑦ 유해 환경의 영향과 대책 연구
⑧ 생체리듬의 연구
⑨ 노동시간과 교대제 연구

2 산업위생 역사

1. 외국의 산업위생 역사 23. 4. 1 출

연구자명	시기	연구내용
히포크라테스	BC370	광산에서 납중독 보고(최고 기록 직업병)
Pliny the Elder	AD50	동물의 방광막 방진마스크로 사용
Galen	AD200	구리광산에서 산 증기 위험성 보고
Ellen	1473	직업병과 위생에 관한 교육용 팸플릿 발간
Paracelsus	1493	폐질환의 원인 물질은 수은, 황 및 염이라고 주장
Agricola	1494	광산 환기, 마스크 사용 권장, 규폐증 기록(독일의사)
Ramazzini	1700	산업의학의 시조, 직업인의 질병 저술
Pott	1775	굴뚝 청소부에서 음낭암 발견
Alice Hamilton 미국	20세기	유해물질 노출과 질병과의 관계 규명 미국 최초의 여성 산업위생학자
	1913	National Safety Council 창립
	1939	미국 산업위생학회 창립
	1970	Occupational Safety and Health Act 제정

합격예측

산업위생의 범위
① 작업능력과 작업조건의 연구
② 작업환경과 신체적 최적 환경의 연구
③ 노동력의 재생산과 사회경제적 조건 연구
④ 노동 생리와 정신적 조건 연구
⑤ 연령, 성별, 적성 문제
⑥ 신기술과 건강 피해 연구
⑦ 유해 환경의 영향과 대책 연구
⑧ 생체리듬의 연구
⑨ 노동시간과 교대제 연구

합격예측

(1) 건강개념의 변천
 ① 19C 이전(신체개념): 생의학적 모델(인간 = 기계, 질병 = 기계의 부품)
 ② 19C(심신개념): 건강을 육체적, 정신적 측면
 ③ 20C(생활개념): WHO 건강개념(육체적, 정신적, 사회적 측면)
 ④ 1988년(영적개념): WHO 미채택(육체적, 정신적, 사회적, 영적 측면)
(2) 감염병 발생설의 변천 과정
 종교설(천벌설·신벌설)→점성설(우주설)→장기설→접촉감염설→미생물병인설(세균설)→다요인설(복수병인론)

합격예측

윤리강령의 목적(AAIH : 미국산업위생학술원)

① 산업위생전문가(Industrial hygienist)는 사업장 내에 존재하는 물리적, 화학적, 생물학적, 인간공학적 및 사회·심리적 유해요인의 정성적 유무를 판단할 학문적 배경과 경험은 물론 이를 정량적으로 예측할 수 있는 능력이 있어야 한다.

② 기업주와 근로자 사이에 엄격한 중립을 지켜야 한다.

2. 한국의 산업위생 역사

1953	근로기준법 제정
1954	광산에서 진폐증 발견
1958	석탄공사 장성병원 중앙실험실 설치
1961	근로기준법 시행규칙 제정
1962	카톨릭 산업의학연구소 설립, 작업환경측정 실시
1963	대한산업보건협회 창립, 보사부 노동국을 노동청으로 승격 산업재해 보상보험법 제정
1966	노동청내 산업안전국 신설-산업안전보건업무전담
1977	국립노동과학연구소, 근로복지공사 설립
1981	노동청이 노동부로 승격, 산업안전보건법 공포
1984	진폐의 예방과 진폐근로자의 보호 등에 관한 법률제정
1986	유해화학물질 허용농도 제정
1987	한국산업안전공단 설립
1990	한국산업위생학회 창립
1992	작업환경측정 실시규정제정
1988년	문송면씨 Hg중독 사회적 이슈
2012. 6.	산업안전보건법령 개정
2014. 11.	산업안전보건기준에 관한 규칙 개정
2014. 11.	국민안전처 발족
2025. 7.	산업안전보건법(법률 20677호) 일부 개정

3 산업위생 윤리강령

1. 윤리강령의 목적(AAIH : 미국산업위생학술원)

① 산업위생전문가(Industrial hygienist)는 사업장 내에 존재하는 물리적, 화학적, 생물학적, 인간공학적 및 사회·심리적 유해요인의 정성적 유무를 판단할 학문적 배경과 경험은 물론 이를 정량적으로 예측할 수 있는 능력이 있어야 한다.

② 기업주와 근로자 사이에 엄격한 중립을 지켜야 한다.

2. 책임과 의무

(1) 윤리적 행위의 책임기준

① 산업위생전문가로서의 책임

⑦ 성실성과 학문적 실력면에서 최고 수준을 유지한다.(전문적 능력 배양 및 성실한 자세로 행동)
㉯ 과학적 방법의 적용과 자료의 해석에서 객관성을 유지한다.(공인된 과학적 방법 적용, 해석)
㉰ 전문 분야로서의 산업위생을 학문적으로 발전시킨다.
㉱ 근로자, 사회 및 전문 직종의 이익을 위해 과학적 지식을 공개하고 발표한다.
㉲ 기업체의 기밀은 누설하지 않는다.(정보는 비밀유지)
㉳ 전문적 판단이 타협에 의하여 좌우될 수 있거나 이해관계가 있는 상황에는 개입하지 않는다.

② 근로자에 대한 책임
㉮ 근로자의 건강보호가 산업위생전문가의 일차적 책임임을 인지한다.(주된 책임 인지)
㉯ 위험요인의 측정, 평가 및 관리에 있어서 외부 영향력에 굴하지 않고 중립적(객관적) 태도를 취한다.
㉰ 건강의 유해요인에 대한 정보와 필요한 예방조치에 대해 근로자와 상담(대화)한다.

③ 기업주와 고객에 대한 책임
㉮ 결과 및 결론을 뒷받침할 수 있도록 정확한 기록을 유지하고 산업위생사업을 전문가답게 전문부서들을 운영 관리한다.
㉯ 기업주와 고객보다는 근로자의 건강보호에 궁극적 책임을 두어 행동한다.
㉰ 쾌적한 작업환경을 조성하기 위하여 산업위생의 이론을 적용하고 책임있게 행동한다.
㉱ 신뢰를 바탕으로 정직하게 권하고 성실한 자세로 충고하며 결과와 개선점 및 권고사항을 정확히 보고한다.

④ 일반 대중에 대한 책임
㉮ 일반 대중에 관한 사항은 학술지에 정직하게 사실 그대로 발표한다.
㉯ 적정(정확)하고도 확실한 사실(확인된 지식)을 근거로 전문적인 견해를 발표한다.

(2) 법적 책임과 업무

① 보건관리자의 업무
- 보건관리자의 업무는 다음 각 호와 같다.
  ㉮ 산업안전보건위원회 또는 노사협의체에서 심의·의결한 업무와 안전보건관리규정 및 취업규칙에서 정한 업무

합격예측

제22조(보건관리자의 업무 등) ① 보건관리자의 업무는 다음 각 호와 같다.
1. 산업안전보건위원회 또는 노사협의체에서 심의·의결한 업무와 안전보건관리규정 및 취업규칙에서 정한 업무
2. 안전인증대상기계등과 자율안전확인대상기계등 중 보건과 관련된 보호구(保護具) 구입 시 적격품 선정에 관한 보좌 및 지도·조언
3. 법 제36조에 따른 위험성 평가에 관한 보좌 및 지도·조언
4. 법 제110조에 따라 작성된 물질안전보건자료의 게시 또는 비치에 관한 보좌 및 지도·조언
5. 제31조제1항에 따른 산업보건의의 직무(보건관리자가 별표 6 제2호에 해당하는 사람인 경우로 한정한다)
6. 해당 사업장 보건교육계획의 수립 및 보건교육 실시에 관한 보좌 및 지도·조언
7. 해당 사업장의 근로자를 보호하기 위한 다음 각 목의 조치에 해당하는 의료행위(보건관리자가 별표 6 제2호 또는 제3호에 해당하는 경우로 한정한다)
  가. 자주 발생하는 가벼운 부상에 대한 치료
  나. 응급처치가 필요한 사람에 대한 처치
  다. 부상·질병의 악화를 방지하기 위한 처치
  라. 건강진단 결과 발견된 질병자의 요양 지도 및 관리
  마. 가목부터 라목까지의 의료행위에 따르는 의약품의 투여

8. 작업장 내에서 사용되는 전체 환기장치 및 국소 배기장치 등에 관한 설비의 점검과 작업방법의 공학적 개선에 관한 보좌 및 지도·조언
9. 사업장 순회점검, 지도 및 조치 건의
10. 산업재해 발생의 원인 조사·분석 및 재발 방지를 위한 기술적 보좌 및 지도·조언
11. 산업재해에 관한 통계의 유지·관리·분석을 위한 보좌 및 지도·조언
12. 법 또는 법에 따른 명령으로 정한 보건에 관한 사항의 이행에 관한 보좌 및 지도·조언
13. 업무 수행 내용의 기록·유지
14. 그 밖에 보건과 관련된 작업관리 및 작업환경관리에 관한 사항으로서 고용노동부장관이 정하는 사항

② 보건관리자는 제1항 각 호에 따른 업무를 수행할 때에는 안전관리자와 협력해야 한다.

③ 사업주는 보건관리자가 제1항에 따른 업무를 원활하게 수행할 수 있도록 권한·시설·장비·예산, 그 밖의 업무 수행에 필요한 지원을 해야 한다. 이 경우 보건관리자가 별표 6 제2호 또는 제3호에 해당하는 경우에는 고용노동부령으로 정하는 시설 및 장비를 지원해야 한다.

④ 보건관리자의 배치 및 평가·지도에 관하여는 제18조제2항 및 제3항을 준용한다. 이 경우 "안전관리자"는 "보건관리자"로, "안전관리"는 "보건관리"로 본다.

㈏ 안전인증대상기계등과 자율안전확인대상기계등 중 보건과 관련된 보호구(保護具) 구입 시 적격품 선정에 관한 보좌 및 지도·조언
㈐ 법 제36조에 따른 위험성평가에 관한 보좌 및 지도·조언
㈑ 법 제110조에 따라 작성된 물질안전보건자료의 게시 또는 비치에 관한 보좌 및 지도·조언
㈒ 제31조제1항에 따른 산업보건의의 직무(보건관리자가 별표 6 제2호에 해당하는 사람인 경우로 한정한다)
㈓ 해당 사업장 보건교육계획의 수립 및 보건교육 실시에 관한 보좌 및 지도·조언
㈔ 해당 사업장의 근로자를 보호하기 위한 다음 각 목의 조치에 해당하는 의료행위(보건관리자가 별표 6 제2호 또는 제3호에 해당하는 경우로 한정한다)
  ㉠ 자주 발생하는 가벼운 부상에 대한 치료
  ㉡ 응급처치가 필요한 사람에 대한 처치
  ㉢ 부상·질병의 악화를 방지하기 위한 처치
  ㉣ 건강진단 결과 발견된 질병자의 요양 지도 및 관리
  ㉤ 가목부터 라목까지의 의료행위에 따르는 의약품의 투여
㈕ 작업장 내에서 사용되는 전체 환기장치 및 국소 배기장치 등에 관한 설비의 점검과 작업방법의 공학적 개선에 관한 보좌 및 지도·조언
㈖ 사업장 순회점검, 지도 및 조치 건의
㈗ 산업재해 발생의 원인 조사·분석 및 재발 방지를 위한 기술적 보좌 및 지도·조언
㈘ 산업재해에 관한 통계의 유지·관리·분석을 위한 보좌 및 지도·조언
㈙ 법 또는 법에 따른 명령으로 정한 보건에 관한 사항의 이행에 관한 보좌 및 지도·조언
㈚ 업무 수행 내용의 기록·유지
㈛ 그 밖에 보건과 관련된 작업관리 및 작업환경관리에 관한 사항으로서 고용노동부장관이 정하는 사항

- 보건관리자는 제1항 각 호에 따른 업무를 수행할 때에는 안전관리자와 협력해야 한다.
- 사업주는 보건관리자가 제1항에 따른 업무를 원활하게 수행할 수 있도록 권한·시설·장비·예산, 그 밖의 업무 수행에 필요한 지원을 해야 한다. 이 경우 보건관리자가 별표 6 제2호 또는 제3호에 해당하는 경우에는 고용노동부령으로 정하는 시설 및 장비를 지원해야 한다.
- 보건관리자의 배치 및 평가·지도에 관하여는 제18조제2항 및 제3항을

준용한다. 이 경우 "안전관리자"는 "보건관리자"로, "안전관리"는 "보건관리"로 본다.

② 산업보건지도사(산업위생 분야) 업무범위
　㉮ 유해·위험방지계획서, 안전보건개선계획서, 물질안전보건자료 작성 지도
　㉯ 작업환경측정 결과에 대한 공학적 개선대책 기술 지도
　㉰ 작업장 환기시설의 설계 및 시공에 필요한 기술 지도
　㉱ 보건진단결과에 따른 작업환경 개선에 필요한 직업환경의학적 지도
　㉲ 석면 해체·제거작업 기술 지도
　㉳ 갱내, 터널 또는 밀폐공간의 환기·배기시설의 안전성 평가 및 기술 지도
　㉴ 그 밖에 산업보건에 관한 교육 또는 기술 지도

③ 산업보건지도사(직업환경의학 분야) 업무범위
　㉮ 유해·위험방지계획서, 안전보건개선계획서, 물질안전보건자료 작성 지도
　㉯ 건강진단 결과에 따른 근로자 건강관리 지도
　㉰ 직업병 예방을 위한 작업관리, 건강관리에 필요한 지도
　㉱ 보건진단 결과에 따른 개선에 필요한 기술 지도
　㉲ 그 밖에 직업환경의학, 건강관리에 관한 교육 또는 기술 지도

> **합격예측**
> **산업보건지도사 (산업위생 분야) 업무범위**
> ① 유해·위험방지계획서, 안전보건개선계획서, 물질안전보건자료 작성 지도
> ② 작업환경측정 결과에 대한 공학적 개선대책 기술 지도
> ③ 작업장 환기시설의 설계 및 시공에 필요한 기술 지도
> ④ 보건진단결과에 따른 작업환경 개선에 필요한 직업환경의학적 지도
> ⑤ 석면 해체·제거작업 기술 지도
> ⑥ 갱내, 터널 또는 밀폐공간의 환기·배기시설의 안전성 평가 및 기술 지도
> ⑦ 그 밖에 산업보건에 관한 교육 또는 기술 지도

> **합격예측**
> **산업보건지도사(직업환경의학분야) 업무범위**
> ① 유해·위험방지계획서, 안전보건개선계획서, 물질안전보건자료 작성 지도
> ② 건강진단 결과에 따른 근로자 건강관리 지도
> ③ 직업병 예방을 위한 작업관리, 건강관리에 필요한 지도
> ④ 보건진단 결과에 따른 개선에 필요한 기술 지도
> ⑤ 그 밖에 직업환경의학, 건강관리에 관한 교육 또는 기술 지도

Chapter 01 산업위생의 개요 출제예상문제

출제예상문제는 복습, 예습문제로 엮었습니다. *WHY : 실제시험에도 순서에 관계없이 출제됩니다. 예습 후 다음장에 공부한 문제가 있으면 기억이 배가 됩니다.

01 ★★★★★ 국제노동기구 및 WHO가 선언한 "산업보건"의 정의에 포함되지 않는 것은?

① 노동생산성의 향상
② 작업조건으로 인한 질병의 예방
③ 적합한 작업환경에 근로자의 배치
④ 근로자의 육체적, 정신적, 사회적 건강의 유지, 증진
⑤ 건강에 유해한 취업을 방지

[해설]
세계보건기구(WHO)와 국제노동기구(ILO) 공동위원회의 산업보건 정의
① 근로자의 육체적, 정신적, 사회적 건강을 유지 증진
② 작업조건으로 인한 질병 예방 및 건강에 유해한 취업을 방지
③ 근로자를 생리적, 심리적으로 적합한 작업환경에 배치

02 ★★★★ 미국산업위생학회(AIHA)는 산업위생분야에 종사하는 사람들이 지켜야 할 윤리강령을 채택하였다. 다음 중 윤리강령의 내용과 거리가 먼 것은?

① 전문가로서의 책임
② 근로자에 대한 책임
③ 일반 대중에 대한 책임
④ 기업주와 고객에 대한 책임
⑤ 환경관리에 대한 책임

[해설]
미국산업위생학회(AIHA : 1994. America Industrial Hygiene Association) 산업보건 정의
근로자나 일반 대중에게 질병, 건강장애와 안녕방해, 심각한 불쾌감 및 능률 저하를 초래하는 작업환경 요인과 스트레스를 예측, 측정, 평가하고 관리하는 과학과 기술

03 ★★★★ 산업위생의 목적이 될 수 없는 것은?

① 작업환경개선
② 직업병의 근원적 예방
③ 생산성 향상
④ 작업자 건강 보호
⑤ 근로자 임금제공

[해설]
산업위생의 목적
① 작업환경개선 및 직업병의 근원적 예방
② 작업환경 및 작업조건의 인간공학적 개선
③ 작업자의 건강보호 및 생산성 향상

04 ★★★ 산업위생의 범위에 속하지 않는 것은?

① 근로자의 임금상승 연구
② 생체리듬의 연구
③ 노동시간과 교대제 연구
④ 연령, 성별, 적성문제
⑤ 신기술과 건강재해 연구

[해설]
산업위생의 범위
① 작업능력과 작업 조건의 연구
② 작업환경과 신체적 최적 환경의 연구
③ 노동력의 재생산과 사회경제적 조건 연구
④ 노동 생리와 정신적 조건 연구
⑤ 연령, 성별, 적성 문제
⑥ 신기술과 건강 피해 연구
⑦ 유해 환경의 영향과 대책 연구
⑧ 생체리듬의 연구
⑨ 노동시간과 교대제 연구

[정답] 01 ① 02 ⑤ 03 ⑤ 04 ①

05 ★ 근로자의 권익과 안전보건을 위한 국제기구로 국제노동기구(ILO)가 창립된 연도는?

① 1901년 ② 1919년
③ 1936년 ④ 1946년
⑤ 2012년

해설

국제노동기구(ILO)
① 1919년 창립되었으며, 근로자의 권익과 안전보건을 위한 국제기구이다.
② 우리나라는 1982년부터 옵서버로 총회에 참석, 1991년 정식으로 가입했다.
③ ILO 활동 중에서 가장 중요한 것은 국제 노동 기준의 설정이다.

06 ★★★★★ 산업위생전문가가 근로자에 대한 책임, 기업주와 고객에 대한 책임, 일반 대중에 대한 책임 전문가로서의 책임을 가지고 지켜야 하는 윤리강령 중 기업주와 고객에 대한 책임과 관계된 윤리강령으로 가장 맞는 것은?

① 근로자, 사회 및 전문직종의 이익을 위해 과학적 지식을 공개하고 발표한다.
② 결과와 결론을 뒷받침할 수 있도록 기록을 유지하고 산업위생사업을 전문가답게 운영, 관리한다.
③ 전문가 판단이 타협에 의하여 좌우될 수 있는 상황에는 개입하지 않는다.
④ 기업체의 기밀은 누설하지 않는다.
⑤ 학문적 실력면에서 최고수준을 유지한다.

해설

산업위생전문가의 윤리강령(AAIH : 미국산업위생학술원) : 윤리적 행위의 기준
(1) 산업위생전문가로서의 책임
 ① 성실성과 학문적 실력면에서 최고 수준을 유지한다.
 ② 과학적 방법의 적용과 자료의 해석에서 객관성을 유지한다.
 ③ 전문분야로서의 산업위생을 학문적으로 발전시킨다.
 ④ 근로자, 사회 및 전문 직종의 이익을 위해 과학적 지식을 공개하고 발표한다.
 ⑤ 기업체의 기밀은 누설하지 않는다.
 ⑥ 전문적 판단이 타협에 의하여 좌우될 수 있거나 이해관계가 있는 상황에는 개입하지 않는다.
(2) 근로자에 대한 책임
 ① 근로자의 건강보호가 산업위생전문가의 일차적 책임임을 인지한다.
 ② 위험요인의 측정, 평가 및 관리에 있어서 외부 영향력에 굴하지 않고 중립적(객관적) 태도를 취한다.
 ③ 건강의 유해요인에 대한 정보와 필요한 예방조치에 대해 근로자와 상담(대화)한다.
(3) 기업주와 고객에 대한 책임
 ① 결과 및 결론을 뒷받침할 수 있도록 정확한 기록을 유지하고 산업위생사업을 전문가답게 전문부서들을 운영 관리한다.
 ② 기업주와 고객보다는 근로자의 건강보호에 궁극적 책임을 두어 행동한다.
 ③ 쾌적한 작업환경을 조성하기 위하여 산업위생의 이론을 적용하고 책임있게 행동한다.
 ④ 신뢰를 바탕으로 정직하게 권고하고 성실한 자세로 충고하며 결과와 개선점 및 권고사항을 정확히 보고한다.
(4) 일반 대중에 대한 책임
 ① 일반 대중에 관한 사항은 학술지에 정직하게 사실 그대로 발표한다.
 ② 적정(정확)하고도 확실한 사실(확인된 지식)을 근거로 전문적인 견해를 발표한다.

07 ★★★★★ 보건관리자의 업무가 아닌 것은?

① 작업장 내에서 사용되는 전체 환기장치 및 국소배기장치 등에 관한 설비의 점검과 작업방법의 공학적 개선·지도
② 사업장 순회점검·지도 및 조치의 건의
③ 직업성 질환 발생의 원인 조사 및 대책 수립
④ 산업재해에 관한 통계의 유지와 관리를 위한 지도와 조언(보건분야만 해당한다.)
⑤ 법 또는 법에 따른 명령이나 안전보건관리규정 및 취업규칙 중 안전에 관한 사항을 위반한 근로자에 대한 조치의 건의

해설

보건관리자 업무
① 보건관리자의 업무는 다음 각 호와 같다.
 ㉮ 산업안전보건위원회 또는 노사협의체에서 심의·의결한 업무와 안전보건관리규정 및 취업규칙에서 정한 업무
 ㉯ 안전인증대상기계등과 자율안전확인대상기계등 중 보건과 관련된 보호구(保護具) 구입 시 적격품 선정에 관한 보좌 및 지도·조언
 ㉰ 법 제36조에 따른 위험성평가에 관한 보좌 및 지도·조언
 ㉱ 법 제110조에 따라 작성된 물질안전보건자료의 게시 또는 비치에 관한 보좌 및 지도·조언
 ㉲ 제31조제1항에 따른 산업보건의의 직무(보건관리자가 별표 6 제2호에 해당하는 사람인 경우로 한정한다)
 ㉳ 해당 사업장 보건교육계획의 수립 및 보건교육 실시에 관한 보좌 및 지도·조언
 ㉴ 해당 사업장의 근로자를 보호하기 위한 다음 각 목의 조치에 해당하는 의료행위(보건관리자가 별표 6 제2호 또는 제3호에 해당하는 경우로 한정한다)

[정답] 05 ② 06 ② 07 ⑤

㉠ 자주 발생하는 가벼운 부상에 대한 치료
㉡ 응급처치가 필요한 사람에 대한 처치
㉢ 부상·질병의 악화를 방지하기 위한 처치
㉣ 건강진단 결과 발견된 질병자의 요양 지도 및 관리
㉤ 가목부터 라목까지의 의료행위에 따르는 의약품의 투여
㉥ 작업장 내에서 사용되는 전체 환기장치 및 국소 배기장치 등에 관한 설비의 점검과 작업방법의 공학적 개선에 관한 보좌 및 지도·조언
㉦ 사업장 순회점검, 지도 및 조치 건의
㉧ 산업재해 발생의 원인 조사·분석 및 재발 방지를 위한 기술적 보좌 및 지도·조언
㉨ 산업재해에 관한 통계의 유지·관리·분석을 위한 보좌 및 지도·조언
㉩ 법 또는 법에 따른 명령으로 정한 보건에 관한 사항의 이행에 관한 보좌 및 지도·조언
㉪ 업무 수행 내용의 기록·유지
㉫ 그 밖에 보건과 관련된 작업관리 및 작업환경관리에 관한 사항으로서 고용노동부장관이 정하는 사항

② 보건관리자는 제1항 각 호에 따른 업무를 수행할 때에는 안전관리자와 협력해야 한다.
③ 사업주는 보건관리자가 제1항에 따른 업무를 원활하게 수행할 수 있도록 권한·시설·장비·예산, 그 밖의 업무 수행에 필요한 지원을 해야 한다. 이 경우 보건관리자가 별표 6 제2호 또는 제3호에 해당하는 경우에는 고용노동부령으로 정하는 시설 및 장비를 지원해야 한다.
④ 보건관리자의 배치 및 평가·지도에 관하여는 제18조제2항 및 제3항을 준용한다. 이 경우 "안전관리자"는 "보건관리자"로, "안전관리"는 "보건관리"로 본다.

08 ★★★ 산업보건지도사(직업환경의학 분야)의 직무가 아닌 것은?

① 유해·위험방지계획서, 안전보건개선계획서, 물질안전보건자료 작성 지도
② 안전진단 결과에 따른 근로자 안전관리 지도
③ 직업병 예방을 위한 작업관리, 건강관리에 필요한 지도
④ 보건진단 결과에 따른 개선에 필요한 산업의학적 지도
⑤ 그 밖에 산업의학, 건강관리에 관한 교육 또는 기술 지도

해설

산업보건지도사(직업환경의학 분야) 업무범위
① 유해·위험방지계획서, 안전보건개선계획서, 물질안전보건자료 작성 지도
② 건강진단 결과에 따른 근로자 건강관리 지도
③ 직업병 예방을 위한 작업관리, 건강관리에 필요한 지도
④ 보건진단 결과에 따른 개선에 필요한 기술 지도
⑤ 그 밖에 직업환경의학, 건강관리에 관한 교육 또는 기술 지도

09 ★★ 산업보건지도사(산업위생 분야) 직무가 아닌 것은?

① 유해·위험방지계획서, 안전보건개선계획서, 물질안전보건자료 작성 지도
② 작업환경측정 결과에 대한 공학적 개선대책 기술 지도
③ 작업장 환기시설의 설계 및 시공에 필요한 기술 지도
④ 안전진단결과에 따른 개선에 필요한 기술 지도
⑤ 그 밖에 산업위생, 건강 증진에 관한 교육 또는 기술 지도

해설

산업보건지도사(산업위생 분야) 업무범위
① 유해·위험방지계획서, 안전보건개선계획서, 물질안전보건자료 작성 지도
② 작업환경측정 결과에 대한 공학적 개선대책 기술 지도
③ 작업장 환기시설의 설계 및 시공에 필요한 기술 지도
④ 보건진단결과에 따른 작업환경 개선에 필요한 직업환경의학적 지도
⑤ 석면 해체·제거작업 기술 지도
⑥ 갱내, 터널 또는 밀폐공간의 환기·배기시설의 안전성 평가 및 기술 지도
⑦ 그 밖에 산업보건에 관한 교육 또는 기술 지도

10 ★ 우리나라 산업위생의 역사로 틀린 것은?

① 1953년 : 근로기준법 제정
② 1981년 : 산업안전보건법 공포
③ 1986년 : 유해물질의 허용농도 제정
④ 1987년 : 한국산업안전보건공단 설립
⑤ 2012년 : 한국산업위생학회 창립

해설

우리나라 산업위생 역사
① 1986년 : 유해물질의 허용농도 제정
② 1987년 : 한국산업안전보건공단 설립
③ 1988년 : 문송면군 수은 중독 사망
         온도계, 형광등 제조회사에서 발생
④ 1990년 : 한국산업위생학회 창립
⑤ 1991년 : 원진레이온(주) 이황화탄소(CS_2)중독
         1991년 중독 발견하고 1998년 집단적으로 발생

[정답] 08 ② 09 ④ 10 ⑤

11 ★ 외국의 산업위생 역사 중 산업보건에 관한 최초의 법률은?

① Bismark법 ② Petten Kofor
③ Rudolf Virchow ④ Loriga
⑤ 공장법

해설

외국의 산업위생 역사
(1) Bismark
독일에서 근로자 질병보험법(1883년)과 공장재해보험법(1884년) 제정
(2) Petten Kofor
　① 환경위생학의 시조 ② 실험위생학을 강조
(3) Rudolf Virchow
　① 근대 병리학의 시조
　② 의학의 사회성 속에서 노동자의 건강보호를 주장
(4) 공장법(1833년)
　① 산업보건에 관한 최초의 법률로서 실제로 효과를 거둔 최초의 법
　② 19세기 영국 산업보건 발전 계기
　③ 주요 내용
　　㉮ 감독관 임명하여 공장 감독
　　㉯ 직업 연령 13세 이상으로 제한
　　㉰ 18세 미만 야간작업 금지
　　㉱ 주간작업시간 48시간으로 제한
　　㉲ 근로자 교육을 의무화
(5) Loriga(1911년)
진동 공구에 의한 수지의 레이노드(Raynaud) 씨 현상을 상세히 보고

12 ★★★ 산업보건 허용기준(Occupational health standards)이라는 용어는 국가 또는 제정기관에 따라서 다르지만 독일에서 사용하는 기준은?

① TLVs ② OSHA
③ NIOSH ④ AIHA
⑤ MAK

해설

산업보건 허용기준(노출기준)
(1) 미국정부산업위생전문가협의회(ACGIH)
　① 허용기준(TLVs : Threshold Limit Values) : 세계적으로 가장 널리 이용
　② 생물학적 노출지수(BEIs : Biological Exposure Indices)
(2) 미국산업안전보건청(OSHA : Occupational Safety and Health Administration)
　① PEL 기준 사용(Permissible Exposure Limits)(법적 기준)
　② PEL 설정시 건강상의 영향과 함께 사업장에 적용할 수 있는 기술 가능성도 고려한 것
　③ 우리나라 고용노동부 성격과 유사함
　④ 미국 직업안전위생관리국이라고도 함
(3) 미국국립산업안전보건연구원(NIOSH : National Institute for Occupational Safety and Health)
　① REL 기준 사용(Recommended Exposure Limits)(권고 사항)
　② REL은 오직 건강상의 영향을 예방하는 것을 목적으로 함
(4) 미국산업위생학회(AIHA : American Industrial Hygiene Association) : WEEL 사용
(5) 독일:MAK 기준사용(Maximal Arbeitsplatz Konzentration)

13 ★★★ 다음 WHO의 건강에 대한 정의 중 "사회적안녕(Social Wellbeing)"상태란?

① 국가경제가 고도로 성장한 상태
② 보건교육제도가 잘 마련된 상태
③ 각자의 기능과 역할을 충분히 수행하는 사회생활을 영위할 수 있는 상태
④ 사회질서가 잘 확립될 수 있는 법이 마련된 상태
⑤ 범죄가 없는 사회 상태

해설

사회적 안녕(Social wellbeing)
복지제도나 복지상태를 의미하는 것이 아니라 삶의 가치실현을 위해 각자 나름대로 역할과 기능을 충실히 수행할 수 있는 능력 및 상태

14 ★★★ 다음 중 건강의 현대적 개념으로 적당한 것은?

| ㉮ 신체개념 | ㉯ 정신개념 |
| ㉰ 생리적 개념 | ㉱ 생활개념 |

① ㉮, ㉯, ㉰ ② ㉮, ㉰
③ ㉯, ㉱ ④ ㉱
⑤ ㉮, ㉯, ㉰, ㉱, ㉲

해설

건강개념:신체개념→정신·신체개념→생활개념→영적개념
현대적 건강개념은 육체적 안녕 + 정신적 안녕 + 사회적안녕을 포함하는 생활개념이다.

[정답] 11 ⑤ 12 ⑤ 13 ③ 14 ④

Chapter 02 작업 환경 안전 일반

중점 학습내용

작업환경 안전에 관련된 기본적인 기초 지식을 학습하도록 하였으며 이번 지도사 시험에 출제되는 그 중심적인 내용은 다음과 같다.
- ❶ 작업 환경 관리의 원리
- ❷ 작업 환경의 측정
- ❸ 유해 화학 물질 관리
- ❹ 건강관리
- ❺ 중금속 중독

〈공중보건학의 정의〉
① 지역사회전체 주민을 대상으로 치료보다 예방에 중심을 두고 공중의 건강을 증진시키는 학문
② 치료중심이 아닌 지역주민의 건강과 장수의 생득권을 실현하기 위한 포괄 보건의료과학
③ C.E.A.Winslow의 정의(Yeile대학교수):조직적인 지역사회 공동 노력을 통하여 질병을 예방하고 수명을 연장하며, 신체적·정신적 효율을 증진시키는 기술과학

합격예측

작업 환경 개선의 기본원칙
① 대치
② 격리
③ 환기
④ 교육

합격예측

작업 환경 개선 방법
① 유해한 생산공정의 변경
② 유해한 작업방법의 변경
③ 유해성이 적은 원자재로의 대체 사용
④ 설비의 밀폐
⑤ 유해물의 발산·비산의 억제
⑥ 국소 배기 장치 및 전체 환기 장치의 설치

1 작업 환경 관리의 원리

작업 환경에서 작업자가 직면하는 위험과 잠재적인 위험은 단순히 기계적인 것, 화재나 폭발의 원인이 되는 것, 또는 소화기와 호흡기를 통하여 흡수되어 건강 장해를 일으키는 것, 피부나 눈에 접촉하여 자극을 주는 물질에 의한 것이 있다. 또 소음, 진동, 복사선, 열과 같은 에너지의 형태인 것도 있다. 이러한 유해 요인은 작업자에게 건강 장해를 일으킬 수 있으므로 이에 대한 대책을 수립하여 관리하여야 한다. 이러한 활동을 작업 환경의 위생 관리라고 한다.

예를 들어 납을 사용하는 작업장의 경우, 납에 대한 위험을 인식하고 위험성이 판정되면 어떤 종류의 대책을 어떠한 수준까지 세워야 하는가를 결정하고 훈련된 인원과 비용을 투입하여 실천에 옮겨야 한다.

작업 환경 관리의 기본적인 원리는 대치, 격리, 환기, 교육 등이다. 물론 이런 기본 원리가 어느 작업 환경에나 모두 적용되는 것은 아니다. 위의 원리 중 어느 한 가지를 효과적으로 적용시켜 소기의 목적을 달성하여야 한다. 가장 적절한 방법을 선택하여 최대의 효과를 거둘 수 있는 것이 필요하다.

1. 대치(Substitution)

작업 환경 개선 대책을 세우려면 일반적으로 현재 있는 시설에다 다른 것을 추가하여 고쳐나가는 것으로 생각한다. 지금까지 사용하고 있는 독성이 강한 물질을 제품이나 사용상에 큰 지장이 없다면 다른 물질(독성이 적은 것)로 바꾸어 사용할 수

있다.

그러나 대부분의 사업장에서는 환기 시설의 설치부터 생각하는 것을 알 수 있다. 대치 방법에는 물질의 변경, 공정의 변경, 시설의 변경 등이 있다. 이 방법은 작업 환경 개선의 근본적 방법이며, 비용도 적게 든다. 그러나 이런 대치 방법이 기술적으로 성공을 거두기란 쉽지 않다.

(1) 공정의 변경

지금까지 공장에서 주로 제품의 질을 높이고 생산 비용을 줄이기 위해 공정의 변경을 연구해 왔으나 간혹 공정 중에서 발생되는 분진이나 흄(fume)을 없애기 위하여 공정을 개선하여 유해 물질을 현저히 감소시킬 수도 있다. 예를 들면 자동차 산업에서 납을 고속 회전식 그라인더로 연마할 때 다량의 납분진이 발생되던 것을 저속 오실레이팅형의 샌더로 작업함으로써 납분진의 발생을 현저히 감소시킬 수 있다. 또 페인팅 작업에서 스프레이 페인팅 작업을 침전 방식이든가 붓칠 작업으로 변경함으로써 공기중의 유기 용제 농도를 최소화할 수 있다.

또 금속 절단시 두들겨서 자르는 것보다는 톱을 이용함으로써 소음을 현저히 줄이는 것도 방법 중의 하나가 된다.

(2) 시설의 변경

공정을 변경하는 일이 도움이 안 될 경우 사용하고 있는 시설이나 기구를 바꿈으로써 효과를 얻을 수 있다. 일반적으로 연구 비용도 적게 들고 짧은 기간 내에 연구 성과를 얻을 수 있어서 사업장에서 자주 이용되는 방법이다. 예를 들면 가연성 물질을 저장할 때는 유리병 대신에 안전한 철제통을 사용하여 흄이나 가스를 배출하기 위한 드래프트의 창을 안전 유리로 바꾸는 것 등이다.

시설을 변경하는 데 가장 중요한 필요 사항은 대용할 수 있는 시설 중에 어떤 것이 있는가에 대한 지식이다. 그러므로 생산 관계에 필요한 시설을 잘 알고 있어야 하는 것처럼 안전 관계 시설은 어떤 것이 있는가에 대해서도 깊은 지식을 갖고 있어야 한다.

(3) 물질의 변경

산업 위생 관리에서 가장 흔히 사용되는 방법은 독성이 강한 물질을 독성이 약하거나 무독성의 물질로 바꾸어 사용하는 것이다. 예를 들면 페인트 안료로 사용되는 산화납(white lead)을 아연이나 바륨으로 대치하는 것이다.

또 샌드 블라스팅을 쇼트 블라스팅으로 바꾸거나 세정제로 브롬화메틸 대신 프레온을 사용하는 것도 방법 중의 하나이며, 세탁소에서 유기 용제를 사용하던 것을 세제 클리닝이나 또는 스팀 클리닝으로 바꾸는 방법도 있다.

물질의 대치는 유사한 화학 구조를 갖는 것에서 선택되는 경우가 많으며 독성이

합격예측

작업장의 조도기준
① 초정밀 작업 : 750 럭스 이상
② 정밀 작업 : 300럭스 이상
③ 보통 작업 : 150럭스 이상
④ 그 밖의 작업 : 75럭스 이상

합격예측

분진 대책
① 작업공정에서 분진발생 억제 및 감소화
② 분진 비상 방지 조치
③ 개인 보호구 착용으로 분진 흡입 방지
④ 환기
⑤ 그 밖의 공정을 습식으로 하거나 밀폐 등의 조치

> **합격예측**
>
> **소음작업의 근로자 준수사항**
> ① 해당 작업장소의 소음수준
> ② 인체에 미치는 영향 및 증상
> ③ 보호구의 선정 및 착용방법
> ④ 그 밖에 소음건강장애 방지에 필요한 사항

> **합격예측**
>
> **국소배기장치 후드형식**
> ① 레시버형 후드
> ② 포위식 후드
> ③ 부스형 후드
> ④ 외부식 후드

적다는 것만 가지고 선택하기 쉬운데 경우에 따라서는 지금까지 알려지지 않았던 전혀 다른 장해를 주는 일이 있어서 물질을 변경한 후에는 일정 기간 동안 세심한 관찰이 따라야 한다.

2. 격리(Isolation)

여기서 격리란 뜻은 작업자와 유해 인자 사이에 장벽(barrier)이 놓여 있는 상태를 뜻하며 이 장벽은 물체일 수도 있고 거리일 수도 있으며 시간일 수도 있다. 잠재적으로 유해한 작업들이 근로자들에게 폭로되는 것을 적게 되도록 격리시키는 것이다.

(1) 저장 물질의 격리

창고에 저장되어 있는 물질은 위험이 따르지 않는 것으로 생각하기 쉽다. 그러나 어떤 물질들은 서로 격리, 저장할 필요가 있으며 또 지하의 큰 탱크에 인화 물질 또는 격리를 요하는 물질들을 저장하는 경우 탱크와 탱크 사이에 도랑을 파거나 제방을 쌓고 한 탱크에서 물질이 새어 나와도 서로 섞이지 않도록 하여야 한다.

저장할 물질의 흡입 독성이 강한 경우는 창고에 환기 장치를 부착하여야 한다. 그 양이 적어서 캐비닛에 저장하는 경우도 환기 장치가 붙은 캐비닛에 보관한다.

(2) 시설의 격리

대부분의 시설이나 기구는 정상적으로 가동될 때는 비교적 안전하도록 설계되어 있다. 그러나 고압하에서 가동하는 기계나 고속 회전을 요하는 시설은 위험을 지니고 있으므로 특별한 격리 상태에 있는 것이 좋다. 이러한 경우 물리적인 수단이 이용되는데 강력한 콘크리트 방호벽을 쌓고, 기계 작동을 원격 조정이나 자동화하여 현장 감시는 텔레비전 카메라 혹은 거울이나 전망경을 사용한다.

(3) 공정의 격리

공정의 격리는 일반적으로 가장 비용이 많이 드는 방법이다. 그러나 최근에는 기술의 발달로 대부분의 공정은 원격 조정이 가능하므로 비용 문제를 제외하고는 유용한 대책으로 대두되고 있다. 방사선 동위 원소를 취급할 때의 격리와 밀폐는 원격 장치의 대표적인 것으로 꼽을 수 있다.

공장 단위로 볼 때 현대적인 정유 공장이 원격 자동 조정의 대표적인 것이라 할 수 있다. 이런 새로운 공장들은 중앙 집중식의 조정 장치로서 시료를 자동으로 채취·분석하고 그 결과가 자동으로 전산 처리된다.

이런 자동 장치는 화학 공장에서 받아들여져 많은 유해 인자를 작업자와 격리시키고 있다. 그러나 자동화 시설에 갑자기 사고가 발생하여 사람이 직접 해야 할 일이 생겼을 때 뜻하지 않은 위험을 가져오는 수가 있다. 이때는 개인 보호구를 갖추고 현장에 들어가야 한다.

(4) 작업자의 격리

작업자를 현장의 유해 환경으로부터 격리하는 일은 과거에도 쓰여 왔지만, 앞으로도 자주 쓰이게 될 방법이다. 방사선 동위 원소 취급자가 납이 함유된 앞치마를 입고 있는 것이나 소음과 고열이 발생되는 현장에서 작업자가 유해 요인과 직접 닿는 것을 차단하기 위하여 작업자 위치에 작업자를 유리와 같은 물체로 밀폐, 격리시키는 것이 작업자의 보호 방법이다.

3. 환기(Ventilation)

환기는 작업자의 호흡기 위치로부터 유해 가스나 증기를 포착하여 배출시키기 위해서 또는 쾌적한 온열 상태를 유지하기 위해서 사용된다. 즉, 실내의 오염된 유해 물질을 외부로 배출시키는 방법과 신선한 공기를 불어넣어 희석시키는 방법이 있으며 환기에는 전체 환기와 국소 배기가 있다.

(1) 국소 배기

국소 배기를 설치하는 데 있어서 두 가지 중요한 사항이 있다. 첫째는 공정이나 시설은 가능한 한 밀폐하여야 한다는 것이며, 둘째는 모든 개구부에 있어서 기류의 방향은 밀폐된 후드 안쪽으로 흘러야 하며 속도가 충분해야 한다. 이외에 후드의 모양이나 크기, 재료 등은 기술적인 문제가 된다.

국소 배기의 시설상 문제는 첫째, 설계가 잘못됐을 때이고 둘째는 부족한 배기와 급기이다. 배기만을 생각하면 들어오는 기류(급기)가 없어 작업 현장의 음압이 일어나게 되면 만족할 만한 환기가 안 된다. 반드시 뽑아내는 양만큼 들여보내야 하므로 국소 배기 장치를 설치하는 장소에 유의하여야 한다. 즉, 기둥이나 제품, 원자료 등이 쌓여 있는 옆에 후드를 설치하면 난기류가 발생되어 설계시에 세워놓은 풍량을 얻을 수 없게 된다.

(2) 전체 환기

전체 환기를 희석 환기라고도 부른다. 이것은 현장에서 발생되는 유해물의 농도를 희석하여 낮추기 때문이다. 주로 고온과 다습을 조절하는 데 이용되며 냄새, 악취, 분진, 유해 증기를 희석하는 데에도 이용된다. 그러나 근원적인 발생원에 대한 대책으로는 적당하지 않다. 국소 배기와 마찬가지로 배기와 급기의 적절한 조절이 필요하다.

> **합격예측**
>
> **국소배기장치(局所排氣裝置, local ventilation equipment)**
> 유해물질의 발생원(source)에 되도록 가까운 장소(part)에서 동력에 의하여 발생되는 유해물질을 흡인·배출하는 장치이다. 국소배기장치는 후드(hood), 덕트(duct), 공기정화장치(air cleaner equipment), 송풍기(fan), 배기덕트(exhaust dust) 및 배기구(air outlet)의 각 부분으로 구성되어 있으며 배풍기는 정화 후의 공기가 통하는 위치에 설치하여야 한다. 다만, 흡인된 물질에 의해서 폭발의 우려가 없고 배풍기의 날개가 부식될 우려가 없는 경우에는 정화 전의 공기가 통하는 위치에 배풍기를 설치할 수 있다.
>
> **(1) 후드 설치기준(요령)**
> ① 유해물질이 발생하는 곳마다 설치할 것
> ② 유해인자의 발생형태 및 비중, 작업방법 등을 고려하여 해당 분진 등의 발산원을 제어할 수 있는 구조로 설치할 것
> ③ 후드형식은 가능한 포위식 또는 부스식 후드를 설치할 것
> ④ 외부식 또는 레시버식 후드를 설치하는 때에는 해당 분진 등의 발산원에 가장 가까운 위치에 설치할 것
>
> **(2) 덕트 설치기준**
> ① 가능한 한 길이는 짧게 하고 굴곡부의 수는 적게 할 것
> ② 접속부의 내면은 돌출된 부분이 없도록 할 것
> ③ 청소구를 설치하는 등 청소하기 쉬운 구조로 할 것
> ④ 덕트내 오염물질이 쌓이지 아니하도록 이송속도를 유지할 것
> ⑤ 연결부위 등은 외부공기가 들어오지 아니하도록 할 것

합격예측

소음을 방지하기 위한 소음관리(소음통제)방법
① 소음원의 제거
② 소음원의 통제(안전설계, 정비 및 주유, 고무 받침대 부착, 소음기 사용 등)
③ 소음의 격리 (씌우개(enclosure), 방이나 장벽을 이용)
④ 차음장치 및 흡음재 사용
⑤ 음향 처리제 사용
⑥ 적절한 배치(lay out)

합격예측

소음작업의 기준
1일 8시간 작업을 기준으로 85데시벨 이상의 소음이 발생하는 작업

안전보건규칙

제558조(정의) 이 장에서 사용하는 용어의 뜻은 다음과 같다.
1. "고열"이란 열에 의하여 근로자에게 열경련·열탈진 또는 열사병 등의 건강장해를 유발할 수 있는 더운 온도를 말한다.
2. "한랭"이란 냉각원(冷却源)에 의하여 근로자에게 동상 등의 건강장해를 유발할 수 있는 차가운 온도를 말한다.
3. "다습"이란 습기로 인하여 근로자에게 피부질환 등의 건강장해를 유발할 수 있는 습한 상태를 말한다.
4. "폭염"이란 근로자에게 열경련·열탈진 또는 열사병 및 그 밖의 건강장해를 유발할 수 있는 더운 온도의 기상현상을 말한다.

2 작업 환경의 측정

1. 작업 환경 측정의 개요

① "작업 환경 측정"이라 함은 작업 환경의 실태를 파악하기 위하여 해당 근로자 또는 작업장에 대하여 사업주가 작업 환경 측정 계획을 수립하여 시료의 채취 및 그 분석, 평가를 하는 것을 말한다.
② 사업장에서 일어날 수 있는 잠재적인 건강 장해(유해 인자)에 대하여 인식하고 작업이 안고 있는 위험과 유해성을 평가하여, 이에 대한 대책을 수립하고 실천하는 일을 산업 위생이라 한다. 산업 위생의 한 분야인 작업 환경 측정은 측정된 자료로부터 얻어진 결과를 바탕으로 하여 해당 작업장에서 일하는 근로자의 건강 장해를 예방하기 위한 것이다.

2. 측정 대상 및 유해 인자 분류

(1) 측정 대상

예비 조사를 통해서 측정 대상을 선정한다. 즉, 사업장에서 제조하는 생산품, 주원료, 부원료, 그 밖에 공정에서 사용되는 물질의 조사 및 발생될 수 있는 유해 물질의 조사이다. 유해 인자들이 인체에 미치는 영향과 허용 농도를 조사하고, 이 자료를 기초로 하여 측정 장소, 위치, 시간, 측정 기기 등을 선정해야 한다.

(2) 유해 인자의 분류

유해 인자는 크게 3가지로 나눌 수 있다.
① 물리적 인자 : 강도 측정(예 : 소음, 진동, 고열 등) 2025 출
② 화학적 인자 : 농도 측정(예 : 유기 용제, 가스, 분진 등)
③ 생물학적 인자 : 낙균 배양(예 : 바이러스, 세균 등)

3. 허용 농도

(1) 허용 농도의 정의 23. 4. 1 출

"허용 농도"라 함은 근로자가 유해 요인에 노출되는 경우 허용 농도 이하 수준에서는 거의 모든 근로자에게 건강상 나쁜 영향을 미치지 아니하는 농도를 말하며 1일 작업 시간 동안의 시간 가중 평균 농도(Time Weighted Average, TWA)와 단시간 폭로 허용 농도(Short Term Exposure Limit, STEL) 또는 최고 허용 농도(Ceiling, C)로 표시한다.
① "시간 가중 평균 농도(TWA)"라 함은 1일 8시간 작업을 기준으로 하여 유해

요인의 측정 농도에 발생 시간을 곱하여 8시간으로 나눈 농도를 말하며 산출 공식은 다음과 같다.

$$TWA \ 농도 = \frac{C_1 \cdot T_1 + C_2 \cdot T_2 + \cdots C_n \cdot T_n}{8}$$

(주) C : 유해 요인의 측정 농도(단위 : ppm 또는 mg/m³)
  T : 유해 요인의 발생 시간(단위 : 시간)

② "단시간 폭로 허용 농도(STEL)"라 함은 근로자가 1회 15분간 유해 요인에 폭로되는 경우의 허용 농도로 이 농도 이하에서 1회 폭로 간격이 1시간 이상인 경우 1일 작업 시간 동안 4회까지 폭로가 허용될 수 있는 농도를 말한다.

③ "최고 허용 농도(C)"라 함은 근로자가 1일 작업 시간 동안 잠시라도 폭로되어서는 안 되는 최고 허용 농도를 말하며, 허용 농도 앞에 "C"를 붙여 표시한다.

(2) 허용 농도 사용상의 유의 사항

① 각 유해 요인의 허용 농도는 해당 유해 요인이 단독으로 존재하는 경우의 허용농도를 말하며, 2종 또는 그 이상의 유해 요인이 혼재하는 경우에는 각 유해요인의 상가 작용으로 유해성이 증가할 수 있으므로 혼합물이 2종 이상 혼재하는 경우의 산출 공식에 의하여 평가하여야 한다.

② 허용 농도는 1일 8시간 작업을 기준하여 제정된 것이므로 이를 이용할 때에는 근로 시간, 작업의 강도, 온열 조건, 이상 기압 등이 허용 농도 적용에 미칠 수 있으므로 이와 같은 제반 요인에 대한 특별한 고려를 하여야 한다.

③ 유해 요인에 대한 감수성은 개인에 따라 차이가 있으며 허용 농도 이하의 작업 환경에서도 직업병으로 이환되는 경우가 있으므로 허용 농도를 직업병 진단에 사용하거나 허용 농도 이하의 작업 환경이라는 이유만으로 직업병으로의 이환을 부정하는 근거 또는 반증자료로 사용할 수 없다.

④ 허용 농도는 대기 오염의 평가 또는 관리상의 지표로 사용할 수 없다.

(3) 적용 범위

① 허용 농도는 법 제39조(보건상의 조치)의 규정에 의한 옥내 작업장에서의 원재료 가스, 증기, 미스트, 퓸, 분진, 소음, 고온 등에 대한 환경 개선 기준과 작업 환경 측정(법 제40조) 및 산업안전보건 기준에 관한 규칙 중 소음, 고열, 분진, 납, 유기납, 유기 용제, 특정 화학 물질, 산소 결핍 등의 작업장에 대한 작업 환경 측정 결과의 평가기준으로 사용할 수 있다.

② 고시에 유해 요인의 허용 농도가 규정되지 아니하였다는 이유로 법, 영, 시행규칙 및 산업안전보건기준에 관한 규칙의 적용이 배제되지 아니하며 이와 같은 유해 물질의 허용 농도는 미국 산업 위생 전문가 회의(ACGIH)에서 매년 채택하는 허용 기준(TLV)을 준용한다.

합격예측

TLV-TWA(시간가중 평균 노출기준)
① 1일 8시간 작업기준으로 유해 요인의 측정치에 발생시간을 곱하여 8시간으로 나눈 값으로 1일 8시간, 주 40시간을 기준으로 유해물질에 매일 노출되어도 거의 모든 근로자에게 건강상의 장해가 없을 것으로 생각되는 농도
② 산출공식
$$TWA 환산값 = \frac{C_1 \cdot T_1 + C_2 \cdot T_2 + \cdots + C_n \cdot T_n}{8}$$
주) C : 유해요인의 측정치(단위 : ppm 또는 [mg/m²])
 T : 유해요인의 발생시간(단위 : 시간)

합격예측

국소배기장치 사용 전 점검
① 덕트 및 배풍기의 분진 상태
② 덕트 접속부의 이완 유무
③ 흡기 및 배기 능력
④ 그 밖에 국소 배기 장치의 성능을 유지하기 위하여 필요한 사항

TLV 정의
근로자가 유해인자에 노출되는 경우 거의 모든 근로자에게 건강상 나쁜 영향을 미치지 아니하는 수준

ACGIH 유해물질, TLV 설정 시 근거자료
① 화학구조상의 유사성과 연계하여 설정
② 동물실험 자료를 근거로 설정
③ 인체실험 자료를 근거로 설정
④ 산업장 역학조사 자료를 근거로 설정
  예 · 벤젠-백혈병
  · 카본블랙-기관지염
  · 톨루엔-중추신경계 억제작용
  · 이산화탄소-질식
  · 노말헥산-중추신경계 손상, 말초신경염

3. 유해 화학 물질 관리

1. 유해 화학 물질의 규제

(1) 유해 화학 물질의 제조·사용 금지

황린 성냥, 벤지딘염산염을 제외한 벤지딘과 그 염 등 8종의 유해 화학 물질은 제조·사용을 금지한다. 다만, 이들 물질을 시험·연구 목적으로 제조·사용하고자 하는 연구 기관은 고용노동부장관의 승인을 받아야 한다.

(2) 유해 화학 물질의 제조·사용 허가

석면, 베릴륨, 벤지딘염산염, 디클로로벤지딘과 그 염 등 11종의 유해 화학 물질은 제조·사용에 대한 허가를 고용노동부장관으로부터 받아야 한다.

이 규정은 이러한 물질은 앞으로 제조·사용하고자 하는 경우뿐만 아니라 이미 제조·사용하고 있는 사업체에 대해서도 적용된다.

(3) 신규 화학 물질의 유해성 조사

화학 물질로서 이미 유·무해성이 밝혀진 물질 외에 새롭게 제조 또는 수입되는 화학 물질은 아직 유해성 여부가 밝혀진 상태가 아니기 때문에 사전에 이에 대한 검토없이 제조·사용하는 경우 근로자에겐 엄청난 건강 장해를 야기할 가능성이 있다.

따라서 신규 화학 물질을 제조·수입하려는 사업주는 사전에 국내외 전문 기관에서 유해성 여부를 조사하여 그 결과를 고용노동부장관에게 제출하고 이에 대한 심사를 받은 후 제조·수입하여야 한다.

(4) 유해 작업의 도급 금지

도금작업, 수은·납·카드뮴 등 중금속을 제련·주입·가공 및 가열하는 작업, 제조·사용 허가 대상이 되는 유해 화학 물질을 제조·사용하는 작업 등 유해한 요인이 많이 발생되는 작업은 고용노동부장관의 인가를 얻지 않으면 그 작업만을 분리해서 타인에게 도급을 줄 수 없다.

(5) 유해물질 표시

유해한 물질을 안전하게 취급하도록 하기 위해서는 그 물질의 용기나 포장에 그 물질의 명칭, 성분, 유해성, 취급 요령 및 오염되었을 때의 긴급 방재 요령 등을 기재한 표지의 부착을 의무화하고 있다.

합격예측

전신진동방지대책
① 구조물의 진동을 최소화
② 발진원의 격리
③ 전파 경로에 대한 수용자의 위치
④ 수용자의 격리
⑤ 측면 전파 방지
⑥ 작업시간 단축(1일 2시간 초과금지)

합격예측

(1) 전체 환기장치의 성능
① 1종 유기용제:
    $Q = 0.3 \times W$
② 2종 유기용제:
    $Q = 0.04 \times W$
③ 3종 유기용제:
    $Q = 0.01 \times W$
W: 작업시간 1시간 내에 사용하는 유기용제의 양(g)
Q: 1분당 환기량(m^2)

(2) 유기용제의 허용소비량
① 1종 유기용제:
    $W = 1/15 \times A$
② 2종 유기용제:
    $W = 2/5 \times A$
③ 3종 유기용제:
    $W = 3/2 \times A$
W: 작업시간 1시간 내에 사용하는 유기용제 등의 허용소비량(g)
A: 작업장의 기적

2. 유기용제 작업 안전대책

(1) 유기용제의 특성과 유해 위험성

유기용제가 지니는 특성과 물리·화학적 성질은 유해 위험성과 밀접한 관계를 갖는다. 녹는점, 끓는점, 증기압, 증기 밀도 등으로 표시되는 성질은 증발의 용이도와 증발 후의 성질, 즉 인간이 흡수하기 쉬운 것인가 아닌가를 결정하는 특성이며 용제의 물, 지방질 등에 대한 용해성이나 분배 계수 같은 성질은 흡입되거나 피부에 부착한 용제가 체내에 흡수되기 쉬운가 아닌가를 결정하는 기준이 된다. 따라서 유기용제의 유해 위험성을 검토하려면 용제 개개의 성질을 잘 알고 인간에게 섭취되기 쉬운 성질인지의 여부를 알아야 한다.

(2) 유기용제의 특성

유기용제의 일반적인 독성은 첫째로 고농도 폭로시 마취 작용을 들 수 있다.

증기 흡수로 말미암아 졸리고 나아가서는 혼수 상태에 빠진다. 호흡이 멎을 때도 있고 혈압, 체온이 내려가며 그대로 사망하는 수도 있다. 상태가 가벼울 때는 정신 흥분, 나른한 느낌, 두통, 현기증, 가슴이 두근거리고 숨이 가빠지는 수도 있다. 이와 같은 증상은 중추 신경계의 호르몬 조절계에 용제가 영향을 주는 결과이다.

마취 작용 이외의 일반적인 독성으로는 피부, 각막, 결막의 손상을 들 수 있으며 다량의 용제를 흡입했을 때에는 심장, 간장, 신장의 이상을 일으키는 예가 있다.

(3) 유기용제의 장해 예방

① 유기용제 제조·취급설비의 안전화

다량의 유기용제가 발생하여 인체에 흡입, 급성 독성을 일으키는 경우는

㉮ 유해가스 증기의 누설 또는 확산
㉯ 두 가지 이상의 물질이 혼합시 유해 가스 발생
㉰ 유해가스 증기의 정체
㉱ 산소 결핍 등을 들 수 있다.

따라서 유기용제를 취급하는 화학 설비에는 계측장치, 안전밸브, 경보장치, 긴급 차단장치, 유해가스검지장치, 급배기장치 등 각종 안전장치를 갖추어야 한다. 가능하다면 유해 물질의 발산 또는 비산 가능한 설비에는 설비의 일부 또는 전부를 완전하게 밀폐하거나 격리하도록 한다. 작업장 내에서 유기용제 증발이 작업 공정상 불가피할 경우에는 작업장의 하단부(유기 용제 증기는 공기보다 무거움)에 배기장치를 설치하여 작업장 내의 안전 수칙 및 경고 표지

합격예측

가스폭발위험장소
① 0종 장소: 인화성 액체의 증기 또는 가연성 가스에 의한 폭발위험이 지속적으로 또는 장기간 존재하는 장소
  예) 용기·장치·배관 등의 내부 등(Zone 0)
② 1종 장소: 정상 작동상태에서 인화성 액체의 증기 또는 가연성 가스에 의한 폭발위험분위기가 존재하기 쉬운 장소
  예) 맨홀·벤트·피트 등의 주위(Zone 1)
③ 2종 장소: 정상 작동상태에서 인화성 액체의 증기 또는 가연성 가스에 의한 폭발위험분위기가 존재할 우려가 없으나, 존재할 경우 그 빈도가 아주 적고 단기간만 존재할 수 있는 장소
  예) 개스킷·패킹 등의 주위(Zone 2)

합격예측

방폭구조의 종류별 기호
① 내압방폭구조 : d
② 압력방폭구조 : p
③ 유입방폭구조 : o
④ 안전증방폭구조 : e
⑤ 특수방폭구조 : s
⑥ 본질안전방폭구조 : i
⑦ 몰드방폭구조 : m
⑧ 충전방폭구조 : q
⑨ 비점화방폭구조 : n

용어정의

① 밀폐공간 : 산소결핍, 유해가스로 인한 화재·폭발 등의 위험이 있는 장소
② 유해가스 : 밀폐공간에서 이산화탄소·황화수소 등의 유해물질이 가스상태로 공기중에 발생하는 것을 말한다.
③ 적정한 공기 : 산소농도의 범위가 18퍼센트 이상 23.5퍼센트 미만, 이산화탄소의 농도가 1.5퍼센트 미만, 황화수소의 농도가 10피피엠 미만인 수준의 공기
④ 산소결핍 : 공기중의 산소농도가 18퍼센트 미만인 상태를 말한다.
⑤ 산소결핍증 : 산소가 결핍된 공기를 들여 마심으로써 생기는 증상을 말한다.

등도 부착하여야 한다.

② **유기용제 중독 예방**

유기용제로 인한 건강 장해는 용제와의 접촉·흡수 및 체내 축적에 의한 것이 많으므로 중독 예방의 원칙은 접촉의 방지, 정기적인 검진과 검사, 안전보건 교육 실시 및 응급 조치의 체질화를 들 수 있다. 따라서 유기용제를 취급하는 근로자는 다음 사항을 알아야 한다.

㉮ 취급하는 물질의 성질 및 독성
㉯ 적합한 취급 방법
㉰ 적절한 취급 설비
㉱ 적절한 보호구 사용법
㉲ 응급시 구급 조치 사항 등

4 건강 관리

근로자가 신규 채용될 때부터 그 직장을 떠날 때까지 건강 관리는 계속되어져야 한다.

직업성 질환의 종류에 따라서는 오랫동안 만성적인 경과를 취하는 것에 대하여 유해 물질에 폭로되는 일이 그친 다음에도 평생동안 계속 관찰할 필요가 있는 경우도 있다.

1. 건강 진단의 목적

① 생산 능률에 나쁜 영향을 줄 수 있는 질병과 건강 장해를 일으킬 소인을 가진 자의 발견
② 업무상 불가피하게 발생한다고 생각되는 직업성 질병과 건강 장해의 조기 발견
③ 일반 질환을 조기 발견

2. 건강 진단의 종류

건강 진단은 실시 시기에 따라 ① 채용시 건강진단 ② 일반 건강진단 ③ 특수 건강진단 ④ 배치건강진단 ⑤ 수시건강진단 ⑥ 임시 건강 진단 등으로 나눈다. 건강 진단을 실시하는 절차에 따라 이상자 색출 검사(1차 건강 진단)와 정밀 검사(2차 건강 진단)로 구분한다.

(1) 채용시 건강 진단

목적은 작업에 부적합한 사람들을 가려내고 근로자의 신체적, 심리적 적성에 맞

는 일자리에 배치함으로써 건강 장해를 예방하는 데 있다. 또 채용시 건강 상태를 파악하여 앞으로 유해 작업에 종사함으로써 일어날 신체적 변화를 판단하는 기본적 자료를 얻는 데 있다.

(2) 정기 건강 진단

일반 건강 진단이라고 부르기도 하며 채용시 건강 진단의 결과를 기초로 하여 작업에 종사함으로써 근로자들의 건강에 어떤 변화가 생기는가를 파악하기 위하여 실시하는 것이다.

유의하여야 할 사항은 다음과 같다.
① 연소한 근로자들의 발육이 순조롭게 되는가?
② 근로자들의 체력이 저하하지 않는가?
③ 전염성 질환을 가진 자는 없는가?
④ 직업성 질환의 징후를 나타내는 자는 없는가?
⑤ 일반병이라 하여도 근로자 자신이 자각하지 못하여 아무런 처치도 하지 않고 있는 자는 없는가 등이며 횟수는 생산직은 1년에 1회이고, 사무직 근로자는 2년에 1회이다.

(3) 특수 건강 진단

유해한 작업 환경에서 일하는 근로자들이 작업 환경 때문에 발병할지도 모를 특정한 직업병을 조기에 발견하고 예방하기 위하여 실시하는 진단이다. 유해 작업 환경은 산업 안전보건법에서 분진, 소음, 유기용제, 납(유기납 포함), 특정 화학물질, 유해광선, 진동, 이상 기압 등의 작업 환경을 말하고 있다.

건강 진단 횟수는 소음, 분진, 고압실 내, 잠수 작업, 이상 기압, 유해 광선, 진동 등의 물리적 인자가 1년에 1회이고, 납업무, 사알킬납, 유기 용제 업무, 특정 화학물질 취급 등 화학적 인자는 1년에 2회 실시하도록 하고 있다. 실시 절차는 적격검사(screening test)(1차)를 하여 유소견자를 찾아내고 이들에 대한 정밀한 검사(2차)를 실시하여 직업병 여부의 최종 판정을 내리게 된다.

(4) 임시 건강 진단

이 건강진단은 납, 사알킬납, 유기 용제 및 특정 화학 물질 등에 의한 중독의 증상이 있는 근로자 또는 위에서 설명한 물질의 취급과 관련된 질병에 걸린 근로자가 다수 발생한 경우 그 근로자 및 그 해당 물질을 취급하는 다른 근로자에 대하여 중독의 여부, 질병의 이환 여부 또는 질병의 원인 등을 발견하기 위하여 관할 지방 고용노동관서장의 지시 또는 보건 규칙이 정하는 바에 따라 사업주가 임시로 실시하는 건강 진단을 말한다.

합격예측

건강진단의 종류
① 채용시 건강진단
② 정기건강진단
③ 특수건강진단
④ 배치건강진단
⑤ 수시건강진단
⑥ 임시건강진단

합격예측

밀폐공간 보건작업 프로그램 수립·시행
① 작업시작전 공기 상태가 적정한지를 확인하기 위한 측정·평가
② 응급조치 등 안전보건 교육 및 훈련
③ 공기호흡기 또는 송기(送氣)마스크 등의 착용 및 관리
④ 그 밖에 밀폐공간 작업근로자의 건강장해예방에 관한 사항

합격예측

추천반사율[단위 : %]
① 바닥 : 20~40
② 가구 : 25~45
③ 벽 : 40~60
④ 천장 : 80~90

합격예측

밀폐공간 작업시 특별안전보건 교육내용
① 산소농도측정 및 작업환경에 관한 사항
② 사고시의 응급처치 및 비상시 구출에 관한 사항
③ 보호구 착용 및 보호 장비 사용에 관한 사항
④ 작업내용·안전작업방법 및 절차에 관한 사항
⑤ 장비·설비 및 시설 등의 안전점검에 관한 사항
⑥ 그 밖에 안전·보건관리에 필요한 사항

3. 건강 진단의 검사 항목

작업의 종류와 공정 및 특성에 따라 색출 대상 질병과 검사 항목을 결정하고, 실시 시점에 따라 채용시, 정기, 특별, 임시 건강 진단별로 건강 관리상 적합한 항목을 선정하여 1차 및 2차 건강 진단을 실시한다.

4. 건강 진단의 사후 조치

건강 진단을 실시하여 조기에 질병을 발견하는 것도 중요하지만 이들에 대한 사후 조치는 더욱 중요하다. 발견된 직업병에 대하여는 법적 규정에 의하여 치료, 휴양, 보상 등의 조치를 취하고, 이를 예방하기 위한 유해 작업 환경의 개선 방법을 강구하고, 필요한 개인 위생 보호구를 사용하도록 하며 개개인의 건강 관리를 위하여 위생 교육의 실시가 필요하다. 또 작업 전환, 작업 시간의 단축 등도 방법 중의 하나가 된다.

제1차 건강진단 공통검사 항목	건강 진단 대상
1. 과거병력, 작업경력 및 자각·타각증상(시진·촉진·청진 및 문진) 2. 혈압·혈당·요당·요단백 및 빈혈검사 3. 체중·시력 및 청력 4. 흉부방사선 간접촬영 5. 혈청 지·오·티 및 지·피·티, 감마 지·티·피 및 총콜레스테롤	고용 예정자 및 이미 고용된 자 전원

5. 건강 관리의 구분

건강 진단 결과에 의한 건강 구분과 사후 관리 기준은 표와 같다.

건강 구분	판 정 기 준	사 후 관 리 기 준
A	건강자	사후관리 필요없음
B	경미한 이상 소견자	사후관리 필요없음
C	건강 관리상 계속 관찰이 필요한 자	의사의 소견에 따른 의학적 조치
D_1	직업성 질병의 소견이 있는 자 (유소견자)	요양 신청, 작업 전환, 취업장소의 변경, 휴직 및 근무 중 치료, 그 밖에 의학적 조치
D_2	일반 질병의 소견이 있는 자	의사의 소견에 따른 근로시간 단축, 작업 전환, 휴직, 근무 중 치료, 그 밖에 의학적 조치
R	질환 의심자	추가 건강 진단 대상자

5 중금속 중독

1. 납(Pb) 중독

(1) 발생 사업장

축전지 제조, 크리스털 제조, 식자, 칠보 제조, 전선(케이블) 제조, 도자기, 납 용접 작업

(2) 발생 원인

주로 흄 상태로 경구적 또는 기도를 통해서 흡수되고 말초 혈중의 납은 95[%] 이상이 적혈구와 결합, 또한 체내에 흡수된 납은 각종의 연부조직에 침착, 특히 90[%] 이상이 골에 축적되는 것으로 알려져 있다.

(3) 장애 증상

① 급성 : 급성 중독은 많지 않으나 위장 장애, 변비, 급성 연두통을 수반한다.
② 만성 : 헴(heme)의 합성 장애에 의한 빈혈, 신근 마비, 연산통, 리드 라인(lead line) 등이 있다. 전형적인 증상으로는 연창백(빈혈), 리드 라인(치육), 연산통, 신근 마비, 연뇌증 등이 있다.

(4) 진단과 치료

① 진단상기 자각 증상과 빈혈의 유무, 요중 코프로포르피린(coproporphyrin)의 정성검사가 제1차 검진 항목이 되고 이어서 요중 코프로포르피린, σ-ALA의 정량이나 혈중, 요중 납량의 측정이 확정 진단에 필요하다. 업무상 질병으로의 납 중독 인정 기준은 다음과 같다.
  ㉮ 말초 신경 증상
  ㉯ 빈혈, 신근 마비의 존재
  ㉰ 요중 코프로포르피린이 150[μ/dl] 이상이 되어야 한다.
  ㉱ 혈중 납량이 60[$\mu g/dl$] 또는 납량이 150[$\mu g/dl$] 이상이 되어야 한다.
② 치료 : 치료에는 Ca-EDTA가 사용된다.

2. 수은(Hg) 중독

수은은 상온에서 액체가 되는 유일한 금속이다. 다른 금속과 용이하게 아말감을 형성한다. 이 화학물은 살균·살충 작용이 강한 성질 때문에 수은과의 화합물은 옛부터 인류가 사용해 왔다. 수은, 특히 금속 수은은 끓는점(boiling point)이 낮고 증발하기 쉽다. 중독 증상으로는 정신신경계 장애를 주로 일으키므로 수은 사용 작업장에서의 직장 관리는 더욱 절실히 요청된다.

합격예측

압력방폭구조(p)의 정의 및 종류
① 용기내부에 보호가스(신선한 공기 또는 질소, 탄산가스 등의 불연성 가스)를 압입하여 내부압력을 외부환경보다 높게 유지함으로써 폭발성 가스 또는 증기가 용기내부로 유입되지 않도록 한 구조(전폐형의 구조)
② 종류:봉입식, 통풍식, 연속 희석식

합격예측

밀폐공간에 작업시 관리감독자의 직무
① 산소가 결핍된 공기나 유해가스에 노출되지 않도록 작업시작전에 해당 근로자의 작업을 지휘하는 업무
② 작업을 하는 장소의 공기가 적절한지를 작업 시작 전에 측정하는 업무
③ 측정장비·환기장치 또는 공기호흡기 또는 송기마스크 등을 작업시작전에 점검하는 업무
④ 근로자에게 공기호흡기 또는 송기마스크의 착용을 지도하고 착용 상황을 점검하는 업무

합격예측

장애 증상
① 급성 : 급성 중독은 많지 않으나 위장 장애, 변비, 급성 연두통을 수반한다.
② 만성 : 헴(heme)의 합성 장애에 의한 빈혈, 신근 마비, 연산통, 리드 라인(lead line) 등이 있다. 전형적인 증상으로는 연창백(빈혈), 리드 라인(치육), 연산통, 신근 마비, 연뇌증 등이 있다.

합격예측

아세틸렌 용접장치 및 가스집합 용접장치

아세틸렌 용접장치 발생기실의 구조
① 벽은 불연성의 재료로 하고 철근콘크리트 또는 그 밖에 이와 동등하거나 그 이상의 강도를 가진 구조로 할 것
② 지붕 및 천장에는 얇은 철판이나 가벼운 불연성 재료를 사용할 것
③ 바닥면적의 16분의 1 이상의 단면적을 가진 배기통을 옥상으로 돌출시키고 그 개구부를 창 또는 출입구로부터 1.5미터 이상 떨어지도록 할 것
④ 출입구의 문은 불연성 재료로 하고 두께 1.5밀리미터 이상의 철판이나 그 밖에 그 이상의 강도를 가진 구조로 할 것
⑤ 벽과 발생기 사이에는 발생기의 조정 또는 카바이드 공급 등의 작업을 방해하지 않도록 간격을 확보할 것

(1) 발생 사업장

금속 수은 증기에 폭로될 위험성을 가지고 있는 사업장은 수은 광산, 수은 제련소, 전해 작업, 형광등 및 수은등 제조, 아말감 제조업 등이다.

무기·유기의 수은 화합물은 농약 및 의약품 제조업에서 취급된다.

(2) 장애 경로와 증상

무기·유기별 또는 고농도 급성 폭로, 저농도 만성 폭로에 따라 증상이 다르다. 산업 현장에서는 금속 수은 증기 또는 무기 수은 화합물의 경기도(經氣道)로부터 만성 폭로가 많다.

① **고농도 폭로에 의한 급성·아급성 증상**

기도 자극에 의한 심한 기침이나 호흡 곤란 등 폐렴 같은 증상과 함께 발열 두통이 온다. 설사 등의 소화기 증상과 단백뇨, 혈뇨 등 신장 장애도 생긴다. 수지의 진전이 있고 구내염, 치근염 등이 진전한다.

② **만성 중독 증상**

탄력감, 피로감, 식욕 부진, 체중감소 등 비특이적인 증상으로부터 불면, 흥분, 초조감, 우울 상태 등 감정의 불안전한 상태가 두드러진다. 그리고 폭로가 계속될 때는 운동 실조 진전 등 정신 신경 증상이 현저해진다. 산업현장에서 에틸수은, 페닐수은 등 유기 수은 폭로에 의한 장애 사례는 적지만 에틸수은의 고농도 폭로에 의한 오심, 구토와 간장해의 발생, 페닐수은에 의한 발적, 수포 형성을 수반하는 피부염의 발생을 볼 수 있다.

(3) 진단과 예방

체중 감소와 정서적 불안정 등 초기 증상에 유의해야 한다. 수지의 진전이나 구내염, 신장 장애의 유무도 특징적이며 요중 수은량의 측정도 진단에 큰 도움을 준다. 조기 발견으로 혈액 중 수은량이 $20[\mu g/100ml]$ 이상이면 중독의 위험이 있다.

치료로서는 BAL, 페니실아민 등의 약효가 기대된다. 무엇보다 취업 중지 및 폭로 저감을 위한 예방 대책이 중요하고 환경 공학적인 시설 정비 및 근로자의 보건교육이 필요하다.

3. 카드뮴(Cd) 중독

(1) 발생 사업장

카드뮴 제련, 도금 작업, 카드뮴 전지의 제조, 안료의 제조, 카드뮴 품(Fume), 용접 작업

(2) 장애 경로와 증상

카드뮴은 흡입하는 경우나 경구적으로 섭취하는 경우에 간, 신장 관벽에 가서 축적되며 세포독으로서 작용한다. 산업 현장에서는 금속 퓸으로서 기도를 통해 섭취되는 경우가 가장 많고 흡수된 카드뮴은 신장에 축적된다. 따라서 주된 중독 증상은 호흡기 장애와 신장 장애이다.

① 호흡기 증상

흡수시 급성 증상은 기침, 후두의 건조감, 흉통, 비인후 동통이 오고 고농도일 때는 간질성 폐부종 상태가 된다. 저농도 만성 폭로일 때는 지속적인 기침, 예컨대 기관지염 같은 증상이 오고 심할 때에는 폐기종을 일으킨다.

② 신장 장애

신장의 근위로 세관 장애가 주병변이고 당뇨, 저분자 단백뇨, 아미노산 등이 주증상이다.

③ 기타

오심, 구토, 설사 등의 위장 장애나 쉽게 피로를 느끼며 체중감소가 나타날 때도 있다. 취각 이상이나 치아의 황색화 발생을 관찰한 보고도 있다. 골장애에 대한 발생 사업장의 보고는 아직 없다.

(3) 진단

저분자 단백뇨 등 신장 장애의 조기 발견이 꼭 필요하다. 최근에는 요중 β-MG(Micro Globulin)의 증가가 주목되고 있다. 호흡 기능 검사나 흉부 X선 촬영도 필요에 따라서 실시해야 한다. 요중 카드뮴량의 측정도 진단적인 가치를 갖는다.

4. 크롬(Cr) 중독

(1) 발생 사업장

광산, 크롬 도금, 시멘트 제조, 피혁 제품 제조, 금속 부식 방지제, 무기 안료

(2) 중독 발생 원인

크롬산이 피부 또는 점막에 작용해서 알레르기 증상을 일으킨다. 때로는 발암 작용을 한다.

(3) 증상

① 접촉에 의한 증상

피부 점막에 크롬이 부착되었을 때 알레르기 피부염이나 심한 부식 작용에 의한 피부염이 발생한다. 심할 때에는 피부 심부에까지 미쳐서 크롬 궤양이 되

합격예측

내압방폭구조(d)의 특징
① 용기내부에서 폭발성 가스 또는 증기가 폭발하였을 때 용기가 그 압력에 견디며 또한 접합면, 개구부 등을 통하여 외부의 폭발성 가스증기에 인화되지 않도록 한 구조
② 전폐형으로 내부에서의 가스 등의 폭발압력에 견디고 그 주위의 폭발 분위기 하의 가스 등에 점화되지 않도록 하는 방폭구조
③ 폭발 후에는 크레아런스가 있어 고온의 가스를 서서히 방출시킴으로 냉각

합격예측

(1) 자연 발화의 형태별 분류
① 분해열에 의한 발열
② 산화열에 의한 발열
③ 미생물에 의한 발열
④ 흡착열에 의한 발열
(2) 자연 발화에 영향을 주는 요인
① 열의 축적
② 발열량
③ 열전도율
④ 퇴적방법
⑤ 공기의 유동
⑥ 수분
⑦ 온도

고 치유가 지연된다. 눈에서는 결막염을 일으켜 각막 궤양으로부터 실명에 이를 수도 있다.

② 흡입에 의한 장애

크롬 분진, 미스트의 흡입에 의해서 코에서는 비중격에 궤양과 천공이 생기며 기관지, 세기관지에서는 염증이 나타난다. 시멘트 제조 작업자에 있어서 시멘트 천식은 크롬에 의한 알레르기 반응의 관여로 생각되고 있다. 장기간에 이르는 폭로에서는 폐암의 발생 사례도 있다. 전신성 장애로서 소화기, 간, 신장 등의 악성 신생물의 발생률이 비폭로군보다 높다는 보고가 있다.

(4) 진단

비강 검진이 필요하고 또 기침, 가래, 흉통 등의 호흡기 증상이나 피부 증상에도 주의를 요한다. 필요에 따라서는 흉부 X선 촬영이나 요중 Cr 양의 측정도 실시한다. 작업원의 직장 배치에 있어서 알레르기성 체질은 제외하는 것이 예방대책의 하나이다.

5. 금속열

(1) 발생 사업장

아연, 구리, 카드뮴, 주석, 망간, 철, 니켈 등의 금속류를 취급하는 작업장에서 이들 금속의 품을 고농도로 흡입함으로써 일어나는 발열을 말하며 급성 중독 증상으로서 특히 아연열이 많다.

(2) 증상

흡입 후 수시간에 증상이 나타나며 오한, 발열 및 백혈구 증가가 발생하고 보통 12~14시간 내에 회복한다. 사망하는 예는 없고 휴유증도 없으나 재발 경향은 있다. 특히 아연열일 때는 만성 증상으로서 일과성 당뇨나 신체가 쇠약해지거나 당뇨병 같은 증상을 가져오는 것으로 알려져 있다.

6. 인화성 가스의 발생 위험 지하 작업장 또는 가스 발생 위험 장소에서의 굴착 작업시 화재·폭발 방지 조치

① 가스의 농도를 측정하는 자를 지명하고 다음의 경우에 그로 하여금 가스의 농도를 측정하도록 하는 일
  ㉮ 매일 작업을 시작하기 전
  ㉯ 해당 가스에 대한 이상을 발견한 때
  ㉰ 해당 가스가 발생하거나 정체할 위험이 있는 장소가 있는 때
② 가스의 농도가 폭발 하한값의 38[%] 이상으로 밝혀진 때에는 즉시 근로자를

합격예측

광원으로부터의 직사휘광 처리방법
① 광원의 휘도를 줄이고 수를 늘린다.
② 광원을 시선에서 멀리 위치시킨다.
③ 휘광원 주위를 밝게 하여 광도비를 줄인다.
④ 가리개(shield), 갓(hood), 혹은 차양(visor)을 사용한다.

합격예측

(1) 반사휘광처리
① 발광체의 휘도를 줄인다.
② 일반(간접) 조명 수준을 높인다.
③ 무광택 도료를 사용한다.
④ 반사광이 눈에 비치지 않게 광원을 위치시킨다.
(2) 창문으로부터의 직사휘광처리
① 창문을 높이 설치한다.
② 창의 바깥쪽에 드리우개를 설치한다.
③ 창의 안쪽에 수직 날개를 달아 직사광선을 제한한다.
④ 차양 또는 발을 사용한다

합격예측

금속열의 증상
흡입 후 수시간에 증상이 나타나며 오한, 발열 및 백혈구 증가가 발생하고 보통 12~14시간 내에 회복한다. 사망하는 예는 없고 휴유증도 없으나 재발 경향은 있다. 특히 아연열일 때는 만성 증상으로서 일과성 당뇨나 신체가 쇠약해지거나 당뇨병 같은 증상을 가져오는 것으로 알려져 있다.

안전한 장소에 대피시키고 화기 그 밖에 점화원이 될 우려가 있는 기계·기구 등의 사용을 중지하며 통풍·환기 등을 할 것

7. 소음 및 진동에 의한 건강장해의 예방

① "소음작업"이란 1일 8시간 작업을 기준으로 85데시벨 이상의 소음이 발생하는 작업을 말한다.
② "강렬한 소음작업"이란 다음 각 목의 어느 하나에 해당하는 작업을 말한다.
　㉮ 90데시벨 이상의 소음이 1일 8시간 이상 발생하는 작업
　㉯ 95데시벨 이상의 소음이 1일 4시간 이상 발생하는 작업
　㉰ 100데시벨 이상의 소음이 1일 2시간 이상 발생하는 작업
　㉱ 105데시벨 이상의 소음이 1일 1시간 이상 발생하는 작업
　㉲ 110데시벨 이상의 소음이 1일 30분 이상 발생하는 작업
　㉳ 115데시벨 이상의 소음이 1일 15분 이상 발생하는 작업
③ "충격소음작업"이란 소음이 1초 이상의 간격으로 발생하는 작업으로서 다음 각 목의 어느 하나에 해당하는 작업을 말한다.
　㉮ 120데시벨을 초과하는 소음이 1일 1만회 이상 발생하는 작업
　㉯ 130데시벨을 초과하는 소음이 1일 1천회 이상 발생하는 작업
　㉰ 140데시벨을 초과하는 소음이 1일 1백회 이상 발생하는 작업
④ "진동작업"이란 다음 각 목의 어느 하나에 해당하는 기계·기구를 사용하는 작업을 말한다.
　㉮ 착암기(鑿巖機)
　㉯ 동력을 이용한 해머
　㉰ 체인톱
　㉱ 엔진 커터(engine cutter)
　㉲ 동력을 이용한 연삭기
　㉳ 임팩트 렌치(impact wrench)
　㉴ 그 밖에 진동으로 인하여 건강장해를 유발할 수 있는 기계·기구
⑤ "청력보존 프로그램"이란 소음노출 평가, 소음노출 기준 초과에 따른 공학적 대책, 청력보호구의 지급과 착용, 소음의 유해성과 예방에 관한 교육, 정기적 청력검사, 기록·관리 사항 등이 포함된 소음성 난청을 예방·관리하기 위한 종합적인 계획을 말한다.

8. 강렬한 소음작업 등의 관리기준

① **소음 감소 조치** : 사업주는 강렬한 소음작업이나 충격소음작업 장소에 대하여 기계·기구 등의 대체, 시설의 밀폐·흡음(吸音) 또는 격리 등 소음 감소를 위

합격예측

(1) 진동 방지 대책
① 방진장갑 등 진동보호구 지급
② 진동작업에 따른 유해성 주지
③ 진동기계·기구 사용설명서 비치
④ 진동기계·기구의 상시 점검으로 정상적인 상태 유지

(2) 진동방지 유해성 주지 사항
① 인체에 미치는 영향 및 증상
② 보호구의 선정 및 착용 방법
③ 진동기계·기구 관리방법
④ 진동장해 예방방법

합격예측

국소진동을 방지하기 위한 대책
① 진동공구에서의 진동 발생을 감소
② 적절한 휴식
③ 진동공구의 무게를 10[kg] 이상 초과하지 않게 할 것
④ 손에 진동이 도달하는 것을 감소시키며, 진동의 감폭을 위하여 장갑(glove) 사용

합격예측

난청발생에 따른 조치
① 해당 작업장의 소음성 난청 발생원인 조사
② 청력손실감소 및 재발방지 대책 마련
③ 대책의 이행 여부 확인
④ 작업전환 등 의사의 소견에 따른 조치

합격예측

소음수준의 주지사항
① 해당 작업장소의 소음 수준
② 인체에 미치는 영향 및 증상
③ 보호구의 선정 및 착용방법
④ 그 밖의 소음건강장해 방지에 필요한 사항

한 조치를 하여야 한다. 다만, 작업의 성질상 기술적·경제적으로 소음 감소를 위한 조치가 현저히 곤란하다는 관계 전문가의 의견이 있는 경우에는 그러하지 아니하다.

② **소음수준의 주지** : 사업주는 근로자가 소음작업, 강렬한 소음작업 또는 충격소음작업에 종사하는 경우에 다음 각 호의 사항을 근로자에게 알려야 한다.
　㉮ 해당 작업장소의 소음 수준
　㉯ 인체에 미치는 영향과 증상
　㉰ 보호구의 선정과 착용방법
　㉱ 그 밖에 소음으로 인한 건강장해 방지에 필요한 사항

③ **난청발생에 따른 조치** : 사업주는 소음으로 인하여 근로자에게 소음성 난청 등의 건강장해가 발생하였거나 발생할 우려가 있는 경우에 다음 각 호의 조치를 하여야 한다.
　㉮ 해당 작업장의 소음성 난청 발생 원인 조사
　㉯ 청력손실을 감소시키고 청력손실의 재발을 방지하기 위한 대책 마련
　㉰ 제2호에 따른 대책의 이행 여부 확인
　㉱ 작업전환 등 의사의 소견에 따른 조치

Chapter 02 작업 환경 안전 일반
출제예상문제

출제예상문제는 복습, 예습문제로 엮었습니다. *WHY : 실제시험에도 순서에 관계없이 출제됩니다. 예습 후 다음장에 공부한 문제가 있으면 기억이 배가 됩니다.

01 ★★★ 다음 중 진한 질산이 공기 중에서 발생하는 갈색 증기는?

① N_2
② NO_2
③ NO_3
④ NO
⑤ CO_2

해설
질산은 공기 중 또는 직사일광에서 분해하며 NO_2가 생겨 무색 액체가 갈색이 되므로 갈색 유리병에 보관한다.
$2HNO_3 \rightarrow H_2O + 2NO_2 + [O]$(발생기산소)

참고 문제와 답을 기억하고 해설도 보세요.
꼭 100% 적중하도록 하였습니다.

02 ★ 알루미늄이나 금속나트륨을 함유하고 있는 뜨거운 분진 중에 수분이 함유되어 있다. 이때 어떤 현상이 유발되는가?

① 장치의 부식
② 폭발사고
③ 응고현상
④ 환기폐쇄 현상
⑤ 가슴 작용

해설
문제는 폭발사고를 설명한다.

03 ★★ 공기 중에 이산화탄소의 농도가 몇 [%]일 때 출입이 제한되는가?

① 1[%]
② 1.5[%]
③ 2.0[%]
④ 3.0[%]
⑤ 4.5[%]

해설
CO_2와 작업환경
① 공기 중에는 250~300[ppm] 정도 있는데 0.5[%]가 작업환경하에서의 최대허용농도이다.
② 1.8[%]이면 50[%] 환기 필요
③ 2.5[%]이면 100[%] 환기 필요
④ 1.5[%]이면 출입금지

04 ★★ 상온에서 물과 격렬히 반응하여 수소를 발생시키는 물질은?

① Mg
② Na
③ Fe
④ Zn
⑤ Al

해설
상온에서 물과 반응시 수소를 발생시키는 것은 Na이다.

05 ★★★ 물보다 가볍고 물에 잘 녹으며 인화점이 가장 낮은 것은?

① 가솔린
② 아세트알데히드
③ 에테르
④ 아세톤
⑤ 크실렌

해설
인화점 및 물질의 종류
① 가솔린 : -20~-43[℃]
② 아세트알데히드 : -38[℃](물에 녹는다)
③ 에테르 : -45[℃](물에 녹지 않고 물보다 가볍다)
④ 아세톤 : -18[℃]
⑤ 크실렌 : 23~60[℃] 이하

[정답] 01 ② 02 ② 03 ② 04 ② 05 ②

06 ★★ 인화성 액체 중 겨울철에 위험온도 범위에 들어가지 않는 것은?

① 에틸알코올 ② 벤젠
③ 초산에틸 ④ 에틸에테르
⑤ 가솔린

해설
① 인화점이 높은 것이 안전하다.
② 에틸알코올은 인화점이 13[℃]이다.

07 ★ 위험물이 존재하는 곳의 외기관리 중 잘못된 것은?

① 위험물, 가연성 분진 또는 화학류 등에 의한 폭발 화재의 발생위험이 있는 곳에는 고온이 될 우려가 있는 기계 및 공구를 사용하지 않는다.
② 환기가 불충분한 장소에서 용접 등의 화기를 사용하는 작업을 할 때에는 통풍 또는 환기를 위해서 산소를 사용한다.
③ 소각장을 설치할 때에는 불연성 재료를 사용한다.
④ 가열로, 소각로 등의 화재발생 위험설비와 다른 가연성 물체와의 사이에는 안전거리유지 및 불연성 물체를 삽입 재료로 하여 방호해야 한다.
⑤ 인화성 가스는 수소 · 에탄 등이다.

해설
순수한 산소는 생명을 앗아가고, 환기용으로 순수 산소를 사용해서는 안 된다.

08 ★★ 화학설비 또는 그 배관(화학설비 또는 그 배관의 밸브 또는 콕 제외) 중 위험물 또는 인화점이 몇 [℃] 이상인 물질이 접촉하는 부분에는 부식에 의한 폭발 또는 화재를 방지하기 위해 부식이 잘 안되는 재료를 사용하거나 도장 등의 조치를 하여야 하는가?

① 60[℃] ② 55[℃]
③ 45[℃] ④ 35[℃]
⑤ 25[℃]

해설
산업안전보건기준에 관한 규칙 제256조(부식방지)

09 ★★ 방사성 물질이 체내에 들어갈 경우 신체에 미치는 위험도에 대한 다음의 설명 중 옳지 않은 것은?

① 반감기가 길수록 위험성이 크다.
② α입자를 방출하는 핵종일수록 위험성이 크다.
③ 방사선의 에너지가 높을수록 위험성이 크다.
④ 체내에 흡수되기 쉽고 잘 배설되지 않은 것일수록 위험성이 크다.
⑤ 투과력 순서는 α선<β선<λ선<γ선 순이다.

해설
① 방사성 물질 중 α입자가 위험성이 제일 크다.
② 반감기가 짧을수록 위험성이 크다.

10 ★ 다음 중 금속 Li과 금속 Na의 성상에 관한 설명 중 틀린 것은?

① 두 금속 모두 실온에서 자연발화의 가능성이 있다.
② 두 금속은 물과 반응하여 수소기체가 발생된다.
③ 금속 Li은 질소와 반응하므로 질소에 의한 소화 효과는 없다.
④ Na는 은백색의 금속으로 공기 중에 연소하면 황색의 Na_2O가 생성된다.
⑤ Li과 Na은 물반응성 물질이다.

해설
금속 Li과 금속 Na는 물반응성 물질이다.

정보제공
쉬운 문제는 없다. 하지만 시작이 반이라는 속담이 있고 본 교재와 똑같은 문제가 출제된다면 시험은 쉬운 것이다.

11 ★★ 다음 중 동 부식의 원인과 관계가 먼 것은?

① 동에서 산소부족
② 동에서 산성도 변화
③ 동에서 전위차의 발생
④ 동에서 염소이온 존재

[**정답**] 06 ① 07 ② 08 ① 09 ① 10 ③ 11 ①

⑤ Mg분말은 인화성 고체이다.

해설
① 동은 소량의 산소에 부식되지 않는다.
② 산소가 충만해야 동이 부식된다.

12 ★★★ 포스겐가스 누설검지의 시험지로 사용되는 것은?

① 연당지 ② 염화팔라듐지
③ 하리슨시험지 ④ 초산구리벤젠지
⑤ KI전분지

해설
각종 가스의 누설검지 시험지 및 변색상태

종 류	시 험 지	색깔의 변색 상태
암모니아(NH_3)	붉은리트머스 시험지	갈색
염소(Cl_2)	KI전분지(요오드화칼륨 녹말종이)	청색
포스겐($COCl_2$)	하리슨시약(시험지)	오렌지색
아세틸렌(C_2H_2)	염화제2구리 착염지	적색
일산화탄소(CO)	염화팔라듐지	검은색
황화수소(H_2S)	연당지(초산납 시험지)	검은색
시안화수소 (HCN)	질산구리벤젠지(초산구리벤젠지)	청색
아황산가스(SO_2)	암모니아에 적신 헝겊	흰 연기
프로판(C_3H_8)	비눗물	기포발생

13 ★★ 유해물 취급상의 안전조치에 해당되지 않는 것은?

① 유해물 발생원의 봉쇄
② 작업공정의 은폐와 작업장의 격리
③ 작업숙련자 배치
④ 유해물의 위치, 작업공정의 변경
⑤ 작업시 방독마스크 착용

해설
작업숙련자는 독성물질을 먹고 마셔도 죽지 않고 살 수 있는가.

14 ★★ 인화성 가스를 바르게 정의한 것은?(단, 산업안전보건법의 정의임)

① 폭발한계농도의 하한이 5[%] 이하, 또는 상하한의 차가 10[%] 이상인 것으로서 1기압 15[℃]에서 가스상태인 물질
② 폭발한계농도의 하한이 15[%] 이하, 또는 상하한의 차가 10[%] 이상인 것으로서 1기압 25[℃]에서 가스상태인 물질
③ 인하한계농도의 최저한도가 13[%] 이하, 또는 최고한도와 최저한도의 차가 12[%] 이상인 것으로서 1기압 20[℃]에서 가스상태인 물질
④ 폭발한계농도의 하한이 15[%] 이하, 또는 상하한의 차가 30[%] 이상인 것으로 1기압 40[℃]에서 가스상태인 물질
⑤ 에탄과 프로판은 산화성 가스이다.

해설
인화성 가스
(1) 정의 : 인화한계 농도의 최저한도가 13[%] 이하 또는 최고한도와 최저한도의 차가 12[%] 이상인 것으로서 표준압력 (101.3[kPa])하의 20[℃]에서 가스 상태인 물질
(2) 종류
① 수소 ② 아세틸렌
③ 에틸렌 ④ 메탄
⑤ 에탄 ⑥ 프로판
⑦ 부탄
⑧ 그 밖에 섭씨 15도 1기압하에서 기체상태인 인화성 가스

참고 ① 산업안전보건법 시행령 [별표 11]
② 산업안전보건기준에 관한 규칙 [별표 1] : 위험물질의 종류

정보제공
1문제 해설에 2~3문제가 출제되니 처음에는 정독하셔야 합격합니다.

15 ★★ 탱크 내 작업시 복장의 설명 중 잘못된 것은?

① 작업원은 불필요하게 피부를 노출시키지 말 것
② 작업모를 쓰고 긴팔의 것을 반듯하게 착용할 것
③ 작업복의 바지 속에는 밑을 집어넣지 말 것
④ 보호구를 착용하고 작업할 것
⑤ 유지가 부착된 작업복을 착용할 것

해설
유지가 부착된 작업복을 입어서는 안된다.

[정답] 12 ③ 13 ③ 14 ③ 15 ⑤

16 다음은 위험성 물질의 종류와 설명이다. 옳지 않은 것은?

① 인화성 액체 : 대기압하에서 인화점이 45[℃] 이하인 가연성 액체
② 인화성 가스 : 공기 중에서 폭발하한계가 13[%] 이하 또는 상·하한차가 12[%] 이상인 가스
③ 폭발성 물질 : 가열, 마찰 등으로 인해 산소 또는 산화제의 공급없이도 폭발 등 격렬한 반응을 일으킬 수 있는 고체나 액체
④ 부식성 물질 : 금속 등을 쉽게 부식시키고 인체에 접촉하면 심한 상해를 입히는 물질
⑤ 인화성고체는 황·적린 등이다.

해설
위험물질의 종류(산업안전보건기준에 관한 규칙 별표 1) 참고

17 인화성 혼합가스가 메탄(CH_4) 80[%], 에탄(C_2H_4), 부탄(C_4H_8) 10[%]로 구성되어 있다. 공기 중에서 이 3성분 혼합가스의 화학량 조성을 구하면?(단, 각 단독가스의 화학량의 조성은 메탄 9.5[%], 에탄 5.6[%], 부탄 3.1[%]로 한다.)

① 8.5[%]   ② 12.2[%]
③ 8.1[%]   ④ 8.0[%]
⑤ 7.4[%]

해설
$$L = \frac{100}{\frac{V_1}{L_1} + \frac{V_2}{L_2} + \frac{V_3}{L_3}}$$
$$= \frac{100}{\frac{80}{9.5} + \frac{10}{5.6} + \frac{10}{3.1}} = 7.44[\%]$$

18 다음 중 만성중독의 판정에 사용되는 지수가 아닌 것은?

① TLV   ② VHI
③ 중독지수   ④ MLD
⑤ TWA

해설
허용농도단위
① TLV : 하루 8시간 작업동안에 폭로된 평균농도
② TWA : 시간가중 평균치
③ STEL : 단시간허용 폭로농도

19 다음 중 유해물질에 관한 설명으로 옳은 것은?

① 흄(Fume)은 액체의 미세한 입자가 공기 중에 부유하고 있는 것을 말한다.
② 분진(Dust)은 금속의 증기가 공기 중에서 응고되어, 화학변화를 일으켜 고체의 미립자로 되어 공기 중에 부유하는 것을 말한다.
③ 미스트(Mist)는 기계적 작용에 의해 발생된 고체 미립자가 공기 중에 부유하고 있는 것을 말한다.
④ 가스와 증기는 액체상이다.
⑤ 스모크(Smoke)는 유기물의 불완전연소에 의해 생긴 미립자를 말한다.

해설
유독물의 종류와 성상

구분	성상	입자의 크기
흄(Fume)	고체 상태의 물질이 액체화된 다음 증기화되고, 증기화된 물질의 응축 및 산화로 인하여 생기는 고체상의 미립자 (금속 또는 중금속 등)	0.01~1[μm]
스모크(Smoke)	유기물의 불완전 연소에 의해 생긴 작은 입자	0.01~1[μm]
미스트(Mist)	공기 중에 분산된 액체의 작은 입자(기름, 도료, 액상 화학물질 등)	0.1~100[μm]
분진(Dust)	공기 중에 분산된 고체의 작은 입자(연마, 파쇄, 폭발 등에 의해 발생됨. 광물, 곡물, 목재 등)	0.01~100[μm]
가스(Gas)	상온·상압(25[℃], 1[atm]) 상태에서 기체인 물질	분자상
증기(Vapor)	상온·상압(25[℃], 1[atm]) 상태에서 액체로부터 증발되는 기체	분자상

[정답] 16 ① 17 ⑤ 18 ④ 19 ⑤

20 산업안전보건법에서 정한 공정안전보고서 제출대상 업종이 아닌 사업장으로서 위험물질의 1일 취급량이 염소 10,000[kg], 수소 20,000[kg], 프로판 1,000[kg], 톨루엔 2,000[kg]인 경우 공정안전보고서 제출대상 여부를 판단하기 위한 R값은 얼마인가?

유해·위험물질명	규정수량[kg]
인화성 액체	취급 : 5,000 저장 : 200,000
인화성 가스	취급 : 5,000 저장 : 200,000
염소	20,000
수소	50,000

① 1.0 ② 1.5
③ 2.0 ④ 2.5
⑤ 3.5

해설

$R = \dfrac{10,000}{20,000} + \dfrac{20,000}{50,000} + \dfrac{1,000}{5,000} + \dfrac{2,000}{5,000} = 1.5$

21 위험성 물질에 대한 다음의 설명 중 틀린 것은?
① 폭발성 물질은 인화성 물질인 동시에 산소공급 물질로서 폭발하기 쉬우며 가열, 마찰에 의한 심한 폭발을 일으킨다.
② 자연발화성 물질은 외부 착화원에 의해 발열되고 그 열이 축적되어 발화가 된다.
③ 물반응성 물질은 습기를 흡수하거나 수분에 접촉될 때에 발화 또는 발열의 위험이 있다.
④ 혼합위험성 물질은 두 종류 이상의 물질이 혼합 또는 접촉시 발화의 위험이 있다.
⑤ 인화성 가스의 종류는 메탄, 에탄 등이다.

해설
자연 발화성 물질은 외부 착화원 없이 자체에서 열이 축적되어 발화하는 현상이다.

22 진한 질산을 공기 중에 방치시 발생하는 갈색 증기는?
① N_2 ② NO_2
③ NO_3 ④ NO
⑤ H_2O

해설
① NO_2는 갈색 증기 발생
② $AgNO_3$(질산은) 용액 보관시 햇빛을 피해 갈색 유리병에 보관한다.

정보제공
제1장에서 나온 문제입니다.(복습)

23 물반응성 물질 및 인화성 고체의 저장법이 아닌 것은?
① 나트륨, 칼륨은 석유 속에 저장한다.
② 적린은 물 속에 저장한다.
③ 마그네슘, 칼륨은 격리 저장한다.
④ 질산은용액은 햇빛을 피하여 저장한다.
⑤ 황린은 물 속에 저장한다.

해설
물반응성 물질 및 인화성 고체의 저장법
① 나트륨, 칼륨 : 석유 속에 저장
② 황린 : 물 속에 저장
③ 적린, 마그네슘, 칼륨 : 격리 저장
④ 질산은($AgNO_3$)용액 : 햇빛을 피하여 저장

24 위험물안전관리법에 의한 위험물의 분류 중 제1류 위험물에 속하는 것은?
① 염소산염류 ② 황린
③ 금속칼륨 ④ 질산에스테르
⑤ 유황

해설
① 제1류 : 아염소산, 염소산, 과염소산, 무기과산화물, 삼산화크롬, 브롬산염류, 요오드산염류, 과망간산염류, 중크롬산염류
② 제2류 : 황화인, 적린, 유황, 철분, Mg, 금속분류, 인화성 고체
③ 제3류 : K, Na, 알킬Al, 알킬Li, 황린, 칼슘 또는 Al의 탄화물류 등
④ 제4류 : 특수인화물류, 동식물류, 알코올류, 제1석유류~제4석유류
⑤ 제5류 : 유기산화물류, 질산에스테르류(니트로셀룰로오스, 질산에틸, 니트로글리세린), 셀룰로이드류, 니트로화합물, 아조화합물류,

[정답] 20 ② 21 ② 22 ② 23 ② 24 ①

디아조화합물류, 히드라진 유도체류
⑥ 제6류 : 과염소산, 과산화수소, 질산

25 ★ 산업안전보건법상 유기용제 업무를 행할 경우의 사업주가 취할 조치에 관한 다음 기술 중 틀린 것은?

① 도포, 도장을 할 때에는 유기용제의 증기발산원을 밀폐하는 설비를 설치하여야 한다.
② 옥내 작업장에서 제1종 유기용제를 이용한 작업을 행할 때에는 국소배기장치를 하여야 한다.
③ 옥내 작업장에서 제3종 유기용제를 이용한 작업을 행할 때에는 전체 환기를 설치하여야 한다.
④ 3종 유기용제 취급업무는 탱크, 갱 등 통풍이 불충분한 장소이다.
⑤ 지하실에서 제2종 유기용제 등을 이용해서 도장 등의 작업을 행할 때에는 전체 환기장치를 설치한다.

해설
유기용제 설비기준
(1) 제1종 유기용제 등 또는 제2종 유기용제 등에 관계되는 설비
사업주는 옥내 작업장에서 제1종 유기용제 등 또는 제2종 유기용제 등에 관계되는 유기용제 업무에 근로자를 종사하도록 하는 때에는 해당 작업장에 유기용제의 증기발산원을 밀폐하는 설비 또는 국소배기장치를 설치하여야 한다.
(2) 제3종 유기용제 등에 관계되는 설비
① 사업주는 옥내 작업장에서 제3종 유기용제 등에 관계되는 유기용제 업무에 근로자를 종사하도록 하는 때에는 해당 작업장소에 유기용제의 증기발산원을 밀폐하는 설비, 국소배기장치 또는 전체 환기장치를 설치하여야 한다.
② 사업주는 유기용제 취급·제조 특별장소에서 분무에 의한 제3종 유기용제 등에 관계되는 유기용제 업무에 근로자를 종사하도록 하는 때에는 해당 장소에 유기용제 증기발산원을 밀폐하는 설비 또는 국소배기장치를 설치하여야 한다.
(3) 도장 등의 업무에 관계되는 설비
사업주는 다음에 해당하는 업무 중 도장 및 도포 업무에 근로자를 종사하도록 하는 때에는 해당 작업 장소에 유기용제의 증기발산원을 밀폐하는 설비 또는 국소배기장치를 설치하여야 한다.
① 옥내 작업장·탱크 또는 갱에서 제2종 유기용제 등에 관계되는 업무
② 탱크·갱 또는 지하철 그 밖에 통풍이 불충분한 옥내 작업장에서 제3종 유기용제 등에 관계업무

26 ★★★ 다음은 위험성 물질의 종류와 설명이다. 옳지 않은 것은?

① 인화성 액체 : 대기압하에서 인화점이 45[℃] 이하인 가연성 액체
② 인화성 가스 : 공기 중에서 폭발하한계가 13[%] 이하 또는 상, 하한차가 12[%] 이상인 가스
③ 폭발성 물질 : 가열, 마찰 등으로 인해 산소 또는 산화제의 공급 없이도 폭발 등 격렬한 반응을 일으킬 수 있는 고체나 액체
④ 부식성 물질 : 금속 등을 쉽게 부식시키고 인체에 접촉하며 심한 상해를 입히는 물질
⑤ 인화성가스는 수소, 에탄 등이다.

해설
인화성 액체 : 대기압하에서 인화점이 60[℃] 이하인 가연성 액체
① 에틸에테르·가솔린·아세트알데히드·산화프로필렌 그 밖에 인화점이 23[℃] 미만이고 초기 끓는점이 35[℃] 이하인 물질
② 노말헥산·아세톤·메틸에틸케톤·메틸알코올·에틸알코올·이황화탄소 그밖에 인화점이 23[℃] 미만이고 초기 끓는 점이 35[℃]를 초과하는 물질
③ 크실렌·아세트산아밀·등유·경유·테레핀유·이소아밀알코올·아세트산·하이드라진 그 밖에 인화점이 23[℃] 이상 60[℃] 이하인 물질

해설
① 산업안전보건법 시행령 [별표 11]
② 산업안전보건기준에 관한 규칙 [별표 1]

27 ★★ 인화성 물질의 그룹별 분류(미국 NEC.UL) 중 Ⅱ급 지역에서 폭발성 분진그룹 E에 해당하는 것은?

① 코크스분진, 저항률 $10^5[\Omega cm]$ 이하인 분진
② 금속성분진, 저항률 $10^5[\Omega cm]$ 이하인 분진
③ 카본블랙, 저항률 $10^5[\Omega cm]$ 이하인 분진
④ 곡물분진, 저항률 $10^5[\Omega cm]$ 이하인 분진
⑤ 밀가루 등, 저항률 $10^5[\Omega cm]$ 이하인 분진

해설
인화성 물질의 그룹별 분류

class	group	대기환경조건	적용대상
Ⅰ (gases vapors)	A	아세틸렌	• 정유공장 • 석유화학 설비 • 도장공장 • 가스설비
	B	부타디엔, 에틸렌, 디에틸에테르, 하이드로겐설파이드 등	
	C	사이클로프로판, 에틸렌, 디에틸에테르, 하이드로겐설파이드 등	

[정답] 25 ⑤ 26 ① 27 ②

I (gases vapors)	D	아세톤, 알코올, 암모니아, 벤젠, 부탄, 가솔린, 헥산, 래커, 나프타, 솔벤트, 증기, 천연가스, 프로판 및 이와 동등 위험정도의 가스와 증기가 함유된 대기환경조건	•정유공장 •석유화학설비 •도장공장 •가스설비
II (combustible dusts)	E	금속분진(알루미늄분진, 마그네슘 및 이와 동등 위험정도의 금속 분진)	•곡물창고 •전분 취급 장소 •방앗간 •석탄제조품 •제과공장
	F	카본블랙, 석탄분진, 코르크 분진 (휘발분이 8[%]인 것)	
	G	밀가루, 전분가루, 곡물분진 등 비전도성 분진	
III (easily ignitable fiber and flax)		인조견사, 솜, 황마, 가연성 섬유, 톱밥, 작은 나뭇조각 및 이와 동등 이상의 가연성이고 비산성 물질	•목재가공 공장 •직물공장 •조면기 •방적공장 •아마공장

> **정보제공**
> 합격은 열심히 노력하면 됩니다.

28 ★★ 마그네슘의 저장 및 안전취급의 설명이 옳지 못한 것은?

① 분진 폭발성이 있으므로 누설되지 않도록 포장한다.
② 일단 점화하면 발열량이 크므로 소화가 곤란하다.
③ 산화제와 접촉을 피한다.
④ Mg분말은 인화성 고체이다.
⑤ 고온에서 유황 및 할로겐과 접하면 흡열반응을 한다.

> **해설**
> **Mg저장**
> ① Mg은 발화성의 물질이다.
> ② 반드시 격리 저장한다.

29 ★★★★ 다음 유해물질의 안전취급을 위한 각종 사항 중 적당하지 않은 것은?

① 명칭, 성분, 함유량 및 저장, 취급방법 등을 표시한다.
② 유해그림의 바탕색은 빨강으로 하고 제조금지 물질의 경우 노란색 바탕으로 한다.
③ 용기 또는 포장의 겉면 중에 잘 보이는 곳에 표시한다.
④ 인체에 미치는 영향, 표시자의 주소 및 성명 등을 기입한다.
⑤ 유해그림의 바탕색은 황색이다.

> **해설**
> **유해물질**
> (1) 유해물질 표시사항
>   ① 명칭
>   ② 성분 및 함유량
>   ③ 인체에 미치는 영향
>   ④ 저장 또는 취급상의 주의사항 및 긴급방재요령
>   ⑤ 그밖의 고용노동부장관이 정하는 사항(표시자의 성명 및 주소)
> (2) 유해 그림의 바탕색은 황색이며 제조금지 바탕색은 적색이다.

30 ★★★ 방사성 물질이 체내에 들어갈 경우 신체에 미치는 위험도에 대한 설명 중 옳지 않은 것은?

① 반감기가 길수록 위험성이 크다.
② α입자를 방출하는 핵종일수록 위험성이 크다.
③ 방사선의 에너지가 높을수록 위험성이 크다.
④ 체내에 흡수되기 쉽고 잘 배설되지 않는 것일수록 위험성이 크다.
⑤ 반감기가 짧을수록 위험성이 크다.

> **해설**
> **방사성 물질**
> (1) 인체 내 미치는 위험도에 영향을 주는 인자
>   ① 반감기가 짧을수록 위험성이 크다.
>   ② α입자를 방출하는 핵종일수록 위험성이 크다.
>   ③ 방사선의 에너지가 높을수록 위험성이 크다.
>   ④ 체내에 흡수되기 쉽고 잘 배설되지 않는 것일수록 위험성이 크다.
> (2) 투과력 : α선<β선<X선<γ선
>   ① 200~300[rem] 조사시 : 탈모, 경도발적 등
>   ② 450~500[rem] 조사시 : 사망

> 💬 **합격자의 조언**
> ① 내용부분에서 열심히 했으면 본 문제는 쉬울 것이다. 모르면 여기서 기억하면 된다. 실망은 금물이다.
> ② 부자가 되려면, 자격증을 취득하려면 부자처럼 생각하고 부자처럼 행동하라. 나도 모르는 사이에 부자가 되어 있다.

31 ★★ 다음 고압가스 중 액화가스에 속하지 않는 것은?

① 수소　　　　　② 염소

[정답] 28 ⑤　29 ②　30 ①　31 ①

③ 프로판가스   ④ 탄산가스
⑤ 암모늄

③ 이산화탄소   ④ 수소
⑤ 수은

> **해설**

가스의 종류 및 특징
① 액화가스 : 상온에서 낮은 압력에서 액화되는 가스(BP가 높다)(C_3H_8, C_4H_{10}, NH_3, Cl_2, CO_2, $COCl_2$)
② 압축가스 : 상온에서 압축하여도 쉽게 액화되지 않는 가스(BP가 낮다)(He, Ne, Ar, H_2, O_2, N_2, CO, 공기, CH_4)
③ 용해가스 : 액화하기 위해 압축하면 분해를 발하므로 용기에 다공질물을 채우고 용제에 침윤시킨 후 아세틸렌을 용제(아세톤, DMF)에 용해하여 충전한다.

> **해설**

(1) 수은(Hg)중독
① 제련 및 정련 작업장, 온도계, 압력계, 전기계기 등을 제조하는 작업장, 수은화합물의 제조 작업장, 도금 작업장 등에서 일하는 근로자들에게 많이 발생하고 있다.
② 중독의 초기증상으로는 안색이 누렇게 변하며 구토와 두통, 복통과 설사 등 소화불량증세가 나타난다. 중독현상이 더욱 진행되면 구내염에 의한 금속성 입맛이 나고, 침을 많이 흘리게 되며, 심하면 손이 떨려서 글씨를 쓸 수 없게 되는 의지성 진전(intention tremor)이 나타나고 보행도 어렵게 된다.
③ 불면증과 피부병이 더욱 심하게 되면 정신흥분증상이 나타나기도 한다.

(2) 납(Pb)중독
① 납중독은 축전지 제조업, 납제련 및 정련소, 인쇄업, 도자기업 등에서 일하는 근로자들에게 많이 발생하고 있다.
② 납중독의 증상으로는 말초신경이나 손목에 마비가 오는 신경근육 계통의 장해(관절통, 두통, 근육마비)와 위장계통의 장해(변비, 식욕부진, 복부팽만감) 및 중추신경 계통의 장해로 나눌 수 있다.

(3) 크롬(Cr)중독
① 전기업체의 크롬합금, 크롬도금이나 시멘트공장, 사진현상소, 크롬연료 제조공장 등에서 일하는 근로자들에게 많이 발생하고 있다.
② 크롬중독은 피부와 점막에 자극 증상을 일으켜 궤양을 형성하지만 통증이 없는 특징이 있고 눈꺼풀, 손가락마디, 손톱 부근 등에서 증상이 잘 나타난다.
③ 사회적으로 문제가 되고 있는 직업병, 비충격 천공증세를 일으키는데 이것은 코의 점막을 자극하여 콧물이 나오다가 염증이 생기면 고름이 나오고, 딱지가 생겼다 하는 증상이 반복되어 코 내부의 물렁뼈에 구멍이 생기는 무서운 병이다.
④ 발암성 물질로서 폐암을 일으킬 우려가 있는 물질이다.

> **정보제공**

크롬의 직업병은 대부분 이따이이따이병으로 알고 있고, 실제 학명도 동일하나 여러분은 폐암, 비충격 천공증세로 써야 합니다.

32 ★ 다음 중 물리, 화학적 독성이 같은 가스는?

① 산소, 아황산가스   ② 오존, 암모니아
③ 메탄, 에틸렌   ④ 헬륨, 염소
⑤ 산소, 염소

> **해설**

메탄과 에틸렌은 인화성 가스로서 물리적, 화학적 성질이 동일하다.

33 ★★ 다음의 유독성을 나타내는 지표 중에서 만성 중독과 관계가 가장 큰 것은?

① MLD(Minimum Lethal Dose)
② TLV(Threshold Limit Value)
③ LD_{50}(Median Lethal Dose)
④ LC_{50}(Median Lethal Concentration)
⑤ LJ_{50}

> **해설**

중독지수
① TLV : 1일 8시간의 작업시 폭로된 평균농도
② LD_{50} : 독극물 1회 투여로 7~10일 이내 실험동물수 50[%] 사망
③ LC_{50} : 호흡기 장애로 실험동물수 50[%] 사망

> **보충학습**

MLD : 중성이지만 만성 중독으로 진행될 수 있는 유독성 지표

34 ★★★ 다음 중 흡입시 인체에 구내염과 혈뇨, 손떨림 등의 증상을 일으키는 물질은?

① 산소   ② 석회석

35 ★★★★ 다음 표에 있는 가스들은 위험도가 높은 가스들이다. 위험도 순위로 나열한 것은?

구 분 종 류	폭발하한선	폭발상한선
수소	4.0[vol%]	75.0[vol%]
산화에틸렌	3.0[vol%]	80.0[vol%]
이황화탄소	1.25[vol%]	44.0[vol%]
아세틸렌	2.5[vol%]	81.0[vol%]

① 아세틸렌-산화에틸렌-이황화탄소-수소

[정답] 32 ③ 33 ① 34 ⑤ 35 ④

② 아세틸렌-산화에틸렌-수소-이황화탄소
③ 이황화탄소-아세틸렌-수소-산화에틸렌
④ 이황화탄소-아세틸렌-산화에틸렌-수소
⑤ 아세틸렌-수소-산화에틸렌-이황화탄소

해설

위험도(H) = $\dfrac{\text{폭발상한선(U)}-\text{폭발하한선(L)}}{\text{폭발하한선(L)}}$

① 수소 = $\dfrac{75-4}{4}$ = 17.75

② 산화에틸렌 = $\dfrac{80-3}{3}$ = 26.67

③ 이황화탄소 = $\dfrac{44-1.25}{1.25}$ = 34.2

④ 아세틸렌 = $\dfrac{81-2.5}{2.5}$ = 31.4

36 ★★★★ 유해물질 중 동물의 정맥주사 반수치사량(LD_{50})은?

① 10[mg] 이하 ② 30[mg] 이하
③ 100[mg] 이하 ④ 400[mg] 이하
⑤ 1000[mg] 이하

해설

독성물질의 종류 및 정의

① 쥐에 대한 경구투입실험에 의하여 실험동물의 50[%]를 사망시킬 수 있는 물질의 양, 즉 LD_{50}(경구, 쥐)이 [kg]당 300[mg](체중) 이하인 화학물질
② 쥐 또는 토끼에 대한 경피흡수실험에 의하여 실험동물의 50[%]를 사망시킬 수 있는 물질의 양, 즉 LD_{50}(경피, 토끼 또는 쥐)이 [kg]당 1000[mg](체중) 이하인 화학물질
③ 쥐에 대한 4시간 동안의 흡입실험에 의하여 실험동물의 50[%]를 사망시킬 수 있는 물질의 농도, 즉 LC_{50}(쥐, 4시간 흡입)이 2,500[ppm](체중) 이하인 화학물질

37 ★★★★★ 유해물에 대해서 용기에 표시해야 할 사항이 아닌 것은?

① 명칭 ② 성분
③ 중량 ④ 인체에 미치는 영향
⑤ 저장 또는 취급시 주의사항

해설

유해물질의 표시

벤젠, 벤젠을 함유한 제제, 그 밖에 근로자에게 건강장해를 일으킬 유해 또는 위험한 물질로서 대통령령이 정하는 것 또는 그 물질을 용기에 넣거나 포장하여 양도·제공하고자 하는 자는 고용노동부령이 정하는 바에 의하여 그 용기 또는 포장에 다음 각 호의 사항을 표시하여야 한다.
① 명칭
② 성분 및 함유량
③ 인체에 미치는 영향
④ 저장 또는 취급상의 주의사항 및 긴급방재 요령
⑤ 그밖의 고용노동부령이 정하는 사항

38 ★★ 화학물질의 유해성에 관한 기술용어에 관한 설명 중 옳은 것은?

① TLV-TWA : 매일 8시간씩 일하는 근로자에게 노출되어도 영향은 주지 않는 최고평균농도
② LC_{50} : 액체 화합물의 치사량 기호로서 실험동물 10마리 중 50[%]를 치사시키는 양
③ MLD : 기체 화합물의 치사량 기호로 실험동물 중 한 마리를 치사시키는 양
④ TLV-C : 짧은 기간(15분 동안)에 노출되어도 증상이 나타나지 않는 최고허용농도
⑤ TLV-TLM 시간가중 합계농도

해설

허용농도(TLV)

① 건강한 성인남자가 하루(8hr) 동안 작업에 임해도 인체에 아무런 영향을 미치지 않는 농도를 TLV라 한다.
② 공식

(R) = $\dfrac{C_1}{T_1}+\dfrac{C_2}{T_2}+\cdots\cdots+\dfrac{C_n}{T_n}$

여기서,
$C_1\cdots\cdots C_n$: 위험물질 각각의 제조 또는 취급량
$T_1\cdots\cdots T_n$: 위험물질 각각의 기준량(TLV)
∴ TLV : Threshold Limit Value
∴ T>1 이상인 경우 TLV 값이 초과된 것이므로 유해하다.

참고 산업안전보건기준에 관한 규칙 [별표 9] : 위험물질의 기준량

39 ★★★★★ 다음 그림은 NFPA의 위험성 표시 라벨이다. 황색숫자 3이 나타내는 위험성은?

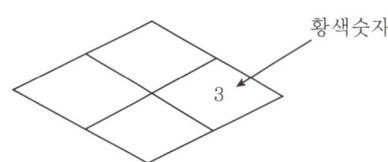

[정답] 36 ⑤ 37 ③ 38 ① 39 ③

① 연소위험성　② 건강위험성
③ 반응위험성　④ 기타 위험성
⑤ 행복지수

해설

NFPA(National Fire Protection Association)에서는 위험물의 위험성을 연소위험성(Flammability Hazards) : 적색, 건강위험성(Health Hazards) : 청색, 반응위험성(Reactivity Hazards) : 황색의 3가지로 구분하고 각각에 대하여 위험이 없는 것은 0, 위험이 가장 큰 것은 4로 하여 5단계로 위험등급을 정하여 표시한다.

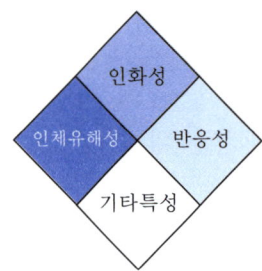

40 ★★★ 다음 물질 중 폭발상한계가 100[%]인 물질은?

① 적린　② 산화에틸렌
③ 질산은용액　④ 나트륨
⑤ 가솔린

해설

① 인화성 가스 중에는 공기의 공급 없이 분해폭발(폭발상한계 100[%])을 일으키는 것이 있다.
② 이러한 물질로는 아세틸렌, 에틸렌, 산화에틸렌 등이 있다.
③ 고압일수록 분해폭발을 일으키기 쉽다.

💬 **합격자의 조언**

1. 항상 기뻐하라. 그래야 기뻐할 일들이 줄줄이 따라 온다.
2. 남의 잘됨을 축복하라. 그 축복이 메아리처럼 나를 향해 돌아온다.

녹색직업 녹색자격증코너

수백 개 좋은 아이디어에 노(no)라고 말하는 게 집중이다.
사람들은 집중이란 집중할 것에 예스(yes)라고 말하는 것이라고 생각한다. 하지만 집중은 전혀 그런 게 아니다. 다른 좋은 아이디어 수백 개에 노(no)라고 말하는 게 집중이다. 실제로 내가 이룬 것만큼이나 하지 않은 것도 자랑스럽다. 혁신이란 1천 가지를 퇴짜 놓는 것이다.
－스티브 잡스, 'CNN 선정 스티브 잡스 10대 명언 중'에서

피터 드러커 교수는 '보통 수준 기업들은 수익이 되는 것들을 선택하여 열심히 하려한다. 위대한 기업들은 반대로, 자신이 할 수 있는 최고의 분야에 집중한다. 자신이 최고로 잘할 수 있는 분야가 아니면, 선택하지 않는다. 이들의 비즈니스 생리는 매우 단순하다. 이들은 자신들이 제일 해보고 싶고, 또한 제일 잘할 수 있는 분야에만 집중한다.'고 포기와 집중의 원리를 설파한 바 있다.

[정답] 40 ②

Chapter 03 운반·하역작업

중점 학습내용

본 장은 운반, 하역작업 안전으로 운반작업, 하역작업 등의 안전사항을 폭넓게 기술하였으며, 특히 양중기의 신호 및 취급기준 등을 기술하여 자기자신을 항상 기계기구 재해에 대비하여 점검과 예방을 할 수 있도록 하고 현장에서 산업재해가 일어나지 않도록 하기 위하여 21세기 실무안전관리자의 역할을 할 수 있도록 하였다. 특히 이번시험에 출제가 예상되는 그중심 내용은 다음과 같다.

❶ 운반작업
❷ 하역작업

[양중기의 종류 및 방호장치의 종류]

양중기의 종류	방호장치의 종류		
크레인	과부하방지장치	권과방지장치	비상정지장치, 제동장치
이동식 크레인			제동장치
리프트			비상정지장치, 조작스위치 등 (근로자 탑승시)
승강기		비상정지장치, 파이널리미트스위치, 속도조절기, 출입문인터록	

1 운반작업

1. 인력운반

(1) 운반작업의 개요

① 운반작업은 생산활동에 수반되는 필수행위이다.
　㉮ 가공비의 30~40[%]가 운반비
　㉯ 공정시간의 80~90[%]가 운반에 소요되는 시간
　㉰ 노동으로 인한 재해의 85[%](전체 재해의 약 30[%])가 운반에서 발생하고 있다.
② 생산활동에서 운반시간, 운반재해를 줄여 운반안전을 기하는 것이 기업경영에 반드시 필요한 조건이다.

(2) 인력운반 하중기준

① 사람이 운반 가능한 중량의 한계는 짧은 거리 30[kg], 먼 거리 15[kg](여자는 남자의 55~60[%] 적당)
② 실제로 정한 바에 의하면 보통 남자의 하루 인력 운반 한계는 50[t]이다.
③ 50[kg] 이상은 필히 2명이 운반한다.

> **합격예측**
>
> **취급, 운반의 3조건**
> ① 운반거리를 단축시킬 것
> ② 운반을 기계화할 것
> ③ 손이 닿지 않는 운반방식으로 할 것
>
> **합격예측**
>
> **인력운반 하중기준**
> 보통 체중의 40[%] 정도의 운반물을 60~80[m/min]의 속도록 운반하는 것이 바람직하다.

합격예측

취급, 운반의 5원칙
① 직선운반을 할 것
② 연속운반을 할 것
③ 운반작업을 집중화시킬 것
④ 생산을 최고로 하는 운반을 생각할 것
⑤ 최대한 시간과 경비를 절약할 수 있는 운반방법을 고려할 것

합격예측

안전하중기준
① 일반적으로 성인남자의 경우 25[kg] 정도
② 성인여자의 경우에는 15[kg] 정도가 무리하게 힘이 들지 않는 안전하중이 된다.

합격예측 및 관련법규

제98조(제한속도의 지정 등)
① 사업주는 차량계 하역운반기계, 차량계 건설기계(최대제한속도가 시속 10킬로미터 이하인 것은 제외한다)를 사용하여 작업을 하는 경우 미리 작업장소의 지형 및 지반 상태 등에 적합한 제한속도를 정하고, 운전자로 하여금 준수하도록 하여야 한다.
② 사업주는 궤도작업차량을 사용하는 작업, 입환기로 입환작업을 하는 경우에 작업에 적합한 제한속도를 정하고, 운전자로 하여금 준수하도록 하여야 한다.
③ 운전자는 제1항과 제2항에 따른 제한속도를 초과하여 운전해서는 아니 된다.

(3) 물건을 들 때, 움직일 때, 내려놓을 때의 안전

① 등을 반듯이 편 상태에서만 물건을 들어올리고 내린다.
② 필요한 경우 운반 작업은 대퇴부 및 둔부 근육에만 부하를 주는 상태에서 무릎을 쪼그려 수행한다.
③ 물건을 올리고 내릴 때 움직이는 높이의 차이를 피한다.
④ 몸에는 대칭적으로 부하가 걸리게 한다.
⑤ 짐을 몸에 가까이 붙여서 든다.
⑥ 가능하면 벨트, 운반대, 운반멜대 등과 같은 보조구를 사용한다.
⑦ 나를 때는 몸을 반듯이 편다.

(4) 여러 사람이 공동으로 운반할 때의 안전

① 물건을 들어올리고 내릴 때 행동을 동시에 행한다.
② 모든 사람에게 균등한 부하가 걸리게 한다.
③ 긴 짐은 같은 쪽의 어깨에 올려서 운반한다.
④ 최소한 한 손으로는 짐을 받친다.
⑤ 명령과 지시는 한 사람만이 내린다.
⑥ 3명 이상일 때는 한 동작으로 발을 맞추어야 한다.

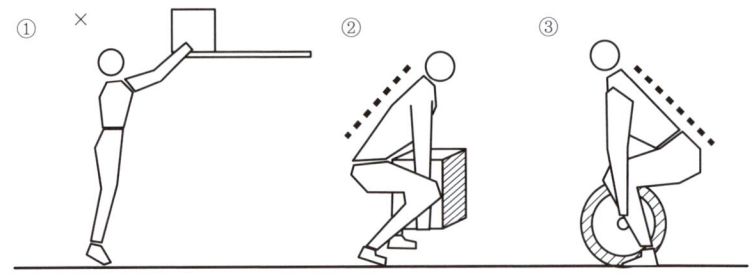

① : 많은 요통은 물건을 잘못 들어올린 데서 발생한다. 따라서 물건을 들 때는 등을 굽히지 않고, 상체를 앞으로 기울이지 않으며 절대로 짐을 충격적으로 들어올려서는 안 된다.
② 와 ③ : 물건을 바르게 들어올리면 허리가 보호된다. 경험 많은 역도선수처럼 들어올린다. 상체를 곧게 세우고 등을 반듯이 하여 무릎을 굽힌 자세에서 들어 올린다. 짐은 가급적 몸 가까이 가져온다.

[그림] 들어올리기의 올바른 자세

[표] 운반보조기구

경량 운반	중량 운반
① 손자석 ② 수동사이펀 ③ 운반집게(클램프) ④ 운반벨트	① 아이언바(iron bar) ② 에지아이언(edge iron) ③ 롤러아이언바(roller iron bar) ④ 롤러 ⑤ 롤러바퀴 ⑥ 운반장치

2. 취급·운반의 기본 원칙

(1) 취급·운반의 3조건

① 운반거리를 단축시킬 것
② 운반을 기계화할 것
③ 손이 닿지 않는 운반방식으로 할 것

(2) 취급·운반의 5원칙

① 직선운반을 할 것
② 연속운반을 할 것
③ 운반작업을 집중화시킬 것
④ 생산을 최고로 하는 운반을 생각할 것
⑤ 최대한 시간과 경비를 절약할 수 있는 운반방법을 고려할 것

(3) 운반의 가치 증진

① 시간적 효용의 증진
② 형태적 효용의 증진
③ 소유가치 이전의 증진
④ 장소적 효용의 증진

(4) 인력운반시 재해

① **요통** : 물건을 무리하게 또는 갑작스럽게 올리거나 운반하다가 허리를 삐어 발생한다.
② **협착(압상)** : 중량물을 들어올리거나 내릴 때 또는 발이 취급 중량물과 지면, 건축물 등에 끼어 발생한다.
③ **낙하** : 중량물을 들어올리거나 운반하다 힘에 겨워 중량물을 떨어뜨려 발생한다.
④ **충돌** : 물건을 운반하는 중에 다른 사람과 부딪쳐 발생한다.

[표] 요통방지대책

기계화 운반기기	포크리프트, 호이스트, 컨베이어 등 하역 기계의 활용
취급중량 한계	① 원칙적으로 단독작업은 30[kg] 이하로 한다. ② 물건의 중량은 장시간 작업시에는 일반적으로 체중의 40[%]를 한도로 한다.
동작 자세	① 물건에 될 수 있는 대로 접근하여 중심을 낮게 한다. ② 어깨보다 높이 들어올리지 않는다. ③ 무리한 자세를 장시간 지속하지 않는다.

합격예측

공동작업시 운반사항
① 긴 물건은 같은 쪽의 어깨에 메고 운반한다.
② 모든 사람에게 무게가 균등한 부하가 걸리게 한다.
③ 물건을 올리고 내릴 때에는 행동을 동시에 취한다.
④ 명령과 지시는 한 사람 만이 내린다.
⑤ 3명 이상이 운반시에는 한 동작으로 발을 맞추어 운반한다.

용어정의
① 소형 중량물 : 총 무게 50[t] 미만
② 중형 중량물 : 총 무게 50~150[t]
③ 대형 중량물 : 총 무게 150[t] 이상

합격예측 및 관련법규

제99조(운전위치 이탈 시의 조치)
(1) 사업주는 차량계 하역운반기계등, 차량계 건설기계의 운전자가 운전위치를 이탈하는 경우 해당 운전자에게 다음 각 호의 사항을 준수하도록 하여야 한다.
① 포크, 버킷, 디퍼 등의 장치를 가장 낮은 위치 또는 지면에 내려 둘 것
② 원동기를 정지시키고 브레이크를 확실히 거는 등 갑작스러운 주행이나 이탈을 방지하기 위한 조치를 할 것
③ 운전석을 이탈하는 경우에는 시동키를 운전대에서 분리시킬 것. 다만, 운전석에 잠금장치를 하는 등 운전자가 아닌 사람이 운전하지 못하도록 조치한 경우에는 그러하지 아니하다.
(2) 차량계 하역운반기계등, 차량계 건설기계의 운전자는 운전위치에서 이탈하는 경우 제1항 각 호의 조치를 하여야 한다.

합격예측

중량물 운반 공동작업시 안전수칙

① 작업지휘자를 반드시 정할 것
② 체력과 기량이 같은 사람을 골라 보조와 속도를 맞출 것
③ 운반 도중 서로 신호 없이 힘을 빼지 말 것
④ 긴 목재를 둘이서 메고 운반할 때에는 서로 소리를 내어 동작을 맞출 것
⑤ 들어올리거나 내릴 때에는 서로 신호를 하여 동작을 맞출 것

합격예측

요통재해를 일으키는 인자

① 물건의 중량
② 작업자세
③ 작업시간

시간 작업량	① 30[kg]의 물건은 취급량 1일 1인에 15[t] 이내(30[kg]×500개) ② 운반거리 2[km] 이내(4[m]×500개) ③ 실동(實動) 시간 2.5시간 이내(15초×500=125분) ④ 1연속 작업 20분 이내
휴식 조건	① 뒤에 기댈 수 있는 의자를 이용할 것 ② 잠깐 쉬는 시간도 의자에 의하여 휴식을 취할 것
체조(작업 전)	① 요부를 중심으로 한 체조를 실시한다. ② 지휘자, 음악 등에 의한 것은 더욱 좋을 것이다.
적성 건진(健診)	① 운전 기능 검사 실시 ② 요부의 건강검진 실시
교육 훈련	① 작업표준을 규정한다. ② 표준에 의하여 훈련한다.

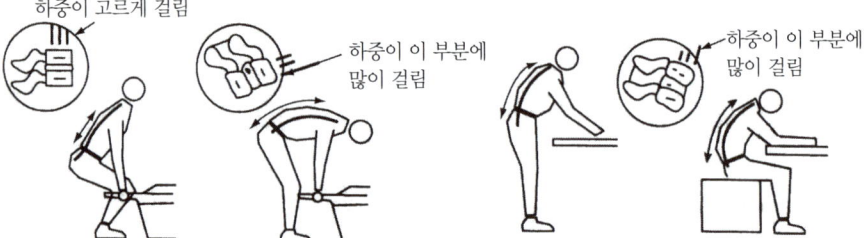

[그림] 자세에 따른 요추 부위의 하중 차이

[표] 연령별, 성별 운반 무게 비교

연 령	남성[kg]	여성[kg]
14~16세	15	10
16~18세	19	12
18~20세	23	14
20~35세	25	15
35~50세	21	13
50세 이상	16	10

⑤ 운반능력(일[kg·m] = 들어올리는 중량([kg]×들어올리는 거리[m])
　㉮ 상면 : 요고(허리)까지 들어올림
　　(들어올리는 중량)W = W + (체중)×40[%]
　㉯ 요고 : 견고(어깨)대까지 들어올림
　　(들어올리는 중량)W = W + (체중)×40[%]
　㉰ 일반적으로 보아 체중의 40[%] 정도에서 보행은 60~80[m/분]이 가장 적합한 상태라고 한다.

㉱ 가장 적당한 중량보다 가볍게 하여도 에너지는 감소되지 않는다. 초과하면 급격히 증가한다.

3. 운반작업의 기계화

(1) 기계화하여야 할 인력작업의 표준

① 3~4인 정도가 상당한 시간에 계속되어야 하는 운반 작업의 경우
② 발밑에서부터 머리 위까지 들어올리는 작업의 경우
③ 발밑에서 어깨까지 25[kg] 이상의 물건을 들어올리는 작업일 경우
④ 발밑에서 허리까지 50[kg] 이상의 물건을 들어올리는 작업일 경우
⑤ 발밑에서부터 무릎까지 75[kg] 이상의 물건을 들어올리는 작업일 경우
⑥ 두 걸음 이상 가로로(밑으로) 운반하는 작업이 연속되는 경우
⑦ 3[m] 이상 연속하여 운반 작업을 하는 경우
⑧ 1시간에 10[t] 이상의 운반량이 있는 작업인 경우

(2) 작업방법을 개선하는 방법

① 작은 물건을 상자나 용기에 넣어 운반한다.
② 트럭, 손수레 등을 이용한다.
③ 슈트(chute) 등을 설치하여 중력을 이용한다.
④ 컨베이어, 기중장치(동력, 수동), 포크리프트 등을 이용한다.
⑤ 작업장 내의 정리정돈과 조명을 적절히 한다.
⑥ 작업표준을 정하고 이를 준수한다.

[표] 인력과 기계운반작업

인력 운반	기계 운반
• 두뇌적인 판단이 필요한 작업 　- 분류, 판독, 검사 • 단독적이고 소량 취급 작업 • 취급물의 형상, 성질, 크기 등이 다양한 작업 • 취급물이 경량물인 작업	• 단순하고 반복적인 작업 • 표준화되어 있어 지속적이고 운반량이 많은 작업 • 취급물의 형상, 성질, 크기 등이 일정한 작업 • 취급물이 중량인 작업

(3) 기계화 작업수행 기준

① 에너지 대사율(RMR)이 7 이상인 경우에는 권장하고 10 이상인 경우에는 필수적임
② 2인 이상이 협동하여 장시간 계속적으로 하는 작업
③ 발끝에서 머리 위까지 들어올리는 작업

요통 방지대책
① 단위시간당 작업량을 적절히 한다.
② 작업전 체조 및 휴식을 부여한다.
③ 적정배치 및 교육훈련을 실시한다.
④ 운반작업을 기계화한다.
⑤ 취급중량을 적절히 한다.
⑥ 작업자세의 안전화를 도모한다.

대표적인 작업자세 평가방법

기법	OWAS	RULA
개념	작업자의 부적절한 작업자세를 정의하고 평가하기 위해 개발한 방법	어깨, 팔목, 손목, 목 등의 상지에 초점을 두고 작업자세로 인한 작업부하를 쉽고 빠르게 평가
특징	현장에 적용하기 쉬우나 몸통과 팔의 자세분류가 부정확하고 팔목 등에 대한 정보 미반영	근육피로, 정적 또는 반복적인 작업에 필요한 힘의 크기 등에 관한 부하 평가 및 나쁜 작업자세의 비율을 쉽고 빠르게 파악

합격예측

화물 적재시 준수사항
① 침하의 우려가 없는 튼튼한 기반 위에 적재할것
② 건물의 칸막이나 벽 등에 화물의 압력에 견딜 만큼의 강도를 지니지 아니한 때에는 칸막이나 벽에 기대어 적재하지 아니하도록 할 것
③ 불안정할 정도로 높이 쌓아 올리지 말 것
④ 하중이 한 쪽으로 치우치지 않도록 쌓을 것

참고
산업안전보건기준에 관한 규칙 제393조(화물의 적재)

(4) 에너지 대사율로 구분한 작업강도

① 경(가벼운)작업에서는 0~2
② 중경도(보통)작업에서는 2~4
③ 중도(힘든)작업에서는 4 이상

(5) 운반작업시 안전기준

① 운반대 위에는 여러 사람이 타지 말 것
② 미는 운반차에 화물을 실을 때에는 앞을 볼 수 있는 시야를 확보할 것
③ 운반차의 출입구는 운반차의 출입에 지장이 없는 크기로 할 것
④ 운반차의 화물 적재 높이는 구미 여러 나라에서는 1,500±50[mm]이나 우리 나라는 한국인의 체격에 맞게 1,020[mm]를 중심으로 함이 적당
⑤ 운반차를 밀 때의 자세는 750~850[mm] 가량의 높이가 적당
⑥ 운반차에 물건을 쌓을 때에는 될 수 있는 대로 전체의 중심이 밑이 되도록 쌓을 것
⑦ 무게가 다른 것을 쌓을 때에는 무거운 물건을 밑에서부터 순차적으로 쌓아 실을 것

4. 운반기계

(1) 운반기계 선정시 일반적인 기준

① 2점간의 계속적 운반에는 컨베이어 이용 방식
② 일정지역 내에서의 계속적인 운반에는 크레인 이용 방식
③ 불특정 지역을 계속적으로 운반하는 데는 트럭 이용 방식

(2) 양중기의 종류

① 크레인 : 천장크레인, 호이스트크레인(hoist crane), 타워크레인(tower crane) 및 지브크레인(jib crane)
② 이동식 크레인 : 휠크레인(wheel crane), 크롤러크레인(crawler crane) 및 트럭크레인(truck crane)
③ 리프트(lift) : 건설용 리프트 및 간이 리프트
④ 승강기(elevator) : 화물용 승강기, 인화공용 승강기 및 에스컬레이터(공항 내에 설치되어 있는 수평보행기 포함)

[표] 크레인의 종류

종 류	용도 및 특성
천장 크레인	고속, 고빈도, 중(重)작업용, 하중지지 브레이크, 기계브레이크, 전기 또는 유압 브레이크
특수 천장 크레인	고빈도, 중작업용, 공장 내 연기, 분진 등을 고려하여 운전 성능·보수 점검 등에 유의할 것
벽 크레인(wall-crane)	건물벽 등에 장착, 소형물(物) 하역용 360[°]회전 가능(jib 부착)
데릭(derrick)	재료가 적게 들며 각 부재의 각주는 해체 조립이 용이
해머형 크레인 (hammer crane)	경사신 지브(jib)가 없어 높은 양정과 긴 반경을 갖는다. 주로 조선소에서 사용
탑형 지브(jib) 크레인	경미한 인입운동이 가능, 빈도가 많은 하역작업에 적합
자주 크레인	증기, 디젤 동력 레일대차 위에 jib 크레인을 장치
모빌 크레인	원동기가 있어 자유로이 작업현장을 바꿀 수 있는 이점이 있음
교량(가교)형 크레인	교량식 크레인을 문(門)형 크레인이라고도 함
케이블 크레인(cable crane)	산간의 교량, 수문 등의 조립시 사용 원목 운반에 사용
언더 로더	석탄, 광석 등을 선반에서 양육시 사용
크롤러 크레인(crawler crane)	주행차가 복대식(crawler)의 이동식 등

(3) 크레인 작업의 안전기준

① 작업중인 크레인 운전반경(작업반경) 내에 접근하지 않는다.
② 작업중인 운전자에게는 연락사항을 반드시 수신호로 한다.
③ 운전자의 주의력을 혼란케 하는 일은 삼간다.
④ 운전 전에 각 작동부분을 공회전시켜 본다.
⑤ 붐은 반드시 규정된 안전각도를 유지시킨다.
⑥ 급회전하지 않는다.
⑦ 운전석 위로 스윙하지 않는다.
⑧ 고압선으로부터 3[m] 이내에 크레인을 접근시키지 않는다.
⑨ 작업시 시계가 양호한 방향으로 스윙한다.
⑩ 붐의 각도를 20[°] 이하나 78[°] 이상으로 하여 작업하지 않는다.
⑪ 트럭 크레인은 평탄한 곳에 세워 아우트리거(outrigger)를 뻗어 안정성을 유지시킨다.

합격예측

기계화해야 할 인력작업
① 3~4인 정도가 상당한 시간 계속해서 작업해야 되는 운반작업일 경우
② 발밑에서부터 머리 위까지 들어 올려야 되는 작업일 경우
③ 발밑에서부터 어깨까지 25[kg] 이상의 물건을 들어 올려야 되는 작업일 경우
④ 발밑에서부터 허리까지 50[kg] 이상의 물건을 들어 올려야 되는 작업일 경우
⑤ 발밑에서부터 무릎까지 75[kg] 이상의 물건을 들어 올려야 되는 작업일 경우

5. 와이어로프(wire rope)

(1) 와이어로프의 개요

① 로프 풀리에 로프를 걸어서 전동하는 것으로, 주로 옥외 작업의 동력 전달에 쓰이며 여러 가닥의 로프를 감아 쓰면 큰 힘을 전달할 수 있는 것이 특징이다.
② 와이어로프는 여러 개의 와이어로 1개의 가닥(strand)을 만들어 이것을 6개 이상 꼬아서 1개의 로프로 만든 것이다.
③ 여러 가닥 중 중심에는 기름을 포함시킨 대마 심선을 집어넣는다.
④ 로프의 크기는 지름의 굵기로서 표시하고 속도는 6~10[m/s](최대 25 [m/s])이며, 재료에는 연철과 강철이 사용되고 있다.

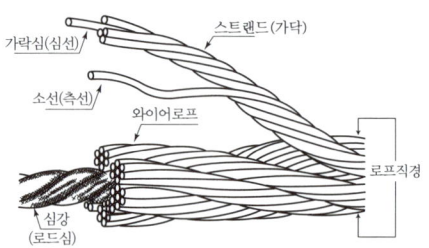

[그림] 와이어로프의 형태

(2) 와이어로프 선택시 고려할 사항

① 내마모성
② 내굽힘성 및 피로성
③ 내파단강도
④ 내진동 피로성
⑤ 잔류강도

① 보통 Z꼬임 ② 보통 S꼬임 ③ 랭Z꼬임 ④ 랭S꼬임

[그림] 로프 꼬임의 종류(KS D 7013)

호칭	7개선 6꼬임	12개선 6꼬임	19개선 6꼬임	24개선 6꼬임
구성기호	6×7	6×12	6×19	6×24
단면				
호칭	30개선 6꼬임	37개선 6꼬임	61개선 6꼬임	실형 19개선 6꼬임
구성기호	6×30	6×37	6×61	6×S(19)
단면				

[그림] 와이어로프 호칭 및 구성기호

합격예측

하역작업의 안전수칙

① 섬유로프 등의 꼬임이 끊어진 것이나 심하게 손상 또는 부식된 것을 사용하지 않는다.
② 바닥으로부터의 높이가 2[m] 이상 되는 하적단(포대, 가마니 등의 용기로 포장화물에 의하여 구성된 것에 한한다)은 인접 하적단의 간격을 하적단의 밑부분에서 10[cm] 이상으로 하여야 한다.
③ 바닥으로부터의 높이가 2[m] 이상인 하적단 위에서 작업을 하는 때에는 추락 등에 의한 근로자의 위험을 방지하기 위하여 해당 작업에 종사하는 근로자로 하여금 안전모 등의 보호구를 착용하도록 하여야 한다.

합격예측

와이어로프의 구성

(1) 구성요소
① 소선(wire)
② 가닥(strand)
③ 심(core) 또는 심강

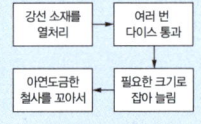

[그림] 제작과정

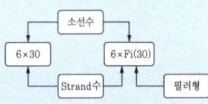

[그림] 와이어로프의 구성 표시 방법

[표] 와이어로프의 꼬임 방법

꼬임 특징	보통 꼬임	랭 꼬임
외관	• 소선과 로프축은 평행이다.	• 소선과 로프축은 각도를 가진다.
장점	• 킹크(kink)를 잘 일으키지 않으므로 취급이 쉽다. • 꼬임이 견고하기 때문에 모양이 잘 흐트러지지 않는다.	• 소선은 긴 거리에 걸쳐서 외부와 접촉하므로 로프의 내마모성이 크다. • 유연하다.
단점	• 소선이 짧은 거리에 걸쳐 외부와 접촉하므로 국부적으로 단선을 일으키기 쉽다.	• 킹크를 일으키기 쉬우므로 취급주의가 필요하다.
용도	• 일반용	• 광산 삭도용

주 킹크라는 것은 꼬임이 되돌아가든가 서로 걸려서 엉킴(kink)이 생기는 상태

(3) 로프를 드럼에 감는 방법

① 로프를 감고 풀 때는 킹크가 생기지 않도록 주의한다.
② 다음 그림과 같이 제1단이 바르게 줄지어 감겨져서 제2단부터는 정확하게 감긴다. 반대 방향으로 감으면 교차하거나 겹쳐져서 변형, 마모 및 탈선의 원인이 되어 위험하다.
③ 지브 및 드럼의 직경 D와 와이어로프 직경 d와의 비 D/d가 클수록 로프 수명이 길어지므로 조건이 허용하는 한 지브 및 드럼이 큰 것을 사용하는 것이 안전에 효과적이다.
④ 지브 홈의 직경은 로프 공칭직경의 1.07배 가량이 적합하다.

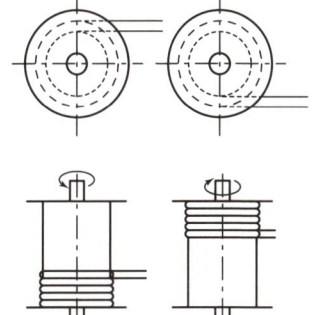

[그림] 와이어로프 감는 법

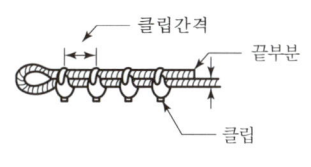

[그림] 클립(clip)수 4개 이상 체결

합격예측

운반작업시 안전기준
① 짐을 몸 가까이 접근하여 물건을 들어 올린다.
② 몸에는 대칭적으로 부하가 걸리게 한다.
③ 물건을 운반시에는 몸을 반듯이 편다.
④ 물건을 올리고 내릴 때에는 움직이는 높이의 차이를 피한다.
⑤ 등을 반드시 핀 상태에서 물건을 들어 올린다.
⑥ 필요한 경우 운반작업은 대퇴부 및 둔부 근역에만 부하를 주는 상태에서만 무릎을 쪼그려 수행한다.
⑦ 가능하면 벨트, 운반대, 운반멜대 등과 같은 보조기구를 사용한다.

> **참고**
>
> **진폴데릭**
> ① 통나무, 철파이프 또는 철골 등으로 기둥을 세우고 3[t] 이상의 지선을 매어 기둥을 경사지게 세워 기둥 끝에 활차를 달고 윈치에 연결시켜 권상시키는 것이다.
> ② 간단하게 설치할 수 있으며 경미한 건물을 철골건립에 사용된다.

(4) 와이어로프의 안전율

$$S = \frac{NP}{Q}$$

여기서, S : 안전율
  P : 로프의 파단강도[kg]
  N : 로프 가닥수
  Q : 안전하중[kg]

[표] 권상용 와이어로프의 안전율(n)

운반기계별		안전율(n)
크레인		n=5 이상
리프트	화 물 용	n=6 이상
	인·화공용	n=10 이상
승강기	승 용	n=10 이상
	화 물 용	n=6 이상

주 ① 크레인의 권상용 체인은 안전율 5 이상일 것
  ② 운반 보조를 위한 지지용 와이어로프 n = 4 이상

(5) 와이어로프 폐기기준(금지사항)

① 와이어의 파손 또는 변형으로 인하여 기능, 내구력이 없어진 것
② 와이어의 한 꼬임에서 끊어진 소선의 수가 10[%] 이상인 것
③ 마모로 인하여 지름의 감소가 공칭지름의 7[%]를 초과하는 것
④ 킹크가 생긴 것
⑤ 심하게 부식되거나 변형된 것
⑥ 열과 전기충격에 의해 손상된 것

[표] wire rope 가공방법

그림	명칭	효과	특징	결점	비고
	약식 묶음법	30~50 [%]	간단하여 응급 사용목적	극히 위험하고 본격적인 사용은 불가	공구가 없고 긴급시 적용
	수편이음 (사스마법)	60~90 [%]	기계 필요 없고 현장 작업 가능	숙련에 따라 불안전하고 위험	고래적인 방식
	U bolt 클립법	약 80 [%]	간단히 부착되며 점검이 용이	볼트 조임 조절이 어렵고 지나치면 위험	높은 시설물 등에 직접 부착시 적용

	클램프법 (lock 가공법)	약 100 [%]	미려하고 극히 안전함	특수 고압 기계가 필요함	구미 여러 나라에서 많이 적용. 안전관리상, 경제상, 작업환경상 우수함
	소켓 (socket)법	약 100 [%]	효율 좋고 사용상 안전함	소켓 부분의 손상이 쉽고 작업 불편	합금(아연주물) 사용, 금구끼리 연결용
	본계수법	약 100 [%]	삭도 및 endless 필요	가공기술 필요하고 세물만 가공 가능	endless용으로 가공

> **참고**
>
> **삼각데릭**
> ① 가이데릭과 비슷하나 주기둥을 지탱하는 지선 대신에 2본의 다리에 의해 고정된 것으로 작업회전반경은 약 270[°] 정도로 가이데릭과 성능은 거의 같다.
> ② 비교적 높이가 낮은 면적의 건물에 유효하다.
> ③ 최상층 철골 위에 설치하여 타워크레인 해체후 사용하거나, 또 증축공사인 경우 기존 건물 옥상 등에 설치하여 사용되고 있다.

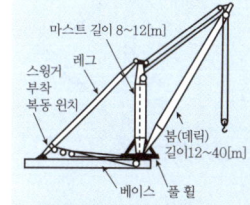

[그림] 삼각데릭 (stiff-leg derrick)

(6) 로프에 걸리는 하중 계산방법

① 그림과 같은 하물을 들어올릴 때 권상로프에 걸리는 총하중(W_0)은

$$W_0 = 정하중(W_1) + 동하중(W_2)$$
$$\left\{ 동하중 = \frac{W_1}{9.8[\text{m/sec}^2]} \times 가속도[\text{m/sec}^2] \right\}$$

② sling wire 한 가닥에 걸리는 하중

$$하중 = \frac{하물의\ 무게}{2} \div \cos\frac{\theta}{2}$$

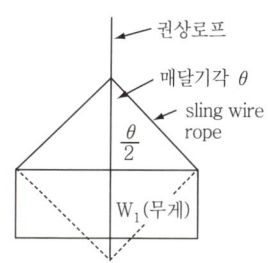

(7) 체인블록의 사용 제한 조건

① 안전율 : 5 이하

② 링크지름 : 1/4 이상 마모

③ 영구신장률 : 링크에 대하여 5[%] 이상

[표] 유볼트(U Bolt) 고정방법 (단위 : [mm])

로프의 직경	클립 간격	클립의 수	로프의 직경	클립 간격	클립의 수
9~16	80	4	28	180	5
18	11	5	32	200	6
22	130	5	36	230	7
24	150	5	38	250	8

> **합격예측**
>
> **가이데릭**
> ① 주기둥과 붐으로 구성되어 있고 6~8본의 자선으로 주기둥이 지탱되고 주 각부에 붐을 설치 360[°] 회전이 가능하다.
> ② 인양하중이 크고 경우에 따라서 쌓아 올림도 가능하지만 타워크레인에 비하여 선회성, 안전성이 뒤떨어지므로 인양하물의 중량이 특히 클 때 필요로 할 뿐이다.
>
>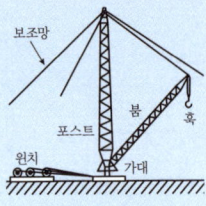
>
> [그림] guy derrick

(8) 체인의 강도와 수명

① 길이의 증가가 제조시 길이의 5[%]를 초과하지 않을 것. 단, 5개 ring 이상 측정
② 링의 단면지름의 감소가 링 제조 당시의 지름의 10[%]를 초과한 것(또는 링의 단면지름 d가 0.9 이하)

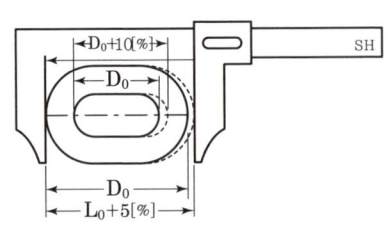
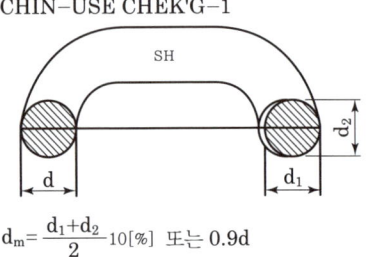

$d_m = \dfrac{d_1+d_2}{2} 10[\%]$ 또는 0.9d

[그림] 체인측정

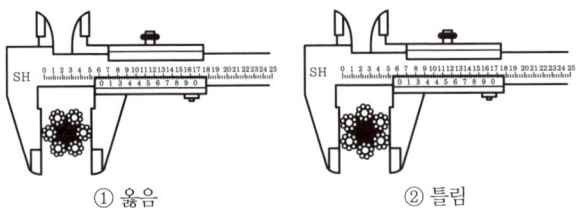

① 옳음   ② 틀림

[그림] 버니어캘리퍼스 이용 로프지름 측정

6. 철근운반시 준수사항 및 안전기준

(1) 인력운반 안전기준

① 1인당 무게는 25[kg] 정도가 적절하며, 무리한 운반 금지
② 2인 이상 1조가 되어 어깨메기로 하여 운반하는 등 안전을 도모
③ 긴 철근을 1인이 운반시 앞쪽을 높게하여 어깨에 메고 뒤쪽 끝을 끌면서 운반
④ 운반시 양끝을 묶어 운반
⑤ 내려놓을 때는 던지지 말고 천천히 내려놓을 것
⑥ 공동 작업시 신호에 따라 작업(신호 준수)

(2) 기계운반 안전기준

① 작업책임자를 배치하여 수신호 또는 표준신호 방법에 의하여 시행
② 달아올릴 때에는 로프와 기구의 허용하중을 검토하여 과중하게 달아올리지 말 것
③ 비계, 거푸집 등에 대량의 철근 적치 금지

④ 달아올리는 부근에 관계 근로자 이외 출입 금지
⑤ 권양기 운전자는 현장책임자가 지정

(3) 철근운반시 감전사고 등의 예방

① 철근 운반작업을 하는 바닥 부근에는 전선 배선 금지
② 철근 운반작업 주변의 전선은 사용철근의 최대길이 이상의 높이에 배선, 이격거리는 최소 2[m] 이상
③ 운반 장비는 반드시 전선의 배선 상태를 확인한 후 운행

합격예측

방호철망의 설치기준
① 철망호칭 #13 내지 #16의 것을 사용한다.
② 아연도금 철선으로 지름 0.9[mm](#20) 이상의 것을 사용한다.
③ 15[cm] 이상 겹쳐대고 60[cm] 이내의 간격으로 간결하여 틈이 생기지 않도록 한다.

2 하역공사

1. 개요

(1) 하역운반의 기본조건

① 운반 장소
② 운반 수단
③ 운반 시간
④ 운반 물건
⑤ 작업 주체

(2) 하역작업의 개선시 고려사항

① 운반목표를 명확하게 설정한다.
② 운반설비의 배치를 검토하여 시정한다.
③ 운반능력의 균형을 검토한다.
④ 최소 작업 단위로 작업 동작을 통합해야 한다.
⑤ 연락의 조직화, 합리화를 도모한다.

2. 하역작업의 안전

(1) 항만 하역작업의 안전기준

① 부두, 안벽 등 하역 작업을 하는 장소에 대하여는 다음 조치를 하여야 한다.
  ㉮ 작업장 및 통로의 위험한 부분에는 안전하게 작업할 수 있는 조명을 유지할 것
  ㉯ 부두 또는 안벽의 선을 따라 통로를 설치할 때에는 폭을 90[cm] 이상으로 할 것
  ㉰ 육상에서의 통로 및 작업 장소로서, 다리 또는 갑문을 넘는 보도 등의 위험한 부분에는 적당한 울 등을 설치할 것

합격예측

콘크리트 타설시 거푸집의 측압에 미치는 영향
① 슬럼프가 클수록 크다(물·시멘트비가 클수록 크다).
② 기온이 낮을수록 크다.(대기중에 습도가 낮을수록 크다.)
③ 콘크리트의 치어붓기 속도가 클수록 크다.
④ 거푸집의 수밀성이 높을수록 크다.
⑤ 콘크리트의 다지기가 강할수록 크다.(진동기 사용시 측압은 30[%] 정도 증가)
⑥ 거푸집의 수평단면이 클수록 크다.(벽두께가 클수록 크다.)
⑦ 거푸집의 강성이 클수록 크다.
⑧ 거푸집 표면이 매끄러울수록 크다.
⑨ 콘크리트의 비중이 클수록 크다.(단위중량이 클수록 크다.)
⑩ 묽은 콘크리트일수록 크다.
⑪ 철근량이 적을수록 크다.
⑫ 측압은 생콘크리트의 높이가 높을수록 커지는 것이나 일정한 높이에 이르면 측압의 증대는 없게 된다.

② 갑판의 윗면에서 선창 밑바닥까지의 깊이가 1.5[m]를 초과하는 선창의 내부에서 화물 취급작업을 하는 때에는 해당 작업에 종사하는 근로자가 안전하게 통행할 수 있는 설비를 설치하여야 한다. 다만, 안전하게 통행할 수 있는 설비가 선박에 설치되어 있을 때에는 그러하지 아니하다.

③ 다음에 해당하는 장소에 근로자를 출입하게 하여서는 안 된다.
   ㉮ 해치커버의 개폐·설치 또는 해치 빔의 부착 또는 해체 작업을 하고 있는 장소의 아래로서 해치보드 또는 해치빔 등의 낙하에 의하여 근로자에게 위험을 미칠 우려가 있는 장소
   ㉯ 양화장치 붐이 넘어짐으로써 근로자에게 위험을 미칠 우려가 있는 장소
   ㉰ 양화장치 등에 매달린 화물이 떨어져 근로자에게 위험을 미칠 우려가 있는 장소

④ 항만 하역작업을 시작하기 전에 해당 작업을 하는 선창의 내부, 갑판의 위 또는 안벽 위에 있는 화물 중에 부식성 물질, 위험물 또는 염소, 시안산, 4알킬연 등 급성 중독을 일으킬 우려가 있는 물질이 있는지 여부를 조사하여 급성 중독물질이 있는 경우에는 급성 중독물질 등의 안전한 취급 방법을, 급성 중독물질 등이 날아 흩어지거나 누출되는 경우에는 그 처리 방법을 정하여 해당 작업에 종사하는 근로자에게 교육하여야 한다.

⑤ 300[t]급 이상의 선박에서 하역 작업을 하는 때에는 근로자들이 안전하게 승강할 수 있는 현문 사다리를 설치하여야 하며, 이 사다리 밑에 안전망을 설치하여야 한다. 또한 현문 사다리는 견고한 재료로 제작된 것으로 너비는 55[cm] 이상이어야 하며 양측에 82[cm] 이상 높이로 방책을 설치하고, 바닥은 미끄러지지 아니하도록 적합한 재질로 처리되어야 한다.

⑥ 양화장치 등을 사용하여 양화작업을 할 때에는 선창 내부의 화물을 안전하게 운반할 수 있도록 미리 해치의 수직 하부에 옮겨 놓아야 한다.

⑦ 양화장치 등을 사용하여 드럼통 등의 화물 권상 작업을 행하는 때에는 해당 화물이 벗어지거나 탈락하지 아니하도록 하는 구조의 해지 장치가 설치된 후 부착 슬링을 사용해야 한다.

⑧ 선내 하역 작업을 할 때에는 관리감독자로 하여금 다음 각 호의 사항을 이행하도록 하여야 한다.
   ㉮ 작업 방법을 결정하고 작업을 지휘하는 일
   ㉯ 통행 설비, 하역기계, 보호구 및 기구, 공구를 점검, 정비하고 이들의 사용 상황을 감시하는 일
   ㉰ 주변 작업자간의 연락 조정을 행하는 일

(2) 화물취급의 안전기준

① 섬유로프 등의 가닥이 끊어졌거나 심하게 손상 또는 부식된 것을 사용하지 않는다.
② 바닥으로부터의 높이가 2[m] 이상 되는 하적단(포대·가마니 등의 용기로 포장화물에 의하여 구성된 것에 한한다.)은 인접 하적단과의 간격을 하적단의 밑부분에서 10[cm] 이상으로 하여야 한다.
③ 바닥으로부터의 높이가 2[m] 이상인 하적단 위에서 작업을 하는 때에는 추락 등에 의한 근로자의 위험을 방지하기 위하여 해당 작업에 종사하는 근로자로 하여금 안전모 등의 보호구를 착용하도록 하여야 한다.
④ 화물을 적재하는 때에는 다음 각 호의 사항을 준수하여야 한다.
　㉮ 침하의 우려가 없는 튼튼한 기반 위에 적재할 것
　㉯ 건물의 칸막이나 벽 등이 화물의 압력에 견딜 만큼의 강도를 지니지 아니한 때에는 칸막이나 벽에 기대어 적재하지 아니하도록 할 것
　㉰ 불안정할 정도로 높이 쌓아올리지 말 것
　㉱ 편하중이 생기지 아니하도록 적재할 것
⑤ 섬유로프 등을 사용하여 화물 취급 작업을 하는 때에는 해당 섬유로프 등을 점검하고 이상을 발견한 섬유 로프 등을 즉시 교체하여야 한다.
⑥ 관리감독자는 다음의 업무를 이행하도록 하여야 한다.
　㉮ 작업 방법 및 순서를 결정하고 작업을 지휘하는 일
　㉯ 기구 및 공구를 점검하고 불량품을 제거하는 일
　㉰ 그 작업 장소에는 관계 근로자 외의 자의 출입을 금지시키는 일
　㉱ 로프 등의 해체 작업을 하는 때에는 하대 위 화물의 낙하 위험 유무를 확인하고 그 작업의 착수를 지시하는 일

(3) 차량계 하역운반 기계 및 건설기계 통로 폭 및 속도

① 운반차량의 구내 속도 : 8[km/h] 이내의 속도를 유지한다.
② 운반통로에서 우선 통과 순위 : ㉮ 기중기 ㉯ 짐을 실은 차 ㉰ 빈 차 ㉱ 사람
③ 부두 안벽선 통로 폭 : 90[cm] 이상
④ 물자 운반용 차량의 통로 폭
　㉮ 일방통행용 : $W = B + 60$[cm]
　㉯ 양방통행용 : $W = 2B + 90$[cm]
　　여기서 B : 운반차량의 폭
⑤ 제한속도를 정하지 않아도 되는 차량계 건설기계 : 10[km/h] 이하

참고

풍하중의 계산 방법
① 풍하중은 다음 식에 의해 계산된다. 이 경우 폭풍시 풍속은 35[m/s], 폭풍이외의 풍속은 16[m/s]로 한다.

$$W = qCA$$

여기서,
W : 풍하중(kg)
q : 속도압(kg/cm²)
C : 풍력계수
A : 수압면적(m²)

② 속도압의 값은 다음 식에 의해 계산된다.

$$q = \frac{v^2}{30}\sqrt{h}$$

여기서,
q : 속도압(kg/cm²)
v : 풍속(m/sec)
h : 바람받는 면의 지상으로부터 높이[m](높이 15[m] 미만일 때는 15)

③ 풍력계수의 값은 궁동시험에 의할 때를 제외하고는 고시상에 정한 값으로 한다.

합격예측 및 관련법규

제389조(화물 중간에서 화물 빼내기 금지) 사업주는 차량 등에서 화물을 내리는 작업을 하는 경우에 해당 작업에 종사하는 근로자에게 쌓여 있는 화물 중간에서 화물을 빼내도록 해서는 아니 된다.

제390조(하역작업장의 조치기준) 사업주는 부두·안벽 등 하역작업을 하는 장소에 다음 각 호의 조치를 하여야 한다.
1. 작업장 및 통로의 위험한 부분에는 안전하게 작업할 수 있는 조명을 유지할 것
2. 부두 또는 안벽의 선을 따라 통로를 설치하는 경우에는 폭을 90센티미터 이상으로 할 것
3. 육상에서의 통로 및 작업장소로서 다리 또는 선거(船渠) 갑문(閘門)을 넘는 보도(步道) 등의 위험한 부분에는 안전난간 또는 울타리 등을 설치할 것

제391조(하적단의 간격) 사업주는 바닥으로부터의 높이가 2미터 이상 되는 하적단(포대·가마니 등으로 포장된 화물이 쌓여 있는 것만 해당한다)과 인접 하적단 사이의 간격을 하적단의 밑부분을 기준하여 10센티미터 이상으로 하여야 한다.

합격예측 및 관련법규

유기화합물 취급 특별 장소
① 선박의 내부
② 차량의 내부
③ 탱크의 내부(반응기 등 화학설비 포함)
④ 터널이나 갱의 내부
⑤ 맨홀의 내부
⑥ 피트의 내부
⑦ 통풍이 충분하지 않은 수로의 내부
⑧ 덕트의 내부
⑨ 수관(水管)의 내부
⑩ 그 밖에 통풍이 충분하지 않은 장소

합격예측 및 관련법규

제392조(하적단의 붕괴 등에 의한 위험방지) ① 사업주는 하적단의 붕괴 또는 화물의 낙하에 의하여 근로자가 위험해질 우려가 있는 경우에는 그 하적단을 로프로 묶거나 망을 치는 등 위험을 방지하기 위하여 필요한 조치를 하여야 한다.
② 하적단을 쌓는 경우에는 기본형을 조성하여 쌓아야 한다.
③ 하적단을 헐어내는 경우에는 위에서부터 순차적으로 층계를 만들면서 헐어내어야 하며, 중간에서 헐어내어서는 아니 된다.

제396조(무포장 화물의 취급방법) ① 사업주는 선창 내부의 밀·콩·옥수수 등 무포장 화물을 내리는 작업을 할 때에는 시프팅보드(shifting board), 피더박스(feeder box) 등 화물 이동 방지를 위한 칸막이벽이 넘어지거나 떨어짐으로써 근로자가 위험해질 우려가 있는 경우에는 그 칸막이벽을 해체한 후 작업을 하도록 하여야 한다.
② 사업주는 진공흡입식 언로더(unloader) 등의 하역기계를 사용하여 무포장 화물을 하역할 때 그 하역기계의 이동 또는 작동에 따른 흔들림 등으로 인하여 근로자가 위험해질 우려가 있는 경우에는 근로자의 접근을 금지하는 등 필요한 조치를 하여야 한다.

(4) 크레인의 손에 의한 공통적인 표준신호방법

운전구분	1. 운전자 호출	2. 운전방향 지시	3. 주권 사용	4. 보권 사용	5. 위로 올리기	6. 천천히 조금씩 위로 올리기
몸짓						
방법	호각 등을 사용하여 운전자와 신호자의 주의를 집중시킨다.	집게손가락으로 운전 방향을 가리킨다.	주먹을 머리에 대고 떼었다 붙였다 한다.	팔꿈치에 손바닥을 떼었다 붙였다 한다.	집게손가락을 위로해서 수평원을 크게 그린다.	한손을 들어올려 손목을 중심으로 작은 원을 그린다.
호각	아주 길게 아주 길게	짧게 길게	짧게 길게	짧게 길게	길게 길게	짧게 짧게

운전구분	7. 아래로 내리기	8. 천천히 조금씩 아래로 내리기	9. 수평이동	10. 물건걸기	11. 정지	12. 비상정지
몸짓						
방법	팔을 아래로 뻗고 집게손가락을 아래로 향해서 수평원을 그린다.	한손을 지면과 수평하게 들고 손바닥을 지면쪽으로 하여 2, 3회 작게 흔든다.	손바닥을 움직이고자 하는 방향의 정면으로 하여 움직인다.	양쪽 손을 몸 앞에다 대고 두 손을 깍지 낀다.	한손을 들어올려 주먹을 쥔다.	양손을 들어올려 크게 2, 3회 좌우로 흔든다.
호각	길게 길게	짧게 짧게	강하고 짧게	길게 짧게	아주 길게	아주 길게 아주길게

운전구분	13. 작업완료	14. 뒤집기	15. 천천히 이동	16. 기다려라	17. 신호불명	18. 기중기의 이상발생
몸짓						
방법	거수경례 또는 양손을 머리위에 교차시킨다.	양손을 마주보게 들어서 뒤집으려는 방향으로 2, 3회 절도있게 역전시킨다.	방향을 가리키는 손바닥 밑에 집게 손가락을 위로 해서 원을 그린다.	오른손으로 왼손을 감싸 2, 3회 작게 흔든다.	운전자는 손바닥을 안으로 하여 얼굴 앞에서 2, 3회 흔든다.	운전자는 사이렌을 울리거나 한쪽손의 주먹을 다른손의 손바닥으로 2, 3회 두드린다.
호각	아주 길게	길게 짧게	짧게 길게	길게	짧게 짧게	강하고 짧게

(5) 데릭을 이용한 작업시의 신호방법

운전구분	1. 붐 위로 올리기	2. 붐 아래로 내리기	3. 붐을 올려서 짐을 아래로 내리기	4. 붐을 내리고 짐을 올리기	5. 붐을 늘리기	6. 붐을 줄이기
몸짓						
방법	팔을 펴 엄지손가락을 위로 향하게 한다.	팔을 펴 엄지손가락을 아래로 향하게 한다.	엄지손가락을 위로해서 손바닥을 폈다 오므렸다 한다.	팔을 수평으로 뻗고 엄지손가락을 밑으로 해서 손바닥을 폈다 오므렸다 한다.	두 주먹을 몸허리에 놓고 두 엄지 손가락을 밖으로 향한다.	두 주먹을 몸 허리에 놓고 두 엄지손가락을 서로 안으로 마주 보게 한다.
호각	짧게, 짧게, 길게	짧게 짧게	짧게 길게	짧게 길게	강하고 짧게	길게 길게

(6) Magnetic 크레인 사용 작업시의 신호방법

운전구분	1. 마그넷 붙이기	2. 마그넷 떼기
몸짓		
방법	양쪽손을 몸 앞에다 대고 꽉 낀다.	양손을 몸앞에서 측면으로 벌린다.(손바닥은 지면으로 향하도록 한다.)
호각	길게 짧게	길게

3. 건설업체 산업재해발생률 및 산업재해발생 보고의무 위반건수의 산정기준과 방법

1. 산업재해발생률 및 산업재해 발생 보고의무 위반에 따른 가감점 부여대상이 되는 건설업체는 매년 「건설산업기본법」 제23조에 따라 국토교통부장관이 시공능력을 고려하여 공시하는 건설업체 중 고용노동부장관이 정하는 업체로 한다.

합격예측

거푸집의 측압이 커지는 조건
① 기온이 낮을수록(대기중의 습도가 낮을수록) 크다.
② 치어붓기 속도가 클수록 크다.
③ 묽은 콘크리트 일수록(물·시멘트비가 클수록, 슬럼프 값이 클수록, 시멘트·물비가 적을수록) 크다.
④ 콘크리트의 비중이 클수록 크다.
⑤ 콘크리트의 다지기가 강할수록 크다.
⑥ 철근양이 작을수록 크다.
⑦ 거푸집의 수밀성이 높을수록 크다.
⑧ 거푸집의 수평단면이 클수록(벽 두께가 클수록) 크다.
⑨ 거푸집의 강성이 클수록 크다.
⑩ 거푸집의 표면이 매끄러울수록 크다.
⑪ 측압은 생콘크리트의 높이가 높을수록 커지는 것이다. 어느 일정한 높이에 이르면 측압의 증대는 없게 된다.
⑫ 응결이 빠른 시멘트를 사용할 경우 크다.

합격예측

사고사망만인율(‱) =
$\dfrac{\text{사고사망자 수}}{\text{상시 근로자 수}} \times 10{,}000$

합격예측 및 관련법규

제233조(가스용접 등의 작업) 사업주는 인화성 가스, 불활성 가스 및 산소(이하 "가스 등"이라 한다)를 사용하여 금속의 용접·용단 또는 가열작업을 하는 경우에는 가스 등의 누출 또는 방출로 인한 폭발·화재 또는 화상을 예방하기 위하여 다음 각 호의 사항을 준수하여야 한다.

1. 가스 등의 호스와 취관(吹管)은 손상·마모 등에 의하여 가스 등이 누출할 우려가 없는 것을 사용할 것
2. 가스 등의 취관 및 호스의 상호 접촉부분은 호스밴드, 호스클립 등 조임기구를 사용하여 가스 등이 누출되지 않도록 할 것
3. 가스 등의 호스에 가스 등을 공급하는 경우에는 미리 그 호스에서 가스 등이 방출되지 않도록 필요한 조치를 할 것
4. 충격을 가하지 않도록 할 것
5. 운반하는 경우에는 캡을 씌울 것
6. 사용하는 경우에는 용기의 마개에 부착되어 있는 유류 및 먼지를 제거할 것
7. 밸브의 개폐는 서서히 할 것
8. 사용 전 또는 사용 중인 용기와 그 밖의 용기를 명확히 구별하여 보관할 것
9. 용해아세틸렌의 용기는 세워 둘 것
10. 용기의 부식·마모 또는 변형상태를 점검한 후 사용할 것

2. 건설업체의 산업재해발생률은 다음의 계산식에 따른 업무상 사고사망만인율(이하 "사고사망만인율"이라 한다)로 산출하되, 소수점 셋째 자리에서 반올림한다.

$$\text{사고사망만인율}(‰) = \dfrac{\text{사고사망자 수}}{\text{상시 근로자 수}} \times 10{,}000$$

3. 제2호의 계산식에서 사고사망자 수는 다음과 같은 기준과 방법에 따라 산출한다.

   가. 사고사망자 수는 사고사망만인율 산정 대상 연도의 1월 1일부터 12월 31일까지의 기간 동안 해당 업체가 시공하는 국내의 건설 현장(자체사업의 건설 현장은 포함한다. 이하 같다)에서 사고사망재해를 입은 근로자 수를 합산하여 산출한다. 다만, 별표 26 제2호마목에 따른 이상기온에 기인한 질병사망자는 포함한다.

   1) 「건설산업기본법」 제8조에 따른 종합공사를 시공하는 업체의 경우에는 해당 업체의 소속 사고사망자 수에 그 업체가 시공하는 건설현장에서 그 업체로부터 도급을 받은 업체(그 도급을 받은 업체의 하수급인을 포함한다. 이하 같다)의 사고사망자 수를 합산하여 산출한다.

   2) 「건설산업기본법」 제29조제3항에 따라 종합공사를 시공하는 업체(A)가 발주자의 승인을 받아 종합공사를 시공하는 업체(B)에 도급을 준 경우에는 해당 도급을 받은 종합공사를 시공하는 업체(B)의 사고사망자 수와 그 업체로부터 도급을 받은 업체(C)의 재해자 수를 도급을 한 종합공사를 시공하는 업체(A)와 도급을 받은 종합공사를 시공하는 업체(B)에 반으로 나누어 각각 합산한다. 다만, 그 산업재해와 관련하여 법원의 판결이 있는 경우에는 산업재해에 책임이 있는 종합공사를 시공하는 업체의 사고사망자 수에 합산한다.

   3) 제75조제1항에 따른 산업재해조사표를 제출하지 않아 고용노동부장관이 산업재해 발생연도 이후에 산업재해가 발생한 사실을 알게 된 경우에는 그 알게 된 연도의 사고사망자 수로 산정한다.

   나. 둘 이상의 업체가 「국가를 당사자로 하는 계약에 관한 법률」 제25조에 따라 공동계약을 체결하여 공사를 공동이행 방식으로 시행하는 경우 해당 현장에서 발생하는 사고사망자 수는 공동수급업체의 출자 비율에 따라 분배한다.

다. 건설공사를 하는 자(도급인, 자체사업을 하는 자 및 그의 수급인을 포함한다)와 설치, 해체, 장비 임대 및 물품 납품 등에 관한 계약을 체결한 사업주의 소속 근로자가 그 건설공사와 관련된 업무를 수행하는 중 사고사망재해를 입은 경우에는 건설공사를 하는 자의 사고사망자 수로 산정한다.

라. 삭제 〈2018. 12. 31.〉

마. 사고사망자 중 다음의 어느 하나에 해당하는 경우로서 사업주의 법 위반으로 인한 것이 아니라고 인정되는 재해에 의한 사고사망자는 사고사망자 수 산정에서 제외한다.
   1) 방화, 근로자간 또는 타인간의 폭행에 의한 경우
   2) 「도로교통법」에 따라 도로에서 발생한 교통사고에 의한 경우(해당 공사의 공사용 차량·장비에 의한 사고는 제외한다)
   3) 태풍·홍수·지진·눈사태 등 천재지변에 의한 불가항력적인 재해의 경우
   4) 작업과 관련이 없는 제3자의 과실에 의한 경우(해당 목적물 완성을 위한 작업자간의 과실은 제외한다)
   5) 삭제 〈2018. 12. 31.〉
   6) 그 밖에 야유회, 체육행사, 취침·휴식 중의 사고 등 건설작업과 직접 관련이 없는 경우

바. 삭제 〈2014.3.12.〉

사. 재해 발생 시기와 사망 시기의 연도가 다른 경우에는 재해 발생 연도의 다음연도 3월 31일 이전에 사망한 경우에만 산정 대상 연도의 사고사망자수로 산정한다.

4. 제2호의 계산식에서 상시 근로자 수는 다음과 같이 산출한다.

$$\text{상시 근로자 수} = \frac{\text{연간 국내공사 실적액} \times \text{노무비율}}{\text{건설업 월평균임금} \times 12}$$

가. '연간 국내공사 실적액'은 「건설산업기본법」에 따라 설립된 건설업자의 단체, 「전기공사업법」에 따라 설립된 공사업자단체, 「정보통신공사업법」에 따라 설립된 정보통신공사협회, 「소방시설공사업법」에 따라 설립된 한국소방시설협회에서 산정한 업체별 실적액을 합산하여 산정한다.

나. '노무비율'은 「고용보험 및 산업재해보상보험의 보험료징수 등에 관한 법률 시행령」 제11조제1항에 따라 고용노동부장관이 고시하는 일반 건설공사의 노무비율(하도급 노무비율은 제외한다)을 적용한다.

다. '건설업 월평균임금'은 「고용보험 및 산업재해보상보험의 보험료징수 등에 관한 법률 시행령」 제2조제1항제3호가목에 따라 고용노동부장관이 고시하는 건설업 월평균임금을 적용한다.

5. 고용노동부장관은 제3호마목에 따른 사고사망자 수 산정 여부 등을 심사하기 위하여 다음 각 목의 어느 하나에 해당하는 사람 각 1명 이상으로 심사단을 구성·운영할 수 있다.
   가. 전문대학 이상의 학교에서 건설안전 관련 분야를 전공하는 조교수 이상인 사람
   나. 공단의 전문직 2급 이상 임직원
   다. 건설안전기술사 또는 산업안전지도사(건설안전 분야에만 해당한다) 등 건설안전 분야에 학식과 경험이 있는 사람
6. 산업재해 발생 보고의무 위반건수는 다음 각 목에서 정하는 바에 따라 산정한다.
   가. 건설업체의 산업재해 발생 보고의무 위반건수는 국내의 건설현장에서 발생한 산업재해의 경우 법 제57조제3항에 따른 보고의무를 위반(제75조제1항에 따른 보고기한을 넘겨 보고의무를 위반한 경우는 제외한다)하여 과태료 처분을 받은 경우만 해당한다.
   나. 「건설산업기본법」 제8조에 따른 종합공사를 시공하는 업체의 산업재해 발생 보고의무 위반건수에는 해당 업체로부터 도급받은 업체(그 도급을 받은 업체의 하수급인은 포함한다)의 산업재해 발생 보고의무 위반건수를 합산한다.
   다. 「건설산업기본법」 제29조제3항에 따라 종합공사를 시공하는 업체(A)가 발주자의 승인을 받아 종합공사를 시공하는 업체(B)에 도급을 준 경우에는 해당 도급을 받은 종합공사를 시공하는 업체(B)의 산업재해 발생 보고의무 위반건수와 그 업체로부터 도급을 받은 업체(C)의 산업재해 발생 보고의무 위반건수를 도급을 준 종합공사를 시공하는 업체(A)와 도급을 받은 종합공사를 시공하는 업체(B)에 반으로 나누어 각각 합산한다.
   라. 둘 이상의 건설업체가 「국가를 당사자로 하는 계약에 관한 법률」 제25조에 따라 공동계약을 체결하여 공사를 공동이행 방식으로 시행하는 경우 산업재해 발생 보고의무 위반건수는 공동수급업체의 출자비율에 따라 분배한다.

보충학습 1

사전조사 및 작업계획서 내용

작업명	사전조사 내용	작업계획서 내용
1. 타워크레인을 설치·조립·해체하는 작업	–	① 타워크레인의 종류 및 형식 ② 설치·조립 및 해체순서 ③ 작업도구·장비·가설설비(假設設備) 및 방호설비 ④ 작업인원의 구성 및 작업근로자의 역할 범위 ⑤ 산업안전보건기준에 관한 규칙 제142조에 따른 지지 방법
2. 차량계 하역운반기계 등을 사용하는 작업	–	① 해당 작업에 따른 추락·낙하·전도·협착 및 붕괴 등의 위험 예방대책 ② 차량계 하역운반기계 등의 운행경로 및 작업방법
3. 차량계 건설기계를 사용하는 작업	해당 기계의 전락(轉落), 지반의 붕괴 등으로 인한 근로자의 위험을 방지하기 위한 해당 작업장소의 지형 및 지반상태	① 사용하는 차량계 건설기계의 종류 및 성능 ② 차량계 건설기계의 운행경로 ③ 차량계 건설기계에 의한 작업방법
4. 화학설비와 그 부속설비 사용 작업	–	① 밸브·콕 등의 조작(해당 화학설비에 원재료를 공급하거나 해당 화학설비에서 제품 등을 꺼내는 경우만 해당한다.) ② 냉각장치·가열장치·교반장치(攪拌裝置) 및 압축장치의 조작 ③ 계측장치 및 제어장치의 감시 및 조정 ④ 안전밸브, 긴급차단장치, 그 밖의 방호장치 및 자동경보장치의 조정 ⑤ 덮개판·플랜지(flange)·밸브·콕 등의 접합부에서 위험물 등의 누출 여부에 대한 점검 ⑥ 시료의 채취 ⑦ 화학설비에서는 그 운전이 일시적 또는 부분적으로 중단된 경우의 작업방법 또는 운전 재개 시의 작업방법 ⑧ 이상 상태가 발생한 경우의 응급조치 ⑨ 위험물 누출 시의 조치 ⑩ 그 밖에 폭발·화재를 방지하기 위하여 필요한 조치

합격예측

산업재해의 기본원인 4M

외적(환경적) 요인(4M)
① 인간관계요인(Man) : 인간관계 불량으로 작업의욕 침체, 능률저하, 안전의식 저하 등을 초래
② 설비적(물적)요인(Machine) : 기계설비 등의 물적 조건, 인간공학적 배려 및 작업성, 보전성, 신뢰성 등을 고려
③ 작업적 요인(Media)
  ㉮ 작업의 내용, 방법, 정보 등의 작업방법적 요인
  ㉯ 작업을 실시하는 장소에 관한 작업환경적 요인
④ 관리적 요인(Management) : 안전법규의 철저, 안전기준, 지휘감독 등의 안전관리
  ㉮ 교육훈련 부족
  ㉯ 감독지도 불충분
  ㉰ 적성배치 불충분

합격예측

터널 공법
① 재래 공법(ASSM)
② 최신 공법
  ㉮ NATM : 산악터널
  ㉯ TBM : 암반터널
  ㉰ Shield : 토사구간
③ 기타 공법
  ① 개착식 공법 : 도심지 터널
  ② 침매공법 : 하저 터널
  ③ 잠함침하공법 : 하저 터널
  ④ Pipe Roof공법 : 보조 공법

작업명	사전조사 내용	작업계획서 내용
5. 제318조에 따른 전기작업	—	① 전기작업의 목적 및 내용 ② 전기작업 근로자의 자격 및 적정 인원 ③ 작업 범위, 작업책임자 임명, 전격·아크 섬광·아크 폭발 등 전기 위험 요인 파악, 접근한계거리, 활선접근 경보장치 휴대 등 작업시작 전에 필요한 사항 ④ 산업안전보건기준에 관한 규칙 제328조의 전로차단에 관한 작업계획 및 전원(電源) 재투입 절차 등 작업 상황에 필요한 안전 작업 요령 ⑤ 절연용 보호구 및 방호구, 활선작업용 기구·장치 등의 준비·점검·착용·사용 등에 관한 사항 ⑥ 점검·시운전을 위한 일시 운전, 작업 중단 등에 관한 사항 ⑦ 교대 근무 시 근무 인계(引繼)에 관한 사항 ⑧ 전기작업장소에 대한 관계 근로자가 아닌 사람의 출입금지에 관한 사항 ⑨ 전기안전작업계획서를 해당 근로자에게 교육할 수 있는 방법과 작성된 전기안전작업계획서의 평가·관리계획 ⑩ 전기 도면, 기기 세부 사항 등 작업과 관련되는 자료
6. 굴착작업	① 형상·지질 및 지층의 상태 ② 균열·함수(含水)·용수 및 동결의 유무 또는 상태 ③ 매설물 등의 유무 또는 상태 ④ 지반의 지하수위 상태	① 굴착방법 및 순서, 토사 반출 방법 ② 필요한 인원 및 장비 사용계획 ③ 매설물 등에 대한 이설·보호대책 ④ 사업장 내 연락방법 및 신호방법 ⑤ 흙막이 지보공 설치방법 및 계측계획 ⑥ 작업지휘자의 배치계획 ⑦ 그 밖에 안전·보건에 관련된 사항
7. 터널굴착작업	보링(boring) 등 적절한 방법으로 낙반·출수(出水) 및 가스폭발 등으로 인한 근로자의 위험을 방지하기 위하여 미리 지형·지질 및 지층상태를 조사	① 굴착의 방법 ② 터널지보공 및 복공(覆工)의 시공방법과 용수(湧水)의 처리방법 ③ 환기 또는 조명시설을 설치할 때에는 그 방법

작업명	사전조사 내용	작업계획서 내용
8. 교량작업	–	① 작업 방법 및 순서 ② 부재(部材)의 낙하·전도 또는 붕괴를 방지하기 위한 방법 ③ 작업에 종사하는 근로자의 추락 위험을 방지하기 위한 안전조치 방법 ④ 공사에 사용되는 가설 철구조물 등의 설치·사용·해체 시 안전성 검토 방법 ⑤ 사용하는 기계 등의 종류 및 성능, 작업방법 ⑥ 작업지휘자 배치계획 ⑦ 그 밖에 안전·보건에 관련된 사항
9. 채석작업	지반의 붕괴·굴착기계의 전락(轉落) 등에 의한 근로자에게 발생할 위험을 방지하기 위한 해당 작업장의 지형·지질 및 지층의 상태	① 노천굴착과 갱내굴착의 구별 및 채석방법 ② 굴착면의 높이와 기울기 ③ 굴착면 소단(小段)의 위치와 넓이 ④ 갱내에서의 낙반 및 붕괴방지 방법 ⑤ 발파방법 ⑥ 암석의 분할방법 ⑦ 암석의 가공장소 ⑧ 사용하는 굴착기계·분할기계·적재기계 또는 운반기계(이하 "굴착기계 등"이라 한다.)의 종류 및 성능 ⑨ 토석 또는 암석의 적재 및 운반방법과 운반경로 ⑩ 표토 또는 용수(湧水)의 처리방법
10. 건물 등의 해체 작업	해체건물 등의 구조, 주변 상황 등	① 해체의 방법 및 해체 순서도면 ② 가설설비·방호설비·환기설비 및 살수·방화설비 등의 방법 ③ 사업장 내 연락방법 ④ 해체물의 처분계획 ⑤ 해체작업용 기계·기구 등의 작업계획서 ⑥ 해체작업용 화약류 등의 사용계획서 ⑦ 그 밖에 안전·보건에 관련된 사항
11. 중량물의 취급 작업	–	① 추락위험을 예방할 수 있는 안전대책 ② 낙하위험을 예방할 수 있는 안전대책 ③ 전도위험을 예방할 수 있는 안전대책 ④ 협착위험을 예방할 수 있는 안전대책 ⑤ 붕괴위험을 예방할 수 있는 안전대책
12. 궤도와 그 밖의 관련설비의 보수·점검작업 13. 입환작업(入換作業)	–	① 적절한 작업 인원 ② 작업량 ③ 작업순서 ④ 작업방법 및 위험요인에 대한 안전조치방법 등

합격예측

용어정의

① 위험성평가 : 유해·위험요인을 파악하고 해당 유해·위험요인에 의한 부상 또는 질병의 발생가능성(빈도)과 중대성(강도)을 추정·결정하고 감소대책을 수립하여 실행하는 일련의 과정을 말한다.
② 유해·위험요인 : 유해·위험을 일으킬 잠재적 가능성이 있는 것의 고유한 특징이나 속성을 말한다.
③ 유해·위험요인 파악 : 유해요인과 위험요인을 찾아내는 과정을 말한다.
④ 위험성 : 유해·위험요인이 부상 또는 질병으로 이어질 수 있는 가능성(빈도)과 중대성(강도)을 조합한 것을 의미한다.
⑤ 위험성 추정 : 유해·위험요인별로 부상 또는 질병으로 이어질 수 있는 가능성과 중대성의 크기를 각각 추정하여 위험성의 크기를 산출하는 것을 말한다.
⑥ 위험성 결정 : 유해·위험요인별로 추정한 위험성의 크기가 허용 가능한 범위인지 여부를 판단하는 것을 말한다.
⑦ 위험성 감소대책 수립 및 실행 : 위험성 결정 결과 허용 불가능한 위험성을 합리적으로 실천 가능한 범위에서 가능한 한 낮은 수준으로 감소시키기 위한 대책을 수립하고 실행하는 것을 말한다.
⑧ 기록 : 사업장에서 위험성평가 활동을 수행한 근거와 그 결과를 문서로 작성하여 보존하는 것을 말한다.

합격예측

위험성평가에 활용되는 안전정보
① 작업표준, 작업절차 등에 관한 정보
② 기계·기구, 설비등의사양서, 물질안전보건자료(MSDS) 등의 유해·위험요인에 관한 정보
③ 기계·기구, 설비 등의 공정 흐름과 작업 주변의 환경에 관한 정보
④ 같은 장소에서 사업의 일부 또는 전부를 도급을 주어 행하는 작업이 있는 경우 혼재 작업의 위험성 및 작업 상황 등에 관한 정보
⑤ 재해사례, 재해통계 등에 관한 정보
⑥ 작업환경측정결과, 근로자 건강진단결과에 관한 정보
⑦ 그 밖에 위험성평가에 참고가 되는 자료 등

보충학습 2

[표] 건설업의 제재조치

구분	내용
재해율 조사 및 등급관리	(1) 매년 재해율 조사 후 등급관리 : 청색(양호), 적색(불량) (2) SOC현장 : 청색(양호), 황색(보통), 적색(불량)
입찰자격(PQ) 심사시 제한	(1) 재해율 : +2점(환산재해율 0.25배 미만) [반영 비율 : 최근 년도 50[%], 1년 전 30[%], 2년 전 20[%]] (2) 산업안전보건관리비 과태료 : −1점 [1,000만원 이상 : 1차 적발 −0.5점, 2차 적발 −1점] (3) 산재위반 보고 : −2점[1회마다 0.2점 감점, 10회시 −2점] • 중상자 2인=사망자 1인으로 간주

사망자수(동시)	영업정지	입찰 제한	과징 금액
2~5명	2개월	3개월	3천만원
6~9명	3개월	6개월	4천만원
10명 이상	4개월	12개월	5천만원

[표] 계측의 종류

구분	방법	특징
일상 관리 계측 항목	내공변위 측정	변위량, 변위속도 등을 파악하여 주변지반 안전성 확인 2차 복공의 실시 시기 등의 판단
	천단침하 측정	터널 천장부의 침하측정으로 안정성여부 판단
	지표침하 측정	터널 굴착에 따른 지표면의 영향 및 안정성 파악, 침하 방지대책 수립 등
	Rock Bolt 인발시험, 갱내 관찰조사 등	
대표 위치 계측 항목	지중침하 측정	지중 매설물의 안정성 및 터널의 이완범위 등 파악
	지중변위 측정	터널내부에 설치하여 터널 주변의 이완정도 및 지반의 안정성 파악
	지하수위 측정	굴착으로 인한 지하수위의 변화량 파악(차수효과의 판단 등)
	간극수압 측정	지중에 작용하는 수압의 측정(치수공법으로 인한 압력 판단)
	Shotcrete 응력측정, Rock Bolt 축력측정, 지중수평 변위측정 등	

Chapter 03 운반·하역작업 출제예상문제

출제예상문제는 복습, 예습문제로 엮었습니다. *WHY : 실제시험에도 순서에 관계없이 출제됩니다. 예습 후 다음장에 공부한 문제가 있으면 기억이 배가 됩니다.

01 ★★ 하역작업시 위험방지에 대한 설명으로 옳지 않은 것은?

① 하역작업시에는 관계 근로자 외의 출입을 금지시켜야 한다.
② 관리감독자는 기구 및 공구를 점검하고 불량품을 제거해야 한다.
③ 하적단 높이가 2[m] 이상 되는 포대, 가마니 등은 인접 하적단과 하적단 밑부분에서 10[cm] 이상 간격을 두어야 한다.
④ 1인당 운반무게는 25[kg] 정도이다.
⑤ 부두 또는 안벽의 선을 따라 통로를 설치할 때는 폭을 75[cm] 이상으로 해야 한다.

해설
부두 또는 안벽의 통로의 폭은 90[cm] 이상
참고 산업안전보건기준에 관한 규칙 제390조(하역작업장의 조치기준)

02 ★★ 화물을 적재할 때 준수사항 중 틀린 것은?

① 침하 우려가 없는 튼튼한 곳에 적재
② 편하중이 생기지 않도록 적재
③ 칸막이나 벽에 기대어 적재
④ 불안전할 정도로 높이 쌓아올리지 말 것
⑤ 벽에 기대어 적재하지 않도록 할 것

해설
칸막이나 벽에 기대면 붕괴의 우려가 있다.
참고 산업안전보건기준에 관한 규칙 제393조(화물의 적재)

03 ★★★★★ 물이 결빙되는 위치로 지속적으로 유입되는 조건에서 온도가 하강함에 따라 토중수가 얼어 생성된 결빙크기가 계속 커져 지표면이 부풀어오르는 현상은?

① 압밀침하(consolidation settlement)
② 연화(frost boil)
③ 지반경화(hardening)
④ 동상(frost heave)
⑤ 히빙(heaving)

해설
동상(frost heave)의 정의 : 본 문제 질의내용

04 ★★★★ 다음은 철근운반에 대한 설명이다. 옳지 않은 것은?

① 긴 철근은 두 사람이 1조가 되어 어깨메기로 운반하는 것은 좋다.
② 운반시에는 중앙을 묶어 운반한다.
③ 운반시 1인당 무게는 25[kg] 정도가 적절하다.
④ 긴 철근을 한 사람이 운반할 때는 한쪽을 어깨에 메고 한 끝을 땅에 끌면서 운반한다.
⑤ 공동작업자는 신호에 따라 작업한다.

해설
인력운반의 안전수칙
① 긴 철근은 가급적 두 사람이 1조가 되어 어깨메기로 하여 운반하는 등 안전성을 도모하여야 한다.
② 긴 철근을 부득이 한 사람이 운반할 때는 한 곳을 드는 것보다 한쪽을 어깨에 메고 한쪽 끝을 땅에 끌면서 운반하여야 한다.
③ 운반시에는 항상 양끝을 묶어 운반토록 하여야 한다.
④ 1회 운반시 1인당 무게는 25[kg] 정도가 적절하며, 무리한 운반을 삼가도록 하여야 한다.
⑤ 내려놓을 때는 천천히 내려놓고 던지지 않도록 하여야 한다.
⑥ 공동작업시에는 신호에 따라 작업한다.

[정답] 01 ⑤ 02 ③ 03 ④ 04 ②

05 원목 하역시 주의해야 할 사항이 아닌 것은?

① 크기 중량을 확인한다.
② 공간을 없앤다.
③ 원목 위에 미끄러지지 않도록 주의한다.
④ 하중의 중심을 파악 후 작업한다.
⑤ 하적단 밑부분을 기준으로 10[cm] 이상으로 한다.

해설
① 원목 적재 단위별로 공간을 두어야 훅걸이 등 인양이 가능하다.
② 하적단의 간격
   바닥으로부터의 높이가 2[m] 이상 되는 하적단(포대, 가마니 등의 용기로 포장화물에 의하여 구성된 것에 한한다.)은 인접 하적단과의 간격을 하적단의 밑부분에서 10[cm] 이상으로 하여야 한다.

참고 산업안전보건기준에 관한 규칙 제391조(하적단의 간격)

06 다음은 하역작업시 위험방지에 대한 설명이다. 옳지 않은 것은?

① 관리감독자는 작업 방법 및 순서를 결정하고 작업을 지휘한다.
② 밧줄 가닥이 절단된 섬유 로프 등을 사용해서는 안 된다.
③ 부두 또는 안벽의 선을 따라 통로를 설치할 때는 폭을 75[cm] 이상으로 해야 한다.
④ 포대, 가마니 등의 하적단 높이가 2[m] 이상 되는 경우는 인접 하적단과 하적단 밑부분에서 10[cm] 이상 간격을 두어야 한다.
⑤ 안전하게 작업할 수 있도록 조명을 유지한다.

해설
안벽의 폭은 90[cm] 이상

참고 산업안전보건기준에 관한 규칙 제390(하역작업장의 조치기준)

07 선내 하역 작업시 관리감독자의 직무사항이 아닌 것은?

① 작업 방법 결정
② 주변 작업자간의 연락 조정
③ 작업 지휘
④ 기계 · 공구 등의 점검정비
⑤ 작업 진행 상태 감시

해설
하역 작업시 관리감독자 직무
① 작업 방법을 결정하고 작업을 지휘하는 일
② 통행설비·하역기계·보호구 및 기구·공구를 점검·정비하고 이들의 사용상황을 감시하는 일
③ 주변 작업자간의 연락 조정을 행하는 일

참고 산업안전보건기준에 관한 규칙 [별표 2](관리감독자의 유해·위험방지업무)

08 다음은 화물운반시 걸기용 보조구 설명이다. 옳지 않은 것은?

① 달대 주머니는 파이프류 등을 달아올릴 때 벗겨져 떨어지는 것을 막기 위해 쓰인다.
② 보조망은 화물의 요동이나 회전을 막기 위해 쓴다.
③ 섀클은 걸기 쉽게 또는 와이어 로프의 상처를 막기 위해 쓰인다.
④ 섬유로프는 꼬임이 끊어진 것은 사용하지 않는다.
⑤ 깔판은 많은 양의 화물을 들어올릴 때 사용된다.

해설
깔판은 넓은 물건 사용시 사용한다.

09 갑판의 윗면에서 선창 밑바닥까지 깊이가 몇 [m]를 초과하는 선창의 내부에서 화물 취급 작업을 하는 때에는 해당 작업 근로자가 안전하게 통행할 수 있는 설비를 설치하여야 하는가?

① 1.0[m] ② 1.2[m]
③ 1.3[m] ④ 1.4[m]
⑤ 1.5[m]

[정답] 05 ② 06 ③ 07 ⑤ 08 ⑤ 09 ⑤

해설
산업안전보건기준에 관한 규칙 제394조(통행설비의 설치 등)

10 ★★ 부두 등의 하역작업장에서 부두 또는 안벽의 선에 따라 통로를 개설할 때의 폭은?

① 90[cm] 이상 ② 75[cm] 이상
③ 60[cm] 이상 ④ 80[cm] 이상
⑤ 70[cm] 이상

해설
부두 및 하역 작업장 통로 폭 : 90[cm] 이상

11 ★★ 다음은 인력운반작업에 대한 안전사항이다. 적합하지 않은 것은?

① 보조기구를 효과적으로 사용한다.
② 긴 물건은 뒤쪽으로 눕히고 원통물은 굴려서 운반한다.
③ 무거운 물건은 공동작업을 한다.
④ 무거운 물건을 들어올리는 데는 팔과 무릎을 이용하고 척추는 꼿꼿이 한다.
⑤ 50[kg] 이상은 2명이 운반한다.

해설
① 긴 물건은 앞쪽을 올려야 한다.
② 어떠한 경우라도 굴려서 운반해서는 안 된다.

12 ★★★ 덤프트럭이 적재 위치에서 출발하여 되돌아오는 시간이 40[분], 싣기 기계가 트럭 1[대]에 흙을 싣는 시간이 8[분] 걸린다면 몇 [대]의 트럭을 조합 배치하여야 하는가? (단, 1일 기준)

① 3[대] ② 6[대]
③ 8[대] ④ 12[대]
⑤ 15대

해설
트럭대수 = $\frac{\text{되돌아 오는 시간[초]}}{\text{싣는 시간[초]}}$ + 1

$= \frac{40 \times 60}{8 \times 60} + 1 = 6$[대]

13 ★★ 그림과 같은 와이어에서 한쪽 로프에 걸리는 하중은 각각 몇 [kg]인가?

① 125[kg]
② 289[kg]
③ 433[kg]
④ 500[kg]
⑤ 600[kg]

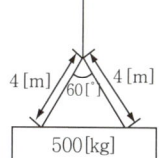

해설
sling wire 한 가닥에 걸리는 하중
하중 = $\frac{\text{화물의 무게}}{2} \div \cos\left(\frac{\theta}{2}\right) = \frac{500}{2} \div \cos\left(\frac{60}{2}\right) = 288.5$[kg]

참고 계산시 로프 길이와는 무관하다.

14 ★★★★★ 화물취급작업시 관리감독자의 직무사항으로 틀린 것은?

① 관계자외 출입금지
② 기구 및 공구 점검
③ 주변 작업자간의 업무 조정
④ 작업 방법 및 순서 결정
⑤ 작업의 착수지시

해설
화물취급작업시 관리감독자 직무
① 작업 방법 및 순서를 결정하고 작업을 지휘하는 일
② 기구 및 공구를 점검하고 불량품을 제거하는 일
③ 그 작업 장소에는 관계 근로자 외의 자의 출입을 금지시키는 일
④ 로프 등의 해체 작업을 하는 때에는 하대 위 화물의 낙하 위험 여부를 확인하고 그 작업의 착수를 지시하는 일

참고 산업안전보건기준에 관한 규칙 [별표 2] (관리감독자의 유해·위험방지)

[정답] 10 ① 11 ② 12 ② 13 ② 14 ③

15 ★★ 프리캐스트 부재의 현장야적에 대한 설명으로 옳지 않은 것은?

① 오물로 인한 부재의 변질을 방지한다.
② 벽 부재는 변형을 방지하기 위해 수평으로 포개 쌓아 놓는다.
③ 부재의 제조번호, 기호 등을 식별하기 쉽게 야적한다.
④ 받침대를 설치하여 휨, 균열 등이 생기지 않게 한다.

해설

프리캐스트 부재 야적장
① 야적장의 위치는 조립장비의 작업반경 내로 하며, 운반차량이 돌아나갈 수 있도록 여유가 있어야 한다.
② 야적장소는 평탄하고, 다른 작업으로 재료가 손상되는 일이 없는 곳을 택한다.
③ 야적장의 바닥은 모래나 잡석 등을 이용하여 잘 다지거나, 콘크리트나 아스팔트로 포장한다.
④ 야적장 주변에는 배수로를 설치하여 물이 고이지 않도록 한다.
⑤ 벽부재는 수평으로 쌓아놓으면 안 된다.

💬 **합격자의 조언**
- 처음부터 끝까지 진짜로 고생했습니다. 합격에 자신이 있습니까? 자신없으면 1번만 더 보세요.
- 안전한 합격을 위해서 다시 한 번 강조합니다. 기출문제(과년도)문제 최소 10년치(안전한 합격기준)를 반복해서 눈으로 공부하세요. 틀림없이 합격됩니다.

[정답] 15 ②

Chapter 04 산업위생 관련 보건기준

중점 학습내용

산업위생관련보건기준(고용노동부 고시)은 산업안전보건법 제1조 목적에 근거하여
"제1조(목적) 이 법은 산업안전보건에 관한 기준을 확립하고 그 책임의 소재를 명확하게 하여 산업재해를 예방하고 쾌적한 작업환경을 조성함으로써 노무를 제공하는 사람의 안전과 보건을 유지·증진함을 목적으로 한다."
산업안전지도사에 필요한 기준(고시)은 다음과 같다.
❶ 근로자 건강증진활동지침
❷ 영상표시단말기(VDT) 취급근로자 작업관리지침
❸ 근골격계부담작업의 범위 및 유해요인 조사 방법에 관한 고시
❹ 화학물질 및 물리적 인자의 노출기준
❺ 화학물질의 분류·표시 및 물질안전보건자료에 관한 기준
❻ 작업환경측정 및 정도관리 등에 관한 고시
❼ 사무실 공기관리지침
❽ 근로자 건강진단 실시기준

1. 근로자 건강증진활동지침

제정 1999. 7. 12. 고시 제1999-20호
개정 2022. 3. 25. 고시 제2022-33호

제1장 총칙

제1조(목적) 이 고시는 「산업안전보건법」제4조제1항제9호, 제11조제3호 및 같은 법 시행령 제7조제2항에 따라 근로자 건강증진활동을 효율적으로 추진하기 위하여 필요한 사항을 규정함을 목적으로 한다.

제2조(용어의 정의) ① 이 고시에서 사용하는 용어의 뜻은 다음 각 호와 같다.
1. "근로자 건강증진활동"이란 작업관련성질환 예방활동을 포함하여 근로자의 건강을 최상의 상태로 하기 위한 일련의 활동을 말한다.
2. "직업성질환"이란 작업환경 중 유해인자가 있어 업무나 직업적 활동에 의하여 근로자가 노출될 경우 그 유해인자로 인하여 발생하는 질환을 말한다.
3. "작업관련성질환"이란 작업관련 뇌심혈관질환·근골격계질환 등 업무적 요인과 개인적 요인이 복합적으로 작용하여 발생하는 질환을 말한다.

합격예측

1. "근로자 건강증진활동"이란 작업관련성질환 예방활동을 포함하여 근로자의 건강을 최상의 상태로 하기 위한 일련의 활동을 말한다.
2. "직업성질환"이란 작업환경 중 유해인자가 있어 업무나 직업적 활동에 의하여 근로자가 노출될 경우 그 유해인자로 인하여 발생하는 질환을 말한다.
3. "작업관련성질환"이란 작업관련 뇌심혈관질환·근골격계질환 등 업무적 요인과 개인적 요인이 복합적으로 작용하여 발생하는 질환을 말한다.
4. "직업건강서비스"란 직업성질환 및 작업관련성질환 예방을 위한 근로자 지원서비스를 말한다.
5. "건강증진활동추진자"란 사업장 내의 보건관리자 또는 근로자 건강증진활동에 필요한 지식과 기술을 보유하고 건강증진활동을 추진하는 사람을 말한다.

> **합격예측**
>
> **건강증진활동계획 수립·시행 시 포함사항**
> 1. 사업주가 건강증진을 적극적으로 추진한다는 의사표명
> 2. 건강증진활동계획의 목표 설정
> 3. 사업장 내 건강증진 추진을 위한 조직구성
> 4. 직무스트레스 관리, 올바른 작업자세 지도, 뇌심혈관계질환 발병위험도 평가 및 사후관리, 금연, 절주, 운동, 영양개선 등 건강증진활동 추진내용
> 5. 건강증진활동을 추진하기 위해 필요한 인력, 시설 및 장비의 확보
> 6. 건강증진활동계획 추진상황 평가 및 계획의 재검토
> 7. 그 밖에 근로자의 건강증진활동에 필요한 조치

4. "직업건강서비스"란 직업성질환 및 작업관련성질환 예방을 위한 근로자 지원서비스를 말한다.
5. "건강증진활동추진자"란 사업장 내의 보건관리자 또는 근로자 건강증진활동에 필요한 지식과 기술을 보유하고 건강증진활동을 추진하는 사람을 말한다.

② 그 밖에 이 고시에서 사용하는 용어의 뜻은 이 고시에 특별한 규정이 없으면 「산업안전보건법」(이하 "법"이라 한다), 같은 법 시행령, 같은 법 시행규칙 및 「산업안전보건기준에 관한 규칙」(이하 "안전보건규칙"이라 한다)에서 정하는 바에 따른다.

제3조(적용 범위) 이 고시는 근로자 건강증진활동을 추진하고자 하는 모든 사업장 또는 근로자에게 적용한다.

제2장 사업장에서의 근로자 건강증진활동계획 수립·시행, 추진체계, 평가 등

제4조(건강증진활동계획 수립·시행) ① 사업주는 근로자의 건강증진을 위하여 다음 각 호의 사항이 포함된 건강증진활동계획을 수립·시행하여야 한다.
1. 사업주가 건강증진을 적극적으로 추진한다는 의사표명
2. 건강증진활동계획의 목표 설정
3. 사업장 내 건강증진 추진을 위한 조직구성
4. 직무스트레스 관리, 올바른 작업자세 지도, 뇌심혈관계질환 발병위험도 평가 및 사후관리, 금연, 절주, 운동, 영양개선 등 건강증진활동 추진내용
5. 건강증진활동을 추진하기 위해 필요한 인력, 시설 및 장비의 확보
6. 건강증진활동계획 추진상황 평가 및 계획의 재검토
7. 그 밖에 근로자의 건강증진활동에 필요한 조치

② 사업주는 제1항에 따른 건강증진활동계획을 수립할 때에는 다음 각 호의 조치를 포함하여야 한다.
1. 법 제43조제5항에 따른 건강진단결과 사후관리조치
2. 안전보건규칙 제660조제2항에 따른 근골격계질환 징후가 나타난 근로자에 대한 사후조치
3. 안전보건규칙 제669조에 따른 직무스트레스에 의한 건강장해 예방조치

③ 상시 근로자 50명 미만을 사용하는 사업장의 사업주는 근로자건강센터를 활용하여 건강증진활동계획을 수립·시행할 수 있다.

제5조(건강증진활동의 추진체제) ① 사업주는 건강증진활동이 지속적으로 추진될 수 있도록 건강증진활동의 총괄 부서 및 건강증진활동추진자를 정하여야 한다.
② 사업주는 산업안전보건위원회 또는 노사협의회에서 사업장 건강증진활동의 계획을 심의하도록 하여야 한다.

③ 사업주는 근로자 건강증진활동에 필요한 부서별 실무 담당자를 정하고, 그 담당자와 건강증진활동추진자가 협력하여 건강증진활동계획에 관한 실시 체제를 확립하도록 하여야 한다.

④ 사업주는 사업장에 영양사가 있는 경우에 건강증진활동추진자와 영양사가 협력하여 영양개선활동을 하도록 하여야 한다.

⑤ 사업주는 건강증진활동추진과 관련이 있는 사람에게 그 활동에 필요한 교육을 받도록 하여야 한다.

⑥ 사업주는 건강증진활동을 추진하는 경우에 외부 건강증진 전문가 또는 전문기관을 활용할 수 있다. 이 경우 사업주는 외부 전문가 또는 전문기관의 의견을 청취하여야 한다.

제6조(근로자의 건강증진활동 참여) 근로자는 사업주가 추진하는 건강증진활동에 적극 참여하고, 자신의 건강증진을 위하여 스스로 노력하여야 한다.

제7조(건강증진활동의 실시결과 평가 및 반영) 사업주는 건강증진활동을 효율적으로 추진하기 위하여 사업장의 건강증진활동 실시결과를 정기적으로 평가하여 제4조에 따른 건강증진활동계획 수립에 반영하여야 한다.

제3장 지원 및 혜택

제8조(정부의 지원) ① 고용노동부장관은 근로자 건강증진활동을 효율적으로 추진하기 위하여 다음 각 호의 사항을 강구하여야 한다.

1. 정책의 수립 · 집행 · 조정
2. 교육 · 홍보
3. 기술의 연구 · 개발 및 시설의 설치 · 운영
4. 조사 및 통계의 유지 · 관리
5. 관련기관 등에 대한 지원 · 지도 · 감독
6. 건강증진활동 우수사업장 인증
7. 그 밖에 건강활동 추진에 관한 사항

② 고용노동부장관은 제1항 각 호의 사항을 효율적으로 수행하기 위하여 한국산업안전보건공단(이하 "공단"이라 한다)으로 하여금 사업주의 신청을 받아 근로자 건강증진활동지원사업을 시행하게 할 수 있다.

제9조(건강증진활동 지원신청) ① 건강증진활동에 대한 지원을 받으려는 사업주는 별지 서식의 근로자 건강증진활동 지원신청서를 공단 산하 관할 지역본부장 또는 지사장에게 제출하여야 한다.

② 공단은 "건강증진활동 지원신청서"를 제출한 사업장 중 300인미만 사업장에 대하여 건강증진활동 지원혜택을 우선적으로 제공할 수 있다.

제10조(사업주에 대한 지원) ① 공단은 제9조에 따라 건강증진활동 지원을 신청한

합격예측

(건강증진활동의 추진기법 보급) 공단은 건강증진활동을 지원하기 위하여 다음 각 호의 사업을 하여야 한다.
1. 건강증진활동 추진기법 및 관련 자료의 개발·보급
2. 건강증진활동 모델 개발
3. 건강증진활동 우수 사업장 발굴 및 홍보
4. 사업장 건강증진활동추진자에 대한 교육
5. 건강증진활동 전문가 양성
6. 분야별 건강증진활동 전문가 및 전문기관 데이터베이스 구축
7. 그 밖에 건강증진활동 추진에 관한 사항

사업주에게 건강증진활동에 대한 방법 지도, 관련 자료의 제공·교육, 추진계획의 작성·수행 등 필요한 지원을 할 수 있다.

② 공단은 건강증진활동 지원을 신청한 사업주에게 예산이 허용하는 범위에서 외부 전문가 또는 전문기관을 통한 교육·상담 등을 지원하거나 근로자 건강센터를 활용하여 지원할 수 있다.

③ 공단은 근로자 건강증진활동을 위한 시설 및 기기 등에 대하여「산업재해예방 시설자금 융자 및 보조업무처리규칙」에 따른 자금을 우선하여 지원할 수 있다.

④ 공단은 상시근로자 50인 미만 사업장에게 건강증진활동을 우선하여 지원할 수 있다.

제11조(건강증진활동 우수사업장에 대한 혜택) ① 공단은 건강증진활동이 우수한 사업장에 대하여 건강증진활동 우수사업장으로 선정하고, 상패를 줄 수 있다.

② 고용노동부장관은 제1항에 따라 선정된 사업장에 대해서는 정부 포상 및 표창의 우선 추천 등 혜택을 부여할 수 있다.

③ 제1항에 따라 선정된 사업장의 사업주는 건강증진활동추진자 및 건강증진활동 우수 부서에 대하여 표창·승급 등 자체 포상을 실시하여 건강증진활동이 활성화되도록 노력하여야 한다.

제11조의2 삭제

제12조(근로자건강센터 설치·운영 등) ① 고용노동부장관은 소규모 사업장 근로자의 건강을 보호·증진하기 위하여 근로자건강센터(이하 '근로자건강센터'라 한다)를 설치·운영할 수 있다.

② 근로자건강센터는 다음 각 호의 업무를 수행한다.
  1. 근로자 건강증진활동 지원
  2. 직업건강서비스 제공
  3. 직장 내 괴롭힘에 의한 건강장해 예방 지원
  4. 고객의 폭언등으로 인한 건강장해 예방 지원
  5. 산업재해 및 직업적 트라우마 상담
  6. 「안전보건규칙」제669조에 따른 직무스트레스에 의한 건강장해 예방 지원
  7. 그 밖에 근로자의 건강을 보호·증진하기 위하여 필요한 사항

③ 근로자건강센터의 종류, 구성, 설치 및 운영에 관한 사항은 공단이 고용노동부장관의 승인을 얻어 정한다.

제12조의2(직업병 안심센터의 설치·운영 등) ① 고용노동부장관은 직업성 질병의 발생 현황을 파악하고 적시 원인조사 등을 통해 근로자 등의 건강을 보호·증진하기 위하여 직업병 안심센터를 설치·운영할 수 있다.

② 직업병 안심센터는 다음 각 호의 업무를 수행한다.
  1. 직업성 질병 의심사례 발굴

2. 직업성 질병 의심자에 대한 건강상담 및 진료
3. 산업안전보건감독관의 질병재해 수사 시 자문·현장조사 등 필요한 지원
4. 그 밖에 근로자의 건강을 보호·증진하기 위하여 필요한 사항

③ 직업병 안심센터의 종류, 구성, 설치·운영에 관한 사항은 직업병 안심센터 운영지침을 따른다.

제13조(건강증진활동의 추진기법 보급) 공단은 건강증진활동을 지원하기 위하여 다음 각 호의 사업을 하여야 한다.
1. 건강증진활동 추진기법 및 관련 자료의 개발·보급
2. 건강증진활동 모델 개발
3. 건강증진활동 우수 사업장 발굴 및 홍보
4. 사업장 건강증진활동추진자에 대한 교육
5. 건강증진활동 전문가 양성
6. 분야별 건강증진활동 전문가 및 전문기관 데이터베이스 구축
7. 그 밖에 건강증진활동 추진에 관한 사항

제14조(재검토기한) 고용노동부장관은 「훈령·예규 등의 발령 및 관리에 관한 규정」에 따라 이 고시에 대하여 2020년 1월 1일을 기준으로 매3년이 되는 시점(매 3년째의 12월 31일까지를 말한다)마다 그 타당성을 검토하여 개선 등의 조치를 하여야 한다.

부 칙

이 고시는 2020년 1월 16일부터 시행한다.

[별지]

근로자 건강증진활동 지원신청서

※ [ ]에는 해당되는 곳에 √ 표시를 해주시기 바랍니다.

신청기관	사업장명		사업장관리번호	
	소재지			
	전화번호		팩스번호	
	대표자	근로자 수 명 (남 명, 여 명)	관할 지역본부(지도원)	
	관리책임자			
사업장 현황	건강증진활동추진자			
	보건관리자 (보건관리대행기관명)			
	산업안전보건위원회 (노사협의회)	[ ]있음 [ ]없음		
	노동조합	[ ]있음 [ ]없음		

추진(예정) 중인 건강증진활동	공단에 요청하는 사항
[ ] 뇌·심혈관질환예방 [ ] 근골격계질환예방 [ ] 직무스트레스 관리 [ ] 조직차원의 생활습관개선 [ ] 기타( )	[ ] 기획, 추진방법 및 평가지원 [ ] 교육지원 [ ] 자료지원(자료명 :) [ ] 건강증진활동 우수사업장 인증 [ ] 정기(월간) 소식지 발송 [ ] 기타( )

제공하는 개인정보 내용		개인정보 활용동의
직책		한국산업안전보건공단에 의한 온라인「건강증진활동」서비스활동 목적의 개인정보 활용에 동의합니다. (담당자) _____ (서명)
휴대전화		
e-mail	@	

년   월   일

사업주 또는
　　　대표자　　　　　　　　　(서명 또는 인)

한국산업안전보건공단 지역본부(지도원)장 귀하

처리절차

신청서 작성	→	접수	→	지원방법 구분	→	건강증진활동 지원
신청인		지역본부(지도원)		지역본부(지도원)		지역본부(지도원)

210mm×297mm(일반용지 60g/m^2(재활용품))

2. 영상표시단말기(VDT) 취급근로자 작업관리지침

제정 1997. 5. 12. 노동부 고시 제1997-8호
개정 2020. 1. 6. 고용노동부 고시 제2020-17호

제1장 총칙

제1조(목적) 이 고시는 「산업안전보건법」 제13조에 따라 영상표시단말기(Visual Display Terminal, VDT)작업에 종사하는 근로자의 건강장해를 예방하기 위하여 사업주 또는 근로자가 지켜야 하는 지침을 정하는 것을 목적으로 한다.

제2조(정의) ① 이 고시에서 사용하는 용어의 뜻은 다음과 같다.

1. "영상표시단말기"란 음극선관(Cathode, CRT)화면, 액정 표시(Liquid Crystal Display, LCD)화면, 가스플라즈마(Gasplasma)화면 등의 영상표시단말기를 말한다.
2. "영상표시단말기 등"이라 함은 영상표시단말기 및 영상표시단말기와 연결하여 자료의 입력·출력·검색 등에 사용하는 키보드·마우스·프린터 등 영상표시단말기의 주변기기를 말한다.
3. "영상표시단말기 취급근로자"라 함은 영상표시단말기의 화면을 감시·조정하거나 영상표시단말기 등을 사용하여 입력·출력·검색·편집·수정·프로그래밍·컴퓨터설계(CAD) 등을 행하는 자를 말한다.
4. "영상표시단말기 연속작업"이라 함은 자료입력·문서작성·자료검색·대화형 작업·컴퓨터설계(CAD) 등 근무시간동안 연속하여 영상표시단말기 화면을 보거나 키보드·마우스 등을 조작하는 작업을 말한다.
5. "영상표시단말기 작업으로 인한 관련 증상(VDT 증후군)"이라 함은 영상표시단말기를 취급하는 작업으로 인하여 발생되는 경견완증후군 및 기타 근골격계 증상·눈의 피로·피부증상·정신신경계증상 등을 말한다.

② 그 밖에 이 고시에서 사용하는 용어의 뜻은 이 고시에 특별한 규정이 없으면 「산업안전보건법」, 같은 법 시행령 및 시행규칙, 「산업안전보건기준에 관한 규칙」에서 정하는 바에 따른다.

제3조(적용대상) 이 고시는 영상표시단말기 취급작업을 보유한 사업주 및 해당 업무에 종사하는 근로자에 대하여 적용한다.

제2장 작업관리

제4조(작업시간 및 휴식시간) ① 사업주는 영상표시단말기 연속작업을 수행하는 근로자에 대해서는 영상표시단말기 작업이외의 작업을 중간에 넣거나 또는 다른

합격예측

사업주는 영상표시단말기 화면의 성능이 다음 각 호에서 정한 것으로 제공하여야 한다.
1. 영상표시단말기 화면은 회전 및 경사조절이 가능할 것
2. 화면의 깜박거림은 영상표시단말기 취급근로자가 느낄 수 없을 정도이어야 하고 화질은 항상 선명할 것
3. 화면에 나타나는 문자·도형과 배경의 휘도비(Contrast)는 작업자가 용이하게 조절할 수 있는 것일 것
4. 화면상의 문자나 도형 등은 영상표시단말기 취급근로자가 읽기 쉽도록 크기·간격 및 형상 등을 고려할 것
5. 단색화면일 경우 색상은 일반적으로 어두운 배경에 밝은 황·녹색 또는 백색문자를 사용하고 적색 또는 청색의 문자는 가급적 사용하지 않도록 할 것

근로자로 교대 실시하는 등 계속해서 영상표시단말기 작업을 수행하지 않도록 하여야 한다.

② 사업주는 영상표시단말기 연속작업을 수행하는 근로자에 대하여 작업시간중에 적정한 휴식시간을 주어야 한다. 다만, 연속작업직후 근로기준법 제54조의 규정에 의한 휴식시간 또는 점심시간이 있을 경우에는 그러하지 아니하다.

③ 사업주는 영상표시단말기 연속작업을 수행하는 근로자가 휴식시간을 적절히 활용할 수 있도록 휴식장소를 제공하여야 한다.

제5조(작업기기의 조건) ① 사업주는 영상표시단말기 화면의 성능이 다음 각 호에서 정한 것으로 제공하여야 한다.
1. 영상표시단말기 화면은 회전 및 경사조절이 가능할 것
2. 화면의 깜박거림은 영상표시단말기 취급근로자가 느낄 수 없을 정도이어야 하고 화질은 항상 선명할 것
3. 화면에 나타나는 문자·도형과 배경의 휘도비(Contrast)는 작업자가 용이하게 조절할 수 있는 것일 것
4. 화면상의 문자나 도형 등은 영상표시단말기 취급근로자가 읽기 쉽도록 크기·간격 및 형상 등을 고려할 것
5. 단색화면일 경우 색상은 일반적으로 어두운 배경에 밝은 황·녹색 또는 백색문자를 사용하고 적색 또는 청색의 문자는 가급적 사용하지 않도록 할 것

② 사업주는 다음 각 호의 성능 및 구조를 갖춘 키보드와 마우스를 제공하여야 한다.
1. 키보드는 특수목적으로 고정된 경우를 제외하고는 영상표시단말기 취급 근로자가 조작위치를 조정할 수 있도록 이동 가능한 것으로 할 것
2. 키의 성능은 키입력시 영상표시단말기 취급 근로자가 키의 작동을 자연스럽게 느낄 수 있도록 촉각·청각 및 작동압력 등을 고려할 것
3. 키의 윗부분에 새겨진 문자나 기호는 명확하고, 작업자가 쉽게 판별할 수 있도록 할 것
4. 키보드의 경사는 5[°] 이상 15[°] 이하, 두께는 3[cm] 이하로 할 것
5. 키보드와 키 윗부분의 표면은 무광택으로 할 것
6. 키의 배열은 키 입력 작업 시 작업자의 상지의 자세가 자연스럽게 유지되고 조작이 원활하도록 배치되게 할 것
7. 작업자의 손목을 지지해 줄 수 있도록 작업대 끝면과 키보드의 사이는 15[cm] 이상을 확보하고 손목의 부담을 경감할 수 있도록 적절한 받침대(패드)를 이용할 수 있도록 할 것
8. 마우스는 쥐었을 때 작업자의 손이 자연스러운 상태를 유지할 수 있는 것일 것

③ 사업주는 다음 각 호의 사항을 갖춘 작업대를 제공하여야 한다.

1. 작업대는 모니터·키보드 및 마우스·서류받침대·기타 작업에 필요한 기구를 적절하게 배치할 수 있도록 충분한 넓이를 갖출 것
2. 작업대는 가운데 서랍이 없는 것을 사용하도록 하며, 근로자가 영상표시단말기 작업 중에 다리를 편안하게 놓을 수 있도록 다리 주변에 충분한 공간을 확보하도록 할 것
3. 작업대의 높이(키보드 지지대가 별도 설치된 경우에는 키보드 지지대 높이)는 조정되지 않는 작업대를 사용하는 경우에는 바닥면에서 작업대 높이가 60[cm] 이상 70[cm] 이하의 범위내의 것을 선택하고, 높이 조정이 가능한 작업대를 사용하는 경우에는 바닥 면에서 작업대 표면까지의 높이가 65[cm] 전후에서 작업자의 체형에 알맞도록 조정하여 고정할 수 있는 것일 것
4. 작업대의 앞쪽 가장자리는 둥글게 처리하여 작업자의 신체를 보호할 수 있도록 할 것

④ 사업주는 다음 각 호의 규정에서 정한 의자를 제공하여야 한다.
1. 의자는 안정감이 있어야 하며 이동 회전이 자유로운 것으로 하되 미끄러지지 않는 구조의 것으로 할 것
2. 바닥 면에서 앉는 면까지의 높이는 눈과 손가락의 위치를 적절하게 조절할 수 있도록 적어도 35[cm] 이상 45[cm] 이하의 범위 내에서 조정이 가능한 것으로 할 것
3. 의자는 충분한 넓이의 등받이가 있어야 하고 영상표시단말기 취급 근로자의 체형에 따라 요추(Lumbar)부위부터 어깨부위까지 편안하게 지지할 수 있어야 하며 높이 및 각도의 조절이 가능한 것으로 할 것
4. 영상표시단말기 취급근로자의 필요에 따라 팔걸이(Elbow Rest)가 있는 것을 사용할 것
5. 작업 시 영상표시단말기 취급근로자의 등이 등받이에 닿을 수 있도록 의자 끝부분에서 등받이까지의 깊이가 38[cm] 이상 42[cm] 이하일 것
6. 의자의 앉는 면은 영상표시단말기 취급근로자의 엉덩이가 앞으로 미끄러지지 않는 재질과 구조로 되어야 하며 그 폭은 40[cm] 이상 45[cm] 이하일 것

제6조(작업자세) 영상표시단말기 취급근로자는 다음 각 호에서 규정하는 요령에 의하여 의자의 높이를 조절하고 화면·키보드·서류받침대 등의 위치를 조정하도록 한다.
1. 영상표시단말기 취급근로자의 시선은 화면상단과 눈높이가 일치할 정도로 하고 작업 화면상의 시야범위는 수평선상으로부터 10[°] 이상 15[°] 이하가 오도록 하며 화면과 근로자의 눈과의 거리(시거리 : Eye-Screen Distance)는 적어도 40[cm] 이상을 확보할 것(그림 1)

합격예측

작업자의 시선범위

작업자의 시선은 수평선상으로부터 아래로 10[°] 이상 15[°] 이하일 것, 눈으로부터 화면까지의 시거리는 40[cm] 이상을 유지

작업자의 시선은 수평선상으로부터 10[°] 이상 15[°] 이하일 것
눈으로부터 화면까지의 시거리는 40[cm] 이상을 유지

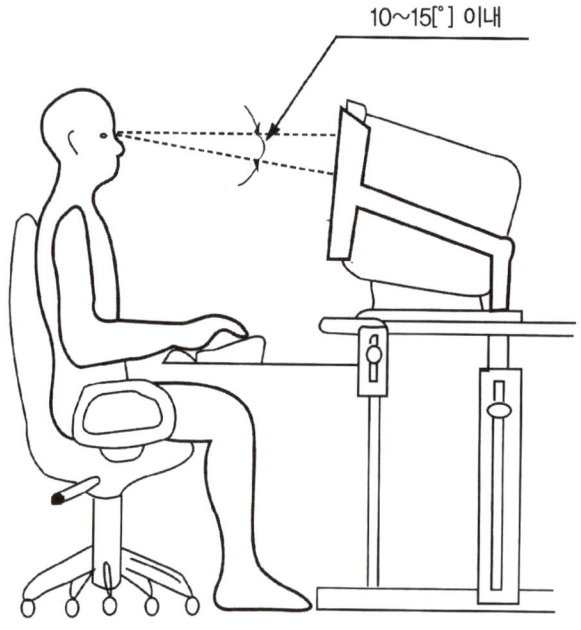

[그림 1] 작업자의 시선범위

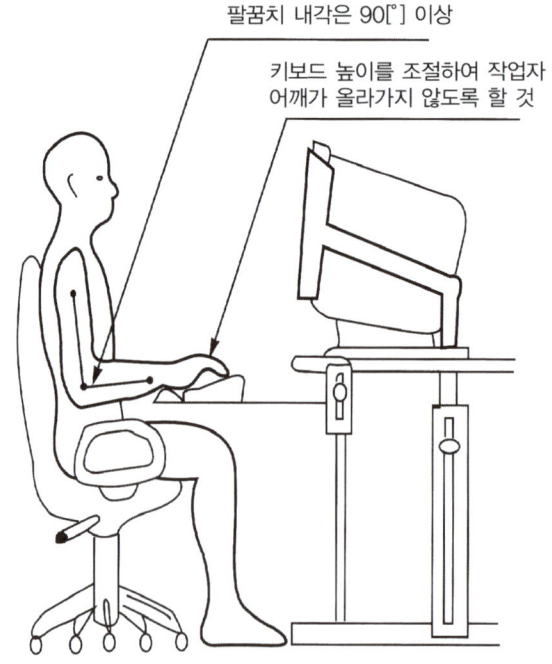

[그림 2] 팔꿈치 내각 및 키보드 높이

2. 윗팔(Upper Arm)은 자연스럽게 늘어뜨리고, 작업자의 어깨가 들리지 않아야 하며, 팔꿈치의 내각은 90[°] 이상이 되어야 하고, 아래팔(Forearm)은 손등과 수평을 유지하여 키보드를 조작하도록 할 것(그림 2, 3)

> 합격예측
> 윗팔(Upper Arm)은 자연스럽게 늘어뜨리고, 작업자의 어깨가 들리지 않아야 하며, 팔꿈치의 내각은 90[°] 이상이 되어야 하고, 아래팔(Forearm)은 손등과 수평을 유지하여 키보드를 조작하도록 할 것

아래팔은 손등과 일직선을 유지하여 손목이 꺾이지 않도록 한다.

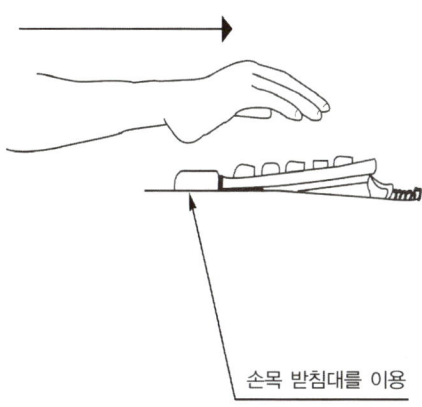

손목 받침대를 이용

[그림 3] 아래팔과 손등은 수평을 유지

3. 연속적인 자료의 입력 작업 시에는 서류받침대(Document Holder)를 사용하도록 하고, 서류받침대는 높이·거리·각도 등을 조절하여 화면과 동일한 높이 및 거리에 두어 작업하도록 할 것(그림 4)

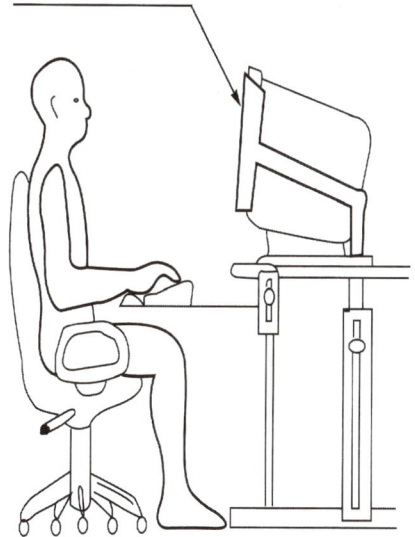

서류 받침대는 거리, 각도, 높이조절이 용이한 것을 사용하며 화면과 동일한 높이에 두고 사용할 것

[그림 4] 서류받침대 사용

4. 의자에 앉을 때는 의자 깊숙히 앉아 의자등받이에 작업자의 등이 충분히 지지되도록 할 것(그림 5)
5. 영상표시단말기 취급근로자의 발바닥 전면이 바닥면에 닿는 자세를 기본으로 하되, 그러하지 못할 때에는 발 받침대(Foot Rest)를 조건에 맞는 높이와 각도로 설치할 것(그림 5)

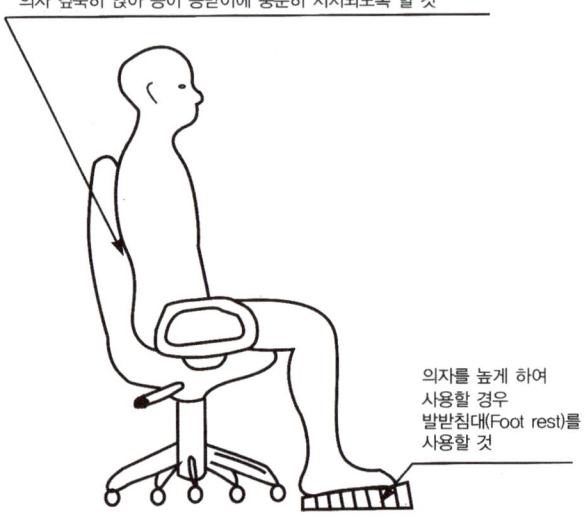

[그림 5] 발받침대

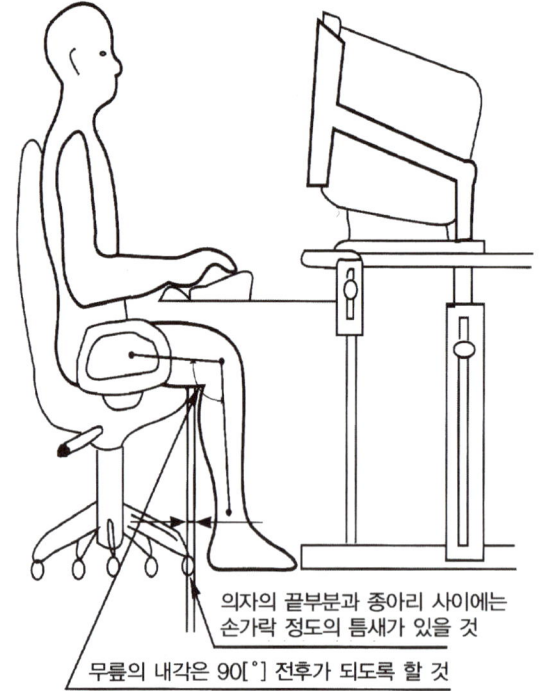

[그림 6] 무릎내각

6. 무릎의 내각(Knee Angle)은 90[°] 전후가 되도록 하되, 의자의 앉는 면의 앞부분과 영상표시단말기 취급근로자의 종아리 사이에는 손가락을 밀어 넣을 정도의 틈새가 있도록 하여 종아리와 대퇴부에 무리한 압력이 가해지지 않도록 할 것(그림 6)
7. 키보드를 조작하여 자료를 입력할 때 양 손목을 바깥으로 꺾은 자세가 오래 지속되지 않도록 주의할 것

제3장 작업환경관리

제7조(조명과 채광) ① 사업주는 작업실내의 창·벽면 등을 반사되지 않는 재질로 하여야 하며, 조명은 화면과 명암의 대조가 심하지 않도록 하여야 한다.
② 사업주는 영상표시단말기를 취급하는 작업장 주변환경의 조도를 화면의 바탕 색상이 검정색 계통일 때 300[Lux] 이상 500[Lux] 이하, 화면의 바탕색상이 흰색 계통일 때 500[Lux] 이상 700[Lux] 이하를 유지하도록 하여야 한다.
③ 사업주는 화면을 바라보는 시간이 많은 작업일수록 화면 밝기와 작업대 주변 밝기의 차를 줄이도록 하고, 작업 중 시야에 들어오는 화면·키보드·서류 등의 주요 표면 밝기를 가능한 한 같도록 유지하여야 한다.
④ 사업주는 창문에는 차광망 또는 커텐 등을 설치하여 직사광선이 화면·서류 등에 비치는 것을 방지하고 필요에 따라 언제든지 그 밝기를 조절할 수 있도록 하여야 한다.
⑤ 사업주는 작업대 주변에 영상표시단말기작업 전용의 조명등을 설치할 경우에는 영상표시단말기 취급근로자의 한쪽 또는 양쪽 면에서 화면·서류면·키보드 등에 균등한 밝기가 되도록 설치하여야 한다.

제8조(눈부심 방지) ① 사업주는 지나치게 밝은 조명·채광 또는 깜박이는 광원 등이 직접 영상표시단말기 취급근로자의 시야내로 들어오지 않도록 하여야 한다.
② 사업주는 눈부심 방지를 위하여 화면에 보안경 등을 부착하여 빛의 반사가 증가하지 않도록 하여야 한다.
③ 사업주는 작업 면에 도달하는 빛의 각도를 화면으로부터 45° 이내가 되도록 조명 및 채광을 제한하여 화면과 작업대 표면반사에 의한 눈부심이 발생하지 않도록 하여야 한다.(그림 7) 다만, 조건상 빛의 반사방지가 불가능할 경우에는 다음 각 호와 같은 방법으로 눈부심을 방지하도록 하여야 한다.
  1. 화면의 경사를 조정할 것
  2. 저휘도형 조명기구를 사용할 것
  3. 화면상의 문자와 배경과의 휘도비(Contrast)를 낮출 것
  4. 화면에 후드를 설치하거나 조명기구에 간이 차양막 등을 설치할 것
  5. 그 밖에 눈부심을 방지하기 위한 조치를 강구할 것

> **합격예측**
>
> **온도 및 습도**
>
> 사업주는 영상표시단말기 작업을 주목적으로 하는 작업실 내의 온도를 18[℃] 이상 24[℃] 이하, 습도는 40[%] 이상 70[%] 이하를 유지하여야 한다.

빛이 작업화면에 도달하는 각도는 화면으로부터 45[°] 이내일 것

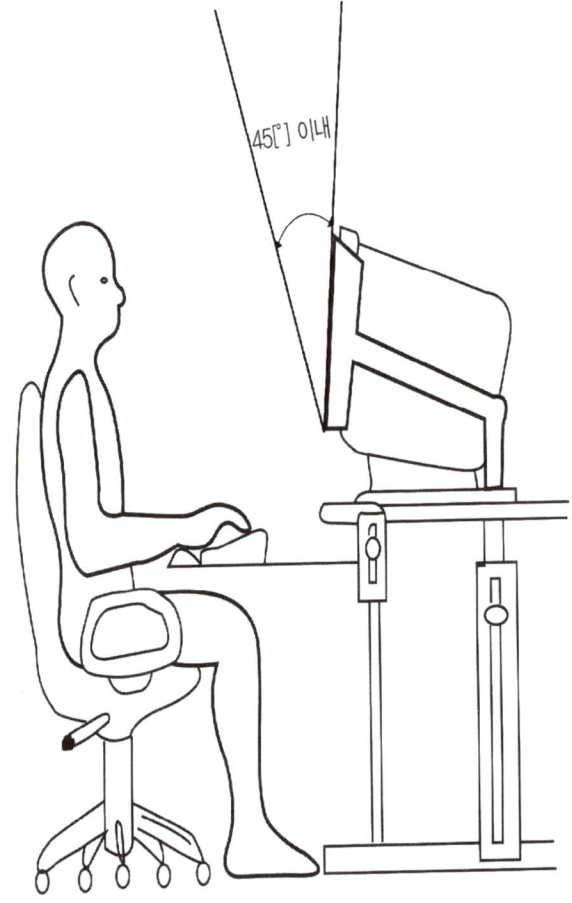

[그림 7] 조명의 각도

제9조(소음 및 정전기 방지) 사업주는 영상표시단말기등에서 소음·정전기 등의 발생이 심하여 작업자에게 건강장해를 일으킬 우려가 있을 때에는 다음 각 호의 소음·정전기 방지조치를 취하거나 방지장치를 설치하도록 하여야 한다.

1. 프린터에서 소음이 심할 때에는 후드·칸막이·Box의 설치 및 프린터의 배치 변경 등의 조치를 취할 것
2. 정전기의 방지는 접지를 이용하거나 알콜 등으로 화면을 깨끗이 닦아 방지할 것

제10조(온도 및 습도) 사업주는 영상표시단말기 작업을 주목적으로 하는 작업실내의 온도를 18[℃] 이상 24[℃] 이하, 습도는 40[%] 이상 70[%] 이하를 유지하여야 한다.

제11조(점검 및 청소) ① 영상표시단말기 취급근로자는 작업개시 전 또는 휴식시간에 조명기구·화면·키보드·의자 및 작업대 등을 점검하여 조정하여야 한다.

② 영상표시단말기 취급근로자는 수시 또는 정기적으로 작업장소·영상표시단말기 등을 청소함으로써 항상 청결을 유지하여야 한다.

제12조(재검토 기한) 고용노동부장관은 「훈령·예규 등의 발령 및 관리에 관한 규정」에 따라 이 고시에 대하여 2016년 1월 1일을 기준으로 매 3년이 되는 시점(매 3년째의 12월 31일까지를 말한다)마다 그 타당성을 검토하여 개선 등의 조치를 하여야 한다.

부 칙

이 고시는 2020년 1월 16일부터 시행한다.

3 근골격계부담작업의 범위 및 유해요인조사 방법에 관한 고시

제정 2003. 7. 15 노동부 고시 제2003-24호
개정 2018. 2. 9 고용노동부 고시 제2018-13호
개정 2020. 1. 6 고용노동부 고시 제2020-12호

제1조(목적) 이 고시는 「산업안전보건법」제39조제1항제5호 및 「산업안전보건기준에 관한 규칙」제656조제1호 및 제658조 단서의 규정에 따른 근골격계부담작업의 범위 및 유해요인조사 방법에 관하여 필요한 사항을 규정함을 목적으로 한다.

제2조(정의) ① 이 고시에서 사용하는 용어의 뜻은 다음 각 호와 같다.
1. "단기간 작업"이란 2개월 이내에 종료되는 1회성 작업을 말한다.
2. "간헐적인 작업"이란 연간 총 작업일수가 60일을 초과하지 않는 작업을 말한다.
3. "하루"란 「근로기준법」제2조제1항제7호에 따른 1일 소정근로시간과 1일 연장근로시간 동안 근로자가 수행하는 총 작업시간을 말한다.
4. "4시간 이상" 또는 "2시간 이상"은 제3호에 따른 "하루" 중 근로자가 제3조 각 호에 해당하는 근골격계부담작업을 실제로 수행한 시간을 합산한 시간을 말한다.

② 이 고시에서 규정하지 않은 사항은 「산업안전보건법」(이하 "법"이라 한다) 및 「산업안전보건기준에 관한 규칙」(이하 "안전보건규칙"이라 한다)에서 정하는 바에 따른다.

제3조(근골격계부담작업) 법 제39조제1항제5호 및 안전보건규칙 제656조제1호에 따른 근골격계부담작업이란 다음 각 호의 어느 하나에 해당하는 작업을 말한다. 다만, 단기간작업 또는 간헐적인 작업은 제외한다.

1. 하루에 4시간 이상 집중적으로 자료입력 등을 위해 키보드 또는 마우스를 조작하는 작업
2. 하루에 총 2시간 이상 목, 어깨, 팔꿈치, 손목 또는 손을 사용하여 같은 동작을 반복하는 작업
3. 하루에 총 2시간 이상 머리 위에 손이 있거나, 팔꿈치가 어깨위에 있거나, 팔꿈치를 몸통으로부터 들거나, 팔꿈치를 몸통뒤쪽에 위치하도록 하는 상태에서 이루어지는 작업
4. 지지되지 않은 상태이거나 임의로 자세를 바꿀 수 없는 조건에서, 하루에 총 2시간 이상 목이나 허리를 구부리거나 트는 상태에서 이루어지는 작업
5. 하루에 총 2시간 이상 쪼그리고 앉거나 무릎을 굽힌 자세에서 이루어지는 작업

6. 하루에 총 2시간 이상 지지되지 않은 상태에서 1[kg] 이상의 물건을 한손의 손가락으로 집어 옮기거나, 2[kg] 이상에 상응하는 힘을 가하여 한손의 손가락으로 물건을 쥐는 작업
7. 하루에 총 2시간 이상 지지되지 않은 상태에서 4.5[kg] 이상의 물건을 한 손으로 들거나 동일한 힘으로 쥐는 작업
8. 하루에 10회 이상 25[kg] 이상의 물체를 드는 작업
9. 하루에 25회 이상 10[kg] 이상의 물체를 무릎 아래에서 들거나, 어깨 위에서 들거나, 팔을 뻗은 상태에서 드는 작업
10. 하루에 총 2시간 이상, 분당 2회 이상 4.5[kg] 이상의 물체를 드는 작업
11. 하루에 총 2시간 이상 시간당 10회 이상 손 또는 무릎을 사용하여 반복적으로 충격을 가하는 작업

제4조(유해요인조사 방법) 사업주는 안전보건규칙 제658조 단서에 따라 유해요인조사를 실시할 때에는 별지 제1호서식의 유해요인조사표 및 별지 제2호서식의 근골격계질환 증상조사표를 활용하여야 한다. 이 경우 별지 제1호서식의 다목에 따른 작업조건 조사의 경우에는 조사 대상 작업을 보다 정밀하게 조사할 수 있는 작업분석·평가도구를 활용할 수 있다.

제5조(재검토기한) 고용노동부장관은 「훈령·예규 등의 발령 및 관리에 관한 규정」에 따라 이 고시에 대하여 2018년 1월 1일을 기준으로 매 3년이 되는 시점(매 3년째의 12월 31일까지를 말한다)마다 그 타당성을 검토하여 개선 등의 조치를 하여야 한다.

부칙

이 고시는 2020년 1월 16일부터 시행한다.

[별지 제1호 서식]

유해요인조사표(제4조 관련)

가. 조사 개요

조사 일시		조 사 자	
부 서 명			
작업공정명			
작 업 명			

나. 작업장 상황 조사

작업 설비	□ 변화 없음	□ 변화 있음(언제부터　　　　　)	
작 업 량	□ 변화 없음	□ 줄음(언제부터　　　　　) □ 늘어남(언제부터　　　　　) □ 기타(　　　　　　　　　　)	
작업 속도	□ 변화 없음	□ 줄음(언제부터　　　　　) □ 늘어남(언제부터　　　　　) □ 기타(　　　　　　　　　　)	
업무 변화	□ 변화 없음	□ 줄음(언제부터　　　　　) □ 늘어남(언제부터　　　　　) □ 기타(　　　　　　　　　　)	

다. 작업조건 조사(인간공학적인 측면을 고려한 조사)

1단계 : 작업별 주요 작업내용(유해요인 조사자)

작업명 :

작업내용(단위작업명) :

1)

2)

3)

2단계 : 작업별 작업부하 및 작업빈도(근로자 면담)

작업 부하(A)	점수	작업 빈도(B)	점수
매우 쉬움	1	3개월마다(년 2~3회)	1
쉬움	2	가끔(하루 또는 주 2~3일에 1회)	2
약간 힘듦	3	자주(1일 4시간)	3
힘듦	4	계속(1일 4시간 이상)	4
매우 힘듦	5	초과근무 시간(1일 8시간 이상)	5

단위작업명	부담작업(호)	작업부하(A)	작업빈도(B)	총점수(A×B)
1)				
2)				
3)				

3단계 : 유해요인평가

작업명	의자포장 및 운반		근로자명	홍길동

포장상자에 의자 넣기	포장된 상자 수레 당기기
사진 또는 그림	사진 또는 그림

작업별로 관찰된 유해요인에 대한 원인분석(*〈작성방법〉 유해요인 설명을 참조)

단위작업명	포장상자에 의자 넣기	부담작업(호)	2, 3, 9
유해요인	발생 원인	비고	
반복동작(2호)	의자를 포장상자에 넣기 위해 어깨를 반복적으로 들어 올림		
부자연스런 자세(3호)	어깨를 들어 올려 뻗침		
과도한 힘(9호)	12[kg] 의자를 들어 올림		

단위작업명	포장된 상자 수레 당기기	부담작업(호)	3, 6
유해요인	발생 원인	비고	
부자연스런 자세(3호)	포장상자를 잡기 위해 어깨를 뻗침		
과도한 힘(6호)	포장상자의 끈을 손가락으로 잡아당김		

작성방법

가. 조사 개요
- 작업공정명에는 해당 작업의 포괄적인 공정명을 적고(예, 도장공정, 포장공정 등), 작업명에는 해당 작업의 보다 구체적인 작업명을 적습니다(예, 자동차휠 공급작업, 의자포장 및 공급작업 등).

나. 작업장 상황 조사
- 근로자와의 면담 및 작업관찰을 통해 작업설비, 작업량, 작업속도 등을 적습니다.
- 이전 유해요인 조사일을 기준으로 작업설비, 작업량, 작업속도, 업무형태의 변화 유무를 체크하고, 변화가 있을 경우 언제부터/얼마나 변화가 있었는지를 구체적으로 적습니다.

다. 작업조건 조사 (앞장의 작성예시를 참고하여 아래의 방법으로 작성)
- (1단계) 가. 조사개요에 기재한 작업명을 적고, 작업내용은 단위작업으로 구분이 가능한 경우 각각의 단위작업 내용을 적습니다(예, 포장상자에 의자넣기, 포장된 상자를 운반수레로 당기기, 운반수레 밀기 등)
- (2단계) 단위작업명에는 해당 작업 시 수행하는 세분화된 작업명(내용)을 적고, 해당 부담작업을 수행하는 근로자와의 면담을 통해 근로자가 자각하고 있는 작업의 부하를 5단계로 구분하여 점수를 적습니다. 작업빈도도 5단계로 구분하여 해당 점수를 적고, 총점수는 작업부하와 작업빈도의 곱으로 계산합니다.
- (3단계) 작업 또는 단위작업을 가장 잘 설명하는 대표사진 또는 그림을 표시합니다. '유해요인'은 아래의 유해요인 설명을 참고하여 반복성, 부자연스런 자세, 과도한 힘, 접촉스트레스, 진동, 기타로 구분하여 적고, '발생 원인'은 해당 유해요인별로 그 유해요인이 나타나는 원인을 적습니다.

〈유해요인 설명〉

유해요인	설명
반복동작	같은 근육, 힘줄 또는 관절을 사용하여 동일한 유형의 동작을 되풀이해서 수행함
부자연스런, 부적절한 자세	반복적이거나 지속적으로 팔을 뻗음, 비틂, 구부림, 머리 위 작업, 무릎을 꿇음, 쪼그림, 고정 자세를 유지함, 손가락으로 집기 등
과도한 힘	작업을 수행하기 위해 근육을 과도하게 사용함
접촉스트레스	작업대 모서리, 키보드, 작업공구, 가위사용 등으로 인해 손목, 손바닥, 팔 등이 지속적으로 눌리거나 손바닥 또는 무릎 등을 사용하여 반복적으로 물체에 압력을 가함으로써 해당 신체부위가 충격을 받게 되는 것
진동	지속적이거나 높은 강도의 손-팔 또는 몸 전체의 진동
기타요인	극심한 저온 또는 고온, 너무 밝거나 어두운 조명 등

[별지 제2호 서식]

근골격계질환 증상조사표(제4조 관련)

1. 아래 사항을 직접 기입해 주시기 바랍니다.

성 명		연 령	만 _____ 세
성별	☐ 남 ☐ 여	현 직장 경력	년 개월째 근무 중
작업부서	_____부 _____라인 _____작업(수행작업)	결혼여부	☐ 기혼 ☐ 미혼
현재하고 있는 작업(구체적으로)	작 업 내 용 : _____ 작 업 기 간 : _____ 년 _____ 개월째 하고 있음		
1일 근무시간	____ 시간 _____ 근무 중 휴식시간(식사시간 제외)___ 분씩 ___ 회 휴식		
현 작업을 하기 전에 했던 작업	작 업 내 용 : _____ 작 업 기 간 : _____ 년 _____ 개월 동안 했음		

1. 규칙적인(한번에 30분 이상, 1주일에 적어도 2-3회 이상) 여가 및 취미활동을 하고 계시는 곳에 표시(∨)하여 주십시오.
   ☐ 게임 등 컴퓨터 관련 활동   ☐ 피아노, 트럼펫 등 악기연주   ☐ 뜨개질, 붓글씨 등
   ☐ 테니스, 축구, 농구, 골프 등 스포츠 활동   ☐ 해당사항 없음
2. 귀하의 하루 평균 가사노동시간(밥하기, 빨래하기, 청소하기, 2살 미만의 아이 돌보기 등)은 얼마나 됩니까?
   ☐ 거의 하지 않는다   ☐ 1시간 미만   ☐ 1-2시간 미만   ☐ 2-3시간 미만
   ☐ 3시간 이상
3. 귀하는 의사로부터 다음과 같은 질병에 대해 진단을 받은 적이 있습니까?(해당 질병에 체크)
   (보기 : ☐ 류머티스 관절염   ☐ 당뇨병   ☐ 루프스병   ☐ 통풍   ☐ 알코올중독)
   ☐ 아니오   ☐ 예('예'인 경우 현재상태는?   ☐ 완치   ☐ 치료나 관찰 중)
4. 과거에 운동 중 혹은 사고(교통사고, 넘어짐, 추락 등)로 인해 손/손가락/손목, 팔/팔꿈치, 어깨, 목, 허리, 다리/발 부위를 다친 적이 있습니까 ?
   ☐ 아니오   ☐ 예
   ('예'인 경우 상해 부위는? ☐ 손/손가락/손목 ☐ 팔/팔꿈치 ☐ 어깨 ☐ 목 ☐ 허리
   ☐ 다리/발)
5. 현재 하시는 일의 육체적 부담 정도는 어느 정도라고 생각합니까?
   ☐ 전혀 힘들지 않음   ☐ 견딜만 함   ☐ 약간 힘듦   ☐ 힘듦   ☐ 매우 힘듦

II. 지난 1년 동안 손/손가락/손목, 팔/팔꿈치, 어깨, 목, 허리, 다리/발 중 어느 한 부위에서라도 귀하의 작업과 관련하여 통증이나 불편함(통증, 쑤시는 느낌, 뻣뻣함, 화끈거리는 느낌, 무감각 혹은 찌릿찌릿함 등)을 느끼신 적이 있습니까?

□ 아니오(수고하셨습니다. 설문을 다 마치셨습니다.)

□ 예("예"라고 답하신 분은 아래 표의 통증부위에 체크(∨)하고, 해당 통증부위의 세로 줄로 내려가며 해당사항에 체크(∨)해 주십시오)

통증부위	목 ( )	어깨 ( )	팔/팔꿈치 ( )	손/손목/손가락 ( )	허리 ( )	다리/발 ( )
1. 통증의 구체적 부위는?		□ 오른쪽 □ 왼쪽 □ 양쪽 모두	□ 오른쪽 □ 왼쪽 □ 양쪽 모두	□ 오른쪽 □ 왼쪽 □ 양쪽 모두		□ 오른쪽 □ 왼쪽 □ 양쪽 모두
2. 한번 아프기 시작하면 통증 기간은 얼마 동안 지속됩니까?	□1일 미만 □1일-1주일 미만 □1주일-1달 미만 □1달-6개월 미만 □6개월 이상	□1일 미만 □1일-1주일 미만 □1주일-1달 미만 □1달-6개월 미만 □6개월 이상	□1일 미만 □1일-1주일 미만 □1주일-1달 미만 □1달-6개월 미만 □6개월 이상	□1일 미만 □1일-1주일 미만 □1주일-1달 미만 □1달-6개월 미만 □6개월 이상	□1일 미만 □1일-1주일 미만 □1주일-1달 미만 □1달-6개월 미만 □6개월 이상	□1일 미만 □1일-1주일 미만 □1주일-1달 미만 □1달-6개월 미만 □6개월 이상
3. 그때의 아픈 정도는 어느 정도입니까? (보기참조)	□약한 통증 □중간 통증 □심한 통증 □매우 심한 통증 <보기>	□약한 통증 □중간 통증 □심한 통증 □매우 심한 통증	□약한 통증 □중간 통증 □심한 통증 □매우 심한 통증	□약한 통증 □중간 통증 □심한 통증 □매우 심한 통증	□약한 통증 □중간 통증 □심한 통증 □매우 심한 통증	□약한 통증 □중간 통증 □심한 통증 □매우 심한 통증
	약한 통증:약간 불편한 정도이나 작업에 열중할 때는 못 느낀다 중간 통증:작업 중 통증이 있으나 귀가 후 휴식을 취하면 괜찮다 심한 통증:작업 중 통증이 비교적 심하고 귀가 후에도 통증이 계속된다 매우 심한 통증:통증 때문에 작업은 물론 일상생활을 하기가 어렵다					
4. 지난 1년 동안 이러한 증상을 얼마나 자주 경험하셨습니까?	□6개월에 1번 □2-3달에 1번 □1달에 1번 □1주일에 1번 □매일	□6개월에 1번 □2-3달에 1번 □1달에 1번 □1주일에 1번 □매일	□6개월에 1번 □2-3달에 1번 □1달에 1번 □1주일에 1번 □매일	□6개월에 1번 □2-3달에 1번 □1달에 1번 □1주일에 1번 □매일	□6개월에 1번 □2-3달에 1번 □1달에 1번 □1주일에 1번 □매일	□6개월에 1번 □2-3달에 1번 □1달에 1번 □1주일에 1번 □매일
5. 지난 1주일 동안에도 이러한 증상이 있었습니까?	□아니오 □예	□아니오 □예	□아니오 □예	□아니오 □예	□아니오 □예	□아니오 □예
6. 지난 1년 동안 이러한 통증으로 인해 어떤 일이 있었습니까?	□병원·한의원 치료 □약국치료 □병가, 산재 □작업 전환 □해당사항 없음 기타( )	□병원·한의원 치료 □약국치료 □병가, 산재 □작업 전환 □해당사항 없음 기타( )	□병원·한의원 치료 □약국치료 □병가, 산재 □작업 전환 □해당사항 없음 기타( )	□병원·한의원 치료 □약국치료 □병가, 산재 □작업 전환 □해당사항 없음 기타( )	□병원·한의원 치료 □약국치료 □병가, 산재 □작업 전환 □해당사항 없음 기타( )	

유의사항

- 부담작업을 수행하는 근로자가 직접 읽어보고 문항을 체크합니다.
- 증상조사표를 작성할 경우 증상을 과대 또는 과소 평가 해서는 안됩니다.
- 증상조사 결과는 근골격계질환의 이환을 부정 또는 입증하는 근거나 반증자료로 활용할 수 없습니다.

4 화학물질 및 물리적 인자의 노출기준

합격예측

"노출기준"이란 근로자가 유해인자에 노출되는 경우 노출기준 이하 수준에서는 거의 모든 근로자에게 건강상 나쁜 영향을 미치지 아니하는 기준을 말하며, 1일 작업시간동안의 시간가중평균노출기준(Time Weighted Average, TWA), 단시간노출기준(Short Term Exposure Limit, STEL) 또는 최고노출기준(Ceiling, C)으로 표시한다.

제정 1986.12.22 (노동부고시 제86-45호)
개정 1988.12.23(노동부고시 제88-69호)
개정 1991. 3.30(노동부고시 제91-21호)
개정 1998. 1. 5(노동부고시 제97-69호)
개정 2002. 2. 4(노동부고시 제2002- 2호)
개정 2002. 5. 6(노동부고시 제2002- 8호)
개정 2007. 6. 8(노동부고시 제2007-25호)
개정 2008. 6.17(노동부고시 제2008-26호)
개정 2009. 9.25(노동부고시 제2009-38호)
개정 2010. 6.28(노동부고시 제2010-44호)
개정 2011. 3. 2(고용노동부고시 제2011-13호)
개정 2012. 3. 26(고용노동부고시 제2012-31호)
개정 2013. 8. 14(고용노동부고시 제2013-38호)
개정 2016. 8. 22(고용노동부고시 제2016-41호)
개정 2018. 7.30(고용노동부고시 제2018-62호)
개정 2020. 1.14(고용노동부고시 제2020-48호)

제1장 총칙

제1조(목적) 이 고시는 「산업안전보건법」제106조 및 제125조, 「산업안전보건법 시행규칙」제144조에 따라 인체에 유해한 가스, 증기, 미스트, 흄이나 분진과 소음 및 고온 등 화학물질 및 물리적 인자(이하 "유해인자"라 한다)에 대한 작업환경평가와 근로자의 보건상 유해하지 아니한 기준을 정함으로써 유해인자로부터 근로자의 건강을 보호하는데 기여함을 목적으로 한다.

제2조(정의) ① 이 고시에서 사용하는 용어의 뜻은 다음과 같다.
1. "노출기준"이란 근로자가 유해인자에 노출되는 경우 노출기준 이하 수준에서는 거의 모든 근로자에게 건강상 나쁜 영향을 미치지 아니하는 기준을 말하며, 1일 작업시간동안의 시간가중평균노출기준(Time Weighted Average, TWA), 단시간노출기준(Short Term Exposure Limit, STEL) 또는 최고노출기준(Ceiling, C)으로 표시한다.
2. "시간가중평균노출기준(TWA)"이란 1일 8시간 작업을 기준으로 하여 유해인자의 측정치에 발생시간을 곱하여 8시간으로 나눈 값을 말하며, 다음

식에 따라 산출한다.

$$TWA환산값 = \frac{C_1 \cdot T_1 + C_2 \cdot T_2 + \cdots + C_n \cdot T_n}{8}$$

주) C : 유해인자의 측정치(단위 : ppm, mg/m³ 또는 개/cm³)
T : 유해인자의 발생시간(단위 : 시간)

3. "단시간노출기준(STEL)"이란 15분간의 시간가중평균노출값으로서 노출 농도가 시간가중평균노출기준(TWA)을 초과하고 단시간노출기준(STEL) 이하인 경우에는 1회 노출 지속시간이 15분 미만이어야 하고, 이러한 상태가 1일 4회 이하로 발생하여야 하며, 각 노출의 간격은 60분 이상이어야 한다. 23. 4. 1

4. "최고노출기준(C)"이란 근로자가 1일 작업시간동안 잠시라도 노출되어서는 아니 되는 기준을 말하며, 노출기준 앞에 "C"를 붙여 표시한다.

② 이 고시에서 특별히 규정하지 아니한 용어는 「산업안전보건법」(이하 "법"이라 한다), 「산업안전보건법 시행령」(이하 "영"이라 한다), 「산업안전보건법 시행규칙」(이하 "규칙"이라 한다) 및 「산업안전보건기준에 관한 규칙」(이하 "안전보건규칙"이라 한다)이 정하는 바에 따른다.

제3조(노출기준 사용상의 유의사항) ① 각 유해인자의 노출기준은 해당 유해인자가 단독으로 존재하는 경우의 노출기준을 말하며, 2종 또는 그 이상의 유해인자가 혼재하는 경우에는 각 유해인자의 상가작용으로 유해성이 증가할 수 있으므로 제6조에 따라 산출하는 노출기준을 사용하여야 한다.

② 노출기준은 1일 8시간 작업을 기준으로 하여 제정된 것이므로 이를 이용할 경우에는 근로시간, 작업의 강도, 온열조건, 이상기압 등이 노출기준 적용에 영향을 미칠 수 있으므로 이와 같은 제반요인을 특별히 고려하여야 한다.

③ 유해인자에 대한 감수성은 개인에 따라 차이가 있고, 노출기준 이하의 작업환경에서도 직업성 질병에 이환되는 경우가 있으므로 노출기준은 직업병진단에 사용하거나 노출기준 이하의 작업환경이라는 이유만으로 직업성질병의 이환을 부정하는 근거 또는 반증자료로 사용하여서는 아니 된다.

④ 노출기준은 대기오염의 평가 또는 관리상의 지표로 사용하여서는 아니 된다.

제4조(적용범위) ① 노출기준은 법 제39조에 따른 작업장의 유해인자에 대한 작업환경개선기준과 법 제125조에 따른 작업환경측정결과의 평가기준으로 사용할 수 있다.

② 이 고시에 유해인자의 노출기준이 규정되지 아니하였다는 이유로 법, 영, 규칙 및 안전보건규칙의 적용이 배제되지 아니하며, 이와 같은 유해인자의 노출기준은 미국산업위생전문가협회(American Conference of Governmental Industrial Hygienists, ACGIH)에서 매년 채택하는 노출기준(TLVs)을 준용한다.

> **합격예측**
> "최고노출기준(C)"이란 근로자가 1일 작업시간동안 잠시라도 노출되어서는 아니 되는 기준을 말하며, 노출기준 앞에 "C"를 붙여 표시한다.

제2장 노출기준

제5조(화학물질) ① 화학물질의 노출기준은 별표 1과 같다.

② 별표 1의 발암성, 생식세포 변이원성 및 생식독성 정보는 법상 규제 목적이 아닌 정보제공 목적으로 표시하는 것으로서 발암성은 국제암연구소(International Agency for Research on Cancer, IARC), 미국산업위생전문가협회(American Conference of Governmental Industrial Hygienists, ACGIH), 미국독성프로그램(National Toxicology Program, NTP), 「유럽연합의 분류·표시에 관한 규칙(European Regulation on the Classification, Labelling and Packaging of substances and mixtures, EU CLP)」 또는 미국산업안전보건청(American Occupational Safety & Health Administration, OSHA)의 분류를 기준으로, 생식세포 변이원성 및 생식독성은 유럽연합의 분류·표시에 관한 규칙(European Regulation on the Classification, Labelling and Packaging of substances and mixtures, EU CLP)을 기준으로 「화학물질의 분류·표시 및 물질안전보건자료에 관한 기준」에 따라 분류한다.

제6조(혼합물) ① 화학물질이 2종 이상 혼재하는 경우에 혼재하는 물질간에 유해성이 인체의 서로 다른 부위에 작용한다는 증거가 없는 한 유해작용은 가중되므로 노출기준은 다음식에 따라 산출하되, 산출되는 수치가 1을 초과하지 아니하는 것으로 한다.

$$\frac{C_1}{T_1}+\frac{C_2}{T_2}+\cdots+\frac{C_n}{T_n}$$

주) C : 화학물질 각각의 측정치
　　T : 화학물질 각각의 노출기준

② 제1항의 경우와는 달리 혼재하는 물질간에 유해성이 인체의 서로 다른 부위에 유해작용을 하는 경우에 유해성이 각각 작용하므로 혼재하는 물질 중 어느 한 가지라도 노출기준을 넘는 경우 노출기준을 초과하는 것으로 한다.

제7조(분진) 삭제

제8조(용접분진) 삭제

제9조(소음) ① 소음수준별 노출기준은 별표 2-1과 같다.

② 충격소음의 노출기준은 별표 2-2와 같다.

제10조(고온) 작업의 강도에 따른 고온의 노출기준은 별표 3과 같다.

제10조의2(라돈) 라돈의 노출기준은 별표 4와 같다.

제11조(표시단위) ① 가스 및 증기의 노출기준 표시단위는 피피엠(ppm)을 사용한다.

② 분진 및 미스트 등 에어로졸(Aerosol)의 노출기준 표시단위는 세제곱미터당

밀리그램(mg/m³)을 사용한다. 다만, 석면 및 내화성세라믹섬유의 노출기준 표시단위는 세제곱센티미터당 개수(개/cm³)를 사용한다.

③ 고온의 노출기준 표시단위는 습구흑구온도지수(이하 "WBGT"라 한다)를 사용하며 다음 각 호의 식에 따라 산출한다.

1. 태양광선이 내리쬐는 옥외 장소: WBGT(℃)=0.7×자연습구온도+0.2×흑구온도+0.1×건구온도
2. 태양광선이 내리쬐지 않는 옥내 또는 옥외 장소: WBGT(℃)=0.7×자연습구온도+0.3×흑구온도

제12조(재검토기한) 고용노동부장관은 「행정규제기본법」 및 「훈령·예규 등의 발령 및 관리에 관한 규정」에 따라 이 고시에 대하여 2017년 1월 1일을 기준으로 매 3년이 되는 시점(매 3년째의 12월 31일까지를 말한다)마다 그 타당성을 검토하여 개선 등의 조치를 하여야 한다.

부칙〈2020.1.14〉

(시행일) 이 고시는 2020년 1월 16일부터 시행한다.

[별표 1] 화학물질의 노출기준

일련번호	유해물질의 명칭 국문표기	유해물질의 명칭 영문표기	화학식	노출기준 TWA ppm	노출기준 TWA mg/m³	노출기준 STEL ppm	노출기준 STEL mg/m³	비고 (CAS번호 등)
1	가솔린	Gasoline	-	300	-	500	-	[8006-61-9] 발암성 1B, (가솔린 증기의 직업적 노출에 한정함), 생식세포 변이원성 1B
2	개미산	Formic acid	HCOOH	5	-	-	-	[64-18-6]
3	게르마늄 테트라하이드라이드	Germanium tetrahydride	GeH₄	0.2	-	-	-	[7782-65-2]
4	고형 파라핀 흄	Paraffin wax fume	-	-	2	-	-	[8002-74-2]
5	곡물분진	Grain dust	-	-	4	-	-	-
6	곡분분진	Flour dust (Inhalable fraction)	-	-	0.5	-	-	흡입성
7	과산화벤조일	Benzoyl peroxide	(C₆H₅CO)₂O₂	-	5	-	-	[94-36-0]
8	과산화수소	Hydrogen peroxide	H₂O₂	1	-	-	-	[7722-84-1] 발암성 2
9	광물털 섬유	Mineral wool fiber	-	-	10	-	-	발암성 2, (알칼리 산화물 및 알칼리토금속 산화물의 중량비가 18% 이상인 불특정 모양의 인공 유리규산 섬유에 한정함)
10	구리(분진 및 미스트)	Copper(Dust & mist, as Cu)	Cu	-	1	-	2	[7440-50-8]
11	구리(흄)	Copper(Fume)	Cu	-	0.1	-	-	[7440-50-8]
12	규산칼슘	Calcium silicate	CaSiO₃	-	10	-	-	[1344-95-2]
13	규조토	Diatomaceous earth	-	-	10	-	-	-
14	글루타르알데히드	Glutaraldehyde	OCH(CH₂)₃CHO			C 0.05	-	[111-30-8]
15	글리세린미스트	Glycerin mist	CH₂OHCHOH·CH₂OH	-	10	-	-	[56-81-5]
16	글리시돌	Glycidol	C₃H₈O₂	2,3-에폭시-1-프로판올 참조				
17	글리콜 모노에틸에테르	Glycol monoethyl ether	C₂H₅OCH₂CH₂OH	2-에톡시에탄올 참조				
18	금속가공유 (혼합용매추출물)	Metal Working Fluids(as mixed solvent soluble aerosol)	-	-	0.8	-	-	-
19	나프탈렌	Naphthalene	C₁₀H₈	10	-	15	-	[91-20-3] 발암성 2, Skin
20	날레드	Naled	C₄H₇Br₂Cl₂O₄P	디메틸-1,2-디브로모-2,2-디클로로에틸 포스페이트 참조				
21	납 및 그 무기화합물	Lead and Inorganic compounds, as Pb	Pb	-	0.05	-	-	[7439-92-1] 발암성 1B, 생식독성 1A (납(금속)의 경우 발암성 2)
22	납석	Agalmatolite	Al₂O₃·4SiO₂·H₂O					-

일련번호	유해물질의 명칭 국문표기	유해물질의 명칭 영문표기	화학식	노출기준 TWA ppm	노출기준 TWA mg/m³	노출기준 STEL ppm	노출기준 STEL mg/m³	비 고 (CAS번호 등)
23	내화성세라믹섬유	Refractory ceramic fibers (Respirable fibers)	-	-	0.2 개/cm³	-	-	호흡성, 발암성 1B(알칼리 산화물 및 알칼리토 금속 산화물의 중량비가 18% 이하인 불특정 모양의 인공 유리규산 섬유에 한정함)
24	노난	Nonane	CH₃(CH₂)₇CH₃	200	-	-	-	[111-84-2]
25	노말-니트로소디메틸아민	n-Nitrosodimethylamine	(CH₃)₂NNO	디메틸니트로소아민 참조				
26	2-N-디부틸아미노에탄올	2-N-Dibutylaminoethanol	(C₄H₉)₂NCH₂CH₂OH	2	-	-	-	[102-81-8] Skin
27	N-메틸 아닐린	N-Methyl aniline	C₆H₅NHCH₃	0.5	-	-	-	[100-61-8] Skin
28	노말-발레알데히드	n-Valeraldehyde	CH₃(CH₂)₃CHO	50	-	-	-	[110-62-3]
29	노말-부틸 글리시딜에테르	n-Butyl glycidyl ether(BGE)	C₄H₉OCH₂CHOCH₂	3	-	-	-	[2426-08-6] 발암성 2, 생식세포 변이원성 2, Skin
30	노말-부틸 락테이트	n-Butyl lactate	CH₃CH(OH)COO(CH₂)₃CH₃	5	-	-	-	[138-22-7]
31	노말-부틸아크릴레이트	n-Butyl acrylate	C₇H₁₂O₂	2	-	10	-	[141-32-2]
32	노말-부틸알코올	n-Butyl alcohol(1-Butanol)	CH₃CH₂CH₂CH₂OH	20	-	-	-	[71-36-3]
33	N-비닐-2-피롤리돈	N-Vinyl-2-pyrrolidone(NVP)	C₆H₉NO	0.05	-	-	-	[88-12-0] 발암성 2
34	N-에틸모르폴린	N-Ethylmorpholine	C₆H₁₃ON	5	-	-	-	[100-74-3] Skin
35	N-이소프로필아닐린	N-Isopropyl aniline	C₆H₅NHCH(CH₃)₂	2	-	-	-	[768-52-5] Skin
36	노말-초산 부틸	n-Butyl acetate	CH₃COO(CH₂)₃CH₃	150	-	200	-	[123-86-4]
37	노말-초산 아밀	n-Amyl acetate	CH₃COOC₅H₁₁	50	-	100	-	[628-63-7]
38	N-페닐-베타-나프틸 아민	N-Phenyl-β-naphtyl amine	C₁₀H₇NHC₆H₅	-	-	-	-	[135-88-6] 발암성 2
39	노말-프로필 니트레이트	n-Propyl nitrate	C₃H₈NO₃	25	-	40	-	[627-13-4]
40	노말-프로필 아세테이트	n-Propyl acetate	CH₃COOCH₂CH₃	초산 프로필 참조				
41	노말-프로필 알코올	n-Propyl alcohol	CH₃CH₂CH₂OH	200	-	250	-	[71-23-8] Skin
42	노말-헥산	n-Hexane	CH₃(CH₂)₄CH₃	50	-	-	-	[110-54-3] 생식독성 2, Skin
43	니켈(가용성화합물)	Nickel (Soluble compounds, as Ni)	Ni	-	0.1	-	-	[7440-02-0] 발암성 1A
44	니켈(불용성 무기화합물)	Nickel(Insoluble Inorganic compounds, as Ni)	Ni	-	0.2	-	-	[7440-02-0] 발암성 1A
45	니켈(금속)	Nickel(Metal)	Ni	-	1	-	-	[7440-02-0] 발암성 2
46	니켈 카르보닐	Nickel carbonyl, as Ni	Ni(CO)₄	0.001	-	-	-	[13463-39-3] 발암성 1A, 생식독성 1B

일련번호	유해물질의 명칭 (국문표기)	유해물질의 명칭 (영문표기)	화학식	노출기준 TWA ppm	노출기준 TWA mg/m³	노출기준 STEL ppm	노출기준 STEL mg/m³	비고 (CAS번호 등)
47	니코틴	Nicotine	$C_{10}H_{14}N_2$	-	0.5	-	-	[54-11-5] Skin
48	니트라피린	Nitrapyrin	$C_5H_3Cl_4N$	2-클로로-6-(트리클로로메틸) 피리딘 참조				
49	니트로글리세린	Nitroglycerin(NG)	$CH_2NO_3CHNO_3$ CH_2NO_3	0.05	-	-	-	[55-63-0] Skin
50	니트로글리콜	Nitroglycol	$(CH_2ONO_2)_2$	에틸렌글리콜 디니트레이트 참조				
51	4-니트로디페닐	4-Nitrodiphenyl	$C_6H_5C_6H_4NO_2$	-	-	-	-	[92-93-3] 발암성 1B, Skin
52	니트로메탄	Nitromethane	CH_3NO_2	20	-	-	-	[75-52-5] 발암성 2
53	니트로벤젠	Nitrobenzene	$C_6H_5NO_2$	1	-	-	-	[98-95-3] 발암성 2, 생식독성 1B, Skin
54	니트로에탄	Nitroethane	$C_2H_5NO_2$	100	-	-	-	[79-24-3]
55	니트로톨루엔 (오쏘, 메타, 파라-이성체)	Nitrotoluene(o, m, p-isomers)	$CH_3C_6H_4NO_2$	2	-	-	-	[88-72-2] 발암성 1B, 생식세포 변이원성 1B, 생식독성 2, Skin, [99-08-1][99-99-0] Skin
56	니트로트리클로로메탄	Nitrotrichloromethane	CCl_3NO_2	클로로피크린 참조				
57	1-니트로프로판	1-Nitropropane	$CH_3CH_2CH_2NO_3$	25	-	-	-	[108-03-2]
58	2-니트로프로판	2-Nitropropane	$CH3CHNO2CH3$	10	-	-	-	[79-46-9] 발암성 1B
59	대리석	Marble	-	-	10	-	-	
60	데미톤	Demeton	$(C_2H_5O)_2PSOC_2H_5SC_2H_5$	-	0.1	-	-	[8065-48-3] Skin
61	데카보란	Decaborane	$B_{10}H_{14}$	0.05	-	0.15	-	[17702-41-9] Skin
62	2,4-디	2,4-D(2,4-Dichlorophenoxyacetic acid)(Inhalable fraction)	$Cl_2C_6H_3OCH_2COOH$	-	10	-	-	[94-75-7] 발암성 2, 흡입성
63	디글리시딜에테르	Diglycidyl ether(DGE)	$C_6H_{10}O_3$	0.1	-	-	-	[2238-07-5]
64	디니트로벤젠(모든 이성체)	Dinitrobenzene(all isomers)	$C_6H_4(NO_2)_2$	0.15	-	-	-	[528-29-0][99-65-0][100-25-4][25154-54-5] Skin
65	디니트로-오쏘-크레졸	Dinitro-o-cresol	$CH_3C_6H_2OH(NO_2)_2$	-	0.2	-	-	[534-52-1] 생식세포 변이원성 2, Skin
66	3,5-디니트로-오쏘-톨루아미드	3,5-Dinitro-o-toluamide	$C_8H_7N_3O_5$	-	5	-	-	[148-01-6]
67	디니트로톨루엔	Dinitrotoluene	$(NO_2)_2C_6H_3CH_3$	-	0.2	-	-	[25321-14-6] 발암성 1B, 생식세포 변이원성 2, 생식독성 2, Skin
68	디메톡시메탄	Dimethoxymethane	$CH_3OCH_2OCH_3$	1,000	-	-	-	[109-87-5]
69	디메틸니트로소아민	Dimethylnitrosoamine	$(CH_3)_2NNO$	-	-	-	-	[62-75-9] 발암성 1B, Skin
70	디메틸-1,2-디브로모-2,2-디클로로에틸포스페이트	Dimethyl-1,2-dibromo-2,2-dichloroethyl phosphate	$C_4H_7Br_2Cl_2O_4P$	-	3	-	-	[300-76-5] Skin

일련번호	유해물질의 명칭 국문표기	유해물질의 명칭 영문표기	화학식	노출기준 TWA ppm	노출기준 TWA mg/m³	노출기준 STEL ppm	노출기준 STEL mg/m³	비 고 (CAS번호 등)
71	디메틸벤젠(모든 이성체)	Dimethylbenzene(all isomers)	$C_6H_4(CH_3)_2$	크실렌(모든 이성체) 참조				
72	디메틸아닐린	Dimethylaniline (N,N-Dimethylaniline)	$C_6H_5N(CH_3)_2$	5	-	10	-	[121-69-7] 발암성 2, Skin
73	디메틸아미노벤젠 (혼합이성체 포함)	Dimethylaminobenzene(mixed isomers, Inhalabable fraction and vapor)	$(CH_3)_2C_6H_3NH_2$	0.5	-	-	-	[1300-73-8] 발암성 2, Skin, 흡입성 및 증기
74	디메틸아민	Dimethylamine	$(CH_3)_2NH$	5	-	15	-	[124-40-3]
75	N,N-디메틸아세트아미드	N,N-Dimethylacetamide	C_4H_9NO	10	-	-	-	[127-19-5] 생식독성 1B, Skin
76	디메틸카르바모일클로라이드	Dimethyl carbamoylchloride	$(CH_3)_2NCOCl$	0.005	-	-	-	[79-44-7] 발암성 1B, Skin
77	디메틸포름아미드	Dimethylformamide	$HCON(CH_3)_2$	10	-	-	-	[68-12-2] 생식독성 1B, Skin
78	디메틸프탈레이트	Dimethylphthalate	$C_{10}H_{10}O_4$	-	5	-	-	[131-11-3]
79	2,6-디메틸-4-헵타논	2,6-Dimethyl-4-heptanone	$[(CH_3)_2CHCH_2]_2CO$	디이소부틸케톤 참조				
80	1,1-디메틸하이드라진	1,1-Dimethylhydrazine	$(CH_3)_2NNH_2$	0.01	-	-	-	[57-14-7] 발암성 1B, Skin
81	디보란	Diborane	B_2H_6	0.1	-	-	-	[19287-45-7]
82	디부틸포스페이트	Dibutyl phosphate(Inhalable fraction and vapor)	$(C_4H_9O)_2(OH)PO$	-	5	-	10	[107-66-4] Skin, 흡입성 및 증기
83	디부틸프탈레이트	Dibutyl phthalate	$C_6H_4(CO_2C_4H_9)_2$	-	5	-	-	[84-74-2] 생식독성 1B
84	1,2-디브로모에탄	1,2-Dibromoethane	CH_2BrCH_2Br	-	-	-	-	[106-93-4] 발암성 1B, Skin
85	디비닐 벤젠	Divinyl benzene	$C_6H_4(CH=CH_2)_2$	10	-	-	-	[1321-74-0]
86	디설피람	Disulfiram	$C_{10}H_{20}N_2S_4$	-	2	-	-	[97-77-8]
87	디설포톤	Disulfoton(Inhalable fraction and vapor)	$C_8H_{19}O_2PS_3$	-	0.05	-	-	[298-04-4] Skin, 흡입성 및 증기
88	디시클로펜타디에닐 철	Dicyclopentadienyl iron	$C_{10}H_{10}Fe$	-	10	-	-	[102-54-5]
89	디시클로펜타디엔	Dicyclopentadiene	$C_{10}H_{12}$	5	-	-	-	[77-73-6]
90	디아니시딘	Dianisidine	$C_{14}H_{16}N_2O_2$	-	0.01	-	-	[119-90-4] 발암성 1B
91	1,2-디아미노에탄	1,2-Diaminoethane	$H_2NCH_2CH_2NH_2$	10	-	-	-	[107-15-3] Skin
92	디아세톤 알코올	Diaceton alcohol	$C_6H_{12}O_2$	50	-	-	-	[123-42-2]
93	디아조메탄	Diazomethane	CH_2N_2	0.2	-	-	-	[334-88-3] 발암성 1B
94	디아지논	Diazinon (Inhalable fraction and vapor)	$C_{12}H_{21}N_2O_3PS$	-	0.01	-	-	[333-41-5] 발암성 1B, Skin, 흡입성 및 증기
95	디에탄올아민	Diethanolamine	$(HOCH_2CH_2)_2NH$	-	2	-	-	[111-42-2] 발암성 2, Skin

일련번호	유해물질의 명칭 (국문표기)	유해물질의 명칭 (영문표기)	화학식	노출기준 TWA ppm	노출기준 TWA mg/m³	노출기준 STEL ppm	노출기준 STEL mg/m³	비고 (CAS번호 등)
96	디에틸렌 글리콜 모노부틸 에테르	Diethylene glycol monobutyl ether	CH2(CH2)3OCH2CH2OCH2CH2OH	10	-	-	-	[112-34-5]
97	2-디에틸아미노 에탄올	2-Diethylamino ethanol	(C₂H₅)₂NC₂H₄OH	2	-	-	-	[100-37-8] Skin
98	디에틸아민	Diethylamine	(C₂H₅)₂NH	5	-	15	-	[109-89-7] Skin
99	디에틸 에테르	Diethyl ether	C₂H₅OC₂H₅	400	-	500	-	[60-29-7]
100	디에틸 케톤	Diethyl ketone	C₂H₅COC₂H₅	200	-	-	-	[96-22-0]
101	디에틸렌 트라이아민	Diethylene triamine	(NH₂CH₂CH₂)₂NH	1	-	-	-	[111-40-0] Skin
102	디에틸프탈레이트	Diethyl phthalate	C₆H₄(COOC₂H₅)₂	-	5	-	-	[84-66-2]
103	디(2-에틸헥실)프탈레이트	Di(2-ethylhexyl)phthalate	C6H4(COOC8H17)2	-	5	-	10	[117-81-7] 발암성 2, 생식독성 1B
104	디엘드린	Dieldrin	C₁₂H₈Cl₆O	-	0.25	-	-	[60-57-1] 발암성 2, Skin,
105	디옥사티온	Dioxathion	C₁₂H₂₆O₆P₂S₄	-	0.2	-	-	[78-34-2] Skin
106	1,4-디옥산	1,4-Dioxane(Diethylene dioxide)	OCH₂CH₂OCH₂CH₂	20	-	-	-	[123-91-1] 발암성 2, Skin
107	디우론	Diuron	C₉H₁₀Cl₂N₂O	-	10	-	-	[330-54-1] 발암성 2
108	디이소부틸케톤	Diisobutyl ketone	[(CH₃)₂CHCH₂]₂CO	25	-	-	-	[108-83-8]
109	디이소프로필아민	Diisopropylamine	(CH₃)₂CHNHCH(CH₃)₂	5	-	-	-	[108-18-9] Skin
110	2,6-디-삼차-부틸-파라크레졸	2,6-Di-tert-butyl-p-cresol(Inhalable fraction and vapor)	C₁₅H₂₄O	-	2	-	-	[128-37-0] 흡입성 및 증기
111	디-이차-옥틸프탈레이트	Di-sec-octyl phthalate	C6H4(COOC8H17)2	디-(2-에틸헥실)프탈레이트 참조				
112	디쿼트	Diquat(Inhalable fraction)	C₁₂H₁₂Br₂N₂	-	0.5	-	-	[2764-72-9][85-00-7][6385-62-2] Skin, 흡입성
113	디크로토포스	Dicrotophos	C₈H₁₆NO₅P	-	0.25	-	-	[141-66-2] Skin
114	디클로로디페닐트리클로로에탄	Dichlorodiphenyltrichloroethane (D.D.T)	C₁₄H₉Cl₅	-	1	-	-	[50-29-3] 발암성 2
115	1,1-디클로로-1-니트로에탄	1,1-Dichloro-1-nitroethane	CH₃CCl₂NO₂	2	-	-	-	[594-72-9]
116	1,3-디클로로-5,5-디메틸 하이단토인	1,3-Dichloro-5,5-dimethyl hydantoin	C₅H₆Cl₂N₂O₂	-	0.2	-	0.4	[118-52-5]
117	디클로로디플루오로메탄	Dichlorodifluoromethane	CCl₂F₂	1,000	-	-	-	[75-71-8]
118	디클로로메탄	Dichloromethane	CH₂Cl₂	50	-	-	-	[75-09-2] 발암성 2
119	3,3-디클로로벤지딘	3,3-Dichlorobenzidine	C₁₂H₁₀Cl₂N₂	-	-	-	-	[91-94-1] 발암성 1B, Skin
120	디클로로아세트산	Dichloro acetic acid	C₂H₂Cl₂O₂	0.5	-	-	-	[79-43-6] 발암성 2, Skin
121	디클로로아세틸렌	Dichloroacetylene	ClCCCl		C 0.1	-		[7572-29-4] 발암성 2
122	1,1-디클로로에탄	1,1-Dichloroethane	CH₃CHCl₂	100	-	-	-	[75-34-3]
123	1,2-디클로로에탄	1,2-Dichloroethane	ClCH2CH2Cl	이염화 에틸렌 참조				

일련번호	유해물질의 명칭 국문표기	유해물질의 명칭 영문표기	화학식	노출기준 TWA ppm	노출기준 TWA mg/㎥	노출기준 STEL ppm	노출기준 STEL mg/㎥	비 고 (CAS번호 등)
124	1,1-디클로로에틸렌	1,1-Dichloroethylene	CH_2CCl_2	5	-	20	-	[75-35-4] 발암성 2
125	1,2-디클로로에틸렌	1,2-Dichloroethylene	$CHClCHCl$	200	-	-	-	[540-59-0]
126	디클로로에틸에테르	Dichloroethylether	$(ClCH_2CH_2)_2O$	5	-	10	-	[111-44-4] 발암성 2, Skin
127	디클로로테트라플루오로에탄	Dichlorotetrafluoroethane	$F_2ClCCClF_2$	1,000	-	-	-	[76-14-2]
128	2,2-디클로로-1,1,1-트라이플루오로에탄	2,2-Dichloro-1,1,1-trifluoroethane	$CHCl_2CF_3$	10	-	-	-	[306-83-2]
129	1,2-디클로로프로판	1,2-Dichloropropane	$CH_3CHClCH_2Cl$	10	-	110	-	[78-87-5] 발암성 1A
130	디클로로프로펜	Dichloropropene	$CHClCHCH_2Cl$	1	-	-	-	[542-75-6] 발암성 2, Skin
131	2,2-디클로로프로피온산	2,2-Dichloropropionic acid(Inhalable fraction)	CH_3CCl_2COOH	-	6	-	-	[75-99-0] 흡입성
132	디클로로플루오로메탄	Dichlorofluoromethane	$CHCl_2F$	10	-	-	-	[75-43-4]
133	1,1-디클로로-1-플루오로에탄	1,1-Dichloro-1-fluoro ethane	$C_2Cl_2FH_3$	500	-	-	-	[1717-00-6]
134	디클로르보스	Dichlorvos(Inhalable fraction and vapor)	$(CH_3O)_2POOCHCCl_2$/ $C_4H_7Cl_2O_4P$	-	0.1	-	-	[62-73-7] 발암성 2, Skin, 흡입성 및 증기
135	디페닐	Diphenyl	$C_{12}H_{10}$	비페닐 참조				
136	디페닐메탄디이소시아네이트	Diphenylmethanediisocyanate	$NCOC_6H_4CH_2C_6H_4NCO$	메틸렌비스페닐이소시아네이트 참조				
137	디페닐아민	Diphenylamine	$C_6H_5NHC_6H_5$	-	10	-	-	[122-39-4]
138	디프로필렌글리콜메틸에테르	Dipropylene glycol methyl ether	$CH_3CH(OCH_3)CH_2OCH_2CH(OH)CH_3$	100	-	150	-	[34590-94-8] Skin
139	디프로필 케톤	Dipropyl ketone	$(CH_3CH_2CH_2)_2CO$	50	-	-	-	[123-19-3]
140	디플루오로디브로모메탄	Difluorodibromomethane	CBr_2F_2	100	-	-	-	[75-61-6]
141	디하이드록시벤젠	Dihydroxybenzene	$C_6H_4(OH)_2$	-	2	-	-	[123-31-9] 발암성 2, 생식세포 변이원성 2
142	러버 솔벤트	Rubber solvent(Naphtha)	-	400	-	-	-	[8030-30-6] 발암성 1B, 생식세포 변이원성 1B(벤젠 0.1% 이상인 경우에 한정함)
143	레조시놀	Resorcinol	$C_6H_4(OH)_2$	10	-	20	-	[108-46-3]
144	로듐금속	Rhodium, Metal	Rh	-	0.1	-	-	[7440-16-6]
145	로듐, 불용성화합물	Rhodium, Insoluble compounds, as Rh	Rh	-	1	-	-	[7440-16-6]

일련번호	유해물질의 명칭 국문표기	유해물질의 명칭 영문표기	화학식	노출기준 TWA ppm	노출기준 TWA mg/m³	노출기준 STEL ppm	노출기준 STEL mg/m³	비 고 (CAS번호 등)
146	로진 열분해산물	Rosin core solder pyrolysis products, as Formaldehyde	-	-	0.1	-	-	
147	로테논	Rotenone(Commercial)	$C_{23}H_{22}O_6$	-	5	-	-	[83-79-4]
148	론넬	Ronnel	$(CH_3O)_2PSOC_6H_2Cl_3$	-	10	-	-	[299-84-3]
149	루지	Rouge	-	-	10	-	-	
150	리튬하이드라이드	Lithium hydride	LiH	-	0.025	-	-	[7580-67-8]
151	린데인	Lindane	$C_6H_6Cl_6$	-	0.5	-	-	[58-89-9] 발암성 1A, 수유독성, Skin
152	말라티온	Malathion(Inhalable fraction and vapor)	$C_{10}H_{19}O_6PS_2$	-	1	-	-	[121-75-5] 발암성 1B, Skin, 흡입성 및 증기
153	망간 및 무기 화합물	Manganese & Inorganic compounds, as Mn	Mn	-	1	-	-	[7439-96-5]
154	망간 시클로펜타디에닐 트리카보닐	Manganese cyclopentadienyl tricarbonyl, as Mn	$C_5H_5Mn(CO)_3$	-	0.1	-	-	[12079-65-1] Skin
155	망간(흄)	Manganese(Fume)	Mn	-	1	-	3	[7439-96-5]
156	메빈포스	Mevinphos	$(CH_3O)_2PO_2C(CH_3)CHCOOCH_3$	0.01	-	0.03	-	[7786-34-7] Skin
157	메타크릴 산	Methacrylic acid	CH_2CCH_3COOH	20	-	-	-	[79-41-4]
158	메타-크실렌-알파, 알파-디아민	m-Xylene-α, α'-diamine	$C_6H_4(CH_2NH_2)_2$	-	-	-	C0.1	[1477-55-0] Skin
159	메타-톨루이딘	m-Toluidine	$CH_3C_6H_4NH_2$	2	-	-	-	[108-44-1] Skin
160	메타-프탈로디니트릴	m-Phthalodinitrile(Inhalable fraction and vapor)	$C_8H_4N_2$	-	5	-	-	[626-17-5] 흡입성 및 증기
161	메탄올	Methanol	CH_3OH	메틸 알코올 참조				
162	메탄에티올	Methanethiol	CH_3SH	0.5	-	-	-	[74-93-1]
163	메토밀	Methomyl	$C_5H_{10}N_2O_2S$	-	2.5	-	-	[16752-77-5]
164	2-메톡시에탄올	2-Methoxyethanol	$CH_3OCH_2CH_2OH$	5	-	-	-	[109-86-4] 생식독성 1B, Skin
165	2-메톡시에틸아세테이트	2-Methoxyethyl acetate	$CH_3COOCH_2CH_2OCH_3$	5	-	-	-	[110-49-6] 생식독성 1B, skin
166	메톡시클로르	Methoxychlor	$C_{16}H_{15}Cl_3O_2$	-	10	-	-	[72-43-5]
167	4-메톡시페놀	4-Methoxyphenol	$CH_3OC_6H_4OH$	-	5	-	-	[150-76-5]
168	메트리뷰진	Metribuzin	$C_8H_{14}N_4OS$	-	5	-	-	[21087-64-9]
169	메틸 노말-부틸케톤	Methyl n-butylketone	$CH_3COCH_2CH_2CH_2CH_3$	5	-	-	-	[591-78-6] 생식독성 2, skin
170	메틸 노말-아밀케톤	Methyl n-amylketone	$CH_3(CH_2)_4COCH_3$	50	-	-	-	[110-43-0]
171	메틸 데메톤	Methyl demeton	$(CH_3O)_2PSO(CH_2)_2SC_2H_5$	-	0.5	-	-	[8022-00-2] Skin
172	4,4'-메틸렌디아닐린	4,4'-Methylenedianiline	$H_2NC_6H_4CH_2C_6H_4NH_2$	0.1	-	-	-	[101-77-9] 발암성 1B, 생식세포 변이원성 2, Skin

일련번호	유해물질의 명칭 국문표기	유해물질의 명칭 영문표기	화학식	노출기준 TWA ppm	노출기준 TWA mg/m³	노출기준 STEL ppm	노출기준 STEL mg/m³	비 고 (CAS번호 등)
173	1,1'-메틸렌비스(4-이소시아네이토사이클로헥산)	1,1'-Methylenebis(4-isocyanatocyclohexane)	$CH_2[(C_6H_{10})NCO]_2$	0.005	-	-	-	[5124-30-1]
174	4,4'-메틸렌비스(2-클로로아닐린)	4,4'-Methylenebis(2-chloroaniline)	$CH_2(C_6H_4ClNH_2)_2$	0.01	-	-	-	[101-14-4] 발암성 1A, Skin
175	메틸렌비스페닐이소시아네이트	Methylene bisphenyl isocyanate	$NCOC_6H_4CH_2C_6H_4NCO$	0.005	-	-	-	[101-68-8] 발암성 2
176	메틸메타크릴레이트	Methyl methacrylate	$CH_2C(CH_3)COOCH_3$	50	-	100	-	[80-62-6]
177	메틸 멀캅탄	Methyl mercaptan	CH_3SH	메탄에티올 참조				
178	메틸삼차부틸에테르	Methyl tert-butyl ether(MTBE)	$C_5H_{12}O$	50	-	-	-	[1634-04-4] 발암성 2
179	메틸 2-시아노아크릴레이트	Methyl 2-cyanoacrylate	$CH_2C(CN)COOCH_3$	2	-	4	-	[137-05-3]
180	2-메틸시클로펜타디에닐 망간트리카르보닐	2-Methylcyclopentadienyl manganese tricarbonyl, as Mn	$CH_3C_5H_5Mn(CO)_3$	-	0.2	-	-	[12108-13-3] Skin
181	메틸시클로헥사놀	Methylcyclohexanol	$C_7H_{14}O$	50	-	-	-	[25639-42-3]
182	메틸시클로헥산	Methylcyclohexane	$CH_3C_6H_{11}$	400	-	-	-	[108-87-2]
183	메틸실리케이트	Methyl silicate	$(CH_3O)_4Si$	1	-	-	-	[681-84-5]
184	메틸 아민	Methyl amine	CH_3NH_2	5	-	15	-	[74-89-5]
185	메틸 아밀알코올	Methyl amylalcohol	$(CH_3)_2CHCH_2CHOHCH_3$	25	-	40	-	[108-11-2] Skin
186	메틸 아세틸렌	Methyl acetylene	C_3H_4	1,000	-	1,250	-	[74-99-7]
187	메틸 아세틸렌 프로파디엔 혼합물	Methyl acetylene propadiene mixture(MAPP)	-	1,000	-	1,250	-	[59355-75-8]
188	메틸 아크릴레이트	Methyl acrylate	$CH_2CHCOOCH_3$	2	-	-	-	[96-33-3] Skin
189	메틸 아크릴로니트릴	Methyl acrylonitrile	CH_2CCH_2CN	1	-	-	-	[126-98-7] Skin
190	메틸알	Methylal	$CH_3OCH_2OCH_3$	디메톡시메탄 참조				
191	메틸 알코올	Methanol	CH_3OH	200	-	250	-	[67-56-1] Skin
192	메틸 에틸 케톤	Methyl ethyl ketone(M.E.K)	$CH_3COC_2H_5$	200	-	300	-	[78-93-3]
193	메틸 에틸 케톤 퍼옥사이드	Methyl ethyl ketone peroxide	$C_8H_{18}O_4/C_8H_{18}O_6$	-	-	C 0.2	-	[1338-23-4]
194	메틸 이소부틸 케톤	Methyl isobutyl ketone	$CH_3COCH_2CH(CH_3)_2$	50	-	75	-	[108-10-1] 발암성 2
195	메틸 이소시아네이트	Methyl isocyanate	CH_3NCO	0.02	-	-	-	[624-83-9] 생식독성 2, Skin
196	메틸 이소부틸 카르비놀	Methyl isobutyl carbinol	$(CH_3)_2CHCH_2CHOHCH_3$	메틸 아밀 알코올 참조				
197	메틸 이소아밀 케톤	Methyl isoamyl ketone	$CH_3COCH(C_2H_5)_2$	50	-	-	-	[110-12-3]
198	메틸 이소프로필 케톤	Methyl isopropyl ketone	$(CH_3)_2CH_3COCH$	200	-	-	-	[563-80-4]

일련번호	유해물질의 명칭 국문표기	유해물질의 명칭 영문표기	화학식	노출기준 TWA ppm	노출기준 TWA mg/m³	노출기준 STEL ppm	노출기준 STEL mg/m³	비 고 (CAS번호 등)
199	메틸 클로라이드	Methyl chloride	CH_3Cl	50	-	100	-	[74-87-3] 발암성 2, Skin
200	메틸 클로로포름	Methyl chloroform	CH_3CCl_3	350	-	450	-	[71-55-6]
201	메틸 파라티온	Methyl parathion(Inhalable fraction and vapor)	$C_8H_{10}NO_5PS$	-	0.2	-	-	[298-00-0] Skin, 흡입성 및 증기
202	메틸 포메이트	Methyl formate	$HCOOCH_3$	100	-	150	-	[107-31-3]
203	메틸 프로필 케톤	Methyl propyl ketone	$CH_3COC_3H_7$	200	-	250	-	[107-87-9]
204	메틸 하이드라진	Methyl hydrazine	CH_3NHNH_2	0.01	-	-	-	[60-34-4] 발암성 2, Skin
205	5-메틸-3-헵타논	5-Methyl-3-heptanone	$C_8H_{16}O$	에틸 아밀 케톤 참조				
206	면분진	Cotton dust, raw	-	-	0.2	-	-	-
207	모노크로토포스	Monocrotophos(Inhalable fraction and vapor)	$C_7H_{14}NO_5P$	-	0.05	-	-	[6923-22-4] 생식세포 변이원성 2, Skin, 흡입성 및 증기
208	모노클로로벤젠	Monochlorobenzene	C_6H_5Cl	클로로벤젠 참조				
209	모르폴린	Morpholine	C_4H_9ON	20	-	30	-	[110-91-8] Skin
210	목재분진(적삼목)	Wood dust(Western red cedar, Inhalable fraction)	-	-	0.5	-	-	흡입성, 발암성 1A
211	목재분진(적삼목외 기타 모든 종)	Wood dust(All other species, Inhalable fraction)	-	-	1	-	-	흡입성, 발암성 1A
212	몰리브덴(불용성 화합물)	Molybdenum(Insoluble compounds)(Inhalable fraction)	Mo	-	10	-	-	[7439-98-7] 흡입성
213	몰리브덴(불용성 화합물)	Molybdenum (Insoluble compounds)(Respirable fraction)..	Mo	-	5	-	-	[7439-98-7] 호흡성
214	몰리브덴(수용성 화합물)	Molybdeunum (Soluble compounds)(Respirable fraction)	Mo	-	0.5	-	-	[7439-98-7] 발암성 2, 호흡성
215	무수 말레산	Maleic anhydride	$(CHCO)_2O$	-	0.4	-	-	[108-31-6]
216	무수 초산	Acetic anhydride	$(CH_3CO)_2O$	1	-	3	-	[108-24-7]
217	무수 프탈산	Phthalic anhydride	$C_6H_4(CO)_2O$	1	-	-	-	[85-44-9] Skin
218	바륨 및 그 가용성화합물	Barium and soluble compounds	Ba	-	0.5	-	-	[7440-39-3]
219	백금(가용성염)	Platinum(Soluble salts, as Pt)	$Na_2PtCl_6 \cdot 6H_2O$ / $PtCl_4$/ $(NH_4)_2PtCl_6$	-	0.002	-	-	[7440-06-4]
220	백금(금속)	Platinum(Metal)	Pt	-	1	-	-	[7440-06-4]

일련번호	유해물질의 명칭 국문표기	유해물질의 명칭 영문표기	화학식	노출기준 TWA ppm	노출기준 TWA mg/m³	노출기준 STEL ppm	노출기준 STEL mg/m³	비 고 (CAS번호 등)
221	베노밀	Benomyl	$C_{14}H_{18}N_4O_3$	-	10	-	-	[17804-35-2] 발암성 2, 생식세포 변이원성 1B, 생식독성 1B
222	베릴륨 및 그 화합물	Beryllium & Compounds	Be	-	0.002	-	0.01	[7440-41-7] 발암성 1A, Skin
223	베타-나프틸아민	β-Naphthylamine	$C_{10}H_7NH_2$	-	-	-	-	[91-59-8] 발암성 1A
224	베타-클로로프렌	β-Chloroprene	$CH_2CClCHCH_2$					2-클로로-1, 3-부타디엔 참조
225	베타-프로피오락톤	β-Propiolactone	$C_3H_4O_2$	0.5	-	-	-	[57-57-8] 발암성 1B, Skin
226	벤젠	Benzene	C_6H_6	0.5	-	2.5	-	[71-43-2] 발암성 1A, 생식세포 변이원성 1B, Skin
227	1,2-벤젠디아민	1,2-Benzenediamine	$C_6H_4(NH_2)_2$	-	0.1	-	-	[95-54-5]
228	1,3-벤젠디아민	1,3-Benzenediamine	$C_6H_4(NH_2)_2$	-	0.1	-	-	[108-45-2]
229	벤조일클로라이드	Benzoyl chloride	C_7H_5ClO	-	-	C 0.5	-	[98-88-4] 발암성 1B
230	벤조트리클로라이드	Benzotrichloride	$C_7H_5Cl_3$	-	-	C 0.1	-	[98-07-7] 발암성 1B, Skin
231	벤조 피렌	Benzo(a) pyrene	$C_{20}H_{12}$	-	-	-	-	[50-32-8] 발암성 1A, 생식세포 변이원성 1B, 생식독성 1B
232	벤지딘	Benzidine	$NH_2C_6H_4C_6H_4NH_2$	-	-	-	-	[92-87-5] 발암성 1A, Skin
233	2-부타논	2-Butanone	$CH_3COC_2H_5$					메틸 에틸 케톤 참조
234	1,3-부타디엔	1,3-Butadiene	$CH_2CHCHCH_2$	2	-	10	-	[106-99-0] 발암성 1A, 생식세포 변이원성 1B
235	부탄(이성체)	Butane, isomers	$CH_3(CH_2)_2CH_3$	800	-	-	-	[75-28-5][106-97-8] 발암성 1A, 생식세포 변이원성 1B (부타디엔 0.1% 이상인 경우에 한정함)
236	2-부톡시에탄올	2-Butoxyethanol	$C_4H_9OCH_2CH_2OH$	20	-	-	-	[111-76-2] 발암성 2, Skin
237	부탄에티올	Butanethiol	$CH_3CH_2CH_2CH_2SH$	0.5	-	-	-	[109-79-5]
238	부틸 멀캅탄	Butyl mercaptan	$CH_3CH_2CH_2CH_2SH$					Butanethiol 참조
239	부틸아민	Butylamine	$C_4H_9NH_2$	-	-	C 5	-	[109-73-9] Skin
240	이차-부틸알코올	sec-Butyl alcohol(2-Butanol)	$CH_3CHOHCH_2CH_3$	100	-	150	-	[78-92-2]
241	삼차-부틸알코올	tert-Butyl alcohol	$(CH_3)_3COH$	100	-	150	-	[75-65-0]
242	불소	Fluorine	F_2	0.1	-	-	-	[7782-41-4]
243	불화수소	Hydrogen fluoride, as F	HF	0.5	-	C 3	-	[7664-39-3] Skin
244	붕소산 사나트륨염 (무수물)	Borates tetrasodium salts (Anhydrous)(Inhalable fraction)	$Na_2B_4O_7$	-	1	-	-	[1330-43-4] 생식독성 1B, 흡입성

일련번호	유해물질의 명칭 (국문표기)	유해물질의 명칭 (영문표기)	화학식	노출기준 TWA ppm	노출기준 TWA mg/m³	노출기준 STEL ppm	노출기준 STEL mg/m³	비고 (CAS번호 등)
245	붕소산 사나트륨염 (오수화물)	Borates tetrasodium salts (Pentahydrate)(Inhalable fraction)	$Na_2B_4O_7 \cdot 5H_2O$	-	1	-	-	[12179-04-3] 생식독성 1B, 흡입성
246	붕소산 사나트륨염 (십수화물)	Borates tetrasodium salts(Decahydrate) (Inhalable fraction)	$Na_2B_4O_7 \cdot 10H_2O$	-	5	-	-	[1303-96-4] 생식독성 1B, 흡입성
247	브로마실	Bromacil	$C_9H_{13}BrN_2O_2$	-	10	-	-	[314-40-9] 발암성 2
248	브로모클로로메탄	Bromochloromethane	CH_2BrCl	200	-	250	-	[74-97-5]
249	브로모포름	Bromoform	$CHBr_3$	0.5	-	-	-	[75-25-2] 발암성 2, Skin
250	1-브로모프로판	1-Bromopropane	$CH_3CH_2CH_2Br$	25	-	-	-	[106-94-5] 발암성 2 생식독성 1B
251	2-브로모프로판	2-Bromopropane	$(CH_3)_2CHBr$	1	-	-	-	[75-26-3] 생식독성 1A
252	브롬	Bromine	Br_2	0.1	-	0.3	-	[7726-95-6]
253	브롬화 메틸	Methyl bromide	CH_3Br	1	-	-	-	[74-83-9] 생식세포 변이원성 2, Skin
254	브롬화 비닐	Vinyl bromide	C_2H_3Br	0.5	-	-	-	[593-60-2] 발암성 1B
255	브롬화 수소	Hydrogen bromide	HBr			C 2	-	[10035-10-6]
256	브롬화 에틸	Ethyl bromide	C_2H_5Br	5	-	-	-	[74-96-4] 발암성 2, Skin
257	브이엠 및 피 나프타	VM & P Naphtha	-		300	-	-	[8032-32-4] 발암성 1B, 생식세포 변이원성 1B (벤젠 0.1% 이상인 경우에 한정함)
258	비닐 벤젠	Vinyl benzene	$C_6H_5CHCH_2$					스티렌 참조
259	비닐 시클로헥센디옥사이드	Vinyl cyclohexenedioxide	$C_8H_{12}O_2$	0.1	-	-	-	[106-87-6] 발암성 2, Skin
260	비닐 아세테이트	Vinyl acetate	$CH_3COOCHCH_2$	10	-	15	-	[108-05-4] 발암성 2
261	비닐 톨루엔	Vinyl toluene	$CH_3C_6H_4CHCH_2$	50	-	-	-	[25013-15-4]
262	비소 및 그 무기화합물	Arsenic & inorganic compounds, as As	As	-	0.01	-	-	[7440-38-2] 발암성 1A
263	비스-(클로로메틸) 에테르	bis-(Chloromethyl) ether	$O(CH_2Cl)_2$	0.001	-	-	-	[542-88-1] 발암성 1A
264	비페닐	Biphenyl	$C_{12}H_{10}$	0.2	-	-	-	[92-52-4]
265	사브롬화 아세틸렌	Acetylene tetrabromide	$CHBr_2CHBr_2$	1	-	-	-	[79-27-6]
266	사브롬화 탄소	Carbon tetrabromide	CBr_4	0.1	-	0.3	-	[558-13-4]
267	사산화 오스뮴	Osmium tetroxide, as Os	OsO_4	0.0002	-	0.0006	-	[20816-12-0]
268	사염화탄소	Carbon tetrachloride	CCl_4	5	-	-	-	[56-23-5] 발암성 1B, Skin

일련번호	유해물질의 명칭 국문표기	유해물질의 명칭 영문표기	화학식	노출기준 TWA ppm	노출기준 TWA mg/m³	노출기준 STEL ppm	노출기준 STEL mg/m³	비 고 (CAS번호 등)
269	산화규소(결정체 석영)	Silica(Crystalline quartz)(Respirable fraction)	SiO_2	-	0.05	-	-	[14808-60-7] 발암성 1A, 호흡성
270	산화규소(결정체 크리스토바라이트)	Silica(Crystalline cristobalite)(Respirable fraction)	SiO_2	-	0.05	-	-	[14464-46-1] 발암성 1A, 호흡성
271	산화규소(결정체 트리디마이트)	Silica(Crystalline tridymite)(Respirable fraction)	SiO_2	-	0.05	-	-	[15468-32-3] 발암성 1A, 호흡성
272	산화규소(결정체 트리폴리)	Silica(Crystalline tripoli)(Respirable fraction)	SiO_2	-	0.1	-	-	[1317-95-9] 발암성 1A, 호흡성
273	산화규소(비결정체 규소, 용융된)	Silica(Amorphous silica, fused)(Respirable fraction)	SiO_2	-	0.1	-	-	[60676-86-0] 호흡성
274	산화규소(비결정체 규조토)	Silica(Amorphous diatomaceous earth)	SiO_2	-	10	-	-	[61790-53-2]
275	산화규소(비결정체 침전된 규소)	Silica(Amorphous precipitated silica)	SiO_2	-	10	-	-	[112926-00-8]
276	산화규소(비결정체 실리카겔)	Silica(Amorphous silicagel)	SiO_2	-	10	-	-	[112926-00-8]
277	산화마그네슘	Magnesium oxide	MgO	-	10	-	-	[1309-48-4]
278	산화 메시틸	Mesityl oxide	$CH_3COCHC(CH_3)_2$	15	-	25	-	[141-79-7]
279	산화 붕소	Boron oxide	B_2O_3	-	10	-	-	[1303-86-2] 생식독성 1B
280	산화아연 분진	Zinc oxide(Respirable fraction)	ZnO	-	2	-	-	[1314-13-2] 호흡성
281	산화아연	Zinc oxide	ZnO	-	5	-	10	[1314-13-2]
282	산화 알루미늄	Aluminum oxide	Al_2O_3					알파-알루미나 참조
283	산화 에틸렌	Ethylene oxide	$(CH_2)_2O$	1	-	-	-	[75-21-8] 발암성 1A, 생식세포 변이원성 1B
284	산화주석 및 무기화합물	Tin oxide & Inorganic compounds except SnH_4 as Sn	$Sn/SnCl_2/SnCl_4/SnSO_4/K_2SnO_3 \cdot 3H_2O$	-	2	-	-	[7440-31-5] Skin
285	산화철	Iron oxide, as Fe	Fe_2O_3	-	5	-	-	[1309-37-1]
286	산화철(흄)	Iron oxide(Fume, as Fe)	Fe_2O_3	-	5	-	-	[1309-37-1]
287	산화칼슘	Calcium oxide	CaO	-	2	-	-	[1305-78-8]
288	산화프로필렌	Propylene oxide	CH_3CHOCH_2					1, 2-에폭시프로판 참조
289	삼차부틸크롬산	tert-Butyl chromate, as CrO_3	$[(CH_3)_3CO]_2CrO_2$	-	-	C	0.1	[1189-85-1] 발암성 1A, Skin
290	삼불화붕소	Boron trifluoride	BF_3	-	-	C 1	-	[7637-07-2]

일련번호	유해물질의 명칭 국문표기	유해물질의 명칭 영문표기	화학식	노출기준 TWA ppm	노출기준 TWA mg/㎥	노출기준 STEL ppm	노출기준 STEL mg/㎥	비고 (CAS번호 등)
291	삼불화염소	Chlorine trifluoride	ClF_3	-	-	C 0.1	-	[7790-91-2]
292	삼불화질소	Nitrogen trifluoride	NF_3	10	-	-	-	[7783-54-2]
293	삼브롬화붕소	Boron tribromide	BBr_3	-	-	C 1	-	[10294-33-4]
294	삼산화 안티몬 (취급 및 사용물)	Antimony trioxide (Handling & use, as Sb)	Sb_2O_3	-	0.5	-	-	[1309-64-4] 발암성 2
295	삼산화 안티몬(생산)	Antimony trioxide (Production)	Sb_2O_3	-	-	-	-	[1309-64-4] 발암성 1B
296	삼수소화 비소	Arsine	AsH_3	0.005	-	-	-	[7784-42-1]
297	석고	Gypsum(Inhalable fraction)	$CaSO_4 \cdot 2H_2O$	-	10	-	-	[13397-24-5] 흡입성
298	석면(모든 형태)	Asbestos(All forms)	-	-	0.1 개/cm^3	-	-	발암성 1A
299	석탄분진	Coal dust(Respirable fraction)	-	-	1	-	-	호흡성
300	석회석	Lime stone	-	-	10	-	-	[1317-65-3]
301	설퍼릴 플루오라이드	Sulfuryl fluoride	SO_2F_2	5	-	10	-	[2699-79-8]
302	설퍼 모노클로라이드	Sulfur monochloride	S_2Cl_2	-	-	C 1	-	[10025-67-9]
303	설퍼 테트라플루오라이드	Sulfur tetrafluoride	SF_4	-	-	C 0.1	-	[7783-60-0]
304	설퍼 펜타플루오라이드	Sulfur pentafluoride	S_2F_{10}	-	-	C 0.01	-	[5714-22-7]
305	설포텝	Sulfotep	$(C_2H_5)_4P_2S_2O_5$	-	0.2	-	-	[3689-24-5] Skin
306	설프로포스	Sulprofos	C12H19O2PS3	-	1	-	-	[35400-43-2] Skin
307	세손	Sesone	$C_8H_7Cl_2NaO_5S$	-	10	-	-	[136-78-7]
308	세슘하이드록사이드	Cesium hydroxide	CsOH	-	2	-	-	[21351-79-1]
309	셀레늄 및 그 화합물	Selenium and compounds	$Se/Na_2SeO_3/Na_2SeO_4/SeO_2SeOCl_2$	-	0.2	-	-	[7782-49-2]
310	셀루로우즈	Cellulose(paper fiber)	$(C_6H_{10}O_5)n$	-	10	-	-	[9004-34-6]
311	소디움 2,4-디클로로페녹시에틸 설페이트	Sodium 2,4-dichlorophenoxyethylsulfate	$C_8H_7Cl_2NaO_5S$	세손 참조				
312	소디움 메타바이설파이트	Sodium metabisulfite	$Na_2S_2O_5$	-	5	-	-	[7681-57-4]
313	소디움 비설파이트	Sodium bisulfite	$NaHSO_3$	-	5	-	-	[7631-90-5]
314	소디움 아지이드	Sodium azide	NaN_3	-	-	-	C 0.29	[26628-22-8]
315	소디움 플루오로아세테이트	Sodium fluoroacetate	$CH_2FCOONa$	-	0.05	-	0.15	[62-74-8] Skin

일련번호	유해물질의 명칭 국문표기	유해물질의 명칭 영문표기	화학식	노출기준 TWA ppm	노출기준 TWA mg/m³	노출기준 STEL ppm	노출기준 STEL mg/m³	비 고 (CAS번호 등)
316	소석고	Plaster of Pariss(Inhalable fraction)	-	-	10	-	-	[10034-76-1] 흡입성
317	소우프스톤	Soapstone	$3MgO \cdot 4SiO_2 \cdot H_2O$	-	6	-	-	[14807-96-6]
318	소우프스톤	Soapstone(Respirable fraction)	$3MgO \cdot 4SiO_2 \cdot H_2O$	-	3	-	-	[14807-96-6] 호흡성
319	수산화나트륨	Sodium hydroxide	NaOH	-	-	-	C 2	[1310-73-2]
320	수산화 칼륨	Potassium hydroxide	KOH	-	-	-	C 2	[1310-58-3]
321	수산화 칼슘	Calcium hydroxide	$Ca(OH)_2$	-	5	-	-	[1305-62-0]
322	수산화테트라메틸암모늄	Tetramethylammonium hydroxide	$C_4H_{13}NO$	-	1	-	-	[75-59-2]
323	수은(아릴화합물)	Mercury(Aryl compounds)	Hg	-	0.1	-	-	[7439-97-6] Skin
324	수은 및 무기형태 (아릴 및 알킬 화합물 제외)	Mercury elemental and inorganic form(All forms except aryl & alkyl compounds)	Hg	-	0.025	-	-	[7439-97-6] 생식독성 1B, Skin
325	수은(알킬화합물)	Mercury(Alkyl compounds)	Hg	-	0.01	-	0.03	[7439-97-6] Skin
326	스토다드 용제	Stoddard solvent	$C_9 \sim C_{11}$ paraffn(85%) + aromatics (15%)	100	-	-	-	[8052-41-3] 발암성 1B, 생식세포 변이원성 1B(벤젠 0.1% 이상인 경우에 한정함)
327	스트론티움크로메이트	Strontium chromate	$C_2H_2O_4 \cdot Sr$	-	0.0005	-	-	[7789-06-2] 발암성 1A
328	스트리치닌	Strychnine	$C_{21}H_{22}N_2O_2$	-	0.15	-	-	[57-24-9]
329	스티렌	Styrene	$C_6H_5CHCH_2$	20	-	40	-	[100-42-5] 발암성 2, 생식독성 2, Skin
330	스티빈	Stibine	SbH_3	0.1	-	-	-	[7803-52-3]
331	시스톡스	Systox	$(C_2H_5O)_2PSOC_2H_5SC_2H_5$	데미톤 참조				
332	시아노겐	Cyanogen	$(CN)_2$	10	-	-	-	[460-19-5]
333	시안아미드	Cyanamide	H_2NCN	-	2	-	-	[420-04-2]
334	시안화 나트륨	Sodium cyanide	NaCN	-	3	-	5	[143-33-9] Skin
335	시안화 비닐	Vinyl cyanide	CH_2CHCN	아크릴로니트릴 참조				
336	시안화 수소	Hydrogen cyanide	HCN	-	-	C 4.7	-	[74-90-8] Skin
337	시안화 칼륨	Potassium cyanide	KCN	시안화합물 참조				
338	시안화합물	Cyanides, as CN	$KCN/Ca(CN)_2$	-	5	-	-	[151-50-8][592-01-8] Skin
339	시클로나이트	Cyclonite	$C_3H_6N_6O_6$	-	0.5	-	-	[121-82-4] Skin
340	시클로펜타디엔	Cyclopentadiene	C_5H_6	75	-	-	-	[542-92-7]
341	시클로펜탄	Cyclopentane	C_5H_{10}	600	-	-	-	[287-92-3]
342	시클로헥사논	Cyclohexanone	$C_6H_{11}O$	25	-	50	-	[108-94-1] 발암성 2, Skin
343	시클로헥사놀	Cyclohexanol	$C_6H_{11}OH$	50	-	-	-	[108-93-0] Skin
344	시클로헥산	Cyclohexane	C_6H_{12}	200	-	-	-	[110-82-7]
345	시클로헥센	Cyclohexene	C_6H_{10}	300	-	-	-	[110-83-8]

일련번호	유해물질의 명칭 (국문표기)	유해물질의 명칭 (영문표기)	화학식	노출기준 TWA ppm	노출기준 TWA mg/m³	노출기준 STEL ppm	노출기준 STEL mg/m³	비 고 (CAS번호 등)
346	시클로헥실아민	Cyclohexylamine	$C_6H_{11}NH_2$	10	-	-	-	[108-91-8] 생식독성 2
347	시헥사틴	Cyhexatin	$C_{18}H_{34}OSn$	-	5	-	-	[13121-70-5]
348	실레인	Silane	SiH_4	5	-	-	-	[7803-62-5]
349	실리콘	Silicon	Si	-	10	-	-	[7440-21-3]
350	실리콘 카바이드	Silicon carbide	SiC	-	10	-	-	[409-21-2] 발암성 1B [섬유상(수염형태 결정 포함) 물질에 한정함]
351	실리콘 테트라하이드라이드	Silicon tetrahydride	SiH_4	실레인 참조				
352	아니시딘 (오쏘, 파라-이성체)	Anisidine(o, p-isomers)	$NH_2C_6H_4OCH_3$	-	0.5	-	-	[29191-52-4] Skin
353	아닐린과 아닐린 동족체	Aniline & homologues	$C_6H_5NH_2$	2	-	-	-	[62-53-3] 발암성 2, 생식세포 변이원성 2, Skin
354	4-아미노디페닐	4-Aminodiphenyl	$C_6H_5C_6H_4NH_2$	-	-	-	-	[92-67-1] 발암성 1A, Skin
355	2-아미노에탄올	2-Aminoethanol	$HOCH_2CH_2NH_2$	에탄올 아민 참조				
356	3-아미노-1,2,4-트리아졸 (또는 아미트롤)	3-Amino-1,2,4-triazole (or Amitrole)	-	-	0.2	-	-	[61-82-5] 발암성 2, 생식독성 2
357	2-아미노피리딘	2-Aminopyridine	$NH_2C_5H_4N$	0.5	-	-	-	[504-29-0]
358	아세네이트 연	Lead arsenate, as $Pb(AsO_4)_2$	Pb_3HAsO_4	-	0.05	-	-	[7784-40-9] 발암성 1A 생식독성 1A
359	아세토니트릴	Acetonitrile	CH_3CN	20	-	-	-	[75-05-8] Skin
360	아세톤	Acetone	CH_3COCH_3	500	-	750	-	[67-64-1]
361	아세톤시아노히드린	Acetone cyanohydrin	$(CH_3)2C(OH)CN$	-	-	C 4.7	-	[75-86-5]
362	아세트알데히드	Acetaldehyde	CH_3CHO	50	-	150	-	[75-07-0] 발암성 1B
363	아세틸살리실산	Acetylsalicylic acid (Aspirin)	$C_9H_8O_4$	-	5	-	-	[50-78-2]
364	아스팔트 흄 (벤젠 추출물)	Asphalt(Bitumen)fumes (as benzene soluble aerosol) (Inhalable fraction)	-	-	0.5	-	-	[8052-42-4] 발암성 2, 흡입성
365	아연 스테아린산	Zinc stearate(Inhalable fraction)	$Zn(C_{18}H_{35}O_2)_2$	-	10	-	-	[557-05-1] 흡입성
366	아진포스 메틸	methyl(Inhalable fraction and vapor)	$C_{10}H_{12}N_3O_3PS_2$	-	0.2	-	-	[86-50-0] Skin, 흡입성 및 증기
367	아크로레인	Acrolein	CH_2CHCHO	0.1	-	0.3	-	[107-02-8] Skin
368	아크릴로니트릴	Acrylonitrile	CH_2CHCN	2	-	-	-	[107-13-1] 발암성 1B, Skin
369	아크릴 산	Acrylic acid	$CH_2CHCOOH$	2	-	-	-	[79-10-7] Skin
370	아크릴아미드	Acrylamide(Inhalable fraction and vapor)	$CH_2CHCONH_2$	-	0.03	-	-	[79-06-1] 발암성 1B, 생식세포 변이원성 1B, 생식독성 2, Skin, 흡입성 및 증기
371	아트라진	Atrazine	$C_8H_{14}ClN_5$	-	5	-	-	[1912-24-9] 발암성 2

일련번호	유해물질의 명칭 국문표기	유해물질의 명칭 영문표기	화학식	노출기준 TWA ppm	노출기준 TWA mg/㎥	노출기준 STEL ppm	노출기준 STEL mg/㎥	비 고 (CAS번호 등)
372	아황화니켈	Nickel subsulfide(Inhalable fraction)	Ni_3S_2	-	0.1	-	-	[12035-72-2] 발암성 1A, 생식세포 변이원성 2, 흡입성
373	안티몬과 그 화합물	Antimony & compounds, as Sb	Sb	-	0.5	-	-	[7440-36-0]
374	알드린	Aldrin	$Cl_2H_8Cl_6$	-	0.25	-	-	[309-00-2] 발암성 2, Skin
375	알루미늄(가용성 염)	Aluminum(Soluble salts)	Al	-	2	-	-	[7429-90-5]
376	알루미늄(금속분진)	Aluminum(Metal dust)	Al	-	10	-	-	[7429-90-5]
377	알루미늄(알킬)	Aluminum(Alkyls)	Al	-	2	-	-	[7429-90-5]
378	알루미늄(용접흄)	Aluminum(Welding fumes)	Al	-	5	-	-	[7429-90-5]
379	알루미늄(피로파우더)	Aluminum(Pyropowders)	Al	-	5	-	-	[7429-90-5]
380	알릴글리시딜에테르	Allyl glycidyl ether(AGE)	$CH_2CHCH_2OC_3H_5O$	1	-	-	-	[106-92-3] 발암성 2, 생식세포 변이원성 2, 생식독성 2, Skin
381	알릴 알코올	Allyl alcohol	CH_2CHCH_2OH	0.5	-	4	-	[107-18-6] Skin
382	알릴프로필 디설파이드	Allylpropyl disulfide	$CH_2CHCH_2S_2C_3H_7$	0.5	-	-	-	[2179-59-1]
383	알파나프틸아민	α-Naphthyl amine	$C_{10}H_7NH_2$	-	0.006	-	-	[134-32-7] 발암성 2
384	알파-나프틸티오우레아	α-Naphthylthiourea(ANTU)	$C_{11}H_{10}N_2S$	-	0.3	-	-	[86-88-4] 발암성 2, Skin
385	알파-메틸 스티렌	α-Methyl styrene	$C_6H_5C(CH_3)=CH_2/C_9H_{10}$	50	-	100	-	[98-83-9] 발암성 2
386	알파-알루미나	α-Alumina	Al_2O_3	-	10	-	-	[1344-28-1]
387	알파-클로로아세토페논	α-Chloroacetophenone	$C_6H_5COCH_2Cl$	0.05	-	-	-	[532-27-4]
388	암모늄 설파메이트	Ammonium sulfamate	$NH_2SO_3NH_4$	-	10	-	-	[7773-06-0]
389	암모니아	Ammonia	NH_3	25	-	35	-	[7664-41-7]
390	액화 석유가스	L.P.G(Liquified petroleum gas)	$C_3H_6/C_3H_8/C_4H_8/C_4H_{10}$	1,000	-	-	-	[68476-85-7] 발암성 1A, 생식세포 변이원성 1B(부타디엔 0.1% 이상인 경우에 한정함)
391	에머리	Emery	-	-	10	-	-	[1302-74-5]
392	에탄 에티올	Ethanethiol	C_2H_5SH	0.5	-	-	-	[75-08-1]
393	에탄올	Ethanol	C_2H_5OH	에틸 알코올 참조				
394	에탄올아민	Ethanolamine	$HOCH_2CH_2NH_2$	3	-	6	-	[141-43-5]
395	2-에톡시에탄올	2-Ethoxyethanol	$C_2H_5OCH_2CH_2OH$	5	-	-	-	[110-80-5] 생식독성 1B, Skin
396	2-에톡시에틸아세테이트	2-Ethoxyethyl acetate	$C_2H_5OCH_2CH_2OCOCH_3$	5	-	-	-	[111-15-9] 생식독성 1B, Skin
397	에티온	Ethion	$C_9H_{22}O_4P_2S_4$	-	0.4	-	-	[563-12-2] Skin
398	에틸렌 글리콜 디니트레이트	Ethylene glycol dinitrate	$(CH_2NO_3)_2$	0.05	-	-	-	[628-96-6] Skin
399	에틸렌글리콜모노 부틸 에테르아세테이트	Ethyleneglycol monobutyl etheracetate	$C_4H_9OCH_2OO-CH_3$	20	-	-	-	[112-07-2] 발암성 2

일련번호	유해물질의 명칭 국문표기	유해물질의 명칭 영문표기	화학식	노출기준 TWA ppm	노출기준 TWA mg/m³	노출기준 STEL ppm	노출기준 STEL mg/m³	비고 (CAS번호 등)
400	에틸렌 글리콜메틸에테르 아세테이트	Ethylene glycol methyl ether acetate	$CH_3COOCH_2CH_2OCH_3$	5	-	-	-	[110-49-6] 생식독성 1B, Skin
401	에틸렌 글리콜(증기 및 미스트)	Ethylene glycol(Vapor and mist)	CH_2OHCH_2OH	-	-	C 100	-	[107-21-1]
402	에틸렌디아민	Ethylenediamine	CH_2BrCH_2Br	1,2-디아미노에탄 참조				
403	에틸렌이민	Ethylenimine	$(CH_2)_2NH$	0.5	-	-	-	[151-56-4] 발암성 1B, 생식세포 변이원성 1B, Skin
404	에틸렌 클로로하이드린	Ethylene chlorohydrin	CH_2ClCH_2OH	-	-	C 1	-	[107-07-3] Skin
405	에틸리덴 노보르닌	Ethylidene norbornene	C_9H_{12}	-	-	C 5	-	[16219-75-3]
406	에틸 멀캅탄	Ethyl mercaptan	C_2H_5SH	에탄에티올 참조				
407	에틸 벤젠	Ethyl benzene	$C_2H_5C_6H_5$	100	-	125	-	[100-41-4] 발암성 2
408	에틸 부틸 케톤	Ethyl butyl ketone	$C_2H_5COC_4H_9$	50	-	-	-	[106-35-4]
409	에틸 실리케이트	Ethyl silicate	$(C_2H_5O)Si/(CH_3)_5SiO_4$	10	-	-	-	[78-10-4]
410	에틸 아민	Ethyl amine	$C_2H_5NH_2$	5	-	15	-	[75-04-7] Skin
411	에틸 아밀 케톤	Ethyl amyl ketone	$C_8H_{16}O$	25	-	-	-	[541-85-5]
412	에틸 아크릴레이트	Ethyl acrylate	$CH_2CHCOOC_2H_5$	5	-	-	-	[140-88-5] 발암성 2
413	에틸 알코올	Ethyl alcohol	C_2H_5OH	1,000	-	-	-	[64-17-5] 발암성 1A (알코올 음주에 한정함)
414	에틸 에테르	Ethyl ether	$C_2H_5OC_2H_5$	디에틸 에테르 참조				
415	1,2-에폭시프로판	1,2-Epoxypropane	CH_3CHOCH_2	2	-	-	-	[75-56-9] 발암성 1B, 생식세포 변이원성 1B
416	2,3-에폭시-1-프로판올	2,3-Epoxy-1-propanol	$C_3H_6O_2$	2	-	-	-	[556-52-5] 발암성 1B, 생식세포 변이원성 2, 생식독성 1B
417	에피클로로히드린	Epichlorohydrin	C_3H_5OCl	0.5	-	-	-	[106-89-8] 발암성 1B, Skin
418	엔도설판	Endosulfan(Inhalable fraction and vapor)	$C_9H_6Cl_6O_3S$	-	0.1	-	-	[115-29-7] Skin, 흡입성 및 증기
419	엔드린	Endrin	$C_{12}H_8Cl_6O$	-	0.1	-	-	[72-20-8] Skin
420	염소	Chlorine	Cl_2	0.5	-	1	-	[7782-50-5]
421	염소화 비닐리덴	Vinylidene chloride	CH_2CCl_2	1,1-디클로로에틸렌 참조				
422	염소화 산화디페닐	Chlorinated diphenyloxide	$C_{12}H_4Cl_6O$	-	0.5	-	2	[55720-99-5]
423	염소화 캄펜	Chlorinated camphene	$C_{10}H_{10}Cl_8$	-	0.5	-	1	[8001-35-2] 발암성 2, Skin
424	염화 메틸렌	Methylene chloride	CH_2Cl_2	디클로로메탄 참조				
425	염화 벤질	Benzyl chloride	$C_6H_5CH_2Cl$	1	-	-	-	[100-44-7] 발암성 1B
426	염화 비닐	Vinyl chloride	CH_2CHCl	클로로에틸렌 참조				
427	염화 수소	Hydrogen chloride	HCl	1	-	2	-	[7647-01-0]
428	염화 시아노겐	Cyanogen chloride	$CClN$	-	-	C 0.3	-	[506-77-4]
429	염화 아연 흄	Zinc chloride fume	$ZnCl_2$	-	1	-	2	[7646-85-7]
430	염화 알릴	Allyl chloride	CH_2CHCH_2Cl	1	-	2	-	[107-05-1] 발암성 2, 생식세포 변이원성 2, Skin

일련번호	유해물질의 명칭 국문표기	유해물질의 명칭 영문표기	화학식	노출기준 TWA ppm	노출기준 TWA mg/m³	노출기준 STEL ppm	노출기준 STEL mg/m³	비고 (CAS번호 등)
431	염화 암모늄 흄	Ammonium chloride fume	NH₄Cl	-	10	-	20	[12125-02-9]
432	염화 에틸	Ethyl chloride	C₂H₅Cl	1,000	-	-	-	[75-00-3] 발암성 2, Skin
433	염화 에틸리덴	Ethylidene chloride	CH₃CHCl₂	10	-	-	-	[107-06-2] 발암성 1B
434	염화 티오닐	Thionyl chloride	SOCl₂	-	-	C 0.2	-	[7719-09-7]
435	오쏘-이차-부틸페놀	o-sec-Butylphenol	C₂H₅(CH₃)CHC₆H₄OH	5	-	-	-	[89-72-5] Skin
436	오쏘-디클로로벤젠	o-Dichlorobenzene	C₆H₄Cl₂	25	-	50	-	[95-50-1]
437	오쏘-메틸시클로헥사논	o-Methylcyclohexanone	C₇H₁₂O	50	-	75	-	[583-60-8] Skin
438	오쏘-클로로벤질리덴 말로노니트릴	o-Chlorobenzylidene malononitrile	ClC₆H₄CHC(CN)₂	-	-	C 0.05	-	[2698-41-1] Skin
439	오쏘-클로로스티렌	o-Chlorostyrene	C₈H₇Cl	50	-	75	-	[2039-87-4]
440	오쏘-클로로톨루엔	o-Chlorotoluene	C₆H₄CH₃Cl	50	-	75	-	[95-49-8]
441	오쏘-톨루이딘	o-Toluidine	CH₃C₆H₄NH₂	2	-	-	-	[95-53-4] 발암성 1A, Skin
442	오쏘-톨리딘	o-Tolidine	(CH₃C₆H₃NH₂)₂	-	-	-	-	[119-93-7] 발암성 1B, Skin
443	오쏘-프탈로디니트릴	o-Phthalodinitrile(Inhalable fraction and vapor)	C₆H₄(NH₂)₂	-	1	-	-	[91-15-6] 흡입성 및 증기
444	오불화 브롬	Bromine pentafluoride	BrF₅	0.1	-	-	-	[7789-30-2]
445	오산화바나듐	Vanadium pentoxide(Inhalable fraction)	V₂O₅	-	0.05	-	-	[1314-62-1] 발암성 2, 생식세포 변이원성 2, 생식독성 2, 흡입성
446	오카르보닐 철 (펜타카르보닐철)	Iron pentacarbonyl, as Fe	Fe(CO)₅	0.1	-	0.2	-	[13463-40-6]
447	오존	Ozone	O₃	0.08	-	0.2	-	[10028-15-6]
448	옥살산	Oxalic acid	HOOCCOOH·2H₂O	-	1	-	2	[144-62-7]
449	옥타클로로나프탈렌	Octachloronaphthalene	C₁₀Cl₈	-	0.1	-	0.3	[2234-13-1] Skin
450	옥탄	Octane	C₈H₁₈	300	-	375	-	[111-65-9]
451	와파린	Warfarin	C₁₉H₁₆O₄	-	0.1	-	-	[81-81-2] 생식독성 1A, Skin
452	요오드 및 요오드화물	Iodine and iodides(Inhalable fraction and vapor)	I₂	0.01	-	0.1	-	[7553-56-2] 흡입성 및 증기
453	요오드포름	Iodoform	CHI₃	0.6	-	-	-	[75-47-8]
454	요오드화 메틸	Methyl iodide	CH₃I	2	-	-	-	[74-88-4] 발암성 2, Skin
455	용접 흄 및 분진	Welding fumes and dust	-	-	5	-	-	발암성 2

일련번호	유해물질의 명칭 국문표기	영문표기	화학식	노출기준 TWA ppm	TWA mg/m³	STEL ppm	STEL mg/m³	비고 (CAS번호 등)
456	우라늄 (가용성 및 불용성 화합물)	Uranium(Soluble & insoluble compounds, as U)	$U/U_3O_8/UF_4/UH_3/UF_6/UO_2(NO_3)_2 \cdot 6H_2O/UO_2SO_4 \cdot 3H_2O$	-	0.2	-	0.6	[7440-61-1] 발암성 1A
457	운모	Mica(Respirable fraction)	-	-	3	-	-	[12001-26-2] 호흡성
458	유리 섬유 분진	Fibrous glass dust	-	-	5	-	-	-
459	육불화 셀레늄	Selenium hexafluoride, as Se	SeF_6	0.05	-	-	-	[7783-79-1]
460	육불화 텔레늄	Tellurium hexafluoride, as Te	TeF_6	0.02	-	-	-	[7783-80-4]
461	육불화 황	Sulfur hexafluoride	SF_6	1,000	-	-	-	[2551-62-4]
462	은(가용성 화합물)	Silver(Soluble compounds, as Ag)	$AgNO_3/AgF$	-	0.01	-	-	[7440-22-4]
463	은(금속, 분진 및 흄)	Silver(Metal, dust and fume)	Ag	-	0.1	-	-	[7440-22-4]
464	이불화산소	Oxygen difluoride	OF_2	-	-	C 0.05	-	[7783-41-7]
465	이브롬화 에틸렌	Etylene dibromide	$NH_2CH_2CH_2NH_2$	1,2-디브로모에탄 참조				
466	이산화염소	Chlorine dioxide	ClO_2	0.1	-	0.3	-	[10049-04-4]
467	이산화질소	Nitrogen dioxide	NO_2/N_2O_4	3	-	5	-	[10102-44-0]
468	이산화탄소	Carbon dioxide	CO_2	5,000	-	30,000	-	[124-38-9]
469	이산화티타늄	Titanium dioxide	TiO_2	-	10	-	-	[13463-67-7] 발암성 2
470	이산화 황	Sulfur dioxide	SO_2	2	-	5	-	[7446-09-5]
471	이소부틸 알코올	Isobutyl alcohol	$(CH_3)_2CHCH_2OH$	50	-	-	-	[78-83-1]
472	이소아밀 알코올	Isoamyl alcohol	$(CH_3)_2CHCH_2OH$	100	-	125	-	[123-51-3]
473	이소옥틸 알코올	Isooctyl alcohol	$C_7H_{15}CH_2OH$	50	-	-	-	[26952-21-6] Skin
474	이소포론	Isophorone	$C_9H_{14}O$	-	-	C 5	-	[78-59-1] 발암성 2
475	이소포론 디이소시아네이트	Isophorone diisocyanate	$C_{12}H_{18}N_2O_2$	0.005	-	-	-	[4098-71-9] Skin
476	이소프로폭시에탄올	Isopropoxyethanol	$(CH_3)_2CHOCH_2CH_2OH$	25	-	-	-	[109-59-1] Skin
477	이소프로필 글리시딜 에테르	Isopropyl glycidyl ether(IGE)	$C_6H_{12}O_2$	50	-	75	-	[4016-14-2]
478	이소프로필아민	Isopropylamine	$(CH_3)_2CHNH_2$	5	-	10	-	[75-31-0]
479	이소프로필 알코올	Isopropyl alcohol	$CH_3CHOHCH_3$	200	-	400	-	[67-63-0]
480	이소프로필 에테르	Isopropyl ether	$[(CH_3)_2CH]_2O$	250	-	310	-	[108-20-3]
481	이염화아세틸렌	Acetylene dichloride	$CHClCHCl$	1,2-디클로로에틸렌 참조				
482	이염화 에틸렌	Ethylene dichloride	$ClCHCHCl$	10	-	-	-	[107-06-2] 발암성 1B
483	이트리움(금속 및 화합물)	Yttrium(Metal & compounds, as Y)	$Y/Y(NO_3)_3 \cdot 6H_2O/YCl_3/Y_2O_3$	-	1	-	-	[7440-65-5]
484	이피엔	EPN(Inhalable fraction)	$C_{14}H_{14}NO_4PS$	-	0.1	-	-	[2104-64-5] Skin, 흡입성
485	이황화탄소	Carbon disulfide	CS_2	1	-	-	-	[75-15-0] 생식독성 2, Skin

일련번호	유해물질의 명칭 (국문표기)	유해물질의 명칭 (영문표기)	화학식	노출기준 TWA ppm	노출기준 TWA mg/㎥	노출기준 STEL ppm	노출기준 STEL mg/㎥	비고 (CAS번호 등)
486	인(황색)	Phosphorus(yellow)	P₄	-	0.1	-	-	[12185-10-3]
487	인덴	Indene	C₉H₈	10	-	-	-	[95-13-6]
488	인듐 및 그 화합물	Indium & compounds, as In(Indium & compounds as Fume)(Respirable fraction)	In	-	0.01	-	-	[7440-74-6] 호흡성
489	인산	Phosphoric acid	H₃PO₄	-	1	-	3	[7664-38-2]
490	일산화질소	Nitric monoxide	NO	25	-	-	-	[10102-43-9]
491	일산화탄소	Carbon monoxide	CO	30	-	200	-	[630-08-0] 생식독성 1A
492	자당	Sucrose	C₁₂H₂₂O₁₁	-	10	-	-	[57-50-1]
493	자철광	Magnesite	MgCO₃	-	10	-	-	[546-93-0]
494	전분	Starch	(C₆H₁₀O₅)n	-	10	-	-	[9005-25-8]
495	주석(금속)	Tin(Metal)	Sn	-	2	-	-	[7440-31-5]
496	주석(유기화합물)	Tin(Organic compounds, as Sn)	(C₄H₉)₂Sn(C₈H₁₅O₂)/[(C₄H₉)₃Sn]₂O/(C₆H₅)SnCl/(C₄H₉)₂SnCl₂/(C₄H₉)₄Sn	-	0.1	-	-	[7440-31-5] Skin
497	지르코늄 및 그 화합물	Zirconium and compounds, as Zr	ZrO₂/ZrOCl₂·8H₂O/ZrCl₄/ZrH₂/H₂ZrO₂(C₂H₃O₂)₂	-	5	-	10	[7440-67-7]
498	질산	Nitric acid	HNO₃	2	-	4	-	[7697-37-2]
499	철바나듐 분진	Ferrovanadium dust	FeV	-	1	-	3	[12604-58-9]
500	철염(가용성)	Iron salts (Soluble, as Fe)	Fe	-	1	-	-	[7439-89-6]
501	초산	Acetic acid	CH₃COOH	10	-	15	-	[64-19-7]
502	초산 이차-부틸	sec-Butyl acetate	CH3COOCHCH3CH2CH3	200	-	-	-	[105-46-4]
503	초산 삼차-부틸	tert-Butyl acetate	CH₃COOC(CH₃)₃	200	-	-	-	[540-88-5]
504	초산 이차-아밀	sec-Amyl acetate	CH₃COOCH(CH₃)(CH₂)₂CH₃	50	-	100	-	[626-38-0]
505	초산 이차-헥실	sec-Hexyl acetate	CH₃COOCH(CH₃)CH₂CH(CH₃)₂	50	-	-	-	[108-84-9]
506	초산 메틸	Methyl acetate	CH₃COOCH₃	200	-	250	-	[79-20-9]
507	초산 에틸	Ethyl acetate	CH₃COOC₂H₅	400	-	-	-	[141-78-6]
508	초산 이소부틸	Isobutyl acetate	CH₃COOCH₂CH(CH₃)₂	150	-	187	-	[110-19-0]
509	초산 이소아밀	Isoamyl acetate	CH₃COOCH₂CH₂CH(CH₃)₂	50	-	100	-	[123-92-2]
510	초산 이소프로필	Isopropyl acetate	CH₃COOCH(CH₃)₂	100	-	200	-	[108-21-4]
511	초산 프로필	n-Propyl acetate	CH₃COOCH₂CH₂CH₃	200	-	250	-	[109-60-4]

일련번호	유해물질의 명칭 국문표기	영문표기	화학식	노출기준 TWA ppm	TWA mg/㎥	STEL ppm	STEL mg/㎥	비고 (CAS번호 등)
512	카드뮴 및 그 화합물	Cadmium and compounds, as Cd (Respirable fraction)	Cd/CdO	-	0.01 (0.002)	-	-	[7440-43-9] 발암성 1A, 생식세포 변이원성 2, 생식독성 2, 호흡성
513	카르보닐 클로라이드	Carbonyl chloride	COCl₂					포스겐 참조
514	카바릴	Carbaryl	C₁₂H₁₁NO₂	-	5	-	-	[63-25-2] 발암성 2, Skin
515	카보푸란	Carbofuran(Inhalable fraction and vapor)	C₁₂H₁₅NO₃	-	0.1	-	-	[1563-66-2] 흡입성 및 증기
516	카보닐 플루오라이드	Carbonyl fluoride	COF₂	2	-	5	-	[353-50-4]
517	카본블랙	Carbon black(Inhalable fraction)	C	-	3.5	-	-	[1333-86-4] 발암성 2, 흡입성
518	카올린	Kaoline(Respirable fraction)	H₂Al₂Si₂O₈·H₂O	-	2	-	-	[1332-58-7] 호흡성
519	카프로락탐(분진)	Caprolactum(Dust)(Inhalable fraction)	CH₂CH₂CH₂NH CH₂CH₂CO	-	1	-	3	[105-60-2] 흡입성
520	카프로락탐(증기)	Caprolactum(Vapor)	CH₂CH₂CH₂NH CH₂CH₂CO	-	20	-	40	[105-60-2]
521	카테콜	Catechol	C₆H₄(OH)₂	5	-	-	-	[120-80-9] 발암성 2, Skin
522	칼슘 시안아미드	Calcium cyanamide	CaCN	-	0.5	-	-	[156-62-7]
523	칼슘 크로메이트	Calcium chromate	CaCrO₄	-	0.001	-	-	[13765-19-0]
524	캄파(인조)	Camphor(Synthetic)	C₁₀H₁₆O	2	-	3	-	[76-22-2]
525	캡타폴	Captafol(Inhalable fraction and vapor)	C₁₀H₉Cl₄NO₂S	-	0.1	-	-	[2425-06-1] 발암성 1B, Skin, 흡입성 및 증기
526	캡탄	Captan(Inhalable fraction)	C₉H₈Cl₃NO₂S	-	5	-	-	[133-06-2] 발암성 2, 흡입성
527	케로젠	Kerosene	-	-	200	-	-	[8008-20-6] 발암성 2, Skin
528	케텐	Ketene	CH₂CO	0.5	-	1.5	-	[463-51-4]
529	코발트 및 그 무기화합물	Cobalt and inorganic compounds	Co/CoO/Co₂O₃/Co₃O₄	-	0.02	-	-	[7440-48-4] 발암성 2
530	코발트 하이드로카르보닐	Cobalt hydrocarbonyl, as Co	HCO(Co)₄	-	0.1	-	-	[16842-03-8]
531	퀴논	Quinone	OC₆H₄O					파라-벤조퀴논 참조
532	큐멘	Cumene	C₆H₅C₃H₇	50	-	-	-	[98-82-8] 발암성 2, Skin
533	코발트 카르보닐	Cobalt carbonyl, as Co	CO₂(Co)₄	-	0.1	-	-	[10210-68-1]
534	크레졸(모든 이성체)	Cresol(all isomers)(Inhalable fraction and vapor)	CH₃C₆H₄OH	-	22	-	-	[95-48-7][106-44-5][108-39-4][1319-77-3] Skin, 흡입성 및 증기
535	크로밀 클로라이드	Chromyl chloride	CrO₂Cl	0.025	-	-	-	[14977-61-8] 발암성 1A, 생식세포 변이원성 1B

일련번호	유해물질의 명칭 국문표기	유해물질의 명칭 영문표기	화학식	노출기준 TWA ppm	노출기준 TWA mg/㎥	노출기준 STEL ppm	노출기준 STEL mg/㎥	비고 (CAS번호 등)
536	크로톤알데히드	Crotonaldehyde	CH₃CHCHCHO	2	-	-	-	[4170-30-3] 발암성 2, 생식세포 변이원성 2, Skin
537	크롬광 가공(크롬산)	Chromite ore processing (Chromate), as Cr	Cr	-	0.05	-	-	[7440-47-3] 발암성 1A
538	크롬(금속)	Chromium(Metal)	Cr	-	0.5	-	-	[7440-47-3]
539	크롬(6가)화합물 (불용성무기화합물)	Chromium(Ⅵ)compounds(Water insoluble inorganic compounds)	Cr	-	0.01	-	-	[18540-29-9] 발암성 1A
540	크롬(6가)화합물 (수용성)	Chromium(Ⅵ)compounds (Water soluble)	Cr	-	0.05	-	-	[18540-29-9] 발암성 1A
541	크롬산 연	Lead chromate, as Cr	PbCrO₄	-	0.012	-	-	[7758-97-6] 발암성 1A, 생식독성 1A
542	크롬산 연	Lead chromate, as Pb	PbCrO₄	-	0.05	-	-	[7758-97-6] 발암성 1A, 생식독성 1A
543	크롬산 아연 21. 3. 13	Zinc chromates, as Cr	ZnCrO₄/ZnCr₂O₄/ZnCr₂O₇	-	0.01	-	-	[13530-65-9][11103-86-9][37300-23-5] 발암성 1A
544	크롬(2가)화합물	Chromium(Ⅱ)compounds, as Cr	Cr	-	0.5	-	-	[7440-47-3]
545	크롬(3가)화합물	Chromium(Ⅲ)compounds, as Cr	Cr	-	0.5	-	-	[7440-47-3]
546	크루포메이트	Crufomate	C₁₂H₁₉ClNO₃P	-	5	-	20	[299-86-5]
547	크리센	Chrysene	C₁₈H₁₂	-	-	-	-	[218-01-9] 발암성 1B, 생식세포 변이원성 2
548	크실렌(모든 이성체)	Xylene(all isomers)	C₆H₄(CH₃)₂	100	-	150	-	[1330-20-7][95-47-6][108-38-3][106-42-3]
549	크실리딘	Xylidine	(CH₃)₂C₆H₃NH₂	디메틸아미노벤젠 참조				
550	1-클로로-1-니트로프로판	1-Chloro-1-nitropropane	C₂H₅ClNO₂	2	-	-	-	[600-25-9]
551	클로로디페닐(42% 염소)	Chlorodiphenyl(42% Chlorine)	C₁₂H₇Cl₃	-	1	-	-	[53469-21-9] Skin
552	클로로디페닐(54% 염소)	Chlorodiphenyl(54% Chlorine)	C₁₂H₅Cl₅	-	0.5	-	-	[11097-69-1] 발암성 2, Skin
553	클로로디플루오로메탄	Chlorodifluoromethane	CHClF₂	1,000	-	1,250	-	[75-45-6]
554	클로로메틸 메틸에테르	Chloromethyl methylether	C₂H₅ClO	-	-	-	-	[107-30-2] 발암성 1A
555	2-메틸-3(2H)-이소시아졸론과 5-클로로-2-메틸-3(2H)-이소시아졸론의 혼합물	5-Chloro-2-methyl-3(2H)-isothiazolone, mixt. with 2-methyl-3(2H)-isothiazolone (Inhalable fraction)	C₄H₄ClNOS·C₄H₅NOS	-	0.1	-	-	[55965-84-9] 흡입성
556	클로로벤젠	Chlorobenzene	C₆H₅Cl	10	-	20	-	[108-90-7] 발암성 2
557	2-클로로-1,3-부타디엔	2-Chloro-1,3-butadiene	CH₂CClCHCH₂	10	-	-	-	[126-99-8] 발암성 1B, Skin
558	클로로브로모메탄	Chlorobromomethane	CH₂BrCl	브로모클로로메탄 참조				

일련번호	유해물질의 명칭 (국문표기)	유해물질의 명칭 (영문표기)	화학식	노출기준 TWA ppm	노출기준 TWA mg/m³	노출기준 STEL ppm	노출기준 STEL mg/m³	비고 (CAS번호 등)
559	클로로아세트알데히드	Chloroacetaldehyde	$ClCH_2CHO$	-	-	C 1	-	[107-20-0] 발암성 2
560	클로로아세틱 액시드	Chloroacetic acid (Inhalable fraction and vapor)	$CH_2ClCOOH$	-	2	-	4	[79-11-8] 흡입성 및 증기
561	클로로아세틸 클로라이드	Chloroacetyl chloride	$ClCH_2COCl$	0.05	-	-	-	[79-04-9] Skin
562	2-클로로에탄올	2-Chloroethanol	CH_2ClCH_2OH	에틸렌 클로로하이드린 참조				
563	클로로에틸렌	Chloroethylene	CH_2CHCl	1	-	-	-	[75-01-4] 발암성 1A
564	1-클로로-2,3-에폭시 프로판	1-Chloro-2,3-epoxy propane	C_3H_5OCl	에피클로로히드린 참조				
565	2-클로로-6-(트리클로로메틸)피리딘	2-Chloro-6-(trichloromethyl)pyridine	$C_6H_3Cl_4N$	-	10	-	20	[1929-82-4]
566	클로로펜타플루오로에탄	Chloropentafluoroethane	$ClCF_2CF_3$	1,000	-	-	-	[76-15-3]
567	클로로포름	Chloroform	$CHCl_3$	트리클로로메탄 참조				
568	클로로피크린	Chloropicrin	CCl_3NO_2	0.1	-	0.3	-	[76-06-2]
569	클로르단	Chlordane	$C_{10}H_6Cl_8$	-	0.5	-	-	[57-74-9] 발암성 2, Skin
570	클로르피리포스	Chlorpyrifos (Inhalable fraction and vapor)	$C_9H_{11}Cl_3NO_3PS$	-	0.1	-	-	[2921-88-2] Skin, 흡입성 및 증기
571	클로피돌	Clopidol	$C_7H_7Cl_2NO$	-	10	-	-	[2971-90-6]
572	탄산칼슘	Calcium carbonate	$CaCO_3$	-	10	-	-	[471-34-1]
573	탄탈륨(금속 및 산화흄)	Tantalum(Metal & oxide fume)	Ta/Ta_2O_5	-	5	-	-	[1314-61-0]
574	탈륨 (가용성화합물)	Thallium (Soluble compounds, as Tl)	$Tl_2SO_4/TlC_2H_3O_2/TlNO_3$	-	0.1	-	-	[7440-28-0] Skin
575	터페닐(오쏘,메타,파라 이성체)	Terphenyls(o,m,p-isomers)	$C_{18}H_{14}$	-	-	-	C 5	[26140-60-3]
576	테레빈유	Turpentine	$C_{10}H_{16}$	20	-	-	-	[8006-64-2]
577	텅스텐(가용성화합물)	Tungsten(Soluble compounds)(Respirable fraction)	W	-	1	-	3	[7440-33-7] 호흡성
578	텅스텐 및 불용성화합물	Tungsten metal and Insoluble compounds(Respirable fraction)	W	-	5	-	10	[7440-33-7] 호흡성
579	테트라니트로메탄	Tetranitromethane	$C(NO_2)_4$	1	-	-	-	[509-14-8] 발암성 2
580	테트라메틸 숙시노니트릴	Tetramethyl succinonitrile	$C_8H_{12}N_2$	0.5	-	-	-	[3333-52-6] Skin
581	테트라메틸 연	Tetramethyl lead, as Pb	$(CH_3)_4Pb$	-	0.075	-	-	[75-74-1] 발암성 2, Skin
582	테트라소디움 피로포스페이트	Tetrasodium pyrophosphate	$Na_4P_2O_7$	-	5	-	-	[7722-88-5]
583	테트라에틸 연	Tetraethyl lead, as Pb	$Pb(C_2H_5)_4$	-	0.075	-	-	[78-00-2] 발암성 2, Skin
584	테트라클로로나프탈렌	Tetrachloronaphthalene	$C_{10}H_4Cl_4$	-	2	-	-	[1335-88-2]

일련번호	유해물질의 명칭 국문표기	영문표기	화학식	노출기준 TWA ppm	TWA mg/m³	STEL ppm	STEL mg/m³	비고 (CAS번호 등)
585	1,1,1,2-테트라클로로-2,2-디플로로에탄	1,1,1,2-Tetrachloro-2,2-difluoroethane	$CCl_3 \cdot CClF_2$	500	-	-	-	[76-11-9]
586	1,1,2,2-테트라클로로-1,2-디플로로에탄	1,1,2,2-Tetrachloro-1,2-difluoroethane	$CCl_2F \cdot CCl_2F$	500	-	-	-	[76-12-0]
587	테트라클로로메탄	Tetrachloromethane	CCl_4	사염화탄소 참조				
588	1,1,2,2-테트라클로로에탄	1,1,2,2-Tetrachloroethane	$CHCl_2CHCl_2$	1	-	-	-	[79-34-5] 발암성 2, Skin
589	테트라클로로에틸렌	Tetrachloroethylene	CCl_2CCl_2	퍼클로로에틸렌 참조				
590	테트라하이드로퓨란	Tetrahydrofuran	C_4H_8O	50	-	100	-	[109-99-9] 발암성 2, Skin
591	테트릴	Tetryl	$(NO_2)_3C_6H_2N(NO_2)CH_3$	-	1.5	-	-	[479-45-8]
592	텔레늄과 그 화합물	Tellurium & compounds, as Te	$Te/H_2Te/K_2TeO_3/Na_2H_4TeO_6$	-	0.1	-	-	[13494-80-9]
593	텔루르화 비스무스	Bismuth telluride	Bi_2Te_2	-	10	-	-	[1304-82-1]
594	템포스	Temephos	$S[C_6H_4OP(S)(OCH_3)_2]_2$	-	10	-	-	[3383-96-8] Skin
595	톡사펜	Toxaphene	$C_{10}H_{10}Cl_8$	염소화 캄펜 참조				
596	톨루엔	Toluene	$C_6H_5CH_3$	50	-	150	-	[108-88-3] 생식독성 2
597	톨루엔-2,4-디이소시아네이트	Toluene-2,4-diisocyanate(TDI)	$CH_3C_6H_3(NCO)_2$	0.005	-	0.02	-	[584-84-9] 발암성 2
598	톨루엔-2,6-디이소시아네이트	Toluene-2,6-diisocyanate(TDI)	$CH_3C_6H_3(NCO)_2$	0.005	-	0.02	-	[91-08-7] 발암성 2
599	톨루올	Toluol	$C_6H_5CH_3$	톨루엔 참조				
600	트리글리시딜이소시아누레이트	Triglycidylisocyanurate	$C_{12}H_{15}N_3O_6$	-	0.1	-	-	[2451-62-9]
601	2,4,6-트리니트로톨루엔	2,4,6-Trinitrotoluene(TNT)	$CH_3C_6H_2(NO_2)_3$	-	0.1	-	-	[118-96-7] Skin
602	2,4,6-트리니트로페놀	2,4,6-Trinitrophenol	$HOC_6H_2(NO_2)_3$	피크린산 참조				
603	트리메틸벤젠(혼합이성체)	Trimethyl benzene(mixed isomers)	$(CH_3)_3C_6H_3$	25	-	-	-	[25551-13-7]
604	트리메틸아민	Trimethylamine	$(CH_3)_3N$	5	-	15	-	[75-50-3]
605	트리메틸포스파이트	Trimethyl phosphite	$(CH_3O)_3P$	2	-	-	-	[121-45-9]
606	트리멜리틱 안하이드리드	Trimellitic anhydride(Inhalable fraction and vapor)	$C_9H_4O_5$	-	0.0005	-	0.002	[552-30-7] Skin, 흡입성 및 증기
607	트리부틸포스페이트	Tributyl phosphatee (Inhalable fraction and vapor)	$(C_4H_9O)_3PO$	-	2.5	-	-	[126-73-8] 발암성 2, 흡입성 및 증기
608	트리에틸아민	Triethylamine	$(C_2H_5)_3N$	2	-	4	-	[121-44-8] Skin
609	트리오르토크레실포스페이트	Triorthocresyl phosphate	$(CH_3C_6H_4O)_3PO$	-	0.1	-	-	[78-30-8] Skin

일련번호	유해물질의 명칭 국문표기	유해물질의 명칭 영문표기	화학식	노출기준 TWA ppm	노출기준 TWA mg/㎥	노출기준 STEL ppm	노출기준 STEL mg/㎥	비고 (CAS번호 등)
610	트리클로로나프탈렌	Trichloronaphthalene	$C_{10}H_5Cl_6$	-	5	-	-	[1321-65-9] Skin
611	트리클로로니트로메탄	Trichloronitromethane	CCl_3NO_2					클로로피크린 참조
612	트리클로로메탄	Trichloromethane	$CHCl_3$	10	-	-	-	[67-66-3] 발암성 2, 생식독성 2
613	1,2,4-트리클로로벤젠	1,2,4-Trichlorobenzene	$C_6H_3Cl_3$	-	-	C 5	-	[120-82-1]
614	트리클로로아세트산	Trichloroacetic acid	CCl_3COOH	1	-	-	-	[76-03-9] 발암성 2
615	1,1,1-트리클로로에탄	1,1,1-Trichloroethane	CH_3CCl_3					메틸 클로로포름 참조
616	1,1,2-트리클로로에탄	1,1,2-Trichloroethane	$CHCl_2CH_2Cl$	10	-	-	-	[79-00-5] 발암성 2, Skin
617	트리클로로에틸렌	Trichloroethylene	CCl_2CHCl	10	-	25	-	[79-01-6] 발암성 1A, 생식세포 변이원성 2
618	1,1,2-트리클로로-1,2,2-트리플루오로에탄	1,1,2-Trichloro-1,2,2-trifluoroethane	$CCl_2F \cdot CClF_2$	1,000	-	1,250	-	[76-13-1]
619	1,2,3-트리클로로프로판	1,2,3-Trichloropropane	$CH_2ClCHClCH_2Cl$	10	-	-	-	[96-18-4] 발암성 1B, 생식독성 1B, Skin
620	트리클로로플루오로메탄	Trichlorofluoromethane	CCl_3F					플루오로트리클로로메탄 참조
621	트리클로로헥실틴 하이드록사이드	Trichlorohexyltin hydroxide	$C_{18}H_{34}OSn$					시헥사틴 참조
622	트리클로르폰	Trichlorfon (Inhalable fraction)	$C_4H_8Cl_3O_4P$	-	0.3	-	-	[52-68-6] 흡입성
623	트리페닐 아민	Triphenyl amine	$(C_6H_5)_3N$	-	5	-	-	[603-34-9]
624	트리페닐 포스페이트	Triphenyl phosphate	$(C_6H_5O)_3PO$	-	3	-	-	[115-86-6]
625	트리플루오로 브로모메탄	Trifluoro bromomethane	$CBrF_3$	1,000	-	-	-	[75-63-8]
626	입자상다환식방향족 탄화수소 (벤젠에 가용성)	Particulate polycyclicaromatic hydrocarbons (as benzene solubles)	$C_{14}H_{10}$/$C_{16}H_{10}$/$C_{12}H_8N$/$C_{20}H_{12}$	-	0.2	-	-	발암성 1A~2 (물질의 종류에 따라 발암성 등급 차이가 있음)
627	2,4,5-티	2,4,5-T (2,4,5-Trichlorophenoxy acetic acid)	$Cl_3C_6H_2OCH_2COOH$	-	10	-	-	[93-76-5]
628	티오글리콜산	Thioglicolic acid	$C_2H_4O_2S$	1	-	-	-	[68-11-1] Skin
629	티람	Thiram	$C_6H_{12}N_2S_4$	-	1	-	-	[137-26-8] Skin
630	4,4'-티오비스(6-삼차-부틸-메타크레졸)	4,4'-Thiobis (6-tert-butyl-m-cresol)	$C_{22}H_{30}O_2S$	-	10	-	-	[96-69-5]
631	티이디피	TEDP	$(C_2H_5)_4P_2S_2O_5$					설포텝 참조
632	티이피피	Tetraethyl pyrophosphate (TEPP) (Inhalable fraction and vapor)	$(C_2H_5)_4P_2O_7$	-	0.01	-	-	[107-49-3] Skin, 흡입성 및 증기
633	파라-니트로아닐린	p-Nitroaniline	$C_6H_6N_2O_2$	-	3	-	-	[100-01-6] Skin

일련 번호	유해물질의 명칭 국문표기	유해물질의 명칭 영문표기	화학식	노출기준 TWA ppm	노출기준 TWA mg/m³	노출기준 STEL ppm	노출기준 STEL mg/m³	비 고 (CAS번호 등)
634	파라-니트로클로로벤젠	p-Nitrochlorobenzene	$ClC_6H_4NO_2$	0.1	-	-	-	[100-00-5] 발암성 2, 생식세포 변이원성 2, Skin
635	파라-디클로로벤젠	p-Dichlorobenzene	$C_6H_4Cl_2$	10	-	20	-	[106-46-7] 발암성 2
636	파라-벤조퀴논	p-Benzoquinone	OC_6H_4O	0.1	-	-	-	[106-51-4]
637	파라-삼차-부틸톨루엔	p-tert-Butyltoluene	$CH_3C_6H_4C(CH_3)_3$	10	-	15	-	[98-51-1]
638	파라치온	Parathion(Inhalable fraction and vapor)	$(C_2H_5O)_2PSOC_6H_4NO_2$	-	0.05	-	-	[56-38-2] 발암성 2, Skin, 흡입성 및 증기
639	파라쿼트	Paraquat(Respirable fraction)	$C_{12}H_{14}Cl_2/C_{12}H_{14}N_2(CH_3SO_4)_2$	-	0.1	-	-	[4685-14-7] 호흡성
640	파라-페닐렌디아민	p-Phenylene diamine	$C_6H_8N_2$	-	0.1	-	-	[106-50-3] Skin
641	파라-톨루이딘	p-Toluidine	$CH_3C_6H_3NH_2$	2	-	-	-	[106-49-0] 발암성 2, Skin
642	퍼라이트	Perlite	-	-	10	-	-	[93763-70-3]
643	퍼밤	Ferbam(Respirable fraction)	$[(CCH_3)_2NCS_2]_3Fe$	-	10	-	-	[14484-64-1] 흡입성
644	퍼클로로메틸멀캡탄	Perchloromethyl mercaptan	CCl_3SCl	0.1	-	-	-	[594-42-3]
645	퍼클로로에틸렌	Perchloroethylene	CCl_2CCl_2	25	-	100	-	[127-18-4] 발암성 1B
646	퍼클로릴 플루오라이드	Perchloryl fluoride	ClO_3F	3	-	6	-	[7616-94-6]
647	페나미포스	Fenamiphos (Inhalable fraction and vapor)	-	-	0.1	-	-	[22224-92-6] Skin, 흡입성 및 증기
648	페노티아진	Phenothiazine	$S(C_6H_4)_2NH$	-	5	-	-	[92-84-2] Skin
649	페놀	Phenol	C_6H_5OH	5	-	-	-	[108-95-2] 생식세포 변이원성 2, Skin
650	페닐 글리시딜 에테르	Phenyl glycidyl ether(PGE)	$C_6H_5OCH_2CHOCH_2$	0.8	-	-	-	[122-60-1] 발암성 1B, 생식세포 변이원성 2, Skin
651	페닐 멀캡탄	Phenyl mercaptan	C_6H_5SH	0.1	-	-	-	[108-98-5] Skin
652	페닐에테르(증기)	Phenyl ether(Vapor)	$(C_6H_5)_2O$	1	-	2	-	[101-84-8]
653	페닐 에틸렌	Phenyl ethylene	$C_6H_5CHCH_2$	스티렌 참조				
654	페닐 포스핀	Phenyl phosphine	$C_6H_5PH_2$	-	-	C 0.05	-	[638-21-1]
655	페닐 하이드라진	Phenyl hydrazine	$C_6H_5NHNH_2$	5	-	10	-	[100-63-0] 발암성 1B, 생식세포 변이원성 2, Skin
656	펜설포티온	Fensulfothion (Inhalable fraction and vapor)	$C_{11}H_{17}O_4PS$	-	0.1	-	-	[115-90-2] Skin, 흡입성 및 증기
657	펜아실 클로라이드	Phenacyl chloride	$C_6H_5COCH_2Cl$	알파-클로로아세토페논 참조				
658	2-펜타논	2-Pentanone	$CH_3COC_3H_7$	메틸 프로필 케톤 참조				
659	펜타보레인	Pentaborane	B_5H_9	0.005	-	0.015	-	[19624-22-7]
660	펜타에리트리톨	Pentaerythritol	$C(CH_2OH)_4$	-	10	-	-	[115-77-5]

일련번호	유해물질의 명칭 국문표기	유해물질의 명칭 영문표기	화학식	노출기준 TWA ppm	노출기준 TWA mg/m³	노출기준 STEL ppm	노출기준 STEL mg/m³	비고 (CAS번호 등)
661	펜타클로로나프탈렌	Pentachloronaphthalene	$C_{10}H_3Cl_5$	-	0.5	-	-	[1321-64-8]
662	펜타클로로페놀	Pentachlorophenol (Inhalable fraction and vapor)	C_6Cl_5OH	-	0.5	-	-	[87-86-5] 발암성 1B, Skin, 흡입성 및 증기
663	펜탄(모든 이성체)	Pentane, all isomers	C_5H_{12}	600	-	750	-	[109-66-0][78-78-4] [463-82-1]
664	펜티온	Fenthion	$C_{10}H_{15}O_3PS$	-	0.2	-	-	[55-38-9] 생식세포 변이원성 2, Skin
665	포노포스	Fonofos (Inhalable fraction and vapor)	$C_{10}H_{15}OPS_2$	-	0.1	-	-	[944-22-9] Skin, 흡입성 및 증기
666	포레이트	Phorate (Inhalable fraction and vapor)	$C_7H_{17}O_2PS_3$	-	0.05	-	-	[298-02-2] Skin, 흡입성 및 증기
667	포름산 에틸	Ethyl formate	$HCOOC_2H_5$	100	-	-	-	[109-94-4]
668	포름아미드	Formamide	$HCONH_2$	10	-	-	-	[75-12-7] 생식독성 1B, Skin
669	포름알데히드	Formaldehyde	$HCHO$	0.3	-	-	-	[50-00-0] 발암성 1A, 생식세포 변이원성 2
670	포스겐	Phosgene	$COCl_2$	0.1	-	-	-	[75-44-5]
671	포스드린	Phosdrin	$(CH_3O)_2PO_2C(CH_3)$	메빈포스 참조				
672	포스포러스 옥시클로라이드	Phosphorus oxychloride	$POCl_3$	0.1	-	0.5	-	[10025-87-3]
673	포스포러스 트리클로라이드	Phosphorus trichloride	PCl_3	0.2	-	0.5	-	[7719-12-2]
674	포스포러스 펜타설파이드	Phosphorus pentasulfide	P_2S_5/P_4S_{10}	-	1	-	3	[1314-80-3]
675	포스포러스 펜타클로라이드	Phosphorus pentachloride	PCl_5	0.1	-	-	-	[10026-13-8]
676	포스핀	Phosphine	PH_3	0.3	-	1	-	[7803-51-2]
677	포틀랜드 시멘트	Portland cement	-	-	10	-	-	[65997-15-1]
678	푸르푸랄	Furfural	C_4H_3OCHO	2	-	-	-	[98-01-1] 발암성 2, Skin
679	푸르푸릴 알코올	Furfuryl alcohol	$C_4H_3OCH_2OH$	10	-	15	-	[98-00-0] 발암성 2, Skin
680	프로파르길 알코올	Propargyl alcohol	$HCCCH_2OH$	1	-	-	-	[107-19-7] Skin
681	프로판 설톤	Propane sultone	$C_3H_6O_3S$	-	-	-	-	[1120-71-4] 발암성 1B
682	프로폭서	Propoxur (Inhalable fraction and vapor)	$C_{11}H_{15}NO_3$	-	0.5	-	-	[114-26-1] 발암성 2, 흡입성 및 증기
683	프로피온산	Propionic acid	CH_3CH_2COOH	10	-	15	-	[79-09-4]
684	프로핀	Propyne	C_3H_4	메틸 아세틸렌 참조				
685	프로필렌 글리콜 디니트레이트	Propylene glycoldinitrate	$C_3H_6N_2O_6$	0.05	-	-	-	[6423-43-4] Skin
686	프로필렌 글리콜 모노메틸 에테르	Propylene glycolmonomethyl ether	$CH_3OCH_2CHOHCH_3$	100	-	150	-	[107-98-2]
687	프로필렌 디클로라이드	Propylene dichloride	$CH_3CHClCH_2Cl$	1,2-디클로로프로판 참조				
688	프로필렌 이민	Propylene imine	C_3H_7N	2	-	-	-	[75-55-8] 발암성 1B, Skin

일련번호	유해물질의 명칭 국문표기	유해물질의 명칭 영문표기	화학식	노출기준 TWA ppm	노출기준 TWA mg/m³	노출기준 STEL ppm	노출기준 STEL mg/m³	비 고 (CAS번호 등)
689	플루오로트리클로로메탄	Fluorotrichloromethane	CCl₃F	-	-	C 1,000	-	[75-69-4]
690	플루오라이드	Fluorides, as F	-	-	2.5	-	-	[7681-49-4]
691	피레트럼	Pyrethrum	C₂₁H₂₈O₃/C₂₂H₂₈O₅/C₂₂H₂₆O₃	-	5	-	-	[8003-34-7]
692	피로카테콜	Pyrocatechol	C₆H₄(OH)₂	카테콜 참조				
693	피리딘	Pyridine	C₅H₅N	2	-	-	-	[110-86-1] 발암성 2
694	피크린산	Picric acid	HOC₆H₁₂(NO₂)₃	-	0.1	-	-	[88-89-1] Skin
695	피클로람	Picloram	C₆H₃Cl₃N₂O₂	-	10	-	-	[1918-02-1]
696	피페라진 디하이드로클로라이드	Piperazine dihydrochloride	C₄H₁₀N₂·2HCl	-	5	-	-	[142-64-3] 생식독성 2
697	핀돈	Pindone(Pival)	C₁₄H₁₄O₃	-	0.1	-	-	[83-26-1]
698	하이드라진	Hydrazine	(NH₂)₂	0.05	-	-	-	[302-01-2] 발암성 1B, Skin
699	하이드로겐 셀레늄	Hydrogen selenide, as Se	H₂Se	0.05	-	-	-	[7783-07-5]
700	하이드로게네이티드 터페닐	Hydrogenated terphenyls	C₆H₅C₆H₄C₆H₅	0.5	-	-	-	[61788-32-7]
701	하이드로퀴논	Hydroquinone	C₆H₄(OH)₂	디하이드록시 벤젠 참조				
702	4-하이드록시-4-메틸-2-펜타논	4-Hydroxy-4-methyl-2-pentanone	C₆H₁₂O₂	디아세톤 알코올 참조				
703	2-하이드록시 프로필 아크릴레이트	2-Hydroxypropyl acrylate	CH₂CHCOOCH₂CHOHCH₃	0.5	-	-	-	[999-61-1] Skin
704	하프늄	Hafnium	Hf	-	0.5	-	-	[7440-58-6]
705	2-헥사논	2-Hexanone	CH₃COCH₂CH₂CH₂CH₃	메틸 노말 부틸케톤 참조				
706	헥사메틸 포스포르아미드	Hexamethyl phosphoramide	[(CH₃)₂N]₃PO	-	-	-	-	[680-31-9] 발암성 1B, 생식세포 변이원성 1B, Skin
707	헥사메틸렌 디이소시아네이트	Hexamethylene diisocyanate	C₈H₁₂N₂O₂	0.005	-	-	-	[822-06-0]
708	헥사클로로나프탈렌	Hexachloronaphthalene	C₁₀H₂Cl₆	-	0.2	-	-	[1335-87-1] Skin
709	헥사클로로부타디엔	Hexachlorobutadiene	CCl₂CClCClCCl₂	0.02	-	-	-	[87-68-3] 발암성 2, Skin
710	헥사클로로시클로펜타디엔	Hexachlorocyclopentadiene	C₅Cl₆	0.01	-	-	-	[77-47-4]
711	헥사클로로에탄	Hexachloroethane	CCl₃CCl₃	1	-	-	-	[67-72-1] 발암성 2
712	헥사플루오로아세톤	Hexafluoroacetone	F₃CCOCF₃	0.1	-	-	-	[684-16-2] Skin
713	헥산(다른 이성체)	Hexane(other isomer)	(CH₃)₃C₃H₅/n (CH₃)₂C₂H₂	500	-	1,000	-	[75-83-2][79-29-8] [96-14-0][107-83-5]
714	헥손	Hexone	CH₃COCH₂CH(CH₃)₂	50	-	75	-	[108-10-1] 발암성 2
715	헥실렌글리콜	Hexylene glycol	(CH₃)₂COHCH₂CHOHCH₃	-	-	C25	-	[107-41-5]
716	2-헵타논	2-Heptanone	CH₃(CH₂)₄COCH₃	메틸 노말 아밀케톤 참조				
717	3-헵타논	3-Heptanone	C₂H₅COC₄H₉	에틸 부틸 케톤 참조				

일련번호	유해물질의 명칭 국문표기	유해물질의 명칭 영문표기	화학식	노출기준 TWA ppm	노출기준 TWA mg/㎥	노출기준 STEL ppm	노출기준 STEL mg/㎥	비고 (CAS번호 등)
718	헵타클로르	Heptachlor & Heptachlor epoxide	$C_{10}H_5Cl_7/C_{10}H_5Cl_7O$	-	0.05	-	-	[76-44-8], [1024-57-3] 발암성 2, Skin
719	헵탄	Heptane	$CH_3(CH_2)_5CH_3$	400	-	500	-	[142-82-5]
720	활석(석면 불포함)	Talc(Containing no asbestos fibers)	-	-	2	-	-	[14807-96-6] 호흡성
721	활석(석면 포함)	Talc(Containing asbestos fibers)	-	석면 참조				
722	활성탄	Activated carbon	-	-	5	-	-	
723	황산	Sulfuric acid(Thoracic fraction)	H_2SO_4	-	0.2	-	0.6	[7664-93-9] 발암성 1A(강산 Mist에 한정함), 흉곽성
724	황산 디메틸	Dimethyl sulfate	$(CH_3)_2SO_4$	0.1	-	-	-	[77-78-1] 발암성 1B, 생식세포 변이원성 2, Skin
725	황산암모늄	Ammonium Sulfate	$NH_4SO_4NH_4$	-	10	-	20	[7783-20-2]
726	황화광	Sulfide ore	-	-	2	-	-	
727	황화니켈 (흄 및 분진)	Nickel sulfide roasting (Fume & dust, as Ni)	NiS	-	1	-	-	[16812-54-7] 발암성 1A, 생식세포 변이원성 2
728	황화수소	Hydrogen sulfide	H_2S	10	-	15	-	[7783-06-4]
729	휘발성 콜타르피치 (벤젠에 가용물)	Coal tar pitch volatiles (Benzene solubles)	$C_{14}H_{10}/C_{16}H_{10}/C_{12}H_9N/C_{20}H_{12}$	-	0.2	-	-	[65996-93-2] 발암성 1A, 생식독성 1B
730	흑연 (천연 및 합성, Graphite 섬유제외)	Graphite (Natural & Synthetic, Except Graphite fibers, Respirable fraction)	C	-	2	-	-	[7782-42-5] 호흡성
731	기타 분진 (산화규소 결정체 1% 이하)	Particulates not otherwise regulated(no more than 1% crystalline silica)	-	-	10	-	-	발암성 1A (산화규소 결정체 0.1% 이상에 한함)

(주)

1. Skin 표시 물질은 점막과 눈 그리고 경피로 흡수되어 전신 영향을 일으킬 수 있는 물질을 말함(피부자극성을 뜻하는 것이 아님)
2. 발암성 정보물질의 표기는 「화학물질의 분류·표시 및 물질안전보건자료에 관한 기준」에 따라 다음과 같이 표기함
   가. 1A: 사람에게 충분한 발암성 증거가 있는 물질
   나. 1B: 시험동물에서 발암성 증거가 충분히 있거나, 시험동물과 사람 모두에서 제한된 발암성 증거가 있는 물질
   다. 2: 사람이나 동물에서 제한된 증거가 있지만, 구분1로 분류하기에는 증거가 충분하지 않은 물질
3. 생식세포 변이원성 정보물질의 표기는 「화학물질의 분류·표시 및 물질안전보건자료에 관한 기준」에 따라 다음과 같이 표기함
   가. 1A: 사람에게서의 역학조사 연구결과 양성의 증거가 있는 물질

나. 1B: 다음 어느 하나에 해당하는 물질
　① 포유류를 이용한 생체내(in vivo) 유전성 생식세포 변이원성 시험에서 양성
　② 포유류를 이용한 생체내(in vivo) 체세포 변이원성 시험에서 양성이고, 생식세포에 돌연변이를 일으킬 수 있다는 증거가 있음
　③ 노출된 사람의 정자 세포에서 이수체 발생빈도의 증가와 같이 사람의 생식세포 변이원성 시험에서 양성
다. 2: 다음 어느 하나에 해당되어 생식세포에 유전성 돌연변이를 일으킬 가능성이 있는 물질
　① 포유류를 이용한 생체내(in vivo) 체세포 변이원성 시험에서 양성
　② 기타 시험동물을 이용한 생체내(in vivo) 체세포 유전독성 시험에서 양성이고, 시험관내(in vitro) 변이원성 시험에서 추가로 입증된 경우
　③ 포유류 세포를 이용한 변이원성시험에서 양성이며, 알려진 생식세포 변이원성 물질과 화학적 구조활성 관계를 가지는 경우

4. 생식독성 정보물질의 표기는 「화학물질의 분류·표시 및 물질안전보건자료에 관한 기준」에 따라 다음과 같이 표기함
　가. 1A: 사람에게 성적기능, 생식능력이나 발육에 악영향을 주는 것으로 판단할 정도의 사람에서의 증거가 있는 물질
　나. 1B: 사람에게 성적기능, 생식능력이나 발육에 악영향을 주는 것으로 추정할 정도의 동물시험 증거가 있는 물질
　다. 2: 사람에게 성적기능, 생식능력이나 발육에 악영향을 주는 것으로 의심할 정도의 사람 또는 동물시험 증거가 있는 물질
　라. 수유독성: 다음 어느 하나에 해당하는 물질
　　① 흡수, 대사, 분포 및 배설에 대한 연구에서, 해당 물질이 잠재적으로 유독한 수준으로 모유에 존재할 가능성을 보임
　　② 동물에 대한 1세대 또는 2세대 연구결과에서, 모유를 통해 전이되어 자손에게 유해영향을 주거나, 모유의 질에 유해영향을 준다는 명확한 증거가 있음
　　③ 수유기간 동안 아기에게 유해성을 유발한다는 사람에 대한 증거가 있음

5. 발암성, 생식세포 변이원성 및 생식독성 물질의 정의는 「산업안전보건법」 시행규칙 [별표 11의 2] 유해인자의 분류기준 제1호나목 6) 발암성 물질, 7) 생식세포 변이원성 물질, 8) 생식독성 물질 참조

6. 화학물질이 IARC 등의 발암성 등급과 NTP의 R등급을 모두 갖는 경우에는 NTP의 R등급은 고려하지 아니함

7. 혼합용매추출은 에텔에테르, 톨루엔, 메탄올을 부피비 1:1:1로 혼합한 용매나 이외 동등 이상의 용매로 추출한 물질을 말함

8. 노출기준이 설정되지 않은 물질의 경우 이에 대한 노출이 가능한 한 낮은 수준이 되도록 관리하여야 함

[별표 1-2] 〈삭제〉

[별표 2-1] 소음의 노출기준(충격소음제외)

1일 노출시간[hr]	소음강도 [dB(A)]
8	90
4	95
2	100
1	105
1/2	110
1/4	115

(주) 115[dB(A)]를 초과하는 소음 수준에 노출되어서는 안됨

[별표 2-2] 충격소음의 노출기준

1일 노출횟수	충격소음의 강도 [dB(A)]
100	140
1,000	130
10,000	120

(주)
1. 최대 음압수준이 140[dB(A)]를 초과하는 충격소음에 노출되어서는 안됨
2. 충격소음이라 함은 최대음압수준에 120[dB(A)] 이상인 소음이 1초 이상의 간격으로 발생하는 것을 말함

[별표 3] 고온의 노출기준

(단위:[℃], WBGT)

작업강도 작업휴식시간비	경작업	중등작업	중작업
계 속 작 업	30.0	26.7	25.0
매시간 75[%]작업, 25[%]휴식	30.6	28.0	25.9
매시간 50[%]작업, 50[%]휴식	31.4	29.4	27.9
매시간 25[%]작업, 75[%]휴식	32.2	31.1	30.0

(주)
1. 경 작 업 : 200[kcal]까지의 열량이 소요되는 작업을 말하며, 앉아서 또는 서서 기계의 조정을 하기 위하여 손 또는 팔을 가볍게 쓰는 일 등을 뜻함
2. 중등작업 : 시간당 200~350[kcal]의 열량이 소요되는 작업을 말하며, 물체를 들거나 밀면서 걸어다니는 일 등을 뜻함
3. 중 작 업 : 시간당 350~500[kcal]의 열량이 소요되는 작업을 말하며, 곡괭이질 또는 삽질하는 일 등을 뜻함

[별표 4] 라돈의 노출기준(신설 2018년 3월 20일)

작업장 농도[Bq/m³]
600

(주)
1. 단위환산(농도) : $600[Bq/m^3]=16[pCi/L]$ (※ $1[pCi/L]=37.46[Bq/m^3]$)
2. 단위환산(노출량) : $600[Bq/m^3]$인 작업장에서 연 2,000시간 근무하고, 방사평형인자 (Feq) 값을 0.4로 할 경우 $9.2[mSv/y]$ 또는 $0.77[WLM/y]$에 해당
 (※ $800[Bq/m^3]$(2,000시간 근무, Feq=0.4)=1WLM=12 mSv)

5 화학물질의 분류·표시 및 물질안전보건자료에 관한 기준

제정 1996. 4. 9(고용노동부고시 제96-12호)
개정 2020.11.12(고용노동부고시 제2020-130호)

제1장 총칙

제1조(목적) 이 고시는 「산업안전보건법」 제104조, 제110조부터 제116조까지, 같은 법 시행령 제86조, 같은 법 시행규칙 제141조, 제156조부터 제171조까지, 별표 18에 따른 화학물질의 분류, 물질안전보건자료, 대체자료 기재 승인, 경고표시 및 근로자에 대한 교육 등에 필요한 사항을 정함을 목적으로 한다.

제2조(정의) ① 이 고시에서 사용하는 용어의 뜻은 다음 각 호와 같다.
1. "화학물질"이란 원소와 원소간의 화학반응에 의하여 생성된 물질을 말한다.
2. "혼합물"이란 두 가지 이상의 화학물질로 구성된 물질 또는 용액을 말한다.
3. "제조"란 직접 사용 또는 양도·제공을 목적으로 화학물질 또는 혼합물을 생산, 가공 또는 혼합 등을 하는 것을 말한다.
4. "수입"이란 직접 사용 또는 양도·제공을 목적으로 외국에서 국내로 화학물질 또는 혼합물을 들여오는 것을 말한다.
5. "용기"란 고체, 액체 또는 기체의 화학물질 또는 혼합물을 직접 담은 합성강제, 플라스틱, 저장탱크, 유리, 비닐포대, 종이포대 등을 말한다. 다만, 레미콘, 콘테이너는 용기로 보지 아니한다.
6. "포장"이란 제5호에 따른 용기를 싸거나 꾸리는 것을 말한다.
7. "반제품용기"란 같은 사업장 내에서 상시적이지 않은 경우로서 공정간 이동을 위하여 화학물질 또는 혼합물을 담은 용기를 말한다.

② 그 밖에 이 고시에서 사용하는 용어의 정의는 이 고시에 특별한 규정이 없으면 「산업안전보건법」(이하 "법"이라 한다), 같은 법 시행령(이하 "영"이라 한다) 및 같은 법 시행규칙(이하 "규칙"이라 한다)에서 정하는 바에 따른다.

제3조(적용제외 물질) 영 제86조제18호의 "그 밖에 고용노동부장관이 독성·폭발성 등으로 인한 위해의 정도가 적다고 인정하여 고시하는 화학물질"이라 함은 다음 각 호의 물질을 말한다.
1. 양도·제공받은 화학물질 또는 혼합물을 다시 혼합하는 방식으로 만들어진 혼합물. 다만, 해당 혼합물을 양도·제공하거나 제19조에 따른 화학물질 중에서 최종적으로 생산된 화학물질이 화학적 반응을 통해 그 성질이 변화한 경우는 제외한다.
2. 완제품으로서 취급근로자가 작업 시 그 제품과 그 제품에 포함된 물질안전보건자료대상물질에 노출될 우려가 없는 화학물질 또는 혼합물(다만, 「산

업안전보건기준에 관한 규칙」 제420조제6호에 따른 특별관리물질이 함유된 것은 제외한다)

제2장 화학물질의 분류 및 표시

제4조(화학물질 등의 분류) ① 규칙 제141조 및 별표 18제1호에 따른 화학물질의 분류별 세부 구분기준은 별표 1과 같다.
② 화학물질의 분류에 필요한 시험의 세부기준은 국제연합(UN)에서 정하는 「화학물질의 분류 및 표지에 관한 세계조화시스템(GHS)」 지침을 따른다.

제3장 경고표지의 부착 및 작성 등

제5조(경고표지의 부착) ① 물질안전보건자료대상물질을 양도·제공하는 자는 해당 물질안전보건자료대상물질의 용기 및 포장에 한글로 작성한 경고표지(같은 경고표지 내에 한글과 외국어가 함께 기재된 경우를 포함한다)를 부착하거나 인쇄하는 등 유해·위험 정보가 명확히 나타나도록 하여야 한다. 다만, 실험실에서 시험·연구목적으로 사용하는 시약으로서 외국어로 작성된 경고표지가 부착되어 있거나 수출하기 위하여 저장 또는 운반 중에 있는 완제품은 한글로 작성한 경고표지를 부착하지 아니할 수 있다.
② 제1항에도 불구하고 국제연합(UN)의 「위험물 운송에 관한 권고(RTDG)」에서 정하는 유해성·위험성 물질을 포장에 표시하는 경우에는 「위험물 운송에 관한 권고(RTDG)」에 따라 표시할 수 있다.
③ 포장하지 않는 드럼 등의 용기에 국제연합(UN)의 「위험물 운송에 관한 권고(RTDG)」에 따라 표시를 한 경우에는 경고표지에 그림문자를 표시하지 아니할 수 있다.
④ 용기 및 포장에 경고표지를 부착하거나 경고표지의 내용을 인쇄하는 방법으로 표시하는 것이 곤란한 경우에는 경고표지를 인쇄한 꼬리표를 달 수 있다.
⑤ 물질안전보건자료대상물질을 사용·운반 또는 저장하고자 하는 사업주는 경고표지의 유무를 확인하여야 하며, 경고표지가 없는 경우에는 경고표지를 부착하여야 한다.
⑥ 제5항에 따른 사업주는 물질안전보건자료대상물질의 양도·제공자에게 경고표지의 부착을 요청할 수 있다.

제6조(경고표지의 작성방법) ① 규칙 제170조에 따른 경고표지의 그림문자, 신호어, 유해·위험 문구, 예방조치 문구는 별표 2와 같다.
② 물질안전보건자료대상물질의 내용량이 100그램(g) 이하 또는 100밀리리터(ml) 이하인 경우에는 경고표지에 명칭, 그림문자, 신호어 및 공급자 정보만을 표시할 수 있다.

③ 물질안전보건자료대상물질을 해당 사업장에서 자체적으로 사용하기 위하여 담은 반제품용기에 경고표시를 할 경우에는 유해·위험의 정도에 따른 "위험" 또는 "경고"의 문구만을 표시할 수 있다. 다만, 이 경우 보관·저장장소의 작업자가 쉽게 볼 수 있는 위치에 경고표지를 부착하거나 물질안전보건자료를 게시하여야 한다.

제6조의2(경고표지 기재항목의 작성방법) ① 명칭은 제10조제1항제1호에 따른 물질안전보건자료 상의 제품명을 기재한다.

② 그림문자는 별표 2에 해당되는 것을 모두 표시한다. 다만 다음 각 호의 어느 하나에 해당되는 경우에는 이에 따른다.
1. "해골과 X자형 뼈" 그림문자와 "감탄부호(!)" 그림문자에 모두 해당되는 경우에는 "해골과 X자형 뼈" 그림문자만을 표시한다.
2. 부식성 그림문자와 피부자극성 또는 눈 자극성 그림문자에 모두 해당되는 경우에는 부식성 그림문자만을 표시한다.
3. 호흡기 과민성 그림문자와 피부 과민성, 피부 자극성 또는 눈 자극성 그림문자에 모두 해당되는 경우에는 호흡기 과민성 그림문자만을 표시한다.
4. 5개 이상의 그림문자에 해당되는 경우에는 4개의 그림문자만을 표시할 수 있다.

③ 신호어는 별표 2에 따라 "위험" 또는 "경고"를 표시한다. 다만, 물질안전보건자료대상물질이 "위험"과 "경고"에 모두 해당되는 경우에는 "위험"만을 표시한다.

④ 유해·위험 문구는 별표 2에 따라 해당되는 것을 모두 표시한다. 다만, 중복되는 유해·위험문구를 생략하거나 유사한 유해·위험 문구를 조합하여 표시할 수 있다.

⑤ 예방조치 문구는 별표 2에 해당되는 것을 모두 표시한다. 다만 다음 각 호의 어느 하나에 해당되는 경우에는 이에 따른다.
1. 중복되는 예방조치 문구를 생략하거나 유사한 예방조치 문구를 조합하여 표시할 수 있다.
2. 예방조치 문구가 7개 이상인 경우에는 예방·대응·저장·폐기 각 1개 이상(해당문구가 없는 경우는 제외한다)을 포함하여 6개만 표시해도 된다. 이때 표시하지 않은 예방조치 문구는 물질안전보건자료를 참고하도록 기재하여야 한다.

⑥ 제2항제1호부터제3호까지, 제3항, 제4항 및 제5항제1호의 규정은 물질안전보건자료 중 제10조제1항제2호에서 정한 항목을 작성할 때에 적용할 수 있다.

제7조(경고표지의 양식 및 규격) 경고표지의 양식 및 규격은 별표 3과 같다.

제8조(경고표지의 색상 및 위치) ① 경고표지전체의 바탕은 흰색으로, 글씨와 테두리는 검정색으로 하여야 한다.

② 제1항에도 불구하고 비닐포대 등 바탕색을 흰색으로 하기 어려운 경우에는 그 포장 또는 용기의 표면을 바탕색으로 사용할 수 있다. 다만, 바탕색이 검정색에 가까운 용기 또는 포장인 경우에는 글씨와 테두리를 바탕색과 대비색상으로 표시하여야 한다.

③ 그림문자(GHS에 따른 그림문자를 말한다. 이하 이 조에서 같다.)는 유해성·위험성을 나타내는 그림과 테두리로 구성하며, 유해성·위험성을 나타내는 그림은 검은색으로 하고, 그림문자의 테두리는 빨간색으로 하는 것을 원칙으로 하되 바탕색과 테두리의 구분이 어려운 경우 바탕색의 대비 색상으로 할 수 있으며, 그림문자의 바탕은 흰색으로 한다. 다만, 1리터(l)미만의 소량용기 또는 포장으로서 경고표지를 용기 또는 포장에 직접 인쇄하고자 하는 경우에는 그 용기 또는 포장 표면의 색상이 두 가지 이하로 착색되어 있는 경우에 한하여 용기 또는 포장에 주로 사용된 색상(검정색계통은 제외한다)을 그림문자의 바탕색으로 할 수 있다.

④ 경고표지는 취급근로자가 사용 중에도 쉽게 볼 수 있는 위치에 견고하게 부착하여야 한다.

제9조(경고표시 기재항목을 적은 자료의 제공) ① 법 제115조제1항 단서에 따른 경고표시 기재 항목을 적은 자료는 물질안전보건자료대상물질을 양도하거나 제공하는 때에 함께 제공하여야 한다. 다만, 경고표시 기재 항목이 물질안전보건자료에 포함되어 있는 경우에는 물질안전보건자료를 제공하는 방법으로 해당 자료를 제공할 수 있다.

② 같은 상대방에게 같은 물질안전보건자료대상물질을 2회 이상 계속하여 양도하거나 제공하는 경우에는 최초로 제공한 제1항에 따른 경고표시 기재 항목을 적은 자료의 기재 내용의 변경이 없는 한 추가로 해당 자료를 제공하지 아니할 수 있다. 다만, 상대방이 해당 자료의 제공을 요청한 경우에는 그러하지 아니하다.

제4장 물질안전보건자료의 작성 등

제10조(작성항목) ① 물질안전보건자료 작성 시 포함되어야 할 항목 및 그 순서는 다음 각 호에 따른다.

1. 화학제품과 회사에 관한 정보
2. 유해성·위험성
3. 구성성분의 명칭 및 함유량
4. 응급조치요령
5. 폭발·화재시 대처방법
6. 누출사고시 대처방법
7. 취급 및 저장방법

8. 노출방지 및 개인보호구
9. 물리화학적 특성
10. 안정성 및 반응성
11. 독성에 관한 정보
12. 환경에 미치는 영향
13. 폐기 시 주의사항
14. 운송에 필요한 정보
15. 법적규제 현황
16. 그 밖의 참고사항

② 제1항 각 호에 대한 세부작성 항목 및 기재사항은 별표 4와 같다. 다만, 물질안전보건자료의 작성자는 근로자의 안전보건의 증진에 필요한 경우에는 세부항목을 추가하여 작성할 수 있다.

제11조(작성원칙) ① 물질안전보건자료는 한글로 작성하는 것을 원칙으로 하되 화학물질명, 외국기관명 등의 고유명사는 영어로 표기할 수 있다.

② 제1항에도 불구하고 실험실에서 시험·연구목적으로 사용하는 시약으로서 물질안전보건자료가 외국어로 작성된 경우에는 한국어로 번역하지 아니할 수 있다.

③ 제10조제1항 각 호의 작성 시 시험결과를 반영하고자 하는 경우에는 해당국가의 우수실험실기준(GLP) 및 국제공인시험기관 인정(KOLAS)에 따라 수행한 시험결과를 우선적으로 고려하여야 한다.

④ 외국어로 되어있는 물질안전보건자료를 번역하는 경우에는 자료의 신뢰성이 확보될 수 있도록 최초 작성기관명 및 시기를 함께 기재하여야 하며, 다른 형태의 관련 자료를 활용 하여 물질안전보건자료를 작성하는 경우에는 참고문헌의 출처를 기재하여야 한다.

⑤ 물질안전보건자료 작성에 필요한 용어, 작성에 필요한 기술지침은 한국산업안전보건공단이 정할 수 있다.

⑥ 물질안전보건자료의 작성단위는 「계량에 관한 법률」이 정하는 바에 의한다.

⑦ 각 작성항목은 빠짐없이 작성하여야 한다. 다만, 부득이 어느 항목에 대해 관련 정보를 얻을 수 없는 경우에는 작성란에 "자료 없음"이라고 기재하고, 적용이 불가능하거나 대상이 되지 않는 경우에는 작성란에 "해당 없음"이라고 기재한다.

⑧ 제10조제1항제1호에 따른 화학제품에 관한 정보 중 용도는 별표 5에서 정하는 용도분류체계에서 하나 이상을 선택하여 작성할 수 있다. 다만, 법 제110조제1항 및 제3항에 따라 작성된 물질안전보건자료를 제출할 때에는 별표 5에서 정하는 용도분류체계에서 하나 이상을 선택하여야 한다.

⑨ 혼합물 내 함유된 화학물질 중 규칙 별표 18제1호가목에 해당하는 화학물질의 함유량이 한계농도인 1% 미만이거나 동 별표 제1호나목에 해당하는 화학물

질의 함유량이 별표 6에서 정한 한계농도 미만인 경우 제10조제1항 각호에 따른 항목에 대한 정보를 기재하지 아니할 수 있다. 이 경우 화학물질이 규칙 별표18 제1호가목과 나목 모두 해당할 때에는 낮은 한계농도를 기준으로 한다.

⑩ 제10조제1항제3호에 따른 구성 성분의 함유량을 기재하는 경우에는 함유량의 ±5퍼센트포인트(%P) 내에서 범위(하한 값~상한 값)로 함유량을 대신하여 표시할 수 있다.

⑪ 물질안전보건자료를 작성할 때에는 취급근로자의 건강보호목적에 맞도록 성실하게 작성하여야 한다.

제12조(혼합물의 유해성·위험성 결정) ① 물질안전보건자료를 작성할 때에는 혼합물의 유해성·위험성을 다음 각 호와 같이 결정한다.

1. 혼합물에 대한 유해성·위험성의 결정을 위한 세부 판단기준은 별표 1에 따른다.
2. 혼합물에 대한 물리적 위험성 여부가 혼합물 전체로서 시험되지 않는 경우에는 혼합물을 구성하고 있는 단일화학물질에 관한 자료를 통해 혼합물의 물리적 잠재유해성을 평가할 수 있다.

② 혼합물인 제품들이 다음 각 호의 요건을 모두 충족하는 경우에는 해당 제품들을 대표하여 하나의 물질안전보건자료를 작성할 수 있다.

1. 혼합물인 제품들의 구성성분이 같을 것. 다만, 향수, 향료 또는 안료(이하 "향수등"이라 한다) 성분의 물질을 포함하는 제품으로서 다음 각 목의 요건을 모두 충족하는 경우에는 그러하지 아니하다.
   가. 제품의 구성성분 중 향수등의 함유량(2가지 이상의 향수등 성분을 포함하는 경우에는 총함유량을 말한다)이 5퍼센트(%) 이하일 것
   나. 제품의 구성성분 중 향수등 성분의 물질만 변경될 것
2. 각 구성성분의 함유량 변화가 10퍼센트포인트(%P) 이하 일 것
3. 유사한 유해성을 가질 것

③ 제2항에 따라 하나의 물질안전보건자료를 작성하는 제품들이 제2항제1호 단서에 해당하는 경우는 제10조제1항제3호에 따른 항목에 제품별로 구성성분을 알 수 있도록 기재하여야 하고 제2항제3호에 해당하는 경우는 제품별로 유해성을 구분하여 기재하여야 한다.

제13조(양도 및 제공) ① 물질안전보건자료대상물질을 양도하거나 제공하는 자는 규칙 제160조제1항에 따라 다음 각 호의 어느 하나에 해당하는 방법으로 물질안전보건자료를 제공할 수 있다. 이 경우 물질안전보건자료대상물질을 양도하거나 제공하는 자는 상대방의 수신 여부를 확인하여야 한다.

1. 등기우편
2. 「정보통신망 이용촉진 및 정보보호 등에 관한 법률」 제2조제1항에 따른 정

보통신망 및 전자문서(물질안전보건자료를 직접 첨부하거나 저장하여 제공하는 것에 한한다)

② 규칙 별표 18제1호에 따른 분류기준에 해당하지 아니하는 화학물질 또는 혼합물을 양도하거나 제공할 때에는 해당 화학물질 또는 혼합물이 규칙 별표 18제1호에 따른 분류기준에 해당하지 않음을 서면으로 통보하여야 한다. 이 경우 해당 내용을 포함한 물질안전보건자료를 제공한 경우에는 서면으로 통보한 것으로 본다.

③ 제2항에 따른 화학물질 또는 혼합물을 양도하거나 제공하는 자와 그 양도·제공자로부터 해당 화학물질 또는 혼합물이 규칙 별표 18제1호에 따른 분류기준에 해당되지 않음을 서면으로 통보받은 자는 해당 서류(제2항 후단에 따라 물질안전보건자료를 제공한 경우에는 해당 물질안전보건자료를 말한다)를 사업장내에 갖추어 두어야 한다.

제14조(전산장비 조치사항) 규칙 제167조제1항 단서의 '고용노동부장관이 정하는 조치'란 다음 각 호의 조치를 말한다.

1. 물질안전보건자료를 확인할 수 있는 전산장비를 취급근로자(화학물질에 노출되는 근로자를 모두 포함한다. 이하 같다)가 작업 중 쉽게 접근할 수 있는 장소에 설치하여 가동하고 있을 것
2. 해당 화학물질 취급근로자에게 물질안전보건자료의 프로그램 작동 방법, 제품명 입력 및 물질안전보건자료 확인 방법 등을 교육할 것
3. 법 제114조제2항 및 규칙 제168조제1항에 따른 관리요령에 물질안전보건자료 검색방법을 포함하여 게시하였을 것

제15조(교육내용의 주지) 사업주는 규칙 제167조제1항제3호에 따라 전산장비를 갖추어 둔 경우에는 취급근로자가 그 장비를 이용하여 물질안전보건자료를 확인할 수 있는지 여부를 확인하여야 한다.

제5장 대체자료 기재 승인 등

제16조(대체자료 기재 제외물질) 법 제112조제1항 단서에 따른 '근로자에게 중대한 건강장해를 초래할 우려가 있는 화학물질로서 「산업재해보상보험법」 제8조제1항에 따른 산업재해보상보험및예방심의위원회의 심의를 거쳐 고용노동부장관이 고시하는 것'이란 다음 각 호의 어느 하나에 해당하는 물질을 말한다.

1. 법 제117조에 따른 제조등금지물질
2. 법 제118조에 따른 허가대상물질
3. 「산업안전보건기준에 관한 규칙」제420조에 따른 관리대상 유해물질
4. 규칙 별표 21의 작업환경측정 대상 유해인자
5. 규칙 별표 22의 특수건강진단 대상 유해인자

6. 「화학물질의 등록 및 평가 등에 관한 법률」시행규칙 제35조제2항 단서에서 정하는 화학물질

제17조(대체자료 기재 승인 및 연장승인 기준 등) ① 규칙 제161조제1항제1호에 따른 '영업비밀에 해당함을 입증하는 자료로서 고용노동부장관이 정하여 고시하는 자료'란 별표 7제1호에서 정한 자료를 말한다. 이 경우 신청인은 제2항에서 정한 판단기준에 부합하는 정보를 기재하여 제출하여야 한다.

② 규칙 제162조제5항에 따른 '대체 필요성에 대한 판단기준'은 별표 7제2호와 같다.

③ 규칙 제162조제5항에 따른 '대체자료 중 대체명칭의 적합성에 대한 판단기준'은 환경부 고시 「자료보호신청서의 작성방법 및 보호자료 관리방법 등에 관한 규정」의 별표를 준용한다.

④ 제3항에도 불구하고 화학식과 구조를 특정할 수 없거나 제3항 에 따른 방법만으로는 대체명칭을 특정하기 곤란한 경우에는 한국산업안전보건공단이 정하는 방법을 따른다.

⑤ 규칙 제162조제5항에 따른 '대체자료 중 대체함유량의 적합성에 대한 판단기준'은 다음 각 호와 같다.

    1. 비공개하고자 하는 구성성분의 원래 함유량이 25퍼센트(%) 미만인 경우 ±10퍼센트포인트(%P) 내에서 범위로 기재

    2. 비공개하고자 하는 구성성분의 원래 함유량이 25퍼센트(%) 이상인 경우 ±20퍼센트포인트(%P) 내에서 범위로 기재

⑥ 규칙 제162조제5항에 따른 '물질안전보건자료의 적정성에 대한 승인기준'은 다음 각 호와 같다.

    1. 제10조제1항제2호, 제3호, 제9호, 제11호, 제12호 및 제15호를 검토대상으로 한다.

    2. 제1호에 따른 정보는 사업주가 승인 신청시 제출한 자료 뿐만 아니라 국내외 관련 기관 등에서 제공하고 있는 정보를 바탕으로 하여 그 적정성을 판단한다. 이 경우 국내외 관련 기관 등에 대한 정보는 공단이 정할 수 있다.

제18조(대체자료 기재 승인 결과의 반영) ① 규칙 제162조제6항 및 제163조제3항에 따라 승인 결과를 통보받은 신청인은 다음 각 호에 따른 결과를 물질안전보건자료에 반영하여야 한다.

    1. 승인:승인번호, 유효기간 및 대체자료를 기재

    2. 부분승인:세부 승인결과에 따라 승인된 화학물질에 대하여만 제1호의 정보를 기재하고 불승인된 화학물질은 제3호의 정보를 기재

    3. 불승인:제11조에 따라 화학물질의 정보를 기재

② 제1항에 따라 승인 결과를 통보받은 신청인은 물질안전보건자료의 적정성 검

토 결과 그 내용이 달라진 경우 물질안전보건자료에 반영하여야 한다.

제19조(연구·개발용 화학물질 또는 화학제품) 영 제86조제17호에 따른 '고용노동부장관이 정하여 고시하는 연구·개발용 화학물질 또는 화학제품'이란 다음 각 호의 어느 하나에 해당하는 것을 말한다.

1. 시약 등 과학적 실험·분석 또는 연구를 위한 경우
2. 화학물질 또는 화학제품 등을 개발하기 위한 경우
3. 생산공정을 개선·개발하기 위한 경우
4. 사업장에서 화학물질의 적용분야를 시험하기 위한 경우
5. 화학물질의 시범제조 또는 화학제품 등의 시범생산을 위한 경우

제20조(대체자료의 제공 방법) 법 제112조제10항에 따라 대체자료로 적힌 화학물질의 명칭 및 함유량 정보의 제공을 요구받은 자는 이를 요구한 자에게 직접 제공하거나 제13조제1항에서 정한 방법으로 제공하여야 한다.

제21조(재검토기한) 고용노동부장관은 「행정규제기본법」 및 「훈령·예규 등의 발령 및 관리에 관한 규정」에 따라 이 고시에 대하여 2021년 1월 1일 기준으로 매 3년이 되는 시점(매 3년째의 12월 31일까지를 말한다)마다 그 타당성을 검토하여 개선 등의 조치를 하여야 한다.

부 칙〈제2020-130호, 2020. 11. 12.〉

제1조(시행일) 이 고시는 2021년 1월 16일부터 시행한다.

제2조(물질안전보건자료의 작성 및 대체자료 기재 승인, 경고표지의 작성 등에 관한 특례) 부칙 제1조에 따른 시행일 당시 종전의 규정에 따라 물질안전보건자료를 작성 또는 변경한 자(대상화학물질을 양도하거나 제공한 자 중 그 대상화학물질을 제조하거나 수입한 자로 한정한다)는 규칙(고용노동부령 제272호) 부칙 제9조제1항 각 호의 구분에 따른 날까지 개정규정을 적용하여야 한다.

【별표1】 화학물질 등의 분류(제4조관련)

제1장 분류에 관한 일반 원칙

1.1. 유해성·위험성 분류

다음과 같이 이용 가능한 유해성·위험성 평가자료를 통하여 화학물질의 물리적 위험성, 건강 및 환경유해성을 분류한다.

① 유해성·위험성 평가 시험자료를 이용하여 분류한다.
② 사람에서의 역학 또는 경험자료를 고려하여 분류한다.
③ 하나의 유해성·위험성을 평가하기 위해 여러 종류의 자료가 있는 경우에는 다음 사항을 고려하여 전문가적 판단에 근거하여 분류한다.
  ㉮ 사람 또는 동물에서의 자료가 2개 이상이면서 그 결과가 서로 다른 경우,

이들 자료의 질과 신뢰성을 평가하여 신뢰성이 우수한 사람에서의 자료를 우선 적용한다.

㉯ 노출경로, 작용 기전 및 대사에 관한 연구 결과, 사람에게 유해성을 일으키지 않을 것이 명확하다면 유해성 물질로 분류하지 않을 수 있다.

㉰ 양성 결과와 음성 결과가 모두 있는 경우 양쪽 모두를 조합하여 증거의 가중치에 따라 분류한다.

1.2. 혼합물의 분류

가. 건강 및 환경 유해성

① 혼합물 전체로서 시험된 자료가 있는 경우에는 그 시험결과에 따라 단일물질의 분류기준을 적용한다. 다만, 발암성, 생식세포 변이원성 및 생식독성에 대한 시험결과는 용량 및 기간, 관찰내용 및 분석방법 등이 유해성을 판단하기에 충분하여야 한다.

② 혼합물 전체로서 시험된 자료는 없지만, 유사 혼합물의 분류자료 등을 통하여 혼합물 전체로서 판단할 수 있는 근거자료가 있는 경우에는 희석 · 뱃치(batch) · 농축 · 내삽 · 유사혼합물 또는 에어로졸 등의 가교 원리를 적용하여 분류한다.

㉮ 희석 : 혼합물의 함유 성분 중 가장 낮은 독성을 가지는 물질과 독성이 같거나 낮은 물질로 혼합물을 희석하는 경우, 새로 만들어진 혼합물은 희석시키기 전의 혼합물과 동일한 등급으로 분류할 수 있다. 이 경우 희석시키는 성분이 혼합물의 다른 성분의 독성에 영향을 주지 않는 경우에 한한다.

㉯ 뱃치(batch) : 동일한 뱃치에서 생산된 혼합물, 같은 생산업체에서 생산 관리되는 동종(다른 제조 뱃치) 생산품의 독성은 동등하다고 간주할 수 있다. 다만, 뱃치가 달라짐에 따라 독성의 변화가 있는 경우에는 새로운 분류를 적용하여야 한다.

㉰ 농축 : 혼합물이 "유해성 · 위험성 구분 1"에 해당되고, 혼합물의 구성 성분 중 "유해성 · 위험성 구분 1"의 성분이 증가하면, 새로운 혼합물은 추가시험 없이 "유해성 · 위험성 구분 1"로 분류한다.

㉱ 내삽 : 동일한 성분을 함유한 혼합물 A, B, C 3가지가 있는 경우로서 혼합물 A와 혼합물 B가 동일한 유해성 · 위험성 구분에 속하고, 혼합물 C가 혼합물 A 및 혼합물 B의 중간 정도에 해당하는 농도이면서 독성학적으로 같은 활성을 가지는 성분을 갖는다면 혼합물 C는 혼합물 A 및 혼합물 B와 동일한 유해성 · 위험성 구분으로 간주할 수 있다.

㉲ 유사혼합물 : 구성성분 A, B로 구성된 혼합물과 구성성분 B, C로 구성된 혼합물이 있는 경우로서 성분 B의 농도가 실질적으로 같고, 성분 A와 C는 독성이 동등하면서 B의 독성에 영향을 주지 않는다면 두 혼합물은 같은

유해·위험성 구분으로 분류할 수 있다.
- ㉥ 에어로졸: 에어로졸화하기 위해 사용한 추진제가 에어로졸화 과정에서 혼합물의 독성에 영향을 주지 않는다면, 비 에어로졸 상태로 실험한 경구 또는 경피독성 시험결과를 이용하여 유해성을 분류할 수 있다. 단, 에어로졸의 흡입독성은 별도로 고려하여야 한다.

③ 혼합물 전체로서 유해성을 평가할 자료는 없지만, 구성성분의 유해성 평가자료가 있는 경우에는 제3장 및 제4장의 유해성별 혼합물의 분류방법에 따른다.

6 작업환경측정 및 정도관리 등에 관한 고시

제정 2007.12.11. 노동부고시 제45호
일부개정 2020. 1.15. 고용노동부고시 제2020-44호

제1편 통칙

제1조(목적) 이 고시는 「산업안전보건법」 제107조, 제125조, 제126조, 제128조, 같은 법 시행령 제84조, 제95조부터 제96조까지 및 같은 법 시행규칙 제145조부터 제146조까지, 제186조부터 제190조까지, 제192조부터 193조까지에 따른 작업환경측정의 방법 및 결과의 보고, 작업환경측정기관 및 작업환경전문연구기관의 지정 및 관리, 정도관리 대상 및 방법 등에 관하여 필요한 사항을 규정함을 목적으로 한다.

제2조(정의) ① 이 고시에서 사용하는 용어의 뜻은 다음 각 호와 같다.

1. "액체채취방법"이란 시료공기를 액체 중에 통과시키거나 액체의 표면과 접촉시켜 용해·반응·흡수·충돌 등을 일으키게 하여 해당 액체에 작업환경측정(이하 "측정"이라 한다)을 하려는 물질을 채취하는 방법을 말한다.
2. "고체채취방법"이란 시료공기를 고체의 입자층을 통해 흡입, 흡착하여 해당 고체입자에 측정하려는 물질을 채취하는 방법을 말한다.
3. "직접채취방법"이란 시료공기를 흡수, 흡착 등의 과정을 거치지 아니하고 직접채취대 또는 진공채취병 등의 채취용기에 물질을 채취하는 방법을 말한다.
4. "냉각응축채취방법"이란 시료공기를 냉각된 관 등에 접촉 응축시켜 측정하려는 물질을 채취하는 방법을 말한다.
5. "여과채취방법"이란 시료공기를 여과재를 통하여 흡인함으로써 해당 여과재에 측정하려는 물질을 채취하는 방법을 말한다.
6. "개인 시료채취"란 개인시료채취기를 이용하여 가스·증기·분진·흄(fume)·미스트(mist) 등을 근로자의 호흡위치(호흡기를 중심으로 반경 30[cm]인 반구)에서 채취하는 것을 말한다.
7. "지역 시료채취"란 시료채취기를 이용하여 가스·증기·분진·흄(fume)·미스트(mist) 등을 근로자의 작업행동 범위에서 호흡기 높이에 고정하여 채취하는 것을 말한다.
8. "노출기준"이란 「산업안전보건법」(이하 "법"이라 한다) 제106조에서 정한 작업환경평가기준을 말한다.
9. "최고노출근로자"란 「산업안전보건법 시행규칙」(이하 "규칙"이라 한다) 별표 21에 따른 작업환경측정대상 유해인자의 발생 및 취급원에서 가장 가까

운 위치의 근로자이거나 규칙 별표 21에 따른 작업환경측정대상 유해인자에 가장 많이 노출될 것으로 간주되는 근로자를 말한다.

10. "단위작업 장소"란 규칙 제186조제1항에 따라 작업환경측정대상이 되는 작업장 또는 공정에서 정상적인 작업을 수행하는 동일 노출집단의 근로자가 작업을 하는 장소를 말한다.

11. "호흡성분진"이란 호흡기를 통하여 폐포에 축적될 수 있는 크기의 분진을 말한다.

12. "흡입성분진"이란 호흡기의 어느 부위에 침착하더라도 독성을 일으키는 분진을 말한다.

13. "입자상 물질"이란 화학적인자가 공기중으로 분진·흄(fume)·미스트(mist) 등의 형태로 발생되는 물질을 말한다.

14. "가스상 물질"이란 화학적인자가 공기중으로 가스·증기의 형태로 발생되는 물질을 말한다.

15. "정도관리"란 법 제126조제2항에 따라 작업환경측정·분석 결과에 대한 정확성과 정밀도를 확보하기 위하여 작업환경측정기관의 측정·분석능력을 확인하고, 그 결과에 따라 지도·교육 등 측정·분석능력 향상을 위하여 행하는 모든 관리적 수단을 말한다.

16. "정확도"란 분석치가 참값에 얼마나 접근하였는가 하는 수치상의 표현을 말한다. 24. 3. 30 ☎

17. "정밀도"란 일정한 물질에 대해 반복측정·분석을 했을 때 나타나는 자료 분석치의 변동크기가 얼마나 작은가 하는 수치상의 표현을 말한다.

② 그 밖의 이 고시에서 사용하는 용어의 뜻은 이 고시에 특별한 규정이 없으면 법, 「산업안전보건법 시행령」(이하 "영"이라 한다), 규칙, 「산업안전보건기준에 관한 규칙」(이하 "안전보건규칙"이라 한다) 및 관련 고시가 정하는 바에 따른다.

제2편 작업환경측정

제1장 작업환경측정 시기 등

제3조 〈삭제〉

제4조(측정실시 시기 및 기간) ① 〈삭제〉

② 규칙 제190조에 따른 측정 시기는 전회(前回)측정을 완료한 날부터 다음 각호에서 정하는 간격을 두어야 한다.

1. 규칙 제190조제1항에 따라 측정 주기가 반기(半期)에 1회 이상인 경우 3개월 이상
2. 규칙 제190조제1항 단서에 따라 측정 횟수가 3개월에 1회 이상인 경우 45

일 이상

3. 규칙 제190조제2항에 따라 측정 주기가 연(年) 1회 이상인 경우 6개월 이상

③ 규칙 제192조제1호에 따른 사업장 위탁측정기관(이하 "사업장 위탁측정기관"이라 한다)이 측정을 실시할 경우에 사업주는 측정실시 소요기간에 대하여 예비조사 결과에 따라 사업장 위탁측정기관과 협의·결정하여야 한다.

제4조의2(측정대상의 제외) 규칙 제186조제1항제4호의 "작업환경측정 대상 유해인자의 노출수준이 노출기준에 비하여 현저히 낮은 경우로서 고용노동부장관이 정하여 고시하는 작업장"이란 「석유 및 석유대체연료 사업법 시행령」 제2조제3호에 따른 주유소를 말한다. 다만, 다음 각호의 어느 하나에 해당하는 경우에는 1개월 이내에 측정을 실시하여야 한다.

  1. 근로자 건강진단 실시결과 직업병유소견자 또는 직업성질병자가 발생한 경우
  2. 근로자대표가 요구하는 경우로서 산업위생전문가가 필요하다고 판단한 경우
  3. 그 밖에 지방고용노동관서장이 필요하다고 인정하여 명령한 경우

제5조(임시작업, 단시간작업의 적용제외 등) 규칙 제186조제1항제2호, 제190조제1항 각호 및 제2항 단서, 제241조제1항 단서에서 고용노동부장관이 정하여 고시하는 물질이란 다음 각호의 어느 하나를 말한다.

  1. 영 제88조에 따른 허가대상유해물질
  2. 안전보건규칙 별표 12에 따른 특별관리물질

제6조 〈삭제〉

제6조의2 〈삭제〉 (제43조로 이동)

제2장 작업환경측정기관의 지정

제1절 신청 및 지정

제7조(사업장 위탁측정기관의 수·담당지역 등) ① 규칙 제193조제4항에 따라 지방고용노동관서의 장이 지정할 수 있는 사업장 위탁측정기관의 수는 2개 이상을 원칙으로 하며, 사업장 위탁측정기관의 담당지역은 관내의 측정 대상사업장수, 업종 등을 고려하여 정할 수 있다. 제2항에 따른 추가지정의 경우에도 또한 같다.

② 제1항에 따라 이미 지정 받은 사업장 위탁측정기관이 다른 지방고용노동관서에서 추가지정을 받으려면 규칙 별지 제6호서식의 작업환경측정기관 지정신청서의 소재지 기재란 여백에 추가지정을 받으려는 지방고용노동관서 관내에서 측정하려는 사업장 수(이하 "측정대상사업장수"라 한다.)를 기재하여 신청하여야 한다. 다만, 다른 지방고용노동관서의 추가지정은 최초 지정한 지방고용노동관서를 포함하여 4개 지방고용노동관서를 초과하지 못한다.

> **합격예측**
>
> **측정대상의 제외**
>
> 규칙 제186조제1항제4호의 "작업환경측정 대상 유해인자의 노출수준이 노출기준에 비하여 현저히 낮은 경우로서 고용노동부장관이 정하여 고시하는 작업장"이란 「석유 및 석유대체연료 사업법 시행령」 제2조제3호에 따른 주유소를 말한다. 다만, 다음 각호의 어느 하나에 해당하는 경우에는 1개월 이내에 측정을 실시하여야 한다.
>
> 1. 근로자 건강진단 실시결과 직업병유소견자 또는 직업성질병자가 발생한 경우
> 2. 근로자대표가 요구하는 경우로서 산업위생전문가가 필요하다고 판단한 경우
> 3. 그 밖에 지방고용노동관서장이 필요하다고 인정하여 명령한 경우

③ 제2항에 따라 지방고용노동관서의 장이 추가지정을 할 경우에는 그 사업장 위탁측정기관을 최초로 지정한 지방고용노동관서에 지정사항을 확인하고, 측정대상사업장수 및 측정한계 등을 확인하여야 한다.

④ 지방고용노동관서의 장은 사업장 위탁측정기관을 지정(변경, 취소, 반납 등을 포함한다)한 경우 관련 내용을 고용노동부 전산시스템에 입력하고 지속적으로 관리하여야 한다.

제8조 〈삭제〉

제8조의2 〈삭제〉

제9조(측정지역에 대한 특례) ① 지방고용노동관서의 장은 제7조제1항에도 불구하고 다음 각호의 어느 하나에 해당하는 경우에는 지정지역에 관계없이 측정을 실시하도록 할 수 있다.

1. 유해인자별·업종별 작업환경전문연구기관이 해당 사업장을 측정하는 경우(지정받은 유해인자나 업종에 대하여 측정하는 경우에 한한다)
2. 〈삭제〉
3. 사업장 위탁측정기관의 지정취소·업무정지 등의 사유로 관내의 사업장 위탁측정기관만으로는 관내 사업장에 대한 원활한 작업환경측정 실시가 어렵다고 판단한 지방고용노동관서장의 요청이 있는 경우로서 사업장 위탁측정기관으로 최초로 지정한 지방고용노동관서의 장이 이를 승인한 경우
4. 사업주가 노·사 합의로 관내 사업장 위탁측정기관 이외의 측정기관에서 측정을 받으려고 관할 지방고용노동관서의 장에게 신고한 경우
5. 〈삭제〉

② 제1항제3호·제4호에 따라 관할지역 외에서 측정을 하는 경우 해당 사업장 위탁측정기관을 최초로 지정한 지방고용노동관서의 장은 지정지역의 측정대상 사업장에 대한 측정에 지장이 없도록 지도·감독하여야 한다.

제10조(사업장 자체측정기관의 관리) ① 지방고용노동관서의 장이 사업장 자체측정기관을 지정한 경우에는 지정한 날부터 10일 이내에 지정내용을 사업장 자체측정기관의 측정대상 사업장을 관할하는 지방고용노동관서의 장에게 통보하여야 한다.

② 지방고용노동관서의 장은 사업장 자체측정기관이 측정하는 사업장이 작업공정변경 등에 따라 유해인자가 추가 또는 변경되는 때에는 그에 따른 시설·장비 요건의 보완을 명하는 등 지도·감독하여야 한다.

③ 제2항의 명령에 응하지 아니한 사업장 자체측정기관은 추가 또는 변경된 유해인자에 대한 측정을 실시할 수 없다.

제2절 지정의 취소 등

제11조(행정처분 내용의 통보) 지방고용노동관서의 장이 사업장 위탁측정기관에

대하여 행정처분을 행한 경우 그 처분내용을 해당 사업장 위탁측정기관을 지정한 다른 지방고용노동관서의 장에게도 통보하여 적절한 조치를 취할 수 있도록 하여야 한다.

제12조(행정처분 등 결과보고) 지방고용노동관서의 장은 작업환경측정기관의 지정 등과 관련하여 다음 각호의 어느 하나에 해당하는 경우, 그 사유가 발생한 날부터 10일 이내에 그 사유 및 처리결과를 고용노동부장관에게 보고하여야 한다.
 1. 작업환경측정기관을 지정한 경우
 2. 작업환경측정기관에 대하여 지정취소 또는 업무정지 등 행정처분을 행한 경우
 3. 작업환경측정기관이 휴업 또는 폐업한 경우
 4. 작업환경측정기관의 기관명, 소재지, 대표자 또는 측정한계 등 지정사항의 변경이 있는 경우

제13조(작업환경측정기관 점검) ① 작업환경측정기관을 최초로 지정한 지방고용노동관서의 장은 작업환경측정기관에 대하여 영 별표 29에 따른 인력, 시설 및 장비기준 등 지정요건과 작업환경측정 업무실태를 매년 1월 중에 정기적으로 점검하여야 한다. 다만, 작업환경측정기관이 다른 지방고용노동관서의 관할지역에 소재 하는 경우에는 그 소재지 관할 지방고용노동관서의 장에게 점검을 의뢰할 수 있다.
② 지방고용노동관서의 장은 다음 각호의 어느 하나에 해당하는 경우 제1항의 정기점검 외에 해당 작업환경측정기관에 대하여 수시점검을 실시할 수 있다.
 1. 부실측정과 관련한 민원이 발생한 경우
 2. 법 제127조에 따른 작업환경측정 신뢰성평가 결과 작업환경측정기관의 업무수행에 중대한 문제가 있다고 인정하는 경우
 3. 그 밖에 지방고용노동관서의 장이 필요하다고 인정하는 경우
③ 지방고용노동관서의 장은 법 제126조제3항에 따른 평가 결과, 평가등급이 우수한 작업환경측정기관에 대하여 제1항에 따른 정기점검을 면제할 수 있다.

제3장 유해인자별 및 업종별 작업환경전문연구기관

제14조(유해인자별·업종별 작업환경 전문연구기관의 지정신청 및 지정 등) ① 고용노동부장관은 법 제128조에 따른 작업환경 전문연구기관(이하 "전문연구기관"이라 한다)을 다음 각호의 구분에 따라 지정할 수 있다.
 1. 유해인자별 전문연구기관 : 규칙 별표 21의 작업환경측정 대상 유해인자 또는 그 밖의 새로운 유해인자에 대한 전문연구 수행
 2. 업종별 전문연구기관 : 복합적이고 다양한 유해인자가 발생하는 업종이나 특수한 작업환경을 가진 업종에 대한 전문연구 수행

합격예측

예비조사 및 측정계획서의 작성
1. 원재료의 투입과정부터 최종 제품생산 공정까지의 주요공정 도식
2. 해당 공정별 작업내용 및 화학물질 사용실태, 그 밖에 작업방법·운전조건 등을 고려한 유해인자 노출 가능성
3. 측정대상공정, 측정대상 유해인자 및 발생주기, 측정 대상 공정의 종사근로자 현황
4. 유해인자별 측정방법 및 측정 소요기간 등 작업환경측정에 필요한 사항

② 고용노동부장관은 제1항에 따른 전문연구기관을 지정하고자 하는 경우 매년 12월말까지 홈페이지 등을 통해 이를 공고하여야 한다. 이 경우 고용노동부장관은 전문연구가 필요한 특정 유해인자나 업종을 정하여 공고할 수 있다.

③ 제1항에 따라 전문연구기관으로 지정받고자 하는 기관은 별지1호서식의 신청서에 작업환경측정기관 지정서, 사업계획서 등을 첨부하여 매년 2월말까지 고용노동부장관에게 제출하여야 한다.

④ 고용노동부장관은 매년 3월말까지 전문연구기관 신청서 등을 심사하여 지정 여부를 결정하고 그 결과를 해당 기관에 통보하여야 한다. 이 때 고용노동부장관은 사업계획의 타당성과 연구결과의 활용가능성, 신청기관의 전문성 등을 심사하기 위해 한국산업안전보건공단(이하 "공단"이라 한다) 및 한국산업보건학회 소속의 전문가를 참여시킬 수 있다.

제14조의2(전문연구기관의 실적보고 등) ① 제14조제3항에 따라 전문연구기관으로 지정받은 기관은 지정받은 후 3년째 되는 해의 12월말까지 연구활동 실적을 고용노동부장관에게 제출하여야 한다.

② 고용노동부장관은 제1항에 따라 제출받은 연구활동 실적 등을 평가하여 재지정 여부를 결정하고 그 결과를 해당 기관에 통보하여야 한다. 이 경우 고용노동부장관은 객관적이고 공정한 평가를 위하여 공단 및 한국산업보건학회 소속의 전문가를 참여시킬 수 있다.

③ 제1항에도 불구하고 고용노동부장관이 필요하다고 인정하는 때에 전문연구기관으로부터 연구활동 실적을 제출받아 제2항에 따른 평가를 할 수 있다.

제15조(전문연구기관에 대한 우대지원) ①고용노동부장관은 제14조제2항 또는 제14조의2제2항에 따라 전문연구기관을 지정 또는 재지정한 경우 이를 고용노동부 및 공단 홈페이지에 공표하는 등 적극적으로 알려야 한다.

② 고용노동부장관은 전문연구기관에 연구비 지원·홍보·설비자금 보조 또는 융자 알선 등 필요한 지원을 할 수 있다.

제4장 작업환경측정방법

제1절 측정방법 및 단위

제16조 〈삭제〉

제17조(예비조사 및 측정계획서의 작성) ① 규칙 제189조제1항제1호에 따라 예비조사를 하는 경우에는 다음 각호의 내용이 포함된 측정계획서를 작성하여야 한다.
1. 원재료의 투입과정부터 최종 제품생산 공정까지의 주요공정 도식
2. 해당 공정별 작업내용 및 화학물질 사용실태, 그 밖에 작업방법·운전조건 등을 고려한 유해인자 노출 가능성

3. 측정대상공정, 측정대상 유해인자 및 발생주기, 측정 대상 공정의 종사근로자 현황
4. 유해인자별 측정방법 및 측정 소요기간 등 작업환경측정에 필요한 사항

② 측정기관이 전회에 측정을 실시한 사업장으로서 공정 및 취급인자 변동이 없는 경우에는 서류상의 예비조사를 할 수 있다.

제18조(노출기준의 종류별 측정시간) ① 「화학물질 및 물리적 인자의 노출기준(고용노동부 고시, 이하 '노출기준 고시'라 한다)」에 시간가중평균기준(TWA)이 설정되어 있는 대상물질을 측정하는 경우에는 1일 작업시간동안 6시간 이상 연속측정하거나 작업시간을 등간격으로 나누어 6시간 이상 연속분리하여 측정하여야 한다. 다만, 다음 각호의 어느 하나에 해당하는 경우에는 대상물질의 발생시간 동안 측정 할 수 있다.

1. 대상물질의 발생시간이 6시간 이하인 경우
2. 불규칙작업으로 6시간 이하의 작업을 하는 경우
3. 발생원에서 발생시간이 간헐적인 경우

② 노출기준 고시에 단시간 노출기준(STEL)이 설정되어 있는 물질로서 노출이 균일하지 않은 작업특성으로 인하여 단시간 노출평가가 필요하다고 자격자(규칙 제187조에 따른 작업환경측정자의 자격을 가진 자를 말한다.) 또는 작업환경측정기관이 판단하는 경우에는 제1항의 측정에 추가하여 단시간 측정을 할 수 있다. 이 경우 1회에 15분간 측정하되 유해인자 노출특성을 고려하여 측정횟수를 정할 수 있다.

③ 노출기준 고시에 최고노출기준(Ceiling, C)이 설정되어 있는 대상물질을 측정하는 경우에는 최고노출 수준을 평가할 수 있는 최소한의 시간동안 측정하여야 한다. 다만 시간가중평균기준(TWA)이 함께 설정되어 있는 경우에는 제1항에 따른 측정을 병행하여야 한다.

제19조(시료채취 근로자수) ① 단위작업 장소에서 최고 노출근로자 2명 이상에 대하여 동시에 개인 시료채취 방법으로 측정하되, 단위작업 장소에 근로자가 1명인 경우에는 그러하지 아니하며, 동일 작업근로자수가 10명을 초과하는 경우에는 매 5명당 1명 이상 추가하여 측정하여야 한다. 다만, 동일 작업근로자수가 100명을 초과하는 경우에는 최대 시료채취 근로자수를 20명으로 조정할 수 있다.

② 지역 시료채취 방법으로 측정을 하는 경우 단위작업장소 내에서 2개 이상의 지점에 대하여 동시에 측정하여야 한다. 다만, 단위작업 장소의 넓이가 50평방미터 이상인 경우에는 매 30평방미터마다 1개 지점 이상을 추가로 측정하여야 한다.

제20조(단위) ① 화학적 인자의 가스, 증기, 분진, 흄(fume), 미스트(mist) 등의 농도는 피피엠(ppm) 또는 세제곱미터 당 밀리그램(mg/m^3)으로 표시한다.

합격예측

노출기준(mg/m^3) =

$$\dfrac{\text{노출기준(ppm)} \times \text{그램분자량}}{24.45(25[°C],\ 1기압)}$$

합격예측

입자상 물질 측정

1. 석면의 농도는 여과채취방법으로 측정하고 계수방법 또는 이와 동등 이상의 분석방법으로 분석할 것
2. 광물성분진은 여과채취방법으로 측정하고 석영, 크리스토바라이트, 트리디마이트를 분석할 수 있는 적합한 방법으로 분석할 것(다만 규산염과 그 밖의 광물성분진은 중량분석방법으로 분석한다.)
3. 용접흄은 여과채취방법으로 측정하되 용접보안면을 착용한 경우에는 그 내부에서 시료를 채취하고 중량분석방법과 원자흡광광도계 또는 유도결합프라스마를 이용한 방법으로 분석할 것

다만, 석면의 농도 표시는 세제곱센티미터 당 섬유개수(개/cm³)로 표시한다.

② 피피엠(ppm)과 세제곱미터 당 밀리그램(mg/m³)간의 상호 농도변환은 다음 계산식 1과 같다.

(계산식1)

$$노출기준(mg/m^3) = \frac{노출기준(ppm) \times 그램분자량}{24.45(25[℃], 1기압)}$$

③ 〈삭제〉

④ 소음수준의 측정단위는 데시벨[dB(A)]로 표시한다.

⑤ 고열(복사열 포함)의 측정단위는 습구·흑구 온도지수(WBGT)를 구하여 섭씨온도(℃)로 표시한다.

제2절 입자상 물질

제21조(측정 및 분석방법) 규칙 별표 21의 작업환경측정 대상 유해인자 중 입자상 물질은 다음 각호의 방법으로 측정한다.

1. 석면의 농도는 여과채취방법으로 측정하고 계수방법 또는 이와 동등 이상의 분석방법으로 분석할 것
2. 광물성분진은 여과채취방법으로 측정하고 석영, 크리스토바라이트, 트리디마이트를 분석할 수 있는 적합한 방법으로 분석할 것(다만 규산염과 그 밖의 광물성분진은 중량분석방법으로 분석한다.)
3. 용접흄은 여과채취방법으로 측정하되 용접보안면을 착용한 경우에는 그 내부에서 시료를 채취하고 중량분석방법과 원자흡광광도계 또는 유도결합프라스마를 이용한 방법으로 분석할 것
4. 석면, 광물성분진 및 용접흄을 제외한 입자상 물질은 여과채취방법으로 측정한 후 중량분석방법이나 유해물질 종류에 따른 적합한 방법으로 분석할 것
5. 호흡성분진은 호흡성분진용 분립장치 또는 호흡성분진을 채취할 수 있는 기기를 이용한 여과채취방법으로 측정할 것
6. 흡입성분진은 흡입성분진용 분립장치 또는 흡입성분진을 채취할 수 있는 기기를 이용한 여과채취방법으로 측정할 것

제22조(측정위치) ① 개인 시료채취 방법으로 측정하는 경우에는 측정기기를 작업 근로자의 호흡기 위치에 장착하여야 한다.

② 지역 시료채취 방법으로 측정하는 경우에는 측정기기를 발생원의 근접한 위치 또는 작업근로자의 주 작업행동 범위 내에서 작업근로자 호흡기 높이에 설치하여야 한다.

제22조의2(측정시간 등) 입자상물질을 측정하는 경우 측정시간은 제18조의 규정을 준용한다.

제3절 가스상 물질

제23조(측정 및 분석방법) 규칙 별표 21의 작업환경측정 대상 유해인자 중 가스상 물질의 경우 개인시료채취기 또는 이와 동등 이상의 특성을 가진 측정기기를 사용하여 제2조제1항제1호부터 제5호까지의 채취방법에 따라 시료를 채취한 후 원자흡광분석, 가스크로마토그래프분석 또는 이와 동등 이상의 분석방법으로 정량분석하여야 한다.

제24조(측정위치 및 측정시간 등) 가스상물질의 측정위치, 측정시간 등은 제22조 및 제22조의2의 규정을 준용한다.

제25조(검지관방식의 측정) ① 제23조 및 제24조의 규정에도 불구하고 다음 각호의 어느 하나에 해당하는 경우에는 검지관방식으로 측정할 수 있다.

1. 예비조사 목적인 경우
2. 검지관방식 외에 다른 측정방법이 없는 경우
3. 발생하는 가스상 물질이 단일물질인 경우. 다만, 자격자가 측정하는 사업장에 한정한다.

② 자격자가 해당 사업장에 대하여 검지관방식으로 측정하는 경우 사업주는 2년에 1회 이상 사업장 위탁측정기관에 의뢰하여 제23조 및 제24조에 따른 방법으로 측정하여야 한다.

③ 검지관방식의 측정결과가 노출기준을 초과하는 것으로 나타난 경우에는 즉시 제23조 및 제24조에 따른 방법으로 재측정하여야 하며, 해당 사업장에 대하여는 측정치가 노출기준 이하로 나타날 때까지는 검지관방식으로 측정할 수 없다.

④ 검지관방식으로 측정하는 경우에는 해당 작업근로자의 호흡기 및 가스상 물질 발생원에 근접한 위치 또는 근로자 작업행동 범위의 주 작업 위치에서의 근로자 호흡기 높이에서 측정하여야 한다.

⑤ 검지관방식으로 측정하는 경우에는 1일 작업시간 동안 1시간 간격으로 6회 이상 측정하되 측정시간마다 2회 이상 반복 측정하여 평균값을 산출하여야 한다. 다만, 가스상 물질의 발생시간이 6시간 이내일 때에는 작업시간 동안 1시간 간격으로 나누어 측정하여야 한다.

제4절 소음

제26조(측정방법) 규칙 별표 21에 따른 소음수준의 측정은 다음 각호에 따른다.

1. 소음측정에 사용되는 기기(이하 "소음계"라 한다)는 누적소음 노출량측정기, 적분형소음계 또는 이와 동등 이상의 성능이 있는 것으로 하되 개인 시료채취 방법이 불가능한 경우에는 지시소음계를 사용할 수 있으며, 발생시간을 고려한 등가소음레벨 방법으로 측정할 것. 다만, 소음발생 간격이 1초 미만을 유지하면서 계속적으로 발생되는 소음(이하 "연속음"이라 한다)을 지시소음계 또는 이와 동등 이상의 성능이 있는 기기로 측정할 경우에는

> **합격예측**
>
> **고열의 측정방법**
> 1. 측정은 단위작업 장소에서 측정대상이 되는 근로자의 주 작업 위치에서 측정한다.
> 2. 측정기의 위치는 바닥 면으로부터 50센티미터 이상, 150센티미터 이하의 위치에서 측정한다.
> 3. 측정기를 설치한 후 충분히 안정화 시킨 상태에서 1일 작업시간 중 가장 높은 고열에 노출되는 1시간을 10분 간격으로 연속하여 측정한다.

그러하지 아니할 수 있다.

2. 소음계의 청감보정회로는 A특성으로 할 것
3. 제1호 단서규정에 따른 소음측정은 다음과 같이 할 것
   가. 소음계 지시침의 동작은 느린(Slow) 상태로 한다.
   나. 소음계의 지시치가 변동하지 않는 경우에는 해당 지시치를 그 측정점에서의 소음수준으로 한다.
4. 누적소음노출량 측정기로 소음을 측정하는 경우에는 Criteria는 90[dB], Exchange Rate는 5[dB], Threshold는 80[dB]로 기기를 설정할 것
5. 소음이 1초 이상의 간격을 유지하면서 최대음압수준이 120[dB(A)] 이상의 소음인 경우에는 소음수준에 따른 1분 동안의 발생횟수를 측정할 것

제27조(측정위치) ① 개인 시료채취 방법으로 측정하는 경우에는 소음측정기의 센서 부분을 작업 근로자의 귀 위치(귀를 중심으로 반경 30[cm]인 반구)에 장착하여야 한다.

② 지역 시료채취 방법으로 측정하는 경우에는 소음측정기를 측정대상이 되는 근로자의 주 작업행동 범위 내에서 작업근로자 귀 높이에 설치하여야 한다.

제28조(측정시간 등) ① 단위작업 장소에서 소음수준은 규정된 측정위치 및 지점에서 1일 작업시간 동안 6시간 이상 연속 측정하거나 작업시간을 1시간 간격으로 나누어 6회 이상 측정하여야 한다. 다만, 소음의 발생특성이 연속음으로서 측정치가 변동이 없다고 자격자 또는 지정측정기관이 판단한 경우에는 1시간 동안을 등간격으로 나누어 3회 이상 측정할 수 있다.

② 단위작업 장소에서의 소음발생시간이 6시간 이내인 경우나 소음발생원에서의 발생시간이 간헐적인 경우에는 발생시간동안 연속 측정하거나 등간격으로 나누어 4회 이상 측정하여야 한다.

제5절 고열

제29조 〈삭제〉

제30조(측정기기 등) 고열은 습구흑구온도지수(WBGT)를 측정할 수 있는 기기 또는 이와 동등 이상의 성능을 가진 기기를 사용한다.

제31조(측정방법 등) 고열 측정은 다음 각호의 방법에 따른다.

1. 측정은 단위작업 장소에서 측정대상이 되는 근로자의 주 작업 위치에서 측정한다.
2. 측정기의 위치는 바닥 면으로부터 50센티미터 이상, 150센티미터 이하의 위치에서 측정한다.
3. 측정기를 설치한 후 충분히 안정화 시킨 상태에서 1일 작업시간 중 가장 높은 고열에 노출되는 1시간을 10분 간격으로 연속하여 측정한다.

제32조 〈삭제〉

제6절 평가 및 작업환경측정결과보고

제33조(측정농도의 평가) 제21조, 제23조, 제26조 및 제31조에 따른 방법으로 측정한 농도나 측정값은 노출기준 고시와 비교하여 초과여부를 평가한다.

제34조(입자상 물질의 농도 평가) ① 제18조제1항에 따라 측정한 입자상 물질 농도는 8시간 작업 시의 평균농도로 한다. 다만, 6시간 이상 연속 측정한 경우에 있어 측정하지 아니한 나머지 작업시간 동안의 입자상 물질 발생이 측정기간보다 현저하게 낮거나 입자상 물질이 발생하지 않은 경우에는 측정시간 동안의 농도를 8시간 시간가중 평균하여 8시간 작업 시의 평균농도로 한다.

② 제18조제1항 단서에 따라 1일 작업시간 동안 6시간 이내 측정한 경우의 입자상 물질 농도는 측정시간 동안의 시간가중평균치를 산출하여 그 기간 동안의 평균농도로 하고 이를 8시간 시간가중평균하여 8시간 작업 시의 평균농도로 한다.

③ 1일 작업시간이 8시간을 초과하는 경우에는 다음 계산식 4에 따라 보정노출기준을 산출한 후 측정농도와 비교하여 평가하여야 한다.

(계산식4)

$$\text{보정노출기준} = 8\text{시간 노출기준} \times \frac{8}{h}$$

(h : 노출시간/일)

④ 제18조제2항 또는 제3항에 따른 측정을 한 경우에는 측정시간 동안의 농도를 해당 노출기준과 직접 비교하여 평가하여야 한다. 다만 2회 이상 측정한 단시간 노출농도값이 단시간노출기준과 시간가중평균기준값 사이의 경우로서 다음 각 호의 어느 하나에 해당하는 경우에는 노출기준 초과로 평가하여야 한다.

   1. 15분 이상 연속 노출되는 경우
   2. 노출과 노출사이의 간격이 1시간 미만인 경우
   3. 1일 4회를 초과하는 경우

제35조(가스상 물질의 농도 평가) 제4장제3절에 따른 가스상 물질의 측정농도평가는 제33조 및 제34조의 평가방법을 준용한다.

제36조(소음수준의 평가) ① 제28조제1항에 따라 1일 작업시간 동안 연속 측정하거나 작업시간을 1시간 간격으로 나누어 6회 이상 소음수준을 측정한 경우에는 이를 평균하여 8시간 작업시의 평균소음수준으로 한다(제34조제1항 단서의 규정은 소음수준의 평가에도 준용한다). 다만, 제28조제1항 단서에 따라 측정한 경우에는 이를 평균하여 8시간 작업 시의 평균소음 수준으로 한다.

② 제28조제2항에 측정한 경우에는 이를 평균하여 그 기간 동안의 평균소음수준으로 하고 이를 1일 노출시간과 소음강도를 측정하여 등가소음레벨방법으로 평가한다.

합격예측

leq[dB(A)]=

$$16.61\log\frac{n_1\times 10^{\frac{LA_1}{16.61}}+n_2\times 10^{\frac{LA_2}{16.61}}+n_N\times 10^{\frac{LA_N}{16.61}}}{\text{각 소음레벨 측정치의 발생시간합}}$$

LA: 각 소음레벨의 측정치 [dB(A)]
n: 각 소음레벨측정치의 발생시간(분)

③ 지시소음계로 측정하여 등가소음레벨방법을 적용할 경우에는 다음 계산식 5에 따라 산출한 값을 기준으로 평가한다.

(계산식5)

$$\text{leq[dB(A)]}=16.61\log\frac{n_1\times 10^{\frac{LA_1}{16.61}}+n_2\times 10^{\frac{LA_2}{16.61}}+\cdots+n_N\times 10^{\frac{LA_N}{16.61}}}{\text{각 소음레벨 측정치의 발생시간 합}}$$

LA: 각 소음레벨의 측정치[dB(A)]
n: 각 소음레벨 측정치의 발생시간(분)

④ 단위작업 장소에서 소음의 강도가 불규칙적으로 변동하는 소음 등을 누적소음 노출량측정기로 측정하여 노출량으로 산출되었을 경우에는 별표 1을 이용하여 시간가중평균 소음수준으로 환산하여야 한다. 다만, 누적소음 노출량측정기에 따른 노출량 산출치가 별표 1에 주어진 값보다 작거나 크면 시간가중평균소음은 다음 계산식 6에 따라 산출한 값을 기준으로 평가할 수 있다.

(계산식6)

$$TWA=16.61\log\left(\frac{D}{100}\right)+90$$

TWA: 시간가중평균 소음수준[dB(A)]
D: 누적소음노출량(%)

⑤ 1일 작업시간이 8시간을 초과하는 경우에는 다음 계산식 7에 따라 보정노출기준을 산출한 후 측정치와 비교하여 평가하여야 한다.

(계산식7)

소음의 보정노출기준[dB(A)]=$16.61\log\left(\dfrac{100}{12.5\times h}\right)+90$

h: 노출시간/일

제37조(고열 수준의 평가) 고열 수준은 제31조에 따른 방법으로 측정하여 평가하여야 한다.

제38조 〈삭제〉

제39조(작업환경측정결과의 보고) ① 사업장 위탁측정기관이 법 제125조제3항에 따라 작업환경측정을 실시하였을 경우에는 측정을 완료한 날부터 30일 이내에 규칙 별지 제83호서식의 작업환경측정결과표 2부를 작성하여 1부는 사업장 위탁측정기관이 보관하고 1부는 사업주에게 송부하여야 한다.

② 규칙 제188조제2항에 따른 전자적 방법이란 공단이 고용노동부장관의 승인을 받아 제공하는 전산 프로그램이나 이와 호환이 되는 프로그램에 측정결과를 입력하는 것을 말한다. 이 경우 작업환경측정기관이 해당 프로그램에 작업환경측정결과를 입력하여 공단에 전송한 때에는 사업주가 지방고용노동관서의 장에게 규칙 별지 제83호서식의 작업환경측정결과표를 제출한 것으로 본다.

③ 사업주는 작업환경측정결과 노출기준을 초과한 경우에는 규칙 별지 제82호서식의 작업환경측정 결과보고서에 개선계획서 또는 개선을 증명할 수 있는 서류를 첨부하여 제출하여야 한다.

④ 규칙 제188조제1항 및 제2항 단서에 따라 시료채취를 마친 날부터 30일 이내에 보고하는 것이 어려운 사업주 또는 작업환경측정기관은 다음 각호의 내용이 포함된 지연사유서를 작성하여 지방고용노동관서의 장에게 제출하면 30일의 범위에서 제출기간을 연장할 수 있다.

1. 작성기관 정보(사업장명 또는 작업환경측정기관명, 소재지, 전화번호)
2. 측정대상 사업장 정보(사업장명, 소재지, 전화번호)
3. 측정일
4. 지연사유
5. 제출자(기관) 직인
6. 지연사유를 증명할 수 있는 첨부서류

제39조의2(작업환경측정 결과의 전산관리) ① 공단은 제39조제2항에 따라 작업환경측정기관이 전산으로 송부한 작업환경측정결과에 대하여 자료의 결함 여부 등을 확인하고 안전하게 보관·관리하여야 한다.

② 공단은 제1항에 따른 작업환경측정 자료를 통계·분석하여 고용노동부장관에게 보고하여야 한다.

제40조(작업환경측정결과의 알림 등) ① 사업주는 법 제125조제1항에 따른 작업환경측정결과를 다음 각호의 어느 하나에 해당하는 방법(전자적 방법을 포함한다)으로 해당 사업장 근로자에게 알려야 한다.

1. 사업장 내의 게시판에 부착하는 방법
2. 사보에 게재하는 방법
3. 자체정례조회 시 집합교육에 의한 방법
4. 그밖에 해당 근로자들이 작업환경측정결과를 알 수 있는 방법

② 사업주는 법 제125조제7항에 따라 산업안전보건위원회 또는 근로자대표가 작업환경측정결과에 대한 설명회 개최를 요구한 경우에는 측정기관으로부터 결과를 통보 받은 날로부터 10일 이내에 설명회를 실시하여야 한다.

③ 사업주는 해당 사업장 근로자의 건강관리를 위하여 특수건강진단기관 등에서 작업환경측정 결과를 요청할 때에는 이에 협조하여야 한다.

④ 사업주는 법 제35조에 따라서 근로자대표가 작업환경측정결과나 평가내용의 통지를 요청하는 경우에는 성실히 응하여야 한다.

제41조(작업환경측정결과에 대한 검토) ① 지방고용노동관서의 장은 제39조제2항에 따라 제출받은 작업환경측정결과표 또는 제39조제3항에 따라 사업주로부터 제출받은 작업환경측정결과보고서에 대하여 다음 각호의 사항을 공단에 검토

> **합격예측**
>
> 규칙 제188조제1항 및 제2항 단서에 따라 시료채취를 마친 날부터 30일 이내에 보고하는 것이 어려운 사업주 또는 작업환경측정기관은 다음 각호의 내용이 포함된 지연사유서를 작성하여 지방고용노동관서의 장에게 제출하면 30일의 범위에서 제출기간을 연장할 수 있다.
> 1. 작성기관 정보(사업장명 또는 작업환경측정기관명, 소재지, 전화번호)
> 2. 측정대상 사업장 정보(사업장명, 소재지, 전화번호)
> 3. 측정일
> 4. 지연사유
> 5. 제출자(기관) 직인
> 6. 지연사유를 증명할 수 있는 첨부서류

의뢰할 수 있다.
1. 내용의 정확성 여부
2. 측정의 적정실시 여부
3. 측정의 누락 여부
4. 측정결과에 대한 개선의견의 적정 여부
5. 그 밖에 측정과 관련하여 해당 사업장에 대하여 필요한 조치에 관한 사항

② 공단은 제1항에 따른 검토의뢰를 받은 때에는 지체 없이 관련 내용을 검토하여 그 의견을 해당 지방고용노동관서의 장에게 통보하여야 한다.

제42조(지방고용노동관서의 조치) 지방고용노동관서의 장은 제39조제2항·제3항 및 제41조에 따라 제출 또는 통보받은 작업환경측정결과표 또는 결과보고서, 검토서류를 확인하여 필요하다고 인정되는 경우 해당 사업장을 점검하거나 시정조치를 명하여야 한다.

제42조의2(허용기준 이하 유지대상 유해인자의 노출 농도 측정) 지방고용노동관서의 장이 법 제107조, 영 제84조 및 규칙 제145조에 따라 사업장의 허용기준 이하 유지대상 유해인자에 대한 허용기준 초과여부를 확인하여 행정처분의 근거로 사용하고자 하는 경우에는 공단이 기술지침 제정위원회의 심의·의결을 거쳐 공표한 측정·분석 방법에 따라 측정·분석한 후 별표 2의 평가방법에 따라 평가한다.

제5장 측정시료의 분석의뢰 등

제43조(측정시료의 분석의뢰) ① 규칙 제192조제1항에 따른 사업장 위탁측정기관 또는 사업장 자체측정기관은 다음 각호의 경우에 해당 측정시료를 분석할 수 있는 분석장비 등을 갖춘 다른 사업장 위탁측정기관이나 작업환경전문연구기관(이하 "분석수탁기관"이라 한다) 등에 시료의 분석을 위탁할 수 있다.
1. 가스크로마토그래피-불꽃이온화검출기(GC-FID)로 분석하기 어려운 유해인자를 측정한 경우
2. 원자흡광광도계-불꽃원자화장치(AAS-flame)로 분석하기 어렵거나 분석빈도가 낮은 유해인자를 측정한 경우(별표 3의 유해인자를 제외한다)
3. 영 별표29 제1호다목14)의 분석장비나 이온크로마토그래피를 이용하여 분석하는 것이 더 신뢰할만하다고 인정되는 유해인자를 측정한 경우

② 규칙 제187조에 따른 작업환경측정자는 측정시료의 분석을 분석수탁기관에 의뢰할 수 있다.

③ 제1항 또는 제2항에 따라 측정시료의 분석을 의뢰하는 자(이하 "시료분석 의뢰자"라 한다)는 다음 각호의 구분에 따라 제56조제1항제1호의 정기정도관리에서 적합판정을 받은 기관에 시료 분석을 의뢰하여야 한다.
1. 제1항제1호의 경우 : 가장 최근에 시행된 정기정도관리(기본분야) 중 유기

화합물 항목에 적합판정을 받은 분석수탁기관
2. 제1항제2호의 경우 : 가장 최근에 시행된 정기정도관리(기본분야) 중 금속류 항목에 적합판정을 받은 분석수탁기관
3. 제1항제3호의 경우 : 가장 최근에 시행된 정기정도관리(자율분야) 중 해당 분석장비를 이용하는 항목에서 적합판정을 받은 분석수탁기관
4. 제2항의 경우 : 제1호부터 제3호까지를 준용

제44조(측정시료의 인계와 인수) ① 시료분석 의뢰자는 분석수탁기관에 다음 각호의 내용이 포함된 시료분석 의뢰서를 제공하여야 한다.
1. 시료분석 의뢰자 정보(기관명 또는 사업장명, 소재지 및 전화번호)
2. 측정시료 정보(시료별 고유번호, 분석대상 물질명, 시료채취매체, 분석방법)
3. 그 밖에 시료의 보관 또는 분석에 필요한 사항

② 분석수탁기관은 시료분석 의뢰자로부터 시료분석을 의뢰받은 경우 시료의 개수 및 상태, 시료채취매체의 적정여부 등을 확인하여 이상이 있는 경우 이를 시료분석 의뢰자에게 지체 없이 통보하여야 한다.

③ 시료분석 의뢰자와 분석수탁기관은 시료의 오염이나 훼손, 변질 등이 없는 방법으로 시료를 제공하고 보관하여야 한다.

제45조(분석결과의 통보) 분석수탁기관은 시료를 분석한 후 다음 각호의 사항이 포함된 분석결과서를 시료분석 의뢰자에게 통보하여야 한다.
1. 분석수탁기관 정보(기관명, 소재지, 전화번호 및 분석자)
2. 시료별 분석결과 및 분석방법
3. 표준검량선 정보 및 검출한계
4. 그 밖에 크로마트그램 등 분석자료

제46조(분석 위·수탁 관련 자료의 보존) 법 제164조제4항에 따라 시료분석 의뢰자와 분석수탁기관은 제44조제1항에 따른 의뢰서와 제45조에 따른 분석결과서를 보존하여야 한다.

제47조 〈삭제〉

제47조의2 〈삭제〉

제3편 작업환경측정에 관한 정도관리

제1장 적용범위 및 조직·기능

제48조(적용범위) 제3편의 규정은 작업환경측정기관, 유해인자별·업종별 작업환경전문연구기관 및 분석수탁기관(이하 "대상기관"이라 한다)에 적용한다. 다만, 정도관리에 참여를 희망하는 기관·단체 및 사업장에 대해서도 적용할 수

합격예측

정도관리 실시기관의 업무
1. 정도관리 운영계획의 수립
2. 분석방법의 표준화 도모
3. 관리기준 설정
4. 정도관리용 시료의 조제 및 분배
5. 정도관리용 시료의 분석
6. 분석능력 평가
7. 기관간 분석자료 수집 및 결과통보
8. 시료의 교환 및 분석
9. 정도관리 운영계획에 필요한 서식작성
10. 대상기관에 대한 교육
11. 그 밖의 정도관리에 필요한 사항

있다.

제49조(실시기관) ① 법 제126조제2항에 따른 정도관리는 법 제165조제2항제31호 및 영 제116조제2항에 따라 공단 산업안전보건연구원(이하 "연구원"이라 한다)이 실시한다.

② 연구원은 연간세부계획을 수립하여 대상기관에 대한 정도관리를 실시하고 그 결과에 대한 평가 및 사후관리를 하여야 한다.

③ 연구원은 정도관리를 위하여 국제적으로 공신력이 있는 정도관리기구에 가입하여야 한다.

제50조(실시기관의 업무) 연구원은 다음 각호의 업무를 수행한다.
1. 정도관리 운영계획의 수립
2. 분석방법의 표준화 도모
3. 관리기준 설정
4. 정도관리용 시료의 조제 및 분배
5. 정도관리용 시료의 분석
6. 분석능력 평가
7. 기관간 분석자료 수집 및 결과통보
8. 시료의 교환 및 분석
9. 정도관리 운영계획에 필요한 서식작성
10. 대상기관에 대한 교육
11. 그 밖의 정도관리에 필요한 사항

제51조(정도관리운영위원회의 구성) ① 연구원은 대상기관에 대한 효율적 정도관리를 위하여 정도관리운영위원회를 구성·운영하여야 한다.

② 정도관리운영위원회는 위원장을 포함하여 10명 이내의 위원으로 구성한다.

③ 위원장은 연구원장으로 한다.

④ 위원은 위원장이 위촉하되, 연구원 및 한국산업보건학회가 추천하는 위원이 각각 3명 이상이 되도록 하여야 한다.

제52조(정도관리운영위원회의 기능) 정도관리운영위원회는 다음 각호에 관한 사항을 심의·조정한다.
1. 정도관리 표준시료의 농도결정
2. 정도관리 표준시료의 조제방법
3. 정도관리 평가방법 및 결과처리
4. 정도관리에 필요한 교육
5. 정도관리에 필요한 시료분석
6. 제66조에 따라 연구원장이 정하는 사항
7. 그 밖의 정도관리운영에 필요한 사항

제53조(정도관리운영위원회 회의개최) 정도관리운영위원회는 연 1회 이상 정기회의를 개최하여야 한다. 다만, 위원장이 필요하다고 인정하는 때에는 임시회의를 개최할 수 있다.

제54조(정도관리실무위원회의 구성) ① 정도관리운영위원장은 위원회를 효율적으로 운영하기 위하여 정도관리실무위원회를 두어야 한다.

② 정도관리실무위원회는 연구원 및 한국산업보건학회가 추천하는 전문가 3명 이상 5명 이하의 위원으로 구성한다.

제55조(정도관리실무위원회의 기능) 정도관리실무위원회는 다음 각호의 업무를 수행한다.

1. 정도관리 세부일정 수립
2. 정도관리 기준시료 조제
3. 정도관리 분석시료에 대한 평가
4. 정도관리 결과에 대한 검토
5. 정도관리운영위원회에서 결정된 사항
6. 그 밖의 정도관리 세부시행에 필요한 사항

제2장 정도관리 실시

제56조(정도관리의 구분 및 실시시기) ① 정도관리는 정기정도관리와 특별정도관리로 구분한다.

1. 정기정도관리는 분석자의 분석능력을 평가하기 위해 실시하는 정도관리로서 연 1회 이상 다음 각 목의 구분에 따라 실시하는 것을 말한다.
   가. 기본분야 : 기본적인 유기화합물과 금속류에 대한 분석능력을 평가
   나. 자율분야 : 특수한 유해인자에 대한 분석능력을 평가
2. 특별정도관리는 다음 각 목의 어느 하나에 해당하는 경우 실시하는 것을 말한다.
   가. 작업환경측정기관으로 지정받고자 하는 경우
   나. 직전 정기정도관리(기본분야에 한한다)에 불합격한 경우
   다. 대상기관이 부실측정과 관련한 민원을 야기하는 등 운영위원회에서 특별정도관리가 필요하다고 인정하는 경우

② 정기정도관리의 세부실시계획은 제54조에 따른 실무위원회가 정하는 바에 따른다.

③ 정기정도관리·특별정도관리 결과 부적합 평가를 받았거나 분석자가 변경된 대상기관은 이후 최초 도래하는 해당 정도관리를 다시 받아야 한다. 다만, 제1항제1호나목이나 제1항제2호가목의 경우에는 그러하지 아니하다.

제57조(정도관리 항목 등) ① 대상기관에 대한 정도관리 항목은 다음 각호와 같다.

합격예측

정도관리운영위원회 기능
1. 정도관리 표준시료의 농도 결정
2. 정도관리 표준시료의 조제 방법
3. 정도관리 평가방법 및 결과 처리
4. 정도관리에 필요한 교육
5. 정도관리에 필요한 시료분석
6. 제66조에 따라 연구원장이 정하는 사항
7. 그 밖의 정도관리운영에 필요한 사항

합격예측

고용노동부장관은 제60조에 따른 결과보고를 검토하여 다음 각호의 기준에 따라 종합적으로 판정하여야 한다.
1. 정기정도관리(기본분야에 한한다) 결과, 동일한 분야에서 어느 한 분야라도 2회 연속 부적합 평가를 받은 경우 불합격으로 판정
2. 특별정도관리에서 1회 부적합 평가를 받은 경우에는 불합격으로 판정(특별정도관리 대상 기관이 해당 정도관리를 받지 아니한 경우에도 불합격으로 판정)
3. 정기정도관리(기본분야에 한한다)에 참여하지 않은 경우에는 부적합으로 처리하여 규정에 준하여 판정
4. 제1호부터 제3호까지의 규정에도 불구하고 사업장 자체측정기관으로 지정 받고자 하거나 지정받은 기관으로서 해당 사업장에 일부 유해인자만 있는 경우 해당 유해인자 분야의 정도관리에서 적합평가를 받은 경우 합격으로 인정

1. 정기정도관리 평가항목 : 분석자의 분석능력으로 하며 세부사항은 운영위원회에서 정한다.
2. 특별정도관리 평가항목 : 분석장비·설비, 분석준비현황, 분석자의 분석능력 및 운영위원회에서 결정하는 그 밖의 항목으로 한다.

② 사업장 자체측정기관은 해당 측정대상 작업장에 일부 분야의 유해인자만 존재할 경우에는 해당 항목에 한정하여 정도관리에 참여할 수 있다.

제57조의2 〈삭제〉

제58조(평가기준) 정도관리 결과에 대한 평가기준은 다음 각호와 같다.
1. 정기정도관리 대상기관이 제57조제1항제1호에 따른 시료분석 결과 값이 분야별로 100분의 75 이상 적합범위에 포함되었을 때 분야별 적합으로 평가(다만, 사업장 자체측정기관의 경우에는 정도관리 참여 항목만 평가)
2. 특별정도관리 대상기관이 제57조제1항제2호에 따른 각 항목의 배점을 합산하고 100점 만점으로 환산한 점수 중 75점 이상을 받은 경우에 적합으로 평가
3. 제1호 및 제2호에도 불구하고, 분석관련 자료를 제출하지 않거나, 분석관련 자료가 적합하지 아니할 경우 해당 분야는 부적합으로 평가

제59조(평가결과에 대한 이의제기 등) ① 정도관리 결과에 이의가 있는 대상기관은 연구원으로부터 통보받은 날부터 7일 이내에 별지 제7호서식의 정도관리결과 이의신청서를 작성하여 연구원장에게 제출하여야 한다.

② 제1항에 따라 대상기관이 이의제기 신청서를 제출하는 경우 연구원장은 신청서가 접수된 날부터 14일 이내에 운영위원회 또는 해당 실무위원회를 개최하거나 서면으로 이를 심의하여 처리하여야 하며, 그 처리결과를 개최일(서면심의일)로부터 7일 이내에 이의를 제기한 대상기관에 통보하여야 한다.

③ 연구원장이 필요하다고 인정하는 경우 제2항에 따라 개최하는 운영위원회 또는 해당 실무위원회에 이의를 제기한 대상기관의 관계자를 참여하게 할 수 있다.

제60조(정도관리 결과보고) 실시기관은 정도관리를 종료한 날부터 10일 이내에 대상기관별 정도관리실시 결과를 고용노동부장관에게 보고하여야 한다. 다만, 특별한 사유가 있는 경우에는 그러하지 아니하다.

제60조의2 〈삭제〉

제60조의3 〈삭제〉

제61조(판정기준) ① 고용노동부장관은 제60조에 따른 결과보고를 검토하여 다음 각호의 기준에 따라 종합적으로 판정하여야 한다.
1. 정기정도관리(기본분야에 한한다) 결과, 동일한 분야에서 어느 한 분야라도 2회 연속 부적합 평가를 받은 경우 불합격으로 판정
2. 특별정도관리에서 1회 부적합 평가를 받은 경우에는 불합격으로 판정(특

별정도관리 대상 기관이 해당 정도관리를 받지 아니한 경우에도 불합격으로 판정)
3. 정기정도관리(기본분야에 한한다)에 참여하지 않은 경우에는 부적합으로 처리하여 규정에 준하여 판정
4. 제1호부터 제3호까지의 규정에도 불구하고 사업장 자체측정기관으로 지정 받고자 하거나 지정받은 기관으로서 해당 사업장에 일부 유해인자만 있는 경우 해당 유해인자 분야의 정도관리에서 적합평가를 받은 경우 합격으로 인정

② 〈삭제〉

제61조의2(결과의 통보) ①연구원장은 정도관리 실시결과 적합으로 평가된 대상기관에 별지 제8호서식의 작업환경측정 정도관리 결과서를 발급하여야 한다.
② 연구원장은 정도관리 결과를 공단 홈페이지에 공고할 수 있다.

제62조(정도관리실시계획의 공고) 실시기관은 정도관리 시행 30일 전까지 연구원 및 공단 홈페이지에 정도관리실시계획을 공고하고 대상기관에 안내문을 발송하여 정도관리 실시계획을 알려야 한다. 다만, 특별정도관리를 실시하는 경우에는 그러하지 아니한다.

제63조(정도관리참여신청) 정도관리에 참여하고자 하는 대상기관은 별지 제3호서식의 정도관리 참여신청서에 기관의 인력 및 장비현황(최초 참여기관과 기 참여기관 중 변동사항이 있는 기관만 해당한다.)을 첨부하여 정도관리 실시기관에 제출하여야 한다.
1. 〈삭제〉
2. 〈삭제〉

제64조(시료의 분석 등) ① 대상기관은 정도관리용 시료를 배부 받은 날부터 20일 이내에 그 분석결과와 분석관련 자료를 실시기관에 통보하여야 한다.
② 실시기관이 분석결과와 분석관련 자료를 검토하여 필요하다고 인정되는 경우 대상기관을 방문하여 자료의 적정성, 분석자의 자격 및 능력 등을 조사할 수 있다.

제64조의2 〈삭제〉

제65조 〈삭제〉

제66조(세부시행규정) 운영위원회 구성 및 운영, 정도관리 세부항목, 평가기준·방법 등 정도관리 실시에 필요한 세부시행규정은 고용노동부장관과 협의하여 연구원장이 정한다.

제67조 〈삭제〉

제68조 〈삭제〉

제69조 〈삭제〉

합격예측

정도관리 시료의 분석
① 대상기관은 정도관리용 시료를 배부 받은 날부터 20일 이내에 그 분석결과와 분석관련 자료를 실시기관에 통보하여야 한다.
② 실시기관이 분석결과와 분석관련 자료를 검토하여 필요하다고 인정되는 경우 대상기관을 방문하여 자료의 적정성, 분석자의 자격 및 능력 등을 조사할 수 있다.

제70조 〈삭제〉
제71조 〈삭제〉
제72조 〈삭제〉
제73조 〈삭제〉
제74조 〈삭제〉
제75조 〈삭제〉
제76조 〈삭제〉
제77조 〈삭제〉
제78조 〈삭제〉
제79조 〈삭제〉
제80조 〈삭제〉
제81조 〈삭제〉

제82조(재검토기한) 고용노동부장관은 「행정규제기본법」 및 「훈령·예규 등의 발령 및 관리에 관한 규정」에 따라 이 고시에 대하여 2020년 1월 1일을 기준으로 매 3년이 되는 시점(매 3년째의 12월 31일까지를 말한다)마다 그 타당성을 검토하여 개선 등의 조치를 하여야 한다.

부 칙〈제2020-44호, 2020. 1. 15〉

제1조(시행일) 이 고시는 2020년 1월 16일부터 시행한다.

제2조(유해인자별·업종별 작업환경전문연구기관의 지정에 관한 적용례) 이 고시 시행일 이전 제14조에 따라 유해인자별·업종별 작업환경전문연구기관으로 지정받은 기관은 2020년 2월 28일까지 별지 제1호서식의 신청서 및 첨부서류를 제출하여 재지정 받아야 한다.

제3조(시료분석을 의뢰할 수 있는 분석수탁기관의 요건 적용례) ① 이 고시 시행 이전 제43조제3항 각호 별로 정기정도관리에 적합판정을 받은 분석수탁기관은 요건을 갖춘 것으로 본다.

② 제43조제3항제3호의 경우에는 해당 분석장비를 활용하는 정기정도관리(자율항목)가 시행되기 전까지는 정기정도관리(기본항목)에 모두 적합판정을 받은 분석수탁기관에 의뢰할 수 있다.

[별표 1] 소음노출량(%)과 TWA사이의 변화(제36조제4항 관련)

(%)소음노출량	TWA[dB(A)]	(%)소음노출량	TWA[dB(A)]	(%)소음노출량	TWA[dB(A)]
10	73.4	117	91.1	520	101.9
15	76.3	118	91.2	530	102.0
20	78.4	119	91.3	540	102.2
25	80.0	120	91.3	550	102.3
30	81.3	125	91.6	560	102.4
35	82.4	130	91.9	570	102.6
40	83.4	135	92.2	580	102.7
45	84.2	140	92.4	590	102.8
50	85.0	145	92.7	600	102.9
55	85.7	150	92.9	610	103.0
60	86.3	155	93.2	620	103.2
65	86.9	160	93.4	630	103.3
70	87.4	165	93.6	640	103.4
75	87.9	170	93.8	650	103.5
80	88.4	175	94.0	660	103.6
81	88.5	180	94.2	670	103.7
82	88.6	185	94.4	680	103.8
83	88.7	190	94.6	690	103.9
84	88.7	195	94.8	700	104.0
85	88.8	200	95.0	710	104.1
86	88.9	210	95.4	720	104.2
87	89.0	220	95.7	730	104.3
88	89.1	230	96.0	740	104.4
89	89.2	240	96.3	750	104.5
90	89.2	250	96.6	760	104.6
91	89.3	260	96.9	770	104.7
92	89.4	270	97.2	780	104.8
93	89.5	280	97.4	790	104.9
94	89.6	290	97.7	800	105.0
95	89.6	300	97.9	810	105.1
96	89.7	310	98.2	820	105.2
97	89.8	320	98.4	830	105.3
98	89.9	330	98.6	840	105.4
99	89.9	340	98.8	850	105.4
100	90.0	350	99.0	860	105.5
101	90.1	360	99.2	870	105.6
102	90.1	370	99.4	880	105.7
103	90.2	380	99.6	890	105.8

(%)소음노출량	TWA[dB(A)]	(%)소음노출량	TWA[dB(A)]	(%)소음노출량	TWA[dB(A)]
104	90.3	390	99.8	900	105.8
105	90.4	400	100.0	910	105.9
106	90.4	410	100.2	920	106.0
107	90.5	420	100.4	930	106.1
108	90.6	430	100.5	940	106.2
109	90.6	440	100.7	950	106.2
110	90.7	450	100.8	960	106.3
111	90.8	460	101.0	970	106.4
112	90.8	470	101.2	980	106.5
113	90.9	480	101.3	990	106.5
114	90.9	490	101.5	999	106.6
115	91.0	500	101.6		
116	91.1	510	101.8		

[별표 2] 허용기준 이하 유지대상 유해인자의 허용기준 초과여부 평가방법(제42조의2 관련)

1. 측정한 유해인자의 시간가중평균값 또는 단시간 노출값을 구한다.
   가. 시간가중평균값($X1$)

   $$X1 = \frac{C_1 T_1 + C_2 T_2 + \cdots + C_N T_N}{8}$$

   C : 유해인자의 측정농도(단위 : ppm, mg/m³ 또는 개/cm³)
   T : 유해인자의 발생시간(단위 : 시간)

   나. 단시간 노출값($X2$)
   작업특성 상 노출수준이 불균일하거나 단시간에 고농도로 노출되어 단시간 노출평가가 필요하다고 판단되는 경우 노출되는 시간에 15분간씩 측정하여 단시간 노출값을 구한다.

2. $X1(X2)$을 허용기준으로 나누어 Y(표준화 값)를 구한다.

   $$Y(표준화\ 값) = \frac{X1(또는\ X2)}{허용기준}$$

3. 95[%]의 신뢰도를 가진 하한치를 계산한다.
   하한치 = Y - 시료채취분석오차

4. 허용기준 초과여부 판정
   가. 하한치 > 1일 때 허용기준을 초과한 것으로 판정한다.
   나. 상기 1.나.의 값을 구한 경우 이 값이 허용기준 TWA를 초과하고 허용기준 STEL 이하인 때에는 다음 어느 하나 이상에 해당되면 허용기준을 초과한 것으로 판정한다.

- 1회 노출지속시간이 15분 이상인 경우
- 1일 4회를 초과하여 노출되는 경우
- 각 회의 간격이 60분 미만인 경우

[별표 3] 원자흡광광도법(AAS)로 분석할 수 있는 유해인자(제43조 관련)

1. 구리
2. 납
3. 니켈
4. 크롬
5. 망간
6. 산화마그네슘
7. 산화아연
8. 산화철
9. 수산화나트륨
10. 카드뮴

[별지제1호서식] 〈신설 2020.1.16.〉

작업환경전문연구기관 신청서	처리기간
	30일

1. 신청기관 개요

기 관 명	(대표자:)
소 재 지	
전화번호	

2. 분 야

  ○ □ 유해인자별 (유해인자:)
  ○ □ 업종별   (업 종:)

「산업안전보건법」제128조 및 「작업환경측정 및 정도관리 등에 관한 고시」제14조에 따른 작업환경전문연구기관으로 지정받고자 위와 같이 신청합니다.

년   월   일

기관 책임자   (서명 또는 인)

고 용 노 동 부 장 관   귀하

첨부서류:
1. 작업환경측정기관 지정서
2. 인력 및 시설·장비
3. 최근 3년간 연구활동실적
4. 사업계획서(필요성, 사업추진계획, 연구결과의 활용 등)

[별지 제2호서식] 〈삭 제〉

[별지제3호서식] 〈개정 2020.1.16.〉

정도관리 참여신청서	처리기간
	30일

1. 참여기관 개요

기 관 명	
소 재 지	
전화번호	
분 석 자	(서명 또는 인)
기관구분	○ 사업장위탁측정기관(　　) ○ 사업장자체측정기관(　　)

2. 정도관리 참여 분야

○ 유기화합물 (　　)
○ 금 속 류 (　　)
○ 자 율 항 목 (　　)

「산업안전보건법」제126조제2항 및 「작업환경측정 및 정도관리 등에 관한 고시」제63조에 따라 작업환경측정 정도관리 참여를 신청합니다.

년　월　일

기관 책임자　　(서명 또는 인)

한국산업안전보건공단 산업안전보건연구원장 귀하

첨부서류 1. 기관의 인력 및 설비현황(최초 참여 및 인력, 설비 변경시에만 해당)

[별지제4호서식] 〈삭제〉
[별지제5호서식] 〈삭제〉
[별지제6호서식] 〈삭제〉
[별지제7호서식] 〈개정 2020.1.16.〉

정도관리결과 이의신청서

접수일자			접수번호	
이의신청기관	기관명		사업자등록번호	
	담당자 성명		전화번호	
	주소 (소재지)		모사 전송번호 (FAX)	
			전자우편 주소 (e-mail)	
이의신청 분야		□ 유기화합물 □ 금속류 □ 기타( )		
이의신청 내용				
기타 사항				

「작업환경측정 및 정도관리 등에 관한 고시」 제59조에 따라
위와 같이 이의신청서를 제출합니다.

년 월 일

신청기관   대표자   (서명 또는 인)

한국산업안전보건공단 산업안전보건연구원장 귀하

[별지제8호서식] 〈개정 2020.1.16.〉

관리번호 :

작업환경측정 정도관리 결과서

기 관 명 :

대 표 자 :

법인(사업자)등록번호 :

주　　소 :

참여회차 :

참여결과 :

분야	결과	분석자
유기화합물		
금속류		
자율항목		

「작업환경측정 및 정도관리 등에 관한 고시」 제61조의2에 따라 작업환경측정 정도관리 결과서를 발급합니다

년　월　일

한국산업안전보건공단 산업안전보건연구원장

합격예측

오염물질
미세먼지(PM10)
초미세먼지(PM2.5)
이산화탄소(CO_2)
일산화탄소(CO)
이산화질소(NO_2)
포름알데히드(HCHO)
총휘발성유기화합물(TVOC)
라돈(radon)
총부유세균
곰팡이

7 사무실 공기관리 지침

개정 2007.1.5 고시 제2006-64호
개정 2009.9.25 고시 제2009-38호
개정 2012.9.20 고용노동부고시 제2012-71호
개정 2015.9.20 고용노동부고시 제2015-43호
개정 2020.1.15. 고용노동부고시 제2020-45호

제1조(목적) 이 고시는 「산업안전보건법」 제13조제1항에 따라 사무실 공기의 오염물질별 관리기준, 공기질 측정·분석방법 등 사무실 공기를 쾌적하게 유지·관리하기 위하여 사업주에게 지도·권고할 기술상의 지침 또는 작업환경의 표준을 정함을 목적으로 한다.

제2조(오염물질 관리기준) 사업주는 쾌적한 사무실 공기를 유지하기 위해 사무실 오염물질을 다음 기준에 따라 관리한다.

오염물질	관리기준[주]
미세먼지(PM10)	100[$\mu g/m^3$]
초미세먼지(PM2.5)	50[$\mu g/m^3$]
이산화탄소(CO_2)	1,000[ppm]
일산화탄소(CO)	10[ppm]
이산화질소(NO_2)	0.1[ppm]
포름알데히드(HCHO)	100[$\mu g/m^3$]
총휘발성유기화합물(TVOC)	500[$\mu g/m^3$]
라돈(radon)*	148[Bq/m^3]
총부유세균	800[CFU/m^3]
곰팡이	500[CFU/m^3]

* 라돈은 지상1층을 포함한 지하에 위치한 사무실에만 적용한다.
주) 관리기준 : 8시간 시간가중평균농도 기준

제3조(사무실의 환기기준) 공기정화시설을 갖춘 사무실에서 근로자 1인당 필요한 최소 외기량은 분당 0.57세제곱미터 이상이며, 환기횟수는 시간당 4회 이상으로 한다.

제4조(사무실 공기관리 상태평가) 사업주는 근로자가 건강장해를 호소하는 경우에는 다음 각 호의 방법에 따라 해당 사무실의 공기관리상태를 평가하고, 그 결과에 따라 건강장해 예방을 위한 조치를 취한다.
 1. 근로자가 호소하는 증상(호흡기, 눈·피부 자극 등) 조사

2. 공기정화설비의 환기량이 적정한지 여부조사
3. 외부의 오염물질 유입경로 조사
4. 사무실내 오염원 조사 등

제5조(사무실 공기질의 측정 등) 사무실 공기의 측정시기·횟수 및 시료채취시간은 다음 기준에 따른다.

오염물질	측정횟수 (측정시기)	시료채취시간
미세먼지 (PM10)	연 1회 이상	업무시간 동안(6시간 이상 연속 측정)
초미세먼지 (PM2.5)	연 1회 이상	업무시간 동안 (6시간 이상 연속 측정)
이산화탄소(CO_2)	연 1회 이상	업무시작 후 2시간 전후 및 종료 전 2시간 전후 (각각 10분간 측정)
일산화탄소(CO)	연 1회 이상	업무시작 후 1시간 전후 및 종료 전 1시간 전후 (각각 10분간 측정)
이산화질소 (NO_2)	연 1회 이상	업무시작 후 1시간~종료 1시간 전(1시간 측정)
포름알데히드 (HCHO)	연 1회 이상 및 신축(대수선 포함)건물 입주 전	업무시작 후 1시간~종료 1시간 전(30분간 2회 측정)
총휘발성유기화합물(TVOC)	연 1회 이상 및 신축(대수선 포함)건물 입주 전	업무시작 후 1시간~종료 1시간 전(30분간 2회 측정)
라돈	연 1회 이상	3일이상~3개월 이내 연속 측정
총부유세균	연 1회 이상	업무시작 후 1시간~종료 1시간 전(최고 실내온도에서 1회 측정)
곰팡이	연 1회 이상	업무시작 후 1시간~종료 1시간 전(최고 실내온도에서 1회 측정)

제6조(시료채취 및 분석방법) ① 사무실 공기의 시료채취 및 분석은 다음의 방법으로 한다.

> **합격예측**
>
> **사무실 공기관리 상태평가**
> 1. 근로자가 호소하는 증상 (호흡기, 눈·피부 자극 등) 조사
> 2. 공기정화설비의 환기량이 적정한지 여부조사
> 3. 외부의 오염물질 유입경로 조사
> 4. 사무실내 오염원 조사 등

오염물질	시료채취방법	분석방법
미세먼지 (PM10)	PM10샘플러(sampler)를 장착한 고용량 시료채취기에 의한 채취	중량분석(천칭의 해독도: 10[μg] 이상)
초미세먼지 (PM2.5)	PM2.5샘플러(sampler)를 장착한 고용량 시료채취기에 의한 채취	중량분석(천칭의 해독도: 10[μg]이상)
이산화탄소 (CO_2)	비분산적외선검출기에 의한 채취	검출기의 연속 측정에 의한 직독식 분석
일산화탄소 (CO)	비분산적외선검출기 또는 전기화학검출기에 의한 채취	검출기의 연속 측정에 의한 직독식 분석
이산화질소 (NO_2)	고체흡착관에 의한 시료채취	분광광도계로 분석
포름알데히드 (HCHO)	2,4-DNPH(2,4-Dinitrophenylhydrazine)가 코팅된 실리카겔관(silicagel tube)이 장착된 시료채취기에 의한 채취	2,4-DNPH - 포름알데히드 유도체를 HPLC UVD(High Performance Liquid Chromatography-Ultraviolet Detector) 또는 GC-NPD(Gas Chromatography-Nitrgen Phosphorous Detector)로 분석
총휘발성유기화합물 (TVOC)	1. 고체흡착관 또는 2. 캐니스터(canister)로 채취	1. 고체흡착열탈착법 또는 고체흡착용매추출법을 이용한 GC로 분석 2. 캐니스터를 이용한 GC 분석
라돈	라돈연속검출기(자동형), 알파트랙(수동형), 충전막 전리함(수동형)측정 등	3일 이상 3개월 이내 연속 측정 후 방사능감지를 통한 분석4
총부유세균	충돌법을 이용한 부유세균채취기(bioair sampler)로 채취	채취·배양된 균주를 새어 공기 체적당 균주 수로 산출
곰팡이	충돌법을 이용한 부유진균채취기(bioair sampler)로 채취	채취·배양된 균주를 새어 공기 체적당 균주 수로 산출

② 사무실 공기의 시료채취 및 분석은 제1항의 기기와 같은 수준 이상의 성능을 가진 기기를 이용하여 실시할 수 있다.

제7조(시료채취 및 측정지점) 공기의 측정시료는 사무실 안에서 공기질이 가장 나쁠 것으로 예상되는 2곳 이상에서 채취하고, 측정은 사무실 바닥면으로부터 0.9미터 이상 1.5미터 이하의 높이에서 한다. 다만, 사무실 면적이 500제곱미터를 초과하는 경우에는 500제곱미터마다 1곳씩 추가하여 채취한다.

제8조(측정결과의 평가) 사무실 공기질의 측정결과는 측정치 전체에 대한 평균값

을 제2조의 오염물질별 관리기준과 비교하여 평가한다. 다만, 이산화탄소는 각 지점에서 측정한 측정치 중 최고값을 기준으로 비교·평가한다.

제9조(사무실 건축자재의 오염물질 방출기준) 사무실을 신축(기존 시설의 개수 및 보수를 포함한다)할 때에는 「실내공기질 관리법」에 따른 오염물질 방출기준에 적합한 건축자재를 사용한다.

제10조(재검토기한) 고용노동부장관은 이 고시에 대하여 2020년 1월 1일을 기준으로 매 3년이 되는 시점(매 3년째의 12월 31일까지를 말한다)마다 그 타당성을 검토하여 개선 등의 조치를 하여야 한다.

부   칙〈제2020-45호, 2020. 1. 15.〉

이 고시는 2020년 1월 16일부터 시행한다.

8 근로자 건강진단 실시기준

제정 1992.4. 2. 고용노동부고시 제192- 9호
개정 2025.3.31. 고용노동부고시 제2025-21호

제1장 총칙

제1조(목적) 제1조(목적) 이 고시는 「산업안전보건법」제129조부터 제135조에 따른 근로자 건강진단 실시에 필요한 사항, 제137조에 따른 건강관리카드(이하 "카드"라 한다.) 소지자의 건강진단 실시에 필요한 사항 및 제158조제5항에 따른 건강진단의 보조 및 지원 대상과 방법 그리고 절차 등에 필요한 사항을 규정함을 목적으로 한다.

제2조(정의) 이 고시에서 사용하는 용어의 뜻은 다음 각 호와 같으며, 그 밖의 용어는 이 고시에 특별한 규정이 없으면 「산업안전보건법」(이하 "법"이라 한다), 「산업안전보건법 시행령」(이하 "영"이라 한다) 및 「산업안전보건법 시행규칙」(이하 "규칙"이라 한다)에서 정하는 바에 따른다.

1. "사후관리 조치"란 법 제132조제4항에 따라 사업주가 건강진단 실시결과에 따른 작업장소 변경, 작업전환, 근로시간 단축, 야간근무 제한, 작업환경측정, 시설·설비의 설치 또는 개선, 건강상담, 보호구 지급 및 착용 지도, 추적검사, 근무 중 치료 등 근로자의 건강관리를 위하여 실시하는 조치를 말한다.
2. "건강진단 지원·보조"란 특수건강진단 및 배치전 건강진단에 소요되는 비용의 전부 또는 일부를 사업주에게 지원하는 것을 말한다.
3. 규칙 제241조제2항의 "고용노동부장관이 정하여 고시하는 물질"이란 다음 각 목의 어느 하나에 해당되는 물질을 말한다.
   가. 영 제87조에 따른 제조 등이 금지되는 유해물질
   나. 영 제88조에 따른 허가 대상 유해물질
   다. 「산업안전보건기준에 관한 규칙」별표 12에 따른 관리대상 유해물질 중 특별관리물질

제2장 건강진단의 실시
제1절 실시 대상·시기 및 검사항목

제3조(수시건강진단 실시요건) 규칙 제205조제1항에 따라 수시건강진단 실시의 건의·요청은 별지 제1호서식에 따르고, 자문결과서는 별지 제2호서식에 따른다.

제4조(제2차 건강진단의 검사항목 등) ① 규칙 제198조제3항에 따른 일반건강진단에 대한 제2차 건강진단은 별표 1에서 각 질환별로 정하는 검사항목으로서 건강진단을 실시하는 의사가 필요하다고 인정하는 검사항목에 대하여 실시한다.

② 규칙 제206조제3항에 따라 제1차 검사항목에 대한 검사결과평가가 곤란하거나 질병이 의심되는 경우 해당 신체기관에 대한 제2차 검사항목을 실시하여야 한다. 다만, 별표 2에 해당하는 검사항목은 의심되는 질병에 따라 건강진단을 실시하는 의사가 필요하다고 판단되는 경우에 실시할 수 있다.

③ 제2항에도 불구하고 다음 각 호의 어느 하나에 해당하는 경우로서 건강진단을 실시하는 의사가 해당 근로자의 건강관리구분상 필요 없다고 판단하는 경우에는 그 사유를 기재하고 제2차 검사항목의 전부 또는 일부를 실시하지 아니할 수 있다.

  1. 제1차 검사결과 이상소견이 기존에 가지고 있던 비직업성 질환이나 소견으로 인한 것이 명백한 경우
  2. 제2차 검사항목 중 제1차 검사결과 신체기관의 이상소견의 원인 및 상태를 파악하는 데 불필요한 검사항목으로 판단되는 경우

④ 규칙 제206조제3항에 따라 다음 각 호의 어느 하나에 해당하는 근로자에 대해서는 제1차 검사항목을 검사할 때 제2차 검사항목의 일부 또는 전부를 추가하여 실시할 수 있다.

  1. 전회 특수건강진단결과 직업병 유소견자나 요관찰자로 판정받은 근로자
  2. 최근 1년간의 작업환경측정결과 노출기준 이상인 작업공정에서 해당 유해인자에 노출된 근로자
  3. 문진이나 병력·진찰 등의 소견에서 해당 유해인자와 관련된 질병의 소견이 의심되는 근로자

제5조(제2차 건강진단 대상의 통보 등) ① 건강진단기관은 규칙 제198조제3항 및 제206조제3항에 따른 제2차 건강진단 대상자 명단을 사업주에게 별지 제3호서식에 따라 통보하여야 한다.

② 사업주는 제1항에 따라 제2차 건강진단 대상자를 통보받은 날부터 30일 이내에 해당 근로자가 건강진단기관에서 제2차 건강진단을 받을 수 있도록 조치하여야 한다.

제6조(특수건강진단 실시의 예외) 제3조제1항에 따라 수시건강진단을 실시한 후 주기적으로 실시하는 특수건강진단 실시일이 6개월 이내에 있고 별도의 의사소견이 없는 근로자에 대하여는 해당 유해인자에 대한 특수건강진단을 실시하지 아니할 수 있다. 다만, 직업성 천식·직업성 피부염이 의심되는 근로자에 대하여 수시건강진단을 실시한 경우에는 그러하지 아니하다.

제7조(건강진단의 동시실시) 사업주는 일반건강진단과 특수건강진단을 모두 실시하여야 하는 연도에는 특수건강진단 시에 일반건강진단을 포함하여 실시할 수 있다.

제8조(특수건강진단 등의 주기 단축의 예외) 규칙 제202조제2항제2호 단서에 따른 의사가 특수건강진단 주기를 단축하는 것이 필요하지 않다는 소견을 별지 제3호의2서식에 따라 작성할 경우에는 한국산업안전보건공단(이하 "공단"이라 한다)의 근로자 건강진단 실무지침(이하 "근로자건강진단실무지침"이라 한다)을 참고하여 작성할 수 있다.

제2절 검사방법 등

제9조(검사방법 등) ① 규칙 제198조에 따른 일반건강진단 및 제206조에 따른 특수건강진단·배치전건강진단 또는 수시건강진단의 검사항목별 검사방법 및 검사항목별 검사결과에 대한 참고 값 등은 근로자건강진단실무지침을 따른다.
② 규칙 제198조제2항에 따른 혈당, 총콜레스테롤 및 γ-GTP 검사의 구체적 실시대상은 별표 3과 같다.

제10조(흉부방사선 검사) ① 규칙 제198조제1항제4호의 흉부방사선 검사는 가로, 세로 각각 14인치 이상의 필름 또는 디지털 영상에 의한 방법을 사용하여야 한다.
② 규칙 제206조제1항 및 별표 24에 따른 특수건강진단·배치전건강진단·수시건강진단의 검사항목 중 흉부방사선 검사는 직접촬영 검사를 말한다.
③ 제1항 및 제2항의 방사선 필름에는 촬영연월일, 회사명(약자를 포함한다) 및 회사별 근로자 일련번호를 기재하여야 한다. 다만, 직접촬영의 경우에는 반드시 근로자 성명, 성별 및 나이를 추가로 기재하여야 한다.

제11조(방사선 필름 또는 영상의 판독) 흉부방사선 필름 또는 영상은 다음 각 호의 어느 하나에 해당하는 전문의에게 판독을 받아야 한다. 다만, 영상의학과 전문의 1인당 연간 판독한 직접촬영 방사선 필름 및 영상이 평균 3만5천건을 초과하지 않도록 하여야 한다.
 1. 해당 건강진단기관 소속 영상의학과 전문의 1인 이상
 2. 공단 산업안전보건연구원에서 실시하는 진폐정도관리를 받은 영상의학과 전문의 1인 이상

제12조(치과검사) ① 특수건강진단 대상 유해인자 중 다음 각 호의 어느 하나에 해당되는 유해인자에 대한 치과검사는 별지 제4호서식에 따라 치과의사가 실시하여야 한다.
  1. 불화수소
  2. 염소
  3. 염화수소
  4. 질산
  5. 황산
  6. 이산화황
  7. 황화수소
  8. 고기압

② 치과검사결과 직업병 유소견자에 대하여는 별지 제4호서식의 치아검사(부식증, 교모증) 및 치주조직검사표를 작성하여 별지 제5호서식의 특수·배치전·수시·임시 건강진단개인표에 첨부하여야 한다.

제13조(건강진단결과의 판정 등) ① 건강진단기관은 규칙 제197조, 제202조, 제204조, 제205조 및 제207조에 따라 실시한 일반건강진단·특수건강진단·배치전건강진단·수시건강진단 및 임시건강진단의 결과는 별표 4에서 정한 바에 따라 건강관리구분·사후관리내용 및 업무수행 적합여부로 각각 구분하여 판정하여야 한다.
② 건강진단기관이 건강진단을 실시하였을 때에는 그 결과를 규칙 제209조제1항에 따라 별지 제5호서식의 특수건강진단 개인표 또는 별지 제5호의2 서식의 일반건강진단 개인표에 기록하여 근로자에게 송부하여야 한다.

제14조(특수건강진단 실시의 인정) ① 「의료법」제77조 및 「전문의의 수련 및 자격 인정 등에 관한 규정」(대통령령 제23314호)에 따른 직업환경의학과 레지던트 3년차 이상인 사람이 「전공의의 연차별 수련교과과정」(보건복지부고시 제2013-39호)에서 영 제97조제1항에 따라 지정된 특수건강진단기관 소속 지정의사인 직업환경의학과 전문의의 지도를 받아 특수건강진단 업무를 수행한 경우에는 법 제130조에 따른 특수건강진단을 실시한 것으로 본다.
② 제1항에 따른 직업환경의학과 전문의는 해당 레지던트에게 특수건강진단 업무를 수행하게 한 경우에는 「전문의의 수련 및 자격 인정 등에 관한 규정」제12조제1항제2호에 따른 '전공의 수련기록지'에 수행한 특수건강진단 사업장·근로자명, 건강진단 실시·판정 과정에서 지도한 사항 등을 기록하여야 한다.
③ 제1항에 따라 레지던트가 수행한 특수건강진단을 받은 근로자는 영 제97조제1항에 따른 지정된 특수건강진단기관 소속지정의사의 특수건강진단 실시 연인원에 포함된다.

제15조(특수건강진단 등 실시) ① 영 제97조제2항에 따라 지정된 특수건강진단기관은 다음 각 호에 해당하는 근로자에 대하여 규칙 별표 22의2제4호의 야간작업 유해인자에 대한 특수건강진단·배치전건강진단·수시건강진단(이하 '야간작업 특수건강진단 등'이라 한다)을 실시할 수 있다.

1. 업무(지정)지역에 소재한 사업장 소속 근로자
2. 제1호에 해당하지 않는 근로자로 업무(지정)지역에 소재한 사업장 근무 근로자
3. 제1호 및 제2호에 해당하지 않는 근로자로 업무(지정)지역에 주민등록이 되어 있는 근로자
4. 해당 특수건강진단기관에 내원한 근로자

② 제1항에 따라 특수건강진단기관이 야간작업 특수건강진단 등을 실시할 경우에는 제15조의2제1항에 따른 교육을 이수한 의사가 수행하여야 한다.

③ 제1항에 따라 특수건강진단기관이 제1항제2호 및 제3호에 해당하는 근로자에 대하여 야간작업 특수건강진단 등을 실시하는 경우에는 별지 제6호서식에 따라 실시현황을 기록·보존하여야 한다.

제15조의2(야간작업 특수건강진단 등의 지정인력교육 운영) ① 규칙 제211조제1항제2호다목에 따른 '고용노동부장관이 정하는 교육'이란 규칙 제211조제1항제2호에 따른 특수건강진단기관에서 야간작업 특수건강진단 등을 실시하는 의사가 수료하여야 하는 의무교육을 말하며, 세부교육 내용 및 방법은 별표 5와 같다.

② 제1항에 따른 교육 운영주체는 공단으로 하고, 공단은 매년 말일까지 해당 연도 특수건강진단기관 교육과정 결과와 다음 연도 특수건강진단 교육과정 운영계획을 고용노동부장관에게 제출하여야 한다. 이 경우 공단은 다음 연도 교육일정 등을 공단 홈페이지 등에 공고하여야 한다.

③ 공단은 특수건강진단 교육과정 수료자에게 별지 제9호서식의 수료증을 발급하여야 하고, 수료자 명단 등 교육수료 관련 자료를 작성·관리하여야 한다.

제16조(건강진단결과의 송부 및 보존) ① 특수건강진단·배치건강진단·수시건강진단 또는 임시건강진단을 실시한 건강진단기관은 규칙 제209조제4항에 따른 건강진단개인표 전산입력자료를 1차 또는 2차 건강진단을 실시한 날부터 각각 30일 이내에 공단에 송부하여야 한다.

② 제1항의 건강진단개인표 및 건강진단결과표의 전산입력·송부에 관하여 필요한 사항은 공단이 고용노동부장관의 승인을 얻어 정하는 바에 따른다.

③ 건강진단기관은 건강진단 실시현황을 별지 제7호서식 및 제8호서식에 따라 기록·보존하여야 한다.

제17조(개인정보의 보호) 공단은 건강진단기관이 제출한 특수·배치전·시·임시 건강진단개인표 전산입력자료의 개인 정보가 누설되지 아니하도록 필요한 조치를 강구하여야 한다.

제3절 카드소지자의 건강진단

제18조(건강진단시기 및 항목) ① 카드소지자가 받아야 할 건강진단의 검사항목은 다음 각 호와 같다.
1. 규칙 별표 25 제1호에 해당하는 경우 규칙 별표 24 제1호 "가"목 (1) 유기화합물 중 연번 3에서 규정한 검사항목
2. 규칙 별표 25 제2호에 해당하는 경우 규칙 별표 24 제1호 "가"목 (1) 유기화합물 중 연번 42에서 규정한 검사항목
3. 규칙 별표 25 제3호에 해당하는 경우 규칙 별표 24 제1호 "가"목 (5) 영 제88조의 규정에 의한 허가대상물질 중 연번 4에서 규정한 검사항목
4. 규칙 별표 25 제4호에 해당하는 경우 규칙 별표 24 제1호 "가"목 (1) 유기화합물 중 연번 51에서 규정한 검사항목
5. 규칙 별표 25제5호에 해당하는 경우 규칙 별표 24제1호 "나"목 중 연번 7에서 규정한 검사항목
6. 규칙 별표 25 제6호에 해당하는 경우 규칙 별표 24 제1호 "가"목 (5) 영 제88조의 규정에 의한 허가대상물질 중 연번 5에서 규정한 검사항목
7. 규칙 별표 25 제7호에 해당하는 경우 규칙 별표 24 제1호 "나"목 중 연번 2에서 규정한 검사항목
8. 규칙 별표 25 제8호에 해당하는 경우 규칙 별표 24 제1호 "가"목 (5) 영 제88조의 규정에 의한 허가대상물질 중 연번 7에서 규정한 검사항목
9. 규칙 별표 25 제9호에 해당하는 경우 규칙 별표 24 제1호 "가"목 (2) 금속류 중 연번 19에서 규정한 검사항목
10. 규칙 별표 25 제10호에 해당하는 경우 규칙 별표 24 제1호 "가"목 (5) 영 제88조의 규정에 의한 허가대상물질 중 연번 6에서 규정한 검사항목
11. 규칙 별표 25 제11호에 해당하는 경우 규칙 별표 24 제1호 "가"목 (2) 금속류 중 연번 3에서 규정한 검사항목
12. 규칙 별표 25 제12호에 해당하는 경우 규칙 별표 24 제1호 "가"목 (2) 금속류 중 연번 17에서 규정한 검사항목
13. 규칙 별표 25 제13호에 해당하는 경우 규칙 별표 24 제1호 "가"목 (1) 유기화합물 중 연번 41에서 규정한 검사항목
14. 규칙 별표 25 제14호에 해당하는 경우 규칙 별표 24 제1호 "가"목 (5) 영 제88조의 규정에 의한 허가대상물질 중 연번 8에서 규정한 검사항목
15. 규칙 별표 25 제15호에 해당하는 경우 규칙 별표 24 제1호 "다"목 물리적 인자 중 연번 3에서 규정한 검사항목

② 카드소지자의 건강진단개인표는 별지 제5호서식의 근로자 특수·배치전·수시·임시 건강진단개인표를 준용한다.

③ 카드소지자에 대한 건강진단비용은 공단에서 부담한다.

④ 카드소지자의 건강진단의 신청, 심사, 결정, 환수, 반환방법 등에 관한 사항은 공단이 고용노동부장관의 승인을 얻어 별도로 정한다.

제19조(건강진단 실시결과의 통보) 건강진단기관은 카드소지자에 대해 건강진단을 실시한 날부터 30일 이내에 해당 카드소지자 및 공단에 그 결과를 통보하여야 한다.

제3장 건강진단결과 사후관리

제20조(사후관리 조치) ① 사업주는 건강진단 실시결과에 따라 작업장소 변경, 작업전환, 근로시간 단축, 야간근무 제한 등의 조치를 시행할 때에는 사전에 해당 근로자에게 이를 알려주어야 한다. 이 경우 해당 조치의 이행이 어려울 때에는 건강진단을 실시한 의사 또는 산업보건의(의사인 보건관리자를 포함한다)의 의견을 들어 사후관리 조치의 내용을 변경하여 시행할 수 있다.

② 사업주는 건강진단 실시결과에 따라 건강상담, 보호구 지급 및 착용 지도, 추적검사, 근무 중 치료 등의 조치를 시행할 때에 다음 각 호의 어느 하나를 활용할 수 있다.

1. 건강진단기관
2. 산업보건의
3. 보건관리자
4. 공단 근로자 건강센터

③ 근로자는 사업주가 실시하는 제2항의 조치를 받아야 한다. 이 경우 근로자가 원할 때에는 다른 전문기관에서 이에 상응하는 조치를 받아 그 결과를 증명하는 서류를 사업주에게 제출할 수 있다.

제4장 건강진단 지원·보조

제21조(정부의 지원) ① 고용노동부장관은 영 제109조제11호에 따라 다음 각 호의 어느 하나에 해당하는 사업장에 대하여 건강진단 비용의 전액 또는 일부를 지원할 수 있다.

1. 「산업재해보상보험법」에 따른 산업재해보상보험에 가입한 상시근로자수 50명 미만 사업장
2. 건설 일용근로자를 사용하는 사업장
3. 그 밖에 업종특성, 고용형태 등을 고려하여 비용을 지원할 필요가 있다고 고용노동부장관이 인정한 사업장

② 제1항의 건강진단지원·보조사업의 신청, 심사, 결정, 환수, 반환 방법 등에 관한 사항은 공단이 고용노동부장관의 승인을 얻어 별도로 정한다.

제22조(특수형태근로종사자에 관한 특례) 고용노동부장관은 법 제77조제3항에 따라 특수형태근로종사자의 건강진단 비용의 전액 또는 일부를 지원할 수 있다.

제23조(재검토기한) 고용노동부장관은 이 고시에 대하여 2020년 1월 1일 기준으로 매 3년이 되는 시점(매 3년째의 12월 31일까지를 말한다)마다 그 타당성을 검토하여 개선 등의 조치를 하여야 한다.

부　　칙

제1조 이 고시는 발령한 날로부터 시행한다.

[별표 1]

일반건강진단에 대한 제2차 건강진단 검사항목
(제4조 관련)

번호	질 환 구 분	제2차 건강진단 검사항목
1	폐결핵 및 비결핵성 흉부질환	가. 흉부방사선 직접촬영 검사 나. 결핵균 농축도말 검사
2	순환기계질환	가. 혈압 검사 나. 정밀안전 검사 다. 심전도 검사 라. 트리글리세라이드 검사 마. 총콜레스테롤 검사 바. H.D.L-콜레스테롤 검사

3	간장질환	가. 총단백 검사
		나. 혈청알부민 검사
		다. 총빌리루빈 검사
		라. 알칼리포스파타제 검사
		마. 혈청지오티 검사
		바. 혈청지피티 검사
		사. 감마지티피 검사
		아. B형간염 검사
		  1) 표면항원 검사
		  2) 표면항체 검사
		자. 알파피토단백 검사

4	신장질환	가. 요침사현미경 검사 나. 요소질소 검사 다. 요단백 검사 라. 크레아티닌 검사
5	빈혈증질환	가. 혈색소 검사 나. 백혈구수 검사 다. 적혈구수 검사 라. 혈청철 검사 마. 철결합능(T.I.B.C) 검사
6	당뇨질환	가. 혈당 검사 나. 요당 검사 다. 당화혈색소(HbA1C) 검사
7	피부질환	의사가 필요하다고 인정하여 사업주가 동의한 검사
8	그 밖의 질환	의사가 필요하다고 인정하여 사업주가 동의한 검사

[별표 2]

특수·배치전·수시 건강진단 제2차 검사항목 중 필요시 실시하는 검사항목
(제4조제2항 관련)

신체기관	필요시 실시하는 검사항목
간담도계	알파휘토단백, 초음파 검사, B형간염 표면항원, B형간염 표면항체, C형간염 항체, A형간염 항체
호흡기계	흉부방사선(측면), 흉부방사선(후전면), 비특이 기도과민검사, 흉부 전산화 단층촬영, 폐활량검사, 작업 중 최대호기 유속연속측정
비뇨기계	비뇨기과진료, 전립선특이항원(남), 베타2마이크로글로불린
신경계	신경전도검사, 근전도검사, 신경행동검사, 임상심리검사
눈·피부·비강·인두	세극등현미경검사, KOH검사, 면역글로불린 정량(IgE), 피부첩포시험, 피부단자시험, 비강 및 인두 검사
	비강 및 인두 검사, 후두경검사
	정밀안저검사, 정밀안압검사, 안과진찰
이비인후	중이검사(고막운동성검사)
순환기계	24시간 혈압, 24시간 심전도
내분비계	유방촬영, 유방초음파
위장관계	위내시경

[별표 3]

일반건강진단 제1차 검사항목 중 실시대상 근로자
(제9조제2항 관련)

구분	검사항목	실시대상 근로자
1	혈당 검사	직전 일반건강진단에서 "당뇨병 의심(R)" 판정을 받은 근로자
2	총콜레스테롤 검사	가. 직전 일반건강진단에서 "고혈압 요관찰(C)" 판정을 받은 근로자 나. 일반건강진단시 실시한 혈압측정에서 수축기 또는 이완기 혈압이 각각 150mmHg 또는 95mmHg 이상 초과한 근로자
3	감마지·티·피 검사	35세 이상인 근로자

[별표 4]

건강관리구분, 사후관리내용 및 업무수행 적합여부 판정
(제13조제1항 관련)

1. 건강관리구분 판정

건강관리구분		건 강 관 리 구 분 내 용
A		건강관리상 사후관리가 필요 없는 근로자(건강한 근로자)
C	C_1	직업성 질병으로 진전될 우려가 있어 추적검사 등 관찰이 필요한 근로자 (직업병 요관찰자)
	C_2	일반질병으로 진전될 우려가 있어 추적관찰이 필요한 근로자 (일반질병 요관찰자)
D_1		직업성 질병의 소견을 보여 사후관리가 필요한 근로자(직업병 유소견자)
D_2		일반 질병의 소견을 보여 사후관리가 필요한 근로자(일반질병 유소견자)
R		건강진단 1차 검사결과 건강수준의 평가가 곤란하거나 질병이 의심되는 근로자(제2차건강진단 대상자)

※ "U"는 2차건강진단대상임을 통보하고 30일을 경과하여 해당 검사가 이루어지지 않아 건강관리구분을 판정할 수 없는 근로자 "U"로 분류한 경우에는 해당 근로자의 퇴직, 기한내 미실시 등 2차 건강진단의 해당 검사가 이루어지지 않은 사유를 시행규칙 제105조제3항에 따른 건강진단결과표의 사후관리소견서 검진소견란에 기재하여야 함

1의 2. "야간작업" 특수건강진단 건강관리구분 판정

건강관리구분	건 강 관 리 구 분 내 용
A	건강관리상 사후관리가 필요 없는 근로자(건강한 근로자)
C_N	질병으로 진전될 우려가 있어 야간작업 시 추적관찰이 필요한 근로자 (질병 요관찰자)
D_N	질병의 소견을 보여 야간작업 시 사후관리가 필요한 근로자(질병 유소견자)
R	건강진단 1차 검사결과 건강수준의 평가가 곤란하거나 질병이 의심되는 근로자(제2차건강진단 대상자)

※ "U"는 2차건강진단대상임을 통보하고 30일을 경과하여 해당 검사가 이루어지지 않아 건강관리구분을 판정할 수 없는 근로자 "U"로 분류한 경우에는 당 근로자의 퇴직, 기한내 미실시 등 2차 건강진단의 해당 검사가 이루어지지 않은 사유를 규칙 제105조제3항에 따른 건강진단결과표의 사후관리소견서 검진소견란에 기재하여야 함

2. 사후관리조치 판정

구분	사후관리조치 내용[1]
0	필요없음
1	건강상담[2] ( )
2	보호구지급 및 착용지도 ( )
3	추적검사[3] ( )검사항목에 대하여 20 년 월 일경에 추적검사가 필요
4	근무중 ( )에 대하여 치료
5	근로시간 단축( )
6	작업전환( )
7	근로제한 및 금지 ( )
8	산재요양신청서 직접 작성 등 해당 근로자에 대한 직업병확진의뢰 안내[4]
9	기타[5] ( )

※ (1) 사후관리조치 내용은 한 근로자에 대하여 중복하여 판정할 수 있음
　(2) 생활습관 관리 등 구체적으로 내용 기술
　(3) 건강진단의사가 직업병 요관찰자(C_1), 직업병 유소견자(D_1) 또는 "야간작업" 요관찰자(C_N), "야간작업" 유소견자(D_N)에 대하여 추적검사 판정을 하는 경우에는 사업주는 반드시 건강진단의사가 지정한 검사항목에 대하여 지정한 시기에 추적검사를 실시하여야 함
　(4) 직업병 유소견자(D_1)중 요양 또는 보상이 필요하다고 판단되는 근로자에 대하여는 건강진단을 한 의사가 반드시 직접 산재요양신청서를 작성하여 해당 근로자로 하여금 근로복지공단 관할지사에 산재요양신청을 할 수 있도록 안내하여야 함
　(5) 교대근무 일정 조정, 야간작업 중 사이잠 제공, 정밀업무적합성평가 의뢰 등 구체적으로 내용 기술

3. 업무수행 적합여부 판정

구분	업무수행 적합여부 내용
가	건강관리상 현재의 조건하에서 작업이 가능한 경우
나	일정한 조건(환경개선, 보호구착용, 건강진단주기의 단축 등)하에서 현재의 작업이 가능한 경우
다	건강장해가 우려되어 한시적으로 현재의 작업을 할 수 없는 경우(건강상 또는 근로조건상의 문제가 해결된 후 작업복귀 가능)
라	건강장해의 악화 또는 영구적인 장해의 발생이 우려되어 현재의 작업을 해서는 안되는 경우

[별표 5]

특수건강진단 교육내용

구분	교육 과목	최소 교육 시간
1	산업안전보건법과 근로자건강진단제도	1시간
2	특수건강진단 원리의 이해 : 직업환경의학적 평가, 업무관련성과 적합성	1시간
3	야간작업의 건강영향 : 최신지견과 문진 및 설문지 이해	1시간
4	야간작업 특수건강진단 실무: 야간작업 문진과 결과 판정	1시간
총 계		4시간

* 모든 교육과정은 집체교육으로 실시하여야 함

[별지 제1호 서식]

기　관　명

우편번호	/ 주소	/ 전화	/ 전송	/ 전자우편
담당부서	/ 부서장	/ 담당		

수시건강진단 실시 건의·요청서

문서번호 :　　　　　　　　　　　　　　　시행일자 :　　년　　월　　일
받　 음 :　　　　　　　대표 귀하
주　 소 :

「산업안전보건법 시행규칙」제205조 및 「근로자 건강진단 실시기준」제3조에 따라 우리 회사(귀사) 다음 근로자에 대하여 수시건강진단의 실시를 건의·요청합니다.

1. 근로자 인적사항					
성명		생년월일		성별 (남, 여)	연령　세
2. 작업공정 현황(근무부서, 작업공정, 작업실태)					
3. 작업환경 및 유해인자					
4. 사유 (호소 증상 및 의학적 소견)					

　　　　　　　　　　　　　　　　근로자　　　　　　　　(서명 또는 인)
　　　　　　　　　　　건의·요청자　소　속
　　　　　　　　　　　　　　　　직　책
　　　　　　　　　　　　　　　　성　명　　　　　　　　(서명 또는 인)

※ 사업주는 보건관리자(보건관리를 대행하는 경우에는 보건관리대행기관)·산업보건의 또는 자문의사의 수시건강진단 실시 건의·요청에 따라「산업안전보건법」제132조 및 같은 법 시행규칙 제205조에 따라 수시건강진단을 실시하여야 함을 알려드립니다.

210㎜×297㎜
(인쇄용지(특급) 70g×㎡)

[별지 제2호서식]

기 관 명

우편번호	/ 주소	/ 전화	/ 전송	/ 전자우편
담당부서	/ 부서장	/ 담당		

수시건강진단 실시 필요여부 소견서

문서번호 :　　　　　　　　　　　시행일자 :　　년　월　일
받　　음 :　　　　　　　대표 귀하
주　　소 :

「산업안전보건법 시행규칙」제205조 및 「근로자 건강진단 실시기준」제3조에 따라 수시건강진단 실시 필요여부 소견서를 다음과 같이 제출합니다

---

1. 의뢰내용

2. 검토결과

3. 소견결과

　　　　　　　기관명　　　　　면허번호　　　　　성명　　　　　(인)

※ 지면이 부족한 경우에는 별지로 첨부할 수 있습니다.

210㎜×297㎜
(인쇄용지(특급) 70g×㎡)

[별지 제3호서식]

기　　관　　명				
우편번호　　　/주소		/전화	/전송	/전자우편
담당부서　　　/부서장		/담당		

☐ 특수건강진단
☐ 일반건강진단   제2차 건강진단 대상 근로자 명단 통보

문서번호 :　　　　　　　　　　　　　　　시행일자 :　년　월　일
받　음 :　　　　　　　　대표　귀하
주　소 :

「산업안전보건법 시행규칙」 제198조제3항, 제206조제5항 및 「근로자 건강진단 실시기준」 제5조에
따라 ☐ 특수건강진단
　　 ☐ 일반건강진단 제2차 건강진단 대상 근로자 명단을 아래와 같이 통보하오니 30일 이내
에 건강진단을 실시하여 주시기 바랍니다.

성　명	성　별	연령	근무부서	유해인자명	필요한 검사항목	사　유

○ ○ ○ ○ 기 관 장 (인)

※ 지면이 부족한 경우에는 별지로 첨부할 수 있습니다.

210㎜×297㎜
(일반용지(특급) 70g×㎡)

[별지 제3호의2서식] 〈신 설 2020.1.15. 개정〉

기 관 명

| 우편번호 | / 주소 | / 전화 | / 전송 | / 전자우편 |
| 담당부서 | / 부서장 | / 담당 | | |

건강진단 주기 소견서

문서번호 :   시행일자 :   년   월   일
받   음 :   대표 귀하
주   소 :

「산업안전보건법 시행규칙」제202조2항2호, 「근로자 건강진단 실시기준」제8조에 따라 건강진단 실시주기 단축하는 것이 필요하지 않다는 소견을 다음과 같이 제출합니다.

직업병 유소견자 건강진단 내용	작업공정	
	유해인자	
	건강진단결과	
건강진단 주기 소견		

기관명   면허번호   성명   (인)

※ 지면이 부족한 경우에는 별지로 첨부할 수 있습니다.

210㎜×297㎜
(인쇄용지(특급) 70g/㎡)

[별지 제4호서식]

치아검사(부식증, 교모증) 및 치주조직검사표

1. 치아검사결과(부식증, 교모증)   2. 치주조직검사결과

□□□□□□□□□□□□□□   □□□
□□□□□□□□□□□□□□   □□□
7 6 5 4 3 2 1 1 2 3 4 5 6 7

치아상태 :   치주상태 :

E0 : 정상	T0 : 정상	0 : 정상
E1 : 법랑질표면부식	T1 : 법랑질파괴	1 : 출혈
E2 : 법랑질파괴부식	T2 : 상아질파괴	2 : 치석형성
E3 : 상아질파괴부식	T3 : 교두의 완전파괴	3 : 전치주낭형성
E4 : 2차상아질파괴부식	T4 : 치관치근경계부까지 파괴	4 : 심치주낭형성
E5 : 치주노출부식		5 : 기타( )

검사일시		검사기관		치과의사	면허번호: (서명 또는 인)

210mm×297mm
(신문용지 54g/㎡)

[별지 제5호서식]　　　□ 배치전　　　　　　　　　　　　　　　　　　　　　　(앞쪽)
　　　　　　　　　　□ 특수　　**건 강 진 단 개 인 표**
　　　　　　　　　　□ 수시
　　　　　　　　　　□ 임시

유해인자 :

주민등록번호		이름		나이	만　세	성별		사원번호	
근로자 주소								전화번호	
사업체명				업종					
현작업부서				현작업내용				지방사무소	
입사년월일		현직전입일			폭로기간			1일폭로시간	

과거직력	작업 공정명	근무년수	기간	문진	과거병력		진찰	신경계 이비인후과 안과, 피부과 진동장애 등
					가족력			
					업무기인성흡연, 음주			

| 취급물질 | |
| 현재증상 | |

항목	신장(Cm)	체중(Kg)	혈압 (mmHg)*		흉부방사선검사(촬영번호:　　　　번) 판독의사면허번호(　　　)
			최고	최저	
참고치			139이하	89이하	
(　)년도					
(　)년도					

| 치과소견 | | 치과의사 | | 인 |

건 강 진 단 항 목

검사항목	검사결과	참고치	(　)년도	(　)년도

판정	검진소견	사후관리조치	업무수행 적합여부	유해인자별 건강구분	
				유해인자	건강구분

| 건강진단일자 |　　.　　. | 건강진단기관 | | 건강진단의사 | | (서명 또는 인) |
| 근로자 | | | | | | (서명 또는 인) |

* 혈압은 근로자 건강상태를 파악하기 위한 참고자료로 해당 유해인자별 검사항목에 포함되지 않은 경우에는 판정하지 않음

210mm×297mm
(전산용지(특급) 45g/㎡)

1. 건강관리구분·사후관리내용 및 업무적합성 평가 (뒷쪽)

건 강 관 리 구 분			사 후 관 리 내 용		업무수행적합여부(질병유소견자에 대하여 구분함)	
A	건강한 근로자 또는 경미한 이상소견이 있는 근로자	0	필요없음	○	건강관리상 현재의 조건하에서 작업이 가능한 경우	
C₁	직업성 질병으로 진전될 우려가 있어 추적검사 등 관찰이 필요한 근로자(요관찰자)	1	건강상담			
		2	보호구착용	○	일정한 조건(환경개선, 개인보호구 착용, 건강진단의 주기를 앞당기는 경우 등)하에서 현재의 작업이 가능한 경우	
C₂	일반질병으로 진전될 우려가 있어 추적관찰이 필요한 근로자(요관찰자)	3	추적검사			
		4	근무중치료			
C_N	질병으로 진전될 우려가 있어 야간작업시 추적관찰이 필요한 근로자(요관찰자)	5	근로시간 단축	○	건강장해가 우려되어 한시적으로 현재의 작업을 할 수 없는 경우 (건강상 또는 근로조건상의 문제를 해결한 후 작업복귀 가능)	
D₁	직업성질병의 소견이 있는 근로자(직업병 유소견자)	6	작업전환			
D₂	일반질병의 소견이 있는 근로자(일반질병 유소견자)	7	근로금지 및 제한	○		
		8	직업병확진의뢰안내 (건강진단기관이 안내)		건강장해의 악화 혹은 영구적인 장해발생으로 현재의 작업을 해서는 안되는 경우	
D_N	질병의 소견을 보여 야간작업시 사후관리가 필요한 근로자(유소견자)	9	기타			
R	건강진단 1차검사결과 건강수준의 평가가 곤란하거나 질병이 의심되는 근로자(제2차건강진단 대상자)					

※ 특수건강진단 과정에서 퇴직 등의 사유로 건강관리구분을 판정할 수 없는 경우에는 "U"로 분류함.

2. 건강관리참고사항

유해요인			인체에 미치는 영향	예 방
1. 화학적 인자	유기화합물		-눈, 피부, 호흡기 점막의 자극 증상 -농도에 따라 다양한 정도의 마취되기전 증상이 나타난다. 즉, 어지러움증, 두통, 도취감(흥분), 피로, 졸음, 구역, 지남력 상실, 가슴통증에 어느 흥분농도가 증가 되면, 잠차적으로 의식을 잃을 수 있다. -만성적 폭로 시에는 감각 혹은 운동기능 이상, 기억력저하, 피로, 신경질, 불안 등의 신경계통의 장해를 유발하기도 한다.	-유기용제가 들어있는 통은 필요할 때 이외에는 반드시 마개 혹은 뚜껑으로 막아 놓는다. -작업장에는 흡연이나 음식물의 섭취를 금하고 작업이 끝난 후에는 작업복으로 갈아입고 세면을 한다. -인체에 유기용제 증기가 흡입되지 않도록 유의하며, 유기용제용 방독마스크, 보호장갑 및 작업복 등 개인보호구를 반드시 착용한다.
	금속	수은	-식욕부진, 두통, 전신권태, 경미한 몸 떨림, 불안, 호흡곤란, 화학성 폐렴, 입술부위의 창백, 메스꺼움, 설사, 정신장애 증세를 보이고 피부의 알레르기현, 기억상실, 우울증세를 나타낼 수 있다. 그리고 피부 신경총을 통해 전신독성을 나타낼 수 있다.	-용기는 반드시 밀폐해 둔다. -송기마스크 또는 방독마스크, 보호의, 불침투성 보호앞치마, 보호장갑, 보호장화를 착용하고 작업한다.
		연	-연이 체내에 흡수되면 초기에는 피로를 느끼고, 잠이 잘 안오며 팔 다리의 통 증, 식욕감퇴 등의 증세가 나타날 수 있으며 계속하여 체내에 흡수되는 납이 증가하면 갑자기 배가 아프거나 관절에 통증이 나거나, 어지럽고 손발에 힘이 없어지는 증세가 올 수 있다. -4알킬연은 무기연화합물보다 독성이 강하며, 호흡기로 흡수되어 주로 중추신경계통에 작용하고 간과 골수, 신장, 뇌 등에 장해를 준다. -금속성무기연에는 달리 중추신경계의 증상이 강하게 나타나는데 노출 수 일 후엔 불안, 흥분, 근육경축, 망상, 환상이 일어나고 혈압저하, 체온저하, 맥박수가 감소한다.	-음식물을 골고루 섭취하고 흡연, 과음을 삼가며 적절한 운동으로 체력을 유지한다. -개인위생(식사전 세수, 방독마스크 착용, 작업복 세탁 등)을 철저히 지키고 근본적으로 납이 체내에 들어오는 것을 예방하는 것이 바람직하다. -환기 장치를 한다. -누혈의 유무를 매일 1회이상 점검한다. -작업은 교대로 실시(1일 노출시간을 가급적 단축)한다. -송기마스크 또는 유기가스용 방독마스크, 보호장갑, 보호장화, 보호의 등을 착용한다.
		카드뮴	-만성적으로 노출되면 신장장해, 만성 폐쇄성 호흡기 질환 및 폐기종을 일으키며 골격계장해와 심혈관계 장해도 일으키는 것으로 알려져 있다. -기침, 기래, 콧물, 후각이상, 식욕부진, 구토, 설사, 체중감소 등이 나타나고 앞니나 송곳니, 치은부에 엷은 황색의 환상 색소침착을 볼 수 있다.	-작업장의 공기중 카드뮴 농도를 낮게 유지하고 작업장을 청결하게 한다. -작업장 내에서 사용한 작업복은 절대 금물이며 작업복도 자주 갈아입는다. -적절한 보호구(방독마스크, 보호장갑 등)를 착용하고 작업한다.
		망간	-수면부족, 행동이상, 신경증상, 발음부정확 등	-보호구 착용을 철저히 한다. -환기를 철저히 한다. -작업의복을 철저히 갈아입는다. -호흡기 질환, 신경질환, 간염, 신장염이 있는 근로자는 해당 업무에 종사하지 않도록 한다.
		오산화바나듐	-눈이 나옴, 비염, 인두염, 기관지염, 천식, 흉통, 폐렴, 피부종, 피부습진 등	
		니켈	-폐암, 비강암, 눈의 자극증상, 발한, 메스꺼움, 어지러움, 경련, 정신착란 등	
	산 및 알카리류		-심한 호흡기 자극으로 일시적으로 숨이 막히고 기침이 난다. -피부를 바늘로 찌르는 듯한 통증이 있다. -화상을 입을 수 있다. -장기간 노출 시에는 치아부식증 및 기관지 등에 만성적인 염증이 생길 수 있다.	-마스크를 착용한다. -방수된 보호의, 고무장갑, 보호화를 착용하여 피부접촉을 방지한다. -보호용 안경을 착용한다.
	가스상 물질류		-대부분 가스상으로 호흡기를 통하여 인체에 들어와 건강장해를 일으키며 이외에도 피부나 경구적으로도 침입될 수 있는 물질이 많고 일반적으로 신경계(마취작용), 피부염을 일으킬 수 있다. -짧은 기간 많은 양에 노출되면 눈, 코, 목, 피부 및 점막 등을 자극한다.	-화재에 주의한다. -작업환경에서 발생한 가스, 흄, 분진 등은 유해가스용 방독마스크, 보호의 장갑 등을 착용하여 필요 시, 세수, 사워 등 개인위생을 한다. -유해가스 등이 저장장소에서 유출되지 않도록 철저히 보관, 관리한다.
	영제30조에 의한 허가대상물질	석면	-만성질해로는 석면폐 등을 일으킬 수 있고 기침, 담 등 기관지염 증상을 수반하여 호흡곤란, 심계항진 등을 호소하며, 폐암 및 증피종이 발생할 수 있으므로 발암물질로 규정하고 있다.	-방진마스크, 보안경을 착용한다. -작업 후 목욕을 실시한다. -작업복은 작업 시작때 착용하고 작업 후에는 반드시 갈아 입는다. -석면취급 근로자는 반드시 금연하여야 한다.
		베릴륨	-기관지염, 폐렴, 접촉성 피부염, 기침, 호흡곤란, 폐의 육아종 형성	-보호구 착용을 철저히 한다. -환기를 철저히 한다. -작업의복을 철저히 갈아입는다. -호흡기 질환, 신경질환, 간염, 신장염이 있는 근로자는 해당 업무에 종사하지 않도록 한다.
		비소	-접촉성 피부염, 비중격 점막의 궤사, 다발성신경염 등	
2. 분진			-광물성분진: 진폐증의 자·타각증상이나 소견은 호흡기에서 비롯된 호흡 곤란, 기침, 담액과다, 흉통, 혈담, 피로 등의 증상이 나타난다. -면분진: 특징적인 자각증상인 월요증상(Monday disease)은 흡부압박감, 가슴통증, 호흡곤란, 기침 등인데 특히 월요일에 심하며 주말에 이를수록 점차 경미하여 잔대(월요일에는 면분진에 노출되지 않는 것을 전제로 한다).	-발진 공정의 습식화 및 분진억제 대책을 수립, 시행한다. -발원원 포위 격리 및 밀폐 등을 실시한다. -방진마스크를 반드시 착용하고 작업한다.
3. 물리적 인자	소음		-불쾌감, 정신피로를 발생시켜서 재해를 증가시킬 수 있고 작업능률을 저하, 청력장해를 초래할 수 있다. -청력장해는 일시적인 난청의 경우와 영구적으로 오는 난청 2가지의 경우가 있다. 일시적인 난청(직업성난청)은 높은 소음에 장기간 노출될 때 회복되지 않는 난청의 일종이며, 나중에는 말소리까지도 침범 당하여 잘 듣지 못한다.	-소음발생이 큰 기계, 기구를 교체하거나 격리시킨다. -발생원에 대한 적절한 방음흡음시설 설치(강벽)이나 등을 한다. -작업 시에는 귀마개, 귀덮개 등 자율보호구 착용을 생활화 한다.
	진동		-국소진동이 직접 수지부에 가하여지 수지부 혈관 및 관절에 기계적 공진현상을 일으켜 말초혈관을 위축하여 중추, 말초, 골관절 장해를 일으킨다. 즉 손가락의 창백현상, 손가락의 감각이상, 투통, 감각 등의 증상을 일으킨다.	-진동흡수 장갑을 착용하고 작업한다. -공구의 보수관리를 철저히 한다. -작업시간을 단축한다.
	자외선		-피부의 홍반현상, 색소침착, 각막의 부종과 궤사, 피부암 등을 일으킬 수 있다. -용접 시에 발생하는 자외선은 각막결막염과 노출된 피부에 장해를 일으키며, 불활성가스 또는 금속 아크용접 등의 강력한 자외선을 발생하여 눈 및 피부에 화상을 일으키는 일이 많다.	-유해광선 장해를 예방하는 근본원칙은 방사선 발생원의 격리, 산란선 누선방지 등 방사선의 피부방구에 있어 필름뱃지(film badge) 또는 포켓선양계로 피폭량을 측정한다. -피부보호의, 보호안경, 보호장갑, 안전모(방열모) 등 개인보호구를 착용한다.
	이상기압		-수심에서는 가스가 혈액 속에 용해되어 있다가 급격한 감압으로, 특히 질소가 혈관과 조직 내에 기포를 형성하여 혈관이 약한 부위에 따라 피부의 가려움 및 근육통, 관절통, 호흡곤란, 시력장해, 반신불수 등을 일으킨다.	-수심에 따른 체제시간의 한도와 적절한 감압법을 엄수하여야 한다. -고기압 환경에 부적합한 고혈압, 결핵천식 등의 만성호흡기 질환자, 심폐관계 이상 자, 만성부비강염, 중이염, 골관절 이상 자 등은 그 작업 등을 하지 않도록 하여야 한다.
4. 야간작업			-야간작업은 뇌심혈관질환의 위험을 증가시키고, 생체리듬의 불균형으로 인해 수면장애가 발생할 수 있고, 소화성궤양과 같은 위장관질환을 유발할 수 있다. 또한 유방암과의 관련으로 인해 국제암연구소(IARC)에서 2A 등급으로 지정되어 있다.	-교대근무 일정을 바람직한 형태로 설계하며, 필요시 야간작업 중에 수면시간을 제공한다. -심혈관질환, 중추신경질환, 조혈기계질환, 생식기계 기능이상 등이 있는 경우 야간작업 배치 전 업무 적합성 평가를 실시한다.

[별지 제5호의2 서식] (앞쪽)

근로자 일반건강진단 개인표

건강진단실시기간[. . ~ . .]

사 업 장 명		업 종 분 류		현 작업부서명		현부서 근무개월 수	개월
사업장 주소				과 거 직 력		전 화 번 호	
근로자 성명		주민등록번호		성 별	□ 남 / □ 여	사 원 번 호	
근로자 주소				입 사 년 월 일	년 월 일	직 종 구 분	□ 사무직 / □ 기타 근로자

1차 건강진단

구분 / 참고치		체위검사									소변검사			
		신장	체중	비만도	시력(좌/우) 맨눈	시력(좌/우) 교정	청력 좌	청력 우	혈압 수축기	혈압 이완기	요당백	요단백	요잠혈	요pH
정상 범위				110 미만					139 미만	89 미만	음성	음성	음성	5.5-7.5
결과	년 월				/	/								
	년 월				/	/								
	검사성적	cm	kg	%	/	/			mmHg	mmHg				

구분 / 참고치		혈액검사							B형간염검사			흉부방사선검사	
		혈구 용적치	혈색소	혈당 (식전)	총콜레스테롤	혈청 지오티	혈청 지피티	감마 지티피	표면 항원	표면 항체	검사 결과	촬영구분	□간접촬영/□직접촬영
												촬영번호	
정상 범위		남:41-53 여:36-47	남:13.0-16.5 여:12.0-15.5	70-110	230 이하	40 이하	35 이하	남:11-63 여: 8-35	음성	음성 / 양성	면역자	정상 / 비활동성 폐결핵	
결과	년 월												
	년 월												
	검사성적	%	g/ℓ	mg/ℓ	mg/ℓ	U/ℓ	U/ℓ	U/ℓ					

임상진찰		1차 건강진단 판정				
과거병력		1차 소견				
생활습관		사후관리 조치				
증상소견		건강관리구분		건강진단 의사	면허번호	
		1차 판정일	20 년 월 일		성명	(서명 또는 인)

2차 건강진단

구분 / 참고치		순환기계 질환							당뇨질환 검사				
		고혈압				고지혈증							
		혈압 최고	혈압 최저	정밀안저검사	심전도 검사	총콜레스테롤	HDL-콜레스테롤	트리글리세라이드	요당	요당 식전	요당 식후	HbA_1C	정밀안저검사
정상 범위		139 이하	89 이하	정상	정상	230 이하	남:30-70 여:35-80	40-200		70-110	120 이하		정상
결과	년 월												
	년 월												
	검사성적	mmHg	mmHg			mg/ℓ	mg/ℓ	mg/ℓ			mg/dℓ	mg/dℓ	mg/dℓ

구분 / 참고치		간장질환										B형간염검사		
		간기능검사												
		알부민	총단백	빌리루빈 총	빌리루빈 직접	알칼리포스파타제	유산탈수효소	알파휘토단백	혈청 지오티	혈청 지피티	감마 지티피	표면항원	표면항체	검사결과
정상 범위		3.5-5.0	6.0-8.0	0.2-1.2	0.5이하	30-115		음성	40 이하	35 이하	남:11-63 여: 8-35	음성	음성 / 양성	면역자
결과	년 월													
	년 월													
	검사성적	g/dℓ	g/dℓ	mg/dℓ	mg/dℓ	U/ℓ	U/ℓ		U/ℓ	U/ℓ	U/ℓ			

구분 / 참고치		신장질환						빈혈질환						피부질환
		요침사현미경 적혈구	요침사현미경 백혈구	요단백	요소질소	크레아티닌	요산	혈구 용적치	혈색소량	적혈구수	백혈구수	Serum Iron	철결합능 (T.I.B.C)	
정상 범위														
결과	년 월													
	년 월													
	검사성적													

구분 / 참고치		흉부질환(직접촬영)		기타질환	2차 건강진단 판정			
		촬영번호			연도	건강관리구분	사후관리조치	
정상 범위		정상 / 비활동성 폐결핵			년 월			
결과	년 월		방사선과 전문의		년 월			
	년 월		면허번호		판정결과			
			성명 (서명 또는 인)					
	검사성적		면허번호		최종판정일		건강진단 의사	면허번호
			성명 (서명 또는 인)					성명 (서명 또는 인)

건강진단기관명		기관대표자		사업주		보건관리자		근로자	(서명 또는 인)

건강관리구분및사후관리

건강구분	판 정 기 준	사 후 관 리
A	건강관리상 사후관리가 필요없는 근로자(건강한 근로자)	사후관리 필요 없음
C	질병으로 진전될 우려가 있어 추적검사 등 관찰이 필요한 근로자(요관찰자)	의사의 소견에 따른 의학적 조치
D_1	직업성질병의 소견을 보여 관리가 필요한 근로자(직업병 유소견자)	의사의 소견에 따른 요양신청, 작업전환, 취업장소의 변경 및 근무 중 치료
D_2	일반질병의 소견을 보여 사후관리가 필요한 근로자(일반질병 유소견자)	의사의 소견에 따른 근로시간 단축, 작업전환, 휴직, 근무 중 치료, 그 밖의 의학적 조치
R	질환 의심 근로자	제2차 건강진단 대상자(제2차 건강진단 실시 통보일부터 30일 이내에 실시)

※ 귀하의 건강진단 결과에 대해서는 아래의 질환별 주의사항을 참고하시어 건강보호 및 건강증진에 활용하시기 바랍니다.

질환별	주 의 사 항	질환별	주 의 사 항
폐결핵	- 적당한 운동, 균형있는 식사로 건강을 증진한다. - 영양을 충분히 공급한다. - 공해지역 또는 혼탁한 작업환경을 피한다 - 금연한다. - 기침, 미열, 가래 등이 계속되면 의사의 진료를 받는다. - 다른 호흡기 질환(감기, 기관지염, 폐렴 등)을 앓지 않도록 주의하고, 발견시 조기치료 한다. - 치료약의 복용, 치료기간 등을 반드시 지킨다.	빈혈증 질환	- 빈혈의 일상적인 증상(현기증, 창백, 두통, 가슴 두근거림)등의 발생여부에 관심을 두고 이상하면 의사의 진료를 받는다. - 자주 출혈이 되는지 멍이 잘 드는지 관찰한다. - 편식하지 않고 철분, 엽산(葉酸) 및 비타민이 풍부한 음식물을 섭취한다. - 여성의 경우 주기적 월경, 수유, 분만, 임신 등 철분의 손실 및 요구가 증가되는 때에는 열량이 많은 음식(특히, 철분)을 충분히 섭취한다. - 기생충 질환에 이환되지 않도록 주의한다. - 과로는 피한다.
순환기계 질환	- 고지방 음식, 단음식을 피한다. - 지방섭취 절제 등 식이요법을 준수한다. - 비만증이 되지 않도록 주의한다. - 균형있는 영양상태가 유지되도록 한다. - 금연한다. - 가볍고 적당한 운동을 한다. - 연속적인 긴장이 요구되는 운동을 한다. - 신장질환, 당뇨병의 발병에 유의한다.	당뇨 질환	- 과음, 과식 삼가고 금연한다. - 당분 섭취를 삼간다. - 의사의 지시에 따른 식이요법은 반드시 준수한다. - 당뇨증상(심한갈증, 뇨량증가물의 다량섭취)의 발생 유무를 관찰하고, 의심되면 진료를 받는다. - 췌장염 등의 발견시는 조기치료 한다. - 부모, 형제중 당뇨병을 가진 사람이 있으면 특히 주의한다.
간장 질환	- 과로를 피하고 충분한 수면과 휴식을 취한다. - 고단백 음식을 섭취한다. - 의사의 지시에 따른 식이요법을 준수한다. - 금주, 금연한다. - 의사의 지시 이외의 약제복용을 삼간다. - 간에 부담을 주는 한약 및 항생제 등의 남용을 억제한다. - 간염으로 진단된 경우에는 가족에게 전염되지 않도록 주의한다.	기타 흉부 질환	- 먼지, 꽃가루 등이 많은 곳은 피한다. - 독한 화공약품에 주의한다. - 금연한다. - 호흡기 또는 심장에 부담을 주는 육체적인 운동을 피한다. - 운동 후 호흡곤란, 객담, 기침의 이상소견 등이 발견되면 의사의 진료를 받는다. - 질환을 악화시킬 과중한 업무 및 공해환경을 피한다. - 만성 폐질환이 되지 않도록 조기에 치료한다.
신장 질환	- 농뇨, 혈뇨, 뇨량감소 등의 발견시는 의사의 진찰을 받는다. - 요로감염 등의 염증을 조기치료 한다. - 결핵 및 당뇨병에 대한 정기적인 검사를 받는다. - 짠음식을 삼간다. - 의사의 지시에 따른 식이요법을 준수한다. - 신장기능을 저하시키는 한약 및 항생제 등의 남용을 억제한다.		

[별지 제6호 서식]

년도 야간작업 특수건강진단 실시현황

의료기관명 :

검진일자	사업장		수진 근로자				결재	
	명칭	소재지	전화번호	성명	생년월일	소재지	담당	기관장

※ 사업장 정보: 제15조제2호에 해당하는 경우 소속 사업장과 근무 사업장을 각각 기재하며, 제3호에 해당하는 경우 소속 사업장을 기재
　수진 근로자 정보: 제15조제3호에 해당하는 경우 해당 근로자의 주민등록지 확인 후 소재지에 주민등록지 기재

[별지 제7호 서식]

흉부방사선 사진판독 소견서

사업장	소재지(주소)		검진기관	병 원 명			
	명 칭			촬영연월일	년	월	일
				촬영 번호	부터		까지
	업 종			총 인원수			명

촬영번호	분류	소견	비고	촬영번호	분류	소견	비고

판독자	소속	성명	(서명 또는 인)
	소속	성명	(서명 또는 인)

분류표 : A : 정상(기록하지 말것)
　　　　 B : 사진불량(요 재촬영)
　　　　 C : 석회화병변 및 비활동성
　　　　 D-A : 폐결핵 경증
　　　　 D-B : 폐결핵 중등증
　　　　 D-C : 폐결핵 중증
　　　　 E : 폐결핵 의증
　　　　 F : 비결핵성 질환(반드시 소견을 기입할 것)
　　　　 G : 진단미정
　　　　　　* D-A, D-B, D-C, E, F, G는 직접촬영을 할 것
　　　　　　* 사업장의 업종을 반드시 기재할 것

210㎜×297㎜
(신문용지 54g/㎡)

[별지 제8호 서식]

년도 근로자 건강진단 실시현황

의료기관명 :

검진일자	사 업 장			검진종류별 수진 근로자수										결재	
	명칭	소재지	전화번호	계	일반	특수		배치전		임시		수시		담당	기관장
						유해인자	인원	유해인자	인원	유해인자	인원	유해인자	인원		

380mm × 268mm

※ 근로자 1인이 특수건강진단과 일반건강진단을 동시에 실시한 경우에는 특수건진란에만 인원수를 기재하고 일반검진란에는 "동시실시"라고 기재함

부록 01

과년도 출제문제

- 2023년도 필기문제(2023년 4월 1일)
- 2024년도 필기문제(2024년 3월 30일)
- 2025년도 필기문제(2025년 3월 29일)

산업안전지도사 자격시험
제1차 시험문제지

제3과목 기업진단·지도	총 시험시간 : 90분 (과목당 30분)	문제형별 A

수험번호	20230401	성 명	도서출판 세화

2023년도 4월 1일 필기문제

【수험자 유의사항】

1. 시험문제지는 단일 형별(A형)이며, 답안카드 형별 기재란에 표시된 형별(A형)을 확인하시기 바랍니다. 시험문제지의 **총면수, 문제번호 일련순서, 인쇄상태** 등을 확인하시고, 문제지 표지에 수험번호와 성명을 기재하시기 바랍니다.
2. 답은 각 문제마다 요구하는 **가장 적합하거나 가까운 답 1개**만 선택하고, 답안카드 작성 시 시험문제지 **형별누락, 마킹착오**로 인한 불이익은 전적으로 **수험자에게 책임**이 있음을 알려 드립니다.
3. 답안카드는 국가전문자격 공통 표준형으로 문제번호가 1번부터 125번까지 인쇄되어 있습니다. 답안 마킹 시에는 반드시 **시험문제지의 문제번호와 동일한 번호**에 마킹하여야 합니다.
4. **감독위원의 지시에 불응하거나 시험 시간 종료 후 답안카드를 제출하지 않을 경우** 불이익이 발생할 수 있음을 알려 드립니다.
5. 시험문제지는 시험 종료 후 가져가시기 바랍니다.

【안 내 사 항】

1. 수험자는 QR코드를 통해 가답안을 확인하시기 바랍니다.
   (※ 사전 설문조사 필수)
2. 시험 합격자에게 '합격축하 SMS(알림톡) 알림 서비스'를 제공하고 있습니다.

- 수험자 여러분의 합격을 기원합니다 -

3. 기업진단·지도

01 인사평가의 방법을 상대평가법과 절대평가법으로 구분할 때 상대평가법에 속하는 기법을 모두 고른것은?

> ㄱ. 서열법　　　　　　ㄴ. 쌍대비교법
> ㄷ. 평정척도법　　　　ㄹ. 강제할당법
> ㅁ. 행위기준척도법

① ㄱ, ㄴ, ㄷ　　　　　② ㄱ, ㄴ, ㄹ
③ ㄱ, ㄷ, ㄹ　　　　　④ ㄴ, ㄷ, ㅁ
⑤ ㄴ, ㄹ, ㅁ

답 ②

해설

인사평가방법

1. 상대평가(선별형 인사평가)법

(1) 상대평가의 의의
  ① 상대평가는 비교적 관점에서 평가자가 피평가자의 고과를 다른 사람의 것과 비교하여 평가하는 방법
  ② 항상오류(관대화, 가혹화, 중심화 오류)를 원천 방지할 수 있으나, 구성원의 실력수준을 명확히 파악하기 어렵다는 단점이 존재한다.
    ㉮ 특정 평가자가 다른 평가자들에 비해 피평가자들에게 언제나 높은 점수 혹은 언제나 낮은 점수를 주는 오류를 말한다.
    ㉯ 높은 점수를 주거나 낮은 점수를 주는 것이 언제나 일관적이라는 점에서 항상 오류는 일관적 오류 혹은 규칙적 오류(systematic error)라고 불리기도 한다.
    ㉰ 고과평가 상황에서 항상 오류가 발생하면 피평가자는 어떤 평가자를 만나는지에 따라서 높은 점수를 받기도 하고 낮은 점수를 받기도 하기 때문에 객관적 평가가 이루어지기 어렵게 된다.

(2) 대표적인 평가방법(상대평가법)
  ① 서열법 : 최고성과자부터 차례대로 순서를 정하는 방법으로 평가대상자가 소수일 때 적합
  ② 강제할당법 : 사전에 정해진 정규분포에 따라 일정한 비율로 강제로 서열을 정하는 방법
  ③ 쌍대비교법 : 두사람씩 쌍을 지어 비교하면서 서열을 정하는 기법

(3) 장·단점
  ① 장점은 자원의 효율적인 분배가 가능하고, 평가자의 중심화·관대화 경향 등의 문제를 어느 정도 해결할 수 있다.
  ② 단점은 기업 내 경쟁을 부추겨 동료 간 협력을 저하시키고 조직문화를 약화시킬 수 있다.

2. 절대평가(육성형 인사평가)법

(1) 절대평가의 의의
  ① 절대평가는 다른 구성원의 능력수준에 관계없이 피평가자의 역량과 업적이 요구하는 기준을 어느정도 충족하였는가를 측정하는 방법이다.
  ② 구성원간에 치열하게 경쟁할 필요가 상대적으로 적기에 팀워크에 도움이 되고, 자기개발이나 교육에 활용하기 좋다.
  ③ 객관성이 낮을 경우 평가가 주관적으로 이루어질 수 있고, 제한된 자원을 배분하기 곤란하다는 문제가 있다.

(2) 대표적인 평가방법
  ① 평정척도법 : 특성과 행동을 '평가요소'와 '달성도'를 기준으로 평가하는 방법
  ② 체크리스트법 : 몇 가지 특성이나 행동을 구체적으로 기술한 체크리스트를 바탕으로 평가자가 피평가자의 능력을 기준 표의 등급과 비교하는 방법
  ③ 중요사건 기술법 : 피평가자의 직무와 관련된 효과적이거나 비효과적인 행동을 관찰하여 기록에 남긴 후 평가하는 기법
(3) 장·단점
  ① 장점은 평가기준이 정해져 있기 때문에 평가하기가 쉽고, 자기개발이나 교육에 사용될 수 있다.
  ② 단점은 평가기준을 만들기 위해 시간과 비용이 많이 들고, 강제할당이 없기 때문에 관대화 경향(인플레이션 현상), 제한된 자원의 배분문제가 제기될 수 있다.
(3) 상대평가와 절대평가의 비교
  ① 평가기준의 명확성 여부
    ㉮ "상대평가"의 경우 사람과 사람의 비교이기 때문에 기준이 일정하지 않다.
    ㉯ "절대평가"의 경우 정확한 평가기준의 정립이 필요하다.
  ② 팀워크에 미치는 영향
    ㉮ "상대평가"의 경우 다른 구성원보다 더 높은 성과 달성에 초점을 두고 있기에 팀워크에 부정적인 영향을 미치기도 한다.
    ㉯ "절대평가"의 경우 목표 성과를 팀이 협력하여 달성할 수 있기에 긍정적인 영향을 미친다.
  ③ 평가의 목적
    ㉮ "상대평가"는 주로 승진관리, 보상관리 등에 사용된다.
    ㉯ "절대평가"는 교육훈련, 배치전환 등에 사용된다.
  ④ 평가결과의 조정가능성
    ㉮ "상대평가"의 경우 조정할 경우 타인에게도 영향을 미치기 때문에 조정이 곤란하다.
    ㉯ "절대평가"의 경우 기준에 의해 행해지므로 평가결과의 조정이 비교적 용이하다.
  ⑤ 종업원의 수용성
    ㉮ "상대평가"의 경우 결과가 인적 구성에 따라 달라질 수 있기에 수용성이 낮은 편이다.
    ㉯ "절대평가"의 경우 직능기준에 밀착한 평가가 이루어지므로 수용성이 높다.

02 기능별 부문화와 제품별 부문화를 결합한 조직구조는?

① 가상조직(virtual organization)

② 하이퍼텍스트조직(hypertext organization)

③ 애드호크라시(adhocracy)

④ 매트릭스조직(matrix organization)

⑤ 네트워크조직(network organization)

답 ④

해설

부문화

(1) 부문화 개념
  ① 유사성이나 관련성이 높은 조직의 업무를 통합해 전반적인 조직의 목표를 달성할 수 있도록 하는 조직 설계방법을 가리켜 부문화(departmentalization)라고 한다.
  ② 대표적으로 기능에 따라 생산, 재무, 마케팅, 회계 등으로 통합한 기능 별 부문화가 있다.

(2) 종류
  ① 기능별 부문화(functional departmentalization)
    ㉮ 장점은 구성원의 전문성에 의해 수행되는 업무에 따라 부서를 통합한 방식으로 공통 전문성에 따라 모인 인력으로 규모의 경제를 이룰 수 있다는 장점이 있다.
    ㉯ 단점은 한 분야의 전문성을 개발하기 좋지만 여러 분야의 전문성을 얻기는 힘들다는 단점이 있다.
  ② 제품별 부문화(product departmentalization)는 제품에 따라 구성원을 나누는 방식으로 한 명의 관리자에게 책임을 부여하기 때문에 명확한 성과 책임을 알 수 있다.
  ③ 고객별 부문화(customer departmentalization)의 경우 고객의 유형에 따라 구성원을 나누는 방식으로 고객 특성에 따라 맞춤 응대가 가능하다는 자정에 따라 선택된 방식이다.
  ④ 지역별 부문화(geographical departmentalization)의 경우 지리적인 기준으로 나누어지는 방식으로 다양한 지역에 고객이 있는 경우 선택이 가능하다.
  ⑤ 프로세스별 부문화(process departmentalization)의 경우 제품이 생산되는 과정에 따라 나누어지는 방식으로 제품 품질 향상에 도움이 된다.

(3) 매트릭스 조직(matriz organization)
  ① 매트릭스 조직은 계층적인 기능식 조직에 수평적인 사업주제 조직을 화학적으로 결합한 부문화의 형태로 양자간의 균형을 추구하는 것이다.
  ② 기능식 구조이면서 동시에 사업부제적인 구조를 가진 것이다.
  ③ 조직구조에서 제품과 기능 또는 제품과 지역이 동시에 강조되는 다초점이 필요한 경우에 수평적 연결 메커니즘이 잘 작동되지 않을 때 발생한다.

03 아담스(J. Adams)의 공정성이론에서 투입과 산출의 내용 중 투입이 아닌 것은?

① 시간 ② 노력
③ 임금 ④ 경험
⑤ 창의성

답 ③

해설

아담스의 공정성 이론(equity theory)

(1) 개요
Adams의 공정성 이론(equity thory)은 조직과 구성원간 사회적 교환을 비교하는 과정에서 불공정성(inequity)이 느껴진다면 공정성을 얻기 위해 동기가 유발된다고 생각하였다.

(2) 이론의 기본입장
 ① 타인과 비교 → 공정여부 → 동기요인으로 작용
  사회적 비교이론의 하나로, 한 개인이 타인에 비해 얼마나 공정한 대우를 받고 있다고 느끼느냐에 따라 행동이 달라진다고 본다.
 ② 자신과 타인의 투입-성과 비율 비교 → 행동 결정
  사람들은 자신이 일을 하기 위해 투입한 것과 이를 통해 얻은 성과의 비율, 즉 투입-성과의 비율을 타인(동료)의 투입-성과 비율에 비교하여 행동을 결정한다.

(3) 만족과 불만족의 유발
 ① 투입-성과 비율이 동등 → 공정함 인식 → 만족함
  투입-성과 비율이 동등할 때 피고용자는 공정한 거래를 하고 있다고 느끼게 되며, 직무에 대해 만족감을 가지게 된다.
 ② 자신의 투입-성과 비율 → 타인의 것보다 크거나 작을때 → 불만
  자신의 투입-성과 비율이 타인의 투입-성과 비율보다 크거나 작을 때 직무에 대하여 불안과 불만을 가지게 된다.

(4) 공정성 비교를 위한 투입과 산출의 의미
 ① 투입에는 시간, 노력(effort), 직무경험, 지위, 나이(창의성) 등이 있다.
 ② 산출에는 임금 및 기타 복지 후생, 승진, 근무환경, 만족감, 조직과 상사의 인정과 지원 등이라고 할 수 있다.

보충학습

공정성
① 공정성(公正性)이란 한자어로, 공평하고 정당함을 의미한다.
② 공(公)은 공평하다는 의미를 지니고 있으며, 정(正)은 바르고 정당함을 의미한다.
③ 다수의 사람들에게 공평하고 정당하게 대우하는 성질 및 상태를 의미한다.

04. 집단의사결정기법에 관한 설명으로 옳지 않은 것은?

① 델파이법(Delphi technique)은 의사결정 시간이 짧아 긴박한 문제의 해결에 적합하다.
② 브레인스토밍(brainstorming)은 다른 참여자의 아이디어에 대해 비판할 수 없다.
③ 프리모텀(premortem) 기법은 어떤 프로젝트가 실패했다고 미리 가정하고 그 실패의 원인을 찾는 방법이다.
④ 지명반론자법은 악마의 옹호자(devil's advocate) 기법이라고도 하며, 집단사고의 위험을 줄이는 방법이다.
⑤ 명목집단법은 참여자들 간에 토론을 하지 못한다.

답 ①

해설

델파이법(Delphi Method, Delphi Technique)
① 문제 해결을 위해 다수의 전문가들의 의견을 취합하여 결론을 도출해 내는 방식
② 고비용의 순환적, 간접적 의사소통
③ 진행방법 : 먼저, 의견을 물을 전문가 집단을 구성, 이때, 전문가들은 누가 선택되었는지 서로 알 수 없음
④ 취합한 내용을 각 전문가들에게 발송
⑤ 각각의 전문가들의 의견을 우편이나 전자메일 등 서면으로 수집
⑥ 취합한 내용을 받은 전문가들은 의견을 수정·보완하여 다시 발송
⑦ 전문가들의 의견이 일정한 합의에 수렴할 때까지 반복

보충학습

(1) 명목 진단법(Nominal Group Technique)
  ① 구성원 간의 상호 작용을 제한하여, 개인의 의견이 타인의 의견에 영향을 받지도 주지도 않도록 하는 방식
  ② 같이 모이긴 하지만, 토론과 비평이 허용되지 않기 때문에 '이름뿐인 모임'이라는 뜻으로 '명목집단'이라 부름
  ③ 진행방법 : 리더가 문제를 제기하고, 구성원들은 각자의 의견을 작성함
      ㉮ 리더가 구성원들의 의견을 취합함
      ㉯ 의견들을 앞에 놓고, 장단점에 대해 토론함(이때부터 토의를 허용, 다만 누구의 의견인지를 알 수 없게)
      ㉰ 구성원들의 투표를 통해 하나의 의견을 선택함
(2) 오스본(Osborn)의 브레인스토밍(Brainstroming)
  ① 한가지 문제에 대해, 각자 떠오르는 생각들을 무작위로 뱉어 내면서 의견을 모으는 방식
  ② 아이디어의 질보다 양이 중요
  ③ 타인의 의견을 방해하거나, 비난하지 않을 것(자유로운 의견 제시)
  ④ 내 의견을 덧붙이거나, 개선 방안을 제시하거나, 여러 의견들을 하나로 합쳐 제시하는 것은 가능
(3) 고든(Gordon)의 고든법(Gordon Method)
  ① 한 가지 문제를 추상화하여, 의사 결정 참여자들이 본래의 문제에 대해 모르는 상황에서 의견 제출
  ② 진행자는 나온 모든 의견을 실제 문제와 연관 지어 생각하고 검토해야 함
  ③ 진행방법 : 진행자만 진짜 문제를 알고 있는 상태에서, 참가자들은 자유롭게 의견 개진
      ㉮ 참가자들이 내는 의견이 주제와 가까워지면, 진행자는 주체를 공개함
      ㉯ 참가자들은 지금까지 낸 의견들을 발전시켜 해결책 모색
(4) 지명 반론자법, 악마의 옹호자(Devil's Advocate)
  ① 의사 결정을 위해 모인 집단을 둘로 나누어, 한 쪽은 찬성 의견을, 나머지는 반대 의견을 지지하도록 정함
  ② 소수(2~3명)의 반론자를 선정하여, 반대 의견만 제시하도록 할당하는 방식
  ③ 반대 의견이 별로 없을 때, 반대 의견을 내기 민감한 주제일 때와 같은 상황에서 사용하기 좋음
  ④ 집단 사고의 방지책으로도 사용할 수 있음

05 부당노동행위 중 근로자가 어느 노동조합에 가입하지 아니할 것 또는 탈퇴할 것을 고용조건으로 하거나 특정한 노동조합의 조합원이 된 것을 고용조건으로 하는 행위는?

① 불이익 대우
② 단체교섭거부
③ 지배·개입 및 경비원조
④ 정당한 단체행동참가에 대한 해고 및 불이익 대우
⑤ 황견계약

답 ⑤

해설

황견계약(黃犬契約 : yellow dog contract)

(1) 개요
   ① 황견계약은 '근로자가 어느 노동조합에 가입하지 아니할 것 또는 탈퇴할 것을 고용조건으로 하거나, 특정한 노동조합의 조합원이 될 것을 고용조건으로 하는 행위'(「노동조합 및 노동관계조정법」 제81조제2호)를 말한다.
   ② 비열계약, 반조합계약이라고도 한다.
   ③ 노동조합 및 노동관계조정법은 이 같은 행위를 사용자의 부당노동행위로서 금지하고 있다.
   ④ 노동조합 및 노동관계조정법 제81조제1호에 규정된 불이익 취급이 종업원이 된 자의 노동3권 보장활동을 억압하는 것이라면, 황견계약은 종업원이 되기 전에 단결권 활동을 제한하기 위한 것이라 할 수 있다.
   ⑤ 황견계약이 불이익 취급에 이어 부당노동행위로서 금지되고 있는 것은, 이들 양자가 반조합적 행위의 대표적인 것으로 인정되기 때문이다.

(2) 기타내용
   ① 황견계약의 체결금지는 원래 태프트하틀리법(Taft-Hartley) 제8조에서 처음으로 법제화되었다.
   ② 노동조합법의 명문상으로는 특정조합에의 가입과 탈퇴강제만을 금지대상으로 하고 있는데, 부당노동행위제도는 근로자의 노동3권 보장활동을 저해하는 사용자의 행위를 배제하는 데 그 목적을 두고 있다.
   ③ 조합에 가입하더라도 조합활동을 하지 않는다든가 어용조합에의 가입을 고용조건으로 하는 것도 황견계약으로 보는 것이 일반적 견해이다.
   ④ 반조합적 조건을 고용조건으로 하는 것은 반드시 신규채용 계약체결시에 약정될 필요는 없다.

(3) 법적인 내용
   ① 종업원이 된 후에 고용 계속의 조건으로 약정하는 것도 황견계약이 된다.
   ② 황견계약은 「헌법」 제33조제1항의 자주적 단결권 등의 보장과, 「민법」 제103조의 공서양속(公序良俗) 규정에 비추어 당연 무효로 본다.
   ③ 근로계약 전체가 무효인 것은 아니며, 당해 황견계약 부분만이 무효가 된다.
   ④ 황견계약을 근거로 하여 행하여진 해고는 원인 자체가 무효이므로 해고 또한 무효로 다루어지며, 황견계약의 실행 내지는 불이익한 취급이 되는 것으로서 사용자의 부당노동행위가 된다.(출처 : 실무노동용어사전)

06 식스 시그마(Six Sigma) 분석도구 중 품질 결함의 원인이 되는 잠재적인 요인들을 체계적으로 표현해주며, Fishbone Diagram으로도 불리는 것은?

① 린 차트
② 파레토 차트
③ 가치흐름도
④ 원인결과 분석도
⑤ 프로세스 관리도

답 ④

해설

식스시그마(6σ)
① 프로세스 불량과 변동을 최소화하면서 기업의 성공 달성·유지·최대화 하려는 종합적인 유연한 시스템이며 "통계적 기법+품질개선 운동"이다.
② 통계적 품질관리를 기반으로 품질혁신과 고객만족을 달성하기 위하여 전사적으로 실행하는 경영혁신기법이며 제조과정 뿐만 아니라 제품개발, 판매, 서비스, 사무업무 등 거의 모든 분야에서 활용 가능하다.
③ 모든 프로세스의 품질 수준을 6σ를 달성하여 3.4[PPM](parts per milion)또는 결함 발생수를 3.4[DPMO](defects per milion opportunities) 이하로 하고자 하는 품질경영전략 → 불량률(3.4/1,000,000) 불량률(2/1,000,000,000) 등을 목표로 한다.
④ 적용회사 : GE, 모토로라
모토로라 Bill Smith가 착안했고, Mikel Harry가 경영학적으로 정립했다.

참고

어골도(漁骨圖 : 특성요인도)
① 특정 문제의 원인들을 보여주는 도표이다.(원인결과 분석도)
② 어골도는 문제를 일으킬만한 원인과 조건에 이르기까지의 단계를 탐구하고, 문제상황과 익숙한 사람들을 선발하여 문제를 일으킬 가능성이 있는 원인들에 대해서 생각하며, 각각의 원인들을 분석 및 결과를 도출하는데 사용된다.
③ 인과관계 다이어그램 방법(cause-and-effect diagram method)라고도 불리고 전사적품질관리(TQM)에 많이 사용하며, 과거 지향적이면서 부정적인 수행차이를 없애는데 초점을 둔다.
(출처:[네이버 지식백과] 어골도 [漁骨圖] (HRD 용어사전, 2010. 9. 6., (사)한국기업교육학회))

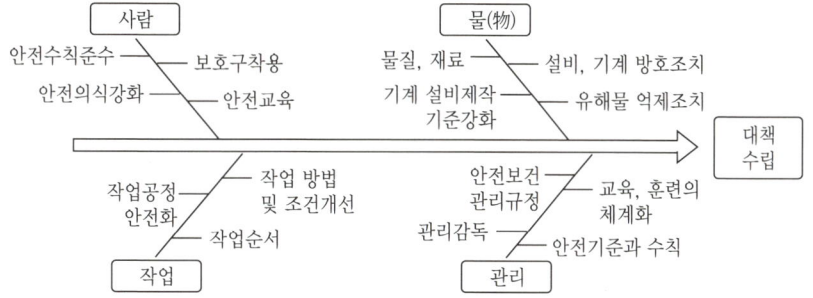

[그림] 특성요인(원인결과분석)도

합격키

2014, 2015, 2016, 2018, 2021년 유사문제 출제

산업안전지도사 · 과년도기출문제

07 수요를 예측하는데 있어 과거 자료보다는 최근 자료가 더 중요한 역할을 한다는 논리에 근거한 **지수평활법**을 사용하여 수요를 예측하고자 한다. 다음 자료의 수요 예측값(F_t)은?

> - 직전 기간의 지수평활 예측값(F_{t-1})=1,000
> - 평활 상수(α)=0.05
> - 직전 기간의 실제값(A_{t-1})=1,200

① 1,005 ② 1,010
③ 1,015 ④ 1,020
⑤ 1,200

답 ②

해설

단순 지수 평활법
① $F_t = F_{t-1} + \alpha(A_{t-1} - F_{t-1}) = \alpha A_{t-1} + (1-\alpha)F_{t-1} = (0.05 \times 1,200) + [(1-0.05) \times 1,000] = 10,010$
② 차기 예측치 = 당기 예측치 + α(당기 실적치 - 당기 예측치)
  = $\alpha \times$ 당기 실측치 + $(1-\alpha) \times$ (당기 예측치)
  (α : 지수 평활 계수($0 \leq \alpha \leq 1$), A_{t-1} : (t-1) 기의 실측치, F_{t-1} : (t-1) 기의 예측치, F_t : t기의 예측기)

보충학습

지수평활법(exponential smoothing)
① 1959년 로버트 구델 브라운(Robert Goodell Brown)이 처음 소개한 지수평활법은 공급망 수요를 예측하는 방법 중 정량적 예측 방법의 하나이다.
② 공급망 수요를 예측하는 것은 이윤 극대화를 가져오므로 매우 중요한 사안인데, 이러한 예측을 위해서 크게 정성적 예측 방법과 정량적 예측 방법을 사용한다.
③ 정성적 예측 방법은 실무자, 전문가 등의 판단에 의존적인 방법이다.
④ 정량적 예측 방법은 과거에 대한 정보, 과거의 시계열 자료 등 수치적인 자료를 이용하여 예측하는 방법이다.
⑤ 지수평활법은 수많은 복잡한 예측 모형에 비해 수식이 단순하여 계산량이 적으며, 예측 능력이 크게 떨어지지 않기 때문에 많은 종류의 수요를 일별, 주별 등 매우 빈번하게 예측해야만 하는 모델을 관리하기에 적합한 예측 방법이다.
⑥ 시계열의 내재 과정(Underlying Process)에 급격한 수준의 변화와 기울기가 발생할 때, 이러한 변화에 신속하게 적응하여 미래를 예측하지 못한다는 단점이 있다.

[네이버 지식백과] 지수평활법 [exponential smoothing] (두산백과 두피디아, 두산백과)

2023년도 4월 1일 필기문제

08 재고량에 관한 의사결정을 할 때 고려해야 하는 재고유지 비용을 모두 고른 것은?

ㄱ. 보관설비 비용　　　ㄴ. 생산준비 비용
ㄷ. 진부화 비용　　　　ㄹ. 품절비용
ㅁ. 보험비용

① ㄱ, ㄴ, ㄷ　　　　　② ㄱ, ㄴ, ㄹ
③ ㄱ, ㄷ, ㅁ　　　　　④ ㄱ, ㄹ, ㅁ
⑤ ㄴ, ㄷ, ㄹ

답 ③

해설

재고비용
(1) 발주/구매비용(Ordering, procurement cost)
　① 물품의 주문, 구매, 조달과 관련하여 발생되는 비율
　② 가격 및 거래처에 대한 조사비용
　③ 수송비, 하역비, 통관료, 검사 시험비 등
(2) 준비비용(Set-up, production change cost)
　① 특정 제품을 생산하기 위하여 생산공정의 변경이나 기계 및 공구의 교환 등으로 발생되는 비용
　② 준비시간 중 발생되는 기계의 유휴비용, 준비인원의 직접 노무비, 공구비용 등
(3) 재고유지비용(Carrying, Holding cost)
　① 재고를 보관하고 유지하는데 발생되는 비용(보관설비비용)
　② 창고의 임대료, 유지경비, 보관료, 보관보험, 세금 등
　③ 재고자산에 투입된 자금의 금리비용(진부화 비용)
　④ 도난, 변질 등으로 발생된 손실비용
(4) 재고부족비(Shortage, Stockout cost)
　① 품절로 발생되는 일종의 기회비용
　② 손실, 즉 판매기회 및 고객상실의 기회비용으로 주문거절, 긴급조처를 위한 추가비용 등

보충학습

진부화 비용
① 팔리지 않고 오래된 재고는 물리적 손상 또는 유행 경과 등으로 가치가 하락할 수 있는데 이를 '진부화' 재고자산이라 표현한다.
② 장기체화, 진부화 재고자산에 대해서는 자선성 검토 이슈가 발생한다.
③ 자산으로 기재한 재고자산이 그만큼의 경제적 가치가 있을지의 여부를 검토하는 것이다.
④ 장기체화, 진부화 등의 요인으로 가치가 하락하게 되는 경우 최초 인식한 자산 금액에서 가치가 하락된 금액만큼은 자산이 아닌 비용으로 반영해야 한다.

09 서비스 수율관리(yield management)가 효과적으로 나타나는 경우가 아닌 것은?

① 변동비가 높고 고정비가 낮은 경우

② 재고가 저장성이 없어 시간이 지나면 소멸하는 경우

③ 예약으로 사전에 판매가 가능한 경우

④ 수요의 변동이 시기에 따라 큰 경우

⑤ 고객특성에 따라 수요을 세분화할 수 있는 경우

답 ①

해설

수율관리(Yield Management)

(1) 개요
① 수율관리는 재료생산성을 의미하며 재료비의 이상적 원가를 계산하는과정에서 발생하는 로스를 파악하고 개선에 활용하기 위한 목적으로 사용된다.
② 기업의 매출 혹은 수익을 최대화하기 위해서, 공급능력을 적절한 가격과 시점에 적절한 고객에게 할당하는 과정이라 할 수 있다
③ 수요를 좀더 예측 가능하게하는 강력한 접근법이 될 수있으며 수율은 자재의 투입에 따른 산출량의결과로서 수율의 높고 낮음을 평가한다.

(2) 산출공식
① 수율(yield)=실제수익/잠재수익
② 실제수익=실제사용량×실제가격평균
③ 잠재수익=가용능력×최대가격

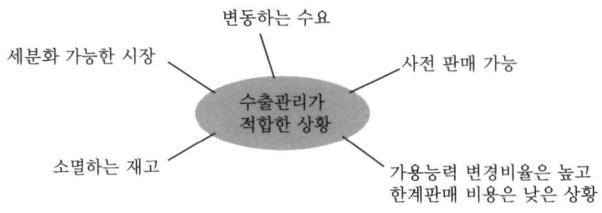

[그림] 수율관리 필요성

(3) 수율관리가 효과적인 경우
① 고객그룹별로 수요가 분리될 수 있는 경우
② 고정비는 높고 변동비는 낮은 경우
③ 재고(잉여공급능력)은 시간이 지나면 사용 불가
④ 예약으로 사전판매가 가능한 경우
⑤ 수요가 매우 변동성이 높은 경우

(4) 수율관리시스템 운영
① 가격책정 구조가 고객이 논리적으로 느껴야하고 가격차 등이 정당화되어야 함
② 도착시간, 체류기간, 고객들간의 시간간격에 있어서 변동성에 대처할 수 있어야 함
③ 서비스과정을 관리할 수 있어야 함
④ 고객에 직접 영향을 주는 초과예약과 가격변동이 발생하는 작업환경에 대한 종업원훈련 실시
⑤ 수율관리의 핵심은 수요을 관리할 수 있는 능력

10 오건(D. Organ)이 범주화던 조직시민행동의 유형에서 불평, 불만, 험담 등을 하지 않고, 있지도 않은 문제를 과장해서 이야기 하지 않는 행동에 해당하는 것은?

① 시민덕목(civic virtue)   ② 이타주의(altruism)
③ 성실성(conscientiousness)   ④ 스포츠맨십(sportsmanship)
⑤ 예의(courtesy)

답 ④

해설

조직시민 행동

(1) 조직시민 행동의 동기
  ① 조직관심 동기 : 구성원은 자신이 속한 조직이 잘되기를 바라고 조직에 대한 자부심을 가지고 있는 경우
  ② 친사회적인 동기 : 인간은 기본적으로 남을 돕고 다른 사람과 좋은 관계를 맺고자 희망하기 때문
  ③ 인상관리 동기 : 조직내에서 자신의 좋은 면을 보여주어 후에 어떠한 보상을 얻고자 하는 동기를 의미한다.

(2) 조직시민행동의 유형
  ① 이타적 행동 : 이해타산이 아니라 순수한 의도로 조직 내 타인을 돕는 행동
    예 업무량이 많은 동료를 도와준다든가, 결근한 동료의 일을 처리해 주는 행동, 주로 조직내 타인을 대상으로 많이 일어나지만, 조직외부인 고객, 원재료, 공급자 등에게도 일어난다.
  ② 양심적 행동 : 조직에서 요구하는 규정 이상의 수준을 지키려는 행동을 의미함
    회사의 규정의 빈틈을 이용하여 개인의 편의나 이익을 챙기지 않으면서도 규정에서 요구하는 수준 이상을 준수하고자 하며, 사회적 룰이나 양심에 맞는 행동을 하는 경우를 말함
    예 갑작스럽게 병이 났거나 교통사고를 당한 와중에도 정상적으로 출근하려고 노력하는 모습 등
  ③ 예의 행동 : 직무수행과 관련하여 갈등이 발생할 수 있는 가능성을 미리 막으려고 노력하는 행동
    예 동료의 직무관련 권한을 침해하지 않는 다든지, 어떤 의사결정을 하기 전에 관련되는 다른 사람들과 상의하는 등이 이에 포함됨(향후 좋지 않은 일이 발생할 가능성을 미리 줄이는 행동)
  ④ 공익적 행동 : 조직생활에 관심을 갖고 적극적으로 참여하는 행동을 말한다.
    예 조직에서 주관하는 행사에 적극적으로 참석하는 것. 조직의 아이디어 회의에 적극적인 토론참여 등
  ⑤ 스포츠맨십 : 회사에 대하여 불평불만을 하지 않고, 개인적으로 감내할 수 있는 조직 내 문제점을 과장하지 않는 태도
    예 조직의 결정이 자신에게 불리한 점이 있음에도 불구하고 이를 수용하는 태도

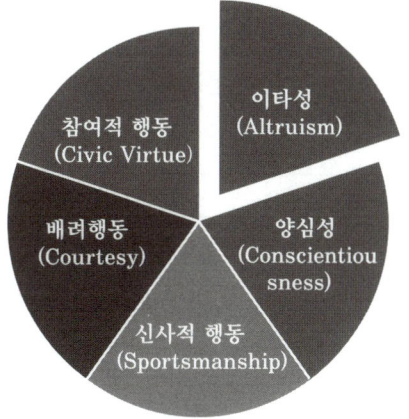

[그림] 시민행동의 유형

읽을거리

조직시민행동

조직시민행동은 직책의 요구를 초과하여 종업원이 추가적으로 행하는 긍정적인 행동을 의미한다. 예를 들어 부서에 대해 건설적으로 진술하거나 타인의 작업에 대해 개인적인 관심을 표현하면서 개선을 위해 제안하거나 신입사원의 훈련을 자처하고 경영규칙을 준수하면서 그 정신을 존중하는 것이 조직시민행동이라고 할 수 있다. 여기서 종업원들은 조직에 대해서 긍정적인 인식을 지니고 있으며 다른 동료와도 더욱 긍정적인 관계를 형성한다. 관리자는 이러한 행동을 보여 주는 종업원을 더욱 선호할 것이다.

11 직업 스트레스에 관한 설명으로 옳지 않은 것은?

① 비르(T. Beehr)와 프랜즈(T. Franz)는 직업 스트레스를 의학적 접근, 임상·상담적 접근, 공학심리학적 접근, 조직심리학접 접근 등 네 가지 다른 관점에서 설명할 수 있다고 제안하였다.

② 요구-통제 모델(Demands-Control Model)은 업무량 이외에도 다양한 요구가 존재한다는 점을 인식하고, 이러한 다양한 요구가 종업원의 안녕과 동기에 미치는 영향을 연구한다.

③ 자원보존 이론(Conservation of Resources Theory)은 종업원들은 시간에 걸쳐 자원을 축적하려는 동기를 가지고 있으며, 자원의 실제적 손실 또는 손실의 위협이 그들에게 스트레스를 경험하게 한다고 주장하였다.

④ 셀리에(H. Selye)의 일반적 적응증후군 모델은 경고(alarm), 저항(resistance), 소진(exhaustion)의 세 가지 단계로 구성된다.

⑤ 직업 스트레스 요인 중 역할 모호성(role ambiguity)은 종업원이 자신의 직무기능과 책임이 무엇인지 불명확하게 느끼는 정도를 말한다.

답 ②

해설

Karasek의 직무요구-통제모형

① 초기의 직무요구-자원 모형은 Karasek(1979)가 제안한 직무요구-통제 모형(Job Demand-Control Model)에 기반을 둔 분석의 틀에서 출발하였다.

② 직무요구-통제 모형은 업무과부하, 예기치 않은 업무, 인적 갈등을 포함한 심리적 스트레스 요인을 직무요구라고 정의하였다. 근무시간 동안 수행하는 업무에 대한 종업원 개인의 통제력을 직무통제라고 정의하였다.

③ 직무요구와 직무통제가 각각의 작용을 하는 것이 아니라 서로 상호작용을 하고 있으며, 직무요구가 직무스트레스에 영향을 주는 것에 직무통제가 신체적, 정신적 악영향에의 완충 역할을 한다고 제시하였다.

④ Karasek의 직무요구-통제 모형은 결과의 예측을 위해 직무요구와 직무재량권이 상호작용을 통해 결합하여 높은 통제와 낮은 요구의 결함은 낮은 긴장을 발생시키고, 낮은 통제와 높은 요구의 결합은 높은 긴장으로 이어진다는 것으로 그림과 같다.

⑤ 이론 모형들은 모두 Hackman & Oldman(1974)이 제안한 직무특성 모형(Job Characteristic Model)에 기초한 것으로서 직무설계와 성과 간의 관계에서 직무담당자의 내적 동기부여 및 만족 간의 관계를 규명하기 위한 것으로 특히, 직무특성 모형에서 Hackman et al.(1976)이 제시한 다섯 가지 핵심특성들(기술 다양성, 과업 정체성, 과업 중요성, 직무 자율성 및 과업 피드백)은 조직 구성원들이 수행하는 직무 자체와 관련된 변수로서 직무요구-자원 모형에서 직무 자원의 개념으로 새롭게 분류되고 있다.

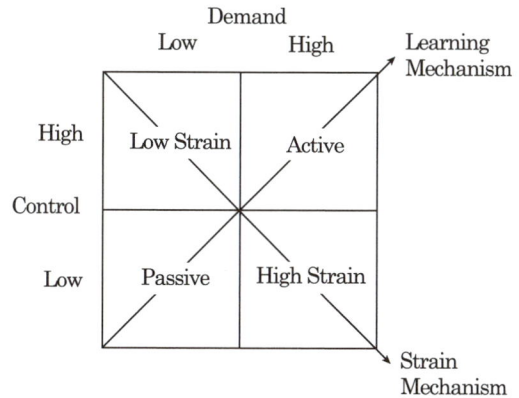

(출처 : Karasek Jr, R. A.(1979) "Job demands, job decision latitude, and mental strain: Implications for job redesign". Administrative science quarterly, 285-308.)

12 직무만족을 측정하는 대표적인 척도인 직무기술 지표(Job Descriptive Index : JDI)의 하위 요인이 아닌 것은?

① 업무
② 동료
③ 관리 감독
④ 승진 기회
⑤ 작업 조건

답 ⑤

해설

직무만족에 영향을 미치는 내·외적 요인 및 측정도구

(1) 내재적 요인
　① 먼저 내재적 요인에는 직무를 수행하는 그 사람 자체에 대한 개인적인 특성과 직무 자체에 대한 특성이 포함된다.
　② 개인적 특성에는 기분과 정서, 성격, 자기효능감, 개인역량 등이 있다.
　③ 직무 자체에 대한 특성에는 직무독립성, 직무에 대한 관심, 성공적인 직무수행, 기술의 적용, 직무에 대한 몰입 등이 있다.
(2) 외재적 요인
　① 직무만족의 외재적 요인 직무 그 자체보다는 직무를 둘러싼 환경적 요인에 관련된 것이다.
　② 보상, 고용안정, 안전한 근무여건, 감독 및 상사와의 관계, 동료관계, 승진 등이 있으며 이 6가지는 실무적으로 직무만족도 조사에서 많이 활용되는 조사결과에 따라 근로자들이 가장 중요하다고 생각하는 외재적 요인들을 바탕으로 한 것이다.
(3) 측정 도구
　① 직무 만족을 측정하는 도구는 주요 관심사가 정서적 측면인지 인지적 측면인지에 따라 달라진다. 대부분의 측정 방법은 자기 보고식 질문지에 의존한다.
　② 직무만족을 활용하는 연구자는 연구의 목적과 내용 그리고 연구대상에 따라 크게 전반적인 직무만족도를 측정할 필요가 있는지 아니면 요인 별 직무만족도를 측정할 필요가 있는지를 확인할 필요가 있다.
　③ 스미스등(Smith et al, 1969)의 직무기술지표(JDI)는 직무, 급여, 승진, 감독 및 동료 등의 다섯가지 요인으로 구분하여 72개 설문항목으로 측정하고 있는데, 직무(Work)에 대해서는 18항목으로 측정하고 있다.
　④ JDI의 경우 직무의 구체적인 내용에 대해서 측정하는 것이 아니라 직무에 대해 '반복적인(routine)', '환상적인(fascinating)' 등과 같은 형용사적인 표현에 대해 '예', '아니오', '잘 모르겠다' 는 3가지로 응답하도록 되어 있다.
　⑤ 직무자체에 대한 만족도, 즉 내재적 직무특성요인인 직무다양성, 자율성, 책임, 일자체와 관련해서는 Hackman & Oldham(1975)의 직무진단조사(JDS), Weiss et al.(1969)의 미네소타만족설문지(MSQ) 등이 있다.
　　(참고자료 출처 : 위키백과)

읽을거리

(1) 직무만족의 개요
직무 만족(職務 滿足, job satisfaction)은 개인이 직무와 관련된 평가의 결과로 얻을 수 있는 감정의 상태를 나타내는 용어이다.
(2) 연구
　① 직무 만족에 대한 연구는 호손효과연구로부터 시작되었다고 할 수 있다.
　② 호손효과연구는 본래 물리적 환경이 노동자들의 성과에 미치는 영향을 보고자 실시되었다. 그런데 물리적 환경요소보다 자신이 연구대상자라는 인식이 행동에 영향을 미치는 '호손효과(Hawthorne effect)'가 발견되었다.
　③ 사람들이 임금뿐만이 아닌 다른 목적들을 위해 일을 한다는 강력한 증거로 작용하며, 학자들이 직무 만족의 다른 변인들을 탐색하는 시발점이 되었다.
　④ 1930년대부터는 종종 노동자 대상의 익명 조사를 통한 직업 만족도 평가가 일어났다. 노동자들의 태도에 비로소 관심을 갖기 시작한 것이다.
　⑤ 1934년 Uhrbrock은 노동자들의 태도를 평가하기 위해 새롭게 개발된 태도 측정 기술을 사용하였다.

⑥ 1935년 Hoppock은 직업 그 자체, 직장 동료 및 상관과의 관계에 의해서 영향 받는 직무 만족 연구를 시행했다.
⑦ 1950년대 말에는 직무만족, 직무태도, 직무성과 등에 대한 연구를 토대로 Herzberg의 2-요인 이론(two-factor)이 제시되었다.
⑧ Herzberg는 만족과 불만족이 두개의 독립적인 개념임을 전제한 후, 직무만족과 불만족이 나타나게 되는 선행요인을 연구하였다. 그 후 직무만족에 영향을 미치는 요인들을 정리하여 동기요인(motivation)이라 이름하였고 직무 불만족에 영향을 미치는 요인들을 집합적으로 위생요인(hygiene factor)이라고 명명하였다.
⑨ Herzberg가 정의한 동기요인에는 급여, 감시와 감독, 회사의 정책과 행정, 감독자(상사)와의 인간관계, 하급자와의 인간관계, 동료와의 인간관계, 작업조건, 개인생활 요소들, 직위, 직장의 안정성 등이 있다.

13

해크만(J. Hackman)과 올드 햄(G. Oldham)의 직무특성 이론은 5개의 핵심 직무특성이 중요 심리상태라고 불리는 다음 단계와 직접적으로 연결된다고 주장하는데, '일의 의미감(meaning fulness)경험'이라는 심리상태와 관련있는 직무특성을 모두 고른 것은?

> ㄱ. 기술 다양성 ㄴ. 과제 피드백
> ㄷ. 과제 정체성 ㄹ. 자율성
> ㅁ. 과제 중요성

① ㄱ, ㄷ
② ㄱ, ㄷ, ㅁ
③ ㄴ, ㄹ, ㅁ
④ ㄷ, ㄹ, ㅁ
⑤ ㄴ, ㄷ, ㄹ, ㅁ

답 ②

해설

직무 특성 모델

(1) Hackman과 Oldham에 의해 만들어진 직무 특성 모델(Job characteristics model)은 직무 특성들이 어떻게 직업 성과를 가져오는지에 대해 연구하는데 널리 사용된다.
(2) 다섯 가지의 직무 특성과 세 가지 직무수행자의 심리적 상태들, 그리고 직무만족을 포함한 네 가지 성과변수들로 구성되어 있다.

다섯 가지 직무 특성에는
  ① 기능(술) 다양성(skill variety) : 많은 수의 다른 기술과 재능을 요구하는 정도
  ② 과업 정체성(task identity) : 전체적이고, 동일하다고 증명할 수 있는 한 작업 부분의 완성을 요하는 정도
  ③ 과업 중요성(task significance) : 직무가 다른 사람들에 대하여 가지고 있다고 믿는 영향의 정도
  ④ 자율성(autonomy) : 작업장, 작업중단, 과업할당과 같은 의사결정에서의 자유, 독립성, 재량이 주어지는 정도
  ⑤ 과업 피드백(task feedback) : 성과의 효율성에 대한 명료하고 직접적인 정보를 제공하는 정도가 그것이다.
(3) 다섯 가지 주요 직무 특성들은 합쳐져서 직무의 Motivating Potential Score(MPS)를 이루게 되는데 이것은 직무가 얼마나 한 직원의 태도와 행동에 영향을 끼치는가를 알게 해주는 지표로 사용된다. 이들을 상호 결합하여 설계하면, 세 개의 심리적 상태가 직무수행자들 사이에 일어난다.
(4) 직무에 대하여 느끼게 되는 의미성, 직무에 대한 책임감, 직무수행 결과에 대한 지식이 그것이다. 개인이 이러한 심리적 상태를 경험하게 되면 결과적으로 내재적인 작업동기와 직무만족은 높아지고 작업의 질이 상승하며 이직률과 결근율이 저하된다.(참고문헌 : 위키백과)

14 브룸(V. Vroom)의 기대 이론(expectancy theory)에서 일정 수준의 행동이나 수행이 결과적으로 어떤 성과를 가져올 것이라는 믿음을 나타내는 것은?

① 기대(expectancy)
② 방향(direction)
③ 도구성(instrumentality)
④ 강도(intensity)
⑤ 유인가(valence)

답 ①, ③

해설

기대 이론(expectancy theory : 期待理論)
① 브룸에 의하면 모티베이션(motivation)은 유의성(valence)·수단(도구성 : instrumentality)·기대(expectancy)의 3요소에 의해 영향을 받는다.
② 유의성은 특정 보상에 대해 갖는 선호의 강도이다.
③ 수단은 어떤 특정한 수준의 성과를 달성하면 바람직한 보상이 주어지리라고 믿는 정도를 말한다.(도구성)
④ 기대는 어떤 활동이 특정 결과를 가져오리라고 믿는 가능성을 말하는 것으로, 모티베이션의 강도 = 유의성 × 기대 × 수단으로 나타낼 수 있다.

참고

기업진단·지도 p.137(합격날개 : 합격예측)

합격키

① 2012년 6월 2일(문제 16번) 출제
② 2014년 4월 12일(문제 14번) 출제

15 라스뮈센(J. Rasmussen)의 수행수준 이론에 관한 설명으로 옳은 것은?

① 실수(slip)의 기본적인 분류는 3가지 주제에 대한 것으로 의도형성에 따른 오류, 잘못된 활성화에 의한 오류, 잘못된 촉발에 의한 오류이다.
② 인간의 행동을 숙련(skill)에 바탕을 둔 행동, 규칙(rule)에 바탕을 둔 행동, 지식(knowledge)에 바탕을 둔 행동으로 분류한다.
③ 오류의 종류로 인간공학적 설계오류, 제작오류, 검사오류, 설치 및 보수오류, 조작오류, 취급오류를 제시한다.
④ 오류를 분류하는 방법으로 오류를 일으키는 원인에 의한 분류, 오류의 발생 결과에 의한 분류, 오류가 발생하는 시스템 개발단계에 의한 분류가 있다.
⑤ 사람들의 오류를 분석하고 심리수준에서 구체적으로 설명할 수 있는 모델이며 욕구체계, 기억체계, 의도체계, 행위체계가 존재한다.

답 ②

해설

라스뮈센의 3가지 휴먼에러
① 지식기반착오(Konowledge based Mistake) : 무지로 발생하는 착오
② 규칙기반착오(Rule-base Mistake) : 규칙을 알지 못해 발생하는 착오
③ 숙련기반착오(Skill-base Mistake) : 숙련되지 못해 발생하는 착오

보충학습

인간오류의 5가지 모형

구분	특징
착각(Illusion)	감각적으로 물리현상을 왜곡하는 지각 오류
착오(Mistake)	상황해석을 잘못하거나 목표를 잘못 이해하고 착각하여 행하는 인간의 실수로 위치, 순서, 패턴, 형상, 기억오류 등 외부적 요인에 의해 나타나는 오류
실수(Slip)	의도는 올바른 것이었지만, 행동이 의도한 것과는 다르게 나타나는 오류
건망증(Lapse)	일련의 과정에서 일부를 빠뜨리거나 기억의 실패에 의해 발생하는 오류
위반(Violation)	정해진 규칙을 알고 있음에도 의도적으로 따르지 않거나 무시한 경우에 발생하는 오류

합격키

① 2017년 3월 25일(문제 16번) 출제
② 2020년 9월 25일(문제 15번) 출제

16 착시를 크기 착시와 방향 착시로 구분하는 경우, 동일한 물리적인 길이와 크기를 가지는 선이나 형태를 다르게 지각하는 크기 착시에 해당하지 않는 것은?

① 뮬러 - 라이어(Müller-Lyer) 착시
② 폰조(Ponzo) 착시
③ 에빙하우스(Ebbinghaus) 착시
④ 포겐도르프(Poggendorf) 착시
⑤ 델뵈프(Delboeuf) 착시

답 ④

해설

착시의 종류(현상)

구분	그림	현상
Müller-Lyer의 길이착시		(a)가 (b)보다 길게 보인다. 실제 (a) = (b)
Helmholtz의 분할착시		(a)는 세로로 길어 보이고, (b)는 가로로 길어 보인다.
Hering의 착시		가운데 두 직선이 곡선으로 보인다.
Köhler의 착시 (윤곽착오)		우선 평행의 호(弧)를 본 경우에 직선은 호의 반대반향으로 굽어 보인다.
Poggendorf의 기하학적 광학 착시		(a)와 (c)가 일직선상으로 보인다. 실제는 (a)와 (b)가 일직선이다.
Zöller의 방향 착시		세로의 선이 굽어 보인다.
Orbigon의 착시		안쪽 원이 찌그러져 보인다.
Sander의 착시		두 점선의 길이가 다르게 보인다.
Ponzo의 기하학적 광학 착시		두 수평선부의 길이가 다르게 보인다.

산업안전지도사 · 과년도기출문제

Tichener의 착시 Ebbinghaus의 착시		같은 크기의 원이지만 달라보인다.
델뵈우프 Delboeuf 착시		가운데 있는 두 개의 검은 원은 같은 크기이지만 오른쪽 원이 더 커보인다.

참고
기업진단·지도 p.151(2. 착시의 종류)

합격키
① 2014년 4월 12일(문제 11번) 출제
② 2022년 3월 19일 출제

17 집단(팀)에 관한 다음 설명에 해당하는 모델은?

> ○ 집단이 발전함에 따라 다양한 단계를 거친다는 가정을 한다.
> ○ 집단발달의 단계로 5단계(형성, 폭풍, 규범화, 성과, 해산)를 제시하였다.
> ○ 시간의 경과에 따라 팀은 여러 단계를 왔다 갔다 반복하면서 발달한다.

① 캠피온(Campion)의 모델
② 맥그래스(McGrath)의 모델
③ 그래드스테인(Gladstein)의 모델
④ 해크만(Hackman)의 모델
⑤ 터크만(Tuckman)의 모델

답 ⑤

해설

Tuckman's Model(팀발달모델)

(1) 제1단계 : 형성(Forming)-탐색기
  ① 팀이 처음 구성되는 시기로 모든것이 불확실한 상태
  ② 팀원은 서로를 탐색하는 중
  ③ 팀의 목표와 문제에 대해 상대적인 이해가 부족
  ④ 리더는 팀원들이 서로 이해하고, 신뢰할 수 있도록 팀을 단결시킨다. 그러기 위해선 팀의 기본 규칙을 세운다.

(2) 제2단계 : 격동(폭풍 : Storming)-준비기
  ① 팀이 꾸려지면서 같은 소속이라는 것을 인정하면서도 타협이 되지 않아서 내부적인 갈등이 높은 시기
  ② 과업, 제도와 관련하여 서로 이해가 엇갈리는 시기
  ③ 리더는 혼란스러운 이 단계에 각 개인 및 차이에 대한 포용력이 필요
  ④ 타협과, 양보로 규칙, 제도를 정해야 한다.

(3) 제3단계 : 표준화(규범화 : Norming)-형성기
  ① 집단의 목표, 규칙, 가치, 행동, 방법 등이 만들어진다.
  ② 서로 협력하며 자신들의 행동을 서로에게 맞추면서 좋은 관계를 가지는 시기
  ③ 문제해결과 그룹의 조화를 위한 의식적인 노력, 동기부여
  ④ 리더는 팀이 좀 더 자율적이 되도록 노력

(4) 제4단계 : 수행(성과 : Performing)-실행기
  ① 집단의 목표에 총력을 기울이는 시기
  ② 부적절한 갈등 또는 외부 감독이 필요없으며 작업을 부드럽고 효과적으로 마무리
  ③ 팀이 큰 갈등 없이 가장 잘 운영되는 시기
  ④ 팀원들은 서로를 잘 이해함으로써, 어떻게 자신들의 역량을 잘 조화시켜 팀의 목표를 함께 성취

(5) 제5단계 : 해산(Adjouring)
  ① 프로젝트가 완료되면 팀은 해체
  ② 공식적으로 해체하기도 하고, 서서히 소멸하기도 한다.

18. 산업재해이론 중 아담스(E. Adams)의 사고연쇄 이론에 관한 설명으로 옳은 것은?

① 관리구조의 결함, 전술적 오류, 관리기술 오류가 연속적으로 발생하게 되며 사고와 재해로 이어진다.
② 불안전상태와 불안전행동을 어떻게 조절하고 관리할 것인가에 관심을 가지고 위험해결을 위한 노력을 기울인다.
③ 긴장 수준이 지나치게 높은 작업자가 사고를 일으키기 쉽고 작업수행의 질도 떨어진다.
④ 작업자의 주의력이 저하하거나 약화될 때 작업의 질은 떨어지고 오류가 발생해서 사고나 재해가 유발되기 쉽다.
⑤ 사고나 재해는 사고를 낸 당사자나 사고발생 당시의 불안전행동, 그리고 불안전 행동을 유발하는 조건과 감독의 불안전 등이 동시에 나타날 때 발생한다.

답 ①, ②

해설

애드워드 아담스의 사고연쇄반응

(1) 사고연쇄반응 5단계

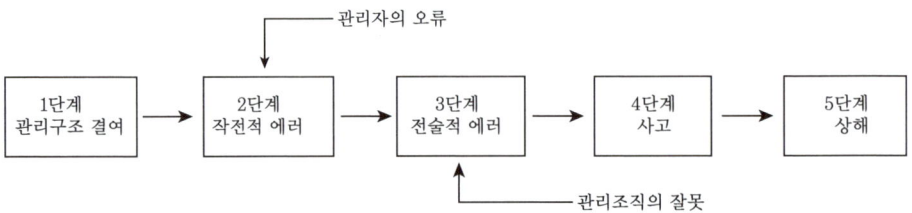

(2) 단계별 특징
 ① 관리구조 결여 : 회사의 조직 운영, 방침과 관련된 사항
 ② 작전적 에러 : 감독자 및 관리자의 관리적인 잘못에 기인
 ③ 전술적 에러 : 불안전한 행동 및 불안전한 상태
 ④ 사고 : 아차사고를 포함함(물적사고)
 ⑤ 상해 또는 손실 : 인적 부상과 물질적 손해 포함

합격키
① 2013년 4월 20일 산업안전일반 출제
② 2014년 4월 12일 산업안전일반 출제

19. 다음은 산업위생을 연구한 학자이다. 누구에 관한 설명인가?

> ○ 독일의사
> ○ "광물에 대하여(De Re Metallica)" 저술
> ○ 먼지에 의한 규폐증 기록

① Alice Hamilton ② Percival Pott
③ Thomas Percival ④ Georgius Agricola
⑤ Pliny the Elder

답 ④

해설

외국의 산업위생 역사
① Hippocrates : 납중독(최초 기록 직업병)
② pliny : 방광막 먼지 마스크 사용
③ Galen : 산증기의 유해성
④ Paracelsus : 모든 화학물질은 독물
⑤ Agricola : "광물에 대하여"(독일 의사)
⑥ Ramazzini : 산업보건의 시조
⑦ Baker : 사이다 공장에서 납 의한 복통
⑧ Pott : 굴뚝청소부의 직업성 음낭암
⑨ Hamiliton : 미국 최초 산업위생학자
⑩ Bismark : 공장재해보험법
⑪ Rudolf Virchow : 근대 병리학 시조
⑫ Loriga : 레이노드 현상

참고

기업진단·지도 p.175(1. 외국의 산업위생 역사)

20 화학물질 및 물리적 인자의 노출기준에 관한 설명으로 옳지 않은 것은?

① "최고노출기준(C)"이란 근로자가 1일 작업시간동안 잠시라도 노출되어서는 아니 되는 기준이다.

② 노출기준을 이용할 경우에는 근로시간, 작업의 강도, 온열조건, 이상기압도 고려하여야 한다.

③ "Skin"표시물질은 피부자극성을 뜻하는 것은 아니며, 점막과 눈 그리고 경피로 흡수되어 전신 영향을 일으킬 수 있는 물질이다.

④ 발암성 정보물질의 표기는 화학물질의 분류·표시 및 물질안전보건자료에 관한 기준에 따라 1A, 1B, 2로 표기한다.

⑤ "단시간노출기준(STEL)"이란 15분간의 시간가중평균노출값으로서 노출농도가 시간가중평균노출기준(TWA)을 초과하고 단시간노출기준(STEL)이하인 경우에는 1회 노출 지속시간이 15분 미만이어야 하고, 이러한 상태가 1일 3회 이하로 발생하여야 하며, 각 노출의 간격은 45분 이상이어야 한다.

답 ⑤

해설

화학물질 및 물리적 인자의 노출기준

① "시간가중평균값(TWA, Time-Weighted Average)"이란 1일 8시간 작업을 기준으로 한 평균노출농도로서 산출공식은 다음과 같다.

$$TWA 환산값 = \frac{C_1 \cdot T_1 + C_1 \cdot T_1 + \cdots + C_n \cdot T_n}{8}$$

주) C : 유해인자의 측정농도(단위 : ppm, mg/m³ 또는 개/cm³)
T : 유해인자의 발생시간(단위 : 시간)

② "단시간 노출값(STEL, Short-Term Exposure Limit)"이란 15분 간의 시간가중평균값으로서 노출 농도가 시간가중평균값을 초과하고 단시간 노출값 이하인 경우에는 ① 1회 노출 지속시간이 15분 미만이어야 하고, ② 이러한 상태가 1일 4회 이하로 발생해야 하며, ③ 각 회의 간격은 60분 이상이어야 한다.

③ "등"이란 해당 화학물질에 이성질체 등 동일 속성을 가지는 2개 이상의 화합물이 존재할 수 있는 경우를 말한다.

④ C(최고노출기준) : 근로자가 작업시간 중 잠시라도 노출되어서는 안되는 기준(농도)

⑤ Skin 또는 피부 : 피부로 흡수되어 전체 노출량에 기여

참고

기업진단·지도 p.188(1. 허용농도의 정의)

정답근거

산업안전보건법 시행규칙 [별표 19] 비고

합격키

① 2012년 6월 23일(문제 23번) 출제
② 2014년 4월 12일(문제 20번) 출제
③ 2022년 3월 19일(문제 23번) 출제

2023년도 4월 1일 필기문제

21 근로자건강진단 실무지침에서 화학물질에 대한 생물학적 노출지표의 노출기준 값으로 옳지 않은 것은?

① 노말-헥산 : [소변 중 2.5-헥산디온, 5[mg/L]]

② 메틸클로로포름 : [소변 중 삼염화초산, 10[mg/L]]

③ 크실렌 : [소변 중 메틸마뇨산, 1.5[g/g creal]]

④ 톨루엔 : [소변 중 o-크레졸, 1[mg/g creal]]

⑤ 인듐 : [혈청 중 인듐, 1.2[μg/L]]

답 ④

해설

BEI(생물학적 노출지표)
(1) 생물학적 노출지표 시기
　① 수시(discretionary) : 하루 중 아무 때(At anytime)나 시료를 채취
　② 주말(end of the workweek) : 목요일이나 금요일 또는 4-5일간의 연속작업의 작업 종료 2시간 전 부터 직후(After four or five consecutive working days with exposure)까지 채취
　③ 당일(end of shift) : 당일 작업 종료 2시간 전부터 직후(As soon as possible after exposure ceases)까지 채취
　④ 작업 전(prior to shift) : 작업을 시작하기 전(16 hours after exposure ceases)에 채취
(2) 생물학적 노출지표 항목
　① 1차 지표물질은 건강진단의 1차 항목에 포함되어 있어 반드시 실시하여야 하는 노출지표물질
　② 2차 지표물질은 2차 항목 검사 시 필요하다고 인정되는 경우에 실시할 수 있는 노출지표물질

[표] 생물학적 노출지표의 지표물질명 및 노출기준값

차수	종류	유해물질명	검체	시기	지표물질명	노출기준
1차	유기화합물	크실렌	소변	당일	메틸마뇨산	1.5[g/g creal]
1차	유기화합물	톨루엔	소변	당일	마뇨산	2.5[g/g creal]
1차	유기화합물		소변	당일	o-크레졸	0.8[mg/g creal]

합격정보

고용노동부고시 2020. 1. 15(제2020-60호)

읽을거리

KOSHA GUIDE H-216-2022
생물학적 노출지표(BEI) 검사 안내 및 검체수거 확인서

1. 생물학적 노출지표(BEI)란?
　혈액, 소변, 호기가스 등 생체시료로부터 유해물질 그 자체, 또는 유해물질의 대사산물 또는 생화학적 변화산물 등 생물학적 노출물질을 분석하는 검사를 말한다.

2. 시료채취 시기의 준수
　검사항목에 따라 제시된 채취시기를 준수하지 않으면 작업 중 유해인자 노출 정도를 정확히 반영하지 못함으로 각별한 주의를 해야 한다.

3. 시료채취 방법

① 소변 채취용기에 성명을 기입한다.	② 종이컵에 중간소변을 2/3 정도 받는다.	③ 종이컵 소변을 소변채취용기에 10[ml] 정도 받고 뚜껑을 꽉 닫는다.
	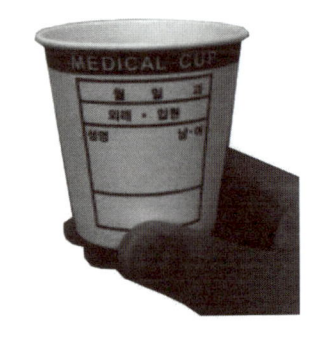	

★ 소변채취 시 원활한 소변 채취를 위해 시료채취 2시간 전에 배뇨를 하지 않는다.
★ 소변채취 시에는 오염되는 것을 방지하기 위해 주의를 하고, 손을 깨끗이 닦은 후 채취를 한다.

4. 시료보관방법
   ① 시료는 일반적으로 4[℃] 이하 냉장 보관하고, 분석 시간이 5일 이상일 경우에는 -20[℃] 이하 냉동보관 한다.
   ② 채취한 시료는 직사광선이나 열에 장시간 노출되지 않도록 주의한다.

※ 시료 채취 시기
   ① 당일(당일 작업 종료 2시간 전부터 직후까지) : N, N-디메틸아세트아마이드, 디메틸포름아미드, 1,2-디클로로프로판, 크실렌, 톨루엔, n-헥산 등
   ② 주말(4-5일간의 연속작업의 작업 종료 시간 2시간 전부터 직후까지) : 메틸클로로포름, 트리클로로에틸렌, 퍼클로로에틸렌 등
   ③ 작업전(작업을 시작하기 전) : 수은

합격정보

산업안전보건법 시행규칙 [별표 24] 특수건강진단·배치전건강진단·수시건강진단의 검사항목(제206조 관련)

22. 후드 개구부 면에서 제어속도(capture velocity)를 측정해야 하는 후드 형태에 해당하는 것은?

① 외부식 후드
② 포위식 후드
③ 리시버(receiver)식 후드
④ 슬롯(slot) 후드
⑤ 캐노피(canopy) 후드

답 ②

해설

분진작업장소에 설치하는 국소배기장치의 제어풍속(안전보건규칙 제609조 관련)

① 안전보건규칙 제607조 및 제617조제1항 단서에 따라 설치하는 국소배기장치(연삭기, 드럼 샌더(drum sander) 등의 회전체를 가지는 기계에 관련되어 분진작업을 하는 장소에 설치하는 것은 제외한다)의 제어풍속

분진작업 장소	제어풍속(미터/초)			
	포위식 후드의 경우	측방 흡인형	하방 흡인형	상방 흡인형
암석등 탄소원료 또는 알루미늄박을 체로 거르는 장소	0.7	-	-	-
주물모래를 재생하는 장소	0.7	-	-	-
주형을 부수고 모래를 터는 장소	0.7	1.3	1.3	-
그 밖의 분진작업장소	0.7	1.0	1.0	1.2

비고
1. 제어풍속이란 국소배기장치의 모든 후드를 개방한 경우의 제어풍속으로서 다음 각 목의 위치에서 측정한다.
   가. 포위식 후드에서는 후드 개구면
   나. 외부식 후드에서는 해당 후드에 의하여 분진을 빨아들이려는 범위에서 그 후드 개구면으로부터 가장 먼 거리의 작업위치

② 안전보건규칙 제607조 및 제617조제1항 단서의 규정에 따라 설치하는 국소배기장치 중 연삭기, 드럼 샌더 등의 회전체를 가지는 기계에 관련되어 분진작업을 하는 장소에 설치된 국소배기장치의 후드의 설치방법에 따른 제어풍속

후드의 설치방법	제어풍속(미터/초)
회전체를 가지는 기계 전체를 포위하는 방법	0.5
회전체의 회전으로 발생하는 분진의 흩날림방향을 후드의 개구면으로 덮는 방법	5.0
회전체만을 포위하는 방법	5.0

비고
제어풍속이란 국소배기장치의 모든 후드를 개방한 경우의 제어풍속으로서, 회전체를 정지한 상태에서 후드의 개구면에서의 최소풍속을 말한다.

산업안전지도사 · 과년도기출문제

참고
① 2014년 4월 12일(문제 25번) 출제
② 2019년 3월 30일(문제 19번) 출제
③ 2022년 3월 19일(문제 21번) 출제

정답근거
산업안전보건기준에 관한 규칙 [별표 17]

23 카드뮴 및 그 화합물에 대한 특수건강진단 시 제1차 검사항목에 해당하는 것은?(단, 근로자는 해당 작업에 처음 배치되는 것은 아니다.)

① 소변 중 카드뮴
② 베타 2 마이크로글로불린
③ 혈중 카드뮴
④ 객담세포검사
⑤ 단백뇨정량

답 ③

해설

특수건강진단 · 배치전건강진단 · 수시건강진단의 검사항목(제206조 관련)

[표] 금속류(20종)

유해인자	제1차 검사항목	제2차 검사항목

카드뮴 [7440-43-9] 및 그 화합물 (Cadmium and its compounds)	(1) 직업력 및 노출력 조사
	(2) 주요 표적기관과 관련된 병력조사
	(3) 임상검사 및 진찰
	  ① 비뇨기계 : 요검사 10종, 혈압 측정, 전립선 증상 문진
	  ② 호흡기계 : 청진, 흉부방사선(후전면), 폐활량검사
	(4) 생물학적 노출지표 검사: 혈중 카드뮴
		(1) 임상검사 및 진찰
		  ① 비뇨기계 : 단백뇨정량, 혈청 크레아티닌, 요소질소, 전립선특이항원(남), 베타 2 마이크로글로불린
		  ② 호흡기계 : 흉부방사선(측면), 흉부 전산화 단층촬영, 객담세포검사
		(2) 생물학적 노출지표 검사 : 소변 중 카드뮴

보충학습

산업안전보건법 시행규칙 [별표 24]〈개정 2022. 8.18〉

24. 근로자 건강진단 실시기준에서 유해요인과 인체에 미치는 영향으로 옳지 않은 것은?

① 니켈 - 폐암, 비강암, 눈의 자극 증상

② 오산화바나듐 - 천식, 폐부종, 피부습진

③ 베릴륨 - 기침, 호흡곤란, 폐의 육아종 형성

④ 카드뮴 - 만성 폐쇄성 호흡기 질환 및 폐기종

⑤ 망간 - 접촉성 피부염, 비중격 점막의 괴사

답 ⑤

해설
유해요인과 인체에 미치는 영향

유해요인			인체에 미치는 영향	예 방
1. 화학적 인자	유기 화합물		- 눈, 피부, 호흡기 점막의 자극 증상 - 농도에 따라 다양한 정도의 마취되기전 증상이 나타난다. 즉, 어지러움증, 두통, 도취감(흥분), 피로, 졸음, 구역, 지남력 상실, 가슴통증에 이어 흡수농도가 증가 되면 점차적으로 의식을 잃을 수 있다. - 만성 피로 시에는 감각 혹은 운동기능 이상, 기억력저하, 피로, 신경질, 불안 등의 신경계통의 장해를 유발하기도 한다.	- 유기용제가 들어있는 통은 필요할 때 이외에는 반드시 마개 혹은 뚜껑으로 막아 놓는다. - 작업장에서는 흡연이나 음식물의 섭취를 금하고 작업이 끝난 후에는 작업복으로 갈아입고 세면을 한다. - 인체에 유기용제 증기가 흡입되지 않도록 유의하며, 유기용제용 방독마스크, 보호장갑 및 작업복 등 개인보호구를 반드시 착용한다.
	금 속 류	수은	- 식욕부진, 두통, 전신권태, 경미한 몸 떨림, 불안, 호흡곤란, 화학성 폐렴, 입술부위의 창백, 메스꺼움, 설사, 정신장애 증세를 보이고 피부의 알레르기화, 기억상실, 우울증세를 나타낼 수 있다. 그리고 피부흡수를 통해 전신독성을 나타낼 수 있다.	- 용기는 반드시 밀폐해 둔다. - 송기마스크 또는 방독마스크, 보호의, 불침투성 보호앞치마, 보호장갑, 보호장화를 착용하고 작업한다.
		연·4 알킬연	- 연이 체내에 흡수되면 초기에는 피로를 느끼고, 잠이 잘 안 오며 팔 다리의 통 증, 식욕감퇴 등의 증세가 나타날 수 있으며 계속하여 체내에 흡수되는 납이 증가하면 갑자기 배가 아프거나 관절에 통증이 느껴질 수 있으며, 어지럽고 손발에 힘이 약해지는 증세가 올 수 있음. - 4알킬연은 무기연화합물보다 독성이 강하며, 호흡기로 흡수되어 주로 중추신경계통에 작용하고 간과 골수, 신장, 뇌 등에 장해를 준다. - 급성증상 : 무기연과는 달리 중추신경계의 증상이 강하게 나타나는데 노출 수 일 후엔 불안, 흥분, 근육연축, 망상, 환상이 일어나고 혈압저하, 체질저하, 맥박수가 감소한다.	- 음식물을 골고루 섭취하고 흡연, 과음을 삼가며 적당한 운동으로 체력을 유지함. - 개인위생(식사전 세수, 방독마스크 착용, 작업복 세탁 등)을 철저히 지키고 근본적으로 납이 체내에 들어오는 것을 예방하는 것이 바람직함. - 화기접근을 금한다. - 누설의 유무를 매일 1회이상 점검한다. - 작업은 교대로 실시(1일 노출시간을 가급적 단축)한다. - 송기마스크 또는 유기가스용 방독면, 보호장갑, 보호장화, 보호의 등을 착용하고 작업한다.
		카드뮴	- 만성적으로 노출되면 신장장해, 만성 폐쇄성 호흡기 질환 및 폐기종을 일으키며 골격계장해와 심혈관계 장해도 일으키는 것으로 알려져 있다. - 기침, 가래, 콧물, 후각이상, 식욕부진, 구토, 설사, 체중감소 등이 나타나고 앞니나 송곳니, 치은부에 연한 황색의 환상 색소침착을 볼 수 있다..	- 작업장의 공기중 카드뮴 농도를 낮게 유지하고 작업장을 청결하게 한다. - 작업장 내에서 식사나 흡연은 절대 금물이며 작업복은 자주 갈아입는다. - 적절한 보호구(방진마스크, 보호장갑 등)를 착용하고 작업한다.

유해요인			인체에 미치는 영향	예 방
1. 화학적 인자	금속류	망간	- 수면방해, 행동이상, 신경증상, 발음부정확 등	- 보호구 착용을 철저히 한다. - 환기를 철저히 한다. - 작업수칙을 철저히 지킨다. - 호흡기 질환, 신경질환, 간염, 신장염이 있는 근로자는 해당 업무에 종사하지 않도록 한다.
		오산화 바나듐	- 눈물이 나옴, 비염, 인두염, 기관지염, 천식, 흉통, 폐염, 폐부종, 피부습진 등	
		니켈	- 폐암, 비강암, 눈의 자극증상, 발한, 메스꺼움, 어지러움, 경련, 정신착란 등	
	산 및 알카리류		- 심한 호흡기 자극으로 일시적으로 숨이 막히고 기침이 난다. - 피부를 바늘로 찌르는 듯한 통증이 생긴다. - 화상을 입을 수 있다. - 장기 노출 시에는 치아부식증 및 기관지 등에 만성적인 염증이 생길 수 있다.	- 마스크를 착용한다. - 방수된 보호의, 고무장갑, 보호면을 착용하여 피부접촉을 방지한다. - 보호용 안경을 착용한다.
	가스상 물질류		- 대부분 가스상으로 호흡기를 통하여 인체에 들어와 건강장해를 일으키며 이외에도 피부나 경구적으로도 침입될 수 있는 물질이 많고 일반적으로 신경 장해(마취작용), 피부염 등이 일어날 수 있다. - 짧은 기간 동안 많은 양에 노출되면 눈, 코, 목, 피부 및 점막 등을 자극한다.	- 화기에 주의한다. - 작업환경에서 발생한 가스,흄, 분진 등은 유해가스용 방독마스크, 보호의, 장갑 등을 착용하고 필요 시, 세수, 샤워 등 개인위생을 잘 지킨다. - 유해물 등이 저장장소에서 유출되지 않도록 철저히 보관, 관리한다.
	영제88조에 의한 허가대상물질	석면	- 만성장해로서는 석면폐 등을 일으킬 수 있고 기침, 담 등 기관지염 증상을 수반하고 호흡곤란, 심계항진 등을 호소하며, 폐암 및 중피종이 발생할 수 있으므로 발암물질로 규정하고 있다.	- 방진마스크, 보안경을 착용한다. - 작업 후 목욕을 실시한다. - 작업복은 작업 시에만 착용하고 작업 후에는 반드시 갈아 입는다. - 석면취급 근로자는 반드시 금연하여야 한다.
		베릴륨	- 기관지염, 폐염, 접촉성 피부염, 기침, 호흡곤란, 폐의 육아종 형성	- 보호구 착용을 철저히 한다. - 환기를 철저히 한다. - 작업수칙을 철저히 지킨다. - 호흡기 질환, 신경질환, 간염, 신장염이 있는 근로자는 해당 업무에 종사하지 않도록 한다.
		비소	- 접촉성 피부염, 비중격 점막의 괴사, 다발성신경염 등	
2. 분진			- 광물성분진 : 진폐증의 자 · 타각증상이나 소견은 호흡기계에서 비롯된 호흡 곤란, 기침, 담액과다, 흉통, 혈담, 피로 등의 증상이 나타난다. - 면분진 : 특징적인 자각증상인 월요증상(Monday disease)은 흉부압박감, 가슴통증, 호흡곤란, 기침 등인데 특히 월요일에 심하며 주말에 이를수록 점차 경미하여 진다(월요일에는 면분진에 노출되지 않는 것을 전제로 한다).	- 발진 공정의 습식화 및 분진억제 대책을 수립, 시행한다. - 발진원 포위 격리 및 밀폐 등을 실시한다. - 방진마스크를 반드시 착용하고 작업한다.

유해요인		인체에 미치는 영향	예 방
3. 물리적 인자	소음	- 불쾌감, 정신피로를 발생시켜서 재해를 증가시킬 수 있고 작업능률을 저하, 청력장해를 초래할 수 있다. - 청력장해는 일시적인 난청인 경우와 영구적으로 오는 난청 2가지의 경우가 있다. 영구적인 난청(직업성난청)은 높은 소음에 장기간 노출될 때 회복되지 않는 내이성 난청의 일종이며, 나중에는 말소리까지도 침범 당하여 잘 듣지 못한다.	- 소음발생이 큰 기계, 기구를 교체하거나 격리시킨다. - 발생원에 대한 방음흡음시설 설치(칸막이 등) 등을 한다. - 작업 시에는 귀마개, 귀덮개 등 차음보호구 착용을 생활화 한다.
	진동	- 국소진동이 직접 수지부에 가하여져 수지부 혈관 및 관절에 기계적 공진현상을 일으켜 말초장해를 유발하며 중추, 말초, 골관절 장해를 일으킨다. 즉 손가락의 창백현상, 손가락의 감각이상, 투통, 감작 등의 증상을 일으킨다.	- 진동흡수 장갑을 착용하고 작업한다. - 공구의 보수관리를 철저히 한다. - 작업시간을 단축한다.
	자외선	- 피부의 흥반현상, 색소침착, 각막의 부종과 괴사, 피부암 등을 일으킬 수 있다. - 용접 시에 발생되는 자외선은 각막결막염과 노출된 피부에 장해를 일으키며, 불활성가스 또는 금속 아크용접 등은 강력한 자외선을 발생하며 눈 및 피부에 화상을 입히는 일이 많다.	- 유해광선 장해를 예방하는 근본원칙은 방사선 발생원의 격리, 산란선 누선방지 등 방사선의 피폭방지에 있어 필름밧지(film badge) 또는 포켓선량계로 피폭량을 측정한다. - 피부보호의, 보호안경, 보호장갑, 안전모(방열용) 등 개인보호구를 착용한다.
	이상기압	- 압에서는 가스가 혈액 속에 용해되어 있다가 급격한 감압으로, 특히 질소가 혈관과 조직 내에 기포를 형성하고 혈관이 약한 부위에 따라 피부의 가려움 및 근육통, 관절통, 호흡곤란, 시력장해, 반신불수 등을 일으킨다.	- 수심에 따른 체재시간의 한도와 적절한 감압법을 엄수하여야 한다. - 고기압 환경에 부적합한 고령자, 결핵천식 등의 만성호흡기 질환자, 심맥관계 이상 자. 만성부비강염, 중이염, 골관절 이상 자 등은 그 작업을 하지 않도록 하여야 한다.
4. 야간작업		- 야간작업은 뇌심혈관질환의 위험을 증가시키며, 생체리듬의 불균형으로 인해 수면장애가 발생할 수 있고, 소화성궤양과 같은 위장관질환을 유발할 수 있다. 또한 유방암과의 관련으로 인해 국제암연구소(IARC)에서 2A 등급으로 지정되어 있다.	- 뇌심혈관질환과 관련된 위험요인을 관리하기 위한 생활습관요법을 실천한다. - 교대근무 일정을 바람직한 형태로 설계하며, 필요시 야간작업 중에 수면시간을 제공한다. - 심혈관질환, 중추신경장해, 조혈기계질환, 생식기계 기능이상 등이 있는 경우 야간작업 배치 전 업무 적합성 평가를 실시한다.

정답근거

근로자 건강 진단 실시기준(별지 제5호 서식 뒷쪽)

2023년도 4월 1일 필기문제

25 작업환경측정 대상 유해인자에는 해당하지만 특수건강진단 대상 유해인자가 아닌 것은?

① 디에틸아민 ② 디에틸에테르
③ 무수프탈산 ④ 브롬화메틸
⑤ 피리딘

답 ①

해설

1. 작업환경 측정 대상 유해인자
(1) 화학적 인자
　① 유기화합물(114종)　　② 금속류(24종)
　③ 산 및 알카리류(17종)　④ 가스상태 물질류(15종)
　⑤ 영 제88조에 따른 허가 대상 유해물질(12종)　⑥ 금속가공유[Metal working fluids(MWFs) 1종]
(2) 물리적 인자(2종)
　① 8시간 시간가중평균 80[dB] 이상의 소음　② 안전보건규칙 제558조에 따른 고열
(3) 분진(7종)
　① 광물성 분진(Mineral dust)
　　㉮ 규산(Silica)
　　　㉠ 석영(Quartz ; 14808-60-7 등)
　　　㉡ 크리스토발라이트(Cristobalite ; 14464-46-1)
　　　㉢ 트리디마이트(Trydimite ; 15468-32-3)
　　㉯ 규산염(Silicates, less than 1[%] crystalline silica)
　　　㉠ 소우프스톤(Soapstone ; 14807-96-6)
　　　㉡ 운모(Mica ; 12001-26-2)
　　　㉢ 포틀랜드 시멘트(Portland cement ; 65997-15-1)
　　　㉣ 활석(석면 불포함)[Talc(Containing no asbestos fibers) ; 14807-96-6]
　　　㉤ 흑연(Graphite ; 7782-42-5)
　　㉰ 그 밖의 광물성 분진(Mineral dusts)
　② 곡물 분진(Grain dusts)　　③ 면 분진(Cotton dusts)
　④ 목재 분진(Wood dusts)　　⑤ 석면 분진(Asbestos dusts ; 1332-21-4 등)
　⑥ 용접 흄(Welding fume)　　⑦ 유리섬유(Glass fibers)
(4) 그 밖에 고용노동부장관이 정하여 고시하는 인체에 해로운 유해인자
　※ 비고 : "등"이란 해당 화학물질에 이성질체 등 동일 속성을 가지는 2개 이상의 화합물이 존재할 수 있는 경우를 말한다.

정답근거
산업안전보건법 시행규칙 [별표 21]

2. 특수건강진단 대상 유해인자(제201조 관련)
(1) 화학적 인자
　① 유기화합물(109종) : 디메틸포름아미드(Dimethylformamide ; 68-12-2)
　② 금속류(20종)
　③ 산 및 알카리류(8종)
　④ 가스상태 물질류(14종)
　⑤ 금속가공유(Metal working fluids); 미네랄 오일 미스트(광물성 오일, Oil mist, mineral)

(2) 분진(7종)
　① 곡물 분진(Grain dusts)　　　　　② 광물성 분진(Mineral dusts)
　③ 면 분진(Cotton dusts)　　　　　 ④ 목재 분진(Wood dusts)
　⑤ 용접 흄(Welding fume)　　　　　⑥ 유리 섬유(Glass fiber dusts)
　⑦ 석면 분진(Asbestos dusts ; 1332-21-4 등)

(3) 물리적 인자(8종)
　① 안전보건규칙 제512조제1호부터 제3호까지의 규정의 소음작업, 강렬한 소음작업 및 충격소음작업에서 발생하는 소음
　② 안전보건규칙 제512조제4호의 진동작업에서 발생하는 진동
　③ 안전보건규칙 제573조제1호의 방사선
　④ 고기압
　⑤ 저기압
　⑥ 유해광선
　　㉮ 자외선　　㉯ 적외선　　㉰ 마이크로파 및 라디오파

(4) 야간작업(2종)
　① 6개월간 밤 12시부터 오전 5시까지의 시간을 포함하여 계속되는 8시간 작업을 월 평균 4회 이상 수행하는 경우
　② 6개월간 오후 10시부터 다음날 오전 6시 사이의 시간 중 작업을 월 평균 60시간 이상 수행하는 경우
　※ 비고 : "등"이란 해당 화학물질에 이성질체 등 동일 속성을 가지는 2개 이상의 화합물이 존재할 수 있는 경우를 말한다.

[정답근거]
산업안전보건법 시행규칙 [별표 22]

[보충학습]

```
┌─────────────────────────────────────┐
│              디에틸 아민              │
│           CAS NO. 109-89-7          │
│                                     │
```

```
│     신호어          유해·위험 문구     │
│     위험          고인화성 액체 및 증기 │
│                   삼키면 유해함        │
│                   피부와 접촉하면 유독함│
│                   피부에 심한 화상과 눈 손상을 일으킴│
│                                     │
│   예방조치 문구                       │
│   예방                               │
│   열·스파크·화염·고열로부터 멀리하시오-금연│
│   용기를 단단히 밀폐하시오.            │
│   스파크가 발생하지 않는 도구만을 사용하시오.│
│   정전기 방지 조치를 취하시오.          │
│   이 제품을 사용할 때에는 먹거나, 마시거나 흡연하지 마시오.│
│                                     │
│   대응                               │
│   삼켜서 불편함을 느끼면 의료기관(의사)의 진찰을 받으시오.│
│   삼켰다면 입을 씻어내시오. 토하게 하려 하지 마시오.│
│   흡입하면 신선한 공기가 있는 곳으로 옮기고 호흡하기 쉬운 자세로 안정을 취하시오.│
│   눈에 묻으면 몇 분간 물로 조심해서 씻으시오.│
│   가능하면 콘텍트렌즈를 제거하시오. 계속 씻으시오.│
│                                     │
│   저장                               │
│   용기는 환기가 잘 되는 곳에 단단히 밀폐하여 저장하시오.│
│   환기가 잘 되는 곳에 보관하고 저온으로 유지하시오.│
│   잠금장치가 있는 저장장소에 저장하시오.│
│                                     │
│   폐기                               │
│   (관련법규에 명시된 내용에 따라) 내용물 용기를 폐기하시오.│
│                                     │
│   공급자 정보 :                       │
└─────────────────────────────────────┘
```

산업안전지도사 자격시험
제1차 시험문제지

2024년도 3월 30일 필기문제

제3과목 기업진단·지도	총 시험시간 : 90분 (과목당 30분)	문제형별 A

수험번호	20240330	성 명	도서출판 세화

【수험자 유의사항】

1. 시험문제지는 단일 형별(A형)이며, 답안카드 형별 기재란에 표시된 형별(A형)을 확인하시기 바랍니다. 시험문제지의 **총면수, 문제번호 일련순서, 인쇄상태** 등을 확인하시고, 문제지 표지에 수험번호와 성명을 기재하시기 바랍니다.
2. 답은 각 문제마다 요구하는 **가장 적합하거나 가까운 답 1개**만 선택하고, 답안카드 작성 시 시험문제지 **형별누락, 마킹착오**로 인한 불이익은 전적으로 **수험자에게 책임**이 있음을 알려 드립니다.
3. 답안카드는 국가전문자격 공통 표준형으로 문제번호가 1번부터 125번까지 인쇄되어 있습니다. 답안 마킹 시에는 반드시 **시험문제지의 문제번호와 동일한 번호**에 마킹하여야 합니다.
4. **감독위원의 지시에 불응하거나 시험 시간 종료 후 답안카드를 제출하지 않을 경우** 불이익이 발생할 수 있음을 알려 드립니다.
5. 시험문제지는 시험 종료 후 가져가시기 바랍니다.

【안 내 사 항】

1. 수험자는 **QR코드를 통해 가답안을 확인**하시기 바랍니다.
   (※ 사전 설문조사 필수)
2. 시험 합격자에게 '**합격축하 SMS(알림톡) 알림 서비스**'를 제공하고 있습니다.

▲ 가답안 확인

- 수험자 여러분의 합격을 기원합니다 -

3. 기업진단 · 지도

01 테일러(F. Taylor)의 과학적 관리법 (scientific management)에 관한 설명으로 옳은 것을 모두 고른 것은?

> ㄱ. 고임금 고노무비　　ㄴ. 개방체계
> ㄷ. 차별성과급 제도　　ㄹ. 시간연구
> ㅁ. 작업장의 사회적 조건　ㅂ. 과업의 표준

① ㄱ
② ㄴ, ㅁ
③ ㄱ, ㄷ, ㅂ
④ ㄴ, ㄹ, ㅁ
⑤ ㄷ, ㄹ, ㅂ

답 ⑤

해설

테일러의 과학적 관리법
(1) 프레드릭 윈슬로우 테일러(Frederick Winslow Taylor)의 1911년 책 "과학적 관리법"
　① 테일러의 핵심 아이디어 중 하나는 과학적인 직원 설발과 교육이 중요
　② 관리자가 각 직원의 능력과 적성에 따라 과학적으로 선발하고 교육해야 한다고 제안
　③ 직원들이 업무에 적합하고 최고의 성과를 낼 수 있도록 보장
(2) 시간 및 동작 연구
　① 테일러는 업무 프로세스를 분석하고 최적화하기 위해 시간 및 동작 연구라는 개념을 도입
　② 작업을 가장 작은 구성 요소로 나누고 각 단계를 수행하는 가장 효율적인 방법을 경정할 것을 주장
　③ 접근 방식은 불필요한 움직임을 없애고 낭비를 중려 궁극적으로 생산성을 높이는 것을 목표
(3) 공정한 보상
　① 테일러는 공정한 보상은 근로자의 생산량과 고용주의 이익 모두를 기준으로 이루어져야 한다고 주장
　② 근로자가 더 높은 생산성을 위해 더 높은 임금을 받아 노사 간에 공정하고 상호 이익이 되는 관계를 만들어야 한다.

보충학습

테일러의 이론
(1) 개요
　① 테일러는 근로자 생산성 향상이 관리자와 국가의 핵심 관심사라는 점부터 언급한다.
　② 시어도어 루스벨트 미국 내통령의 말을 인용하며 국가 효율성의 중요성에 대해 설명
　③ 직무에 적합한 인재를 찾는 데 그치지 않고 체계적인 교육에 집중해야 한다고 강조
　④ 테일러는 비효율성의 주요 원인이 널리 퍼져있는 '경험 법칙'에 따른 업무 방식에 있다고 주장
　⑤ 일상적인 행위의 비효율성을 강조하고, 체계적인 관리를 옹호
　⑥ 모든 인간 활동에 적용 가능한 과학적 원리에 기반한 최상의 관리가 가능하다는 것을 입증
(2) 과학적 관리의 기초
　① 테일러는 산업 시설에서 만연한 '군인화' 또는 고의적으로 느리게 일하는 문제에 대해 논의하고 경영의 주요 목표는 고용주와 직원 모두의 번영을 보장하는 것이어야 한다고 주장

② 테일러는 비효율성의 세 가지 원인으로
  ㉮ 생산량 증가가 실업으로 이어질 것이라는 믿음
  ㉯ 군인화를 조장하는 결함이 있는 관리 시스템
  ㉰ 비효율적인 기존 방식
③ 가장 효율적인 업무 방식을 결정하기 위해 동작 및 시간 연구의 중요성을 강조

(3) 과학적 관리의 원칙
① 기존의 경험 법칙을 대체하여 업무의 각 요소에 대한 과학을 개발
  ㉮ 전통적인 관리는 표준화되지 않은 방법과 개인적인 판단에 의존합니다. 반면 과학적 관리는 과학적 방법을 사용하여 가장 효율적인 업무 수행 방법을 결정
  ㉯ 작업을 연구하고 가장 효율적인 방법을 문서화하여 직원들에게 가르쳐야 하고 이는 기존의 '경험 법칙'방식을 대체
② 직원을 과학적으로 선발, 교육, 개발
  ㉮ 직원은 특정 업무에 대한 능력을 기준으로 선발해야 한다.
  ㉯ 일단 선발된 직원은 가능한 한 가장 효율적인 방식으로 업무를 수행할 수 있도록 교육을 받아야 한다.
③ 개발된 과학과 업무가 일치하도록 직원들과 협력
  ㉮ 경영진은 계획 및 교육과 같은 더 많은 책임을 맡아서 근로자가 실행에만 집중할 수 있도록 해야함
  ㉯ 테일러는 위의 원칙으로 과학적 관리를 구현하면 근로자의 행복, 임금 상승, 기업의 이익 증가, 모두의 번영으로 이어질 것이라고 믿음

(4) 테일러 과학적 관리법 장점
① 효율적 향상 : 테일러의 방법, 특히 시간 및 동작 연구는 작업을 수행하는 가장 효율적인 방법을 찾아 생산성을 높이는 것을 목표로 한다.
② 표준화 : 각 작업을 수행하는 '최선의 방법'을 정립함으로써 전반적으로 일관된 방법과 표준이 마련되어 변동성과 오류가 줄어든다.
③ 명확한 역할과 책임 : 과학적 관리법은 경영진과 작업자 간의 명확한 역할과 책임 분담을 지지한다.
④ 과학적 접근 : 체계적인 연구와 관찰을 통해 보다 객관적이고 데이터에 기반한 관리 방식을 도입한다.
⑤ 더 높은 임금 : 테일러는 효율성을 높이면 기업이 근로자에게 더 많은 임금을 지급할 수 있고, 이는 임금과 생활 수준 향상으로 이어질 수 있다고 믿었다.

(5) 테일러 과학적 관리법 단점
① 지나친 단순화 : 비평가들은 테일러의 방식이 복잡한 작업을 지나치게 단순화하여 개인의 기술과 창의성의 역할을 축소한다고 주장
② 비인간화 : 효율성과 업무 최적화에 초점을 맞추다 보면 직원들이 기계의 톱니바퀴처럼 느껴져 업무 만족도가 떨어질 수 있다.
③ 변화에 대한 저항 : 근로자들은 효율성 향상이 일자리 감소로 이어질 것을 우려해 테일러의 방식에 저항하는 경우가 많다.
④ 좁은 초점 : 테일러의 원칙은 주로 효율성과 생산성에 초점을 맞추기 때문에 근로자의 복지, 직무 만족도, 조직 문화와 같은 다른 중요한 요소는 희생되는 경우가 많다.
⑤ 현대적 맥락에서는 구식 : 일부에서는 산업 시대에 개발된 테일러의 원칙이 오늘날의 지식 기반 및 서비스 지향 산업에 완전히 적용되지 않을 수 있다고 주장

(6) 테일러 과학적 관리법 비판 및 논쟁
① "과학적 관리법"은 출간되자마자 다양한 비평적 반응을 받았으며, 일부에서는 테일러를 선구자라고 칭송
② 몇몇 비평가들은 테일러가 효율성에만 집중한 나머지 직원들의 소진과 불만을 초래할 수 있다고 주장했으며, 또한 테일러의 원칙이 노동자들을 기계에 불과한 존재로 만들어 그들을 비인간화한다고 생각
③ 효율성에만 초점을 맞추다 보니 업무 만족도나 창의성 같은 다른 중요한 직장 내 요소들이 무시되었다고 생각
④ 시간이 지나면서 테일러의 아이디어는 널리 받아들여졌고 다양한 사업 분야의 경영 관행에 큰 영향을 미쳤다.
⑤ 본질적으로 "과학적 관리법"은 직장에서의 생산성에 대찬 체계적이고 분석적인 접근 방식을 도입했다는 점에서 획기적이었으며 테일러의 원칙은 향후 경영 및 조직 행동 연구의 토대로 마련했다.

02 조직에서 생산적 행동(Productive behavior)과 반생산적 행동(Counterproductive work behavior: CWB)에 관한 설명으로 옳지 않은 것은?

① 조직시민행동(Organizational Citizenship Behavior: OCB)은 생산적 행동에 속한다.
② OCB는 친사회적 행동이며 역할 외 행동이라고도 한다.
③ 일탈행동(Deviance)은 CWB에 속하지만 조직에 해로운 행동은 아니다.
④ 조직시민행동은 OCB I(Individual)와 OCB-O(Organizational)로 분류되기도 한다.
⑤ CWB는 개인적 범주와 조직적 범주로 분류할 수 있다.

답 ③

해설

생산적 행동과 반생산적 행동

(1) 생산적 행동
① 조직이 목표를 달성하기 위해서는 개별 구성원이 보유한 핵심역량 혹은 객관적인 숙련 수준을 통해 자신의 직무를 수행해야만 함
② 영리조직에서의 경우 개인들의 낮은 직무수행이 누적되어 쌓이게 되면 전체 조직을 하루아침에 파산에 이르게 할 수도 있기 때문에 이 부분에 많은 관심을 가져야 함
③ 개개인들이 직무수행을 제대로 할 경우 이는 조직의 생산성을 높여주게 될 것이며 이 결과 국가경제에도 도움이 될 것임

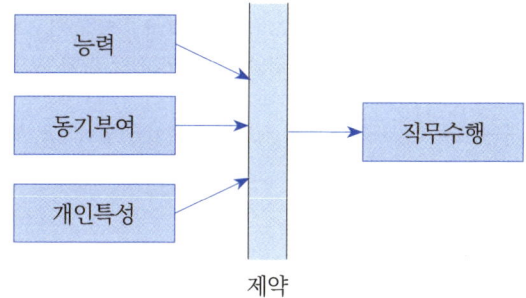

[그림] 직무수행을 위한 능력, 동기부여, 개인특성

[표] Big Five의 영역과 특징

영역	특징
외향성	사교, 명랑, 적극, 대화 좋아함
정서적 안정성	침착, 인내, 안정, 조용
포용성	양보, 동조, 화평, 포용, 협조, 신뢰
신중성	집중, 신중, 전력투구, 완전, 성취
경험의 개방성	새로움, 호기심, 혁신, 예술, 상상, 변화

[표] 8가지 조직제약 분야

직무관련 정보	직무를 위해 필요한 자료와 정보
도구와 장비	컴퓨터와 트럭과 같이 직무를 위해 필요한 도구, 장비, 연장, 기계류
재료와 공급	목재나 종이와 같이 직무를 위해 필요한 재료를 공급
예산지원	직무를 수행하는 데 필요하며 자원획득을 위한 금전적 지원
요구된 서비스와 타인으로부터의 도움	타인들로부터의 도움 가능성
작업준비	직무를 위한 KSAOs
시간 이용가능성	직무수행을 위해 이용할 수 있는 적정 시간의 양
작업환경	건물의 기후나 같은 직무환경의 물리적 특징

(2) 종업원의 반생산적 행동
① 대규모 조직에서 하루의 일상 중에 어떤 사람들은 지각을 하거나 하루를 무단 결근하는 사람이 있으며, 습관적으로 지각하는 사람이 있는가하면, 어떤 사람은 그 직장을 영구히 떠나려는 사람들이 종종 있게 됨.(일탈행동 혹은 반생산적 행동)
② 종업원의 결근, 지각, 이직, 공격행동, 노조의 불법적인 사보타지 등이 반생산적 행동에 속함

참고

불법사보타지(sabot : 프랑스 나막신)
① 반생산적 행동인 공격행동 중 하나가 바로 다른 작업자에 대해 공격을 행하는 불법적인 사보타지임.
② 사보타지란 불법파업으로서 조직에게 심각한 피해를 미침은 물론이고 많은 경제적 비용을 초래함.
③ 부하들은 그들의 상사를 공격의 목표로 삼는 경우가 일반적이며, 상사에 의해 부정적인 직무수행평가를 받았을 때 행동으로 옮기는 경우가 많음.
④ 장비나 도구, 물적 자산에 대하여 손상을 미침으로써 직접적인 손실을 입히기도 하며, 생산성 손실로 인한 간접적인 손실을 야기하기도 함.

보충학습

조직시민행동
(1) 조직시민행동(OCB)이란 조직에 의해 공식적으로 규정되어 있지는 않지만 종업원 스스로 행하는 조직기능에 긍정적으로 영향을 미치는 자발적 행동으로 간주하고 있음.
(2) 조직시민행동은 다른 동료들을 돕고, 역할 외의 과업을 자발적으로 수행하고, 부서나 조직발전을 위해 창의적인 아이디어를 제안하며, 시간을 낭비하지 않으려는 행동 등이 포함됨.
(3) 스미스(C. A. Smith) 오르간(D. W. Organ)과 니어(P. J. Near)는 직무와 직접관련이 없으면서 공식적으로 주어지지도 않는 직무 외 행동이 오히려 장기적으로 볼 때 직무의 성과나 조직의 휴효성에 밀접하게 연계되어 있음을 밝히고 있음.
(4) OCB을 구성하는 요소로는 이타성, 양심성, 예의성, 시민정신 및 스포츠맨십 등 5가지가 아주 일반적인 주장임.
① 이타성이란 조직관련과업이나 문제 중 다른 사람에게 도움을 주는 사려 깊은 행동이면서 잠재적으로는 조직전체의 능률을 증가시키는 친사회적 행동을 말함.
② 양심성은 조직 구성원들에게 최소한의 범위 안에서 어떤 역할을 수행하도록 하고, 고용조건에 어긋나지 않는 범위 내에서 작업에 참여하며, 청결의 유지와 향상을 위해 노력하는 행동임.
③ 예의성이란 의사결정이나 몰입에 영향을 주는 당사자들의 행동과 조직내에서 발생하기 쉬운 문제들을 사전에 막으려는 행동임.
④ 시민정신이란 회의에 참여하여 논의하고 조직의 정치적 활동에 책임을 지는 행동임.
⑤ 스포츠맨십이란 불평, 불만 및 고충 등을 자발적으로 참고 승복하는 행동임

03 직무평가에 관한 설명으로 옳은 것을 모두 고른 것은?

> ㄱ. 직무평가 대상은 직무 자체임
> ㄴ. 다른 직무들과의 상대적 가치를 평가
> ㄷ. 직무수행자를 평가
> ㄹ. 종업원의 기업목표달성 공헌도 평가
> ㅁ. 직무의 중요성, 난이도, 위험도의 반영

① ㄱ, ㄷ
② ㄱ, ㄴ, ㄹ
③ ㄱ, ㄴ, ㅁ
④ ㄷ, ㄹ, ㅁ
⑤ ㄴ, ㄷ, ㄹ, ㅁ

답 ③

해설

직무평가

(1) 개요
① 직무평가(職務評價, job evaluation)란 경영조직에 있어서 개개의 직무의 상대적 가치를 평가하여 모든 직무를 직무가치체계로 종합하는 것을 말한다.
② 직무평가의 목적은 경영에 있어서 직무의 상대적 유용성을 측정하여 공평하고 합리적인 임금관리를 행할 뿐 아니라 합리적인 직무분류를 함으로써 승진경로나 배치기준을 명확히 하여 종업원의 배치·이동·승진·훈련 등을 효과적으로 수행하며 종업원에 대한 공정한 인사관리를 기하려는 데에 있다.

(2) 직무평가의 방법 4가지
① 서열법(序列法) 또는 등급법 : 직무를 그 곤란도와 책임도의 면에서 상호 비교하여 수행의 난이(難易)순으로 배열하여 등급을 정하는 방법이다.
② 분류법 : 이 방법은 평가하고자 하는 직무를 그 곤란도와 책임도의 면에서 종합적으로 관찰하여 등급정의에 따라 적당한 등급으로 편입하는 방법이다.
③ 점수법 : 직무의 상대적 가치를 점수로 표시하는 방법이다.
④ 요소비교법(要素比較法) : 직무의 상대적 가치를 임금액으로 평가하는 특징을 가지고 있다.

04 노동쟁의조정에 관한 설명으로 옳지 않은 것은?

① 노동쟁의조정은 노동위원회가 담당한다.
② 노동쟁의조정은 조정, 중재, 긴급조정 등이 있다.
③ 노동쟁의조정 방법에 있어서 임의조정제도는 허용되지 않는다.
④ 확정된 중재내용은 단체협약과 동일한 효력을 갖는다.
⑤ 노동쟁의조정 중 조정은 노동위원회에서 조정안을 작성하여 관계당사자들에게 제시하는 방법이다.

답 ③

해설

노동쟁의 조정

(1) 노동쟁의의 의의와 유형
  ① 노동쟁의의 뜻
    노동쟁의는 노동관계 당사자(노동조합과 사용자 또는 사용자 단체) 간에 근로조건(임금, 근로시간, 복지, 해고, 기타 대우 등)의 결정에 관한 주장의 불일치로 인하여 발생한 분쟁상태를 말한다.
  ② 쟁의 조정의 원리
    ㉮ 자주적 해결의 원칙
    ㉯ 신속한 처리의 원칙, 공정성의 원칙
    ㉰ 공익성의 원칙 : 국민경제에 중대한 영향을 주거나 공익을 해진다고 인정될 때에는 국가가 개입한다.
    ㉱ 우리나라의 경우 임의조정제도가 기본이다.
  ③ 쟁의 조정의 유형
    ㉮ 조정 : 노동위원회에 설치된 조정위원회가 관계 당사자의 의견을 청취한 뒤 조정안을 작성하여 노사 쌍방에게 그 수락을 권고하는 형식의 조정방법.
    ㉯ 중재 : 노동위원회에 설치된 중재위원회가 노동쟁의의 해결 조건을 정한 해결안(중재재정)을 작성하고 당사자는 무조건 그 해결안에 구속되는 조정방법.

(2) 노동쟁의 조정의 방법
  ① 조정의 요건과 개시
    ㉮ 노동관계 당사자의 일방이 노동쟁의 조정을 신청한 때 시작한다.
    ㉯ 고용노동부장관이 긴급조정의 결정을 한 때 시작한다.
  ② 중재
    ㉮ 임의중재 : 관계 당사자의 신청이 있을 때 중재 절차가 개시되는 중재
    ㉯ 강제중재 : 관계 당사자의 신청 없이 강제적으로 중재 절차가 개시되는 중재
  ③ 긴급조정
    ㉮ 긴급조정은 고용노동부장관의 결정에 의한 강제로 개시되는 조정이다.
    ㉯ 긴급조정의 결정이 공포되면 관계 당사자는 즉시 쟁의행위를 중지하여야 한다.
    ㉰ 긴급조정의 실질적 요건

보충학습

쟁의행위

(1) 쟁의행위의 의의
  노동관계 당사자가 그 주장을 관철할 목적으로 행하는 행위와 이에 대항하는 행위로서 업무의 정상적인 운영을 저해하는 행위를 말한다.

(2) 노동자 측의 쟁의행위
　① 동맹파업 : 노동자가 단결하여 근로조건의 유지 및 개선을 달성하기 위하여 집단적으로 노무의 제공을 거부하는 쟁의행위이다.
　② 태업 : 노동자들이 단결해서 의식적으로 작업 능률을 저하시키는 것이다. (예 : 불량품 생산, 서비스 질의 저하, 생산품 양의 감소 등)
　③ 준법투쟁 : 보안, 안전, 근무규정 등을 필요 이상으로 엄정하게 준수하여 작업 능률을 의식적으로 저하시키는 행위를 말한다.
　④ 불매동맹 : 사용자의 제품을 구매 또는 시설을 거부하여 압력을 가하는 것을 말한다.
　⑤ 생산관리 : 노동자들이 단결하여 사업장 또는 공장을 점거하여 사용자의 지휘를 거부하고 조합 간부의 지휘 하에 노무를 제공하는 행위를 말한다. (부당한 쟁의행위)
　⑥ 피케팅 : 근로 희망자(파업 비참가자)들의 사업장 또는 공장의 출입을 저지하고 파업 참여에 협력할 것을 요구하는 행위를 말한다.

(3) 사용자 측의 대항행위
　① 조업계속
　　- 노동조합원 이외의 노동자(비노조원)를 사용해서 조업을 계속할 수 있다.
　　- 노동조합이 쟁의행위를 행하고 있는 단계에서 신규로 노동자를 채용해서 조업을 계속할 수는 없다.
　② 직장폐쇄
　　- 노동자 집단을 생산 수단에 접근하는 것을 차단하고 노동자의 노동력 수령을 거부하는 행위를 말한다.
　　- 직장폐쇄는 노동조합이 쟁의행위를 개시한 이후에만 가능하다.

05 조직설계에 영향을 미치는 기술유형을 학자들이 제시한 것이다. ( )에 들어갈 내용으로 옳은 것은?

> · 우드워드(J. Woodward): 소량단위 생산기술, (ㄱ), 연속공정생산기술
> · 페로우(C. Perrow): 일상적 기술, 비일상적 기술, (ㄴ), 공학적 기술
> · 톰슨(J. Thompson): (ㄷ), 연속형 기술, 집약형 기술

① ㄱ: 대량생산기술, ㄴ: 장인기술, ㄷ: 중개형 기술
② ㄱ: 대량생산기술, ㄴ: 중개형 기술, ㄷ: 장인기술
③ ㄱ: 중개형 기술, ㄴ: 장인기술, ㄷ : 대량생산기술
④ ㄱ: 장인기술, ㄴ: 중개형 기술, ㄷ : 대량생산기술
⑤ ㄱ: 장인기술, ㄴ: 대량생산기술, ㄷ : 중개형 기술

답 ①

해설

조직설계에 영향을 미치는 상황변수

(1) 환경
　① 반즈와 스토커

구분	기계식 조직	유기적 조직
환경	단순, 안정적, 자원많음	복잡, 변동성, 자원적음
구조	경직, 수직적, 불확실성 낮음, 권한 집중	탄력, 수평적, 불확실성 높음, 분권화

　② 로렌스와 로쉬 : 분화와 통합
(2) 기술
　① 우드워드 : 기술복잡성에 따라 구분
　　단위생산기술, 대량생산기술, 연속공정 생산기술
　② 페로우 : 과업의 다양성과 분석가능성에 따라 구분

과업다양성	분석가능성	네가지 기술유형
낮음	높음	일상적 기술(은행)
낮음	낮음	기능적 기술(공예)
높음	높음	공학적 기술(회계, 법률)
높음	낮음	비일상적 기술(첨단과학컨설팅)

　③ 톰슨 : 부서간 상호의존성에 따라 구분
　　중개형(의존성 낮음), 연속형(중간), 집중형(의존성 높음)

(3) 규모 : 조직 구성원의 수는 조직구조에 영향

(4) 전략
　① 마일즈와 스노우 : 공격형 vs 방어형 → 절충안으로 분석형 전략
　　㉮ 공격형 : 혁신 = 유기적 구조
　　㉯ 방어형 : 현상유지 = 기계적 구조
　② 포터 : 차별화 vs 원가우위 → 절충안으로 집중화
　　㉮ 차별화 : 창의적, 유기적 조직 : 위험감수, 재량권 부여
　　㉯ 원가우위 : 효율성추구, 기계식 조직 : 표준화, 감독과 관리

06 수요예측 방법 중 주관적(정성적) 접근방법에 해당하지 않는 것은?

① 델파이법 ② 이동평균법
③ 시장조사법 ④ 자료유추법
⑤ 판매원 의견종합법

답 ②

해설

수요예측(需要豫測 : Demand Forecast)

1. 수요예측(Demand Forecast)의 개요
   수요예측이란 미래의 일정 기간에 대한 기업의 제품이나 서비스의 수요를 예측하는 것으로 수요예측은 대상기간에 따라 단기, 중기, 장기로 구분할 수 있다. 단기예측은 6개월 이내의 월/주/일별 예측으로 세부적으로 구분되며, 중기예측은 6개월에서 2년 정도의 기간을 대상으로 한다. 그리고 장기예측은 2년 이상의 기간을 대상으로 예측하게 된다. 수요예측의 대상은 제품에 대한 것 또는 해당 지역에 대한 것 등이 있다. 이러한 수요예측을 통해 생산설비의 공정설계, 설비설치, 일정수립 등의 총괄적인 계획과 재고관리 등에 활용할 수 있다.

2. 정성적 기법
   정성적 예측기법은 주로 중장기 예측에 적용되는 기법으로 경제, 정치, 사회, 기술 등의 외부환경요인의 변화에 따라 시장 잠재력이 변화되므로 과거의 자료가 불충분하거나 주관적 판단 또는 의견에 기초하여 수요를 예측할 수 밖에 없는 상황에서 사용한다. 일반적으로 경영자의 판단이나 전문가의 지식과 경험에 입각하여 수요를 예측하는 기법이다. 정성적 예측기법을 사용하게 되면 시간과 비용이 많이 들며, 단기보다는 중, 장기 예측에 사용하는 경우가 많다.

   (1) 델파이법(Delphi method)
   예측 대상에 대한 전문가 그룹(위원회 등)을 선정한 다음, 전문가들에게 여러차례 설문지를 돌려 의견을 수렴함으로써 예측치를 구하는 방법이다. 일반적으로 예측에 불확실성이 크거나 과거 자료가 없는 경우에 사용하고 시간과 비용이 많이 들어가는 방법이다. 델파이법은 원래 기술예측 방법으로 개발되었고 현재에는 시장에 대한 전략, 신제품 개발, 설비설치 계획 등을 위한 장기예측이나 기술 예측에 적합한 방식이다. 델파이는 신탁으로 유명한 아폴로 신전이 자리잡고 있던 고대 그리스의 도시 이름에서 따온 명칭이다.
   델파이법의 특징은 다수 의견이나 유력자의 의견에 편향되지 않도록 전문가들을 한자리에 모으지 않은 상태에서 각자의 견해를 밝히고 이를 종합하여 피드백과정을 거쳐 의견을 좁혀나가는 방식이다. 다른 주관적인 예측보다 정확도가 높은 것으로 평가되는 방법이다. 하지만, 분석하는데 시간이 많이 소요되며 설문지 작성에도 어려움이 있다.

   (2) 시장조사법(Market research)
   정성적 기법 중 가장 계량적이고 객관적인 방법으로 소비자로부터 직접 수요에 관한 정보를 얻으려는 방법이며 시간과 비용이 가장 많이 들지만, 단기예측시 비교적 정확한 예측이 가능한 법법입니다. 설문지, 직접 인터뷰, 전화, 우편, 이메일, 시험시장 등을 통해 제품에 대한 잠재적 고객의 반응을 조사함으로 수요를 예측한다.

   (3) 패널동의법(Panel consensus)
   경영자, 판매원, 소비자 등으로 패널을 구성하여 자유롭게 의견을 제시하게 함으로써 예측치를 구하는 방법이다. 다양한 계층의 지식과 경험을 기초로 관련된 수요를 예측한다. 단 패널 토론이 자유롭지 못한 경우, 적합한 결과를 얻기가 어렵다. 비용이 저렴한 반면에 정확도가 떨어지는 방법이다.

   (4) 역사적 유추법 (Historical analogy)
   신제품의 경우와 같이 과거 자료가 없을 때 이와 비슷한 기존 제품이 과거에 시장에서 어떻게 도입기, 성장기, 성숙기의 제품수명주기를 거치면서 수요가 성장해 갔는가에 입각하여 수요를 유추하는 방법이다.

(5) 전문가 의견법, 집단 의견법
상위층의 경영자들이 모여서 집단적으로 행하는 예측 기법으로 보통 장기계획이나 신제품 개발을 위해서 사용하지만, 영향력 있는 인물에 의해 편향될 수 있거나 공동의 예측으로 책임감이 결여될 수 있어 다른 예측 기법과 병행하여 사용하는 것이 좋다.

(6) 수명주기 유추법
과거의 자료가 없는 품목 또는 신제품의 수요를 예측하려 할 때 과거의 상황이 미래에도 유사하게 전재된다는 가정하에 이 품목과 비슷한 품목의 제품 수명주기 상의 수요 변화 (도입기, 성장기, 성숙기를 거치면서 어떻게 변화 한지)를 보고 유추하고 예측하는 방법이다.

3. 정량적 기법

(1) 시계열 분석기법(Time series analysis)
① 시간에 따라 변화하는 어떤 현상을 일정한 시간간격으로 관찰할 때 얻어지는 일련의 관측치로 일별, 주별, 월별 배출자료 등이 있다.
② 과거의 시계열 자료 (역사적 수요)에 입각하여 미래 수요를 예측할 수 있습니다. 주로 단기 또는 중기예측에 사용된다.
③ 종류 : 단순이동 평균법, 가중이동 평균법, 지수평활법, 최소자승법, 박스·젠킨스법

(2) 시계열 분해법 – 계절지수법
단순한 이동평균법이나 추세분석법 또는 지수평활법과는 달리 시계열 자료는 변동요인(추세, 순환, 계절, 우연)의 혼합으로 이루어져 있기에 시계열 자료를 형성하고 있는 변동요소들을 찾아내어 시계열 자료를 그 요소들로 표현하여 예측하는 방법이다. 구성요소를 분해하여 계절지수를 반영함으로 좀 더 정확한 예측을 시도하는 예측 기법이다. 시계열 분해법을 적용하기 위해서는 시간의 흐름에 따라 수요에 관한 최신 자료를 정기적으로 분석에 포함시켜 단위가긴의 수요를 계산하고, 조정된 계절지수를 갱신하여 새로운 추세식을 유도하게 된다.

(3) 추세 분석법(Trend Analysis)
시계열 자료가 장기적으로 어떤 경향을 나타내고 있는가를 추세라고 한다. 시계열이 증가하는 경향인지, 감소하는 경향인지를 알아보고 그 움직임이 선형인지, 어떤 함수관계로 나타내는지를 찾는 방법이다. 즉, 시계열을 잘 관통하는 추세선을 구한 다음 그 추세선으로 미래 수요를 예측하는 방법이다. 두 변수간의 인과관계를 조사, 수요량 예측은 최소 자승법을 이용한다. 실제치와 직선 추세선상의 예측치와의 오차 자승의 합이 최소가 되도록 구한다.

(4) 인과형 모형(Causal Relationship method)
수요와 밀접하게 관련되어 있는 변수들과 수요와의 인과관계를 분석하여 미래 수요를 예측한다. 주로 중기 또는 장기 예측에 사용된다. 인과형 모형에서는 수요를 종속변수로 수요에 영향을 미치는 요인들을 독립변수로 놓고 양자의 관계를 여러가지 모형으로 파악하여 수요를 예측한다.

07 총괄생산계획 기법 중 휴리스틱 계획기법에 해당하지 않는 것은?

① 선형계획법

② 매개변수에 의한 생산계획

③ 생산전환 탐색법

④ 서어치 디시즌 룰(search decision rule)

⑤ 경영계수이론

답 ①

해설

휴리스틱(heuristics) 계획기법

(1) 경영계수법(mangaement coefficient method)
경영자들의 의사결정은 일관성만 있다면 아주 좋다는 가정에 입각하여, 경영자들이 과거에 내린 총괄생산계획에 관한 의사결정들을 다중회귀분석하여 생산수준과 고용수준을 결정하는 규칙을 이끌어내는 기법이다.

(2) 탐색결정규칙(SDR : Search Decision Rule)
일반적인 비용구조를 가진 총괄생산 계획 문제에 대해 먼저 하나의 가능해를 구한 다음, 이로부터 총비용을 감소시키는 방향으로 점점 더 개선된 해를 찾아가는 기법이다. Taubert가 개발했으며, 컴퓨터를 이용한다.

보충학습

휴리스틱

① 휴리스틱(heuristics) 또는 발견법(發見法)이라 한다.

② 불충분한 시간이나 정보로 인하여 합리적인 판단을 할 수 없거나, 체계적이면서 합리적인 판단이 굳이 필요하지 않은 상황에서 사람들이 빠르게 사용할 수 있게 보다 용이하게 구성된 간편추론의 방법이다.

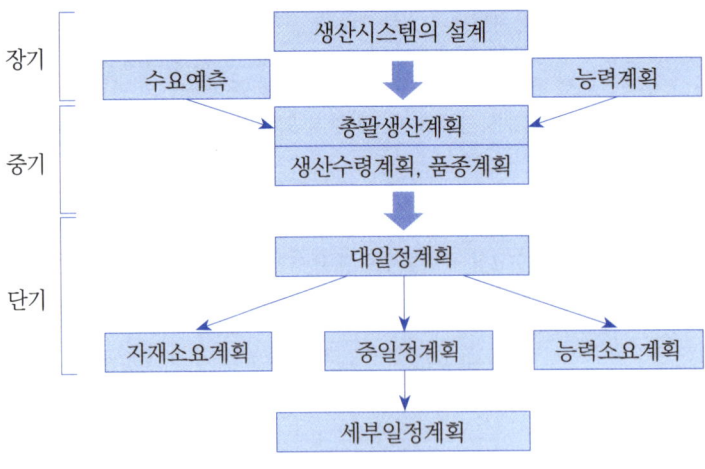

[그림] 휴리스틱 계획기법

> **보충학습**

총괄생산계획을 위한 기법

(1) 도시법

도표를 이용하여 총괄생산계획의 여러 대안을 개발한 다음 이들의 총비용을 계산·비교하여 최선의 대안을 선택하는 기법이다.

(2) 수리적 모형

① 선형계획모형(LP) : 총괄생산계획의 각종 결정변수와 관련 비용 간의 관계를 선형으로 가정하고, 여러 제약조건하에서 총비용을 최소화하는 최적해를 구하는 방법이다.

② 수송모형 : 선형계획모형보다 단순한 특수 형태로서, 고용수준을 일정하게 유지하며 채용과 해고가 없는 경우에만 사용된다.

③ 선형결정규칙(LDR : Linear Decision Rule) : 2차 비용함수를 가정하고 총비용을 최소화하는 생산율 및 작업자수를 결정하는 선형규칙을 도출한다.

08 다음은 신 QC 7가지 도구 중 무엇에 관한 설명인가?

> 문제를 해결하는 활동에 필요한 실시사항을 시계열적인 순서에 따라 네트워크로 나타낸 화살표 그림을 이용하여 최적의 일정계획을 위한 진척도를 관리하는 방법

① 친화도
② 계통도
③ PDPC법(Process Decision Program Chart)
④ 애로우 다이어그램
⑤ 매트릭스 다이어그램

답 ④

해설

신 QC 7가지 도구

① 친화도 (Affinity Diagram), KJ법
  : 언어 데이터로 포착하여 아이디어나 문제 사이의 관계 또는 상대적 중요성을 명확히 하는 방법
② 연관도법 (Relationship Diagrm)
  ㉠ 문제점과 요인 간의 인과 관계를 명확히 하기 위한 도구
  ㉡ 1,2차 원인으로 전개함으로써 주요 원인을 파악하는 방법 (특성요인도 변형형태)
③ 매트릭스도법 (Matrix Diagram)
  ㉠ 짝이 되는 요소를 찾아내서 행과 열로 배치하여 그 교점에 각 요소의 관련유무 및 정도를 표시함으로 문제 해결을 효과적으로 추진하는 방법
  ㉡ 원인과 결과 사이의 관계, 목표와 방법 사이의 관계를 밝히고 나아가 이들 관계의 상대적 중요를 나타내기 위해 사용
④ 매트릭스 데이터 해석법 (Matrix Data Analysis), 주성분 분석법
  ㉠ 매트릭스도에 있어서 요소 간의 관련이 정량화된 경우 배열된 데이터를 도상으로 판단하기 좋게 정리하는 방법
  ㉡ 유일한 정량적 데이터 해석
⑤ 계통도(Tress Diagram)
  : 목적·목표를 달성하기 위한 최적 수단·방책을 계통적으로 전개함으로써 문제의 중점을 명확히 아는 방
⑥ PDPC (Process Decision Program Chart), 과정 결정 계획도
  : 사태의 진정과 더불어 여러가지 결과가 상정되는 문제에 대해 바람직한 결과에 이르는 과정 정하는 방법
⑦ 애로우 다이어그램 (Arrow Diagram)
  : 최적의 일정 계획을 세워 효율적으로 진척을 관리하는 방법 (일종 PERT/CPM)

보충학습

품질관리(QC : Quality Control) 도구
① 품질은 4M 즉 재료(Material), 장비(Machine), 작업방법(Method), 작업자(Man)를 대상으로 지속적인 개선이 요구된다.
② 품질관리(QC) 7가지 도구는, "적은 데이터로부터 가능한 한 신뢰성이 높은 객관적인 정보를 얻는데 가장 유효한 수단" 품질의 개발, 개선, 관리의 제 활동에 대한 유용한 도구로 데이터의 기초적인 정리 방법으로 널리 쓰이며, 품질관리를 하는데 있어서 가장 필수적인 통계적 방법

[표] 품질관리 (QC) 7가지 도구

구분	QC 7가지 도구
1	특성요인도(Cause and Effect Diagram)
2	히스토그램(Histogram)
3	체크시트(Check Sheet)
4	층별(Stratification)
5	파레토 도표(Pareto Diagram)
6	산포도(Scatter Diagram)
7	그래프와 프로세스 관리도(Graph & Process Control Charts)

보충학습

품질 경영철학의 변천

구분	특징	변천
테일러 (Taylor)	• 과학적 관리의 원칙·직능식 조직의 도입, 표준적인 작업방법, 표준시간이 작업순서에 따라 정리되어 있는 작업지도 표 활용 • 과업달성을 촉진하기 위한 차별 성과급 제도	책임의 분리는 산출물의 품질을 감시하는 독립된 검사부서를 만들게 되는 결과
슈와트 (Shewhart)	• 생산제품의 경제적 품질관리 "관리도(control chart)" 개발(1930년대)	샘플링과 관리도에 대한 연구
데밍 (Deming)	• 통계적 품질관리(SQC)의 사용 제창 (1950년대)	① 설계품질, ② 적합품질, ③ 판매 및 서비스 기능의 품질 '14가지 지침'과 '7가지 치명적 병폐' 1951년 '데밍상' 창설
쥬란 (Juran)	• '품질비용(cost of quality)' 개념 1954년, 경영적 QC의 필요성 주장	예방/평가/실패비용 ① 품질계획 ② 품질통제 ③ 품질개선
파이겐바움 (Feigenbaum)	• 종합적 품질관리(TQC)	마케팅, 기술, 생산 및 서비스가 가장 경제적으로 소비자를 충분히 만족시킬 수 있도록 품질개발, 품질유지 및 품질향상에 관한 조직 내 품질관련 노력 통합
필립 크로스 비 (P.B.Crosby)	• 무결점 경영(zero-defect) 프로그램 창안	4가지 절대원칙(Absolute of QM) ① 요구에의 적합성 ② 검사가 아닌 예방·최초에 올바르게 하자는 것 ③ 성과의 표준은 무결점(완전무결, ZD) ④ 품질의 척도는 품질비용
이시가와 박사	• CWQC(Company Wide Quality Control) : 전사적 품질관리	QC분임조를 적극 활용, 전원이 참여하는 일본형 TQC
TQM(Total Quality Management) : 전사적 품질경영		1982년 PL법 제정 1987년 MBNQA(Malcom Baldrige National Quality Qward) wpwjd

09 도요타 생산방식의 주축을 이루는 JIT(Just In Time) 시스템의 **장점에 해당되지 않는 것은?**

① 한정된 수의 공급자와 친밀한 유대관계를 구축한다.
② 미래의 수요예측에 근거한 기본일정계획을 달성하기 위해 종속품목의 양과 시기를 결정한다.
③ JIT 생산으로 원자재, 재공품, 제품의 재고수준을 줄인다.
④ 유연한 설비배치와 다기능공으로 작업자 수를 줄인다.
⑤ 생산성의 낭비제거로 원가를 낮추고 생산성을 향상시킨다.

답 ②

해설

JIT 생산시스템
① JIT(Just in time)의 약자로 필요한 것을 필요한 때에 필요한 만큼만 만드는 생산시스템이다.
② 일반적으로 재고가 생산의 비능률을 유발하기 때문에 재고를 최대한 없애려는 기법으로 적시생산방법이며 도요타의 생산방식으로 유영하다.
③ 도요타 자동차는 JIT 생산 관리시스템을 개발하여 철저하게 현장중심으로 운영
④ 도요타는 JIT 생산시스템을 개발하는데 있어서 4가지 근거를 기반으로 하였다.
　㉮ 생산양이 줄더라도 생산성을 올려야 한다.
　㉯ 필요한 것을 필요한 때에 필요한 만큼만 만든다.
　㉰ 다기능으로 일의 흐름을 만든다.
　㉱ JIT는 늦어도 빨라도 안된다. 즉 JIT는 철저한 낭비제거의 사상과 기술이라고 볼 수 있다.

10 유용성이 높은 인사 선발 도구에 관한 설명으로 옳지 않은 것은?

① 예측변인(predictor)의 타당도가 커질수록 전체 집단의 평균적인 준거수행(criterion)에 비해 합격한 집단의 평균적인 준거수행은 높아진다.
② 선발률(selection ratio)이 낮을수록 예측변인의 가치는 커진다.
③ 기초율(base rate)이 높을수록 사용한 선발 도구의 유용성 수준은 높아진다.
④ 선발률과 기초율의 상관은 0이다.
⑤ 예측변인의 점수와 준거수행으로 이루어진 산점도(scatter plot)가 1사분면은 높고 3사분면은 낮은 타원형을 이룬다.

해설

인적선발도구

(1) 선발률 = $\dfrac{\text{선발인력}}{\text{총지원자(선발률 1이하여야 의미가 있음)}}$

- 선발률과 예측변인의 가치 관계는 선발률이 낮을수록 예측변인의 가치가 더 커진다.

(2) 타당도 = $\dfrac{\text{채용 후 직무 수행 성공자}}{\text{선발인력}}$

- 시험 등 선발도구로서, 타당도가 높아야 효용성이 높아짐
  ① 내용 타당도 : 평가자 기준에서 검사 문항 내용이 적절한지 판단
  ② 안면 타당도 : 수험자 기준에서 검사 타당성 판단
  ③ 준거 타당도 : 특정 준거집단과의 관련성 판단[예측타당도(미래) vs 동시타당도(현재)]
  ④ 구성 타당도 : 심리평가 검사 구성 또는 특성 반영 판단

(3) 기초율 = $\dfrac{\text{채용 후 직무 수행 성공자}}{\text{총 지원자(기초율 100[\%] 라면 선발도구 사용 의미가 없다)}}$

11 집단 또는 팀(team)에 관한 설명으로 옳지 않은 것은?

① 교차기능팀(cross functional team)은 조직 내의 다양한 부서에 근무하는 사람들로 이루어진 팀이다.
② '남만큼만 하기 효과(sucker effect)'는 사회적 태만(social loafing)의 한 현상이다.
③ 제니스(Janis)의 모형에서 집단사고(groupthink)의 선행요인 중 하나는 구성원들 간 낮은 응집성과 친밀성이다.
④ 다른 사람의 존재가 개인의 성과에 부정적 영향을 미치는 것을 사회적 억제(social inhibition)라고 한다.
⑤ 높은 집단 응집성은 그 집단에 긍정적 효과와 부정적 효과를 준다.

답 ③

해설

제니스(Janis)가 주장한 집단사고(groupthink) 예방전략
① 조직에서 결정하는 사안에 대해서 외부 인사들이 재평가할 수 있는 체계를 구축
② 최고 의사결정자는 대안 탐색 단계마다 참여자 중 한 명에게 악역을 맡겨 다수의견에 반대되는 의견을 강제로 개진하게 함
③ 집단적 의사결정에서 의사결정 단위를 2개 이상으로 나눔

보충학습

(1) 집단사고(group-think)
조직 내 사회적 압력으로 인하여 비판적인 사고가 억제되고 판단능력이 저하되어 잘못된 의사결정에 도달하는 현상
(높은 응집성의 친밀성이 높다)

(2) 집단사고의 8가지 징후
① 환상적 낙관주의(Illusion of Invulnerability)
   집단은 자신들이 실수할 가능성이 적다고 믿으며, 지나치게 낙관적인 태도를 가짐.
   위험을 과소평가하고 무모한 결정을 내릴 가능성이 커짐.
② 도덕적 확신(Belief in Inherent Morality)
   집단이 도덕적으로 옳다고 확신하여, 자신의 행동을 정당화함.
   윤리적 문제를 고려하지 않고 의사결정을 내리는 경향이 있음.
③ 공통적 고정관념(Stereotyping of Out-Groups)
   집단 외부의 의견을 무시하거나 비하하는 태도를 가짐.
   반대 의견을 가진 사람들을 무능하거나 악의적인 존재로 간주함.
④ 동조 압력(Direct Pressure on Dissenters)
   집단 내에서 반대 의견을 제시하는 사람에게 직접적인 압력을 가함.
   의견 차이를 허용하지 않고, 이견을 제시하는 사람을 비난하거나 배제함.
⑤ 자기 검열(Self-Censorship)
   개인이 자신의 의심이나 반대 의견을 스스로 억제함.
   갈등을 피하기 위해 비판적인 생각을 말하지 않음.
⑥ 만장일치 환상(Illusion of Unanimity)
   아무도 반대하지 않으면 모든 사람이 동의한다고 착각함.
   침묵이 동의를 의미하는 것으로 간주됨.
⑦ 마음 지킴이(Mindguards)
   일부 구성원이 집단을 보호하기 위해 불편한 정보나 비판을 차단함.
   지도자가 불편해할 만한 정보를 걸러내고 전달하지 않음.

8. 대안 검토 부족 (Lack of Critical Thinking on Alternatives)
   의사결정을 할 때 다양한 선택지를 충분히 검토하지 않음.
   한 가지 아이디어에만 집착하고, 가능한 문제점을 고려하지 않음.

12 내적(intrinsic) 동기와 외적(extrinsic) 동기의 특징과 관계를 체계적으로 다루는 동기이론으로 옳은 것은?

① 앨더퍼(Alderfer)의 ERG이론

② 아담스(Adams)의 형평이론(cquity theory)

③ 로크(Locke)의 목표설정이론(goal-setting theory)

④ 맥클레란드(McClelland)의 성취동기이론(need for achievement theory)

⑤ 리안(Ryan)과 디시(Deci)의 자기결정이론(self-determination theory)

답 ⑤

해설

자기결정이론

① 자기결정은 Deci와 Ryan이 제안한 개념으로 외재적인 보상이나 압력 보다는 자율적으로 자신의 행동을 결정하기를 바라는 욕구에 의해서 동기화 된다는 이론이다. 여기서 이들은 사람들 행동의 원인 소재가 외부에 있을 때보다 내부에 있을 때 동기유발이 더 잘 되고 행동을 적극적으로 수행하려 한다고 주장한다.

② 자기결정 이론에서는 외재적 동기가 사회화 과정을 거치면서 점차 내면화 : 아동들이 사회화 과정을 거치면서 부모나 교사 등으로부터 획득한 사회에서 가치 있는 것으로 인정되는 가치관이나 태도, 행동 등을 자신의 가치 체계 속에 통합시켜 자신의 가치관, 태도, 행동 등을 변화시키는 과정

③ 내면화 되어 내재적 동기로 변화된다고 가정한다. 따라서 직접적인 외재적 보상이나 내재적 흥미가 없는 과제를 수행하기도 한다는 것이다. 이러한 관점에서 Deci, Ryan은 내적-외적이라는 이분법적으로 개념화하지 않고, 외적 통제에서부터 내적인 자기 결단에 이르는 하나의 연속 체계로 개념화하였다.

보충학습

① 데시(Richard M. Ryan)와 그의 동료 에드워드 데시(Edward L. Deci)가 제안한 자기결정성 이론(Self-Determination Theory, SDT)은 인간의 동기를 설명하는 심리학 이론으로, 인간이 자율적이고 자기 주도적인 행동을 할 때 더 높은 수준의 동기와 심리적 웰빙을 경험하게 된다는 주장을 바탕으로 하고 있다.

② 이론은 특히 교육, 직장, 스포츠, 인간관계 등에서 동기 부여와 성과를 이해하는 데 유용하다.
   자기결정성 이론은 특히 내적 동기(intrinsic motivation)와 외적 동기(extrinsic motivation)의 차이

③ 내적 동기 : 어떤 활동을 그 자체로 즐기기 위해, 또는 개인적인 흥미나 성취감을 느끼기 위해 수행하는 것. 예를 들어, 어떤 사람이 학문을 깊이 탐구하는 것이 즐겁기 때문에 연구를 지속하는 경우

④ 외적 동기 : 보상, 인정을 받기 위해 또는 외부적 압력에 의해 활동을 수행하는 것. 예를 들어, 승진을 위해서 일하는 경우가 외적 동기에 해당

13. 산업심리학의 연구방법에 관한 설명으로 옳은 것은?

① 내적 타당도는 실험에서 종속변인의 변화가 독립변인과 가외변인(extraneous variable)의 영향에 따른 것이라고 신뢰하는 정도이다.
② 검사-재검사 신뢰도를 구할 때는 .역균형화(counterbalancing)를 실시한다.
③ 쿠더 리차드슨 공식 20(Kuder-Richardson formula 20)은 검사 문항들 간의 내적 일관성 정도를 알려준다.
④ 내용타당도와 안면타당도는 동일한 타당도이다.
⑤ 실험실 실험(laboratory experiment)보다 준실험(quasi experiment)에서 통제를 더 많이 한다.

답 ③

해설

쿠더-리차드슨 신뢰도, KR-20, KR-21

(1) KR 신뢰도
① 문항 내적 동질성 신뢰도를 추정하는 방법 중의 하나
② 한 검사 내에서 문항에 대한 반응이 얼마나 일관성(합치성) 있는지를 변산적 오차로 계산하는 신뢰도 지수의 하나
③ KR-20 : 문항점수가 0과 1로만 계산될 때(이분점수) 적용하는 공식
④ KR-21 : 문항점수가 연속변수이며 문항의 난이도가 같다는 가정하에 적용하는 공식

(2) KR-20
① G.F.Kuder와 M.W.Richardson이 1937년에 개발한 공식
② 반분신뢰도 추정방법이 일관적인 신뢰도를 산출하지 못하는 문제 해결
③ 각 문항점수의 분산을 사용하여 측정의 일관성을 추정하며 이분문항에 사용

$$r = \frac{K}{K-1}\left[1 - \frac{\sum_{i=1}^{K} p_i q_i}{\sigma^2_X}\right]$$

보충학습

① 내적타당도 : 양적연구의 목적 : 1. 인과관계규명 2. 일반화 3. 이것을 가지고 예측하고 통제하기 위해 양적연구를 한다. 의도적으로 모형을 만든다. 가설을 세운다. 모형을 만든 독립변수와 종속변수가 제대로 잘 설정되어 있는지, 타당한지를 규명하는 것이 내적타당도이다. 개입의 효과성을 확인하기 위해 확보해야 하는 요소, 조사결과에 대한 대안적 설명 가능성 정도.
② 외적타당도 : 조사 결과의 일반화 정도. 모형 바깥에서도 적용을 해도 그것이 먹혀들어가는가? 일반화. 외적 타당도
③ 내적타당도와 외적타당도와의 관계 : 둘 다 좋으면 좋은데 둘 다 높이기가 힘들다. 상호상충관계이다. 부적관계이다. 하나가 올라가면 하나는 내려가는 것이 일반적이다.
    예) 인과관계를 높이기 위해서는 표본의 크기가 작을수록 좋다. 하지만 표본이 많으면 다른 의견이 많아져서 부정적인 면이 점점 많아진다. 일반화를 높이기 위해서는 표본이 많아야 하기 때문에 둘의 관계는 반대의 관계인 것이다. 내적타당도는 외적타당도를 위한 필요조건이지 충분조건은 아니다.
④ 검사효과 : 테스트, 측정, 검사, 시험 효과
    검사-재검사법에서 검사효과가 나타난다. 사전검사를 할 때 발생
⑤ 주시험효과 : 사전검사×사후검사(사전검사를 기억하고 사후검사에 영향을 미침) 내적타당도를 저하시킴
⑥ 상호작용시험효과 검사와 개입의 상호작용 효과 : 사전검사가 독립변수 자체에 영향을 주는 경우을 말한다. 사전검사 → ×(영향을 독립에 미침) 사후검사/외적타당도를 저하시킨다. 일반화가 떨어짐
    예) 사회복지공동모금회의 tv광고가 인지도에 미치는 영향을 측정하는 경우, 광고를 노출시키기 전에 사회복지공동모금회에 대한 '인지도를 먼저 측정하게 되면'나중에 그 광고에 노출될 때보다 주의를 기울이게 되어 광고의 효과가 더욱 커질 수 있다.

⑦ 도구효과
　사전검사와 사후검사에서 사용된 척도나 검사자 또는 연구자를 달리하여 사용한 것이 종속변수에 영향을 주는 경우
　예 연구자의 화술이나 태도, 기술 등이 달라지게 되면 측정 결과에 상당한 차이가 발생할 수 있다.
⑧ 통계적 회귀 : 극단적 상황의 집단을 조사의 대상으로 선정할 때 발생한다. 시간이 지날수록 모집단의 평균 값으로 수렴하는 경향을 보이는 것을 말한다.
　예 사전검사에서 우울점수가 '지나치게 높은 5명'의 노인을 선정하여 프로그램을 진행할 때
⑨ 실험대상의 상실, 또는 실험 대상의 변동, 중도 탈락, 연구의 대상 상실 : 중도이탈, 종속변수에 영향을 준다.

14 라스뮈센(Rasmussen)의 인간행동 분류에 관한 설명으로 옳은 것을 모두 고른 것은?

> ㄱ. 숙련기반행동(skill-based behavior)은 사람이 충분히 습득하여 자동적으로 하는 행동을 말한다.
> ㄴ. 지식기반행동(knowledge-based behavior)은 입력된 정보를 그때마다 의식적이고 체계적으로 처리해서 나타난 행동을 말한다.
> ㄷ. 규칙기반행동(rule based behavior)은 친숙하지 않은 상황에서 기억 속의 규칙에 기반한 무의식적 행동을 말한다.
> ㄹ. 수행기반행동(commission based behavior)은 다수의 시행착오를 통해 학습한 행동을 말한다.

① ㄱ, ㄴ
② ㄴ, ㄹ
③ ㄷ, ㄹ
④ ㄱ, ㄴ, ㄷ
⑤ ㄱ, ㄷ, ㄹ

답 ①

해설

라스뮈센의 인간의 행동 3가지

원자력 안전 분야의 인간공학자인 라스무센은 인간의 행동을 3단계로 구분했다.

① 숙련 기반 행동(Skill Based Behovior)
  외부에서 들어오는 자극을 감각 후 즉시 실행되는 것으로, 보행이나 단순 조립 작업 등과 같이 거의 무의식 수준에서 실행되는 행동들이다.

② 규칙 기반 행동(Rule Based Behovior)
  외부 자극을 지각하는 과정을 거쳐 머릿속에 있는 'IF~THEN~'과 규칙(Rule)을 적용해 실행되는 행동들이다. '산소농도 18[%] 이하인 밀폐된 공간에서 작업할 때는 공기 호흡기를 착용한다'와 같은 규칙을 적용해 개인보호구를 착용하는 행동 등은 규칙 기반 행동의 예이다.

③ 지식 기반 행동(knowledge Based Behavior)
  가장 고도의 정신 활동이 관여하는 것으로 자신이 알고 있는 모든 'IF~THEN~' 규칙을 적용해도 쉽게 해결책이 나오지 않는 경우, 유추나 추론 등의 복잡한 지적 과정을 거쳐 행동한다. 처음 보는 기계를 매뉴얼 없이 조작해야 할 경우, 머릿속에서는 복잡한 판단 과정을 거쳐 기계를 조작하는 데 이러한 행동 영역이 지식기반 행동에 해당된다.

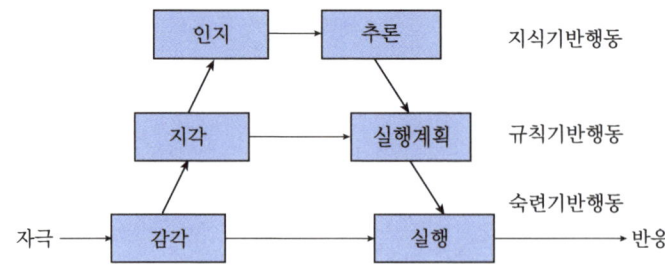

[그림] 라스무센의 인간행동 3단계 모델

> **보충학습**

리즌의 불안전행동 유형 4가지

① 제임스 리즌(James Reason)은 라스무센의 인간 행동 3단계를 사용해 불안전 행동 원인을 아래 그림과 같이 분류했다.
② 리즌은 불안전 행동을 우선 의도되지 않은 행동과 의도된 행동으로 나누었다. 의도되지 않은 행동은 숙련 기반 행동에서 주로 나타나는 것으로 기억을 못해 발생하는 망각, 주의를 기울이지 못해 발생한 단순한 실수가 있다.
③ 반면에 의도된 행동에 따른 불안전행동으로는 규칙을 제대로 정확히 알지 못해 발생하는 규칙 기반 착오와 규칙을 전혀 몰랐기 때문에 발생하는 지식 기반 착오 등이 있다.
④ 가장 최악의 것은 알면서도 불안전 행동을 하는 것으로 이런 것들을 위반이라고 한다. 위반 행동은 일상 위반, 상황 위반, 특수 위반 행동으로 나뉜다.

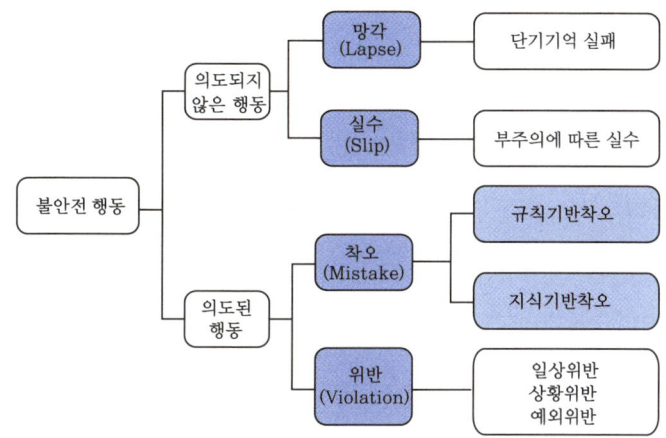

[그림] 불안전 행동의 분류

[표] 불안전 행동의 내용과 근로자 반응

	인적오류		내용	근로자의 반응 예
비의도적 행동	숙련기반 오류 (skill based error)	망각(Lapse)	단기 기억의로의 회상 및 기억 불능	깜박했어요
		실수(Slip)	부주의 등에 의한 단순 오류	단순 실수였어요
의도적 행동	착오 (mistoke)	규칙 기반 착오 (rule based mistake)	규칙의 잘못된 적용 혹은 잘못된 규칙 학습	앗, 그게 아니었나요?
		지식 기반 착오 (knowledge based mistake)	추론, 유추 등의 인지적 과정에서 발생하는 오류	앗, 전혀 몰랐어요.
	위반 (violation)	일상적 위반 (routine violation)	평상 시 작업 규칙과 절차 등을 위반	평소 다들 이렇게 해요
		상황적 위반 (situational violation)	특수한 상황(시간 압박 등)에서 규칙을 위반	급해서 그랬어요.
		예외적 위반 (exceptional violation)	생소한 상황에서 문제를 해결하고자 규칙을 어기는 위반	이렇게라도 해보려고 했어요

> **합격키**

① 2017년 3월 25일(문제 16번) 출제
② 2020년 9월 25일(문제 15번) 출제
③ 2023년 4월 1일(문제 15번) 출제

산업안전지도사 · 과년도기출문제

15 스웨인(Swain)이 분류한 휴먼에러 유형에 해당하는 것을 모두 고른 것은?

> ㄱ. 조작에러(performance error)
> ㄴ. 시간에러(time error)
> ㄷ. 위반에러(violation error)

① ㄱ, ㄴ ② ㄴ
③ ㄷ, ㄹ ④ ㄱ, ㄴ, ㄷ
⑤ ㄱ, ㄷ, ㄹ

답 ②

해설

인적에러의 분류(심리적 분류)
① 생략에러(Omission Error, 누설오류)
　필요한 직무나 단계를 수행하지 않은 에러
② 착각수행에러(Commission Error, 작위오류)
　직무나 순서 등을 착각하여 잘못 수행한 에러, 작위 실수(불확실한 수행)
③ 순서에러(Sequential Error, 순서오류)
　직무 수행과정에서 순서를 잘못 지켜 발생한 에러(순서착오)
④ 시간적 에러(Time Error, 시간오류)
　정해진 시간내 직무를 수행하지 못하여 발생한 에러(수행지연)
⑤ 과잉행동에러(Extraneous Error, 과잉행동오류)
　불필요한 직무 또는 절차를 수행하여 발생한 에러

참고

미국의 심리학자인 스웨인(A.D.Swain)은 원자력발전소의 휴먼에러 유형을 조사하는 과정에서 휴먼에러를 인간행동(Behaviour)의 관점에서 분류하는 방법을 주장하였다. 휴먼에러를 작업수행에 필요한 행동을 하는 과정에서 발생하는 에러와 작업수행에 불필요한 행동을 한 경우의 에러로 분류하였다.

보충학습

리즌(Reason)의 휴먼에러의 분류

비의도적 행동		의도적 행동	
숙련기반에러		착오(Mistake)	고의(Violation)
실수(Slip)	건망증(Lapse)	1) 규칙기반착오 　(rule Based Mistake)	
		2) 지식기반착오 　(Knowledge Based Mistake)	

16 인간의 뇌파에 관한 설명으로 옳지 않은 것은?

① 델타(δ)파는 무의식, 실신 상태에서 주로 나타나는 뇌파이다.

② 세타(θ)파는 피로나 졸림 등의 상태에서 주로 나타나는 뇌파이다.

③ 알파(α)파는 편안한 휴식 상태에서 주로 나타나는 뇌파이다.

④ 베타(β)파는 적극적으로 활동할 때 주로 나타나는 뇌파이다.

⑤ 오메가(Ω)파는 과도한 집중과 긴장 상태에서 주로 나타나는 뇌파이다.

답 ⑤

해설

인간의 뇌파(EEG)

① 알파(α), 베타(β), 감마(γ), 세타(θ) 파동의 명명은 그리스 문자를 사용하여 뇌파의 다양한 주파수 대역을 구분하기 위해 도입되었다.(Ω파는 존재하지 않는다.)

② 구분은 뇌파의 특정 주파수 범위가 뇌의 특정 활동이나 상태와 연관되어 있음을 나타내기 위해 사용된다.

[표] 뇌파의 다양한 의미

뇌 파	주파수	정신상태
델타파	0.5~3[Hz]	숙면, 간질, 정신박약 등
세타파	4~7[Hz]	정서불안, 졸음상태, 얕은 수면
알파파	8~12[Hz]	안정, 명상, 무념무상, 폐안
SMR파	12~15[Hz]	주의 집중 상태, 스트레스 감소
베타파	15~30[Hz]	약간 스트레스를 동반한 일상적 사고, 통상 긴장상태에서 일을 처리하고 있는 상태
감마파	30[Hz]	극도로 긴장한 상태, 매우 복잡한 정신 기능을 수행

[사진] 뇌파 측정 전극 부착 모습

17 면적에 관련한 착시현상으로 옳은 것은?

① 뮬러-라이어(Muller-Lyer) 착시
② 폰조(Ponzo) 착시
③ 포겐도르프(Poggendorf) 착시
④ 에빙하우스(Ebbinghaus) 착시
⑤ 쵤너(Zollner) 착시

답 ④

해설

에빙하우스의 착시(Ebbinghaus illusion)
① 같은 회색이라도 검은바탕에 있을 때가 흰 바탕에 있을 때보다 더 밝아 보인다.
② 같은 크기의 원도 작은 원들에 둘러싸여 있을 때가 큰 원들에 둘러싸여 있을 때보다 더 커 보이나 이러한 현상을 두고 에빙하우스의 착시(Ebbinghaus illusion)라고 한다.
③ 에빙하우스의 착시(Ebbinghaus illusion)는 상대적 크기 인식의 착시로, 우리가 있는 그대로를 보는 것이 아니라 주변에 있는 것들을 함께 고려해 상대적으로 보고 있음을 의미한다.

참고

1901년 실험 심리학 교과서에 에드워드 터치너(Edward B. Titchener)가 영어권에 이러한 환상적인 착시에 대한 소개로 대중화되었다. 기억과 망각에 대한 실험 연구분야를 개척한 독일의 심리학자인 헤르만 에빙하우스(Hermann Ebbinghaus 1850~1909)가 착시에 대한 연구를 통해 일부 착시현상(Optica illusion)을 발견하였는 데 이를 에빙하우스의 착시(Ebbinghaus illusion)라고 소개하였다.

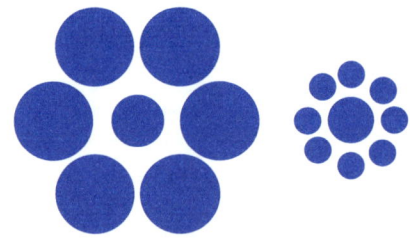

[그림] 에빙하우스 착시

보충학습

(1) 착시
물체의 물리적인 구조가 인간의 감각기관인 시각을 통하여 인지한 구조와 현저하게 일치하지 않은것으로 보이는 현상

[표] 착시의 구분

분류	도해	특징
Müler·Lyer의 착시	(a) >—< (b) <—>	(a)가 (b)보다 길게 보인다.
Helmholtz의 착시	(a) 가로줄 (b) 세로줄	(a)는 가로로 길어보이고 (b)는 세로로 길어보인다.

분류	도해	특징
Herling의 착시	(a) (b)	(a)는 양단이 벌어져 보이고 (b)는 중앙이 벌어져 보인다.
Poggendorff의 착시	(a) (c) (b)	(a)와 (c)가 일직선으로 보인다.(실제는 (a)와 (b)가 일직선)
Köhler의 착시		우선 평행의 호를 보고, 바로 직선을 본 경우 직선은 호와의 반대방향으로 휘어져 보인다.(윤곽 착시)
Zöller의 착시		세로의 선이 수직선인데 휘어져 보인다.

(2) 물건의 정리(군화의 법칙)

분류	내용	도해
근접의 요인	근접된 물건끼리 정리	○○ ○○ ○○ ○○
동류의 요인	가장 비슷한 물건끼리 정리	●○ ●○ ●○ ○
폐합의 요인	밀폐된 것으로 정리	
연속의 요인	연속된 것으로 정리	(a) 직선과 곡선의 교차 (b) 변형된 2개의 조합

참고

① 2014년 4월 12일(문제 11번) 출제
② 2023년 4월 1일(문제 16번) 출제

정보제공

산업심리학 p.151(2. 착시의 종류)

18. 신체와 환경의 열교환 종류에 관한 설명으로 옳지 않은 것은?

① 대류(convection)는 피부와 공기의 온도 차이로 생긴 기류를 통해서 열을 교환 하는 것이다.
② 반사(reflection)는 피부에서 열이 혼합되면서 열전달이 발생하는 것이다.
③ 증발(evaporation)은 땀이 피부의 열로 가열되어 수증기로 변하면서 열교환이 발생하는 것이다.
④ 복사(radiation)는 전자파에 의해 물체들 사이에서 일어나는 열전달 방법이다.
⑤ 전도(conduction)는 신체가 고체나 유체와 직접 접촉할 때 열이 전달되는 방법이다.

답 ②

해설

신체와 환경 열교환의 종류
① 대류(convection) : 피부와 공기의 온도 차이로 생긴 기류를 통해서 열교환
② 증발(evaporation) : 땀이 피부의 열로 가열되어 수증기로 변하면서 열교환
③ 복사(radiation) : 전자파에 의해 물체들 사이에서 일어나는 열전달
④ 전달(conduction) : 신체가 고체나 유체와 직접 접촉할 때 열전달

보충학습

(1) 신체 열함량 변화량
$\triangle S = (M-W) \pm R \pm C - E$
(M : 열발생량, W : 수행한 일, R : 복사 열교환량, C : 대류 열교환량, E : 증발 열발산량)

(2) 온도지수
① 실효온도(effective temperature)
  - 온도, 습도 및 공기유동이 인체에 미치는 열 효과를 하나의 수치로 통합한 경험적 감각지수
  - 상대습도 100%일 때의 건구온도에서 느끼는 것과 동일한 온감
② Oxford지수
  - WD(습건)지수라고도 하며 습구, 건구 온도의 가중 평균치
  - $WD = 0.85W(습구온도) + 0.15D(건구온도)$
③ 습구흑구온도지수(WBGT) (13년 기출)
  - 옥외 $WBGT = 0.7 \times 자연습구온도(NWB) + 0.2흑구온도(GT) + 0.1 \times 건구온도(DT)$
  - 옥내 $WBGT = 0.7 \times 자연습구온도(NWB) + 0.3흑구온도(GT)$

19. 산업안전보건기준에 관한 규칙에서 정하고 있는 **특별관리물질**이 아닌 것은?

① 디메틸포름아미드(68-12-2), 벤젠(71-43-2), 포름알데히드(50-00-0)

② 납(7439-92-1) 및 그 무기화합물, 1-브로모프로판(106-94-5), 아크릴로니트릴(107-13-1)

③ 아크릴아미드(79-06-1), 포름아미드(75-12-7), 사염화탄소(56-23-5)

④ 트리클로로에틸렌(79-01-6), 2-브로모프로판(75-26-3), 1,3-부타디엔(106 99-0)

⑤ 니트로글리세린(55 63-0), 트리에틸아민(121-44-8), 이황화탄소(75-15-0)

답 ⑤

해설

특별관리물질

(1) 관리대상유해물질

근로자에게 상당한 건강장해를 일으킬 우려가 있어 법 제39조에 따라 건강장해를 예방하기 위한 보건상의 조치가 필요한 원재료·가스·증기·분진·흄, 미스트로서 별표12에서 정한 유기화합물, 금속류, 산·알칼리류, 가스상태 물질류를 말한다.

(2) 특별관리물질

「산업안전보건법 시행규칙」 별표18 제1호 나목에 따른 발암성 물질, 생식세포 변이원성 물질, 생식독성 물질 등 근로자에게 중대한 건강장해를 일으킬 우려가 있는 물질로 별표12에서 특별관리물질로 표기된 물질을 말한다.

(관리대상 유해물질 중 특별히 더 위험한 물질 → 특별관리물질)

합격정보

① 산업안전보건기준에 관한 규칙 제420조(정의)
② 산업안전보건기준에 관한 규칙 [별표2] 관리대상 유해물질의 종류

[그림] 관리대상유해물질/특별관리물질의 관계

20 화학물질 및 물리적 인자의 노출기준에서 노출기준 사용상의 유의사항으로 옳지 않은 것은?

① 각 유해인자의 노출기준은 해당 유해인자가 단독으로 존재하는 경우의 노출기준이다.

② 노출기준은 1일 8시간 작업을 기준으로 하여 제정된 것이다.

③ 노출기준은 직업병진단에 사용하거나 노출기준 이하의 작업환경이라는 이유만으로 직업성질병의 이환을 부정하는 근거 또는 반증자료로 사용하여서는 아니 된다.

④ 노출기준은 대기오염의 평가 또는 관리상의 지표로 사용하여서는 아니 된다.

⑤ 상승작용을 하는 화학물질이 2종 이상 혼재하는 경우에는 유해인자별로 각각 독립적인 노출기준을 사용하여야 한다.

답 ⑤

해설

특별관리물질 노출기준(제3조)

① 각 유해인자의 노출기준은 당해 유해인자가 단독으로 존재하는 경우의 노출기준을 말하며, 2종 또는 그 이상의 유해인자가 혼재하는 경우에는 각 유해인자의 상가작용으로 유해성이 증가할 수 있으므로 제6조의 규정에 의하여 산출하는 노출기준을 사용하여야 한다.
② 노출기준은 1일 8시간 작업을 기준으로 하여 제정된 것이므로 이를 이용할 때에는 근로시간, 작업의 강도, 온열조건, 이상기압등이 노출기준 적용에 영향을 미칠 수 있으므로 이와같은 제반요인에 대한 특별한 고려를 하여야 한다.
③ 유해인자에 대한 감수성은 개인에 따라 차이가 있으며 노출기준 이하의 작업환경에서도 직업성 질병에 이환되는 경우가 있으므로 노출기준을 직업병진단에 사용하거나 노출기준 이하의 작업환경이라는 이유만으로 직업성질병의 이환을 부정하는 근거 또는 반증자료로 사용할 수 없다.
④ 노출기준은 대기오염의 평가 또는 관리상의 지표로 사용할 수 없다.

보충학습1

제6조(혼합물) ① 화학물질이 2종이상 혼재하는 경우 혼재하는 물질간에 유해성이 인체의 서로 다른 부위에 작용한다는 증거가 없는 한 유해작용은 가중되므로 노출기준은 다음식에 의하여 산출하는 수치가 1을 초과하지 아니하는 것으로 한다.

$$\frac{C_1}{T_1} + \frac{C_2}{T_2} + \cdots\cdots + \frac{C_n}{T_n}$$

주 C : 화학물질 각각의 측정치
  T : 화학물질 각각의 노출기준

② 제1항의 경우와는 달리 혼재하는 물질간에 유해성이 인체의 서로 다른 부위에 유해작용을 하는 경우에는 유해성이 각각 작용하므로 혼재하는 물질중 어느 한 가지라도 노출기준을 넘는 경우 노출기준을 초과하는 것으로 한다.

보충학습2

상호작용

구분	특징
상가작용	두 유해인자의 독성의 합만큼 독성 결과를 나타내는 작용 / (3+3=6) 예 일반적인 화학물질
상승작용	두 유해인자의 독성합보다 결과가 커짐을 나타내는 작용 / (3+3=20) 예 에탄올과 사염화탄소 등
길항작용	두 유해인자가 서로의 작용을 방해하는 것 / (3+3=0) 예 페노바비탈과 디란틴 등
가승작용 (잠재작용)	독성이 없는 물질을 독성이 있는 물질과 혼합하면 독성이 강해지는 작용 / (3+0=10) 예 이소프로필알코올과 사염화탄소 등

21. 작업환경측정 및 정도관리 등에 관한 고시에서 정하는 용어의 정의로 옳지 않은 것은?

① "정확도"란 일정한 물질에 대해 반복측정·분석을 했을 때 나타나는 자료 분석치의 변동크기가 얼마나 작은가 하는 수치상의 표현을 말한다.

② "직접채취방법"이란 시료공기를 흡수, 흡착 등의 과정을 거치지 아니하고 직접 채취대 또는 진공채취병 등의 채취용기에 물질을 채취하는 방법을 말한다.

③ "호흡성분진"이란 호흡기를 통하여 폐포에 축적될 수 있는 크기의 분진을 말한다.

④ "흡입성분진"이란 호흡기의 어느 부위에 침착하더라도 독성을 일으키는 분진을 말한다.

⑤ "고체채취방법"이란 시료공기를 고체의 입자층을 통해 흡입, 흡착하여 해당 고체입자에 측정하려는 물질을 채취하는 방법을 말한다.

답 ①

해설

용어정의

① "정도관리"란 법 제126조제2항에 따라 작업환경측정·분석 결과에 대한 정확성과 정밀도를 확보하기 위하여 작업환경측정기관의 측정·분석능력을 확인하고, 그 결과에 따라 지도·교육 등 측정·분석능력 향상을 위하여 행하는 모든 관리적 수단을 말한다.

② "정확도"란 분석치가 참값에 얼마나 접근하였는가 하는 수치상의 표현을 말한다.

③ "정밀도"란 일정한 물질에 대해 반복측정·분석을 했을 때 나타나는 자료 분석치의 변동크기가 얼마나 작은가 하는 수치상의 표현을 말한다.

합격정보

작업환경측정 및 정도 관리 등에 관한 고시 제2조(정의)

22 작업환경측정 및 정도관리 등에 관한 고시에서 정하는 시료채취에 관한 설명으로 옳은 것은?

① 8명이 있는 단위작업 장소에서는 평균 노출근로자 2명 이상에 대하여 동시에 개인 시료채취 방법으로 측정한다.

② 개인 시료채취 시 동일 작업근로자수가 20명을 초과하는 경우에는 매 5명당 1명 이상 추가하여 측정하여야 한다.

③ 개인 시료채취 시 동일 작업근로자수가 50명을 초과하는 경우에는 최대 시료채취 근로자수를 10명으로 조정할 수 있다.

④ 지역 시료채취 방법으로 측정을 하는 경우 단위작업장소 내에서 1개 이상의 지점에 대하여 동시에 측정하여야 한다.

⑤ 지역시료 채취 시 단위작업 장소의 넓이가 50평방미터 이상인 경우에는 매 30 평방미터마다 1개 지점 이상을 추가로 측정하여야 한다.

답 ⑤

해설

제19조(시료채취 근로자수)

① 단위작업 장소에서 최고 노출근로자 2명 이상에 대하여 동시에 개인 시료채취 방법으로 측정하되, 단위작업 장소에 근로자가 1명인 경우에는 그러하지 아니하며, 동일 작업근로자수가 10명을 초과하는 경우에는 매 5명당 1명 이상 추가하여 측정하여야 한다. 다만, 동일 작업근로자수가 100명을 초과하는 경우에는 최대 시료채취 근로자수를 20명으로 조정할 수 있다.

② 지역 시료채취 방법으로 측정을 하는 경우 단위작업장소 내에서 2개 이상의 지점에 대하여 동시에 측정하여야 한다. 다만, 단위작업 장소의 넓이가 50평방미터 이상인 경우에는 매 30평방미터마다 1개 지점 이상을 추가로 측정하여야 한다.

합격정보

작업환경측정 및 정도 관리 등에 관한 고시 제19조(시료채취 근로자 수)

23 다음 설명에 해당하는 중금속은?

- 중독의 임상증상은 급성 복부 산통의 위장계통 장해, 손처짐을 동반하는 팔과 손의 마비가 특징인 신경근육계통의 장해, 주로 급성 뇌병증이 심한 중추신경계동의 장해로 구분할 수 있다.
- 적혈구의 친화성이 높아 뼈조직에 결합된다.
- 중독으로 인한 빈혈증은 heme의 생합성 과정에 장해가 생겨 혈색소량이 감소하고 적혈구의 생존기간이 단축된다.

① 크롬 ② 수은
③ 납 ④ 비소
⑤ 망간

답 ③

해설

Pb(납 : 연)
① 회백색의 연한 금속
② 융점 : 327.4도, 비점 : 1,750도, 비중 : 11.4
③ 600도 부근에서 연의 증기가 발생
④ 일반적인 연의 용해작업은 500도를 넘지 않으므로 연의 증기보다는 산화연의 분진이 문제
⑤ 연의 용접 또는 고연의 회수작업시 연의 증기에 의해 중독 발생

보충학습

(1) Hg(수은) : 미나마타 병
 ① 은백색의 금속
 ② 상온에서 액체로 존재
 ③ 증기압이 낮아 공기 중 노출위험이 크다.
 ④ 3가지 형태 : 금속수은, 무기수은, 유기수은

(2) Cr(크롬)
 ① 단단하면서 부서지기 쉬운 회색 금속
 ② 여러 형태의 산화화합물로 존재
 ③ 2가 크롬은 불안정하고, 3가 크롬은 매우 안정된 상태로 존재, 6가 크롬염은 3가로 환원
 ④ 도금, 피혁제조, 색소, 방부제, 약품제조업 및 기타 제조업에서 노출
 ⑤ 스테인레스 아크 용접시에도 크롬에 노출될 수 있다.

(3) As(비소)
 ① 급성중독 : 경구 섭취(삼산화비소)
  ㉮ 소화기 증상/증후 : 구역, 구토, 복통, 혈변, 간비대
  ㉯ 경련, 혼수, 순환허탈(cardiac collapse), 사망
  ㉰ 말초신경염(회복 수주일 후) : 대칭적, 하지 〉 상지
  ㉱ Mee's line(수주 후) : 손톱, 흰색의 횡선

② 만성중독
    ㉮ 피부질환
    ㉯ 말초신경염
    ㉰ 암 : 폐암, 백혈병, 림프종, 간의 혈관육종
    ㉱ 태반통과 : 태아 독성(저체중아, 선천성 기형)

(4) Mn(망간)
    ① 부서지기 쉬운 회색 금속
    ② 융점 1247도, 비점 2090도
    ③ 철강제조에서 직업적 노출
    ④ 합금제조, 도자기, 유리의 제조, 안료 및 색소 제조, 용접 등

보충학습

일본 4대 공해병

일본 4대 공해병은 일본 기업들이 산업폐기물을 부적절하게 관리하여 일어난 환경오염이 원인이 된 대표적인 질환 네 가지를 일컫는 용어이다. 1912년 이타이이타이병이 발견되며 최초로 공해병 사태가 발생했으며, 1950년대와 1960년대에 걸쳐 세 건의 공해병 사태가 발생했다.
미나마타병과 니가타 미나마타병은 동일한 공해물질로 인해 발생하였으며 사건이 발생한 지역이 달라 구분하여 부르고 있다.

명칭	관련지역	원인	원천	년도
이타이이타이병	도야마현	카드뮴 중독	미쓰이 광산 제련소	1912년
미나마타병	구마모토현	메틸수은	신일본질소회사	1956년
니가타 미나마타병	니가타현	메틸수은	쇼와전공	1965년
욧카이치 천식	미에현	이산화황	석유콤비나트 등	1961년

피해자들과 시민 사회는 환경오염 사태에 책임이 있는 기업들을 대상으로 소송을 진행하고, 보도 및 출판 등 다양한 활동을 통해 비판의 목소리를 높였다. 1971년 일본 환경성이 창설되고, 환경오염에 대한 대중의 인식이 향상되었으며, 관련 산업체가 변화를 위해 노력한 결과 1970년대 이후에는 유사한 사건이 감소했다. 또한 관련된 불법 행위법 및 민법이 개정되는 초석이 되어 오늘날 기술관련 재해에 대한 배상에 관련된 각종 소송의 선례가 되었다.

24. 포름알데히드에 관한 설명으로 옳은 것을 모두 고른 것은?

ㄱ. 자극성 냄새가 나는 무색기체이다.
ㄴ. 호흡기를 통해 빠르게 흡수되고 피부접촉에 의한 노출은 극히 적다.
ㄷ. 대사경로는 포름알데히드 → 포름산 → 이산화탄소이다.
ㄹ. 생물학적 모니터링을 위한 생체지표가 많이 존재하며 발암성은 없다.

① ㄱ, ㄹ
② ㄴ, ㄷ
③ ㄱ, ㄴ, ㄷ
④ ㄱ, ㄷ, ㄹ
⑤ ㄱ, ㄴ, ㄷ, ㄹ

전항 정답

해설

포름알데히드(Formaldehyde)

① 멸균제, 방부제, 화학반응 중간체등 가정용 및 산업용의 다양한 용도로 사용되는 화학물질이다.
② 실온에서 매우 반응성이 큰 기체로 기화하며 눈, 코 점막에 강한 자극성을 지닌다.
③ 강한 반응성으로 DNA, 단백질 및 지질에 비특이적인 중합 반응을 유발할 수 있으며 비록 최기형성에 관한 결론은 확실하지 않지만 돌연변이원으로 작용할 수 있다.
④ 강한 반응성은 영화적 상상을 통해 영화 "괴물"의 모티프로서 사용되기도 하였다.
⑤ 직접 접촉에 의한 자극, 작업 중 혹은 가정에서 사용 중에 발생하는 기체에 의한 노출에 의해 다양한 독성이 나타날 수 있으며 포름알데히드의 용도가 매우 다양하기 때문에 매우 흔히 독성 노출이 보고되는 물질이다.
⑥ 포름알데히드는 물에서 자연적으로 중합되기 때문에 대부분 시판품에는 중합반응을 제한하기 위해 메탄올을 포함하고 있다. 따라서 포름알데히드 시판품을 섭취하였을 경우에는 메탄올 독성에도 동시에 대처해야 한다.

산업안전지도사 · 과년도기출문제

25 산업안전보건법령상 근로자 건강진단의 종류가 아닌 것은?

① 특수건강진단

② 배치전건강진단

③ 건강관리카드 소지자 건강진단

④ 종합건강진단

⑤ 임시건강진단

답 ④

해설

건강진단의 종류

제209조(건강진단 결과의 보고 등) ① 건강진단기관이 법 제129조부터 제131조까지의 규정에 따른 건강진단을 실시하였을 때에는 그 결과를 고용노동부장관이 정하는 건강진단개인표에 기록하고, 건강진단을 실시한 날부터 30일 이내에 근로자에게 송부해야 한다.

② 건강진단기관은 건강진단을 실시한 결과 질병 유소견자가 발견된 경우에는 건강진단을 실시한 날부터 30일 이내에 해당 근로자에게 의학적 소견 및 사후관리에 필요한 사항과 업무수행의 적합성 여부(특수건강진단기관인 경우만 해당한다)를 설명해야 한다. 다만, 해당 근로자가 소속한 사업장의 의사인 보건관리자에게 이를 설명한 경우에는 그렇지 않다.

③ 건강진단기관은 건강진단을 실시한 날부터 30일 이내에 다음 각 호의 구분에 따라 건강진단 결과표를 사업주에게 송부해야 한다.

1. 일반건강진단을 실시한 경우 : 별지 제84호서식의 일반건강진단 결과표
2. 특수건강진단·배치전건강진단·수시건강진단 및 임시건강진단을 실시한 경우 : 별지 제85호서식의 특수·배치전·수시·임시건강진단 결과표

④ 특수건강진단 기관은 특수건강진단·수시건강진단 또는 임시건강진단을 실시한 경우에는 법 제134조제1항에 따라 건강진단을 실시한 날부터 30일 이내에 건강진단 결과표를 지방고용노동관서의 장에게 제출해야 한다. 다만, 건강진단개인표 전산입력자료를 고용노동부장관이 정하는 바에 따라 공단에 송부한 경우에는 그렇지 않다.

⑤ 법 제129조제1항 단서에 따른 건강진단을 한 기관은 사업주가 근로자의 건강보호를 위하여 건강진단 결과를 요청하는 경우 별지 제84호서식의 일반건강진단 결과표를 사업주에게 송부해야 한다.

정답근거

① 산업안전보건법 시행규칙 제209조
② 산업안전보건법 제137조(건강관리카드)

2025년도 3월 29일 필기문제

산업안전지도사 자격시험
제1차 시험문제지

| 제3과목
기업진단·지도 | 총 시험시간 : 90분
(과목당 30분) | 문제형별
A |

| 수험번호 | 20250329 | 성 명 | 도서출판 세화 |

【수험자 유의사항】

1. 시험문제지는 단일 형별(A형)이며, 답안카드 형별 기재란에 표시된 형별(A형)을 확인하시기 바랍니다. 시험문제지의 **총면수, 문제번호 일련순서, 인쇄상태** 등을 확인하시고, 문제지 표지에 수험번호와 성명을 기재하시기 바랍니다.
2. 답은 각 문제마다 요구하는 **가장 적합하거나 가까운 답 1개**만 선택하고, 답안카드 작성 시 시험문제지 **형별누락, 마킹착오**로 인한 불이익은 전적으로 **수험자에게 책임**이 있음을 알려 드립니다.
3. 답안카드는 국가전문자격 공통 표준형으로 문제번호가 1번부터 125번까지 인쇄되어 있습니다. 답안 마킹 시에는 반드시 **시험문제지의 문제번호와 동일한 번호**에 마킹하여야 합니다.
4. **감독위원의 지시에 불응하거나 시험 시간 종료 후 답안카드를 제출하지 않을 경우** 불이익이 발생할 수 있음을 알려 드립니다.
5. 시험문제지는 시험 종료 후 가져가시기 바랍니다.

【안 내 사 항】

1. 수험자는 QR코드를 통해 가답안을 확인하시기 바랍니다.
   (※ 사전 설문조사 필수)
2. 시험 합격자에게 '합격축하 SMS(알림톡) 알림 서비스'를 제공하고 있습니다.

- 수험자 여러분의 합격을 기원합니다 -

… 2025년도 3월 29일 필기문제

3. 기업진단·지도

01 헤크만과 올드햄(J.Hackman & G.Oldhan)이 제시한 직무특성 모형에서 작업성과에 대한 경험적 책임(experienced responsibility)에 영향을 미치는 핵심직무차원은?

① 자율성
② 피드백
③ 과업정체성
④ 과업의 결합
⑤ 종업원의 성장욕구

답 ①

해설

직무특성이론(헤크만과 올드햄)

(1) 의의

헤크만과 올드햄은 직무의 특성이 종업원의 심리상태에 영향을 주어 궁극적으로 개인의 동기부여, 직무만족, 조직성과에 긍정적 영향을 줄 수 있다

[표] 5가지 직무특성

구분	특징
기술다양성	직무를 수행하기 위해 요구되는 기술 종류의 다양성을 말하며, 기술다양성이 높은 직무는 종업원이 수행하는 직무의 폭이 넓음. 기술다양성을 증진시키기 위해 '직무확대'를 추구
과업정체성	직무가 독립적으로 완결되는 것을 확인할 수 있는 정도로 직무의 시작부터 끝까지 모두 담당하면 과업정체성이 높은 것. 직무의 일부분만 시행하는 것은 과업정체성이 낮은 직무이다.
과업중요성	생명을 다루는 의사와 같이 직무가 타인에 중대한 영향을 끼치는 정도
자율성	직무에 대해 자신이 느끼는 책임감과 사용가능한 일의 재량권을 의미
피드백	직무의 성과와 효과성에 대한 정확한 정보를 얻을 수 있는 정도로, 피드백을 잘 받을 수 있는가의 정도

유사문제 출제

① 2012년 6월 2일
② 2014년 4월 12일
③ 2018년 3월 24일
④ 2023년 4월 1일

[표] 심리상태 및 성과

구분		심리상태		성과
기술다양성	⇒	직무의 의미감	⇒	1. 낮은 이직률 2. 직무만족도 증가 3. 높은 내적동기 부여 4. 업무성과 향상 5. 낮은 결근율
과업정체성				
과업중요성				
자율성	⇒	직무의 책임감		
피드백	⇒	직무수행 결과에 대한 지식		

(2) 동기부여 잠재점수 $= \dfrac{\text{기술 다양성} + \text{과업 정체성} + \text{과업 중요성}}{3} \times \text{자율성} \times \text{피드백}$

읽을거리

등장배경은 제2차 세계대선 이후 영국의 한 탄광회사에서 신기계 도입 이후 분업화와 표준화가 진행되면서 종업원 개인의 업무 강도는 완화했으나 불만과 결근율이 증가하고 생산은 별로 증가하지 않았다.

타비스톡 연구팀은 신기술 도입으로 기존에 형성됐던 인간적 관계나 규범이 깨졌기 때문이라고 진단하고 과거에 존 재하던 역할관계와 작업방식을 살려둔 채 신기술을 서서히 도입할 것을 제안하고 생산성이 오르고 불만은 줄었다.

이들의 연구결과는 조직의 기술적시스템과 인간관계시스템은 서로 적절하게 조화되어야 하며, 조직 내 과업이나 역할관계를 변화시킬 때는 인간관계나 집단적 규범을 혼란시키지 말고 정신적으로 시도해야 한다는 사실을 알려주고 있다.

2025년도 3월 29일 필기문제

02 인력의 수요와 공급을 예측하는 기법들 중에서 수요예측 기법을 모두 고른 것은?

> ㄱ. 회귀분석 ㄴ. 기능목록 분석
> ㄷ. 대체도 분석 ㄹ. 델파이법

① ㄱ, ㄴ   ② ㄱ, ㄷ
③ ㄱ, ㄹ   ④ ㄴ, ㄷ
⑤ ㄴ, ㄹ

답 ③

해설

수요 예측 기법(Demand Forecasting Techniques)

수요 예측은 미래의 제품 또는 서비스에 대한 수요를 예측하는 과정으로, 재고 관리, 생산 계획, 마케팅 전략 수립 등에 필수적인 역할을 한다.

(1) 시계열 분석(Time Series Analysis)
  ① 이동 평균법(Moving Average Method)
    과거의 수요 데이터를 평균하여 미래 수요를 예측한다. 주로 수요 변동이 비교적 안정적인 경우 사용된다.
  ② 지수 평활법(Exponential Smoothing Method)
    최근 데이터를 더 중시하여 과거 데이터를 가중 평균하여 수요를 예측합니다. 과거 데이터의 중요도가 시간이 지남에 따라 지수적으로 감소하도록 가중치를 부여한다.
  ③ ARIMA 모델(Auto-Regressive Integrated Moving Average)
    시계열 데이터에서 자기 회귀와 이동 평균을 결합한 모델로, 복잡한 패턴을 가진 수요 데이터를 예측하는 데 적합한다.

(2) 인과 분석(Causal Analysis)
  ① 회귀 분석(Regression Analysis)
    독립 변수(예 가격, 광고 지출, 경제 지표 등)와 종속 변수(예 수요) 간의 관계를 모델링하여 수요를 예측한다.
  ② 경제 계량 모델(Econometric Models)
    경제 지표(예 GDP, 금리, 인플레이션 등)와 수요 간의 상관 관계를 분석하여 수요를 예측한다.

(3) 정성적 예측 기법 (Qualitative Forecasting Techniques)
  ① 델파이 기법(Delphi Method)
    전문가 그룹이 반복적으로 의견을 제시하고 조정하여 합의된 예측을 도출한다. 불확실한 시장 상황이나 혁신적인 제품의 수요 예측에 유용하다.
  ② 시장 조사(Market Research)
    소비자 조사, 설문 조사, 인터뷰 등을 통해 얻은 정성적 데이터를 바탕으로 수요를 예측한다.

(4) 시뮬레이션 기법(Simulation Techniques)
- 몬테카를로 시뮬레이션(Monte Carlo Simulation)
  다양한 입력 변수를 무작위로 변화시키며 수천 번의 시뮬레이션을 수행하여 수요의 확률 분포를 예측한다. 복잡한 시장 상황이나 다수의 변수가 존재하는 경우에 사용된다.

(5) 머신 러닝 및 AI 기반 기법(Machine Learning and AI-Based Techniques)
① 기계 학습 모델(Machine Learning Models)
  인공신경망(ANN), 랜덤 포레스트(Random Forest), 서포트 벡터 머신(SVM) 등을 사용하여 대규모 데이터에서 패턴을 학습하고 수요를 예측한다.
② 딥 러닝 모델(Deep Learning Models)
  LSTM(Long Short-Term Memory), CNN(Convolutional Neural Networks) 등을 활용하여 시계열 데이터나 비정형 데이터를 분석하고, 복잡한 수요 예측 문제를 해결한다.

보충학습

공급예측 기법
① 기능 목록 분석
② 대체도 분석

유사문제 출제

2024년 3월 30일

03. 단체교섭의 유형 중 특정 기업 또는 사업장 단위로 조직된 노동조합이 해당 기업의 사용자 대표와 교섭하는 것은?

① 통일교섭
② 공동교섭
③ 집단교섭
④ 대각선 교섭
⑤ 기업별 교섭

답 ⑤

해설

단체교섭

(1) 단체교섭(團體交涉 : collective bargaining)의 개요
① 근로자 단체인 노동조합과 사용자(또는 그 단체)가 임금. 노동시간, 근로조건 등에 관한 결정을 내리기 위해 행하는 교섭이다.
② 단체교섭의 결과는 단체협약으로 체결되었고, 법에 의해 단체교섭과 노사협의회에서 결정할 사항이 구별되어 있는데, 단체교섭은 임금, 노동시간, 근로조건 등이 노사간 이해가 대립되는 것을 다루게 되어 있고, 노사협의회에서는 생산성의 향상, 근로자 복지, 고충의 처리 등에 주요 대상이다.

(2) 단체교섭의 유형
① 기업별 교섭 : 기업의 사용자 대표×기업노조
② 집단교섭 : 복수의 기업×복수기업의 노조
③ 통일교섭 : 사용자단체×산별(직업별) 노조
④ 대각선 교섭 : 기업×상위노조
⑤ 공동교섭 : 기업×기업노조+상위노조

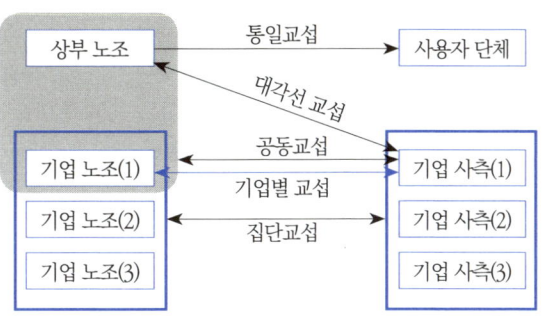

[그림] 단체교섭 유형

04 민쯔버그(H. Mintzberg)가 제시한 조직의 5가지 구성부문(parts)으로 옳지 않은 것은?

① 핵심운영 부문(operating core)
② 매트릭스 부문(matrix)
③ 전략 부문(strategic apex)
④ 기술전문가 부문(technostructure)
⑤ 지원스텝 부문(support staff)

답 ②

해설

헨리 민츠버그(Henry Mintzberg)의 조직 5가지 주요 구성 요소

민쯔버그(H.Mintzberg)는 조직구조를 조직의 어느 부분이 강조되느냐에 따라
① 기술지원부문 또는 기술전문가 부문(기계적 관료제)
② 일반지원부문 또는 지원스텝 부문(애드호크라시)
③ 전략경영부문(단순구조)
④ 중간관리부문(사업부제)
⑤ 생산핵심부문 또는 핵심운영 부문(전문적 관료제)으로 구분하였다.

[표] 5가지 구성요소

구분	단순구조	사업부제 구조	전문적 관료제 구조	기계적 관료제 구조	에드 호크라시 구조
구심점	최고경영 부문, 전략경영 부문	중간라인 부문	핵심운영 부문	기술전문가 부문	지원스텝 부문
조직구조	집권화, 직접관리 유기적 조직	분권화, 공식화 기계적 조직	분권화, 복잡성, 공식화 기계 + 유기	단순, 분권화, 공식화 기계적 조직	복집공 유기적 조직
G	신송, 통제용이 빠른 의사결정	위험분산, 다각화 중간관리자 육성	전문성, 재량권	효율성, 표준화	유연, 창의 신속 환경 대응
B	최고경영자 역량 권력남용	부문최적화 거시적, 전사적	느린 의사결정 전문가층관리자층마찰	느린 환경대응 창의, 유연×	느린 의사결정 역할 모호, 갈등
적합환경	단순, 동태적 신생 소규모조직	차별화, 다각화 성숙한 조직	복잡, 안정적 복잡한 대규모기업	단순, 안전적 성숙한 대규모조직	복잡, 동태 혁신 필요한 조직

참고

헨리 민츠버그(Henry Mintzberg, 1939년 9월 2일 ~)

캐나다 맥길대학교의 경영학과 교수로, 국제 경영학계에서 높은 평가를 받는 학자이다. 그는 61년 맥길대학교에서 학사 학위를, 68년 MIT에서 박사학위를 받은 후 지금까지 자신의 고향이기도 한 캐나다 몬트리올에 있는 맥길 대학교에서 50년동안 교수 생활을 해왔다. 민츠버그는 경영자, 기업 조직, 전략 경영, 경영 교육 등 기업 경영의 다양한 주제들을 탐구해 왔고, 무려 15권이 넘는 저서와 150편에 가까운 논문을 발표했다. 민츠버그는 주류 경영학계에서 주장했던 내용들을 때로는 정면으로 반박하면서 경영자들에게 완전히 새로운 관점을 제시하곤 했다. 이를테면 그는 합리성과 논리성으로 포장된 분석 중심의 사고를 경계하면서 경영자의 역할에서 '좌뇌와 우뇌의 조화'를 강조하였고, 조직의 5대 구성요소에 대해 밝혔다. 이 때문에 민츠버그의 연구 결과가 처음 발표된 당시에는 항상 논란이 있었지만, 세월이 흐른 후 그의 연구는 대부분 긍정적인 평가를 받고 있다.

05 피들러(F. Fiedler)의 상황적합이론에 관한 설명으로 옳지 않은 것은?

① 상황요인 3가지는 리더-부하관계, 과업구조, 리더의 직위권력이다.
② LPC(least preferred coworker) 척도는 함께 일하기가 가장 싫었던 동료를 평가 하는 것이다.
③ 리더에게 호의적인 상황에서는 과업지향적 리더십이 효과적이다.
④ LPC 점수가 낮으면 관계지향적 리더로 여겨진다.
⑤ 상황에 따라 효과적인 리더십 스타일이 다를 수 있음을 보여준다.

답 ④

해설

피들러의 상황리더십 이론

① 1960년대 상황론적 접근법은 프레드 피들러(Fred Fiedler)에 의해 개발된 상황이론이다.
② 리더의 성격특성은 LPC(Least Preferred Co-Worker)설문에 의해서 측정된다.

[표] LPC설문지

구분	점수	구분	점수
쾌활한 사람	8 7 6 5 4 3 2 1	쾌활하지 못한 사람	
친절하고 다정한 사람	8 7 6 5 4 3 2 1	불친절하고 다정하지 않은 사람	
거절을 잘하는 사람	1 2 3 4 5 6 7 8	수용적인 사람	
긴장하고 있는 사람	1 2 3 4 5 6 7 8	긴장을 풀고 여유 있는 사람	
거리를 두는 사람	1 2 3 4 5 6 7 8	친근한 사람	
냉담한 사람	1 2 3 4 5 6 7 8	다정한 사람	
지원적인 사람	8 7 6 5 4 3 2 1	적대적인 사람	
따분한 사람	8 7 6 5 4 3 2 1	흥미를 잘 느끼는 사람	
싸우기를 좋아하는 사람	1 2 3 4 5 6 7 8	화목하고 잘 조화하는 사람	
우울한 사람	1 2 3 4 5 6 7 8	늘 즐거워하는 사람	
서슴치 않고 개방적인 사람	8 7 6 5 4 3 2 1	주저하고 폐쇄적인 사람	
험담을 잘하는 사람	1 2 3 4 5 6 7 8	너그럽고 관대한 사람	
신뢰를 할 수 없는 사람	1 2 3 4 5 6 7 8	신뢰할 만한 사람	
사려깊은 사람	8 7 6 5 4 3 2 1	사려깊지 못한 사람	
심술궂고 비열한 사람	1 2 3 4 5 6 7 8	점잖고 신사적인 사람	
마음에 맞는 사람	8 7 6 5 4 3 2 1	마음에 맞지 않는 사람	
성실하지 않은 사람	1 2 3 4 5 6 7 8	성실한 사람	
친절한 사람	8 7 6 5 4 3 2 1	불친절한 사람	
			총점

③ 당신의 점수가 64점 이상이면 관계지향적 스타일이고 57점 이하이면 과업지향적 스타일이다.

06 수요예측 기법에 관한 설명으로 옳지 않은 것은?

① 시계열분석법은 수요의 과거 패턴이 미래에도 그대로 지속된다는 가정에 근거를 두는 정량적 기법이다.
② 시계열분석법의 4가지 변동요소는 추세(trend), 주기(cycle), 계절성(seasonality), 불규칙성(randomness)이다.
③ 자료유추법은 유사제품의 수요를 참고하여 예측하는 정량적 기법이다.
④ 인과형 예측법은 수요에 영향을 미치는 원인변수를 분석하여 예측 값을 추정 하는 정량적 기법이다.
⑤ 델파이법은 전문가의 식견과 경험을 기초로 하는 정성적 기법이다.

답 ③

해설

수요예측

(1) 개요
① 수요예측이란 한 회사의 제품이 미래에 얼마나, 어디에서 팔릴 것인가 가늠하는 것이다.
② 수요예측은 여러가지 계획 수립에 기초가 된다.
③ 소비자들의 다양한 욕구 변화와 빠른 기술 개발로 인해서 수요 예측은 쉽지 않다.

(2) 수요예측의 원리
① 예측치와 실제치는 거의 일치하지 않는다.
② 개별 제품보다 제품 그룹의 예측치가 더욱 정확하다.
③ 장기예측보다 단기예측의 경우 더욱 정확하다.

(3) 질적 방법은 수요예측을 빨리 해야 할 때, 과거 자료에 신빙성이 없을 때 주로 사용한다.
① 시장조사법
주로 설문지나 고객 인터뷰를 통한 자료를 가지고 고객의 선호도나 제품에 대한 요구사항을 알아볼 수 있다. 비용과 시간이 많이 들어가 수요변화예측에 유용한 방법이다. 하지만 설문지 내용이나 인터뷰 질문이 왜곡되거나 기업 위주로 만들어진 경우 잘못된 수용예측결과가 나올 수 있다.
② 전문가합의법
패널합의법이라고도 불리는 이 방법은 제품이나 마케팅, 소비자 심리학 등의 전문가를 통해 미래의 수요를 예측한다. 주의할 사항은 전문가 집단 중에서 말발이 좋은 사람이 자기주장대로 밀고 간다면 결과가 왜곡될 수 있다.
③ 판매원 종합 의견법
각 지역에 대해서 잘 알고 있는 현지 판매원들을 중심으로 해당 지역의 사회적 특성을 감안할 수 있는 방법이다. 단점으로는 판매원이 예상 수요만큼 팔아야 하기 때문에 예측치를 적게 부를 수 있다.
④ 자료유추법
과거에 대한 마땅한 자료가 없는 경우 사용하는 방법이다. 주로 신제품 출시 때 예측하는 방법으로 기존 제품과 비슷한 제품의 과거 자료를 활용해 예측한다. (유사제품의 수요 참고하여 예측하는 정성적 기법)

⑤ 델파이법

이는 전문가합의법의 진화된 방법이다. 기존 전문가합의법은 서로 회의를 통해서 결과를 도출하지만, 델파이법은 전문가 집단을 구성하여 하나의 통일된 결과를 얻을 때까지 질문을 계속해 일치되는 결과가 나올 때까지 반복하는 방법이다. 전문가끼리 서로 만나지 않아서 전문가합의법의 단점을 보완할 수 있다.

(4) 시계열 분석

시간 순서대로 정렬된 데이터에서 의미 있는 요약과 통계정보를 추출하는 방식이다. 수요 예측을 하는 방법은 크게 전기수요법, 이동평균법, 지수평활법으로 구분된다.

① 전기수요법

전기수요법은 시계열 중에 가장 최근의 실제치를 바로 다음 기간의 예측치로 사용한다.

② 이동평균법

이동평균법은 시계열 속에 있는 단기의 불규칙 변동을 고르게 하는 방법이다.

크게 단순이동평균법과 가중이동평균법으로 나뉜다.

단순이동평균법은 가까운 과거의 일정기간에 해당하는 시계열의 평균값을 바로 다음 기간의 예측치로 사용하는 방법이다. 보통 3개월, 6개월, 1년 등의 평균치를 사용해 다음 기간의 수요량을 예측한다.

가중이동평균법은 단순이동평균법과 비슷하지만 더욱 가까운 실제치에는 높은 가중치를 주고, 먼 과거의 실제치에는 낮은 가중치를 부여하는 방법이다. 가중치의 비중은 사람이 결정해 주관적인 요소가 반영되어 있다.

③ 지수평활법

지수평활법은 가장 가까운 과거의 자료에 가장 큰 가중치를 부여하는 단수지수평활법이 있다. 다다음 기간의 수요를 예측하는 방정식은 $F_t = F_{t-1} + Alhpa(A_{t-1} - F_{t-1})$이다.

F_t는 t 기간의 예측치, A_{t-1}은 t-1 기간의 실제치, Alhpa는 평활계수를 의미한다. (단, 평활계수는 0~1 사이의 값만 가진다.)

(5) 인과형 방법

① 어느 제품의 판매량(종속변수)은 그 제품의 가격, 광고비, 품질관리비, 가처분소득, 인구 등 독립변수의 함수이다. 독립변수와 종속변수의 관계를 수학적으로 규명하면 독립변수의 값에 따라 종속변수의 값을 예측할 수 있다.

② 인과형 방법에서는 수요를 회귀분석을 통해서 구한다. 단순회귀방정식이라 불리는 Y=a+bX를 통해서 독립변수와 종속변수의 관계를 증명한다.

③ 방정식의 계수는 최소자승법을 활용해서 구한다.

$$b = \frac{n\Sigma XY - \Sigma X \Sigma Y}{n\Sigma X^2 - (\Sigma X)^2}$$

$$a = \frac{\Sigma Y - b\Sigma X}{n}$$

유사문제 출제

2024년 3월 30일

07 자재소요계획(material requirement planning)의 입력 자료를 모두 고른 것은?

> ㄱ. 자재명세서(bill of material)
> ㄴ. 계획발주량(planned order release)
> ㄷ. 주생산일정계획(master production scheduling)
> ㄹ. 재고기록철(inventory record file)
> ㅁ. 예외보고서(exception report)

① ㄱ, ㄴ, ㅁ
② ㄱ, ㄷ, ㄹ
③ ㄱ, ㄹ, ㅁ
④ ㄴ, ㄷ, ㄹ
⑤ ㄴ, ㄷ, ㅁ

답 ②

해설

MRP(자재 소요 계획) 시스템

(1) 주생산일정계획
　① 최종 제품의 기간별 생산종료 시점과 제품 수량을 나타내는 계획으로, 사용 가능한 자원과 완료 시점이 합리적이어야 한다.
　② 일반적으로 주 단위로 작성되지만, 생산 환경에 따라 일 또는 월 단위로 작성하기도 한다.

(2) 자재명세서(BOM)
　① 완제품을 생산하는 데 필요한 원재료 및 부분품을 명시한 상세 내역이다.
　② 각 원·부자재의 품명과 수량, 상하관계를 표기하는데, MRP를 달성하는 데 필요한 원·부자재 총 소요량을 계산하는 데 필요하다.

(3) 재고상태기록철
　재고상태기록철은 기업이 보유한 모든 재고의 입출고 현황과 재고 상태를 기록하는데 계획기간 동안 내 발주 상황과 생산 수량에 관한 사항이 포함되어야 한다.
　① 총 소요량 : 입고예정재고 + 안전재고 − (현재 재고 − 할당된 재고)
　② 순 소요량 : 총 소요량 − 현재 재고 − 입고 예정 재고 + 할당된 재고 + 안전재고

08 6시그마에 관한 설명으로 옳지 않은 것은?

① 품질수준을 높이기 위해 공정의 산포보다 평균에 더 초점을 맞춘다.

② 6시그마의 시그마는 데이터의 산포를 나타내는 표준편차를 의미한다.

③ 통계기법을 사용하여 품질혁신을 달성하기 위한 전사적 품질경영 활동이다.

④ 추진 로드맵은 정의(define), 측정(measure), 분석(analyze), 개선(improve), 통제(control)의 5단계로 구성된다.

⑤ 제조업 중심으로 개발된 기법이나 서비스업에도 적용 가능하다.

답 ①

해설

6시그마

(1) 개요
  ① 6시그마는 모토로라가 등록한 상표이다.
  ② 시그마(σ)는 원래 정규분포에서 표준편차를 나타내며 6 표준편차인 100만 개 중 3.4개의 불량률(Defects per million opportunities, DPMO)을 추구한다는 의미에서 나온 말이다.
  ③ 실제로 ±6 시그마 수준은 10억 개 중 2개의 불량(0.002ppm 불량률)으로써, 6시그마는 불량 제로를 추구하는 말이다.

(2) 방법론
  ① 6시그마에는 두 가지 주요한 방법론이 있는데 DMAIC과 DMADV이다. 이 두 가지는 원래 W. 에드워드 데밍의 계획(P)-실행(D)-점검(C)-행동(A) 싸이클 이론에서 영향을 받은 것이다.
  ② DMAIC은 주로 기존의 프로세스를 향상시키기 위해 쓰이고 DMADV는 새로운 제품을 만들거나 예측가능하고 결함이 없는 성능을 내는 디자인을 만들기 위한 목적으로 쓰인다.

(3) DMAIC의 5단계
  ① 정의(Define) : 기업 전략과 소비자 요구 사항과 일치하는 디자인 활동의 목표를 정한다.
  ② 측정(Measure) : 현재의 프로세스 능력, 제품의 수준, 위험 수준을 측정하고 어떤 것이 품질에 결정적 영향을 끼치는 요소(CTQs, Criticals to qualities)를 밝혀낸다.
  ③ 분석(Analyze) : 디자인 대안, 상위 수준의 디자인을 만들기 그리고 최고의 디자인을 선택하기 위한 디자인 가능성을 평가하는 것을 개발하는 과정이다.
  ④ 개선(Improve) : 바람직한 프로세스가 구축된 수 있도록 시스템 구성 요소들을 개선한다.
  ⑤ 관리(Control) : 개선된 프로세스가 의도된 성과를 얻도록 투입 요소와 변동성을 관리한다.

(4) DMADV의 5단계
  ① 정의(Define) : 기업 전략과 소비자 요구 사항과 일치하는 디자인 활동의 목표를 정한다.
  ② 측정(Measure) : 현재의 프로세스 능력, 제품의 수준, 위험 수준을 측정하고 어떤 것이 품질에 결정적 영향을 끼치는 요소(CTQs, Criticals to qualities)를 밝혀낸다.
  ③ 분석(Analyze) : 디자인 대안, 상위 수준의 디자인을 만들기 그리고 최고의 디자인을 선택하기 위한 디자인 가능성을 평가하는 것을 개발하는 과정이다.
  ④ 디자인(Design) : 세부 사항, 디자인의 최적화, 디자인 검증을 위한 계획을 하는 단계를 말한다. 여기서 시뮬레이션 과정이 필요하다.
  ⑤ 검증(Verify) : 디자인, 시험 작동, 제품개발 프로세스의 적용과 프로세스 담당자로의 이관 등에 관련된 단계이다.

09 공급사슬관리에 관한 설명으로 옳은 것은?

① 채찍효과(bullwhip effect)는 수요변동이 공급사슬의 상류(공급자)에서 하류(최종 소비자)로 이동하면서 증폭되는 현상이다.

② 크로스도킹 (cross-docking)은 물류창고에 입고되는 상품을 장기간 보관하여 소매점에 배송하는 물류시스템이다.

③ 공급자 재고관리 (vendor managed inventory)는 공급자의 재고 보충책임을 구매자에게 이전하는 전략이다.

④ CPFR(Collaborative Planning, Forecasting, and Replenishment)은 공급자와 구매자가 제품의 수요예측과 판매 및 재고 보충계획까지 함께 수립하는 방법이다.

⑤ 지연 차별화(delayed differentiation)는 제품의 세부사양을 결정짓는 부품을 먼저 생산한 다음 공동부품을 생산하는 전략이다.

답 ④

해설

공급사실 관리(SCM)

(1) 개요
  ① 공급사슬관리(Supply Chain Management, SCM)는 제품 또는 서비스가 공급자로부터 최종 소비자에게 전달되는 모든 과정을 효과적으로 관리하여 비용을 절감하고 고객 만족을 극대화하는 전략적 접근이다.
  ② 과정은 원자재 조달, 생산, 유통, 물류, 재고 관리, 정보 흐름 관리 등을 포함한다.

(2) 공습사슬관리의 주요 구성 요소
  ① 계획(Planning)
      수요 예측 및 자원 계획을 통해 효율적인 공급사슬 전략 수립
      목표 : 수요와 공급의 균형 유지, 비용 최소화, 서비스 수준 최적화
  ② 소싱(Sourcing)
      적합한 공급업체를 선정하고 계약 체결
      공급업체 관리 및 관계 구축
      재료 품질, 납기, 비용을 고려하여 최적화
  ③ 생산(Production)
      원자재를 제품으로 변환하는 제조 활동
      생산 공정의 효율성 및 품질 관리
  ④ 배송(Delivery)
      물류 관리 및 제품의 고객 전달
      운송 수단 선정, 유통 네트워크 최적화, 배송 시간 단축
  ⑤ 반품(Returns)
      불량품, 과잉 재고 등 반품 관리
      고객 만족을 유지하며 재고를 효율적으로 처리

(3) 용어정의
① 채찍효과(bull whip)
㉮ 소비자 수요의 작은 변화가 도매·유통·제조·원자재 공급업체에 커다란 영향을 끼칠 수 있다는 경제 용어
㉯ 소비자 수요 변동폭은 크지 않지만 소매상, 도매상, 제조업자, 원자재 공급자 등의 공급사슬을 거슬러 올라갈수록 변동 폭이 크게 확대되는 현상이다.
㉰ 수요 정보가 정확히 전달되지 않아 소매업자나 도매상 제조업자 들이 과잉 재고를 떠안게 돼는 현상이 벌어지기도 한다.

② 크로스도킹(Cross Docking)
㉮ 창고나 물류센터에서 수령한 상품을 재고로 보관하는 것이 아니라 즉시 배송할 준비를 하는 물류시스템을 의미한다.
㉯ 유통업체나 도매배송업체, 항만터미널운영업체의 물류현장에서 발생할 수 있는 비생산적인 재고를 제거하고자 하는 것이 그 목적이다.

③ VMI(Vender Managed Inventory : 공급자에 의한 재고관리)
㉮ 제조업체(또는 공급업자 도매배송센터)가 소매점의 물건움직임을 보면서 생산 및 수송 을 하게 되며 팔리지 않는 상품을 운반하거나 보관하는 불필요성을 줄일 수 있고 발주 업무를 생략할 수 있다.
㉯ 상품보충에 대한 책임이 제조업체 또는 공급업체, 도매배송센터에 있으며, 제조업체(공급자)가 발주확정 후 바로 유통업체로 상품배송이 이루어진다.

④ 지연차별화
㉮ 연기란 배송업체가 재고를 배송에 투입할 때 발생하는 의도적인 지연입니다.
㉯ 지연 차별화라고도 하는 이 전략은 "기업이 재고를 획기적으로 줄이는 동시에 고객 서비스를 개선할 수 있도록 하는 적응형 공급망 전략"이다.

⑤ CPFR
㉮ CPFR은 공급업체와 고객(소매업체 또는 제조업체)이 협력하여 수요 예측, 판매 계획, 재고 보충을 최적화하는 공급망 관리 방식이다.
㉯ 목표 : 공급망 전반에서 수요와 공급을 일치시켜 비용을 절감하고, 재고 관리 효율을 높이며, 매출을 극대화하는 것
㉰ 특징 : 실시간 데이터 공유, 협업 기반 의사 결정, 지속적인 성과 평가
㉱ 단계 : 1.협업 관계 설정 → 2.공동 비즈니스 계획 → 3.수요 예측 → 4.판매 계획
5.주문 생산 → 6.주문 이행 → 7.예외 분석 → 8.성과 평가 및 개선

10 직업 스트레스 과정을 여러 개의 요소(facet)로 나눌 수 있다고 제안한 비어와 뉴먼(T. Beehr & I. Newman) 모델의 **구성 요소가 아닌 것은?**

① 개인 요소(personal facet)

② 시간 요소(time facet)

③ 환경 요소(environment facet)

④ 과정 요소(process facet)

⑤ 경제 요소(economy facet)

답 ⑤

해설

비어와 뉴먼의 모델 구성요소

① 개인 요소
② 시간 요소
③ 환경 요소
④ 과정 요소
⑤ 인적 요소
⑥ 인적결과 요소
⑦ 적응적 반응요소

11. 직무분석에서 사용하는 직위분석 설문지(Position Analysis Questionnaire)의 주요 차원이 아닌 것은?

① 신체 과정(body processes)
② 정보 입력(information input)
③ 타인과의 관계(relationships with other persons)
④ 작업 결과(work output)
⑤ 직무 맥락(job context)

답 ①

해설

직위분석 질문지법(PAQ : position analysis questionnaire)

(1) 개념

맥코믹(E.J. McCormick)에 의해 개발된 것으로 작업자 활동과 관련된 187개 항목과 임금관련 7개 항목을 포함하여 총 194개의 항목으로 구성된 질문지로서 작업에 대한 표준화된 정보를 수집하는 대표적인 방법이다.

(2) 내용

6개 범주 ① 정보의 투입(35), ② 정신적 과정(14), ③ 작업산출(49), ④ 타인과의 관계(36), ⑤ 작업환경 및 직무상황(19), ⑥ 기타(41)로 구성된다.

(3) 장점과 단점

① 구조화된 직무분석기법들 중에서 직위분석설문지는 다른 것보다 더욱 철저히 연구된 것이며, 변형 없이도 넓은 범위의 직무에 사용가능하고 많은 자료에 대한 비교를 가능케 한다.
② 직위분석설문지는 선발과 직무분류 용도로 널리 활용되고 있다.
③ 인사평가와 교육훈련용도로는 활용되지 않는다.
④ 이유는 설문지는 매우 다양한 직무를 쉽게 분석할 수 있고 직무평가용도로 널리 활용되지만 성과표준이나 훈련내용을 설문지의 점수로부터 도출해내기 어렵기 때문이다.

12 동기에 관한 이론적 접근 중에서 엘더퍼(C. Alderfer)의 ERG 이론이 해당 되는 것은?

① 행동적 이론(behavioral theory)

② 인지과정 이론(cognitive process theory)

③ 욕구기반 이론(need-based theory)

④ 자기결정 이론(self-determination theory)

⑤ 직무기반 이론(job-based theory)

답 ③

해설

ERG 이론

(1) 개요

① ERG 이론은 1972년 심리학자 C.Alderfer가 인간의 욕구에 대해 매슬로의 욕구단계이론을 발전시켜 주장한 이론이다.
② 인간의 욕구를 중요도 순으로 계층화했다는 점에서는 매슬로의 욕구단계이론과 동일하게 정의하지만, 그 단계를 5개에서 3개로 줄여 제시하였다는 점과 직접 조직 현장에 들어가 연구를 실행했다는 점에서 차이를 보인다.

(2) 특징

① 존재욕구(Existence needs)

구분	특징
내용	기본적인 욕구로 음식, 공기, 물, 임금 그리고 작업조건과 같은 것에 대한 욕구
예	배고픔, 갈증, 안식처 등과 같은 생리적, 물질적 욕망으로서 봉급과 쾌적한 물리적 작업 조건과 같은 물질적 욕구가 이 범주에 속한다. 이 존재욕구는 매슬로우의 생리적 욕구와 물리적 측면의 안전욕구에 해당한다고 할 수 있다.

② 관계욕구(Relatedness needs)

구분	특징
내용	의미있는 사회적, 개인적 인간관계 형성에 의해서 충족될 수 있는 욕구
예	직장에서 타인과의 대인관계, 가족, 친구 등과의 관계와 관련되는 모든 욕구를 포괄한다. 관계욕구는 매슬로의 안전욕구와 사회 욕구, 그리고 존경욕구의 일부를 포함한다고 볼 수 있다.

③ 성장욕구(Growth needs)

구분	특징
내용	개인의 생산적이고 창의적인 공헌에 의해서 충족될 수 있는 욕구
예	개인의 창조적 성장, 잠재력의 극대화 등과 관련된 모든 욕구를 가리킨다. 이러한 욕구는 한 개인이 자기 능력을 극대화할 뿐만 아니라 능력개발을 필요로 하는 일에 종사함으로써 욕구충족이 가능한 것이다. 이 성장욕구는 매슬로의 자아실현 욕구와 존경욕구에 해당한다고 할 수 있다.

[표] 주장자에 따른 욕구의 정의 차이

구분	매슬로	앨더퍼	맥클리랜드	허즈버그
생리적 욕구	생리적 욕구	존재욕구		위생요인
	안전의 욕구			
정신적 욕구	사회적 욕구	관계욕구	친화욕구	동기요인
	존경의 욕구		성취욕구	
	자아실현의 욕구	성장욕구	권력욕구	

13 다음의 설문 문항들이 측정하고자 하는 것은?

> ○ 이 조직은 나에게 개인적 의미를 많이 부여해 준다.
> ○ 가까운 미래에 이 조직을 그만두게 된다면 이는 나에게 비용이 너무 많이 드는 일이다.
> ○ 내가 지금 이 조직을 그만둔다면 죄책감을 느끼게 될 것이다.

① 직무 만족(job satisfaction)

② 조직 몰입(organizational commitment)

③ 조직 정의(organizational justice)

④ 조직 동일시(organizational identification)

⑤ 조직지지 지각(perceived organizational support)

답 ②

해설

설문 문항 설명

① 이 조직은 나에게 개인적 의미를 많이 부여해 준다
정서적 몰입에 대한 설문이다. 그런데 조직과 개인의 정체성을 연결 짓고 있는데 조직동일시에도 사용 될 수 있지만 조직에 대한 애착과 몰입에 묻는 조사에도 사용 될 수 있다.

② 가까운 미래에 이 조직을 그만두게 된다면 이는 나에게 비용이 너무 많이 드는 일이다.

③ 유지적 몰입에 대한 설문이다. 경제적으로 손실을 초래한다고 느끼는가를 측정하는 내용인데 조건제시 없이 한 번에 분류한다는 건 개인적으로는 어렵다.

④ 내가 지금 이 조직을 그만둔다면 죄책감을 느끼게 될 것이다.
규범적 몰입에 대한 설문으로 도덕성과 책임감을 묻는 질문인데 이직과 조직에 대한 이미지를 묻는 조사에도 사용될 수 있다고 보여진다.

① 조직지지 지각 → 조직이 나를 지지한다고 느끼는 정도
↓
② 조직동일시와 조직정의 → 조직과의 정체성 연결 및 공정성 인식
↓
③ 조직몰입과 직무만족 → 조직에 몰입하고 직무에 만족하는 결과

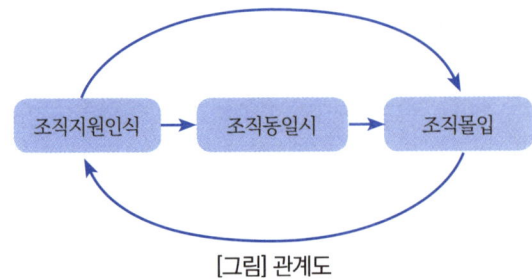

[그림] 관계도

14 다음 그림이 제시하는 집단효과성 모델은?

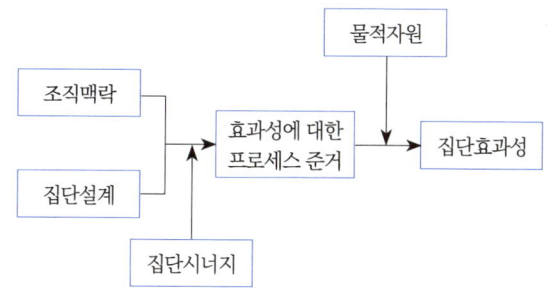

① 캠피온(Campion) 모델
② 그래드스테인(Gladstein) 모델
③ 터크만(Tuckman) 모델
④ 맥그래스(McGrath) 모델
⑤ 해크만(Hackman) 모델

답 ⑤

해설

집단효과성 모델

(1) Campion 모델
① 마이클 A. 캄피온(Michael A. Campion)과 그의 동료들은 팀의 구조와 프로세스에 중점을 둔 팀 설계 모델을 개발했다. 이 모델은 팀 멤버 간의 상호작용, 역할 분배, 목표 설정, 커뮤니케이션 전략 등을 포함한 일련의 권장 사항을 제시한다.
② Campion 모델은 팀 멤버의 다양성, 역할의 명확성, 목표의 일관성 등이 팀의 성과에 어떻게 영향을 미치는지에 대해 설명하며, 효과적인 팀 설계를 위한 가이드라인을 제공한다.

(2) Gladstein 모델
① 데이비드 L. 글래드스틴(David L. Gladstein)은 팀 내외부의 환경과 리더십이 팀의 효과성에 미치는 영향을 연구했다.
② Gladstein 모델은 팀 리더의 행동과 외부 환경이 팀 프로세스에 어떻게 영향을 미치는지를 중심으로 하며, 이러한 프로세스가 최종적으로 팀의 성과에 어떻게 기여하는지를 설명한다.
③ 특히 팀 리더의 커뮤니케이션 능력과 환경적 요인이 팀의 성공에 중요함을 강조한다.

(3) Tuckman 모델
① 집단 발달의 5단계 모델은 브루스 터크만에 의해 제안. 1965년에 처음 소개된 이 이론은 팀이나 집단
  ㉮ 형성(Forming) 단계에서 시작
  ㉯ 폭풍(Storming)
  ㉰ 규범화(Norming)
  ㉱ 성과(Performing)를 거쳐 마지막으로
  ㉲ 해산(Adjourning)의 단계까지 발달하는 과정을 설명한다.
② 팀 작업과 집단 내 상호작용에 대한 이해를 돕기 위해 널리 사용

(4) McGrath 모델

① 조셉 E. 맥그래스(Joseph E. McGrath)는 팀의 작업을 수행하는 과정에 초점을 맞춘 모델을 개발했다.
② McGrath의 "Time, Interaction, and Performance (TIP)" 이론은 팀이 시간에 따라 어떻게 발달하며, 상호작용과 성과 사이의 관계를 어떻게 형성하는지를 설명한다.
③ McGrath는 팀의 작업을 4가지 주요 유형(생성, 선택, 협상, 집행)으로 분류하고, 각 유형의 작업이 팀 상호작용과 성과에 어떻게 영향을 미치는지를 분석한다.

(5) Hackman 모델

① J. Richard Hackman은 팀의 구성과 팀의 조건이 팀의 효과성을 어떻게 결정하는지에 대한 모델을 개발했다.
② Hackman의 모델은 팀의 성과, 구성원의 개인적 성장 및 복지, 팀의 지속 가능성 등 세 가지 주요 결과를 중심으로 한다. Hackman은 팀의 효과성을 최대화하기 위해 명확한 목표 설정, 역할 분배, 적절한 리더십, 개방적인 커뮤니케이션, 구성원의 기술 및 능력을 강조한다.
③ 조직 내에서 팀을 설계하고 관리하는 데 있어 구체적인 행동 지침을 제공한다.
④ Hackman은 팀이 효과적으로 기능하기 위해 필요한 다섯 가지 핵심 조건을 제시한다.
  ㉮ 실제 팀으로서의 구성 : 팀이 명확한 경계를 가지고, 안정적인 멤버십을 유지해야 한다.
  ㉯ 명확하고 동기 부여가 되는 방향 : 팀 목표가 분명하고, 멤버들에게 동기를 부여해야 한다.
  ㉰ 적절한 구조 : 역할과 책임이 명확하고, 적절한 기술과 능력을 갖추어야 한다.
  ㉱ 지원적인 조직 맥락 : 팀이 필요로 하는 리소스, 정보, 시스템의 지원을 받아야 한다.
  ㉲ 공유적인 리더십과 팀워크 : 팀 내에서 리더십이 공유되며, 구성원 간의 협력과 커뮤니케이션이 잘 이루어져야 한다.

15 제니스(I. Janis)가 제시한 집단사고(groupthink)가 발생할 가능성이 높은 상황을 모두 고른 것은?

> ㄱ. 집단이 외부로부터 고립되어 있을 때
> ㄴ. 리더가 민주적일 때
> ㄷ. 집단의 응집력이 낮을 때
> ㄹ. 외부로부터 위협이 있을 때

① ㄱ, ㄴ
② ㄱ, ㄹ
③ ㄷ, ㄹ
④ ㄱ, ㄴ, ㄷ
⑤ ㄴ, ㄷ, ㄹ

답 ②

해설

집단사고

(1) 개요
  ① 1972년, 미국의 심리학자 어빙 제니스(Irving Janis)가 피그만 침공이 실패한 이유를 분석하는 과정에서 만들어낸 개념으로, 보통 집단사고는 "응집력이 높은 집단의 사람들은 만장일치를 추진하기 위해 노력하며, 다른 사람들이 내놓은 생각들을 뒤엎으려고 노력하는 일종의 상태"를 말하는 학문적인 용어
  ② 보통 외부로부터 고립되어 충분한 토의가 이뤄질 수 없는 경우라든가 구성원의 스트레스가 쌓일 때 집단이 응집하여 집단사고로 이어질수 있으며, 지시적인 리더십 혹은 사회적 배경과 관념의 동질성이 높을 때 자주 발생한다.

(2) 집단사고의 환경
  ① 잘못불가의 환상 - 자신의 집단이 절대로 잘못될리 없다는 생각
  ② 합리화의 환상 - 내외부의 경고를 무시하기 위해 자신들의 주장을 집단적으로 합리화를 해버린다.
  ③ 도덕성의 환상 - 자신들이 도덕적으로 우월하다고 보이는 현상
  ④ 적에 대한 상동적인 태도 - 적은 자기 집단들보다 약하다고 생각한다.
  ⑤ 동조압력 - 상대를 자기 집단에 굴복시킨다.
  ⑥ 자기검열 - 아무도 시키지 않지만 집단이 싫어할까봐 말을 알아서 검열한다.
  ⑦ 만장일치의 환상 - 무조건 만장일치가 돼야 된다고 생각하는 현상
  ⑧ 자기보호, 집단 초병 - 집단화목을 깨뜨릴 부정적 정보로부터 집단을 보호한다.

(3) 예방책
  집단사고를 예방하기 위해서 지도자급은 발언을 막기도 하고, 외부 인사를 반드시 회의에 참여시키기도 하며, 고의적으로 의견의 대립을 조장하기도 하고, 필요한 경우에는 악마의 대변인이란 제도를 사용하기도 한다.

유사문제 출제
2024년 3월 30일

16. 위험감수성 (Danger Sensitivity)에 영향을 미치는 주된 요인으로 옳지 않은 것은?

① 체험적 경험
② 인지적 정보
③ 지각적 경험
④ 교육적 정보
⑤ 정서적 경험

전항 정답

해설

위험감수성에 대한 4가지 구성 요인
① 체험 및 관찰적 경험과 정보
② 인지적 경험과 정보
③ 지각적 경험과 정보
④ 정서적 경험과 정보

출처

2018 안전심리학[학지사] p.23~24 이순열, 이순철, 박길수 공저

17 특정 상황과 부분적으로 결합되는 친근한 정보에 사로잡히면서 발생하는 인간 오류는?

① 포획 오류(capture error)

② 양식 오류(mode error)

③ 연합 오류(associative error)

④ 완료후 오류(post-completion error)

⑤ 연상활성화 오류(association activation error)

답 ①, ③, ⑤

해설

인간 오류 유형

구분	기본 개념	핵심요인
포획 오류 (capture error)	익숙한 행동 패턴이나 습관적인 행동이 유사한 상황에서 자동적으로 실행되면서 발생하는 오류	습관적 행동
양식 오류 (mode error)	현재의 시스템 모드(상태)를 잘못 이해해서 잘못된 조작을 하는 오류	다른 기능(모드)
연합 오류 (associative error)	특정한 정보가 기존의 연관된 기억과 혼합되어 잘못된 판단을 하게 되는 오류	기존 연관 기억
완료후 오류 (post-completion error)	어떤 작업이 끝난 후 후속 단계를 빠트리는 오류	마지막 작업
연상 활성화 오류 (association activation error)	특정 개념이 활성화 되면서 관련 없는 정보까지 잘못 연관지어 발생하는 오류	관련 정보

유사문제 출제

① 2017년 3월 25일
② 2020년 9월 25일
③ 2023년 4월 1일
④ 2024년 3월 30일

18 노만(D. Norrman)의 스키마 이론에서 실수(slip)의 기본적 분류에 해당하는 것을 모두 고른 것은?

> ㄱ. 의도형성에 따른 오류
> ㄴ. 제어방식에 기인한 오류
> ㄷ. 잘못된 활성화에 의한 오류
> ㄹ. 잘못된 촉발에 의한 오류

① ㄱ, ㄷ
② ㄴ, ㄹ
③ ㄱ, ㄴ, ㄷ
④ ㄱ, ㄴ, ㄹ
⑤ ㄴ, ㄷ, ㄹ

답 ②, ④

해설

의도적인 오류인 mistakes와 비의도적 오류 slip

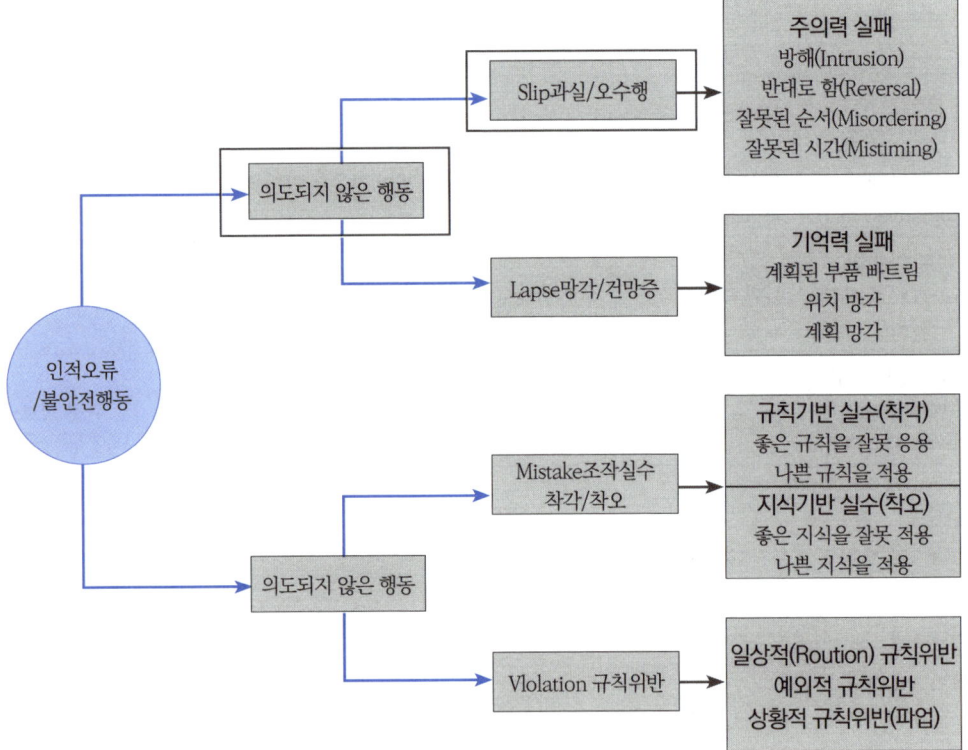

유사문제 출제

① 2017년 3월 25일
② 2020년 9월 25일
③ 2023년 4월 1일
④ 2024년 3월 30일

19 현재 국내 작업환경측정 대상이면서 물리적 유해인자로 옳은 것은?

① 분진
② 고열
③ 진동
④ 전리방사선
⑤ 미스트(mist)

답 ②

해설

물리적 인자(2종)

① 8시간 시간가중평균 80dB 이상의 소음
② 안전보건규칙 제558조에 따른 고열

합격정보

산업안전보건법 시행규칙 [별표 21] 작업환경측정 대상 유해인자

보충학습

제558조(정의) 이 장에서 사용하는 용어의 뜻은 다음과 같다.
1. "고열"이란 열에 의하여 근로자에게 열경련·열탈진 또는 열사병 등의 건강장해를 유발할 수 있는 더운 온도를 말한다.
2. "한랭"이란 냉각원(冷却源)에 의하여 근로자에게 동상 등의 건강장해를 유발할 수 있는 차가운 온도를 말한다.
3. "다습"이란 습기로 인하여 근로자에게 피부질환 등의 건강장해를 유발할 수 있는 습한 상태를 말한다.

유사문제 출제

2023년 4월 1일

20 산업안전보건기준에 관한 규칙상 관리대상 유해물질에 관한 물질상태, 후드 형식, 제어풍속이 옳게 연결된 것은?

① 가스 - 외부식 측방흡인형 - 0.4m/sec 이상

② 가스 - 외부식 상방흡인형 - 0.8m/sec 이상

③ 입자 - 포위식 포위형 - 0.6m/sec 이상

④ 입자 - 외부식 상방흡인형 - 1.2m/sec 이상

⑤ 가스 - 외부식 하방흡인형 - 0.4m/sec 이상

답 ④

해설

관리대상 유해물질 관련 국소배기장치 후드의 제어풍속(제429조 관련)

물질의 상태	후드 형식	제어풍속(m/sec)
가스 상태	포위식 포위형	0.4
	외부식 측방흡인형 외부식 하방흡인형	0.5 0.5
	외부식 상방흡인형	1.0
입자 상태	포위식 포위형 외부식 측방흡인형	0.7 1.0
	외부식 하방흡인형	1.0
	외부식 상방흡인형	1.2

비고
1. "가스 상태"란 관리대상 유해물질이 후드로 빨아들여질 때의 상태가 가스 또는 증기인 경우를 말한다.
2. "입자 상태"란 관리대상 유해물질이 후드로 빨아들여질 때의 상태가 흄, 분진 또는 미스트인 경우를 말한다.
3. "제어풍속"이란 국소배기장치의 모든 후드를 개방한 경우의 제어풍속으로서 다음 각 목에 따른 위치에서의 풍속을 말한다.
   가. 포위식 후드에서는 후드 개구면에서의 풍속
   나. 외부식 후드에서는 해당 후드에 의하여 관리대상 유해물질을 빨아들이려는 범위 내에서 해당 후드 개구면으로부터 가장 먼 거리의 작업위치에서의 풍속

합격정보

산업안전보건기준에 관한 규칙 [별표 13]

유사문제 출제

① 2014년 4월 12일
② 2019년 3월 30일
③ 2022년 3월 19일
④ 2023년 4월 1일

21 고용노동부 고시에 따른 화학물질의 노출기준(TWA)으로 옳지 않은 것은?

① 납 및 그 무기화합물 : 0.05mg/m³

② 니켈(불용성 무기화합물) : 0.2mg/m³

③ 망간 및 무기 화합물 : 1mg/m³

④ 인듐 및 그 화합물 : 0.5mg/m³

⑤ 주석(유기화합물) : 0.1mg/m³

답 ④

해설

화학물질의 노출기준

일련번호	유해물질의 명칭		화학식	노출기준				비고 (CAS번호 등)
	국문표기	영문표기		TWA		STEL		
				ppm	mg/m³	ppm	mg/m³	
488	인듐 및 그 화합물	Indium & compounds, as In(Indium & compounds as Fume) (Respirable fraction)	In	-	0.01	-	-	[7440-74-6] 호흡성

합격정보

고용노동부 고시 제2020-48호[별표 1]

유사문제 출제

2023년 4월 1일

22 암모니아를 작업환경측정·분석 기술지침에 따라 측정을 실시할 때 분석기기와 검출기로 옳은 것은?

① GC - 불꽃이온화검출기
② GC - 전자포획검출기
③ HPLC - 자외선 검출기
④ HPLC - 전기화학검출기
⑤ IC - 전도도검출기

답 ⑤

해설

KOSHA GUIDE A - 176 - 2019 암모니아에 대한 작업환경측정·분석 기술지침

(1) 목적
이 지침은 산업안전보건법 시행규칙 제150조(유해인자 허용기준)의 규정에 따른 허용기준 설정 대상 유해인자와 제193조(작업환경측정 대상 작업장 등)의 규정에 따른 작업환경측정 대상 유해인자 중 암모니아에 대한 측정 및 분석을 수행할 때 정확성 및 정밀성을 유지하기 위하여 필요한 제반 사항에 대하여 규정함을 목적으로 한다.

(2) 이온크로마토그래피(IC)
① 이온 크로마토그래피는 이온교환수지로 충진 된 컬럼을 이용하여 분석물을 분리하고 전기 전도도 검출기를 사용하여 전도도를 측정한다.
② 전도율을 측정할 때 서프레서를 사용하면 용리액의 배경 전도도를 저하시키고 이온성 물질을 감도 높게 검출할 수 있다.
③ 전기 전도도 검출기가 이온 성분의 머무름 시간과 전도도의 증가에 따른 피크를 인식하여 전기적인 신호로 전환한다.

23. 화학물질 및 물리적 인자의 노출기준에서 정보물질의 표기 내용에 해당하는 물질은?

> ○ 시험동물에서 발암성 증거가 충분히 있거나, 시험동물과 사람 모두에서 제한된 발암성 증거가 있는 물질
> ○ 생식세포 변이원성(1B)에 해당하는 물질

① 2-부톡시에탄올　　　　　　　② 디메틸포름아미드
③ 불화수소　　　　　　　　　　④ 1,2-에폭시프로판
⑤ 벤조트리클로라이드

답 ④

해설

노출기준 정보물질 표기

생식세포 변이원성 정보물질의 표기는 「화학물질의 분류표시 및 물질안전보건자료에 관한 기준」에 따라 다음과 같이 표기함
　① 1A : 사람에게서의 역학조사 연구결과 양성의 증거가 있는 물질
　② 1B : 다음 어느 하나에 해당하는 물질
　　㉮ 포유류를 이용한 생체내(in vivo) 유전성 생식세포 변이원성 시험에서 양성
　　㉯ 포유류를 이용한 생체내(in vivo) 체세포 변이원성 시험에서 양성이고, 생식세포에 돌연변이를 일으킬 수 있다는 증거가 있음
　　㉰ 노출된 사람의 정자 세포에서 이수체 발생빈도의 증가와 같이 사람의 생식세포 변이원성 시험에서 양성
　③ 다음 어느 하나에 해당되어 생식세포에 유전성 돌연변이를 일으킬 가능성이 있는 물질
　　㉮ 포유류를 이용한 생체내(in vivo) 체세포 변이원성 시험에서 양성
　　㉯ 기타 시험동물을 이용한 생체내(in vivo) 체세포 유전독성 시험에서 양성이고, 시험관내(in vitro) 변이원성 시험에서 추가로 입증된 경우
　　㉰ 포유류 세포를 이용한 변이원성시험에서 양성이며, 알려진 생식세포 변이원성 물질과 화학적 구조활성 관계를 가지는 경우

합격정보

화학물질 및 물리적 인자의 노출기준(주 : 3.)

보충학습

1,2-에폭시프로판(1,2-epoxypropane)

CAS번호 : 75-56-9, 분자식 : C_3H_6O, 분자량 : 58.08, 비중 : 0.830(20℃), 녹는점 : -112℃, 끓는점 : 34.2℃, 증기압 : 445 ㎜Hg(20℃), 인화점 : -37℃(밀폐계), 폭발상한값(UEL) : 38.5%, 폭발하한값(LEL) : 2.1%, 물에 대한 용해도 : 40.5%(5℃). 방향성 무색 액체로 인화성과 휘발성이 매우 강하다. 폴리우레탄 및 폴리에스테르 섬유의 원료나 알킬 알콜 및 세제 등과 같은 화학제품의 원료 물질로 사용된다. 단독 또는 이산화탄소와 함께 과일 등 다양한 식품의 훈증제로도 사용된다. 눈과 피부에 대한 자극이 있으며 비강암과 같은 건강장해를 일으킬 수 있다. 노동부의 노출기준 (노동부고시 제2002-8호, 화학물질 및 물리적 인자 노출기준)은 8시간 시간가중 평균농도(TWA)로 20ppm이며 '작업환경측정대상' 보건규칙상 '관리대상유해물질'의 '유기화합물'이다. 미국산업위생전문가협의회(ACGIH)의 노출기준(2004 TLV)은 8시간 시간가중 평균농도(TWA)로 2ppm이고 동물에 대한 발암성이 확인된 물질군(A3)에 포함되어 있다.

24 국소배기장치에서 후드 개구면 속도를 균일하게 분포시키는 방법으로 옳지 않은 것은?

① 피토관(pitot tube) 사용

② 경사접합부(taper)와 플레넘(plenum) 사용

③ 차폐막(baffle) 사용

④ 슬롯(slot) 사용

⑤ 분리날개(splitter vanes) 설치

답 ①

해설

후드 입구의 공기흐름을 균일하게 하는 방법(후드 개구면 속도를 균일하게 분포시키는 방법)

① 테이퍼(taper : 경사접합부) 설치 : 경사각은 60도 이내로 설치
② 분리날개(splitter vanes) : 후드 개구부를 몇 개로 나누어 유입하는 형식, 부식 및 유해물질 축적의 단점
③ 슬롯(slot) 사용
④ 차폐막 이용

유사문제 출제

① 2014년 4월 12일
② 2019년 3월 30일
③ 2022년 3월 19일
④ 2023년 4월 1일

보충학습

피토관(Tube de Pitot , Pitotrohr , Pitot tube)

① 18세기초 프랑스의 공학자 피토(H. Pitot, 1695-1771)에 의해 개발된 유속측정장치
② 매우 간단한 원리로 만들어져 비행기의 속력측정 등에 널리 쓰인다.

25 화학물질 및 물리적 인자의 노출기준에서 용어 정의 및 노출기준에 관한 설명으로 옳지 않은 것은?

① "노출기준"이란 근로자가 유해인자에 노출되는 경우 노출기준 이하 수준에서는 거의 모든 근로자에게 건강상 나쁜 영향을 미치지 아니하는 기준을 말한다.

② "최고노출기준(C)"이란 근로자가 1일 작업시간동안 잠시라도 노출되어서는 아니 되는 기준을 말한다.

③ 가스 및 증기의 노출기준 표시단위는 ppm이다.

④ 노출기준은 1일 작업시간동안의 시간가중평균노출기준(TWA), 단시간노출기준(STEL), 최고노출기준(C) 으로 표시한다.

⑤ 내화성세라믹섬유의 노출기준 표시단위는 mg/m^3이다.

답 ⑤

해설

용어정의

① "노출기준"이란 근로자가 유해인자에 노출되는 경우 노출기준 이하 수준에서는 거의 모든 근로자에게 건강상 나쁜 영향을 미치지 아니하는 기준을 말하며, 1일 작업시간동안의 시간가중평균노출기준(Time Weighted Average, TWA), 단시간노출기준(Short Term Exposure Limit, STEL) 또는 최고노출기준(Ceiling, C)으로 표시한다.

② "시간가중평균노출기준(TWA)"이란 1일 8시간 작업을 기준으로 하여 유해인자의 측정치에 발생시간을 곱하여 8시간으로 나눈 값을 말하며, 다음 식에 따라 산출한다.

$$TWA환산값 = \frac{C_1 \cdot T_1 + C_2 \cdot T_2 + \cdots\cdots + C_n \cdot T_n}{8}$$

➡ C : 유해인자의 측정치(단위 : ppm, mg/m^3 또는 개/cm^3)
   T : 유해인자의 발생시간(단위 : 시간)

③ "단시간노출기준(STEL)"이란 15분간의 시간가중평균노출값으로서 노출농도가 시간가중평균노출기준(TWA)을 초과하고 단시간노출기준(STEL) 이하인 경우에는 1회 노출 지속시간이 15분 미만이어야 하고, 이러한 상태가 1일 4회 이하로 발생하여야 하며, 각 노출의 간격은 60분 이상이어야 한다.

④ "최고노출기준(C)"이란 근로자가 1일 작업시간동안 잠시라도 노출되어서는 아니 되는 기준을 말하며, 노출기준 앞에 "C"를 붙여 표시한다.

유사문제 출제

① 2012년 6월 23일
② 2014년 4월 12일
③ 2022년 3월 19일
④ 2023년 3월 1일

합격정보

화학물질 및 물리적 인자의 노출기준 제2조(정의)

[표] 내화성세라믹섬유(RCFs) 노출기준 개정안

물질명	현행	개정안
내화성세라믹섬유	미 규정	0.2f/cc

부록 02 | 찾아보기
참고문헌 및 자료
답안카드

- 찾아보기
- 참고문헌 및 자료
- 답안카드

부록 찾아보기

영문·숫자

ABC분석기법	89

ㄱ

가치(value)	10
갈등지향적 접근법	10
감사 기능	81
강렬한 소음작업 등의 관리기준	199
건강 관리의 구분	194
건강 진단의 검사 항목	194
건강 진단의 목적	192
건강 진단의 사후 조치	194
건강 진단의 종류	192
건설업체 산업재해발생률 및 산업재해발생 보고의무 위반건수의 산정기준과 방법	227
격리(Isolation)	186
공수계획	69
관료주의와 민주주의	23
관리기능의 과정	20
근골격계부담작업의 범위 및 유해요인조사방법에 관한 고시	254
근로자 건강증진활동지침	239
금속열	198
기업전략의 총괄시스템 접근법	60

ㄴ, ㄷ

납(Pb) 중독	195
내부관계의 역할	5
대치(Substitution)	184
동기 및 욕구이론	136

ㄹ

리더십	147

ㅁ

모랄 서베이(morale survey)	113

ㅂ

부주의	154
비전(vision)	10

ㅅ

사고발생 경향 및 기제	117
사무실 공기관리지침	336
산업심리와 인사심리	110
산업위생의 목적	175
산업위생의 범위	175
산업위생의 정의	174
상황적 접근법	10
생산(production)	55
생산강조시대	7
생산계획의 단계	62
생산계획의 의의	62
생산과 인간의 동시추구시대	8
생산관리	56
생산관리의 목적	56
생산관리의 일반원칙(3S원칙, 3S정책)	57
생산수량계획기법의 적용	67
생산수량계획기법의 종류	66
생산적 인사관리	3
생산정책 결정에 고려할 선택과제	60
생산통제	80
생산통제의 기능	80
생산합리화의 기본 목표	56
생체리듬(biorhythm)	143
설비 열화형의 종류	92
설비관리의 신 동향	77
설비관리의 의의	76
설비보전	91
설비보전의 내용	91
설비보전의 의의 및 종류	92
설비투자의 경제성 평가	78
성격검사 유형	115
성과주의 접근법의 4가지 경영	10
소음 및 진동에 의한 건강장해의 예방	199
수은(Hg) 중독	195
스트레스 및 RMR	138
시스템 개요	57
시스템 사고(systems approach)	59
시스템 접근법	9
시스템의 공통적 성질	58
시스템의 구조	58
시스템의 분류	58
심리학자들의 인간관계론의 성립(인간중시시대)	7

ㅇ

안전심리 및 사고요인	133
양립성[일명 모집단 전형(compatibility, 兩立性)]	113
여력계획	72
여력계획의 의의	72
영상표시단말기(VDT) 취급근로자 작업관리지침	245
와이어로프(wire rope)	218
외국의 산업위생 역사	175
외부관계의 역할	5
욕구저지 반응기제에 관한 가설	146
욕구저지 이론	146
용기의 이용	88
운반기계	216
운반작업의 기계화	215
원단위(原單位)산정	76
유기용제 작업 안전대책	191
유해 화학 물질의 규제	190
윤리강령의 목적(AAIH : 미국산업위생학술원)	176
인간관계 관리방법	112
인간관계의 기제(메커니즘 : mechanism)	111
인간의 주의특성	152
인간의 착오요인	120
인간의 특성	119
인력운반	211

인사관리 수행자	6
인사관리 시스템	11
인사관리(personal management)	2
인사관리의 조달·유지·동기부여	3
인사관리의 중요기능	110
인적자원 접근법	10
인적자원 접근법	8
인적자원(인사관리)의 중요성	4
인적자원계획(HR Planning)	10
인적자원관리 전략(HRM Strategy)	10
인화성 가스의 발생 위험 지하 작업장 또는 가스 발생 위험 장소에서의굴착 작업시 화재·폭발 방지 조치	198

조직의 정의	21
조직의 종류	25
조직이론	22
지연조사의 요건	86
직무분석	122
직업적성	114
진도관리의 의의	83
진도의 조사	84
진도통제의 방식	84
집단관리	144
집단관리	35

ㅈ

자재 소요량 산출	76
자재계획 내용	76
자재의 분류	73
작업 환경 측정의 개요	188
작업분배 방법	83
작업분배의 의의 및 기능	81
작업분배판	83
작업환경측정 및 정도관리 등에 관한 고시	309
재고관리	90
재해설	135
적응기제(適應機制, Adjustment Mechanism)의 구분	42
적응기제(適應機制 : Adjustment Mechanism)	40
전략(strategy)	10
절차계획	67
제조로트의 결정 방법	62
조직 관리의 대상의 분류	19
조직관리	19
조직의 기본적 방향	21

ㅊ

착시	150
책임과 의무	176
철근운반시 준수사항 및 안전기준	222
취급·운반의 기본 원칙	213
측정 대상 및 유해 인자 분류	188

ㅋ

카드뮴(Cd) 중독	196
크롬(Cr) 중독	197

ㅌ

통제의 필요성	80

ㅍ

플리포(E.B.Flippo)의 과정접근법	9
피로(fatigue)	139

ㅎ

하역작업의 안전	223
한국의 산업위생 역사	176
허용 농도	188
현품관리의 방법	87
현품관리의 의의 및 필요성	87
현품운반에 대한 책임	88
화학물질 및 물리적 인자의 노출기준	262
화학물질의 분류·표시 및 물질안전보건자료에 관한 기준	298
환기(Ventilation)	187

부록 - 참고문헌 및 자료

1. Campbell.A.,M.,$Alexander,M.1995.
2. ORP연구소, 직무능력중심 채용과 NCS, ORP연구소, 2016.
3. 고명훈, 생산관리시스템, 선학출판사, 2003.
4. 공민선, 기업정리력, 라온북, 2015.
5. 공업진흥청, ISO/IEC 인증제도에 관한 이론과 실제, 공업진흥청, 1995.
6. 권혁기외, 인전자원관리, 도서출판청람, 2015.
7. 김두환외 6인, 안전관리대사전, 한국안전연구원, 1993.
8. 김민준, 신인전자원관리, 법학사, 2016.
9. 김병석외 1인, 시스템안전공학, 형설출판사, 2006.
10. 김병진외 3인, 산업안전관리(공통), 한국산업안전공단, 1995.
11. 김병철, 프로젝트관리의 이해, 도서출판세화, 2010
12. 김영재외, 경영학개론, 한올출판사, 2017.
13. 김원경, 전략적인전자원관리, 형설출판사, 2005.
14. 김태경, 지금당장 경영학 공부하라, 한빛비즈, 2014.
15. 나기현, 전략적인전자원관리, 부산외국어대학교출판부, 2014.
16. 독학사학위연구소, 인전자원관리, (주)시대고시기획, 2017.
17. 李炯秀, 電氣安全工學槪論, 신광문화사, 1993.
18. 문용갑외, 조직갈등관리, 학지사, 2016.
19. 박재희외, 인간공학, 한경사, 2010.
20. 박필수, 産業安全管理論, 중앙경제사, 1993.
21. 서광석, 산업위생관리기사, 도서출판대학서림, 2004.
22. 서영민, 산업위생관리기사, 성안당, 2012.
23. 서창호외, 산업위생관리기술사 기출문제 예상문제해설, 한솔아카데미, 2017.
24. 손희주역, 심리학에 속지말라, 부키, 2014.
25. 양성환, 인간공학, 형설출판사, 2006.
26. 염경철, 품질경영기사, 성안당, 2013.
27. 염영하, 표준기계공작법, 동명사, 1997.
28. 오병권외4인, 인간과 환경, 경기도교육청, 2006.
29. 윤두열, 인전자원관리론, 무역경영사, 2016.
30. 이근희, 인간공학, 창지사, 1985.
31. 이덕수, 위험물기능장필기, (주)시대고시기획, 2015.
32. 이덕수외 1인, 위험물기능사필기, 도서출판 책과상상, 2015.
33. 이순룡외, 생산운영관리, 법문사, 2016.
34. 이영순외3인, 화공안전공학, 대영사, 1994.
35. 이우헌외, 경영학원론, 신영사, 2017.
36. 이종대, 알기쉬운산업보건학, 고려의학, 2004.
37. 이평원, 행정조직관리, 청목출판사, 2016.
38. 이헌, 생산관리, GS인터버전, 2016.
39. 日本總合安全硏究所, FTA安全工學, 機電硏究社, 2007.
40. 정병용외1인, 현대인간공학, 민영사, 2005.
41. 정순진, 경영학연습, 법문사, 2010.
42. 정일구, 도요다처럼 생산하고 관리하고경영하라, 시대의창, 2008.

43. 정재수, 산업안전보건, 한국산업인력공단, 2002
44. 정재수, 건설안전기사 실기작업형, 도서출판세화, 2024
45. 정재수, 건설안전기사 실기필답형, 도서출판세화, 2024
46. 정재수, 건설안전기사 필기, 도서출판세화, 2024
47. 정재수, 건설안전기술사, 도서출판세화, 2024
48. 정재수, 건설안전산업기사 필기, 도서출판세화, 2024
49. 정재수, 고등학교 산업안전공학, 서울교과서, 2015
50. 정재수, 기계안전기술사, 도서출판세화, 2024
51. 정재수, 산업보건지도사필기1.2.3., 도서출판세화, 2024
52. 정재수, 산업안전기사 실기작업형, 도서출판세화, 2024
53. 정재수, 산업안전기사 실기필답형, 도서출판세화, 2024
54. 정재수, 산업안전기사필기, 도서출판세화, 2024
55. 정재수, 산업안전기사필기동영상, 한국방송통신대학교, 2017
56. 정재수, 산업안전산업기사필기, 도서출판세화, 2024
57. 정재수, 산업안전지도사실기(건설), 도서출판세화, 2024
58. 정재수, 산업안전지도사실기(기계), 도서출판세화, 2024
59. 정재수, 산업안전지도사필기1.2.3., 도서출판세화, 2024
60. 정재수, 재난안전방재 관계법규, 도서출판세화, 2015
61. 정재수, 전기안전기술사200점, 도서출판세화, 2024
62. 정재수, 화공안전기술사200점, 도서출판세화, 2024
63. 주상윤, 산업심리학, 울산대학출판부, 2009.
64. 진종순외, 조직형태론, 대영문화사, 2016.
65. 편집부, 보건산업100년사, 보건신문사, 2016.
66. 한국고시회편집부, NCS(국가직무능력표준) NHIS 국민건강보험공단NCS직업기초능력평가, 한국고시회, 2016.
67. 한국능률협회, 안전보건경영시스템 추진 실무과정, 한국능률협회, 1999.
68. 한국방재학회, 재난관리론, 도서출판구미서관, 2014.
69. 한국산업안전공단, 건설업 공종별 위험성 평가 모델, 한국산업안전공단, 2007.
70. 한국산업안전공단, 산업재해예방 기술에 관한 연구, 한국산업안전공단, 2000.
71. 한국산업안전공단, 전기작업의 안전, 한국산업안전공단, 1993.
72. 한국산업안전학회, 불안전한 행동 인간특성에 관한연구, 한국산업안전학회, 1996.
73. 한국산업인력공단, 국가직무능력표준생산관리(공정관리), 진한엠엔비, 2015.
74. 한국산업인력공단, 국가직무능력표준생산관리(구매조달), 진한엠엔비, 2015.
75. 한국산업인력공단, 국가직무능력표준생산관리(자재관리), 진한엠엔비, 2015.
76. 한국생산성본부, 생산자동화 성공사례집, 한국생산성본부, 1999.
77. 한국표준협회, 표준화, 한국표준협회, 1999.
78. 한국표준협회, 품질경영, 한국표준협회, 1999.
79. 한돈희, 산업보건위생, 동화기술교역, 2011.
80. 한돈희외, 산업보건위생, 신광문화사, 2013.
81. 홍성수역, 생산관리, 새로운제안, 2007.
82. Naver 통합검색, 2021.

마킹주의

바른게 마킹: ●
잘못 마킹: ⊗, ⊙, ◐, ①

수험자 유의사항

1. 시험 중에는 통신기기(휴대전화·소형 무전기 등) 및 전자기기(초소형 카메라 등)를 소지하거나 사용할 수 없습니다.
2. 부정행위 예방을 위해 시험문제지에도 수험번호와 성명을 반드시 기재하시기 바랍니다.
3. 시험시간 중 교실이탈 금지규정 엄수해야 하며, 종료시간 이후 계속 답안 작성하거나 감독위원의 답안카드 제출지시에 불응할 때에는 당해 시험이 무효처리 됩니다.
4. 기타 감독위원의 정당한 지시에 불응하여 타 수험자의 시험에 방해가 될 경우 퇴실조치 될 수 있습니다.

답안카드 작성 시 유의사항

1. 답안카드 기재·마킹 시에는 반드시 검정색 사인펜을 사용해야 합니다.
2. 답안카드를 잘못 작성했을 시에는 카드를 교체하거나 수정테이프를 사용할 수 있습니다.
   그러나 불완전한 수정처리로 인한 전산자동판독불가 등 불이익은 수험자의 귀책사유입니다.
   - 수정테이프 이외의 수정액, 스티커 등은 사용 불가
3. 성명란은 수험자 본인의 성명을 정자체로 기재합니다.
   - 답안카드 왼쪽(성명·수험번호 등)을 제외한 '답안란'만 수정테이프 수정 가능
4. 해당차수(교시)시험을 기재하고 해당 란에 마킹합니다.
5. 시험문제지 형별기재란은 시험문제지 형별을 기재하고, 우측 형별마킹란은 해당 형별을 마킹합니다.
6. 수험번호란은 숫자로 기재하고 아래 해당번호에 마킹합니다.
7. 시험문제지 형별 및 수험번호 등 마킹착오로 인한 불이익은 전적으로 수험자의 귀책사유입니다.
8. 감독위원의 날인이 없는 답안카드는 무효처리 됩니다.
9. 상단과 우측의 검은색 띠(▮▮▮) 부분은 낙서를 금지합니다.

부정행위 처리규정

시험 중 다음과 같은 행위를 하는 자는 당해 시험을 무효처리하고 자격별 관련 규정에 따라 일정기간 동안 시험에 응시할 수 있는 자격을 정지합니다.

1. 시험과 관련된 대화, 답안카드 교환, 다른 수험자의 답안·문제지를 보고 답안 작성, 대리시험을 치르거나 치르게 하는 행위, 시험문제 내용과 관련된 물건을 휴대하거나 이를 주고받는 행위
2. 시험장 내외로부터 도움을 받아 답안을 작성하는 행위, 공인어학성적 및 응시자격서류를 허위기재하여 제출하는 행위
3. 통신기기(휴대전화·소형 무전기 등) 및 전자기기(초소형 카메라 등)를 휴대하거나 사용하는 행위
4. 다른 수험자와 성명 및 수험번호를 바꾸어 작성·제출하는 행위
5. 기타 부정 또는 불공정한 방법으로 시험을 치르는 행위

저자약력

정재수(靑波 : 鄭再琇)

인하대학교 공학박사/GTCC대학교 명예교육학 박사/한양대학교 공학석사/공학사/문학사/각종국가고시 출제, 검토, 채점, 감독, 면접위원역임/매경TV/EBS/KBS라디오 출연 및 강사/중소기업진흥공단 강사/대한산업안전협회 강사/호원대학교/신성대학교/대림대학교/수원대학교 외래교수/울산대학교/군산대학교/한경대학교 등 특강/한국폴리텍Ⅱ대학 산학협력단장, 평생교육원장, 산학기술연구소장, 디자인센터장/한국폴리텍 대학 교수/한국폴리텍대학남인천캠퍼스 학장/대한민국산업현장 교수/(사)대한민국에너지상생포럼 집행위원장/(사)한국안전돌봄서비스협회 회장/(사)대한민국 청렴코리아 공동대표/협성대학교 IPP 추진기획단 특별위원/인천광역시 새마을문고 회장/GTCC대학교 겸임교수/**한국방송통신대학교 및 한국 폴리텍 대학 공동 선정 동영상 강의**

저서
- 산업안전공학(도서출판 세화)
- 건설안전기술사(도서출판 세화)
- 건설안전기사(필기, 실기 필답형, 실기 작업형)(도서출판 세화)
- 산업보건지도사 시리즈(도서출판 세화)
- 공업고등학교안전교재(서울교과서)
- 한국방송통신대학과 한국폴리텍대학 선정 동영상 촬영
- 기계안전기술사(도서출판 세화)
- 산업안전기사(필기, 실기 필답형, 실기 작업형)(도서출판 세화)
- 산업안전지도사 시리즈(도서출판 세화)
- 산업안전보건(한국산업인력공단)
- 산업안전보건동영상(한국산업인력공단) 등 60여권 저술

상훈
Vision2010교육혁신대상수상/대한민국 근정 포장/국무총리 표창/행정자치부 장관표창/
300만 인천광역시민상 수상 및 효행표창 등 8회 수상/인천광역시 교육감 상 수상/
2018년 대한민국청렴대상수상/30년이상봉사 새마을기념장 수상/몽골옵스 주지사 표창 수상

출강기업(무순)
삼성(전자, 건설, 중공업, 조선, 물산)/현대(건설, 자동차, 중공업, 제철)/대우(건설, 자동차, 조선), SK(정유, 건설)/GS건설/에스원(S1)/두산(건설, 중공업), 동부(반도체), POSCO건설, 멀티캠퍼스, e-mart, CJ 등 100여기업/이상 안전자격증특강

산업안전(보건)지도사 시리즈 공통필수과목

산업안전지도사
[3] 기업진단 · 지도

17판 17쇄 발행(2025.10.2. 인쇄)2026. 1. 26.		9판 1쇄 발행		2019. 4. 30.
16판 16쇄 발행	2024. 5. 21.	8판 1쇄 발행(개정증보판)	2018. 10. 18.
15판 15쇄 발행	2023. 5. 20.	7판 1쇄 발행(개정증보판)	2018. 2. 10.
14판 14쇄 발행	2023. 2. 15.	6판 1쇄 발행(개정증보판)	2018. 1. 01.
13판 13쇄 발행	2022. 7. 26.	5판 1쇄 발행(개정증보판)	2017. 2. 01.
12판 1쇄 발행	2022. 2. 20.	4판 1쇄 발행(개정증보판)	2016. 2. 15.
11판 2쇄 발행	2021. 4. 10.	3판 1쇄 발행(개정증보판)	2015. 2. 1.
11판 1쇄 발행	2021. 2. 20.	2판 1쇄 발행(개정증보판)	2013. 1. 30.
10판 2쇄 발행	2020. 2. 20.	1판 1쇄 발행	2012. 3. 20
10판 1쇄 발행)	2020. 1. 17.		

지은이	정재수
펴낸이	박 용
펴낸곳	도서출판 세화
주소	경기도 파주시 회동길 325-22(서패동 469-2)
영업부	(031)955-9331~2
편집부	(031)955-9333
FAX	(031)955-9334
등록	1978. 12. 26 (제 1-338호)

정가 **45,000**원
ISBN 978-89-317-1353-4 13530

파손된 책은 교환하여 드립니다.
본 도서의 내용 문의 및 궁금한 점은 더 정확한 정보를 위하여 저자분에게 문의하시고, 저희 홈페이지 수험서 자료실이나 저자 이메일에 문의바랍니다.
저자 정재수(jjs90681@naver.com)

산업안전, 건설안전, 기술사, 지도사 등 안전자격증취득 준비는 이렇게 하세요

기초부터 차근차근 다져나가는 것이 중요합니다.
이론 습득을 정확히 한 후 과년도 기출문제 풀이와 출제예상문제로 반복훈련하십시오.

기사 · 산업기사

STEP 1 | 기초이론 | **기 사 산업기사 필 기**
과목별 필수요점 및 이론 학습과 출제예상문제 풀이로 개념잡고 최근 과년도 기출문제 풀이로 유형잡는 필기 수험 완벽 대비서

⇩

STEP 2 | 기출문제풀이 | **기 사 산업기사 필기 과년도**
과년도 기출문제를 상세한 백과사전식 문제풀이로 필기 수험 출제경향을 미리 알고 대비할 수 있는 최고·최상의 수험준비서

⇩

STEP 3 | 실기대비 | **실 기 필 답 형**
요점 및 예상문제 합격작전과 과년도기출문제 풀이로 준비하는 실기 필답형시험 완벽 대비서

⇩

STEP 4 | 실전테스트 | **실 기 작 업 형**
요점 및 예상문제 합격작전과 과년도기출문제 풀이로 준비하는 실기 작업형시험 완벽 대비서

지도사 · 기술사

STEP 1 | 공통필수 | **1 차 필 기**
과목별 필수요점과 출제예상문제 풀이 및 과년도 기출문제 풀이로 준비하는 1차 필기시험 완벽 대비서

⇩

STEP 2 | 전공필수 | **2 차 필 기**
전공별 필수요점과 출제예상문제 풀이 및 과년도 기출문제 풀이로 준비하는 2차 필기시험 완벽 대비서
(기술사 STEP 1, 2 동시)

⇩

STEP 3 | 실기 | **3 차 면 접**
각 자격증별 면접의 시작부터 면접 사례까지, 심층면접 대비를 위한 면접합격 가이드

건설안전

「일품」 건설안전기사 필기, 건설안전산업기사 필기

2색 컬러 B5_합격요점 포함 [필기수험 대비 01]

- 본서의 요점정리는 간단하고 명료하게 구체적으로 표현을 했다.
- 본서는 최근 심도있게 거론이 되고 있는 출제예상문제를 빠짐없이 수록하여 타 교재와 차별화가 되도록 구성하였다.
- 건설안전기사(산업기사) 자격 취득의 결론은 본서의 요점과 예상문제 합격작전으로 합격을 보장할 수 있도록 엮었다.
- 최근까지 출제된 과년도 출제 문제를 수록하여 수험준비에 만전을 기하였다.

「일품」 건설안전기사필기 과년도, 건설안전산업기사필기 과년도

2색 컬러 B5_계산문제총정리, 미공개문제 포함 [필기수험 대비 02]

- 제1회의 해설에서 이해하지 못했다면 제2, 제3의 문제해설을 통하여 반드시 이해할 수 있도록 하였다.
- 한 문제(1항목)를 이해하여 열 문제(10항목)를 해결할 수 있게 구성하였다.
- 건설안전기사(산업기사) 자격취득의 결론은 본서의 문제와 해설의 합격작전으로 합격을 보장할 수 있도록 엮었다.
- 최근까지 출제된 과년도 출제 문제를 수록하여 수험준비에 만전을 기하였다.

「일품」 건설안전(산업)기사실기필답형, 건설안전(산업)기사실기작업형

2색 컬러 B5_최종정리 포함 [실기수험 대비 01] | **_전면컬러 B5** [실기수험 대비 02]

- 본서의 요점정리는 간단하고 명료하게 구체적으로 표현을 했다.
- 본문의 요점에서 이해하지 못했다면 예상문제 합격작전에서 반드시 이해할 수 있도록 하였다.
- 한 문제(1항목)를 이해하면 열 문제(10항목)를 해결할 수 있도록 구성하였다.
- 참고 및 고시 등을 수록하여 단원마다 중요점을 재강조하였다.
- 본서는 최근 심도있게 거론이 되고 출제가 예상되는 모든 문제를 빠짐없이 수록하여 타 교재와 차별화가 되도록 구성하였다.
- 건설안전 자격취득의 결론은 본서의 요점과 예상문제 합격작전이 합격을 보장한다.

산업안전지도사

「일품」 산업안전지도사 1차필기

총 3단계로 구성 _1색 B5 [1차 필기수험 대비]

- [Ⅰ] 산업안전보건법령, [Ⅱ] 산업안전 일반, [Ⅲ] 기업진단·지도, 산업안전지도사(과년도)
- 본서의 요점정리는 간단하고 명료하게 구체적으로 표현을 했다.
- 본문의 요점에서 이해하지 못했다면 출제예상문제에서 반드시 이해할 수 있도록 하였다.
- 본서는 최근 심도있게 거론이 되고 있는 출제예상문제를 빠짐없이 수록하여 타 교재와 차별화가 되도록 구성하였다.
- 산업안전지도사 자격 취득의 결론은 본서의 요점과 예상문제 합격작전으로 합격을 보장할 수 있도록 엮었다.

「일품」 산업안전지도사 2차 전공필수 및 3차 면접

총 4과목 중 택1 _1색 B5 [2차 전공필수수험 대비]

- 본서의 요점정리는 간단하고 명료하게 구체적으로 표현을 했다.
- 본문의 요점에서 이해하지 못했다면 출제예상문제에서 반드시 이해할 수 있도록 하였다.
- 산업안전지도사 자격 취득의 결론은 본서의 요점과 예상문제·실전모의시험 합격작전으로 합격을 보장할 수 있도록 엮었다.

산업안전

「일품」 산업안전기사 필기, 산업안전산업기사 필기

2색 컬러 B5_합격요점 포함 [필기수험 대비 01]

- 본서의 요점정리는 간단하고 명료하게 구체적으로 표현을 했다.
- 본서는 최근 심도있게 거론이 되고 있는 출제예상문제를 빠짐없이 수록하여 타 교재와 차별화가 되도록 구성하였다.
- 산업안전기사(산업기사) 자격 취득의 결론은 본서의 요점과 예상문제 합격작전으로 합격을 보장할 수 있도록 엮었다.
- 최근까지 출제된 과년도 출제 문제를 수록하여 수험준비에 만전을 기하였다.

「일품」 산업안전기사필기 과년도, 산업안전산업기사필기 과년도

2색 컬러 B5_계산문제총정리, 미공개문제 포함 [필기수험 대비 02]

- 제1회의 해설에서 이해하지 못했다면 제2, 제3의 문제해설을 통하여 반드시 이해할 수 있도록 하였다.
- 한 문제(1항목)를 이해하여 열 문제(10항목)를 해결할 수 있게 구성하였다.
- 산업안전기사(산업기사) 자격취득의 결론은 본서의 문제와 해설의 합격작전으로 합격을 보장할 수 있도록 엮었다.
- 최근까지 출제된 과년도 출제 문제를 수록하여 수험준비에 만전을 가하였다.

「일품」 산업안전(산업)기사실기 필답형, 산업안전(산업)기사실기 작업형

2색 컬러 B5_최종정리 포함 [실기수험 대비 01] | _전면컬러 B5 [실기수험 대비 02]

- 본서의 요점정리는 간단하고 명료하게 구체적으로 표현을 했다.
- 본문의 요점에서 이해하지 못했다면 예상문제 합격작전에서 반드시 이해할 수 있도록 하였다.
- 한 문제(1항목)를 이해하면 열 문제(10항목)를 해결할 수 있도록 구성하였다.
- 참고 및 고시 등을 수록하여 단원마다 중요점을 재강조하였다.
- 본서는 최근 심도있게 거론이 되고 출제가 예상되는 모든 문제를 빠짐없이 수록하여 타 교재와 차별화가 되도록 구성하였다.
- 산업안전 자격취득의 결론은 본서의 요점과 예상문제 합격작전이 합격을 보장한다.

기술사

「일품」 기계안전기술사, 건설안전기술사, 화공안전기술사, 전기안전기술사

1색 B5 [기술사 필기수험 대비]

- 본서의 요점정리는 간단하고 명료하게 구체적으로 표현을 했다.
- 본문의 요점에서 이해하지 못했다면 출제예상문제에서 반드시 이해할 수 있도록 하였다.
- 본서는 최근 심도있게 거론이 되고 있는 출제예상문제를 빠짐없이 수록하여 타 교재와 차별화가 되도록 구성하였다.
- 기술사 자격 취득의 결론은 본서의 요점과 예상문제 합격작전으로 합격을 보장할 수 있도록 엮었다.
- 최근까지 출제된 과년도 출제 문제를 수록하여 수험준비에 만전을 기하였다.

기술사 200점

「일품」 기계안전기술사, 건설안전기술사, 화공안전기술사, 전기안전기술사

1색 B5 [기술사 필기수험 대비]

- 본서의 요점정리는 간단하고 명료하게 구체적으로 표현을 했다.
- 본문의 요점에서 이해하지 못했다면 출제예상문제에서 반드시 이해할 수 있도록 하였다.
- 본서는 최근 심도있게 거론이 되고 있는 시사성문제 및 모범답안을 빠짐없이 수록하여 타 교재와 차별화가 되도록 구성하였다.
- 기술사 자격 취득의 결론은 본서의 요점과 예상문제 합격작전으로 합격을 보장할 수 있도록 엮었다.
- 최근까지 출제된 과년도 출제 문제를 수록하여 수험준비에 만전을 기하였다.

안전관리 수험서의 대표기업

도서출판 세화

기사 · 산업기사

「일품」 건설안전분야 수험서

      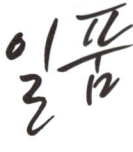

> 우리나라 국내 각종 안전관리자격증 수험에 대비하려면 이러한 내용들을 학습 해야 합니다. 대부분의 내용이 자격증 취득에 많은 도움을 주도록 알찬 내용들로 꾸며져 있습니다.

| 건설안전기사 필기 | 건설안전산업기사 필기 | 건설안전기사필기 과년도 | 건설안전산업기사필기 과년도 | 건설안전(산업)기사 실기 필답형 | 건설안전(산업)기사 실기 작업형 |

「일품」 산업안전분야 수험서

| 산업안전기사 필기 | 산업안전산업기사 필기 | 산업안전기사필기 과년도 | 산업안전산업기사필기 과년도 | 산업안전(산업)기사 실기 필답형 | 산업안전(산업)기사 실기 작업형 |

지도사 · 기술사

「일품」 산업안전지도사 수험서

1차 필기　　　　　　　　　　　　　　**2차 전공필수**　　　　　**3차 면접**

[Ⅰ] 산업안전보건법령　[Ⅱ] 산업안전 일반　[Ⅲ] 기업진단 · 지도　기계안전공학　건설안전공학

안전분야 베스트셀러
35년 독보적 판매
최신 기출문제 수록

「일품」 기술사 200(300)점 수험서　　　　　「일품」 기술사 수험서

| 기계안전기술사 300점 | 건설안전기술사 300점 | 화공안전기술사 200점 | 전기안전기술사 200점 | 기계안전기술사 | 건설안전기술사 |

www.sehwapub.co.kr 에서 주문하세요!!